普通高等教育“十一五”国家级规划教材
工业和信息化部“十四五”规划教材

# 机械设计基础

## （第四版）

主　编　陈晓南　杨培林
参　编　陈　钢　庞宣明
　　　　武通海　王小鹏

科学出版社
北　京

## 内 容 简 介

本书是作者根据多年来的教学和教改实践，以“设计”为主线，以培养学生的设计能力为目标，对传统“机械原理”和“机械设计”课程内容进行整合编写而成的。全书共 17 章，首先介绍机械设计的共性基础知识；然后以一般机械中的常用机构和典型通用零部件为对象，介绍与之相关的设计知识、设计理论和设计方法；最后简要介绍机械系统方案设计的基本概念和方法。

本书采用二维码技术关联相应数字化资源。

本书可作为高等院校机械类各专业的教材，也可作为相近专业有关课程的参考用书，并可供有关工程技术人员参考。与本书配套出版的《机械设计基础课程设计》（赵卫军主编，科学出版社）也可供读者选用。

图书在版编目(CIP)数据

机械设计基础 / 陈晓南，杨培林主编. —4 版. —北京：科学出版社，2023.8

普通高等教育“十一五”国家级规划教材・工业和信息化部“十四五”规划教材

ISBN 978-7-03-076213-9

Ⅰ. ①机…　Ⅱ. ①陈…　②杨…　Ⅲ. ①机械设计－高等学校－教材　Ⅳ. ①TH122

中国国家版本馆 CIP 数据核字(2023)第 153877 号

责任编辑：朱晓颖 / 责任校对：王　瑞

责任印制：赵　博 / 封面设计：迷底书装

科学出版社 出版

北京东黄城根北街 16 号

邮政编码：100717

http://www.sciencep.com

保定市中画美凯印刷有限公司印刷

科学出版社发行　各地新华书店经销

*

2007 年 2 月第　一　版　　开本：787×1092　1/16

2023 年 8 月第　四　版　　印张：26

2024 年 12 月第二十六次印刷　　字数：648 000

**定价：79.80 元**

（如有印装质量问题，我社负责调换）

# 前　言

本书第一版、第二版和第三版分别于2006年、2012年和2018年出版，第一版被评为普通高等教育“十一五”国家级规划教材。本书第四版入选工业和信息化部“十四五”规划教材。

传统的“机械原理”和“机械设计”课程作为机械类专业的主干技术基础课，对培养学生的设计能力具有举足轻重的作用。为强化学生设计能力的培养，我校对“机械原理”和“机械设计”课程进行了多年的改革与探索，逐步形成了以设计为主线的课程内容体系。本书是作者根据多年的教学改革实践并结合实际的课程学时要求，对传统“机械原理”和“机械设计”课程内容进行合理取舍、整合编写而成的。本书在内容体系及编排上力求突出以下特点。

**1. 系统的机械设计内容体系**

本书首先介绍机械运动分析与设计、工作能力设计计算和结构设计等共性基础知识；然后以一般机械中的常用机构和典型通用零部件为对象，介绍与之相关的设计知识、设计理论和设计方法；最后简要介绍机械系统方案设计的基本概念和方法，从而使学生对机械（系统）设计有一个完整的认识和了解。

**2. 突出设计主线的内容编排方式**

为突出设计主线，强化学生设计能力的培养，本书在内容编排方式上遵循认知-分析-设计这一基本逻辑，即在认知和分析的基础上，着重介绍基本的设计方法与步骤。同时在平面连杆机构中，增加了构件和运动副结构的设计内容，以强化学生对机构设计的理解和认识，避免学生对机构的理解只局限在机构运动简图这一抽象模型上。

**3. 新方法与新技术的合理融入**

为适应新形势下对创新型人才培养和新工科教材建设的需求，在本书的部分章节适当引入了机械设计领域的一些新方法和新技术，如CAE方法、机器人用减速器、新型轴承及一些新型传动等，力求使教材内容紧跟学科发展。

为便于读者学习，本书融入130个机械仿真动画，并配有电子课件、思考题与习题解答，授课教师可扫描封底二维码获取。

参加本书编写的有杨培林（第1、3、4、5、7、8、9、17章）、陈晓南（第2、6章）、陈钢（第10、13、14章）、庞宣明（第11章）、王小鹏（第12、16章）、武通海（第15章）。韩特、卢山、胡晓坤参与了插图的绘制工作。全书由陈晓南、杨培林担任主编。

本书承蒙清华大学吴宗泽教授主审。吴教授非常仔细地审阅了全书，提出了许多宝贵的修改意见，对提高本书的编写质量起到了很大的作用，在此向吴先生表示衷心的感谢。

由于作者水平有限，书中难免有疏漏之处，真诚地希望得到各位同仁、广大读者的批评指正。

作　者

2023 年 2 月

# 目　录

# 第1章 绪　论

## 1.1 机构、机器与机械

从古代的简单工具到现代的机械，机械的发展经历了一个漫长的过程并深刻影响着人类的文明进程。在当今的社会生活与社会生产中机械无处不在，如洗衣机、缝纫机、机器人、机床、起重机、汽车、轮船等。机械的广泛应用极大地减轻了人们的体力劳动，提高了生产率并改善了劳动条件，同时也促进了科学技术的进步。机械的发展及应用水平也已成为衡量一个国家工业水平和现代化程度的主要标志之一。

为了认识机械，首先需要了解机械的基本特征。

图 1-1 所示为某单缸四冲程内燃机。它主要由汽缸、活塞、连杆、曲轴、齿轮、凸轮、推杆、进气阀和排气阀等组成。内燃机工作循环过程为：①进气阀 9 打开，排气阀 10 关闭，活塞 2 向下运动，吸入燃气；②进气阀关闭，活塞向上运动，压缩燃气；③点火，使燃气燃烧、膨胀，推动活塞向下运动；④活塞再次向上运动，排气阀打开，废气通过排气阀排出。在内燃机工作过程中，活塞 2 的上下往复运动通过连杆 3 转化为曲轴 4 的转动并做机械功(输出机械能)，同时曲轴的转动通过齿轮 5、6 带动凸轮 7 转动，进而驱动推杆 8 实现进气阀和排气阀按照一定时序打开或关闭。由此可见，内燃机工作过程中各组成单元(实体)按一定规律做确定的相对运动，并将燃气的热能转化为机械能(做机械功)，实现了对能量的处理。

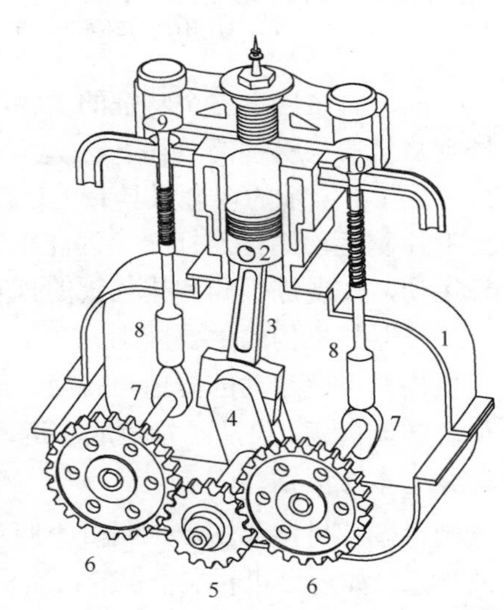


图 1-1　单缸四冲程内燃机
1-汽缸(机架)；2-活塞(滑块)；3-连杆；4-曲轴；5、6-齿轮；7-凸轮；8-推杆；9-进气阀；10-排气阀

1-1

此外，电动机、汽轮机等也是将其他形式的能量转换为机械能；发电机、空气压缩机等则将机械能转换为其他形式的能量。

图 1-2 为某牛头刨床的原理示意图，滑枕 7 带着刨刀沿床身导轨做往复移动。滑枕向右移动时刨刀切削工件，称为工作行程；滑枕向左移动时刀架抬起，称为空回行程。空回行程中，工作台 14 带着工件沿横向做进给运动，以便实现对工件整个表面的刨削加工。牛头刨床的原动机为一交流电机 1，它通过皮带传动 2 和齿轮传动将运动与动力传递给大齿轮 3。大齿轮 3 带动滑块 4 在导杆 5 的导槽中运动，导杆 5 通过连杆 6 带动滑枕 7 沿床身导轨做往复移动。空回行程中，凸轮 8 通过构件 9、10、11 带动棘爪 12 往复摆动一次，使棘轮 13 转过一定角度，并通过丝杠传动(图中未画出)使工作台 14 横向移动一个进刀距离。

由此可见，牛头刨床工作过程中各组成单元(实体)按一定规律做确定的相对运动，并对工件进行刨削加工而做机械功，实现了对物料(工件)的处理。

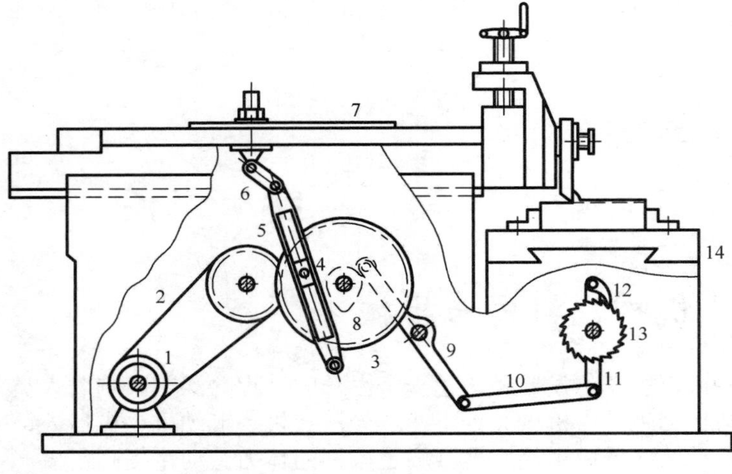


图 1-2　牛头刨床原理示意图
1-交流电机；2-皮带传动；3-大齿轮；4-滑块；5-导杆；6-连杆；7-滑枕；8-凸轮；9、10、11-构件；12-棘爪；13-棘轮；14-工作台

1-2

科学技术的发展使机械的内涵不断变化，现代机械如数控机床、智能机器人等，不仅能处理能量、物料，还能处理信息。复印机则主要是处理信息，其所做的机械功甚微。

由以上分析可以看出，尽管各种机械的结构形式、工作原理和用途不尽相同，但却具有下列共同的基本特征。

(1) 都是若干人为实体的组合。

(2) 各实体之间具有确定的相对运动。

(3) 能够做有用的机械功、转换机械能或处理信息。

同时具备以上三个特征的实物组合体称为“机器”，而仅具备前两个特征的称为机构。机械则是机器与机构的总称。

图 1-1 所示的内燃机具有上述三个特征，因此是一种“机器”。从运动的角度看，活塞的上下往复运动通过连杆转换为曲轴的转动，曲轴的转动通过齿轮带动凸轮转动，凸轮驱动推杆运动，实现进气阀和排气阀的打开或关闭。因此从运动的角度也可把内燃机看作机构。

机器与机构的主要区别就在于：机器具有运动和能量(而且总包含机械能)或信息的参与，而机构只考虑运动的传递与转换。若不考虑机械功、能量或信息转换问题，仅从结构组成和运动的观点来看，机器和机构并无本质区别。

机械与机器在用法上略有不同：机器常用来指一个具体的概念，如内燃机、拖拉机等；而机械则有泛指、抽象的含义，如化工机械、农业机械、机械化、机械工业等。

从运动的观点来看，组成机械的实体是指机械工作过程中运动的基本单元。运动的基本单元称为构件，如内燃机中的连杆 3 做平面运动、牛头刨床中的导杆 5 做定轴转动，它们都是构件。任何机械都需要加工制造，制造的基本单元称为零件，如内燃机中的曲轴、齿轮等。

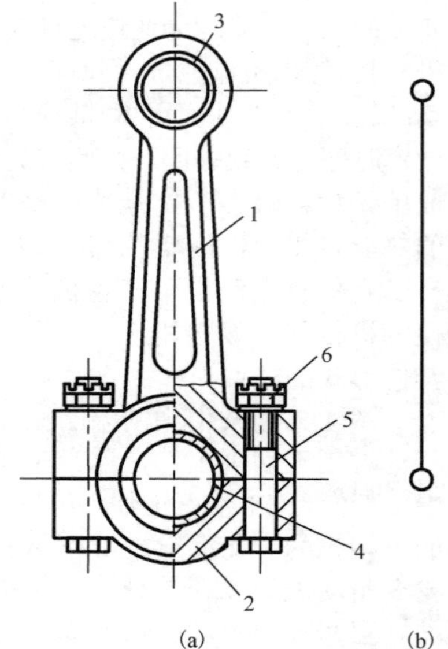


图 1-3　内燃机中的连杆
1-连杆体；2-连杆头；3-轴套；4-轴瓦；5-螺栓；6-螺母

1-3

构件本身可以是一个零件，也可以是由几个零件固接而成的刚性组合体。例如，牛头刨床中的导杆 5 既是构件也是零件，而内燃机中的连杆 3 这一构件则由连杆体、连杆头、轴套、轴瓦、螺栓、螺母等几个零件固接而成(图 1-3)，它们作为一个整体参与运动。

由以上分析可知：机构是构件的组合体，各构件之间具有确定的相对运动，用来传递和转换运动；机器是执行机械运动的装置，用来变换或传递能量、物料或信息。

## 1.2　机械的组成

从运动的角度看，机械是由机构组成的，而机构又是由构件组成的。如前已述及的内燃机可以认为由曲柄滑块机构(包括活塞 2、连杆 3、曲轴 4 等构件)、齿轮机构(包括齿轮 5 和 6 等构件)以及凸轮机构(包括凸轮 7 和推杆 8 等构件)组成。

从制造的角度看，机械是由零件组成的。零件可分为通用零件和专用零件两大类。广泛应用于各种不同类型机械中的机械零件称为通用零件，如齿轮、轴、螺钉等。只用于某些特定机械中的零件称为专用零件，如汽轮机的叶片、内燃机的曲轴等。为完成同一功能，在结构上组合在一起并协调工作的一组零件称为部件，如联轴器、离合器、汽车变速箱等。具有标准代号的零件或部件又称为标准件。

机械本质上是一种能实现特定功能的系统。从系统功能的角度看，机械一般由动力系统、传动系统、执行系统和控制系统四部分组成，如图 1-4 所示。各部分各司其职，使机械协调地工作。

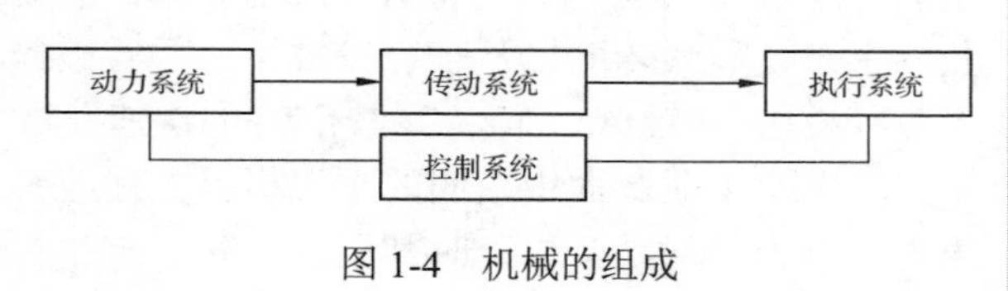

图 1-4　机械的组成

动力系统是指原动机及其配套装置，其功能是为机械系统提供动力并能实现能量的转换，常见的有电动机、内燃机、液压马达等。

传动系统是将原动机的动力和运动传递给执行系统的中间部分，如牛头刨床中的皮带传动及齿轮传动构成传动系统。传动系统的主要功能有：①改变速度，包括减速、增速和变速，即把原动机的输出速度改变后传递给执行系统，以满足执行系统的不同速度要求；②传递动力，将原动机输出的动力传递给执行系统，提供执行所需的力或力矩；③改变运动规律，将原动机的输出运动改变为按某种特定规律变化的运动或改变运动方向，以满足执行系统的运动要求。

执行系统是用来完成机械系统预期的各种工艺动作或生产过程的装置，如牛头刨床中实现滑枕往复运动的连杆机构(由滑块 4、导杆 5、连杆 6、滑枕 7 等组成)与进给机构(由棘轮机构与丝杠传动组成)。执行系统的主要功能是利用机械能来改变作业对象的性质、状态、形状和位置，或对作业对象进行检测度量等。执行系统一般处于机械系统的末端，与作业对象直接接触。

控制系统是通过机械系统中信息的传递、加工处理和反馈对机械进行控制的部分。其主要功能是使动力系统、传动系统和执行系统之间彼此协调运动，以准确完成机械系统的总体功能。由于现代机械的功能日益复杂、精度越来越高，控制系统在其中的作用就显得尤为重要。

需要指出的是，由于伺服驱动及控制技术的发展，部分传动系统和执行系统得以简化，但基于机械技术的传动系统和执行系统在大多数机械中仍具有不可替代的作用。

## 1.3 机械的发展历程

机械的发展大体经历古代、近代和现代三个阶段。

一百多万年前人类就开始使用工具，如石斧、石锤、铲、木棒等，这些工具尽管简单粗糙，却是后来机械发展的根基。当社会发展进入铜器时代，人类也从使用工具逐渐发展到使用简单机械，如杠杆、滑轮、轮轴、斜面、螺旋与尖劈。在随后的数千年中，人类发明了各种各样的机械，如耧犁、鼓风机、起重机、舟与车、纺车与织布机、风车与水车、天文观测仪等，并出现了一些传动零件和机构，如齿轮、棘轮、轮系、凸轮机构、曲柄滑块机构等。

古代机械的动力采用人力、畜力、水力或风力，动力的局限性限制了机械的发展。由于缺乏数学和力学的支撑，古代机械的设计制造主要依靠能工巧匠的直觉和灵感。

16～17 世纪的第一次科学革命，标志着近代科学的诞生。科学革命推动技术革命，18 世纪出现了以蒸汽机为代表的第一次工业革命。第一次工业革命推动了诸多新机器的发明，如蒸汽机车、蒸汽轮船、(蒸汽)挖掘机、颚式破碎机、珍妮纺纱机、脚踏式缝纫机等，也促进了各种机床(如镗床、车床、铣床等)的快速发展和普遍使用。

第一次工业革命中发明的蒸汽机极大地改善了机械的动力，克服了过去主要依靠人力、畜力和水力的局限。这一时期虽然已建立起牛顿的经典力学体系，但机械设计还没有形成独立的学科，缺乏完整的机械设计理论与方法，机械设计主要依靠设计者的经验和智慧。

19 世纪的第二次工业革命，进一步加快了机械技术的发展。发电机、电动机及内燃机的发明使世界进入电气时代并使机械的动力发生巨大变化。电力的需求带动了汽轮机和水轮机的发明，内燃机的出现带动了汽车和飞机的发明。在制造领域，发明了滚齿机、插齿机、磨床、自动机床等加工设备，并出现了以美国福特汽车为代表的大批量生产模式。其他机械如电梯、打字机、电影放映机也在这一时期出现。19 世纪中叶发明了新的炼钢法，从此钢铁成为机械零部件的主要原材料。

这一时期，电动机及内燃机取代蒸汽机成为机械的主要原动机。在机械设计方面，机构学理论已经形成，基于画法几何的图纸设计法已经出现，一些机械零件的设计方法已初步建立，如齿轮的强度计算、轴的强度刚度计算、轴承的寿命计算等。

20 世纪开始的第三次工业革命使机械进入现代发展阶段。新的理论和技术如数学与力学、计算机信息技术与控制技术，大大促进了机械科学与技术的进步，使传统机械走向现代机械。基于机、电、液等多物理过程融合的复杂机电系统(如机器人、数控机床等)，以及基于学科交叉的仿生机械与微纳机械，均是现代机械的典型代表。高速、高精度、高功率、自动化与智能化是现代机械的发展方向和追求目标。

20 世纪科学与技术的发展推动了机械设计理论与方法的进步。到 20 世纪上半叶，基于牛顿经典力学和材料学的机械设计理论和方法已经形成。20 世纪 60 年代以来，随着计算机技术的迅速发展，计算机辅助设计(CAD)、计算机辅助工程(CAE)、优化设计、可靠性等现代设计方法得到迅速发展。

值得指出的是，中国是世界上最早发明和使用机械的国家之一，为世界机械文明做出了巨大贡献。“用力甚寡而见功多”(子贡，公元前 520 年—公元前 456 年)可认为是我国古代对机械的最早定义。早在商代及西周时期，中国古人就发明和使用了桔槔、辘轳和鼓风机。秦汉时期的铜车马、指南车、记里鼓车、浑天仪、水排，晋代的连磨，三国时期的木牛流马，元代的轴承等诸多发明表明我国古代机械在秦汉时期就已经达到很高的水平，并在随后的一千多年时间里一直处于世界领先地位。

中华人民共和国成立以来，我国机械工业发展迅速，现在已成为“制造大国”。党的二十大报告中指出，我国制造业规模稳居世界第一。我国正在从“制造大国”向“制造强国”转变，继续对世界机械文明做出卓越贡献是我们的奋斗目标，任重而道远。

## 1.4 机械设计及其基本要求与一般流程

### 1.4.1 机械设计及其类型

“机械设计”具有丰富的内涵，不同时期人们对设计的理解也不尽相同。一般认为，机械设计是根据市场需求对机械产品的功能、原理方案、技术参数等进行规划和决策，并将结果以一定形式(如图纸、计算说明书、计算机软件等)加以描述和表达的过程。设计质量的高低，将直接关系到机械产品的技术水平和经济效益，因而设计在机械产品开发过程中起着关键性的作用。

机械设计必须围绕机器的功能来进行。机器的功能是机器为满足用户需求所必须具有的“行为”或必须完成的“任务”，功能是通过某种技术实体(功能载体)来实现的。功能是机器的核心和本质，从某种意义上讲，可以认为“用户购买的不是机器本身，而是机器所具有的功能”。因此在进行机械设计时，首先应该考虑的是要实现什么功能和如何实现所需的功能。

机器正常工作的前提是组成机器的各个零件能正常工作。由于某些原因机械零件不能在预定的条件下和规定的期限内正常工作时，称为失效。由于具体工作条件和受载情况的不同，机械零件可能出现不同的失效形式，即使是同类零件，也可能出现不同的失效形式。例如，机器中的轴，可能由于疲劳断裂而失效，也可能由于过大的弹性变形，使轴所支承的零件不能处于机器中的正确位置而失效。

机械零件在一定工作条件下抵抗失效的能力，称为工作能力。针对各种失效形式，机械零件有各种相应的工作能力。机械设计的主要任务之一就是要保证机械零件有足够的工作能力。

机械设计可以是应用新的技术原理或概念开发新的机器，也可以是在已有机器的基础上，进行系列化的设计或做局部的改进设计。机械设计可分为以下三种类型。

**1) 开发性设计**

在没有样机可供参考的情况下，对新型机械产品进行的全新设计称为开发性设计，如第一台内燃机和第一台数控机床的设计。对于开发性设计，产品的主要功能、功能实现原理及功能载体中至少有一项是首创的，因此开发性设计具有很强的创新性。

**2) 适应性设计**

在主要功能的实现原理和功能载体结构基本保持不变的情况下，根据一些新的要求对产品进行局部改动(增、减某些功能、改于变某些功能的实现原理或功能载体)的设计称为适应性设计。例如，由单缸洗衣机设计双缸洗衣机就属于适应性设计。

**3) 变型设计**

在功能原理和总体结构形式保持不变的情况下，仅改变产品的部分结构尺寸或一些技术性能参数的设计称为变型设计，又称变参数设计，如不同中心距的系列减速器设计、中心高不同的车床设计等。

## 1.4.2 机械设计方法

### 1. 传统设计方法

19 世纪至 20 世纪初，随着科学技术的发展，与机械设计有关的一些基础理论与技术，如理论力学、材料力学、弹性力学、流体力学、热力学、公差与技术测量、机械制图等，逐渐发展成独立的学科。综合应用这些学科而逐渐形成的机械设计方法，称为传统设计方法。

传统设计方法主要凭借一些基本的设计计算理论和设计者的经验，通过类比、模拟、试凑及相关的设计计算来进行机械设计。传统设计未能将局部与整体、静态与动态、技术与美学、设计与制造、设计与销售等有机地融入整个设计之中，因而具有很大的局限性。但由于其简单、易行，至今仍在使用。常用的传统设计方法有以下几种。

**1) 经验设计**

根据过去的设计、生产和使用经验以及由此总结出来的经验公式或经验数据而进行的设计称为经验设计。

**2) 类比设计**

对所要设计的机器，分析其与同类型机器在功能和性能等方面的异同，在此基础上参考同类型机器所进行的设计称为类比设计。

类比设计和经验设计适用于使用要求无多大变化且结构形状已典型化的零件设计，如某些机架、箱体及传动零件等。

**3) 半经验设计(理论设计)**

人们在长期的设计、生产和使用实践中总结出来一些设计理论和经验公式并获得了一些实验数据，据此而进行的设计称为半经验设计，又称理论设计。理论设计中的计算分为设计计算和校核计算两种。设计计算是根据有关的设计理论和公式(如由工作能力设计计算准则确立的计算公式)计算出零部件的结构尺寸或参数;校核计算是在已知零部件的结构形状和尺寸的情况下，应用相关的设计理论和公式来检验零部件是否满足有关的设计准则。设计计算多用于结构及受力情况比较简单的零部件；对结构及受力情况比较复杂的零部件只能进行校核计算。

### 2. 现代设计方法

20 世纪 60 年代以来，随着科学技术特别是计算机技术的迅速发展，相应地发展了一系列先进的设计理论与方法，如优化设计、可靠性设计、计算机辅助设计、计算机辅助工程、绿色设计等，这些统称为现代设计方法。其特征是从静态走向动态、单项指标走向综合指标、粗略走向精确、经验走向理论、宏观走向微观。现代设计方法使得机械设计更加科学、更加精确和更加完善。目前一些现代设计的理论与方法已日趋成熟，并已在设计实践中得到广泛应用。现代设计方法主要具有以下几个特点。

(1) 在设计思想上，现代设计将人-机-环境作为一个系统来考虑，强调创新设计、动态设计和绿色设计，并要求在设计阶段就要考虑产品全生命周期(产品生命周期是指产品从设计、制造、使用、维护直至报废回收的全部过程) 各个阶段的影响，实现产品全生命周期的广义优化设计。

(2) 在设计方法上，采用更加科学、理性和系统的设计方法代替原来的经验和半经验设计方法。充分利用最新发展起来的一些先进的设计、分析和计算技术，如创新设计、CAD/CAE、优化设计、可靠性设计、并行设计等，并将这些单项技术集成起来，实现设计过程的集成化、智能化和网络化，以提高设计质量、缩短设计周期、降低设计成本。

(3) 在设计手段上，充分利用最新的计算机软硬件技术、计算机图形学、网络技术、数据库技术。新的设计手段可实现设计信息的共享并能显著提高设计效率和设计结果的准确性。

### 1.4.3　机械设计的基本要求与一般流程

如前所述，机械设计是根据市场需求，对机械产品的功能、原理方案、技术参数等进行规划和决策的过程。不同的机器由于其功能、结构形式、用途及工作条件的不同，其设计要求、设计方法及步骤也会有所不同，设计“有法而无定法”。尽管如此，机械设计仍有其固有的规律和特点，必须满足一些共同的基本要求，并遵循一些基本设计流程。

**1. 机械设计的基本要求**

**1) 功能要求**

功能是机器的核心和本质。因此设计的机器首先应能实现预定的功能，并能在规定的工作条件下和规定的工作期限内正常运行。

**2) 可靠性要求**

机器由许多零件及部件组成，机器的可靠性取决于零部件的可靠性。可靠性用可靠度来衡量。机器的零部件越多，其可靠度越低。为了提高机器的可靠度，应尽量减少零件数目。

**3) 经济性要求**

机器的成本包括设计、加工、装配、使用、维护等各环节的成本。设计对机器成本的影响很大，统计分析表明机器成本的 80%由设计所决定。因此设计时应全面考虑加工、装配、使用、维护等各环节的成本，以提高机器的经济性。

设计机器时，可通过以下措施提高机器的经济性。

(1) 采用先进的设计方法和设计手段(如 CAD、有限元分析、并行设计等)。这一方面可以得到尽可能精确的设计计算结果，并能进行优化设计，另一方面可尽量减少设计中的反复，从而缩短设计周期，降低设计成本。

(2) 最大限度地采用标准化、系列化及通用化的零部件。

(3) 采用新技术、新工艺、新材料和新结构。

(4) 改善零件的结构工艺性，使其易于加工、装配和维护，并能节约材料。

(5) 采用合理的润滑方式及密封装置，从而延长机器的使用寿命。

(6) 提高运动副及传动系统的效率，以降低能源消耗。

(7) 提高机器的自动化水平，以提高机器的生产率。

**4) 操作方便和安全要求**

设计机器时，应根据人机工程学原理使人机关系协调，力求操作方便、省力、舒适，最大限度地减少脑力和体力消耗；降低机器噪声，防止有害介质的泄漏，减少环境污染；力求维护方便并降低维护费用；设置必要的安全防护装置，确保机器运行时的人身安全和机器自身安全。

**5) 造型、色彩要求**

运用工业设计方法，对机器进行造型和色彩设计，以实现人、机器和环境的完美协调。机械产品的造型和色彩设计，直接影响到产品的销售和竞争力，是机械设计中一个不容忽视的环节。

**2. 机械设计的一般流程**

机械设计有其固有的规律和特点。为提高设计质量和设计效率，机械设计应按照一定的流程来进行。机械设计的一般流程如表 1-1 所示，现分述如下。

**1) 产品规划**

产品规划的主要工作是根据市场需求分析提出设计任务和明确设计要求。产品的市场需求分析包括：市场对产品功能、性能、质量和数量的具体要求，现有类似产品的情况及发展趋势，原材料及配件的现状及价格等。

**表 1-1 机械设计的一般流程**

| 设计阶段 | 设计步骤 | 阶段目标 |
| --- | --- | --- |
| 产品规划 | 需求分析、提出设计任务 → 调研与可行性分析 → 编写设计任务书 → 功能分析与功能原理设计 → 机器总体方案 | 设计任务书 |
| 方案设计 | 评价（不满意 → 返回功能分析与功能原理设计；满意 ↓）→ 机构运动设计 → 零部件设计 → 总体结构设计（考虑人机关系、造型、色彩等） | 原理（运动）方案<br>功能载体方案<br>总体结构方案 |
| 技术设计 | 评价（不满意 → 返回功能分析与功能原理设计；满意 ↓）→ 总装配图 → 部件装配图及零件工作图 | 机构运动简图<br>总装配图<br>部件装配图<br>零件工作图<br>设计计算说明书 |
| 试制、生产及销售 | 编制技术文件 → 试制、产品鉴定 → 评价（不满意 → 返回；满意 ↓）→ 产品定型、批量生产 → 销售（市场反馈信息）→ 反馈至需求分析、提出设计任务 | 样机<br>试验结果<br>市场信息 |

产品规划阶段还需对设计项目做可行性分析，提出可行性报告。可行性报告的主要内容有：产品开发的必要性和市场调查情况；国内外类似产品的发展水平；新开发产品预期能达到的水平及经济效益；设计与制造中需解决的关键问题；新技术、新工艺、新材料、新结构的采用；投资费用及进度计划，等等。

在以上分析的基础上进一步明确设计任务的全面要求及细节，形成设计任务书。设计任务书大体上应包括：机器功能及经济性的估计、相关技术指标、基本使用要求、完成设计任务的预计期限等。

**2）方案设计**

方案设计就是根据所要求的机器功能，确定机器的工作原理（运动）方案、主要功能载体方案及总体结构布置方案。

方案设计阶段首先要对机器的功能进行分析，确定机器的总功能并将其分解为若干个分功能。在功能分析的基础上，进行功能原理设计，确定运动方案、主要功能载体方案及机器总体结构布置方案，得到机器的总体方案。在众多的总体方案中，筛选出技术上可行的若干方案。最后对技术上可行的方案进行技术经济性分析，通过评价决策，得到一个最佳的总体方案，并绘制总体方案草图。

方案设计是机械设计中的重要环节，也是整个设计的关键所在。方案设计是否合理是机器性能好坏的先天性决定因素，所以必须对机器的方案设计予以高度重视。

**3）技术设计**

技术设计是在方案设计的基础上将总体方案具体化为机器及零部件的合理结构。技术设计应完成机器中相关机构的运动设计（机构运动简图）、机器零部件设计及总体结构设计，并且绘制全套的总体装配图、部件装配图和零件工作图，编制相应的技术文件。

技术设计首先根据工作原理（运动）方案初步设计机器中相关机构的运动尺寸、机器的整体结构及各零部件的结构形状和尺寸。通过必要的理论计算及装配草图设计，最终确定机构的运动尺寸（机构运动简图）、各零件的结构尺寸、材料以及机器的总体结构。装配草图设计应注意协调各零件的结构和尺寸，避免零件之间出现冲突或干涉，同时还应全面考虑所设计零部件的结构工艺性。机器的总体结构设计应从人机工程学、包装、运输、环境保护等角度全面考虑机器的总体布局，并根据工业设计原理对机器的外观造型、色彩进行设计，达到“宜人”的效果。

在技术设计阶段应绘制出总装配图，并根据总装配图，绘制部件装配图和零件工作图，编写设计计算说明书、使用说明书、标准件明细表及有关的工艺文件。

**4）试制、生产及销售**

经过加工、安装及调试，制造出产品样机并进行样机试验及鉴定，然后组织批量生产和销售。在样机制造、试验及鉴定中可发现设计存在的问题，同时用户在使用过程中也会对产品提出意见或建议。设计人员应根据这些问题、意见或建议，对设计进行修改，进一步完善产品设计。

经过上述四个阶段，即完成了机器设计的全过程。需要注意的是，上述各阶段的设计内容及设计步骤是相互联系、彼此影响的。具体设计过程往往是在各阶段、各步骤之间不断反复、交叉进行的过程，是一个“设计—评价—再设计（修改）”、逐步完善与优化的过程，决不能将其理解为一个简单的顺序过程。

# 1.5 机械零件设计的基本要求与一般流程

## 1.5.1 机械零件设计的基本要求

机械设计的主要内容之一是机械零件设计。机械零件作为组成机器的基本单元，其设计质量直接影响到机器的性能指标，如各种功能指标、可靠性、经济性等。机械零件设计应满足如下基本要求。

**1. 机械零件的工作能力**

机械零件的工作能力表现在强度、刚度、耐磨性、振动稳定性、可靠性等几个方面。工作能力要求是机械零件设计的最基本要求，应通过合理设计来保证零件的工作能力。

**2. 机械零件的结构工艺性**

机械零件的结构工艺性是指零件在结构上有利于加工、装配、维护等方面的特性。所谓零件具有良好的结构工艺性，是指所设计的零件结构，除了满足零件的功能要求外，还有利于加工、安装、调试、维护等方面的要求。通常在设计机械零件时，通过工作能力计算可确定机械零件的主要尺寸或主要参数(如齿轮的模数、齿宽、分度圆直径等)，而其他形状尺寸(如齿轮的轮缘、腹板、轮毂等)则需通过结构设计来确定。结构设计对零件的结构工艺性有着决定性影响，是机械零件设计中的一个重要环节，在整个设计工作中占有很大比重。

**3. 机械零件的标准化、系列化、通用化**

标准化是指对零件的尺寸、结构要素、材料性能、检验方法、设计方法、制图要求等制定出大家应共同遵守的标准。系列化是指将零部件的主要技术参数和结构尺寸按一定规律形成各种大小不同的系列。通用化是指系列之内或跨系列的产品之间尽量采用同一结构和尺寸的零部件。

在不同类型、不同规格的各种机器中，有很多零部件是相同的。设计工作中，对这些零部件实施标准化、系列化和通用化具有十分重要的意义，主要表现在以下方面。

(1) 便于安排专门工厂采用先进技术和设备对零部件进行大批量生产，并能提高质量、降低成本。

(2) 可以减少设计工作量，使设计者的主要精力用于创造性的设计工作中。

(3) 增大零部件的互换性，方便机器维修。

(4) 有利于增加产品品种，扩大生产批量，满足各种需求。

**4. 机械零件的经济性**

设计机械零件时，应力求降低零件的成本、提高经济性，常用的措施有以下方面。

(1) 减轻零件重量。在满足功能要求的条件下，通过合理的结构设计，尽量减轻零件重量，降低材料消耗，从而降低成本。

(2) 合理选择零件材料。优先选用价格便宜、供应充足的材料，以降低材料费用；充分利用热处理、预应力等各种工艺手段，发挥材料的潜力，使材料得到充分利用。

(3) 良好的结构工艺性。良好的结构工艺性可以降低加工、装配、维护等成本。

(4) 尽量采用标准化、系列化、通用化零件。采用这些零件不仅可以降低设计、制造成本，还可降低以后的使用及维修成本。

### 1.5.2 机械零件设计的一般流程

对于不同的机械零件，其设计流程也不尽相同，但大多数零件的设计可按以下流程进行。

**1) 初步确定零件的结构形式或选择零件类型**

设计零件时，应根据机器的整体结构、零件在机器中的作用(功能)及作用在零件上载荷的特点，对零件结构形式进行初步设计。对某些已定型的零件(如齿轮、轴承等)，在综合分析的基础上，初步确定其类型。

**2) 计算作用在零件上的载荷**

根据确定的结构方案，确定原动机的参数(功率、速度等)，计算零件的运动和动力参数(速度、加速度、功率等)，求出作用在零件上的载荷(包括大小、方向和作用位置)并确定载荷的性质。

**3) 选择零件材料及其热处理方式**

根据零件的使用条件及工艺性、经济性要求，合理选择零件材料及其热处理方式。例如，在腐蚀介质中工作的零件应选用不锈钢、铜合金等耐蚀材料。

**4) 零件的工作能力设计**

根据零件的工作条件及所受载荷的性质，分析、判断零件可能的失效形式。由失效形式确定零件的工作能力设计计算准则(如强度、刚度、振动稳定性等准则)。依据工作能力设计计算准则及零件所受的载荷，确定零件的基本结构尺寸。

**5) 零件结构设计**

根据零件的基本结构尺寸并结合装配草图设计，确定零件的结构形状和尺寸。结构设计要综合考虑零件的强度、刚度、加工、装配、维护等因素，使零件具有最合理的结构。

**6) 校核计算**

在前面的工作能力设计中，由于一些零件的结构尺寸未完全确定，只能对其工作能力进行初步的设计计算。在完成结构设计后，所有零件的结构和尺寸均为已知，且零件之间的连接关系也已确定，所以这时可以较为精确地定出作用在零件上的载荷及影响零件工作能力的各个细节因素。在此条件下，有可能并且必须对一些重要的或者外形和受力情况比较复杂的零件进行精确的校核计算。若工作能力不满足要求，则应对所设计零件的尺寸、结构或材料进行修改，直到满足要求。

**7) 绘制零件工作图、编写设计计算说明书**

根据所设计零件的结构与尺寸，按制图标准绘制零件工作图。将设计过程中所用到的数据、图表、公式、主要结论等进行整理，编写设计计算说明书。

## 1.6 本课程的内容、特点和任务

### 1.6.1 本课程的内容

本课程是继工程制图、理论力学、材料力学、机械工程材料等先修课之后的一门专业基础课，也是培养学生机械设计能力和创新思维能力的一门重要课程，在机械类专业的课程体系中具有承上启下的作用。

本课程首先介绍机械设计的共性基础知识，然后以一般机械中的常用机构和典型通用零部件为对象，介绍与之相关的设计知识、设计理论和设计方法，最后简要介绍机械系统方案设计的基本概念和方法。

为强化本课程内容的内在联系与系统性，建议通过工程案例(如牛头刨床)引导各章内容的介绍。希望通过这种方式能够使学生了解常用机构和典型通用零部件在实际机械产品中的应用、深入理解本课程内容的内在联系和系统性，进而对机械系统及其设计有一个完整的认识。

### 1.6.2 本课程的特点

本课程的性质和内容决定了其特点与先修的数学、物理学、力学等理论课程有很大的不同，主要表现在以下方面。

(1)综合性。本课程涉及理论力学、材料力学、工程制图、机械工程材料及制造工艺等多学科知识的综合运用，具有很强的综合性，涉及知识面甚广。

(2)实践性。机械设计问题源于工程实际，设计结果又必须满足实际需求，因此本课程与工程实际结合紧密，具有很强的实践性。

(3)设计性。本课程的设计性主要体现在处理设计问题的思维方式上和设计问题的特点上，设计问题的处理遵循从无到有、从粗到细、反复修改、逐步完善的思路；设计需要统筹考虑诸多因素，如技术、经济、运输、人机关系、环保等，且设计结果往往不是唯一的。

根据上述特点，学习“机械设计基础”这门课时，除了要善于利用理论力学、材料力学、工程制图等多学科知识外，还要注意避免脱离工程实际或简单地只考虑某一单方面的问题，应从全局出发采用工程思维方式去分析与理解实际设计问题。

### 1.6.3 本课程的任务

本课程(包括它的全部教学环节)的主要任务是：①使学生掌握常用机构和典型通用零部件的工作原理、结构特点、分析方法与设计方法；②使学生掌握机械设计的基本知识、基本理论、基本方法和基本技能，了解并能使用有关设计标准、规范、手册等技术资料，具有设计一般机械的能力；③培养学生的创新思维能力、工程思维能力、分析和解决工程实际问题的能力。

## 思考题与习题

1-1 机器的基本特征是什么？

1-2 分析构件与零件的联系与区别。

1-3 分析机构与机器的相同与不同之处。

1-4 什么是失效？机械零部件工作能力的含义是什么？

1-5 什么是机械设计？

1-6 分析机械设计的基本要求与程序。

1-7 分析机械设计中可靠性要求与经济性要求之间的关系。

1-8 分析传统设计方法与现代设计方法的关系。

# 第2章 机械运动分析与设计基础

## 2.1 概　　述

当只研究机械中的运动关系时，可以把机械看作机构。对机构进行研究，首先要研究机构是如何形成的；其次要研究机构在什么条件下才具有确定的相对运动，这就是机构的自由度计算；要对机构进行运动分析与设计，就必须建立机构的运动模型，这个模型就是机构运动简图。本章就上述问题进行讨论，并介绍一种用于机构运动分析的图解法——速度瞬心法。

## 2.2 机构的形成

### 2.2.1 构件与运动副

如前所述，机构是由构件组成的，构件是运动的基本单元。为了使机构中的构件之间具有某种相对运动关系，必须对相邻构件之间的一些相对运动加以约束。这种约束是通过机构中相邻两个构件之间一部分表面保持接触，形成可动的连接来实现的。这种可动连接限制了两构件之间的某些相对运动，而允许另一些相对运动的存在。通常将这种可动连接称为运动副；而将组成运动副的两接触表面称为运动副元素。需要注意的是，若该两表面不再接触，则此运动副就随之消失。

运动副有各种不同的分类方法，常见的有以下几种。

**1. 按运动平面或空间分类**

按组成运动副的两构件间是做平面平行运动还是做空间运动，可分为平面运动副和空间运动副。如果运动副限制了相邻两构件只能互做平面平行运动，则称该运动副为平面运动副，否则，称为空间运动副。

**1) 平面运动副**

平面运动副有转动副、移动副和平面滚滑副三种。

(1) 转动副。两构件形成运动副后只可做相对转动，称为转动副，也称回转副或铰链，如图 2-1(a) 所示。转动副的几何特征是两圆柱面接触，运动特征是一个构件绕圆柱轴线相对另一个构件转动。

(2) 移动副。两构件形成运动副后只可做相对直线移动，称为移动副，如图 2-2(a) 所示。移动副的几何特征是两平面接触，运动特征是构件沿直线导轨的相对移动。需要注意的是，在研究机构运动时，移动副的位置仅与移动方位有关，而与其导轨的具体位置无关。

(3) 平面滚滑副。两构件形成运动副后，一般情况下相对滚动和相对滑动并存，称为滚滑副，如图 2-3 所示。滚滑副的几何特征是点或线接触，运动特征是一个构件相对另一个构件沿接触点切线方向的滑动和绕接触线的滚动。

**2)空间运动副**

除平面运动副以外的运动副均为空间运动副。常见的空间运动副有以下几种。

(1)螺旋副。构成运动副的两构件间的相对运动为螺旋运动，故称螺旋副，如图 2-4 所示。其几何特征是两螺旋面接触。

(a)

(b)
2-1

2-2

2-3

2-4

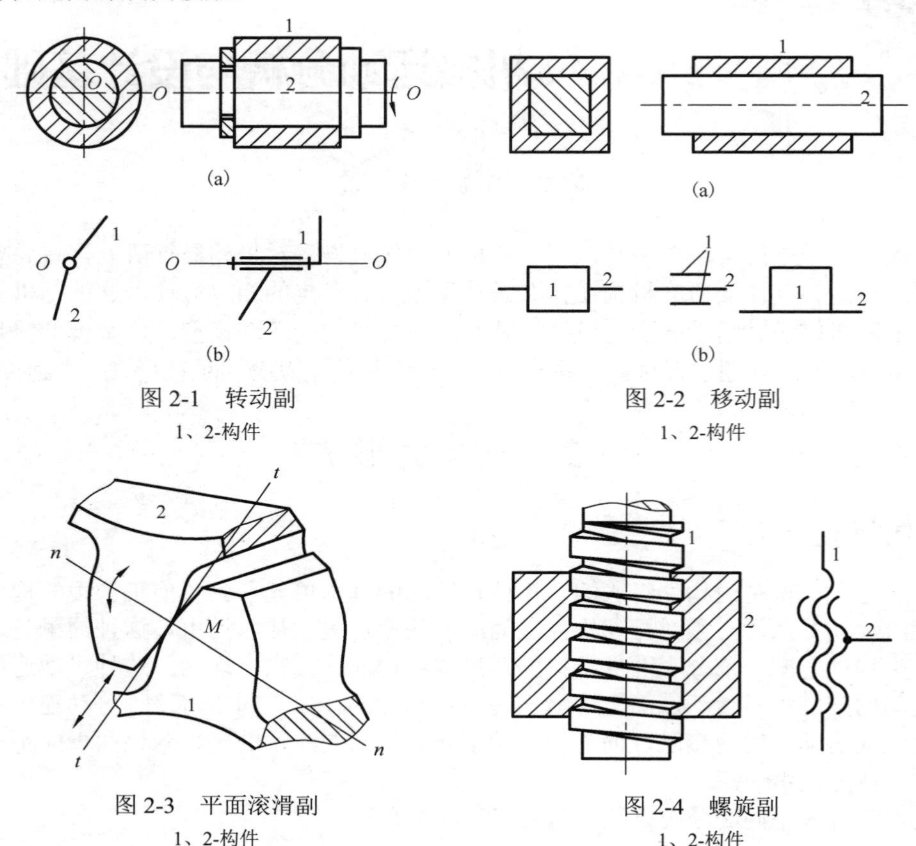


图 2-1 转动副
1、2-构件

图 2-2 移动副
1、2-构件

图 2-3 平面滚滑副
1、2-构件

图 2-4 螺旋副
1、2-构件

(2)球面副(球面低副)。其运动特征为两构件间的相对运动为绕通过球心任意轴线的转动(构件上一点的轨迹在球面上)，也称为球铰，如图 2-5 所示。两球面接触是其几何特征。

(3)圆柱副。其几何特征为两圆柱面接触，如图 2-6 所示。构成圆柱副和转动副的两构件都可绕其轴线做相对转动，区别在于圆柱副还可以沿其轴线方向移动，而转动副则不能。

**2. 按构件的接触分类**

按组成运动副的两构件间的接触情况，可将运动副分为低副和高副。做面接触的运动副称为低副，做点或线接触的运动副称为高副。转动副、移动副、螺旋副、球面副、圆柱副都是低副。滚滑副是高副，图 2-7 中球 1 与平面 2 形成点接触的运动副(球面高副)和图 2-8 中圆柱体 1 与平面 2 形成线接触的运动副(圆柱高副)都属于高副。

**3. 按构件间的锁合方式分类**

按组成运动副的两构件间的锁合方式，可将运动副分为形锁合运动副与力锁合运动副。形锁合是指利用几何形体的配合，使构成运动副的两构件始终保持接触。图 2-1 所示的转动副就属于形锁合运动副，它利用轴承孔及轴肩的几何形状把轴颈封闭在轴承中，使构件 1 和构件 2 只可做相对转动。力锁合是利用外力使构成运动副的两构件始终保持接触。如

图 2-7 所示的球面高副，其单靠构件 1 和构件 2 的几何形体不能锁合。因此，为使两构件始终保持接触，除依靠构件本身重量外，一般还需加外力(如弹簧的压紧力)来锁合。

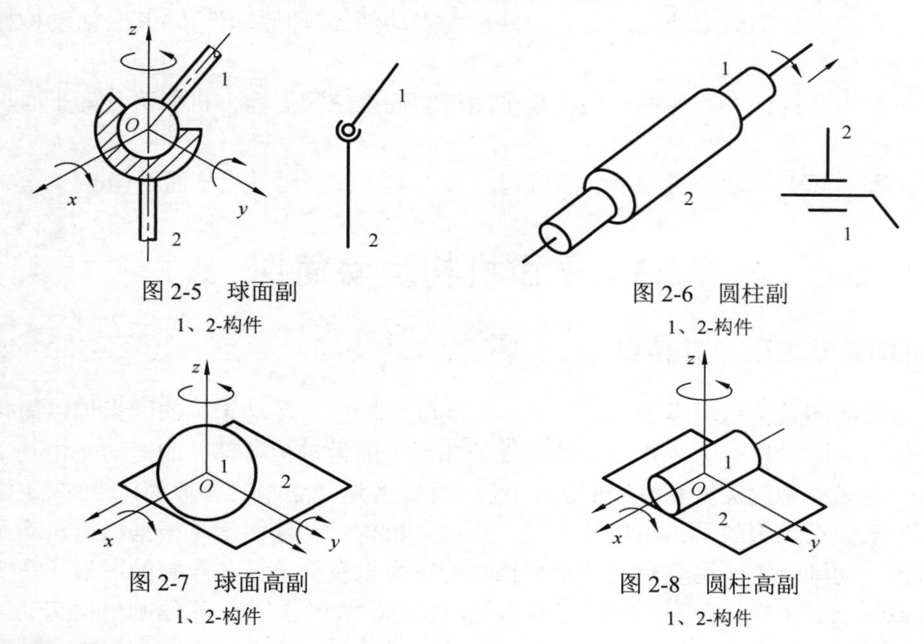


图 2-5 球面副
1、2-构件

图 2-6 圆柱副
1、2-构件

图 2-7 球面高副
1、2-构件

图 2-8 圆柱高副
1、2-构件

2-5

2-6

2-7

2-8

### 2.2.2 运动链与机构

**1. 运动链**

构件通过运动副连接而成的构件系统称为运动链。如图 2-9 所示，构件 1、2、3、4 通过运动副 $A$、$B$、$C$ 连接成运动链。图中 $A$ 和 $C$ 处的小圆圈是代表转动副的符号，圆心就是转动中心。$B$ 处的符号代表移动副，表示构件 3 上的滑块在构件 2 的导轨上移动。图中的各构件用相应的线条表示。在此运动链中，构件 1、2、3、4 没有连成首末封闭的系统，故称此运动链为开式链。而图 2-10 所示的 4 个构件 1、2、3、4 用 4 个转动副 $A$、$B$、$C$、$D$ 连成首尾相接的运动链，称之为闭式链。闭式链中若只有一个封闭系统的称为单闭环链(图 2-10)，有两个封闭系统的称为双闭环链(图 2-11)，如此等等，余者类推。

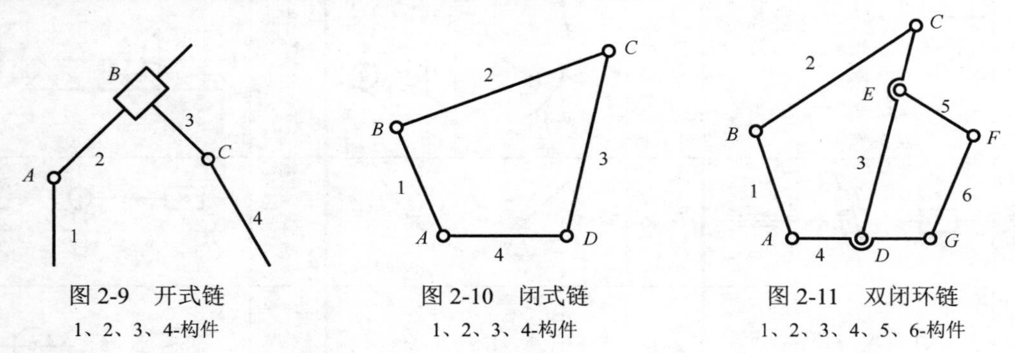


图 2-9 开式链
1、2、3、4-构件

图 2-10 闭式链
1、2、3、4-构件

图 2-11 双闭环链
1、2、3、4、5、6-构件

2-10

**2. 机构**

在运动链中，将其中一个构件固定作为机架，并使若干构件按给定运动规律运动，则该运动链便成为机构。机架实际上是一种描述机构中其他构件运动的参考系。一般情况下，可选择相对地面固定的构件作为机架。若机构安装在运动的物体上(如汽车、轮船、飞机等)，可选择相对于该运动物体静止不动的构件作为机架。

机构中按给定运动规律独立运动的构件称为主动件(或称原动件)，其余活动构件称为从动件。

根据机构中各构件之间的相对运动是平面运动还是空间运动，机构可分为平面机构及空间机构两大类。

由于工程实际中大量应用的是平面机构，所以本课程主要讨论平面机构。

## 2.3 平面机构运动简图

### 2.3.1 机构运动简图及其特点

机构运动简图是从运动学的角度出发，将实际机器中与运动无关的因素加以简化与抽象后，得到的与实际机器有完全相当运动特性的图形。因为机构各部分的运动是由其主动件的运动规律、各运动副的类型和机构的运动尺寸(确定各运动副相对位置的尺寸)来决定的，而与构件的外形、运动副的具体结构等无关。所以，机构运动简图就是根据机构运动尺寸，按比例定出各运动副位置，用表示运动副和构件的符号以及简单线条绘制的图形，它实际上反映了机器中各个运动构件在某一瞬时相对机架的位置。表 2-1 列出了绘制机构运动简图的常用符号，供画图时参考。

机构运动简图不仅应能清楚地表达机构的结构组成，更重要的是应能准确地反映与原机构完全相同的运动特性。利用机构运动简图，可以分析研究机构的运动，可以进行设计方案的对比，也可以作为专利性质的判据。但需要说明的是，机构运动简图是研究运动的模型，却不一定是力分析的模型。因为力分析时，不仅要考虑到构件的形状，还要考虑运动副的具体结构及锁合形式等诸因素，而这些因素在机构运动简图中均被忽略了。

表 2-1　机构运动简图的常用符号

| 名称 | 符号 | 名称 | 符号 | 名称 | 符号 |
|---|---|---|---|---|---|
| 线型规定 | $b$，表示一般机件轮廓<br>$2b$，表示轴、杆类<br>$b/3$，表示运动方向、剖面线等<br>$b/3$，表示轴线、齿轮、链条等 | 平面高副<br>平面滚滑副 | 曲面高副 $C_1$ $C_2$ $\rho_1$ $\rho_2$<br>凸轮高副 | 锥齿轮啮合 | |
| 两运动构件组成移动副 | | 两构件组成球面副 | | 蜗轮蜗杆啮合 | |
| 两运动构件组成转动副 | 运动平面平行于图纸<br>运动平面垂直于图纸 | 两构件组成螺旋副 | | 带圆柱滚子的摩擦传动 | |

续表

| 名称 | 符号 | 名称 | 符号 | 名称 | 符号 |
|---|---|---|---|---|---|
| 与机架组成移动副 | | 与机架相连的摆动滑块 | 对心式　偏心式 | 棘轮传动 | |
| 与机架组成转动副 | 运动平面平行于图纸　运动平面垂直于图纸 | 圆柱齿轮外啮合 | | 带传动 | |
| 一个构件上有三个运动副与其他机构并接 | | 齿轮齿条啮合 | | 装在轴上的飞轮 | |

## 2.3.2　机构运动简图的绘制

如上所述，机构运动简图必须按一定的比例尺绘制。长度比例用 $\mu_1$ 表示，即

$$\mu_1 = \frac{\text{实际长度}}{\text{图示长度}}\quad \text{，m/mm 或 mm/mm}$$

例如，$\mu_1 = 5\text{mm/mm}$，即表示图上 1mm 的长度代表 5mm 的实际长度。

图 2-12(a)为一偏心轮机构模型图，其运动简图绘制则如图 2-12(b)所示。现以此图为例来说明绘制机构运动简图的方法与步骤。

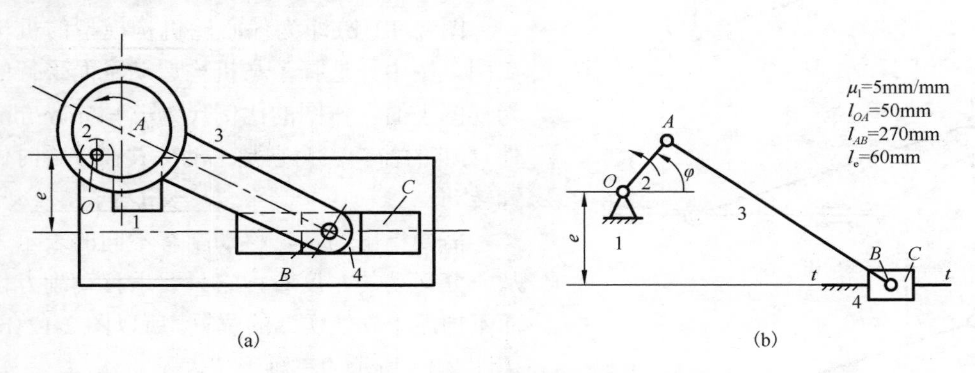

图 2-12　偏心轮机构运动简图的绘制

1-机架；2-偏心轮；3-连杆；4-滑块

(1)分清构件。分析机构的组成和运动，首先分清机架和主动件，然后循传动路线逐个分清各从动件，并依次将各构件标上数字编号。

图 2-12(a)中，构件 1 为机架，偏心轮 2 为主动件，在偏心轮带动下，通过连杆 3 使滑块 4 在水平导路中移动。连杆与滑块均为从动件。

(2)判定各运动副的类型。一般从主动件开始，仍循传动路线，逐个分析相邻两构件之间的相对运动性质或运动副具体构造的几何特征，据此确定运动副的类型。为方便起见，可标上相应的字母。

图 2-12(a)中，偏心轮 2 相对机架 1 绕中心 $O$ 转动，$O$ 为转动副；偏心轮又与连杆 3 的大端绕 $A$ 点相对转动，$A$ 也为转动副；连杆 3 的小端与滑块 4 相连，两者绕 $B$ 点相对转动，$B$ 点也是转动副；滑块 4 在机架的水平导路中移动而与机架组成移动副 $C$。

(3)选择合理的视图平面和主动件位置，测量机构的运动尺寸。一般选择机械中多数运动构件的运动平面作为视图平面，并把主动件选定在某一位置上，以此作为绘制机构运动简图的基准，并据此位置测量各构件上与运动有关的尺寸(运动尺寸)。

确定主动件位置，即选择合适的机构瞬时作图位置时，应使图中代表构件的线条尽可能不交叉、不重叠，以便清楚地反映各构件的相互位置关系。若机构较为复杂，在一个视图平面内难以表达清楚，可选多个视图平面分层作图表达，或用轴测图的形式绘制机构运动简图。

图 2-12(a)中，以 $\varphi=70^\circ$ 为机构作图位置，量得转动副 $O$ 与 $A$ 的中心距 $l_{OA}=50\,\text{mm}$，转动副 $A$ 与 $B$ 的中心距 $l_{AB}=270\,\text{mm}$，移动副 $C$ 的导路 $t$-$t$ 为水平方向，它与转动副 $O$ 的距离为 $l_e=60\,\text{mm}$。

(4)绘制机构运动简图。根据图纸幅面和机构运动尺寸，按比例在图纸上定出各运动副间的相对位置，并用代表运动副和构件的符号、线条绘出机构运动简图，最后用箭头标出主动件的运动方向，标注绘图比例 $\mu_l$ 和机构的实际运动尺寸。

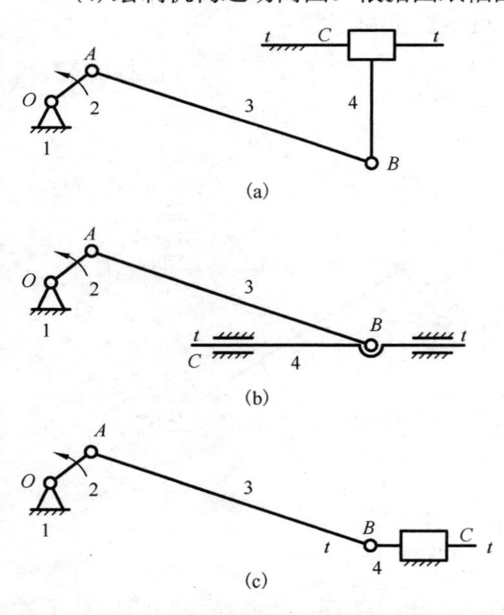


图 2-13　移动副的不同表示方法

1-机架；2-曲柄；3-连杆；4-滑块

图 2-12(b)即为偏心轮机构模型的机构运动简图。图中，选择了与机构运动平面平行的平面为视图平面，作图的比例尺为 $\mu_l=5\text{mm/mm}$，构件 2 上的箭头表明它是主动件并在该瞬时做逆时针转动。

需要指出的是，移动副有不同的表示方法，从研究运动的角度看，它只要求移动副方位正确而不拘泥于导轨实际的位置，所以图 2-12(b)也可用图 2-13 所示的三种形式表示。

工程上还有一种各运动副相对位置不严格按比例绘制的简图，称为机动示意图。它仅能表示机构的结构组成情况，不能用作定量分析机构运动的依据。

# 2.4　平面机构的自由度计算

设计任何机构都应保证其能实现确定的运动。为此，必须探讨机构自由度的定义及机构具有确定运动的条件。

## 2.4.1　构件的自由度

如图2-14所示，在$XOY$坐标系中，一个做平面运动的自由构件，其运动可分解为沿$X$轴和$Y$轴方向的移动以及绕垂直于$XOY$面的轴线的转动。确定构件位置所需的独立位置参数的数目称为构件的自由度。所以，一个做平面运动的自由构件有三个自由度。该自由构件的三个独立运动也可以用其上任一点$A$的坐标$x$、$y$和过$A$的任一直线$AB$的倾角$\varphi$这三个独立的位置变化参数来描述。若给定这些参数的变化规律$x = x(t)$、$y = y(t)$、$\varphi = \varphi(t)$，则构件就具有了确定的运动。所以，构件的自由度数即等于确定构件的运动所需给定的独立参变数的数目。

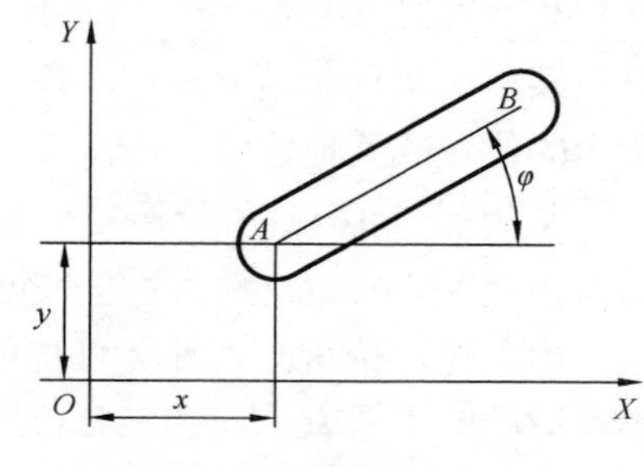


图2-14　构件的自由度

## 2.4.2　机构的自由度

与构件的自由度相类似，机构的自由度是指机构所具有的独立运动。换言之，就是机构具有确定运动所需的独立参变数。

综上所述，任一做平面运动的自由构件具有三个自由度。当两个构件组成运动副后，它们之间的相对运动受到约束，相应的自由度随之减少。不同类型的运动副引入的约束不同，剩下的自由度也不同。

例如，转动副(图2-1)约束了沿$X$、$Y$轴线移动的两个自由度，只保留了一个绕$Z$轴转动的自由度；移动副(图2-2)约束了沿$Y$轴方向的移动和绕$Z$轴转动的自由度，只保留了一个沿$X$轴方向移动的自由度；滚滑副(图2-3)只约束了沿接触处公法线方向移动的一个自由度，保留了绕接触处转动和沿接触处公切线方向移动的两个自由度。

由此可知，平面机构中，每个低副引入两个约束，使机构丧失两个自由度；每个滚滑副引入一个约束，使机构丧失一个自由度。

设一个平面机构共有$N$个构件，其中必有一个是固定件(即机架)，其自由度为零。因此，机构中自由度不为零的运动构件的个数$n = N - 1$，在用运动副连接之前，这些运动构件的总的自由度数是$3n$个。当用运动副将构件连接起来组成机构时，机构中运动构件的自由度受运动副的约束而减少。设机构中低副的个数为$P_5$个，滚滑副(高副)的个数为$P_4$个，则机构中全部运动副将引入$2P_5 + P_4$个约束。所以，运动构件的自由度总数减去运动副引入的约束总数就是该机构相对于机架的自由度数，称为平面机构的自由度，用$F$表示。由此，平面机构的自由度计算公式为

$$F = 3n - 2P_5 - P_4 \tag{2-1}$$

式(2-1)也称为机构的结构公式。

显然，机构的自由度数必须大于零才能运动。由于机构中主动件的运动规律是给定的已知条件，因此，要使机构具有确定的运动，必须使机构的主动件数量等于机构的自由度数。

下面举例说明式(2-1)的应用。

如图 2-15 所示的铰链五杆机构中，$n=4$，$P_5=5$，$P_4=0$，应用式(2-1)可得其自由度为

$$F = 3\times4 - 2\times5 - 1\times0 = 2$$

不难看出，当给定构件 2、5 的运动规律 $\varphi=\varphi(t)$ 和 $\psi=\psi(t)$，即给定两个主动件时，其余构件相对于机架的运动就随之而确定，即机构具有了确定的运动。如果只给定一个主动件 2，则对应其任一运动位置 $\varphi=\varphi_1$，其余运动构件可以处于图中实线所示的位置，也可以处于虚线所示的位置或其他位置，即从动件系统的运动不能确定。

又如图 2-16(a)所示，三个构件用转动副相连，取其中一个构件为机架，由式(2-1)算得其自由度 $F=0$。显然，这是一个静定桁架而非机构，与图 2-16(b)所示的构件完全相同。

由上述讨论可知，计算机构的自由度并检验其与主动件数是否一致是判断机构是否具有确定运动的重要方法，也是分析现有机构以及设计新机构所必须遵循的重要法则。

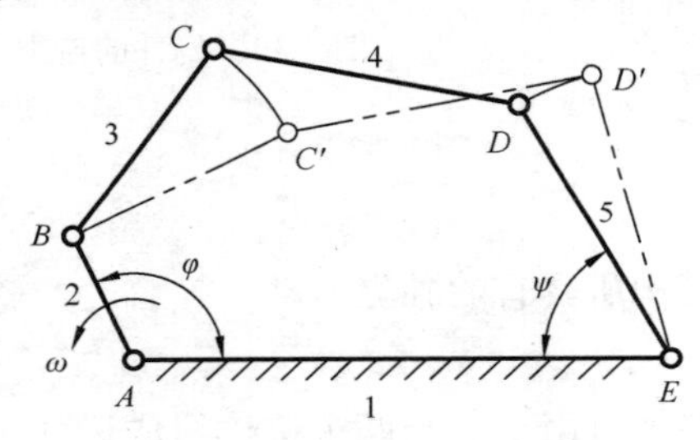

图 2-15 铰链五杆机构的自由度

1-机架；2、5-连架杆；3、4-连杆

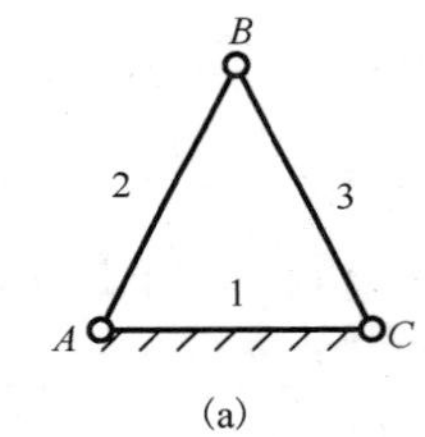


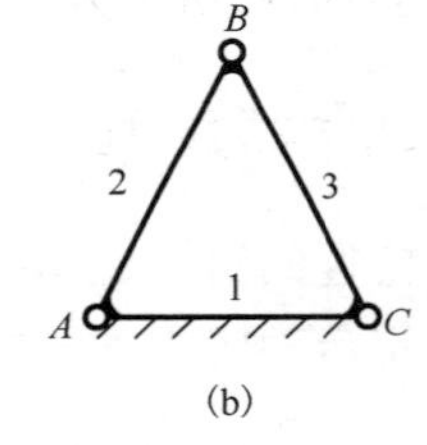


图 2-16 桁架

1、2、3-构件

### 2.4.3 计算平面机构自由度时应注意的问题

由于式(2-1)在推导过程中只考虑了各个运动副引入的约束条件，没有考虑有些机构中由于运动副的特殊组合及运动副间相对尺寸上的特殊配置而使引入的约束条件有所变化。因此，在使用式(2-1)计算平面机构自由度时必须注意以下几点。

**1. 复合铰链**

由三个或三个以上构件同时在一处用转动副连接，称此结构为复合铰链。如图 2-17 中的三个构件 1、2、3，由构件 1 与 3 及构件 2 与 3 分别在 $OO$ 轴线上组成转动副，因此该处有三个构件在同一转动中心组成含有两个转动副的复合铰链。依此类推，若有 $K$ 个构件在同一转动中心组成复合铰链，该处就有$(K-1)$个转动副。因此计算一个机构中所含有的转动副数目时，必须要注意复合铰链中转动副的数目。

**2. 局部自由度**

机构中某些构件具有的并不影响其他构件运动关系的自由度，称为局部自由度。图 2-18(a)所示的凸轮机构中，构件 2 为一圆柱滚子，可相对其转动中心 $C$ 自由转动，显然，构件 2 的转

动并不影响凸轮 1 和从动件 3 之间的运动关系。所以，滚子 2 相对其转动中心 $C$ 的转动是局部自由度。局部自由度不影响机构的运动，在计算机构自由度时应把它除去。如图 2-18(b)所示，设想将滚子 2 与从动件 3 焊接在一起后再按图 2-18(b)计算机构的自由度。由式(2-1)得

$$F = 3n - 2P_5 - P_4 = 3\times2 - 2\times2 - 1 = 1$$

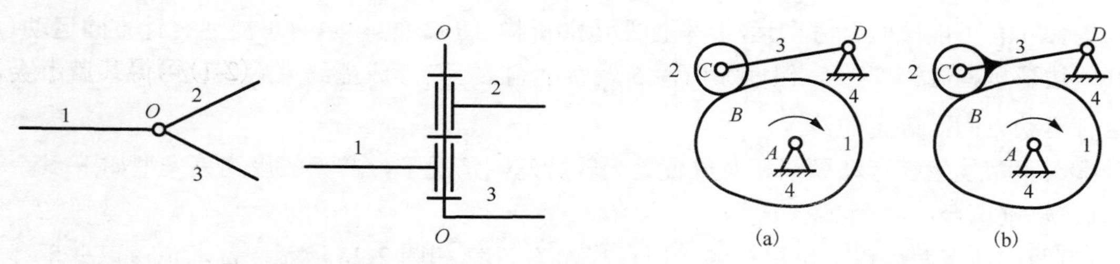


图 2-17　复合铰链

1、2、3-构件

图 2-18　局部自由度

1-凸轮；2-滚子；3-从动件；4-机架

### 3. 虚约束

在某些情况下，机构中有些运动副引入的约束与其他运动副引入的约束相重复。此时，这些运动副对构件的约束，形式上虽然存在而实际上并不起作用，一般把这类约束称为虚约束。对于虚约束，在计算机构自由度时应除去不计。

图 2-19(a)所示为平行四边形铰链机构，若直接用式(2-1)计算其自由度，得

$$F = 3n - 2P_5 - P_4 = 3\times4 - 2\times6 - 0 = 0$$

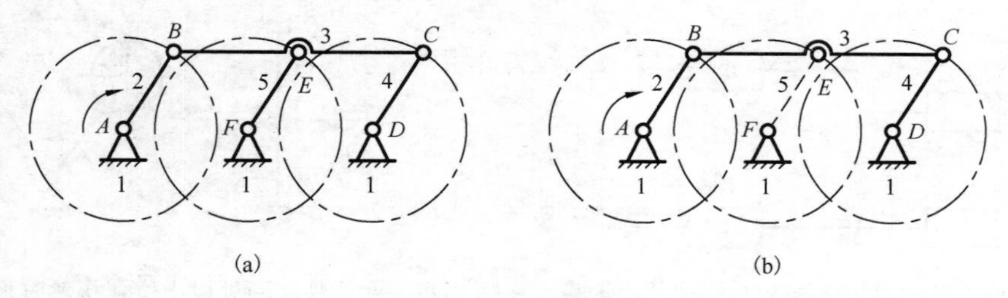

图 2-19　虚约束

1-机架；2、4、5-连架杆；3-连杆

计算结果说明，这是一个无法用给定不同的独立位置(或运动)参数来改变各构件位置的“刚性结构”。但实际情况并非如此，该机构是能动的。计算结果与实际不符，其原因是计算时计入了不起作用的虚约束。因为在图 2-19(a)中，构件 1、2、3、4 形成一个平行四边形，在机构运动时，连杆 $BC$ 做平动，其上各点的轨迹都是以 $AB$(或 $CD$)为半径的圆。而构件 5 的长度与 $AB$ 相等，转动副 $F$ 的中心放在 $E$ 点圆弧轨迹的圆心上，所以运动副 $E$ 实际没有起到约束作用，是虚约束。计算该机构自由度时，首先应除去虚约束，即去掉运动副 $E$，此时构件 5 和转动副 $F$ 在机构中就不再起作用，应同时除去，如图 2-19(b)中虚线所示，然后计算该机构的自由度，得

$$F = 3n - 2P_5 - P_4 = 3\times3 - 2\times4 - 0 = 1$$

应注意的是，虚约束只有在运动副的位置满足某一特殊的几何条件时才存在，否则将成为有效约束。如本例中，若 $EF$ 与 $AB$(或 $CD$)不平行，则构件 5 及转动副 $E$、$F$ 对构件 3 上 $E$ 点的约束与平行四边形 $ABCD$ 对 $E$ 点的约束并不重复，成为一个有效约束，此时构件 1、2、3、4、5 确实成为一个 $F=0$ 的刚性结构。

机构中的虚约束主要是考虑到受力、强度、刚度及机器工作原理等方面的要求而设的，从这个观点出发，虚约束不能说是可有可无的多余约束。如图 2-19 中所示的平行四边形机构，若不加构件 5 及转动副 $E$、$F$ 而形成虚约束，则当构件 2 运动到与机架线 $AD$ 重合时，连杆 3 及连架杆 4 也运动到与 $AD$ 共线的位置，如图 2-20 中 $AB_1C_1D$ 位置。此时，构件 2 再继续运动时，构件 4 有可能顺时针方向运动(平行四边形机构 $AB_2C_2D$)，也有可能逆时针方向运动(反平行四边形机构 $AB_2C_2'D$)。但增加构件 5 及转动副 $E$、$F$ 形成虚约束后(图 2-19)，就不会出现这种运动方向不确定的情况。

虚约束常发生在运动副间相对位置处于较特殊的情况下，常见的虚约束类型如下。

(1) 轨迹重合，如图 2-21 所示。

(2) 两构件在两处以上位置接触或配合，如图 2-22 和图 2-23 所示。

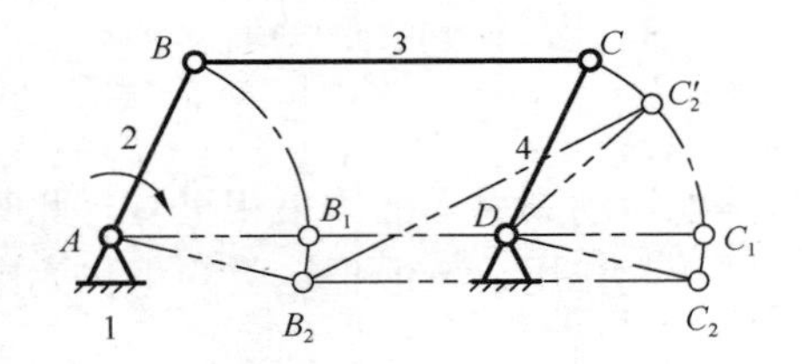


图 2-20 虚约束的作用

1-机架；2-主动曲柄；3-连杆；4-从动曲柄

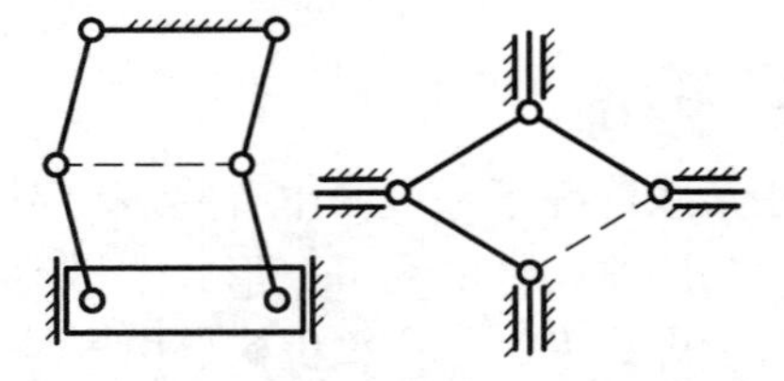

图 2-21 轨迹重合形成的虚约束

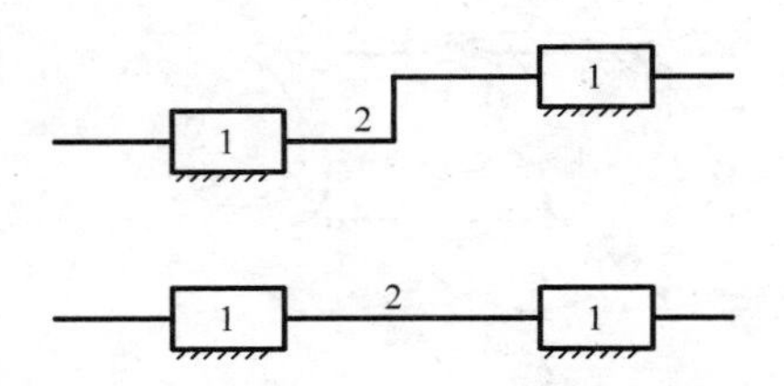


图 2-22 两构件在两处以上配合时形成的虚约束

1-机架；2-构件

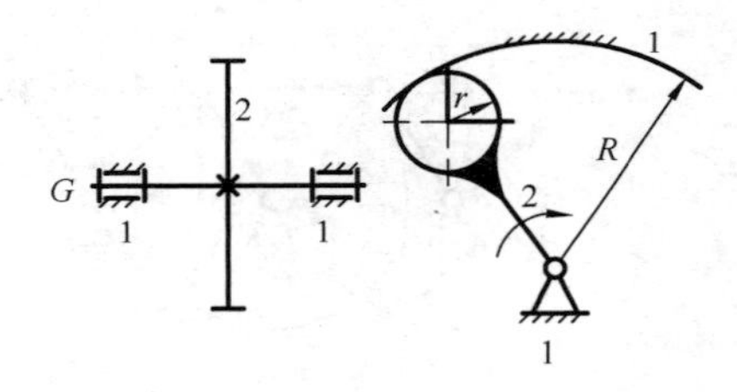


图 2-23 两构件在两处以上位置接触时形成的虚约束

1-机架；2-构件

(3) 机构中对传递运动不起独立作用的对称部分，如图 2-24 所示。

**4. 公共约束**

在有些机构中，由于运动副的特殊组合和特殊布置，机构中所有构件同时受到某些约束而共同丧失了一些运动的可能性，也相当于给所有运动构件施加了某些公共约束。例如，图 2-25 所示的楔块机构中，连接各构件的都是移动副，在这样的特殊组合下，所有构件都共同失去了转动的可能性，也就是对每个构件都施加了一个公共约束。这个公共约束使此机构中每个自由构件所具有的自由度数不再是 3，而是 $3-1=2$。同理，原来组成移动副所引入的两个约束条件中，有一个(转动约束)与公共约束相重复而不应予以考虑。因此，此机构中的每个移动副只引入一个约束。所以，这时应将式(2-1)修改为

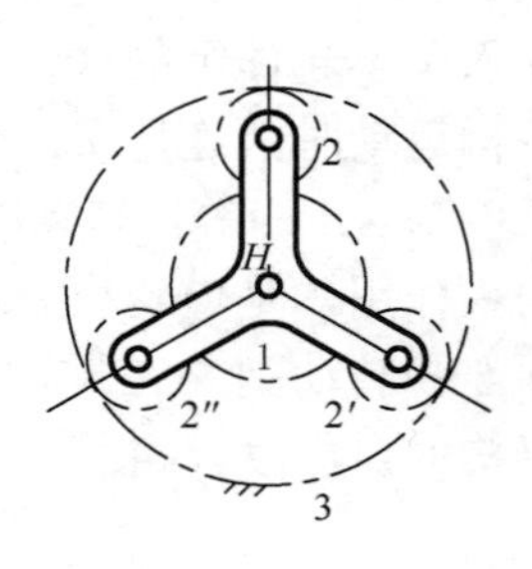


图 2-24 对传递运动不起独立作用的对称部分形成的虚约束

1、2、2′、2″-齿轮；3-机架(齿轮)；$H$-构件

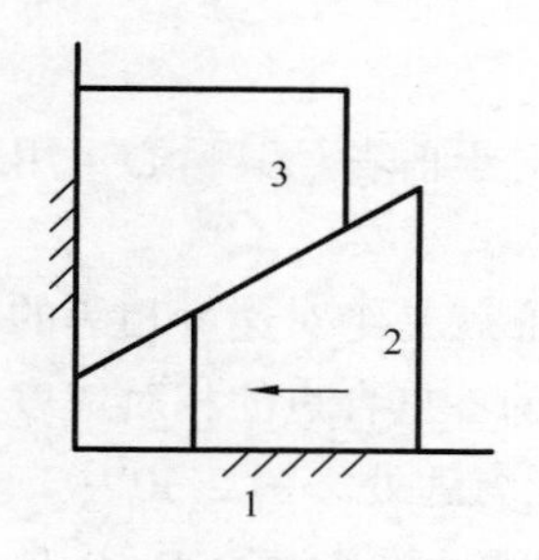

图 2-25　楔块机构
1-机架；2、3-楔块

$$F = (3-1)n - (2-1)P_5$$

式中，“1”是公共约束数。因此，图 2-25 所示楔块机构的自由度为

$$F = 2 \times 2 - 1 \times 3 = 1$$

综上所述，在用式(2-1)计算平面机构自由度时，必须对机构的组成情况进行分析，判断有无以上四种情况存在，否则不能得到正确的结果。

# 2.5　平面机构的运动分析与力分析

## 2.5.1　平面机构的运动分析与力分析方法

平面机构的运动分析与力分析方法主要有图解法和解析法两种，其理论基础是理论力学中的运动学、静力学和动力学。图解法形象直观，但作图较烦琐，精度不高，主要用于简单机构的运动分析和力分析。解析法需要根据机构中的运动关系或力平衡关系建立数学方程，然后求解，因而精确度很高。随着计算辅助工程的发展，解析法的运用更加广泛。

上述运动分析与力分析方法所涉及的基本知识在“理论力学”课程中均有介绍，本节只介绍平面机构运动分析的一种图解法——速度瞬心法。

## 2.5.2　平面机构运动分析的速度瞬心法

### 1. 速度瞬心

速度瞬心的定义是：两个互做平面平行运动的刚体(构件)上绝对速度相等的瞬时重合点称为这两个刚体的速度瞬心，简称瞬心，用 $P$ 表示。瞬心有两类：绝对瞬心和相对瞬心。

(1) 绝对瞬心。若瞬心的绝对速度为零，该瞬心称为绝对瞬心。如图 2-26 所示，$P_{12}$ 为绝对瞬心。

(2) 相对瞬心。若瞬心的绝对速度不为零，该瞬心称为相对瞬心。如图 2-27 所示，$P_{12}$ 为相对瞬心。

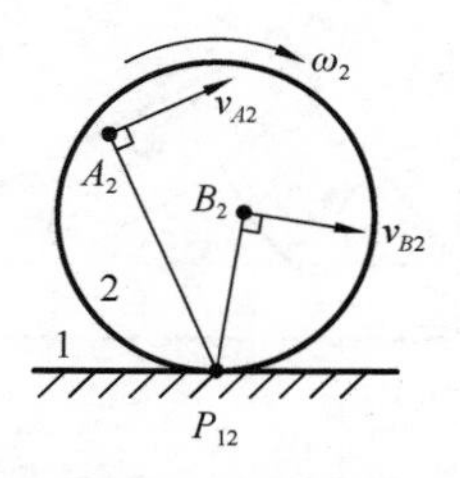

图 2-26　绝对瞬心
1-机架(刚体)；2-刚体

### 2. 瞬心的求法

#### 1) 机构中瞬心的数目

对于平面机构，任意两个互做平面平行运动的构件之间都有一个瞬心。因此，若机构有 $N$ 个构件，则该机构的瞬心总数 $K$ 可按组合公式算得

$$K = C_N^2 = \frac{N!}{2!(N-2)!} = \frac{N(N-1)}{2} \tag{2-2}$$

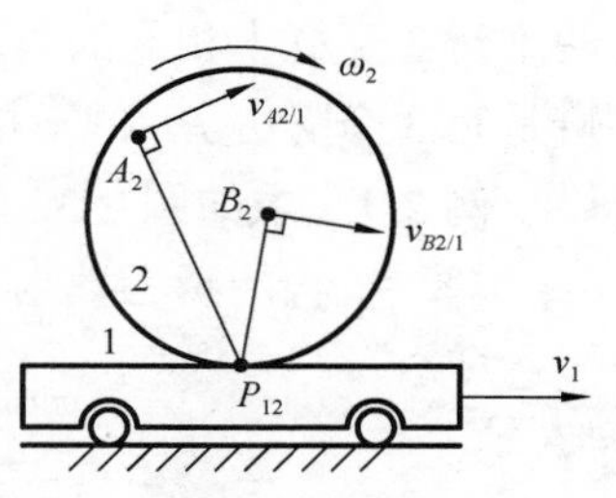

图 2-27　相对瞬心
1、2-刚体

**2)机构瞬心的求法**

机构中的任意两个构件，它们或组成运动副或不组成运动副，对于前者，其瞬心可用观察法确定，对于后者，则需用三心定理法来求。

(1)观察法。图 2-28 中，当两构件组成转动副时，转动副的中心就是绝对速度相等的重合点，即瞬心 $P_{12}$。图 2-29 中，当两构件组成移动副时，由于它们的各重合点的相对速度方向都是平行于导路方向的，所以其瞬心 $P_{12}$ 必位于垂直导路方向的无穷远处。图 2-30 中，当两构件组成滚滑副时，因其接触点 $M$ 处有沿切线方向的相对滑动速度，故其瞬心 $P_{12}$ 应位于过 $M$ 点的公法线 $n$-$n$ 上，至于在 $n$-$n$ 上的具体位置，这里由于相对滑动速度的值未知而不能定出，需通过其他关系来确定。

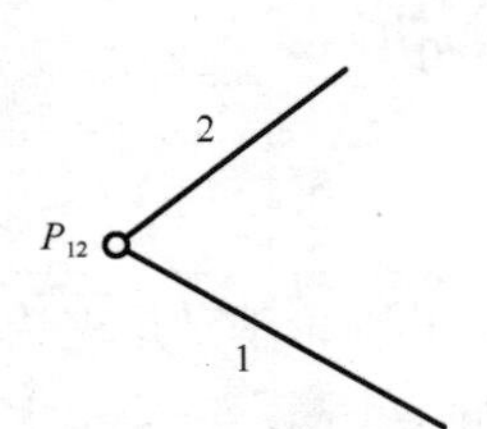


图 2-28 转动副的瞬心
1、2-构件

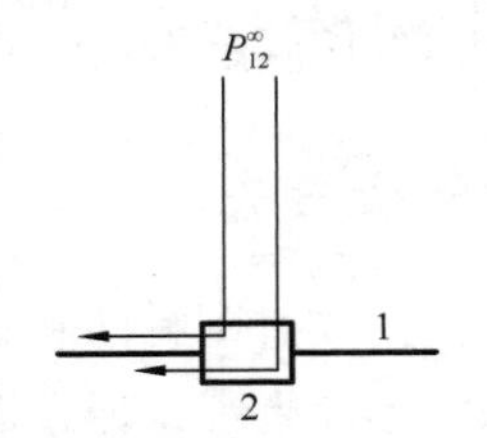


图 2-29 移动副的瞬心
1、2-构件

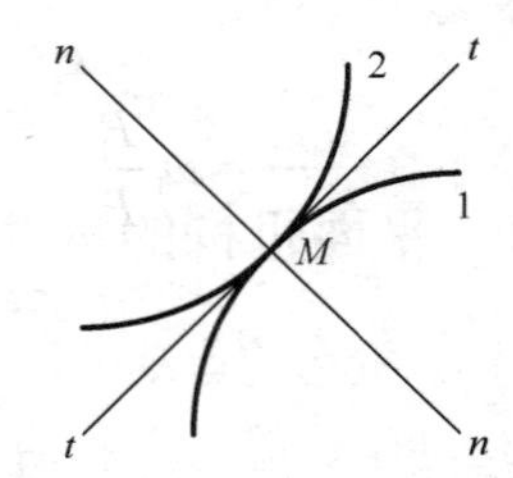


图 2-30 滚滑副的瞬心
1、2-构件

(2)三心定理法。三心定理为：互做平面平行运动的三个构件共有三个瞬心，这三个瞬心必位于同一直线上。其证明如下。

如图 2-31 所示，三个互做平面平行运动的构件 1、2、3，共有三个瞬心，即 $P_{12}$、$P_{13}$ 和 $P_{23}$。为研究方便，设构件 3 固定，构件 1、3 和构件 2、3 分别组成转动副 $A$ 和 $B$，则转动副 $A$、$B$ 的中心分别是构件 1、3 和构件 2、3 的瞬心 $P_{13}$ 和 $P_{23}$。构件 1、2 不组成运动副，但其瞬心 $P_{12}$ 必在 $P_{13}$ 和 $P_{23}$ 的连线上。这是因为瞬心是两构件绝对速度(大小、方向)相等的瞬时重合点，若 $P_{12}$ 不在 $P_{13}$ 和 $P_{23}$ 的连线上，而在图示的 $C$ 点上，那么 $v_{C1}$、$v_{C2}$ 的方向就无法一致，所以 $P_{13}$、$P_{23}$ 和 $P_{12}$ 三个瞬心必位于同一直线上。至于 $P_{12}$ 的具体位置只有在构件 1、2 的运动已知时才能求出。

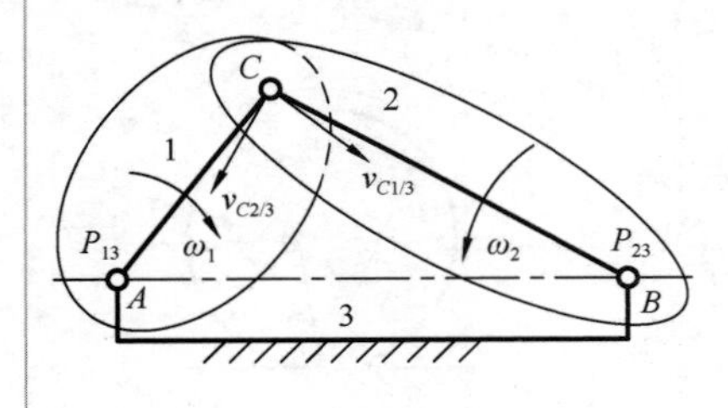


图 2-31 三心定理
1、2-构件；3-机架

值得注意的是，这三个瞬心的下标之间的关系：去掉两个瞬心下标中相同的数码，如 $P_{13}$、$P_{23}$ 中的“3”，则该两瞬心下标中余下的数码“1”和“2”恰是第 3 个瞬心 $P_{12}$ 的下标。

**例 2-1** 求如图 2-32 所示铰链四杆机构各瞬心的位置。

**解** 机构的瞬心数为

$$k=\frac{N(N-1)}{2}=\frac{4\times(4-1)}{2}=6$$

即构件 1 与 2、1 与 3、1 与 4、2 与 3、2 与 4、3 与 4 的瞬心 $P_{12}$、$P_{13}$、$P_{14}$、$P_{23}$、$P_{24}$、$P_{34}$。

由观察法可知，瞬心 $P_{12}$、$P_{23}$、$P_{34}$、$P_{14}$ 分别位于四个转动副的中心上，如图 2-32 所示。

瞬心 $P_{13}$、$P_{24}$ 可用三心定理求得：由下标关系知 $P_{13}$ 既在 $P_{12}$ 和 $P_{23}$ 的连线上，也在 $P_{14}$ 和 $P_{34}$ 的连线上，故该两线的交点就是瞬心 $P_{13}$。同理，$P_{24}$ 应在连线 $P_{12}P_{14}$ 和 $P_{23}P_{34}$ 的交点上。在这六个瞬心中，凡下标中带机架标号“4”的是绝对瞬心，其余为相对瞬心。

**3. 用瞬心法分析机构的速度**

用速度瞬心可以比较方便地对机构进行速度分析。

**例 2-2**　图 2-32 中，若已知主动件的角速度为 $\omega_1$，求构件 2、3 在图示位置的角速度 $\omega_2$、$\omega_3$。

**解**　(1) 求 $\omega_3$。因 $P_{13}$ 是构件 1、3 具有绝对速度相等的瞬时重合点——相对瞬心，所以其速度 $v_{P_{13}}$ 可写为

$$v_{P_{13}} = \omega_1 l_{P_{14}P_{13}} = \omega_3 l_{P_{34}P_{13}} \quad \text{（方向如图）}$$

所以

$$\omega_3 = \omega_1 \frac{l_{P_{14}P_{13}}}{l_{P_{34}P_{13}}} = \omega_1 \frac{P_{14}P_{13}\mu_1}{P_{34}P_{13}\mu_1} = \omega_1 \frac{P_{14}P_{13}}{P_{34}P_{13}} \quad \text{（逆时针方向）}$$

式中，$\mu_1$ 是长度比例尺，$P_{14}P_{13}$、$P_{34}P_{13}$ 的长度可在图中量得。现 $P_{13}$ 落在连线 $P_{13}P_{34}$ 之外，所以两连架杆的角速度 $\omega_1$、$\omega_3$ 转向相同。顺便指出，若 $P_{13}$ 落在连线 $P_{13}P_{34}$ 之内，则 $\omega_1$、$\omega_3$ 转向相反。

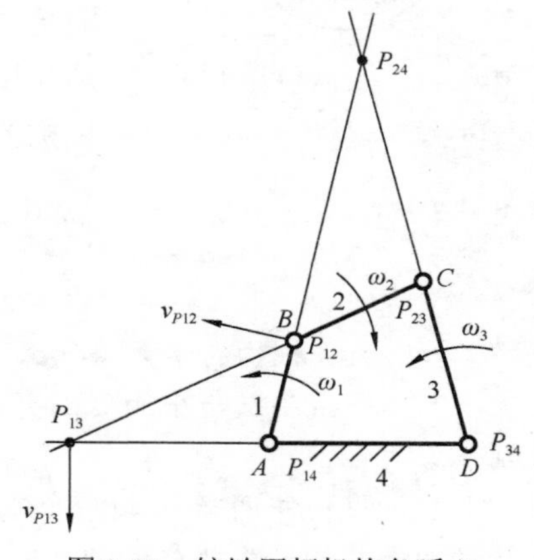


图 2-32　铰链四杆机构各瞬心

1、3-连架杆；2-连杆；4-机架

(2) 求 $\omega_2$。$P_{24}$ 是构件 2、4 的绝对瞬心，这时构件 2 上其他各点都绕 $P_{24}$ 转动，其上 $B$ 点的速度为

$$v_B = \omega_2 P_{24}P_{12}\mu_1 = \omega_1 P_{14}P_{12}\mu_1 \quad \text{（方向如图）}$$

所以

$$\omega_2 = \omega_1 \frac{P_{14}P_{12}}{P_{24}P_{12}} \quad \text{（顺时针方向）}$$

式中，$P_{14}P_{12}$、$P_{24}P_{12}$ 的长度可在图中量得。

**例 2-3**　图 2-33 所示为一对在 $C$ 点接触的高副。设构件 1 主动，求两构件的角速度比 $\omega_1/\omega_2$。

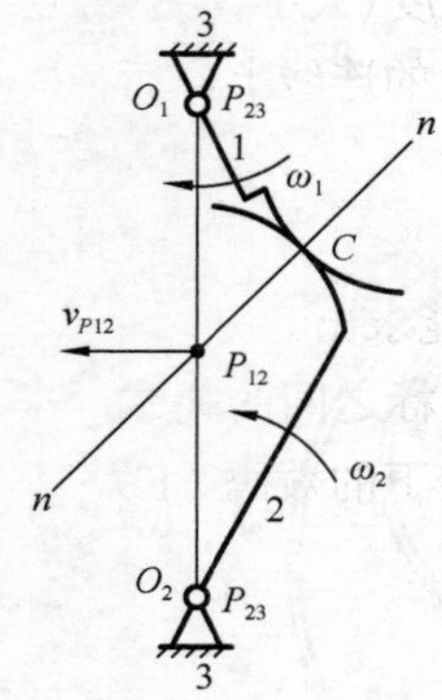


图 2-33　高副机构的瞬心

1、2-构件；3-机架

**解**　由观察法可知，转动副中心 $O_1$、$O_2$ 是绝对瞬心 $P_{13}$ 和 $P_{23}$，而构件 1 与构件 2 的相对瞬心 $P_{12}$ 应位于接触点 $C$ 的公法线 $n$-$n$ 上。又由三心定理可知，$P_{12}$ 应位于 $P_{13}$ 和 $P_{23}$ 的连线上，所以，$n$-$n$ 与 $P_{13}P_{23}$ 线的交点即 $P_{12}$。相对瞬心 $P_{12}$ 的速度为

$$v_{P_{12}} = \omega_1 P_{12}P_{13}\mu_1 = \omega_2 P_{12}P_{23}\mu_1$$

$$\frac{\omega_1}{\omega_2} = \frac{P_{12}P_{23}}{P_{12}P_{13}}$$

上式表明，两构件组成高副，其接触点（$C$ 点）的公法线将连心线（$P_{13}P_{23}$）分为两段（$P_{12}P_{13}$、$P_{12}P_{23}$），它们与两轮的角速度 $\omega_1$、$\omega_2$ 成反比。

**例 2-4**　图 2-34 中，已知凸轮 1 的角速度 $\omega_1$，求从动件 2 的速度 $v_2$。

**解**　转动副中心 $O$ 是构件 1、3 的绝对瞬心 $P_{13}$，构件 2、3 的绝对瞬心 $P_{23}$ 在垂直于从动

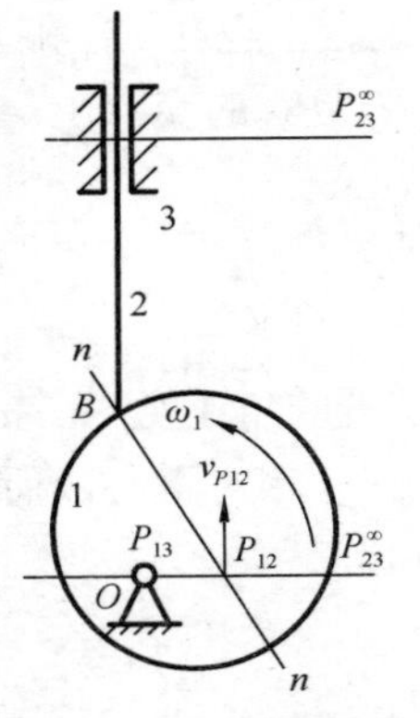

图 2-34 凸轮机构的瞬心
1-凸轮；2-从动件；3-机架

件导轨方向的无穷远处，构件 1、2 的相对瞬心 $P_{12}$ 位于接触点 $B$ 的公法线 $n$-$n$ 与绝对瞬心 $P_{13}$、$P_{23}$ 的连线(连心线)的交点上。求得瞬心 $P_{12}$ 后，根据它是构件 1 与构件 2 的同速点关系，得

$$v_2 = \omega_1 P_{13} P_{12} \mu_1$$

$P_{13}P_{12}$ 的长度可在图中量得，$v_2$ 的方向向上。

从上面例题可以看出，用瞬心法进行平面机构速度分析比较简便，只要能求出有关速度瞬心位置即可求出有关构件上某些点的速度或角速度。但对复杂机构，因其瞬心数目多，求解比较复杂，用瞬心法分析速度就不一定简便了，并且这种方法不能进行机构的加速度分析。

## 思考题与习题

2-1 组成机构的要素是什么？运动副在机构中起何作用？

2-2 平面高副与平面低副有何区别？约束一个相对转动而保留两个相对移动的平面运动副是否存在？

2-3 两构件间若构成两个或两个以上的移动副或转动副而又能产生相对运动，则应如何解释？

2-4 算得机构自由度为零是否意味着组成该“机构”的每一构件的自由度均为零？

2-5 图 2-35 为一冲床传动机构的设计方案。设计者的意图是通过齿轮 1 带动凸轮 2 旋转后，经过摆杆 3 带动导杆 4 来实现冲头上下冲压的动作。试分析此方案有无结构组成原理上的错误。若有，应如何修改？

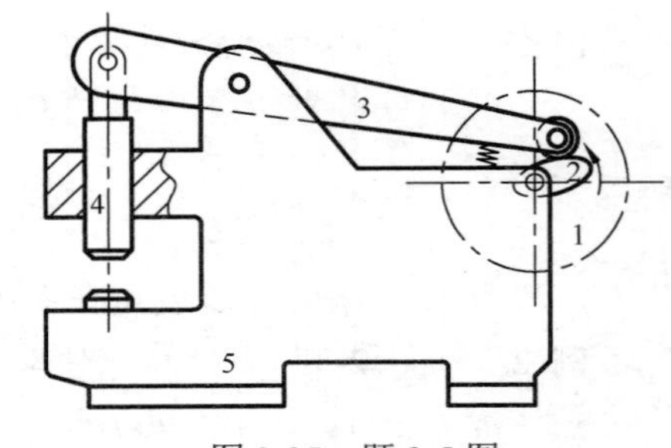

图 2-35 题 2-5 图
1-齿轮；2-凸轮；3-摆杆；4-导杆；5-床身(机架)

2-6 画出图 2-36 中各机构模型的运动简图(运动尺寸由图上量取)，并计算其自由度。

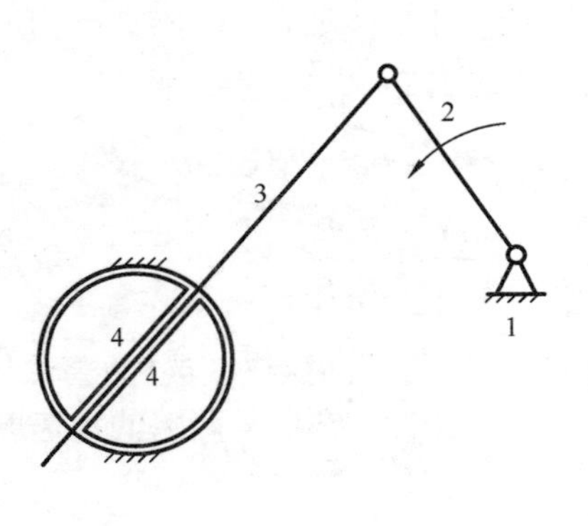


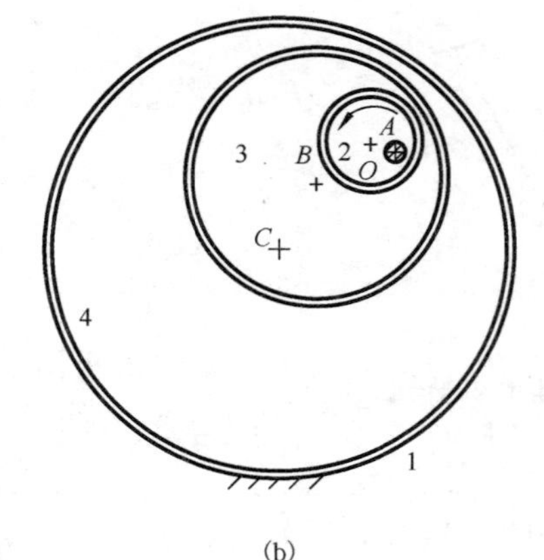

2-36(a)

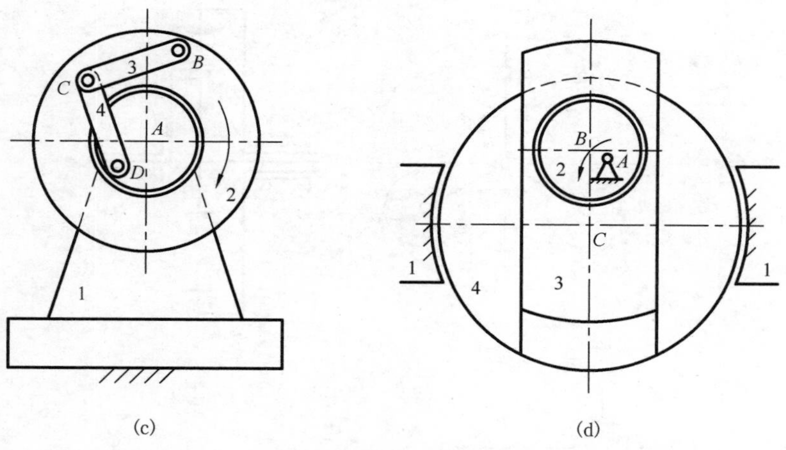

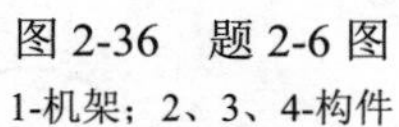

图 2-36　题 2-6 图

1-机架；2、3、4-构件

2-7 计算图 2-37 所示机构的自由度，并说明各机构应有的原动件数目。

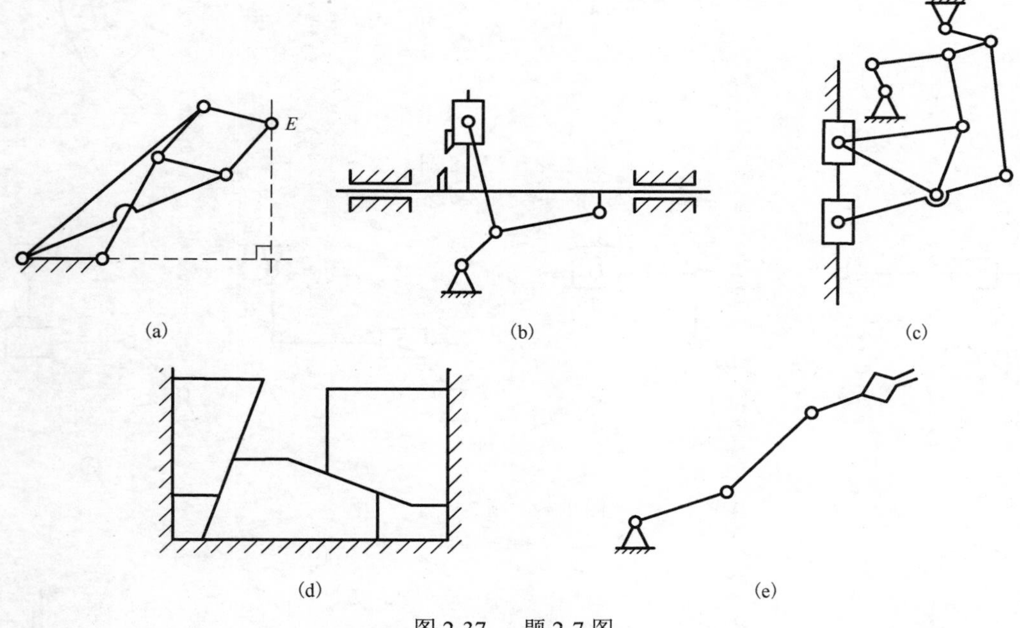

图 2-37　题 2-7 图

2-8 计算图 2-38 所示机构的自由度。

2-9 试比较图 2-39 中(a)、(b)、(c)、(d)四个机构是否相同，或哪几个是相同的？为什么？

2-10 找出图 2-40 所示机构在图示位置时的所有瞬心。若已知构件 1 的角速度 $\omega_1$，试求图中机构所示位置时构件 3 的速度或角速度(用表达式表示)。

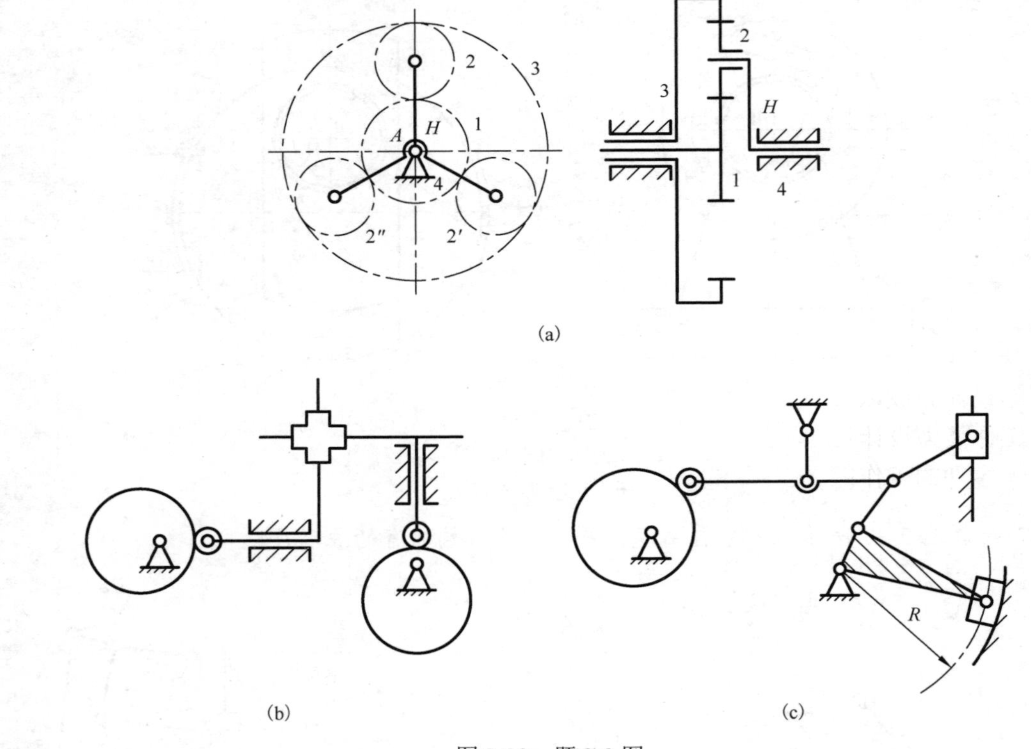


图 2-38 题 2-8 图

1、2、2′、2″、3-齿轮；4-机架；*H*-构件

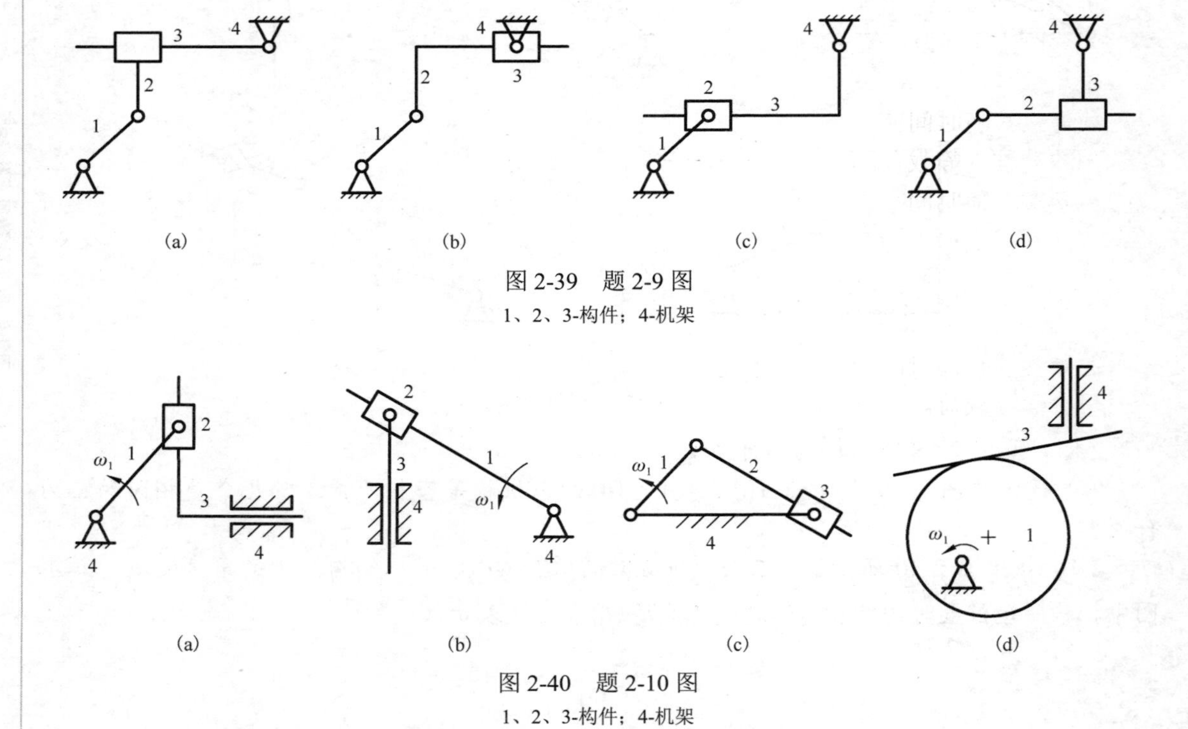


图 2-39 题 2-9 图

1、2、3-构件；4-机架

图 2-40 题 2-10 图

1、2、3-构件；4-机架

# 第 3 章 机械零部件工作能力设计计算基础

## 3.1 概　　述

方案设计完成以后，需要对有关零(部)件进行结构、材料、工作能力及其他方面的技术设计。工作能力设计是技术设计中的一项重要内容，其基本要求是保证零部件的工作能力。

机械零件的工作能力包括强度、刚度、振动稳定性、耐磨性等。机械零件的磨损由摩擦引起，通过合理的润滑可以有效地减少零件的摩擦、磨损，延长其使用寿命。因此机械零部件工作能力设计不仅要求掌握强度、刚度及振动稳定性的计算方法，还要求掌握摩擦、磨损及润滑方面的知识。

## 3.2 作用在零件上的载荷

### 3.2.1 载荷的类型

机械零件在工作中几乎都要承受外力的作用，工程上把这些外力称为载荷。在设计计算中，为方便起见，载荷常以力 $F$(N，kN)、转矩 $T$(N·m，N·mm)、弯矩 $M$(N·m，N·mm)及功率 $P$(kW)的形式来表示。

载荷按其随时间变化的情况，可分为静载荷和变载荷两种。不随时间变化或随时间缓慢变化的载荷称为静载荷，随时间变化的载荷称为变载荷。变载荷可分为确定性载荷和非确定性载荷两类。随时间变化的规律能用明确的数学关系式描述的载荷称为确定性载荷，确定性载荷包括周期性载荷和非周期性载荷；变化规律不能用明确的数学关系式描述的载荷称为非确定性载荷，又称随机载荷。

**1. 周期载荷**

周期载荷是随时间做周期性变化的载荷。以正弦规律变化的载荷是一种最简单的周期载荷，又称简谐载荷。简谐载荷 $x(t)$ 可表达为

$$x(t) = x_0 \sin(\omega t + \phi)$$

式中，$x_0$ 为载荷的幅值；$\omega$ 为角频率；$\phi$ 为相位角。

对复杂的周期载荷 $x(t)$，可用傅里叶级数展开式来表示，即

$$x(t) = \frac{a_0}{2} + \sum_{n=1}^{\infty}(a_n \cos n\omega_0 t + b_n \sin n\omega_0 t) = \frac{a_0}{2} + \sum_{n=1}^{\infty} c_n \sin(n\omega_0 t + \phi_n)$$

式中　$a_0 = \dfrac{2}{T}\int_{-T/2}^{T/2} x(t)\mathrm{d}t$，　$a_n = \dfrac{2}{T}\int_{-T/2}^{T/2} x(t)\cos n\omega t\mathrm{d}t$，　$b_n = \dfrac{2}{T}\int_{-T/2}^{T/2} x(t)\sin n\omega t\mathrm{d}t$

$$c_n = \sqrt{a_n^2 + b_n^2}\ ,\qquad \phi_n = \arctan\frac{a_n}{b_n}\ ,\qquad \omega_0 = \frac{2\pi}{T}$$

其中，$\omega_0$ 称为基频。由上式可见，通过傅里叶级数展开，复杂周期载荷可表示为一系列频率为基频整倍数的简谐载荷的叠加。

机器中常见的稳定循环变载荷(包括对称循环变载荷、脉动循环变载荷、非对称循环变载荷)和规律性不稳定循环变载荷均为周期性载荷，如图 3-1 所示。

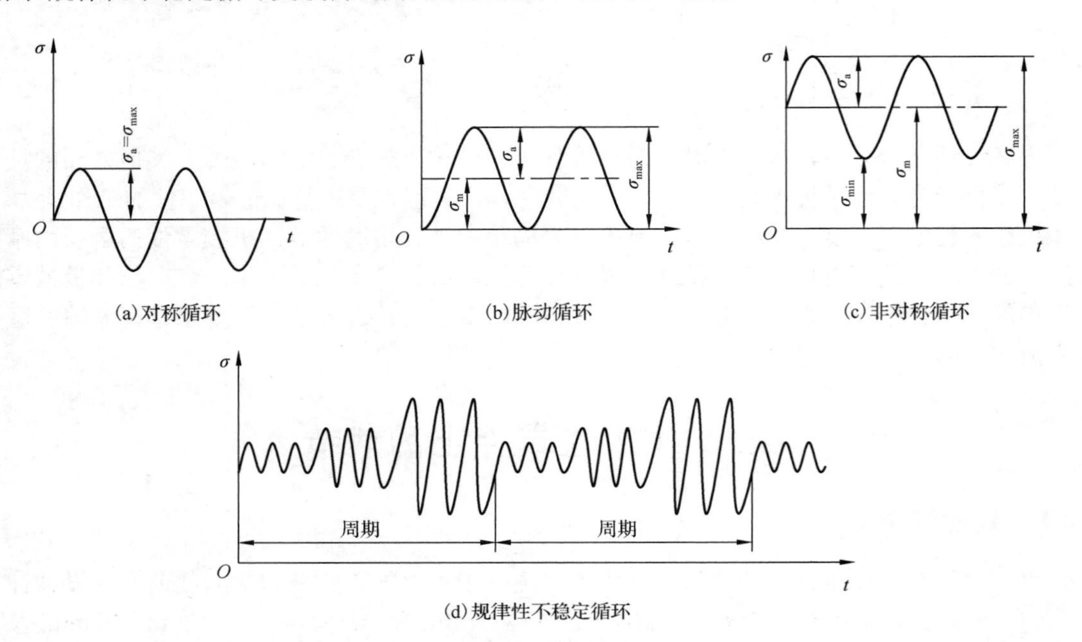


图 3-1 周期载荷和周期应力

**2. 非周期载荷**

无周期规律的载荷称为非周期载荷。它包括准周期载荷和瞬变载荷。

准周期载荷仍然是由多个简单的正弦周期载荷组成的，即

$$x(t) = \sum_{n=1}^{\infty} x_n \sin(\omega_n t + \phi_n)$$

它和复杂周期载荷相比主要区别在于：组成复杂周期载荷的各谐波频率之比是有理数，且往往是基频的整数倍，而组成准周期载荷的各谐波频率之比不都是有理数。因此，由这些简单周期性载荷叠加起来的载荷将不再呈现周期性。

瞬变载荷是一种非周期性的突加载荷，又称冲击载荷，如锻锤在锻造工件时所受的载荷。这种载荷的特点是载荷作用时间短且幅值较大，如图 3-2 所示。

**3. 随机载荷**

这种载荷的幅值和频率都是随时间变化的，它不能用一个函数确切地进行描述，如图 3-3 所示。在工程中有许多载荷都是随机载荷，如汽车、水轮机、飞机等的工作载荷。由于随机载荷具有不确定性，因而只能应用数理统计方法才能获得它们的统计规律。

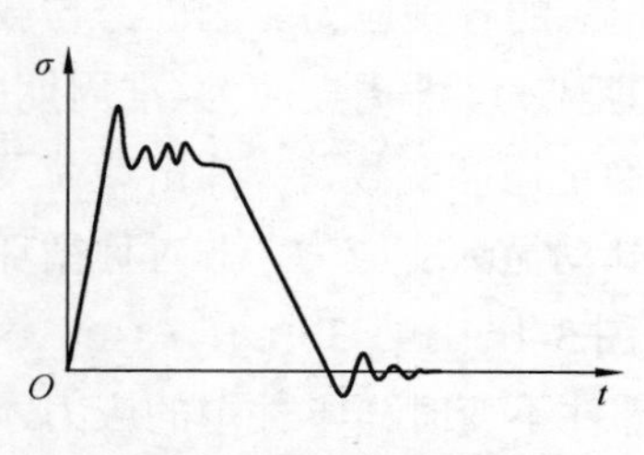


图3-2 冲击载荷和冲击应力

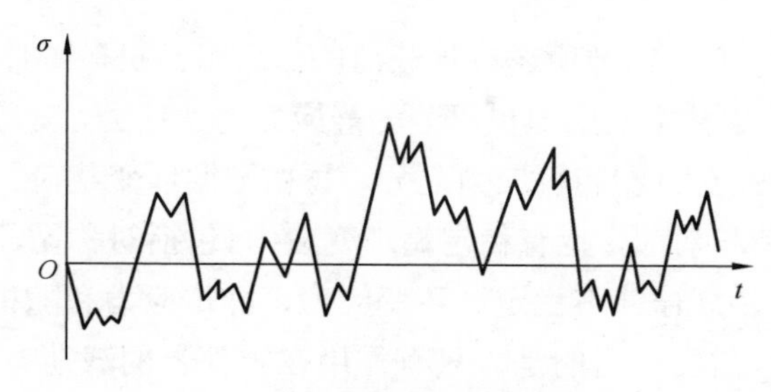


图3-3 随机载荷和随机应力

### 3.2.2 载荷的确定

确定载荷的方法通常有三种：类比法、计算法和实测法。对于一些复杂的难以确定的载荷，也可以把上述几种方法结合起来使用。

**1. 类比法**

参照同类或相似的机械，根据经验或简单的计算确定所设计机械的载荷，这种方法称为类比法。它主要用在载荷较难确定的情况或初步设计阶段。例如，在设计一台新型汽车时，因载荷复杂只能根据同类型产品通过类比确定其载荷。

**2. 计算法**

计算法是根据机械的功能要求和结构特点，通过各种力学原理、经验公式或图表等来确定载荷的方法。

例如，若某零件(如轴)传递的功率为$P$(kW)，转速为$n$(r/min)，则该零件所受的名义载荷(转矩)为

$$T=9550\frac{P}{n} \quad ,\ \mathrm{N\cdot m}$$

名义载荷是在平稳工作条件下作用在零件上的载荷或者说是在理想条件下的载荷。在实际工作过程中，机器起动、停车时的过载、载荷随时间的波动、载荷分布的不均匀性等因素会影响零件所受载荷的大小，使实际载荷大于名义载荷。考虑这些因素后零件所受的载荷称为计算载荷或工作载荷。计算载荷用载荷系数与名义载荷的乘积来表示。例如

$$T_{\mathrm{c}}=K\cdot T \quad ,\ \mathrm{N\cdot m}$$

式中，$T_{\mathrm{c}}$为零件的计算转矩，N·m；$T$为零件的名义转矩，N·m；$K$为载荷系数，其值随原动机和工作机的种类而异(详见以后有关章节)。

**3. 实测法**

实测法是指用实验的方法测定机械及其零部件所受的载荷，它具有直接、准确等优点。电测法(利用电阻应变仪测量载荷)就是目前常用的一种实测法。

## 3.3 机械零件中的应力

计算零件应力时，依据名义载荷求得的应力称为名义应力；依据计算载荷(工作载荷)求得的应力称为计算应力(工作应力)，在计算应力中有时还要考虑应力集中的影响。机械零件的强度计算应按计算应力进行。

在 3.2 节所述各种载荷的作用下，机械零件中将产生相应的各种应力。因此，与载荷一样，零件中的应力也可分为静应力与变应力，变应力又有周期应力、非周期应力(准周期应力、瞬变应力)和随机应力之分。与稳定循环变载荷、规律性不稳定循环变载荷、冲击载荷及随机载荷相对应，也有稳定循环变应力(包括对称循环变应力、脉动循环变应力、非对称循环变应力)、规律性不稳定循环变应力、冲击应力和随机应力，如图 3-1～图 3-3 所示。

需要指出的是，只有作用在零件上的载荷方向相对于零件不变时，零件中的应力才是静应力。有时作用在零件上的载荷虽是静载荷，但载荷方向相对于零件变化时，也会在零件上产生变应力。

除有静应力和变应力之分外，根据应力所处位置及应力产生的原因，应力还可分为体积应力、表面应力、温度应力和装配应力等。

### 3.3.1 体积应力和表面应力

在零件体内产生的应力称为体积应力。拉伸应力、压缩应力、弯曲应力、扭转应力和剪切应力都属于体积应力。

机械零件之间往往通过表面接触来传递载荷，因而会在接触表面上产生相应的应力，这种应力叫表面应力。表面应力包括挤压应力和接触应力，挤压应力在材料力学中已有论述，故不再讨论。现介绍两种常见的接触应力及其计算公式。

**1. 两球体的接触应力**

如图 3-4 所示，两球体的初始接触为点接触。在压力 $F_n$ 的作用下，由于接触处产生局部弹性变形，使接触点变成半径为 $a$ 的圆形接触面。由弹性力学中的赫兹公式可求得圆形接触面的半径 $a$ 为

$$a=\sqrt[3]{\frac{3F_n}{4}\cdot\frac{\dfrac{1-\mu_1^2}{E_1}+\dfrac{1-\mu_2^2}{E_2}}{\dfrac{1}{\rho_1}\pm\dfrac{1}{\rho_2}}}$$

最大接触应力 $\sigma_{\mathrm{H\,max}}$ 位于接触面中心，其表达式为

$$\sigma_{\mathrm{H\,max}}=0.58\sqrt[3]{F_n\left(\frac{\dfrac{1}{\rho_1}\pm\dfrac{1}{\rho_2}}{\dfrac{1-\mu_1^2}{E_1}+\dfrac{1-\mu_2^2}{E_2}}\right)^2}=0.58\sqrt[3]{F_n\left(\frac{\dfrac{1}{\rho_v}}{\dfrac{1-\mu_1^2}{E_1}+\dfrac{1-\mu_2^2}{E_2}}\right)^2} \tag{3-1}$$

式中，$E_1$、$E_2$、$\mu_1$、$\mu_2$ 分别为两球体材料的弹性模量和泊松比；$\rho_1$、$\rho_2$ 为两球体初始接触点处的曲率半径；$\rho_v$ 为当量曲率半径，$\dfrac{1}{\rho_v}=\dfrac{1}{\rho_1}\pm\dfrac{1}{\rho_2}$ 或 $\rho_v=\dfrac{\rho_1\rho_2}{\rho_2\pm\rho_1}$，其中正号用于外接触，负号用于内接触，如图 3-4 所示。

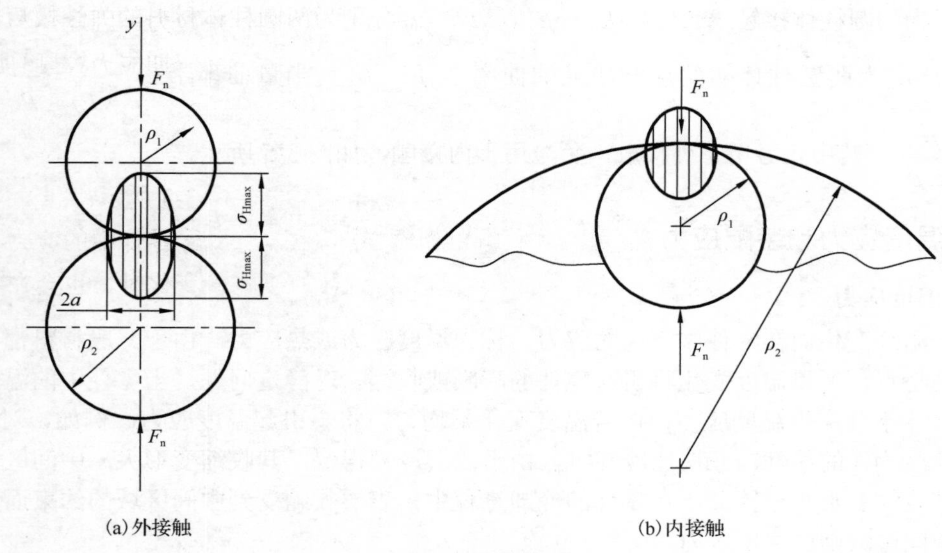


(a)外接触　　(b)内接触

图 3-4　两球体接触

**2. 轴线平行的两圆柱体的接触应力**

如图 3-5 所示，轴线平行的两圆柱体的初始接触为线接触。在压力 $F_n$ 的作用下，由于接触处产生局部弹性变形，接触线变成面积为 $2aL$ 的长方形接触面。由弹性力学中的赫兹公式可求得接触面的半宽 $a$ 为

$$a=\sqrt{\frac{4F_n}{\pi L}\cdot\frac{\dfrac{1-\mu_1^2}{E_1}+\dfrac{1-\mu_2^2}{E_2}}{\dfrac{1}{\rho_1}\pm\dfrac{1}{\rho_2}}}$$

最大接触应力 $\sigma_{H\max}$ 位于接触面中间，其表达式为

$$\sigma_{H\max}=\sqrt{\frac{F_n}{\pi L}\cdot\frac{\dfrac{1}{\rho_1}+\dfrac{1}{\rho_2}}{\dfrac{1-\mu_1^2}{E_1}+\dfrac{1-\mu_2^2}{E_2}}}=\sqrt{\frac{F_n}{\pi L}\cdot\frac{\dfrac{1}{\rho_v}}{\dfrac{1-\mu_1^2}{E_1}+\dfrac{1-\mu_2^2}{E_2}}} \tag{3-2}$$

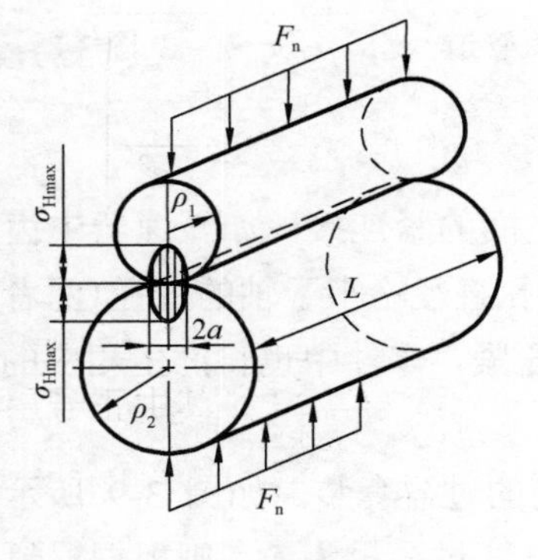


(a)外接触

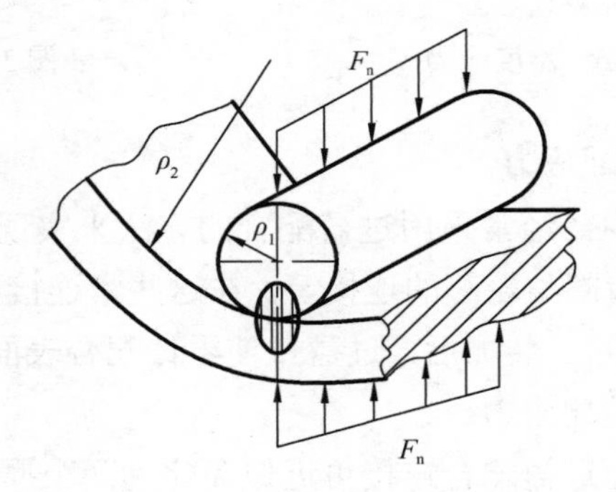


(b)内接触

图 3-5　轴线平行的两圆柱体接触

式中，$L$ 为两圆柱体接触线长度；$E_1$、$E_2$、$\mu_1$、$\mu_2$ 分别为两圆柱体材料的弹性模量和泊松比；$\rho_1$、$\rho_2$ 为两圆柱体初始接触线处的曲率半径；$\rho_v$ 为当量曲率半径，$\frac{1}{\rho_v}=\frac{1}{\rho_1}\pm\frac{1}{\rho_2}$ 或 $\rho_v=\frac{\rho_1\rho_2}{\rho_2\pm\rho_1}$，其中正号用于外接触，负号用于内接触，如图 3-5 所示。

### 3.3.2 温度应力和装配应力

**1．温度应力**

由于温度变化而在零件中产生的应力，称为温度应力或热应力。由于一般材料都具有热胀冷缩的特点，所以温度变化将引起零件的膨胀或收缩。对静定问题，当零件中的温度均匀变化时，并不会产生温度应力；但若温度变化不均匀，将会引起温度应力。例如，对图 3-6 所示的厚度为 $\delta$ 的零件，在快速冷却时，由于表层冷却得快，其收缩变形大；中间区域冷却得慢，其收缩变形小。因此，在零件的冷却过程中，表层收缩受到中间区域的约束而产生拉应力，中间区域则产生压应力。

对静不定问题，当温度发生变化时，往往要产生温度应力。例如，在图 3-7 中，管道中的高压蒸汽会使管道受热膨胀，但由于管道受到两端(高压蒸汽锅炉、原动机)的约束，所以在管道中将产生温度应力。又如，在图 3-8 所示的紧螺纹连接中，若被连接件的线膨胀系数大于螺栓材料的线膨胀系数，则当温度降低时，螺栓的收缩量小于被连接件的收缩量，因而螺栓的拉应力和被连接件的压应力均下降，甚至变为零，这时螺栓连接也就丧失了作用。

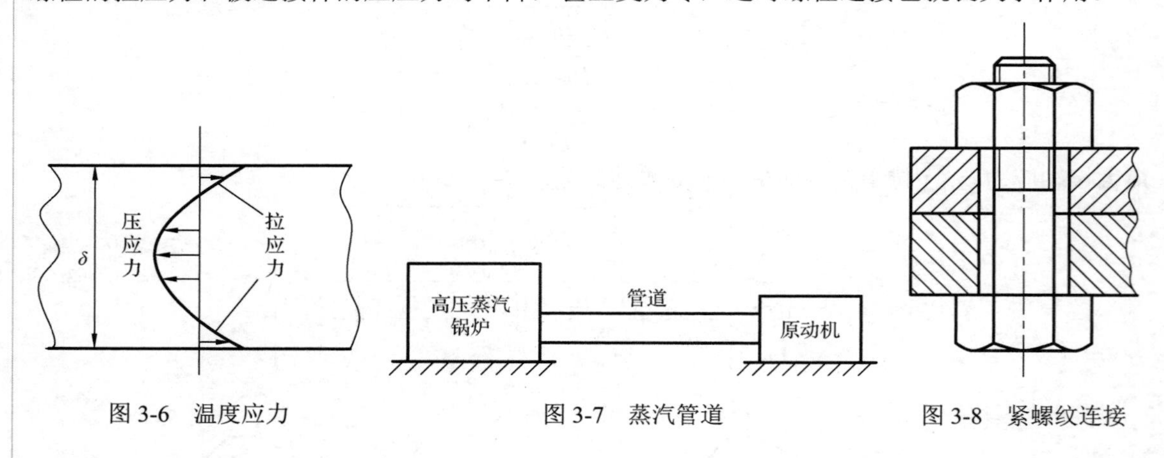


图 3-6　温度应力　　图 3-7　蒸汽管道　　图 3-8　紧螺纹连接

**2．装配应力**

机器中，经常采用过盈配合的方法来实现零件之间的紧连接，如减速器中齿轮与轴的连接、蜗轮齿圈与轮芯的连接等。在这些紧连接中，毂孔直径略小于轴的直径(两者的差值即为配合过盈量)。装配后，过盈量使零件配合表面相互压紧，零件中也将产生相应的应力，这种应力称为装配应力。

圆柱面过盈配合连接可近似简化为两个厚壁圆筒的过盈套装，如图 3-9 所示。设外筒的外径为 $d_2$，内筒的内径为 $d_1$，内外筒的配合直径为 $d$，过盈量为 $\delta$，则根据材料力学中厚壁圆筒的计算理论，配合面上的压力为

$$p = \frac{\delta}{d\left[\frac{1}{E_1}\left(\frac{d^2 + d_1^2}{d^2 - d_1^2} - \mu_1\right) + \frac{1}{E_2}\left(\frac{d_2^2 + d^2}{d_2^2 - d^2} + \mu_2\right)\right]}$$

式中，$E_1$、$\mu_1$和$E_2$、$\mu_2$分别为内、外筒材料的弹性模量和泊松比。

在压力$p$作用下，外筒任一直径$d_x$处的切向应力$\sigma_t$和径向应力$\sigma_r$为

$$\sigma_t = \frac{pd^2}{d_2^2 - d^2}\left(\frac{d_2^2}{d_x^2} + 1\right), \quad \sigma_r = -\frac{pd^2}{d_2^2 - d^2}\left(\frac{d_2^2}{d_x^2} - 1\right)$$

内筒任一直径$d_x$处的切向应力$\sigma_t$和径向应力$\sigma_r$为

$$\sigma_t = -\frac{pd^2}{d^2 - d_1^2}\left(1 + \frac{d_1^2}{d_x^2}\right), \quad \sigma_r = -\frac{pd^2}{d^2 - d_1^2}\left(1 - \frac{d_1^2}{d_x^2}\right)$$

上述切向应力$\sigma_t$和径向应力$\sigma_r$就是厚壁圆筒过盈套装时产生的装配应力，其分布如图 3-9 所示。这些装配应力对被连接件的强度有很大影响。

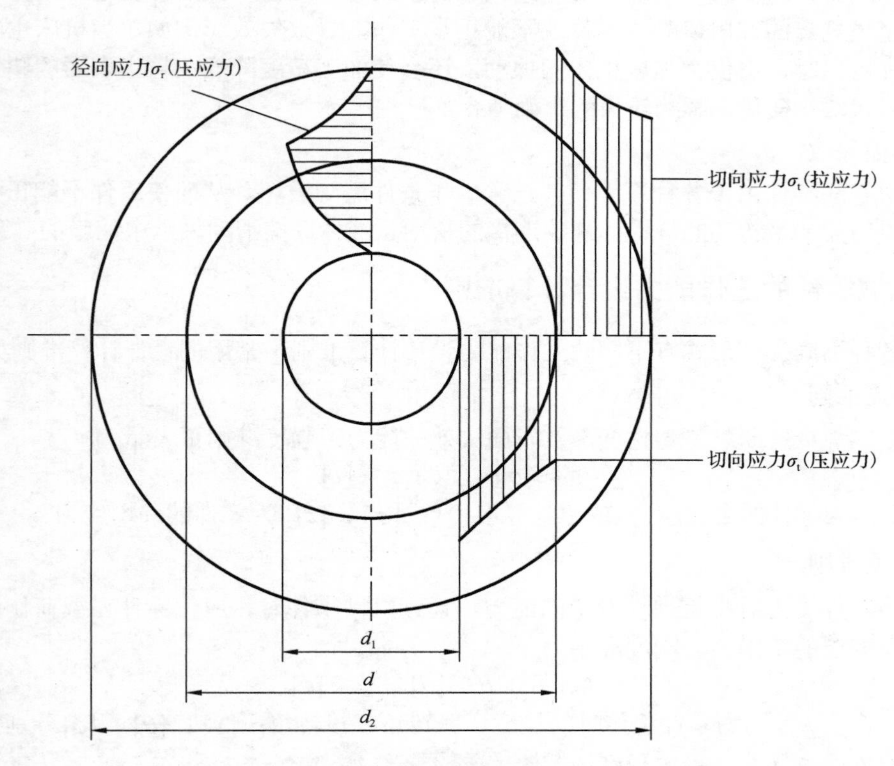


图 3-9　过盈配合及装配应力

## 3.4　机械零件的工作能力设计及材料选用原则

进行机械零件的工作能力设计时，首先应分析零件的失效形式，并根据失效形式建立相应的设计计算准则，然后依据设计计算准则确定零件的基本尺寸及材料。

### 3.4.1 机械零件的失效形式

机械零件常见的失效形式有以下几种。

**1. 断裂**

机械零件的断裂主要有疲劳断裂和过载断裂两类。疲劳断裂是由于零件危险截面受到循环变应力作用而引起的。过载断裂是由于短时过载或冲击载荷而引起的。断裂是机械零件最严重的一种失效形式，它不仅使零件丧失工作能力，还会造成机毁人亡的严重事故，因此必须给予足够的重视。

**2. 表面破坏**

零件的表面破坏有多种形式，常见的有表面压溃、磨损、接触疲劳、胶合及腐蚀。在后面的相关章节中，将结合具体零件分析各种表面破坏形式及其产生机理。

**3. 过量变形**

零件在载荷作用下将产生弹性变形，当载荷较大时，还会产生塑性变形。当弹性变形或塑性变形超过规定的许用值时，零件就不能正常工作，导致失效。例如，当机床主轴的弯曲变形超过许用值时，不仅会加剧机床的振动，还会使加工精度降低；轮齿表面的塑性变形会使轮齿的形状发生变化，影响轮齿的正确啮合。

**4. 其他失效**

机器中有些零件由于各种原因使其正常工作条件遭到破坏，从而使零件不能正常工作，导致失效。例如，带传动的打滑、螺纹连接的松动、液体摩擦滑动轴承中油膜的破裂等。

### 3.4.2 机械零件的工作能力设计计算准则

针对各种不同失效形式有不同的工作能力设计计算准则，常用的设计计算准则如下。

**1. 强度准则**

强度是零件抵抗断裂、塑性变形及表面失效的能力。强度准则可表示为

$$\sigma \leqslant [\sigma] \quad 或 \quad \tau \leqslant [\tau]$$

式中，$\sigma$、$\tau$ 为零件的工作应力(或称计算应力)；$[\sigma]$、$[\tau]$ 为零件的许用应力。

**2. 刚度准则**

刚度是零件受力时抵抗弹性变形的能力。设计机械零件时，应使零件在载荷作用下的弹性变形量在规定的范围内。刚度准则为

$$y \leqslant [y], \ \theta \leqslant [\theta], \ \phi \leqslant [\phi]$$

式中，$y$、$\theta$、$\phi$ 分别为零件工作时的挠度、偏转角、扭转角；$[y]$、$[\theta]$、$[\phi]$ 分别为零件的许用挠度、许用偏转角、许用扭转角。

**3. 耐磨性准则**

对于相互接触的零件，当其接触面间有压力并有相对运动时，就会产生磨损。机械零件在工作中抵抗磨损的能力称为耐磨性。磨损会引起零件形状和尺寸的改变，当磨损量超过一定极限后，会明显降低机械零件的精度和强度，影响机器的正常工作。

机器中的磨损几乎是不可避免的。一般机器中因磨损导致失效的零件约占总报废零件的80%。因此设计零件时应控制其磨损率，避免过快磨损，使机器达到预期的工作寿命。

影响磨损的因素很多，产生磨损的机理也十分复杂，目前还没有关于磨损的完善的计算方法。设计时通常采用下面的条件性计算准则：

$$p \leqslant [p], \quad pv \leqslant [pv]$$

式中，$p$、$v$ 分别为摩擦表面的比压和相对滑动速度；$[p]$、$[pv]$ 分别为材料的许用比压和许用 $pv$ 值。

**4. 振动稳定性准则**

当零件的固有频率与零件受到的强迫振动频率接近时，就会产生共振。共振会导致零件甚至整个机器的迅速破坏。振动稳定性准则就是要使所设计零件的固有频率避开它所受到的强迫振动频率，即

$$f_p \leqslant 0.85f \quad 或 \quad f_p \geqslant 1.15f$$

式中，$f_p$ 为强迫振动频率；$f$ 为零件的固有频率。

**5. 可靠性准则**

机械零件的可靠性是指机械零件在规定条件下和规定时间内完成规定功能的能力。机械零件的可靠性用可靠度来衡量。可靠度是指机械零件在规定的条件下和规定的时间内完成规定功能的概率。若有一批相同的零件，总数为 $N$ 个，在规定的工作时间 $t$ 内有 $N_f$ 个零件失效，$N_s$ 个零件仍能正常工作，则零件的可靠度 $R(t)$ 可表示为

$$R(t) = \frac{N_s}{N} = 1 - \frac{N_f}{N}$$

不可靠度也称失效概率，用 $F(t)$ 表示，即

$$F(t) = \frac{N_f}{N}$$

上述准则是机械零件工作能力设计时的基本设计计算准则。对某些在特殊条件下工作的零件，除上述基本准则外，还应考虑其他设计计算准则。例如，对于在高温下工作或受腐蚀性介质侵蚀的零件，应考虑耐热性和耐腐蚀性准则；对于摩擦传动，应考虑不打滑这一准则。

### 3.4.3 机械零件材料的选用原则

机械零件的常用材料有铁碳合金、有色合金、非金属材料和各种复合材料等，其中以铁碳合金(钢、铸铁)的应用最为广泛。

材料选择是机械零件设计过程中的一个重要环节，它对零件的尺寸、结构、加工工艺、成本都有很大影响。选择零件材料时，一般应遵循以下基本原则。

**1. 材料应满足零件的使用要求**

零件的使用要求主要包括：零件受载情况，如载荷的大小、类型、性质；零件工作环境，如工作温度、环境介质、摩擦条件等；零件的重要程度及尺寸与质量的限制；特殊性能要求，如电性能、磁性能、热性能等。选择材料时，必须在零件工作情况分析和失效分析的基础上明确零件的使用要求，由此提出对材料性能的要求，进而选出能满足这些要求的材料。

**2. 材料应满足零件的工艺要求**

加工工艺不同，对零件材料的要求也不相同。例如，铸件要求零件材料具有良好的铸造性能；需要进行热处理的零件还要求材料具有良好的热处理工艺性能；对利用车床进行大批

量生产的零件，要求材料具有良好的切削性能。因此，选择材料时，必须考虑零件的加工工艺，使选用的材料能满足零件的工艺要求。

**3. 材料应满足经济性要求**

选择材料时，应综合考虑材料的相对价格、材料利用率、零件加工费用等因素。在满足使用要求和工艺要求的前提下，尽量选用价格便宜的材料，如用球墨铸铁代替钢，用工程塑料、粉末冶金代替有色金属等；为提高材料利用率和节省工时，对生产批量大的零件，可采用少切削、无切削毛坯(如精铸、精锻、冷锻毛坯等)；为节约贵重金属，可对零件的不同部位采用不同的材料，即采用组合结构，如蜗轮轮缘用青铜而轮芯则用铸铁或锻钢。

# 3.5 机械零件的强度和刚度

## 3.5.1 强度分类及强度的判断方法

**1. 强度分类**

强度是零件抵抗整体断裂、塑性变形及表面失效的能力。根据所受的应力情况，零件强度有体积强度、表面强度、静应力强度和变应力强度。

在体积应力作用下的强度称为体积强度，如弯曲强度、扭转强度。在表面应力作用下的强度称为表面强度，如接触强度、挤压强度。无论是体积强度还是表面强度，根据应力是静应力还是变应力，又有静应力强度和变应力强度之分。静应力作用下的零件强度称为静应力强度。整个工作寿命期间应力变化次数小于$10^3$的零件，一般也按静强度进行计算。变应力强度是指变应力作用下的零件强度，又称疲劳强度。

**2. 强度的判断方法**

零件的强度可用两种方法进行判断。

(1)零件危险部位的最大应力$\sigma$($\tau$)是否小于或等于许用应力$[\sigma]$($[\tau]$)，强度条件可以写成

$$\sigma \leqslant [\sigma] = \frac{\sigma_{\lim}}{[S_\sigma]} \quad 或 \quad \tau \leqslant [\tau] = \frac{\tau_{\lim}}{[S_\tau]}$$

式中，$\sigma_{\lim}$、$\tau_{\lim}$分别为零件材料的极限正应力和极限切应力；$[S_\sigma]$、$[S_\tau]$分别为正应力和切应力时规定的安全系数(许用安全系数)。

(2)零件危险部位的安全系数$S_\sigma$($S_\tau$)是否大于或等于许用安全系数，强度条件可写成

$$S_\sigma = \frac{\sigma_{\lim}}{\sigma} \geqslant [S_\sigma] \quad 或 \quad S_\tau = \frac{\tau_{\lim}}{\tau} \geqslant [S_\tau]$$

## 3.5.2 静应力强度计算

**1. 静应力作用下的体积强度计算**

静应力下的体积强度失效主要表现为塑性变形或断裂。由于零件材料性质的不同(塑性或脆性)，其极限应力、当量应力也有所不同。

**1) 塑性材料的强度计算**

对简单应力状态有

$$\sigma \leqslant [\sigma]=\frac{\sigma_{\mathrm{s}}}{[S_{\sigma}]}, \quad \tau \leqslant [\tau]=\frac{\tau_{\mathrm{s}}}{[S_{\tau}]} \tag{3-3}$$

或

$$S_{\sigma}=\frac{\sigma_{\mathrm{s}}}{\sigma} \geqslant [S_{\sigma}], \quad S_{\tau}=\frac{\tau_{\mathrm{s}}}{\tau} \geqslant [S_{\tau}] \tag{3-4}$$

对复杂应力状态，应根据第三或第四强度理论，按当量应力 $\sigma_{\mathrm{eq}}$ 进行计算，即

$$\sigma_{\mathrm{eq}}=\sqrt{\sigma^{2}+4\tau^{2}} \leqslant [\sigma]=\frac{\sigma_{\mathrm{s}}}{[S]} \quad 或 \quad \sigma_{\mathrm{eq}}=\sqrt{\sigma^{2}+3\tau^{2}} \leqslant [\sigma]=\frac{\sigma_{\mathrm{s}}}{[S]}$$

用安全系数表示为

$$S=\frac{\sigma_{\mathrm{s}}}{\sqrt{\sigma^{2}+\left(\dfrac{\sigma_{\mathrm{s}}}{\tau_{\mathrm{s}}}\right)^{2}\tau^{2}}} \geqslant [S] \quad 或 \quad S=\frac{S_{\sigma}S_{\tau}}{\sqrt{S_{\sigma}^{2}+S_{\tau}^{2}}} \geqslant [S]$$

按第三强度理论计算时，上式中 $\dfrac{\sigma_{\mathrm{s}}}{\tau_{\mathrm{s}}}$ 近似取 2，按第四强度理论计算时，$\dfrac{\sigma_{\mathrm{s}}}{\tau_{\mathrm{s}}}$ 近似取 $\sqrt{3}$。

**2) 脆性材料的强度计算**

分别用 $\sigma_{\mathrm{b}}$、$\tau_{\mathrm{b}}$ 代替式(3-3)和式(3-4)中 $\sigma_{\mathrm{s}}$、$\tau_{\mathrm{s}}$，即可得到脆性材料在简单应力状态下的强度条件。

对复杂应力状态，应根据第一强度理论进行计算，即

$$\sigma_{\mathrm{eq}}=\frac{\sigma}{2}+\sqrt{\left(\frac{\sigma}{2}\right)^{2}+\tau^{2}} \leqslant [\sigma]=\frac{\sigma_{\mathrm{b}}}{[S]}$$

**2. 静应力作用下的表面强度计算**

静应力下的表面强度失效主要有脆性材料的表面压碎和塑性材料的表面塑性变形。根据零件表面接触状态和工作条件的不同，表面强度计算分接触强度和挤压强度两种情况。

接触强度条件为

$$\sigma_{\mathrm{H\,max}} \leqslant [\sigma_{\mathrm{H}}]$$

式中，$\sigma_{\mathrm{H\,max}}$ 为最大接触应力，对于两球体和两圆柱体接触时，$\sigma_{\mathrm{H\,max}}$ 按式(3-1)和式(3-2)计算；$[\sigma_{\mathrm{H}}]$ 为许用接触应力。

挤压强度条件为

$$\sigma_{\mathrm{p}} \leqslant [\sigma_{\mathrm{p}}]$$

式中，$\sigma_{\mathrm{p}}$、$[\sigma_{\mathrm{p}}]$ 分别为挤压应力和许用挤压应力。

### 3.5.3 变应力强度计算

**1. 稳定循环变应力下零件的疲劳强度计算**

疲劳强度计算一般采用安全系数法判断零件危险截面处的安全程度。若稳定循环变应力的应力幅为 $\sigma_{\mathrm{a}}$（$\tau_{\mathrm{a}}$）、平均应力为 $\sigma_{\mathrm{m}}$（$\tau_{\mathrm{m}}$），则在单向应力状态时，疲劳强度条件为

$$S_{\sigma}=\frac{\sigma_{-1}}{\dfrac{k_{\sigma}}{\varepsilon_{\sigma}\beta}\sigma_{\mathrm{a}}+\psi_{\sigma}\sigma_{\mathrm{m}}} \geqslant [S_{\sigma}], \quad S_{\tau}=\frac{\tau_{-1}}{\dfrac{k_{\tau}}{\varepsilon_{\tau}\beta}\tau_{\mathrm{a}}+\psi_{\tau}\tau_{\mathrm{m}}} \geqslant [S_{\tau}]$$

式中，$S_{\sigma}$、$S_{\tau}$ 分别为弯曲(拉、压)应力和扭转(剪切)应力作用下零件的工作安全系数；$[S_{\sigma}]$、

$[S_\tau]$分别为弯曲(拉、压)应力和扭转(剪切)应力作用下零件的许用疲劳安全系数；$\sigma_{-1}$、$\tau_{-1}$分别为零件材料的弯曲(拉、压)疲劳极限应力和扭转(剪切)疲劳极限应力；$k_\sigma$、$k_\tau$为零件的有效应力集中系数；$\varepsilon_\sigma$、$\varepsilon_\tau$为零件的尺寸系数；$\psi_\sigma$、$\psi_\tau$为将平均应力折算为应力幅的等效系数，其值与材料有关；$\beta$为零件的表面质量系数。

对于塑性材料，为安全起见，一般还应根据屈服极限$\sigma_s$计算其屈服强度(静强度)安全系数，即

$$S_{\sigma s}=\frac{\sigma_s}{\sigma_{max}}=\frac{\sigma_s}{\sigma_a+\sigma_m}\geqslant[S_{\sigma s}],\qquad S_{\tau s}=\frac{\tau_s}{\tau_{max}}=\frac{\tau_s}{\tau_a+\tau_m}\geqslant[S_{\tau s}]$$

式中，$S_{\sigma s}$、$S_{\tau s}$为屈服强度安全系数；$[S_{\sigma s}]$、$[S_{\tau s}]$为许用屈服强度安全系数。

在弯扭复合应力状态时，疲劳强度条件为

$$S=\frac{S_\sigma S_\tau}{\sqrt{S_\sigma^2+S_\tau^2}}\geqslant[S]$$

对于塑性材料，还应按第三或第四强度理论计算其屈服强度安全系数，即

$$S_s=\frac{\sigma_s}{\sqrt{\sigma_{max}^2+4\tau_{max}^2}}\geqslant[S_s]\quad 或\quad S_s=\frac{\sigma_s}{\sqrt{\sigma_{max}^2+3\tau_{max}^2}}\geqslant[S_s]$$

**2. 不稳定循环变应力下零件的疲劳强度计算**

不稳定循环变应力有规律性不稳定循环变应力和非规律性不稳定循环变应力(随机变应力)之分。非规律性不稳定循环变应力受到很多偶然因素的影响，其变化是随机的。所以设计在这种应力作用下的零件时，应根据大量的实验数据按统计学方法进行疲劳强度计算。

规律性不稳定循环变应力下的零件强度，应根据积累损伤理论进行计算。在不稳定变应力中，若超过材料疲劳极限的应力为$\sigma_1,\sigma_2,\cdots,\sigma_k$，每个应力实际作用的循环次数分别为$n_1,n_2,\cdots,n_k$，在每个应力作用下材料发生疲劳破坏时的循环次数分别为$N_1,N_2,\cdots,N_k$(图3-10)，则按积累损伤理论，各变应力对材料的损伤之和等于1时，材料便发生疲劳破坏，即

$$\sum_{i=1}^{k}\frac{n_i}{N_i}=1$$

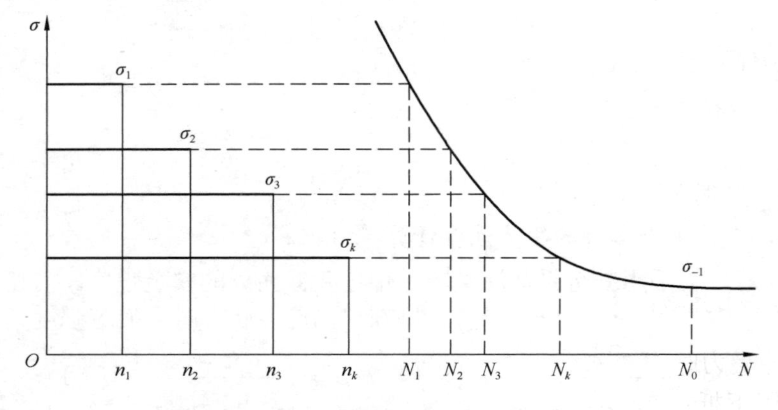


图3-10 规律性不稳定循环变应力

根据积累损伤理论，材料不发生疲劳破坏的条件为

$$\sum_{i=1}^{k}\frac{n_i}{N_i}<1 \tag{3-5}$$

对式(3-5)中的分子、分母同乘以$\sigma_i^m$，得

$$\sum_{i=1}^{k}\frac{\sigma_i^m n_i}{\sigma_i^m N_i}<1 \tag{3-6}$$

根据材料的疲劳曲线方程，有　$\sigma_i^m N_i=\sigma_{-1}^m N_0,\quad i=1,2,\cdots,k$

式中，$N_0$为循环基数；$\sigma_{-1}$为材料的疲劳极限；$m$为实验常数；把上式代入式(3-6)，得材料在不稳定循环变应力下的疲劳强度条件为

$$\sqrt[m]{\frac{1}{N_0}\sum_{i=1}^{k}\sigma_i^m n_i}<\sigma_{-1}$$

为便于计算，取$\sigma_1,\sigma_2,\cdots,\sigma_k$中某一应力$\sigma$作为基本应力，则上式变为

$$\sqrt[m]{\frac{1}{N_0}\sum_{i=1}^{k}\left(\frac{\sigma_i}{\sigma}\right)^m n_i}\sigma<\sigma_{-1}$$

上式左端就是规律性不稳定循环变应力的当量应力$\sigma_{\mathrm{v}}$。当量应力$\sigma_{\mathrm{v}}$在$N_0$次循环下造成的损伤与各应力$\sigma_i$在$n_i$次循环下造成的损伤之和相当。

令

$$k_{\mathrm{s}}=\sqrt[m]{\frac{1}{N_0}\sum_{i=1}^{k}\left(\frac{\sigma_i}{\sigma}\right)^m n_i}$$

则当量应力$\sigma_{\mathrm{v}}$及疲劳强度条件可表示成

$$\sigma_{\mathrm{v}}=k_{\mathrm{s}}\sigma<\sigma_{-1}$$

式中，$k_{\mathrm{s}}$称为应力情况系数。

规律性不稳定对称循环变应力下的零件，其疲劳强度安全系数及强度条件为

$$S_\sigma=\frac{\sigma_{-1}}{\dfrac{k_\sigma}{\varepsilon_\sigma\beta}\sigma_{\mathrm{v}}}=\frac{\sigma_{-1}}{\dfrac{k_\sigma}{\varepsilon_\sigma\beta}\sqrt[m]{\dfrac{1}{N_0}\sum\limits_{i=1}^{k}\sigma_i^m n_i}}\geqslant[S_\sigma] \tag{3-7}$$

对于非对称循环变应力，可先将其转化为等效的对称循环变应力，然后利用式(3-7)可得

$$S_\sigma=\frac{\sigma_{-1}}{\sqrt[m]{\dfrac{1}{N_0}\sum\limits_{i=1}^{k}\left[\dfrac{k_\sigma}{\varepsilon_\sigma\beta}\sigma_{\mathrm{a}i}+\psi_\sigma\sigma_{\mathrm{m}i}\right]^m n_i}}\geqslant[S_\sigma]$$

式中，$\sigma_{\mathrm{a}i}$为不稳定循环变应力中各应力的应力幅；$\sigma_{\mathrm{m}i}$为不稳定循环变应力中各应力的平均应力。

### 3.5.4　机械零件的刚度

刚度是零件受力时抵抗弹性变形的能力。刚度有静刚度和动刚度之分。静刚度是指零件在静载荷作用下抵抗弹性变形的能力，而动刚度则是指在动载荷作用下抵抗弹性变形的能力。

机器中的很多零件在满足强度要求的同时，还要求具有足够的刚度。也就是说，这些零

件在载荷作用下产生的弹性变形不能超过许用值。例如，安装齿轮及轴承的轴，若其弯曲变形过大，就会导致齿轮啮合不良及轴承衬磨损不均匀，从而产生振动、噪声，并使局部过度发热，缩短零件的使用寿命。又如，机床零件的刚度不足会直接影响被加工件的精度。

刚度可根据相关的力学理论和公式来进行计算。简单零件的刚度计算并不困难，复杂零件的刚度可通过简化来进行条件性计算。对一些特别重要的零件，可采用一些先进的分析计算方法(如有限元)来计算其刚度。

## 3.6 机械零件的振动稳定性

机械零件的振动是指机械零件在外载荷作用下的往复弹性变形现象。振动产生的变应力，容易使零件发生疲劳破坏，同时振动产生的变形也会影响机器的工作质量。因此随着机器工作速度的不断提高，振动问题就显得越来越重要。

当零件或机器的自振频率与周期性干扰力(激振源)的频率接近时就会产生共振。共振会使零件的振幅急剧增加，严重时会导致零件甚至整个机器的迅速破坏，此种现象称为失稳(丧失振动稳定性)。所以在设计时应使机器中各零件的自振频率与干扰力变化的频率错开，避免出现共振现象，即保证零件的振动稳定性。

引起振动的干扰力包括：作用于零件上的周期性变化的外力；由于回转零件的不平衡产生的离心力；往复运动零件和往复摆动零件产生的惯性力、惯性力矩。

干扰力频率往往与机器的工作特征(转速、外载荷变化规律)有关，一般不易改变，所以一般是通过改变零件的自振频率来保证振动稳定性。零件自振频率的改变可以通过改变其刚度和质量来实现。增大刚度或减小质量可以提高零件的自振频率。

下面以图 3-11 所示的单元盘双铰支轴为例，简要介绍振动稳定性的计算方法及一些基本概念。

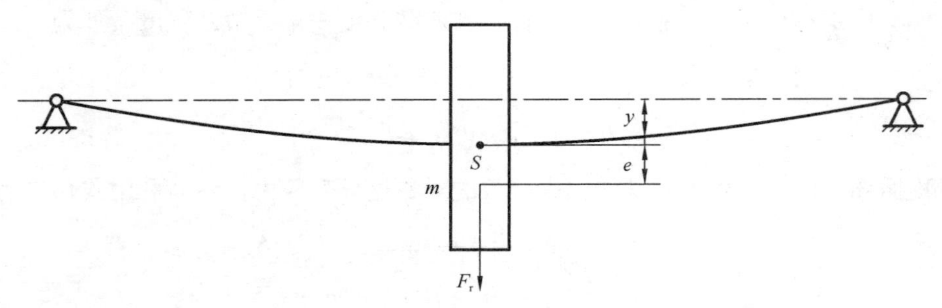


图 3-11 单元盘双铰支轴

设圆盘质量为$m$，并且由于圆盘材料不均匀或制造、安装误差等，其质心与轴线的偏心距为$e$，不计轴的质量并略去重力及阻尼的影响。当轴以角速度$\omega$旋转时，在离心惯性力$F_r$作用下，若轴在圆盘处产生的挠度为$y$，则由力的平衡条件可得

$$ky = m(y+e)\omega^2$$

即

$$y = \frac{e}{\dfrac{k}{m\omega^2}-1}$$

式中，$k$为轴的弯曲刚度，即圆盘处产生单位挠度所需的力。

由上式可知，轴的挠度 $y$ 随角速度 $\omega$ 的增大而增大。当 $\dfrac{k}{m\omega^2}-1=0$，即 $\omega=\sqrt{\dfrac{k}{m}}$ 时，$y$ 值理论上为无穷大，此时轴会出现共振现象。轴在出现共振时的角速度称为轴的临界角速度，用 $\omega_c$ 表示，即

$$\omega_c=\sqrt{\frac{k}{m}}$$

上式右边恰好为轴的自振角频率，这表明当轴的角速度等于其自振角频率时将出现共振，即轴的临界角速度等于其自振角频率。

由临界角速度可得轴的临界转速为

$$n_c=\frac{60}{2\pi}\omega_c=\frac{30}{\pi}\sqrt{\frac{k}{m}}\quad ,\ \text{r/min}$$

# 3.7 摩擦、磨损和润滑简介

## 3.7.1 摩擦

在外力作用下，相互接触的两物体间产生相对运动或有相对运动趋势时，在接触表面上会产生抵抗运动的切向阻力，这种现象称为摩擦，产生的切向阻力称为摩擦力。

摩擦会引起摩擦表面物质的丧失或迁移，即产生磨损，也会引起功率损耗，使机械效率降低；摩擦所消耗的功率还会转变成热能，使机器温度升高，影响机器的正常工作；另外摩擦还会产生振动和噪声。据统计，世界上约有 30%的能量因摩擦而损耗，机器中报废的零件约 80%是因为摩擦、磨损造成的。但摩擦也有其有利的一面，常利用摩擦来实现某些功能，如摩擦传动、摩擦离合器、螺纹连接及各种车轮在地面的滚动等都必须依靠摩擦。

摩擦有各种形式。根据摩擦发生在物体外部或内部，摩擦有外摩擦和内摩擦之分。阻碍物体接触表面相对运动的摩擦叫外摩擦；发生在物体内部，阻碍分子间相对运动的摩擦叫内摩擦。只是有相对运动趋势时产生的摩擦称为静摩擦；在相对运动中产生的摩擦称为动摩擦。根据相对运动形式的不同，动摩擦又分为滑动摩擦和滚动摩擦。根据摩擦面的润滑状态，动摩擦可分为干摩擦、边界摩擦、流体摩擦和混合摩擦(图 3-12)。

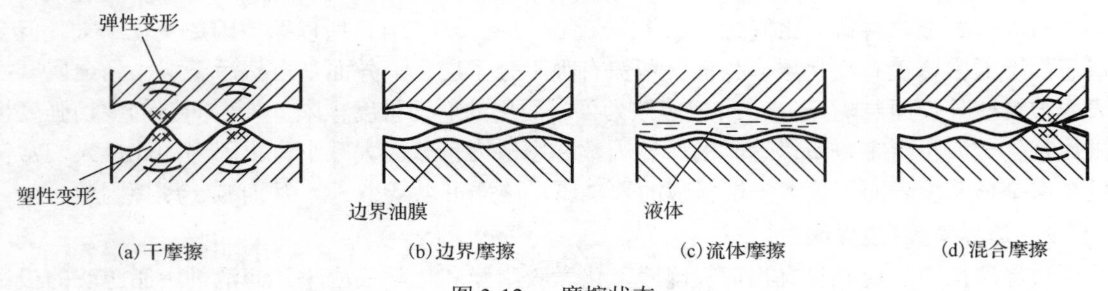


图 3-12　摩擦状态

摩擦面间无任何润滑剂或保护膜的摩擦称为干摩擦。在工程实际中，并不存在真正的干摩擦。两摩擦表面被吸附在表面的边界膜隔开，摩擦性质取决于边界膜和金属表面的物理化学性质的摩擦，称为边界摩擦。两摩擦表面被流体层隔开，摩擦性质取决于流体内部分子间

黏性阻力的摩擦，称为流体摩擦。当摩擦面处于边界摩擦和流体摩擦的混合状态时，称为混合摩擦。

一般来说，干摩擦的摩擦力最大，磨损最严重，零件寿命最短，应力求避免。流体摩擦的摩擦力最小，磨损也最小，是一种理想的摩擦状态。边界摩擦和混合摩擦能有效地减小摩擦力、减轻磨损、提高零件的承载能力和寿命。摩擦副应该以边界摩擦或混合摩擦作为最低标准。

流体摩擦、边界摩擦、混合摩擦都必须在一定润滑条件下才能实现，所以有时常称为流体润滑、边界润滑和混合润滑。

**1. 干摩擦**

虽然从 17 世纪就开始对摩擦问题进行系统的研究，但直到 20 世纪中叶才比较清楚地揭示出固体表面之间的摩擦机理。阐述干摩擦现象的理论有机械摩擦啮合理论、分子-机械理论、黏着理论、能量理论、变形-犁沟-黏着理论等。目前人们广为接受的是分子-机械理论和黏着理论。

黏着理论是 F.P.Bowden 等于 1945 年提出的。该理论认为，两摩擦面接触时，由于摩擦面微观上是凹凸不平的，开始时只是极少数轮廓峰接触，在正压力 $F_n$ 的作用下，这些接触点产生了塑性变形，从而形成微小的接触面积，这些面积称为真实接触面积 $A_r$，如图 3-13 所示。由于真实接触面积 $A_r$ 远小于表观接触面积 $A$，所以接触表面压力很高，很容易达到材料的压缩屈服极限 $\sigma_{SC}$ 而产生塑性流动。对于理想的弹塑性材料，载荷增大，接触面积也增大，应力并不升高，由此可得

$$A_r = \frac{F_n}{\sigma_{SC}}$$

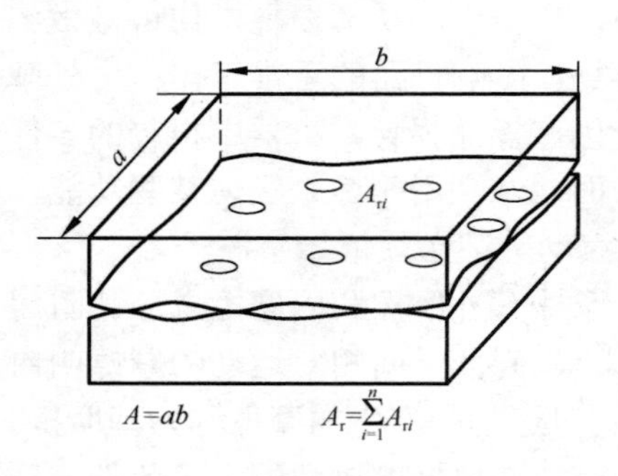


图 3-13 摩擦表面接触面积

在接触区受到高压而产生塑性变形后，这些微小接触面便产生黏着现象，形成冷焊结点。当接触面相对滑动时，这些冷焊结点就被切开，这时摩擦力为

$$F_f = A_r \tau_B$$

式中，$\tau_B$ 为结点材料的剪切强度极限。

摩擦因数 $f$ 为摩擦力与法向力之比，即

$$f = \frac{F_f}{F_n} = \frac{\tau_B}{\sigma_{SC}}$$

对大多数金属材料，比值 $\tau_B / \sigma_{SC}$ 很接近（$\tau_B / \sigma_{SC} \approx 1/5$），所以摩擦因数变化不大。但金属表面上通常覆盖有氧化层，外面又覆盖有吸附分子层，最外面是自然污染层，当金属摩擦表面被这些外表面层隔开时，$\tau_B$ 就应该为外表面层的剪切强度极限。外表面层的剪切强度极限比基体金属小得多，所以这时的摩擦因数和摩擦力也就大大减小。正因为如此，人们常在硬金属基体摩擦表面上涂敷一层极薄的软金属，这样可以减小 $\tau_B$，从而减小摩擦因数。

**2. 边界摩擦(边界润滑)**

边界摩擦中的边界膜有物理吸附膜、化学吸附膜和化学反应膜。润滑剂中脂肪酸的极性分子牢固地吸附在金属表面上，就形成物理吸附膜；润滑剂中分子受化学键力作用而贴附在金属表面上所形成的吸附膜则称为化学吸附膜。化学反应膜是当润滑剂中含有以原子形式存在的硫、氯、磷时，在较高的温度(通常在 150～200℃)下，这些元素与金属起化学反应而生成的硫、氯、磷化合物(如硫化铁)在金属表面上形成的薄膜。

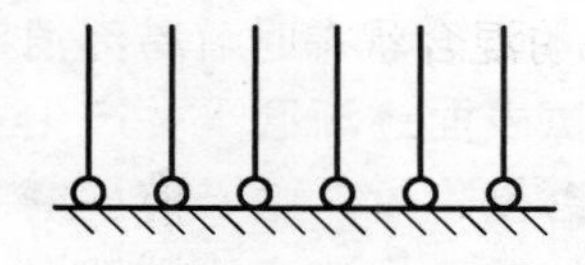

(a)单分子边界膜

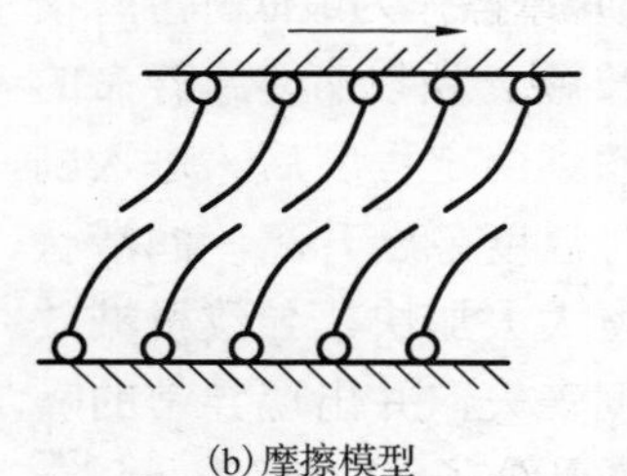

(b)摩擦模型

图 3-14　单分子边界膜及其摩擦模型

单分子边界膜吸附在金属表面上的符号如图 3-14(a)所示，图中 为极性原子团。这些单分子膜整齐地横向排列，很像一把刷子。边界摩擦类似两把刷子间的摩擦，其模型见图 3-14(b)。

吸附在金属表面上的多层分子边界膜的摩擦模型如图 3-15 所示。分子层距金属表面越远，吸附能力越弱，剪切强度越低，远到若干层后，就不再受约束。因此，摩擦因数将随着分子边界膜层数的增加而下降。

由于润滑油中一个分子的平均长度为 2nm，即使边界膜有十个分子，边界膜的厚度也仅为 0.02μm，所以边界膜极薄。两摩擦表面粗糙度之和一般都超过边界膜的厚度，所以边界摩擦不能完全避免摩擦表面的直接接触，因而不可避免地会产生磨损。

物理吸附膜受温度影响较大，温度较高时易使吸附膜脱吸、乱向，甚至完全破坏，适用于常温、轻载及低速的场合。化学吸附膜的吸附强度比物理吸附膜高，且稳定性好，熔化温度也较高，适合在中载、中速和中等温度下工作。化学反应膜的厚度较大，并具有较高的熔点、较低的剪切强度和很好的稳定性，可用于重载、高速及高温的工作环境。

合理选择摩擦副材料和润滑剂、降低表面粗糙度、在润滑剂中加入适量的油性添加剂和极压添加剂，都能提高边界膜的强度。

**3. 流体摩擦(流体润滑)**

在流体摩擦中，两摩擦表面完全被一层流体润滑油膜隔开，摩擦表面间不发生金属与金属的直接摩擦接触。流体摩擦在流体内部的分子之间进行，故摩擦因数极小(为 0.001～0.008)，几乎不产生磨损，是一种理想的摩擦状态。

**4. 混合摩擦(混合润滑)**

混合摩擦介于边界摩擦与流体摩擦之间。由于在微观上摩擦表面是凹凸不平的，所以在混合摩擦中，两表面的凸出部分形成边界摩擦，而凹下部分形成流体摩擦。如果增加润滑油膜的厚度，就可以减少表面凸出部分的接触，提高润滑膜的承载比例。但因不能避免摩擦表面之间金属的直接接触，所以在混合摩擦中仍会出现磨损现象。

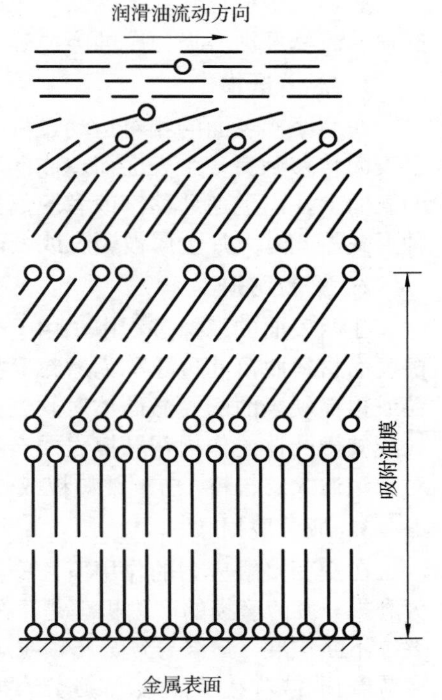


图 3-15　多层分子边界膜摩擦模型

## 3.7.2　磨损

由于摩擦表面的相对运动而使表面材料不断损失的现象称为磨损。磨损过程非常复杂，一般可将其分为磨合磨损、稳定磨损和剧烈磨损三个阶段，如图 3-16 所示。在磨合磨损(也称跑合磨损)阶段，起初是两摩擦表面的轮廓峰相接触，由于接触应力较大，这些轮廓峰产生

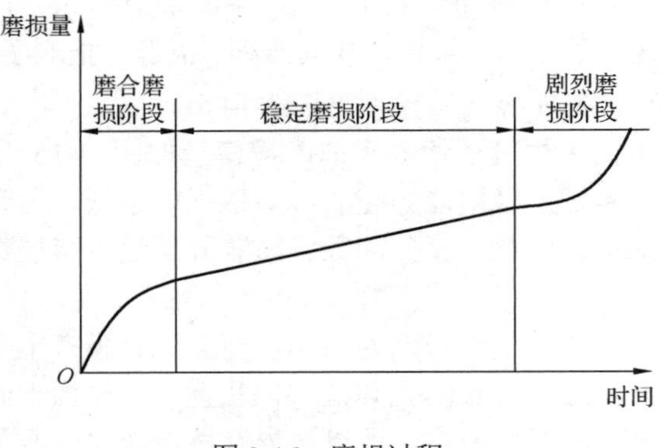


图 3-16 磨损过程

塑性变形或被压碎，使轮廓峰逐渐局部消失或完全消失，摩擦表面逐渐磨平并产生冷作硬化；在稳定磨损阶段，由于前期磨合磨损的作用，零件的磨损速度比较缓慢和平稳，稳定磨损阶段是零件的正常磨损阶段，该阶段的长短表示零件使用寿命的长短；当磨损累积到一定程度后，进入剧烈磨损阶段，这时温度急剧升高，润滑状况恶化，磨损速度大大加快，导致机械效率明显降低、精度丧失，并出现异常的噪声和振动，最后使零件完全失效。

由此可见，在设计或使用机器时，应力求缩短磨合磨损阶段、延长稳定磨损阶段、推迟剧烈磨损阶段的到来。

磨损会降低机器的精度和可靠性，从而降低其机械效率并缩短其使用寿命，因此在设计机器时必须考虑如何避免或减少磨损。但磨损也有其有利的一面，例如，为降低零件表面粗糙度而进行的磨削、研磨、抛光等精加工以及新机器使用前的“磨合”，都是利用磨损来实现的。

磨损有多种形式，根据其产生的机理可分为黏着磨损、磨粒磨损、疲劳磨损、流体磨粒磨损、流体侵蚀磨损、腐蚀磨损等。实际零件的磨损往往以复合形式出现。

**1. 黏着磨损**

在两摩擦表面的相对运动过程中，由于摩擦表面间的黏着(形成冷焊结点)而使材料由一个表面转移到另一个表面而造成的磨损称为黏着磨损。被转移的材料有时也会再附着到原来的表面上，出现逆迁移，或者脱离黏附的表面而成为游离颗粒。胶合是黏着磨损最严重的一种形式，此时大片金属被撕脱或表面间完全“咬死”。

**2. 磨粒磨损**

在两表面的摩擦过程中，由于外界硬颗粒或较硬的粗糙表面对较软表面的划伤而造成摩擦表面材料脱落的现象称为磨粒磨损。关于磨粒磨损的产生机理，一种观点认为是由于硬颗粒或粗糙硬表面的硬微凸体对软表面的微量切削而引起材料脱落；另一种观点认为由于硬颗粒或硬微凸体的作用在摩擦表面产生交变的接触应力，从而导致疲劳破坏；也有观点认为，对于塑性大的材料，由于硬颗粒或硬微凸体压入材料表面而从表面挤出层状或鳞片状剥落物。

**3. 疲劳磨损**

在交变接触应力的作用下，摩擦表面形成疲劳裂纹进而造成金属颗粒脱落的现象称为疲劳磨损。疲劳磨损的产生机理是：在很高的交变接触应力作用下，摩擦表面将产生疲劳裂纹，裂纹不断扩展，最终导致金属颗粒从金属表层脱落，形成许多坑点(称为“点蚀”)，从而造成疲劳磨损(或称疲劳点蚀)。疲劳磨损是齿轮、滚动轴承等高副接触零件经常出现的磨损形式。

**4. 流体磨粒磨损和流体侵蚀磨损(冲蚀磨损)**

由流动的液体或气体所夹带的硬质颗粒引起的机械磨损称为流体磨粒磨损。利用高压空气输送型砂或用高压水输送碎矿石时，管道内壁产生的机械磨损就属于流体磨粒磨损。

由液流或气流的冲蚀作用而引起的机械磨损称为流体侵蚀磨损。燃气涡轮机的叶片、火箭发动机的尾喷管都会产生这种磨损。

**5. 腐蚀磨损**

由于摩擦表面的机械摩擦及摩擦表面与周围介质的化学或电化学反应而造成的磨损称为腐蚀磨损，又称机械化学磨损。腐蚀磨损是摩擦与腐蚀相结合的产物，它经常发生在高温或潮湿的环境中，更容易发生在酸、碱、盐等特殊介质中。

氧化腐蚀是最常见的一种腐蚀磨损。因为大多数金属能与大气中的氧形成一层氧化膜，当这层氧化膜被磨去后，暴露出的金属表面很快又与氧结合形成一层新的氧化膜，如此反复造成氧化磨损。另外，金属表面与酸、碱、盐等特殊介质作用，可在表面上形成黑斑并逐渐扩展成海绵状空洞，被破坏的表面在摩擦过程中极易剥落从而产生磨损。

除上述几种磨损外，还有一种微动磨损，它是相接触物体做相对微幅振动而产生的一种复合形式的磨损。其发生过程是：接触压力使结合面上实际承载的微凸体产生塑性变形而黏着，微幅振动使黏着点受剪脱落。脱落颗粒和新露出的金属表面与大气中的氧发生反应形成氧化物，氧化物颗粒在结合面上起磨粒作用，造成磨粒磨损。由此可见，微动磨损是黏着、腐蚀及磨粒磨损复合作用的结果，它经常发生在名义上相对静止、实际上做相对微动的紧密接触的表面上，如键、螺纹、销等连接件的结合面、轴与孔的过盈配合面等。

### 3.7.3 润滑

润滑是指在摩擦面间加入润滑剂以减少摩擦磨损的一种技术措施。润滑不仅可以降低摩擦、减轻磨损、防止锈蚀，而且在采用循环润滑时还能起到散热降温、冲洗污物的作用。另外，摩擦面间的润滑油还具有缓冲、吸振的能力，并能把载荷分散到较大的面积上，使最大应力降低。使用润滑脂，还可防止机器内部的工作介质外泄，并能阻止外部杂质浸入，起到密封作用。

按照摩擦面间摩擦状态的不同，润滑分为边界润滑、流体润滑和混合润滑。根据摩擦面间形成油膜的机理不同，又把流体润滑分为流体动力润滑、弹性流体动力润滑和流体静力润滑。

**1. 润滑剂及添加剂**

**1) 润滑剂的种类**

润滑剂可分为气体、液体、半固体和固体四大类。气体润滑剂包括空气、氢气、氦气、水蒸气、液态金属蒸汽等，其中最为常用的是空气。液体润滑剂即通常所说的润滑油，主要有矿物油、动植物油、合成油。半固体润滑剂主要是指各种润滑脂，它是在液体润滑剂中加入增稠剂制成的。固体润滑剂的材料有无机化合物、有机化合物、金属等，如聚四氟乙烯、二硫化钼、石墨等。

**2) 润滑剂的主要性能指标**

(1) 黏度。

黏度是液体润滑剂最重要的性能指标之一，它表示流体内部产生相对运动时内摩擦力的大小。黏度越大，流体内摩擦力越大，流动性越小。

如图3-17所示，在两个平行的平板间充满具有一定黏度的润滑油。若上平板以速度$U$移动，下平板静止不动，则由于润滑油分子与平板表面的吸附作用，贴近上平板的油层以速度$u=U$随板移动，而贴近下平板的油层静止不动(即$u=0$)。若两板间润滑油的流动可以看成由很多薄油层的流动所组成，即润滑油做层流运动，则各油层的流动速度按线性规律分布。这时各油层之间产生相对滑动，并且由于润滑油的黏性，在各油层间会产生切应力，即内摩擦力。

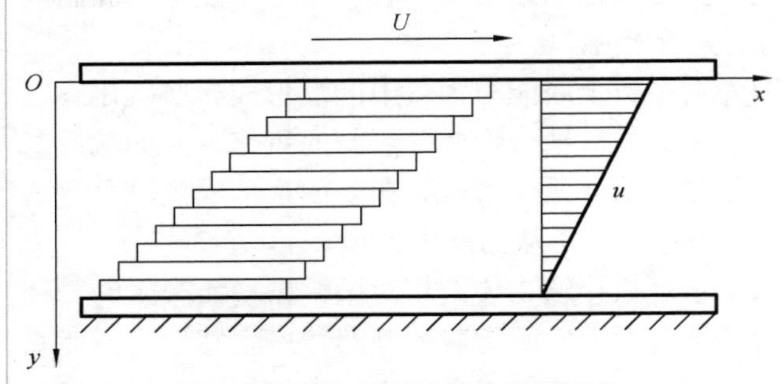

图 3-17 平行板间流体的层流流动

根据 1687 年牛顿提出的黏性定律，做层流运动的流体中任意点处的切应力 $\tau$ 与该处流体的速度梯度 $\frac{\partial u}{\partial y}$ 成正比，即

$$\tau=-\eta\frac{\partial u}{\partial y} \tag{3-8}$$

式中，比例常数 $\eta$ 称为流体的动力黏度；负号“−”表示 $u$ 随 $y$ 的增大而减小。凡是遵守牛顿黏性定律的流体称为牛顿流体。在一般工况下，大多数润滑油均属于牛顿流体。

长、高、宽各为 1m 的流体，当其上、下平面产生 1m/s 的相对滑动速度所需的切向力为 1N 时，该流体的动力黏度为 $1\,\mathrm{N\cdot s/m^2}$，即 $1\mathrm{Pa\cdot s}$（帕·秒）。

工程上把动力黏度 $\eta(\mathrm{Pa\cdot s})$ 与同温度下该流体密度 $\rho(\mathrm{kg/m^3})$ 的比值称为运动黏度，用 $\nu\,(\mathrm{m^2/s})$表示，即

$$\nu=\frac{\eta}{\rho}$$

在绝对单位制(C.G.S 制)中，动力黏度的单位是 P（泊），$1\mathrm{P}=1\mathrm{dyn\cdot s/cm^2}$，1 P（泊)的百分之一称为 cP（厘泊），即 $1\mathrm{P}=100\mathrm{cP}=0.1\mathrm{Pa\cdot s}$。

运动黏度在 C.G.S 制中的单位是 St（斯），$1\mathrm{St}=1\mathrm{cm^2/s}$。百分之一 St 称为 cSt（厘斯），$1\mathrm{St}=100\mathrm{cSt}=10^{-4}\mathrm{m^2/s}$。

除动力黏度、运动黏度外，还有相对黏度(条件黏度)。我国用恩氏黏度作为相对黏度，它是 $200\,\mathrm{cm^3}$ 试油在规定温度下流过恩氏粘度计的小孔所需时间与同体积蒸馏水流过同一小孔所需时间的比值，用符号 $°E_t$ 表示，其中下脚标表示测定时的温度。

运动黏度与相对黏度可按下列关系进行换算($\nu_t$ 指平均温度 $t$ 时的运动黏度)：

$$\begin{cases}\nu_t=8.0°E_t-\dfrac{8.64}{°E_t}\quad(\mathrm{cSt})\quad,1.35<°E_t\leqslant 3.2\\ \nu_t=7.6°E_t-\dfrac{4.0}{°E_t}\quad(\mathrm{cSt})\quad,3.2<°E_t\leqslant 16.2\\ \nu_t=7.41°E_t\quad(\mathrm{cSt})\quad,°E_t>16.2\end{cases} \tag{3-9}$$

影响润滑油黏度的因素有温度和压力。润滑油的黏度随着温度的升高而降低，几种润滑油的黏-温曲线如图 3-18 所示。温度变化对润滑油黏度的影响程度用黏度指数 VI 表示，黏度指数 VI 越大，黏度受温度变化的影响越小，即润滑油的黏-温性能越好。

压力对润滑油黏度的影响，只有在压力超过 20MPa 时才能表现出来，这时黏度随压力的增大而提高，在高压时则更为显著。润滑油的黏-压关系可用下面的经验公式表示：

$$\eta=\eta_0\mathrm{e}^{\alpha p} \tag{3-10}$$

式中，$\eta$ 为润滑油在压力 $p$ 时的动力黏度，$\mathrm{Pa\cdot s}$；$\eta_0$ 为润滑油在大气压($10^5\mathrm{Pa}$)下的动力黏

度，Pa·s；e为自然对数的底，e = 2.718；$\alpha$为润滑油的黏-压指数，对一般矿物油和合成润滑油$\alpha = (1\sim3)\times10^{-8}\mathrm{m}^2/\mathrm{N}$。

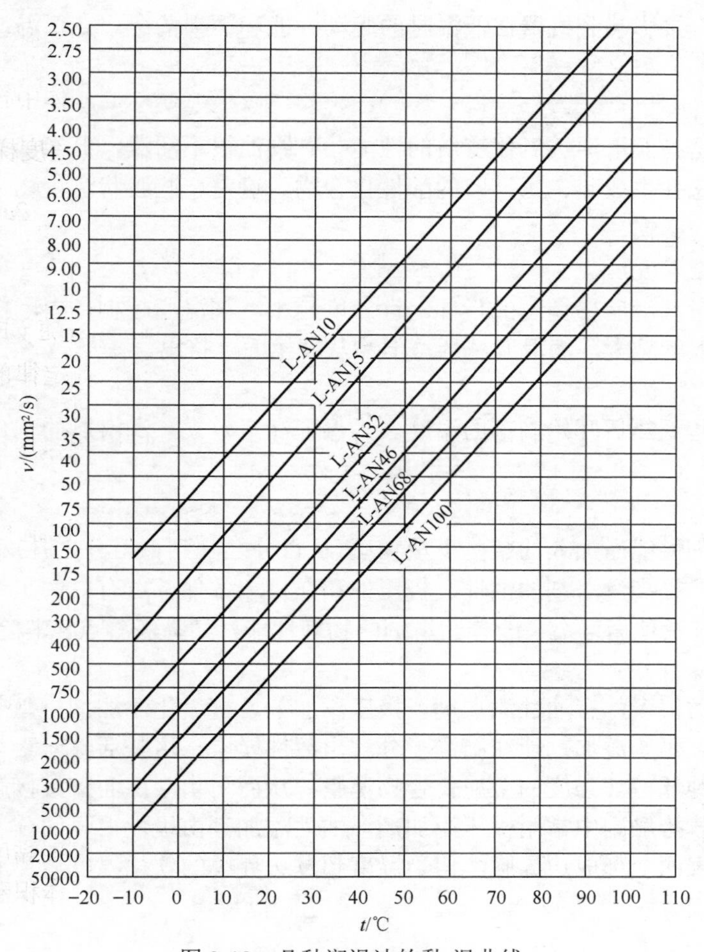


图3-18　几种润滑油的黏-温曲线

(2) 润滑性(油性)。

润滑性是指润滑油与金属表面的吸附能力。润滑性越好，油膜与金属表面的吸附能力越强。动、植物油的润滑性比矿物油高。在矿物油中添加适量的动、植物油可提高其油性。另外，润滑性还与摩擦表面的金属材料有关，例如，轴承合金比青铜好，青铜又比黄铜好。

(3) 极压性。

极压性是润滑油中加入含硫、氯、磷的有机极性化合物后，油中极性分子在金属表面生成抗磨、耐高压的化学反应膜的能力。极压性是在重载、高速、高温条件下，衡量边界润滑性能好坏的重要指标。

(4) 闪点、燃点。

闪点是润滑油遇到火焰即能发光闪烁的最低温度。能持续闪烁5s以上的最低温度称为燃点。通常应使润滑油的工作温度比闪点低30～40℃。

(5) 凝点。

凝点是润滑油在规定条件下，不能自由流动时的最高温度。它是润滑油在低温工作时的一个重要指标，直接影响到机器在低温时的起动性能和磨损情况。在低温润滑时，应选用凝点低的润滑油。

(6) 氧化稳定性。

氧化稳定性是指润滑油抗氧化变质的性能。矿物油很不活泼，但当其暴露在高温气体中时，也会发生氧化并生成硫、氯、磷的酸性化合物。这是一些胶状沉积物，不但腐蚀金属，而且会加剧零件的磨损。

(7) 针入度(锥入度)。

针入度是衡量润滑脂稀稠度的指标。针入度越小，润滑脂越稠，内摩擦力越大，且不易充满摩擦面；针入度越大，润滑脂越稀，但易从摩擦面上挤出。

(8) 滴点。

滴点是润滑脂受热后开始滴落的温度。为保证润滑效果，润滑脂的工作温度应低于滴点20～30℃。

**3) 添加剂**

为改善润滑剂性能而加入的某些少量物质(从百分之几到百万分之几)称为添加剂。添加剂的主要作用有：提高润滑剂的油性、极压性和在极端条件下更有效的工作能力；推迟润滑剂的老化变质，延长使用寿命；改善润滑剂的物理性能，如降低凝点、消除泡沫、提高黏度、改善黏-温特性等。

添加剂的种类很多，有油性添加剂、极压添加剂、抗氧化添加剂、黏度指数改进剂、降凝剂、防锈剂等。极压添加剂能在高温下分解出活性元素，这些活性元素与金属表面发生化学反应，生成一种低剪切强度的金属化合物薄膜，从而防止摩擦面直接接触、提高其抗黏着能力，所以在重载接触副中常用极压添加剂。油性添加剂由极性很强的分子组成，在常温下也能吸附在金属表面上形成边界膜。但当温度超过边界膜的软化温度后，摩擦面的摩擦因数会急剧上升。

**2. 润滑方法**

为了取得良好的润滑效果，除应正确地选择润滑剂外，还应选择适当的方式来供给润滑油或润滑脂。

**1) 润滑油供给方式**

润滑油的供给有间歇式供油和连续式供油两种方式。间歇式供油是用油壶或油枪向油孔、油杯定期注入润滑油，一般用于轻载、低速或间歇的运动场合。图3-19所示为常见的间歇供油用的油杯。连续式供油主要有以下几种方法。

(1) 滴油润滑。

滴油润滑可利用图3-20所示的针阀式油杯来实现。当手柄平放时，针阀在弹簧的推压下将底部油孔堵住；当手柄转90°变为直立时，针阀上提，下端油孔敞开，润滑油可滴入摩擦表面实现润滑。调节螺母可控制针阀提升的高度，从而控制油的滴入量，停车时可扳倒手柄以停止供油。针阀式油杯也可用于间歇式供油。

(2) 油芯润滑。

用毛线或棉线做成芯捻或用线纱做成线团浸在油槽中，利用毛细管作用把润滑油引到润滑面上，如图 3-21 所示。这种方法供油量小、供油量也不易控制，而且在停车时仍会继续供油，引起无用的消耗。

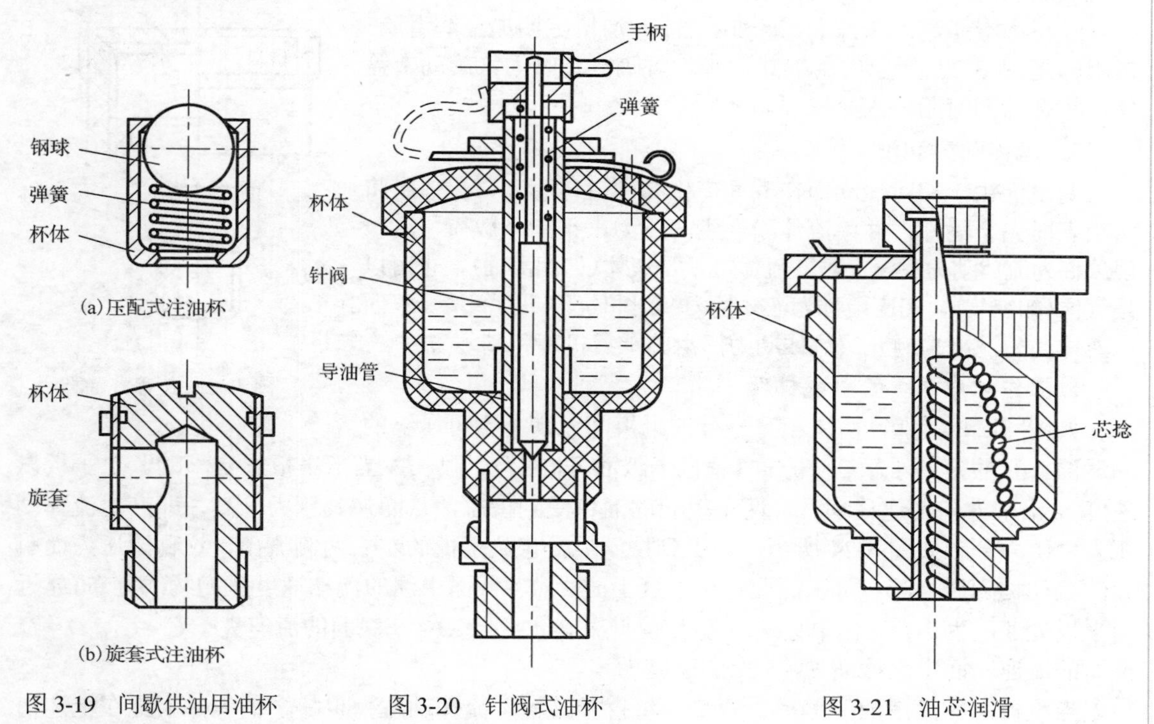


(a) 压配式注油杯

(b) 旋套式注油杯

图 3-19　间歇供油用油杯　　图 3-20　针阀式油杯　　图 3-21　油芯润滑

(3) 油环润滑。

如图 3-22 所示，将油环套在轴颈上，油环下部浸在油池中。当轴颈回转时带动油环转动，从而把润滑油带到轴颈上进行润滑。这种方式只能用于连续转动且水平布置的轴颈，并且供油量与轴的转速、油环的截面形状和尺寸、润滑油的黏度等有关。适用的转速范围为 60～100r/min $< n <$ 1500～2000r/min。速度过低，油环不能把油带起；速度过高，油环上的油会被甩掉。

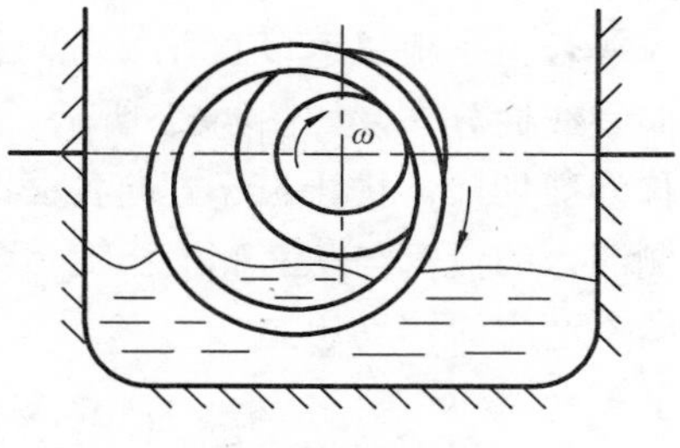

图 3-22　油环润滑

(4) 浸油润滑。

将被润滑部分直接浸入润滑油池中，不需要另加润滑装置。这种润滑方式供油充分、散热好，但在高速时，搅油阻力较大，对密封要求也较高。

(5) 飞溅润滑。

利用浸在油池中的回转件搅动润滑油时产生的油星和油雾来实现润滑。回转件的圆周速度应在 2～15m/s 范围内。速度过低，油飞溅不起来；速度过高，搅油阻力大、功耗多。另外，飞溅润滑会产生大量的油沫和油雾，加速润滑油的氧化变质。

(6) 压力循环润滑。

用油泵进行压力供油来实现润滑。这种润滑方式供油充分，并具有冲洗污物、散热降温的作用，多用于高速、重载的场合。

**2) 润滑脂供给方式**

在脂润滑中，润滑脂只能采用间歇方式供给。一般是在装配机器时将润滑脂添入摩擦面，或利用油杯、油枪定期加注润滑脂。常用的是图 3-23 所示的旋盖式油杯，每隔一定时间，旋动上盖便可将杯内润滑脂挤入摩擦面。

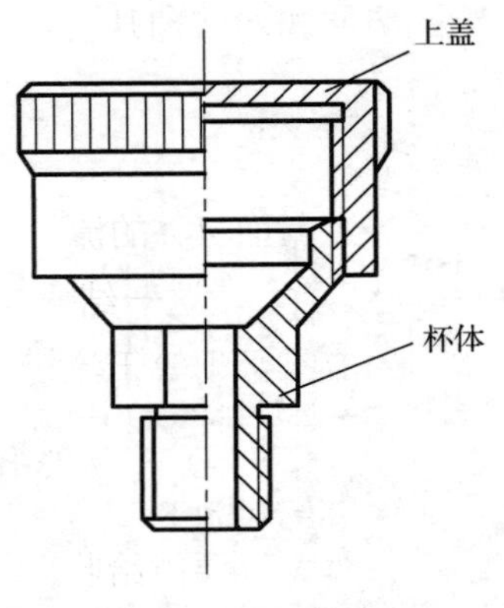

图 3-23 旋盖式油杯

**3. 流体动力润滑**

两表面由于相对运动而在其间产生黏性流体膜，该流体膜将两个表面完全隔开，并由流体膜产生的压力来平衡外载荷，这一现象称为流体动力润滑。黏性流体可以是液体(如润滑油)，也可以是气体(如空气)，相应地称为液体动力润滑和气体动力润滑。下面以液体动力润滑为例介绍流体动力润滑的承载机理和基本方程。

**1) 流体动力润滑的承载机理**

如图 3-24 所示，两块相互平行的平板间充满了不可压缩的润滑油，且假定两平板在 $z$ 方向(垂直于纸面方向)为无限长。当下平板固定不动，上平板以速度 $v$ 沿 $y$ 方向匀速移动时，两平板间的油将受到挤压，从而使其压力升高，即产生流体动压力，压力分布如图 3-24 所示。油受到挤压后，将从平板的左右两侧流出，这种因压力而引起的流动称为压力流。可以证明：在垂直于 $x$ 轴的各截面中油的流动速度呈抛物线分布(靠近两平板处速度为零，流体中央速度最大)。此外，$A-A$、$B-B$ 截面的流速大于 $C-C$、$D-D$ 截面的流速，而中间截面 $E-E$ 上的速度为零。

当平板间的润滑油流尽后，两平板将直接接触，流体动压力也随之消失。因此在上述情况下的流体动压力是不能持久的。

若上平板以速度 $U$ 沿 $x$ 方向移动，则由前面的分析可知，两平板间各流层的速度沿 $y$ 方向呈线性分布，如图 3-25 所示。这种流动是由于平板的移动使流层受到剪切而引起的，所以称为剪切流。由于在 $x$ 方向各截面的流动速度及其分布规律都相同，所以任一时刻从平板左侧流入的流量与从右侧流出的流量相等，两平板之间的油不会受到挤压，故其压力不会升高，即不产生流体动压力。

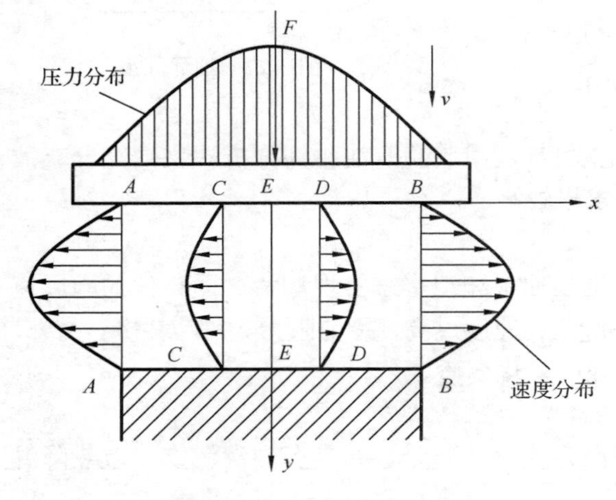

图 3-24 平行平板间的压力流

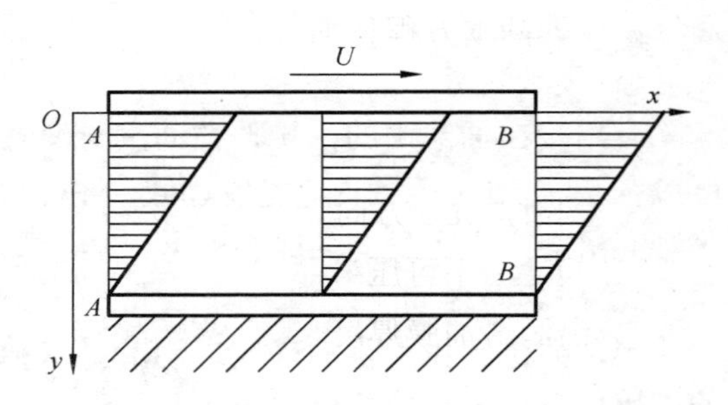

图 3-25 平行平板间的剪切流

当两平板的布置不平行时，两平板构成一个楔形空间，简称油楔。若两平板的相对运动使两板间的润滑油从大口进入，小口流出，这样的油楔称为收敛油楔，如图3-26所示。当下平板静止不动，上平板以速度$U$沿$x$方向移动时，假设楔形空间中的油不产生流体动压力，则根据前面的分析，$x$方向各截面中油的流动速度呈线性分布，如图3-26中的虚线所示。这时油流进截面$A$-$A$的流量为$Q_A=Uh_A/2$，流出截面$B$-$B$的流量为$Q_B=Uh_B/2$，因为$h_A>h_B$，所以$Q_A>Q_B$。这一结论是与流量连续性条件相矛盾的(由于润滑油是不可压缩的，流入楔形空间的流量必须等于流出的流量)，因此上述假设并不成立。事实上，流入此楔形空间的润滑油受到挤压，产生了流体动压力。在压力作用下的润滑油会从进口和出口两处流出，产生压力流。此时楔形空间中油层的实际流动速度是由剪切流和压力流叠加而成的，而不是简单的线性分布。只要能给收敛油楔提供充足的润滑油并保证两平板具有一定的相对运动速度，就能产生稳定的流体动压力，利用流体动压力可支承一定的外载荷，这就是流体动力润滑的承载机理。

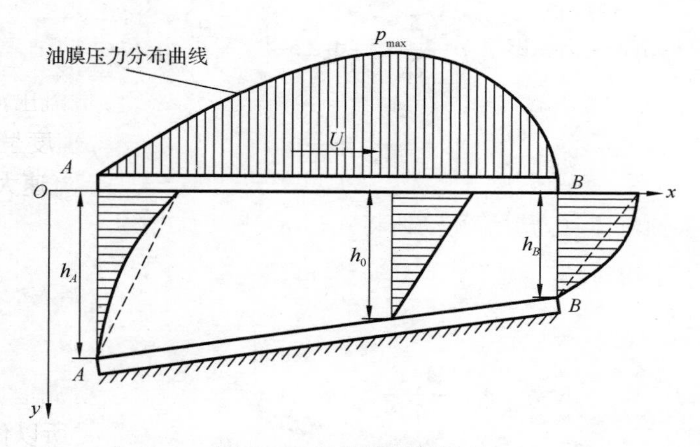


图3-26　油楔的承载机理

若两平板的相对运动是从楔形空间的小口指向大口，这时的油楔称为发散油楔。由于油进入发散油楔后，沿油流方向的油楔截面积逐渐增加，油不会受到挤压，所以不会产生流体动压力。

**2)流体动力润滑的基本方程**

下面以两块相互倾斜的平板(在$z$方向为无限长)之间的润滑油膜为分析对象，推导流体动力润滑的基本方程。如图3-26所示，两平板被润滑油隔开，上板以速度$U$沿$x$方向移动，下板静止不动，并且设定：

(1)润滑油为牛顿流体且为层流流动；

(2)润滑油在$z$方向没有流动；

(3)润滑油不可压缩，且其黏度不随压力变化；

(4)沿润滑油膜厚度方向($y$方向)的压力不变；

(5)忽略润滑油的惯性力和重力。

在油膜中任取一个长、宽、高分别为 $dx$ 、 $dy$ 、 $dz$ 的微单元体，其受力情况如图 3-27 所示。

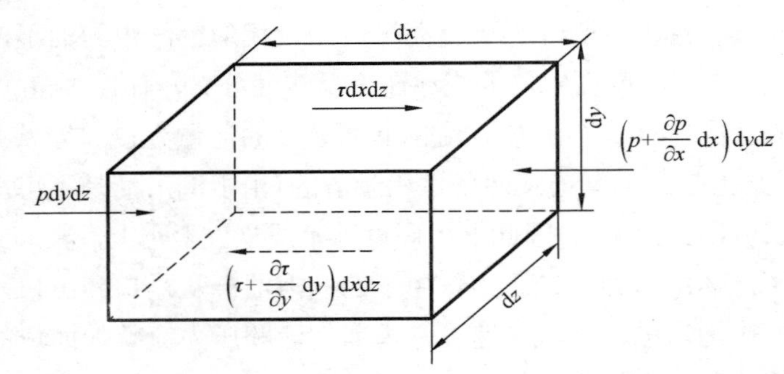


图 3-27 油膜中的微单元体

由 $x$ 方向的力平衡条件得

$$p\mathrm{d}y\mathrm{d}z+\tau\mathrm{d}x\mathrm{d}z-\left(p+\frac{\partial p}{\partial x}\mathrm{d}x\right)\mathrm{d}y\mathrm{d}z-\left(\tau+\frac{\partial \tau}{\partial y}\mathrm{d}y\right)\mathrm{d}x\mathrm{d}z=0$$

整理后得

$$\frac{\partial p}{\partial x}=-\frac{\partial \tau}{\partial y}$$

假设润滑油为牛顿流体且为层流流动，将式(3-8)代入上式得

$$\frac{\partial p}{\partial x}=\eta\frac{\partial^2 u}{\partial y^2}$$

对上式两次积分可得

$$u=\frac{1}{2\eta}\frac{\partial p}{\partial x}y^2+C_1y+C_2 \tag{3-11}$$

式(3-11)中的积分常数 $C_1$ 和 $C_2$ 可由如下边界条件来确定：当 $y=0$ 时，$u=U$ ；$y=h$ 时，$u=0$ 。求出 $C_1$ 和 $C_2$ 并把其代入式(3-11)，得

$$u=\frac{U}{h}(h-y)-\frac{1}{2\eta}\frac{\partial p}{\partial x}(h-y)y \tag{3-12}$$

由式(3-12)可见，油膜中油的流动速度 $u$ 由两部分组成：第一部分是由平板的移动即剪切流引起的，与压力无关且呈线性分布；第二部分是由压力流引起的，呈抛物线分布。

润滑油在单位时间内沿 $x$ 方向流经任意截面上单位宽度（$z$ 向）面积的流量为

$$q_x=\int_0^h u\mathrm{d}y=\frac{Uh}{2}-\frac{h^3}{12\eta}\frac{\partial p}{\partial x}$$

设油膜最大压力处的间隙为 $h_0$（即当 $h=h_0$ 时，$\frac{\partial p}{\partial x}=0$），则在这一截面上的流量为

$$q_x=\frac{Uh_0}{2}$$

由于连续流动时的流量不变，故

$$\frac{Uh_0}{2}=\frac{Uh}{2}-\frac{h^3}{12\eta}\frac{\partial p}{\partial x}$$

即
$$\frac{\partial p}{\partial x}=6\eta U\frac{h-h_0}{h^3} \tag{3-13}$$

式(3-13)就是一维雷诺方程。利用雷诺方程可求出油膜中各点的压力，油膜压力分布如图 3-26 所示。在正常工作时，油膜压力应与外载荷相平衡。

由以上可知，形成流体动力润滑的基本条件如下。

(1)两相对运动表面间必须形成楔形空间($h-h_0\neq 0$)；

(2)两表面必须有一定的相对滑动速度$U$，能使油从楔形空间的大口流向小口；

(3)润滑油必须有一定的黏度(即$\eta>0$)，且供油要充分。

**4. 弹性流体动力润滑**

在流体动力润滑计算中，对低副接触，由于压力不大(多数滑动轴承的压力$p<10\text{MPa}$)，一般都不考虑摩擦表面的弹性变形，也不考虑压力对流体黏度的影响。但对一些高副接触(如齿轮副、滚动轴承、凸轮机构等)，摩擦表面间的接触应力很大，在接触区会产生不能忽略的弹性变形，同时接触区的高压也会使该区域润滑油的黏度大大增加，这时必须考虑压力对流体黏度的影响和摩擦表面接触部位的弹性变形。考虑压力对流体黏度影响及摩擦表面弹性变形的流体动力润滑称为弹性流体动力润滑。

图 3-28 所示为两个平行圆柱体在弹性流体动力润滑条件下，接触区的弹性变形、油膜厚度及油膜压力分布。由图可见，较大的接触应力使接触区产生局部弹性变形并形成一个平行的缝隙，但在出油口处缝隙变小(称为“缩颈”)。油膜压力在进油口处由于流体动压作用增长很快，在中间一段区域与赫兹接触应力重合，但在出油口附近会出现第二个峰值，随后迅速下降。

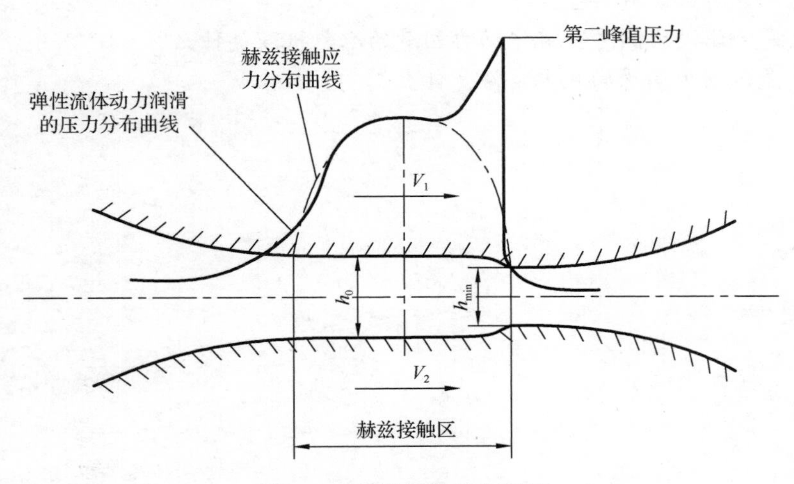


图 3-28 弹性流体动力润滑

**5. 流体静力润滑**

流体静力润滑是利用各种压力流体源(如液压泵、气泵)将加压后的流体送入两摩擦表面之间，利用流体静压力来平衡外载荷。流体静力润滑的工作原理如图 3-29 所示，润滑油经油泵加压后，通过补偿元件进入两摩擦表面之间，正常工作时，在两表面间能建立起具有一定厚度的油膜，并利用油膜压力来平衡外载荷。显然，流体静力润滑与摩擦表面间的相对运动速度及流体黏度无关，适用于频繁起动、停止及低速的场合，并且可以通过采用低黏度的润滑剂来减小流体的摩擦阻力。

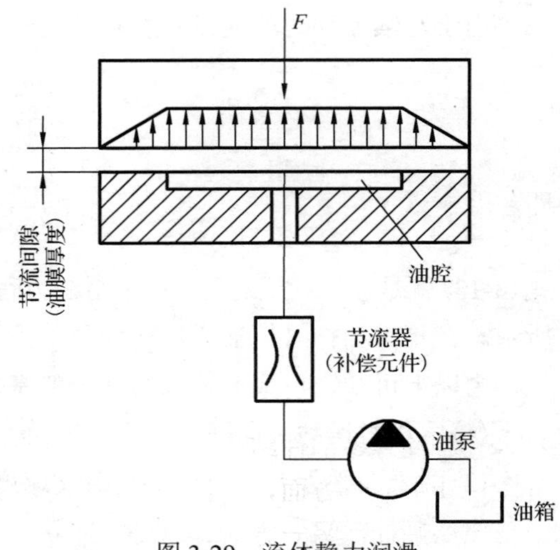


图 3-29 流体静力润滑

# 思考题与习题

3-1 作用在零件上的载荷类型有哪些？如何确定零件上的载荷？
3-2 什么是名义应力？什么是计算应力？
3-3 阐述静应力、变应力、体积应力、表面应力、温度应力及装配应力。
3-4 机械零件常见的失效形式有哪些？分析机械零件的工作能力设计计算准则。
3-5 机械零件材料的选用原则是什么？
3-6 静应力强度和变应力强度的区别是什么？
3-7 什么情况下需要考虑零件的振动稳定性？
3-8 摩擦、磨损有哪些形式？分析各种摩擦、磨损的产生机理，如何减少摩擦磨损？
3-9 润滑剂的主要性能指标是什么？
3-10 常用的润滑方法有哪些？
3-11 什么是流体动力润滑？流体动力润滑的承载机理是什么？
3-12 形成流体动力润滑的基本条件是什么？

# 第4章 机械零部件结构设计基础

## 4.1 概　　述

机器及其零部件结构是机器的功能载体，通过设计特定的结构来实现所要求的功能。在机械设计中，一方面，各种计算都要以一定的结构为基础，若不事先初步确定结构，设计计算便无法进行；另一方面，尽管一些结构尺寸或主要参数可由设计计算公式求得，但大量的其他结构尺寸要靠结构设计来确定。因此，结构设计是机械设计中的一个重要环节，同时也是一项极富创造性的工作。

结构设计就是根据机器及其零部件的功能、零件之间的结合关系及零件的加工工艺来确定机械系统的结构布局、零部件的结构形状及相关尺寸。结构设计除了要考虑能实现规定的功能外，还必须综合考虑强度、刚度、加工、装配、维护等方面的要求，以设计出尽可能合理的结构。

## 4.2 结构设计方法

结构设计时，应在保证功能要求的前提下尽可能构思多种不同的结构方案，以便在较大范围内对各种结构进行比较和选优。可以采用变换结构本身形态(形状、位置、数目及尺寸等)以及变换零件之间的相互关系的方法来构思各种结构方案。

### 4.2.1 变换结构本身形态

**1. 形状变换**

改变零件的形状，特别是改变零件工作表面的形状，可以得到不同的结构形状。例如，把直齿轮改为斜齿轮，把三角带改为同步齿形带，等等。

**2. 位置变换**

位置变换是指改变零件或零件功能面之间的相对位置。例如，图4-1所示推杆2与摆杆1的接触面中有一个是球面，图4-1(a)中球面在推杆2上，若改为图4-1(b)的结构，则可使推杆不受横向力。

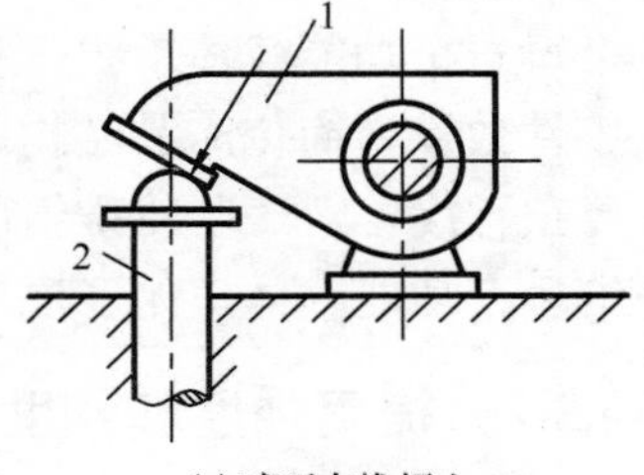

(a)球面在推杆上

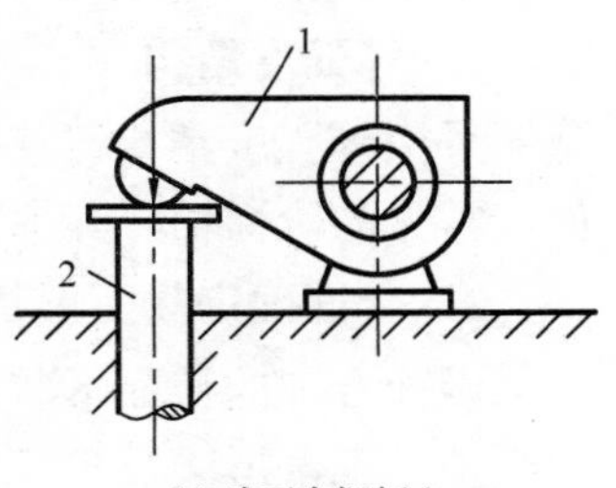

(b)球面在摆杆上

图4-1　变换功能面的位置
1-摆杆；2-推杆

**3. 数目变换**

数目变换包括零件数目或有关几何形状数目的变换。例如，把齿轮与轴做成一体——齿轮轴，把普通平键改为花键，等等。

**4. 尺寸变换**

改变零件或其工作表面的尺寸，从而使结构形态发生变化，如通过扩大铰链机构中转动副的尺寸可得到偏心轮形状的曲柄。

### 4.2.2 变换零件之间的相互关系

**1. 运动形式的变换**

对于同一工作要求，采用不同的运动形式可以得到不同的结构方案，如滑动导轨与滚动导轨、滑动轴承与滚动轴承等。

**2. 连接方式的变换**

零件之间的连接可利用力、材料及几何形状的特性来实现。常见的连接有过盈配合连接、螺栓连接、焊接、铆接、键连接等。

## 4.3 结构设计应考虑的因素

### 4.3.1 合理分配功能

合理分配功能就是将所要实现的功能合理地分配给相应的功能载体。根据具体情况不同，可以是一个功能载体承担一种功能、一个功能载体承担多种功能或多个功能载体承担同一种功能等。

一个功能载体承担一种功能可使零件功能明确、结构简单，但会增加零件数量。为减少零件数量、简化产品结构，可由一个功能载体承担多种功能，但应注意不能过分增加零件的复杂程度。对一些特殊情况，如为了提高承载能力或由于尺寸受到限制，可将同一功能分配给多个功能载体，如多根 V 带传动、分流式双级圆柱齿轮传动等。

### 4.3.2 提高强度和刚度

影响强度和刚度的结构因素很多，具体设计时可从以下几个方面考虑。

**1. 等强度结构**

采用等强度结构可使零件各截面的强度接近相等，从而能充分利用材料、减轻重量。例如，常见的阶梯轴，其中间粗(弯矩大)、两头细(弯矩小)，就是一种等强度结构。

**2. 合理确定截面形状**

设计合理的截面形状可以显著提高零件的强度和刚度。例如，在截面积相等的情况下，空心轴、工字形梁及 T 字形梁由于其截面惯性矩较大，故其强度和刚度也较大。

**3. 改善零件的受力状况**

改善零件的受力状况是从结构设计的角度提高零件强度和刚度的一种重要手段。通常采用的方法有以下几种。

**1) 载荷分担**

载荷分担是把作用在一个零件上的载荷，经采取结构措施后，分给两个或更多的零件承担，从而减少单个零件的载荷。向心轴承和推力轴承的组合结构、弹簧组合结构都是载荷分担的例子。

例如，图 4-2 所示的起重机卷筒 2 通过大齿轮 1 与其他齿轮的啮合而得到驱动力矩。若采用图 4-2(a)所示的结构方案，大齿轮 1 通过轴将转矩传给卷筒，轴既受弯矩又受扭矩。图 4-2(b)所示的结构方案则是将大齿轮 1 与卷筒 2 连接成一体，此时轴只受弯矩不受扭矩，所以受力情况得到改善。

**2) 载荷均化**

载荷均化是指避免载荷作用在局部区域，尽可能使载荷分布趋于均匀，从而提高零件的承载能力。例如，对于一般的齿轮减速器，为减小因轴弯曲变形而产生的载荷沿齿宽方向分布的不均匀，可把齿轮布置在远离输入、输出端处，如图 4-3 所示。

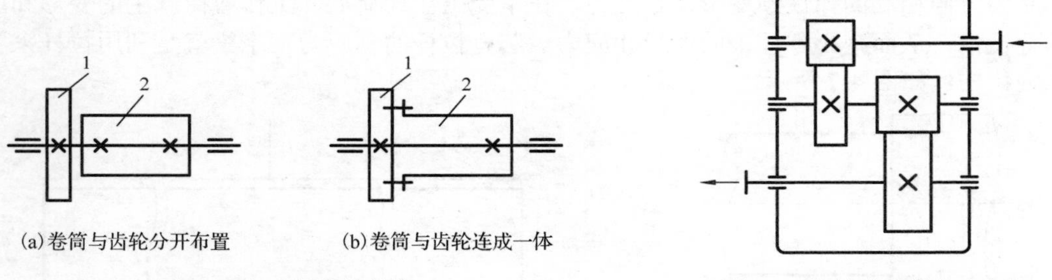


(a)卷筒与齿轮分开布置　(b)卷筒与齿轮连成一体

图 4-2　起重机卷筒结构

1-大齿轮；2-卷筒

图 4-3　齿轮减速器传动方案

**3) 载荷相互抵消**

载荷抵消是使零件所受的载荷全部或部分相互抵消。例如，在同一根轴上有两个斜齿圆柱齿轮，通过合理确定两齿轮轮齿的旋向，可使两齿轮所受的轴向力方向相反，从而减小轴承的轴向载荷。

**4) 合理确定支承方式**

合理确定支承方式可以减小弯矩，从而有效地提高强度和刚度。例如，应尽量避免采用悬臂结构，必须采用时，也应尽量减小悬臂长度。

图 4-4 所示的锥齿轮轴结构方案，由于方案图 4-4(b)的悬臂长度小于方案图 4-4(a)，故其强度和刚度均优于方案图 4-4(a)。

采用多支承也能增加轴的强度和刚度，例如，内燃机曲轴及某些机床主轴就采用多支承结构。但应注意多支承结构可能会增加制造和装配的难度。

**4. 减小应力集中，提高疲劳强度**

应力集中是影响零件疲劳强度的重要因素。结构设计时应尽量避免或减小应力集中，常用的措施有：①避免零件结构尺寸的急剧变化；②增大零件上过渡曲线的曲率半径；③采用卸载结构以减小应力集中，如图 4-5 中的卸载孔和图 4-6 中的卸载槽。

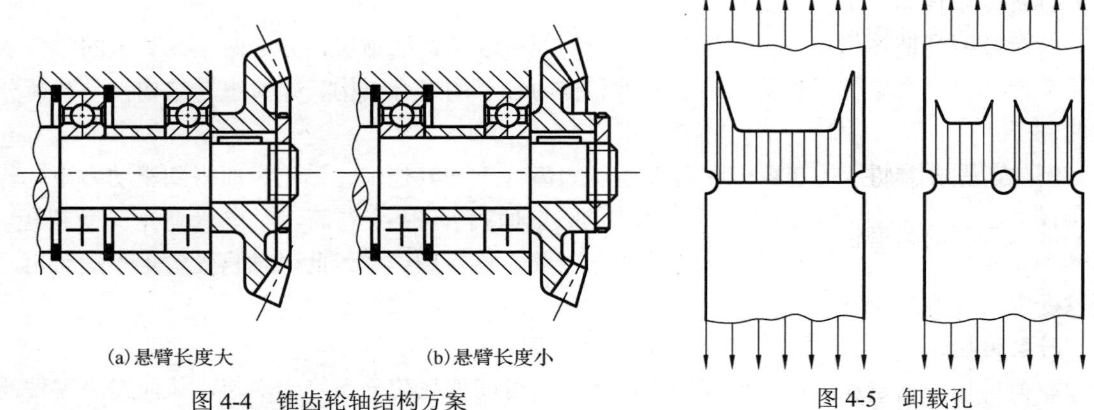

(a)悬臂长度大　　(b)悬臂长度小

图 4-4　锥齿轮轴结构方案

图 4-5　卸载孔

**5. 弹性强化、塑性强化及预紧**

弹性强化就是预加一个与工作载荷方向相反的载荷，使零件产生与工作载荷作用下的变形和应力方向相反的弹性预变形及预应力。在承受工作载荷后，工作载荷产生的变形和应力被部分抵消，从而减小零件中的变形和应力。装有拉杆的预应力工字梁就是利用拉杆来实现弹性强化的，如图 4-7 所示。

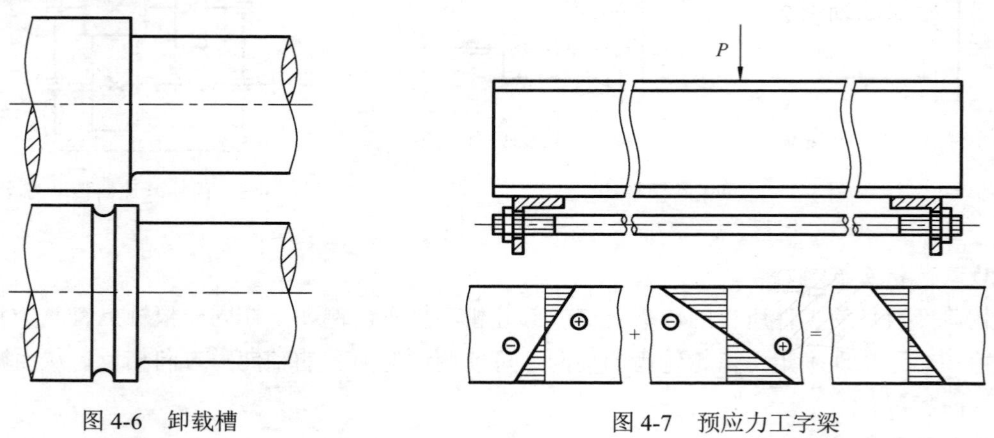


图 4-6　卸载槽

图 4-7　预应力工字梁

塑性强化是使零件在工作状态下应力最大的那部分材料预先经塑性变形，产生与工作应力相反的残余应力，以此来部分抵消工作应力。例如，若在一个梁上加一足够大的载荷，使梁的上下边产生塑性变形。当载荷卸掉后，会在梁中产生残余应力，如图 4-8(a)所示。当施加工作载荷后，工作载荷产生的应力与梁内的残余应力叠加，使实际应力减小，如图 4-8(b)、(c)所示。

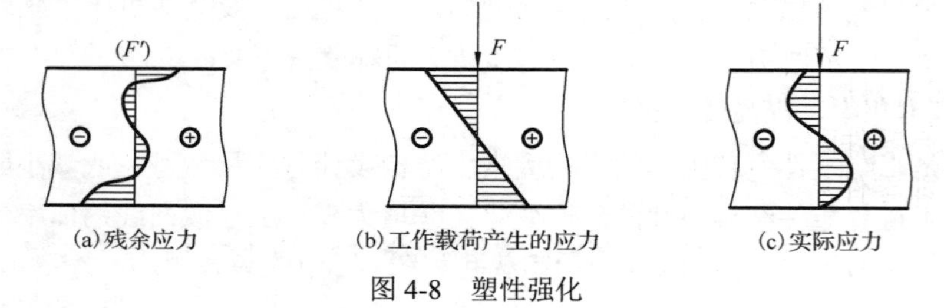


(a)残余应力　　(b)工作载荷产生的应力　　(c)实际应力

图 4-8　塑性强化

预紧就是预加一个与工作载荷方向相同的载荷，使零件产生一定的与工作载荷作用下的变形同方向的弹性变形。预紧可以减少零件在工作载荷作用下的进一步变形，从而使刚度得到提高。例如，多数弹簧都预加一个初始载荷，使其具有足够的刚度或工作弹力；螺栓连接通过预紧来保证连接刚度。

### 4.3.3　提高耐磨性

零件表面的耐磨性是影响机器质量的重要因素之一。为提高耐磨性，可在结构设计中采取以下措施。

**1. 降低压强**

降低压强可采用液压卸荷和机械卸荷的方法来实现。例如，在机床的导轨面上通入压力油，可以部分抵消导轨的载荷，此即液压卸荷。图 4-9 所示则为机械卸荷，它利用滚动轴承来承受导轨的部分载荷。

**2. 摩擦表面在相对运动时脱离接触**

为使摩擦表面在运动时脱离接触，可采用流体动压、静压或磁悬浮技术，如流体动压、静压轴承及电磁轴承。利用一些特定的结构，也可避免摩擦表面在相对运动时直接接触。如图 4-10 所示的摇臂钻床主轴箱导轨，当主轴箱移动时，放松夹紧机构，使主轴箱 1 略向下移，箱的质量靠滚动轴承 2 承担，下面的燕尾形导轨即脱离接触，这样就避免了定位导轨的磨损。

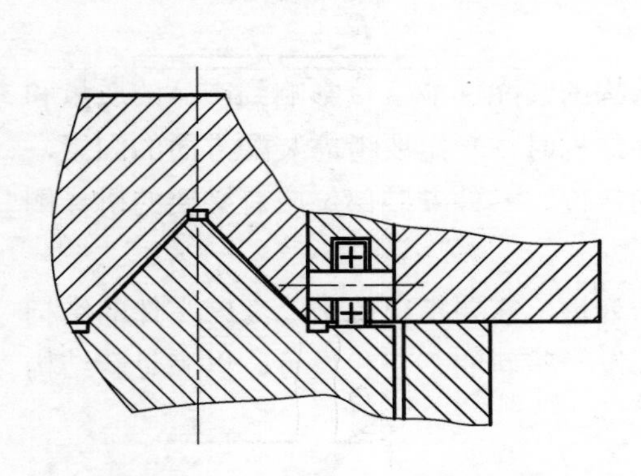

图 4-9　工作台导轨中的机械卸荷

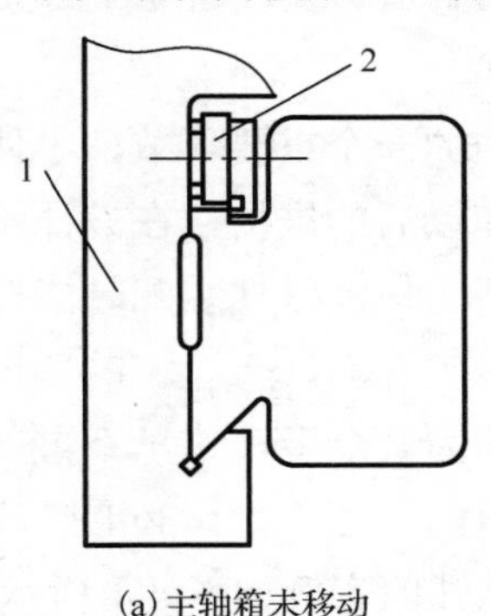


(a) 主轴箱未移动

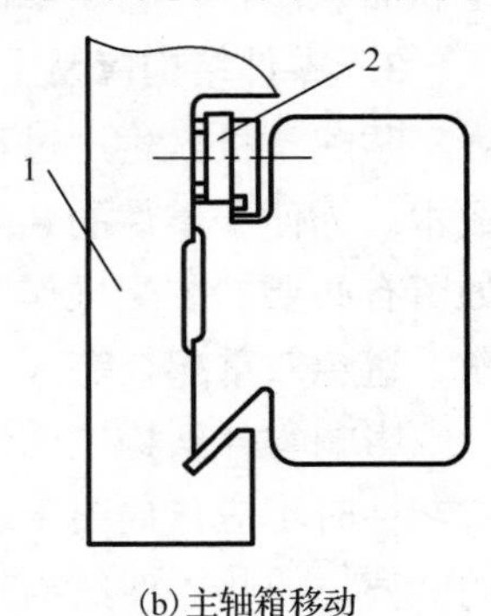


(b) 主轴箱移动

图 4-10　摇臂钻床主轴箱导轨

1-主轴箱；2-滚动轴承

**3. 减少磨损的不均匀性**

局部磨损的危害程度往往比均匀磨损大，故应尽可能使磨损均匀。如图 4-11 所示，因为止推面外边部位的线速度远高于中心部位，故外边磨损剧烈。去掉中间部位后，可使磨损趋于均匀。

**4. 由不同材料形成组合结构**

为了在提高零件耐磨性的同时降低其成本，机械零件可采用组合结构，即零件易磨损部位采用耐磨材料，其他部位采用普通材料，如蜗轮就常采用组合结构(见 8.6.4 节)。

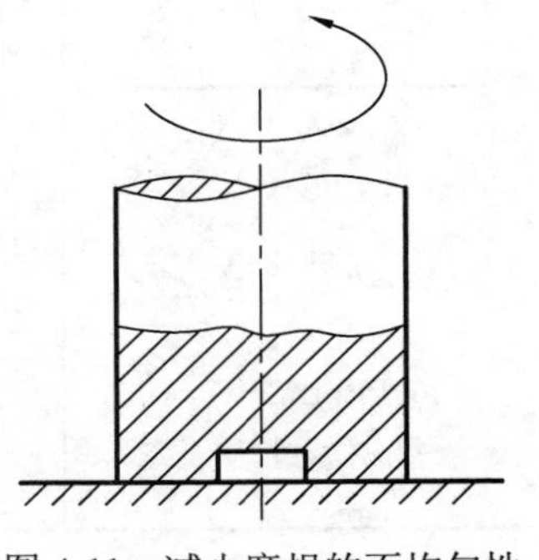

图 4-11　减少磨损的不均匀性

**5. 调节与补偿**

当磨损无法避免时，应考虑如何调节和补偿因磨损造成的尺寸变化，以延长零件的使用寿命。例如，在剖分式径向滑动轴承中，可利用调整垫片来调节因磨损造成的轴颈与轴承孔之间的间隙。又如V形导轨，当载荷比较均衡时，两侧斜面的磨损可以自动、连续地相互补偿，从而保证中心线不偏移。

### 4.3.4 改善零件的结构工艺性

在进行结构设计时，应从以下几个方面考虑零件的结构工艺性。

**1. 零件结构必须与生产条件和生产批量相适应**

零件结构与生产条件、生产批量密切相关。例如，直径小于500mm的齿轮通常采用锻造结构，而直径大于500mm时，由于锻造设备的限制，一般采用铸造结构；单件生产的减速器箱体宜采用焊接结构，而中小批量生产特别是大批量生产时就应该采用铸造结构。

**2. 零件结构应力求简单**

零件结构越复杂，其加工、装配、维修越困难，成本也越高。所以在满足功能要求的前提下，应尽可能简化零件结构。对机械加工件，还要使零件装夹方便，力求减少加工面的数量和面积，合理确定零件的制造精度，避免不必要的精度要求。

**3. 零件结构应易于装配**

装配是机器生产过程中的一个重要环节，零件结构的装配性能直接影响到产品的质量和成本。为便于零件的装配和以后的维护，在设计零件结构时，一定要考虑装配方面的因素，如留有必要的装配操作空间、保证零件装配时能准确定位、零件安装部位应有必要的引导倒角、避免双重配合等。

影响零件结构工艺性的因素众多，这里不再一一列举。需要指出的是，考虑零件的结构工艺性时不应只局限于现有的工艺水平，必要时应开发一些新的工艺和设备，以满足新结构的需要。一些零件结构工艺性的实例如表4-1所示。

表4-1 结构工艺性实例

| 不合理结构 | 合理结构 | 不合理结构 | 合理结构 |
| --- | --- | --- | --- |
| 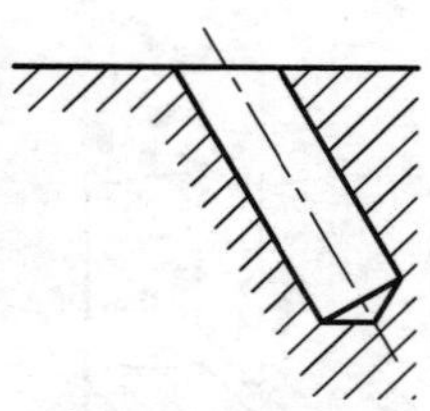 在平面上钻斜孔，钻头易偏斜 | 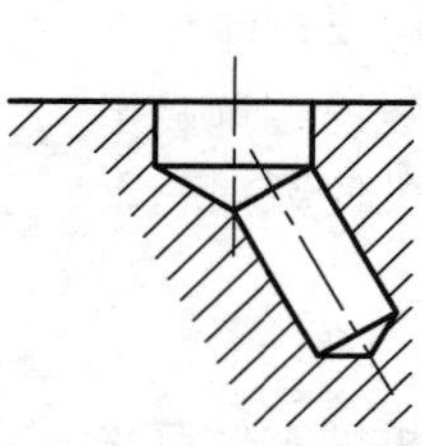 | 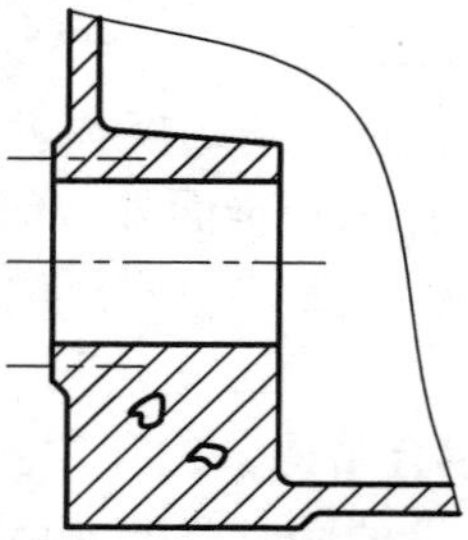 铸件厚薄变化大，易出现充填不满及缩孔 | 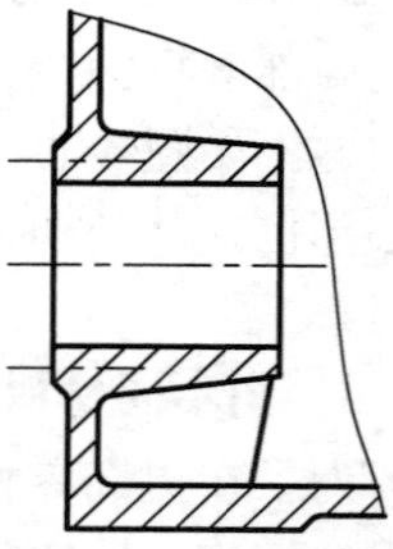 |

续表

| 不合理结构 | 合理结构 | 不合理结构 | 合理结构 |
|---|---|---|---|
| 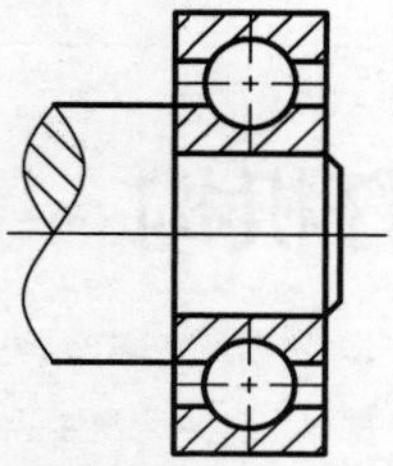 轴肩过高，拆卸困难 | 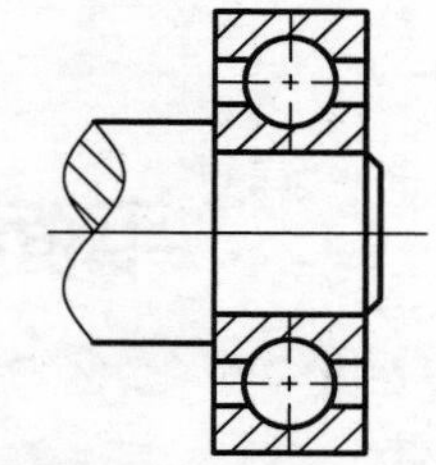 轴肩高度小于轴承内圈厚度，便于拆卸 | 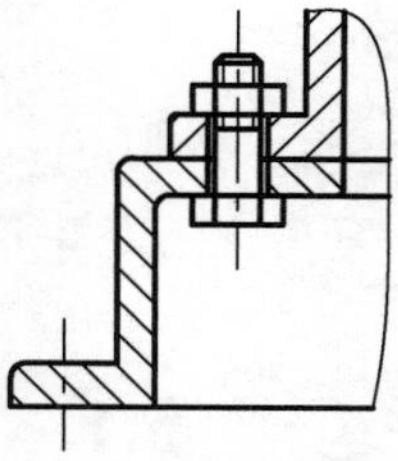 螺栓装拆困难 | 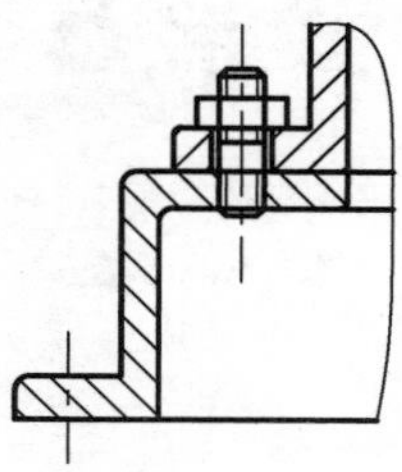 |
| 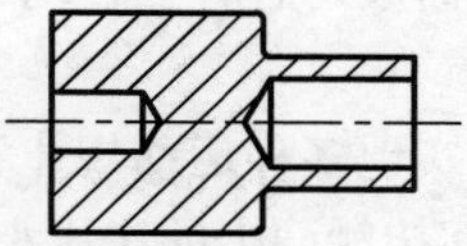 需要两次装卡 | 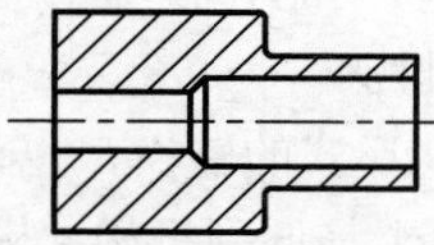 一次装卡，易保证孔的同轴度 | 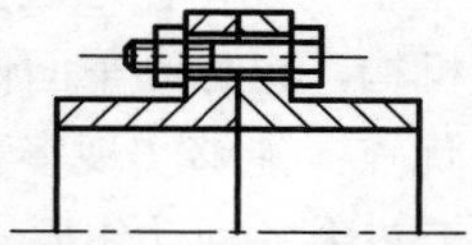 无定位基准，难于满足同轴度 | 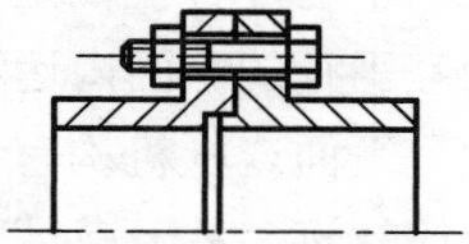 有定位止口，同轴度易保证 |

## 思考题与习题

4-1 简述结构设计在机械设计中的重要性。

4-2 结构设计应考虑哪些因素？

4-3 零件的结构工艺性应从哪些方面考虑？

4-4 通过哪些结构措施可提高零件的强度？

# 第5章 平面连杆机构

## 5.1 概 述

平面连杆机构是由若干个刚性构件通过低副(转动副、移动副)连接而成，且各构件均在相互平行的平面内运动的机构，也称为平面低副机构。

平面连杆机构有许多优点：能够实现多种运动形式的转换，也可以实现多种运动规律和曲线轨迹，易于满足生产工艺中各种动作要求；由于是低副机构，构件间接触面上的比压小、易润滑、磨损轻，构件中的运动副元素(圆柱面、平面)形状简单，制造方便。

平面连杆机构的主要缺点是：一般只能近似地实现给定的运动要求，且设计方法较为复杂；机构中做平面复杂运动和往复运动的构件所产生的惯性力难以平衡，高速时会引起较大的振动和动载荷，因此常用于速度较低的场合；当构件和运动副数目较多时，运动累积误差增大，影响机构的运动精度。

平面连杆机构应用十分广泛，如内燃机中的曲柄滑块机构、牛头刨床中的导杆机构、颚式破碎机中的铰链四杆机构、折叠伞的收放机构、缝纫机中的脚踏驱动机构等。

## 5.2 平面连杆机构的基本形式及演化

### 5.2.1 平面连杆机构的基本形式

最简单的平面连杆机构是由两个构件组成的两杆机构(图 5-1)，如电动机、风机等都是其应用实例。由于两杆机构除机架外只有一个运动构件，因而不能起到转换运动的作用。满足运动转换要求的闭链形式的平面连杆机构至少应由四个构件组成，常称为平面四杆机构，它是平面连杆机构的基本形式，也是最常见的形式，同时又是组成多杆机构的基础。本章主要讨论平面四杆机构的形式、基本性质和设计方法。

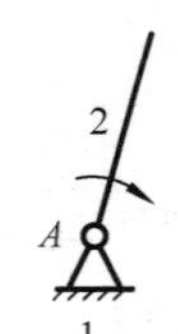


图 5-1 两杆机构
1-构件(机架)；2-构件

工程上最常用的平面四杆机构是铰链四杆机构、曲柄滑块机构和导杆机构(图 5-2～图 5-4)。其中后两种机构可看作是前者演化而来的，因此本节重点讨论铰链四杆机构。

在图 5-2 所示的铰链四杆机构中，构件 1 为机架，与机架相连的构件 2、4 称为连架杆，连架杆中能相对机架做整圈转动的称为曲柄，只能做往复摆动的称为摇杆，除机架外连接两连架杆的构件 3 称为连杆。

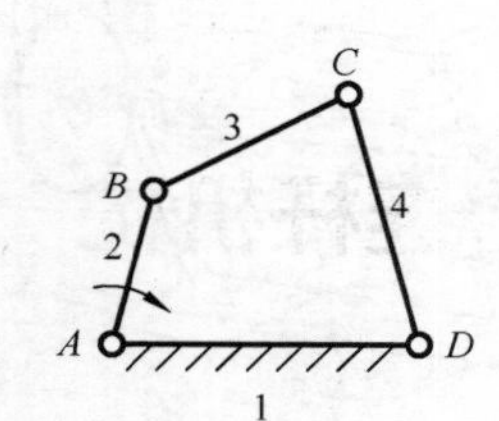


图 5-2　铰链四杆机构

1-机架；2、4-连架杆；3-连杆

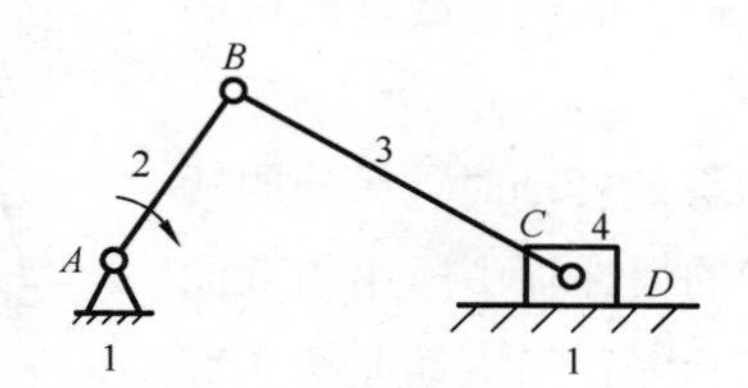


图 5-3　曲柄滑块机构

1-机架；2-曲柄；3-连杆；4-滑块

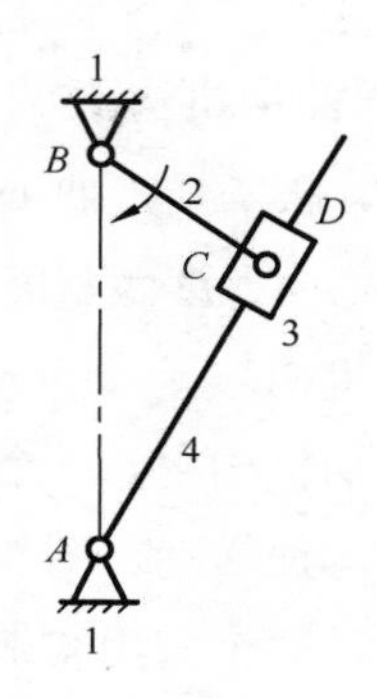


图 5-4　导杆机构

1-机架；2-曲柄；3-滑块；4-导杆

铰链四杆机构按两连架杆能否做整圈转动而分为曲柄摇杆机构、双曲柄机构和双摇杆机构三种基本形式。

**1. 曲柄摇杆机构**

图 5-5 所示为曲柄摇杆机构，构件 2 为曲柄，可绕固定铰链中心 $A$ 做整圈转动，构件 4 为摇杆，只能绕固定铰链中心 $D$ 做往复摆动，故称此机构为曲柄摇杆机构。

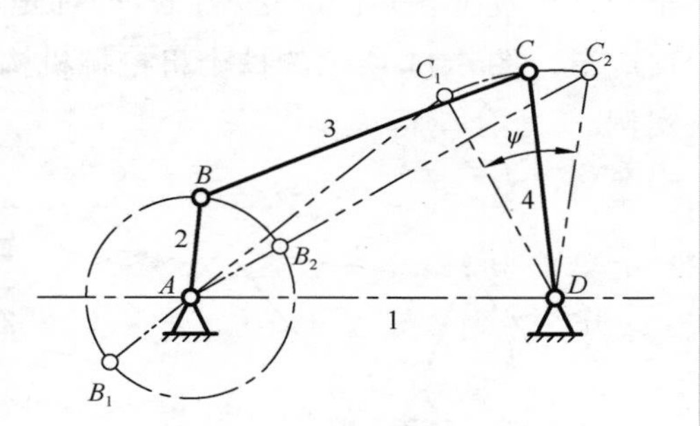


图 5-5　曲柄摇杆机构

1-机架；2-曲柄；3-连杆；4-摇杆

曲柄摇杆机构能实现整圈转动与往复摆动间的转换。若取曲柄为主动件，则可将曲柄整圈转动变为摇杆的往复摆动。若取摇杆为主动件，则可将摇杆的往复摆动变为曲柄的整圈转动。图 5-6 所示的颚式破碎机中所用的铰链四杆机构，即是以曲柄为主动件的曲柄摇杆机构的实例，而图 5-7 所示的缝纫机脚踏板驱动机构，则是以摇杆为主动件的曲柄摇杆机构的实例。

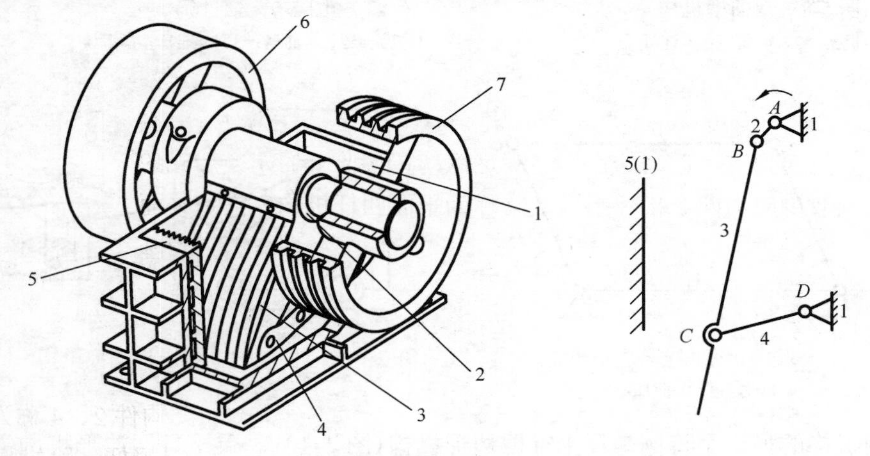


图 5-6　颚式破碎机中的铰链四杆机构

1-机架；2-偏心轴(曲柄)；3-动鄂(连杆)；4-肘板(摇杆)；5-定板；6-飞轮；7-带轮

5-6

2. **双曲柄机构**

图 5-8 所示为双曲柄机构，因两连架杆可分别绕固定铰链中心 $A$、$D$ 做整圈转动而均为曲柄，故称此机构为双曲柄机构。

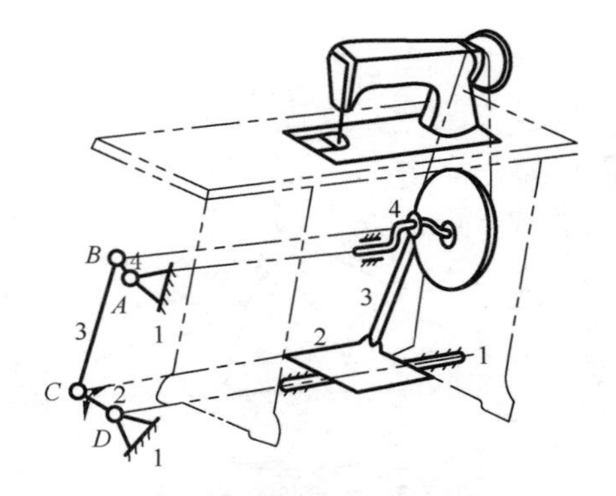


图 5-7 缝纫机脚踏板驱动机构

1-机架；2-摇杆；3-连杆；4-曲柄

双曲柄机构中，一个曲柄做等速转动时，另一曲柄一般做非等速转动。图 5-9 所示的惯性筛中所用的双曲柄机构即是一个应用实例。其特点是：当主动曲柄 2 等速回转一周时，从动曲柄 4 以变速回转一周，因而可使滑块 6 获得较大的速度变化，以提高生产率。

双曲柄机构的一个特例是平行四边形机构(图 5-10)。在平行四边形机构中，相对两构件的长度相等且彼此平行。其特点为：一是两个曲柄的运动规律完全相同，二是连杆始终做平动，连杆上各点的轨迹相同，即都是以曲柄长度为半径的圆。双曲柄机构在工程中应用很广泛，图 5-11 所示的挖土机挖掘机构和图 5-12 所示的摄影平台升降机构都是它的应用实例。

5-8

5-9

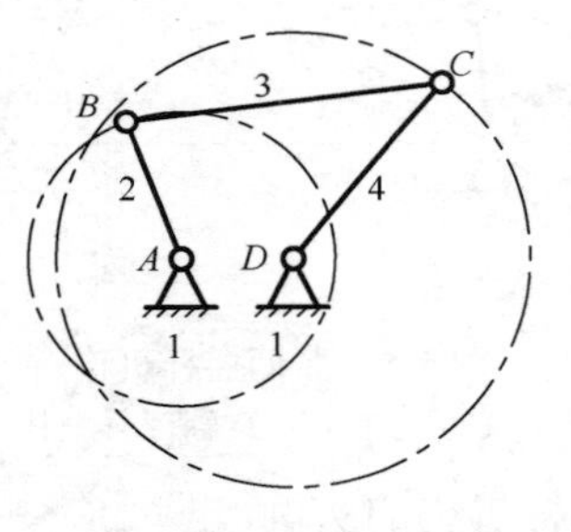


图 5-8 双曲柄机构

1-机架；2、4-曲柄；3-连杆

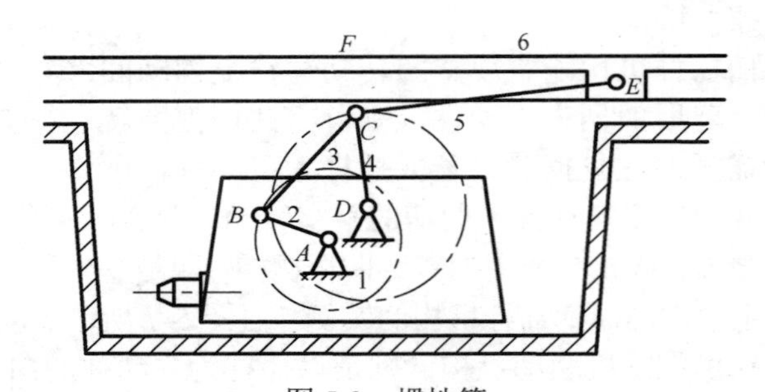


图 5-9 惯性筛

1-机架；2、4-曲柄；3、5-连杆；6-滑块

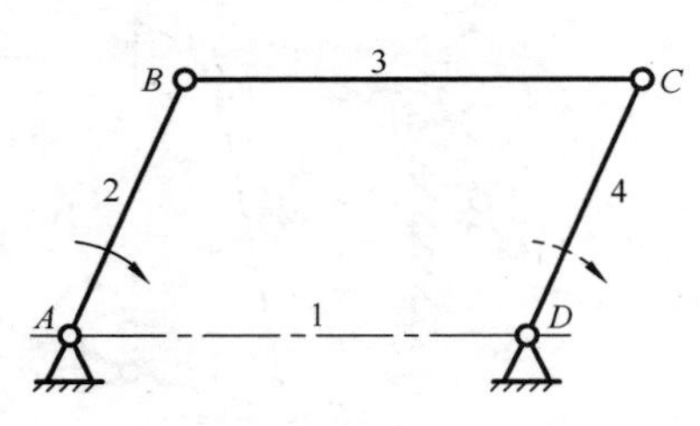


图 5-10 平行四边形机构

1-机架；2、4-曲柄；3-连杆

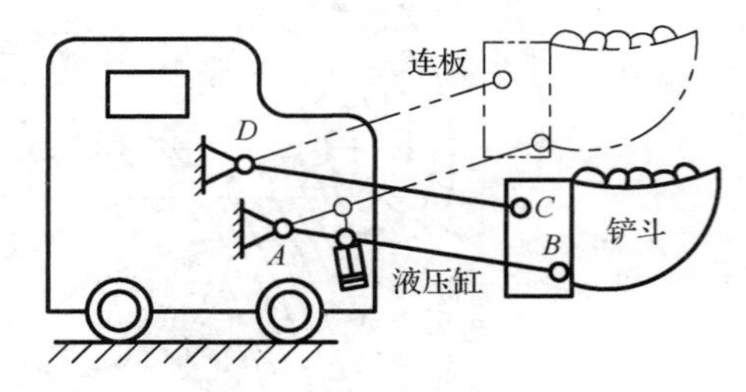


图 5-11 挖土机挖掘机构

双曲柄机构的另一个特例是反平行四边形机构(图 5-13)。反平行四边形机构中，相对两构件的长度相等但彼此不平行，其特点是两个曲柄的转动方向相反，且角速度不等。图 5-14 所示的门窗启闭机构就利用了两曲柄转向相反的特点，达到两扇门同时启闭的目的。

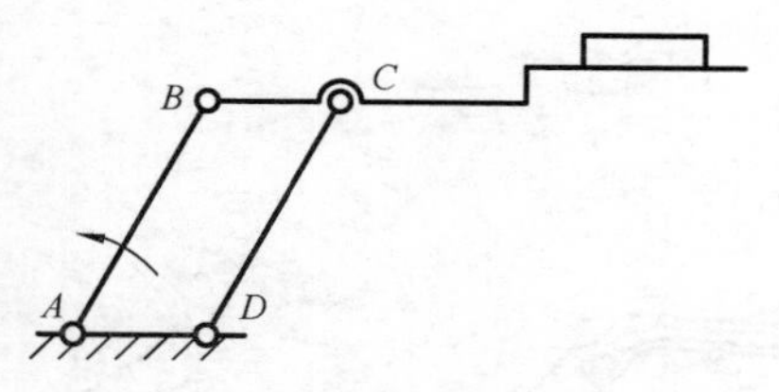


图 5-12　摄影平台升降机构

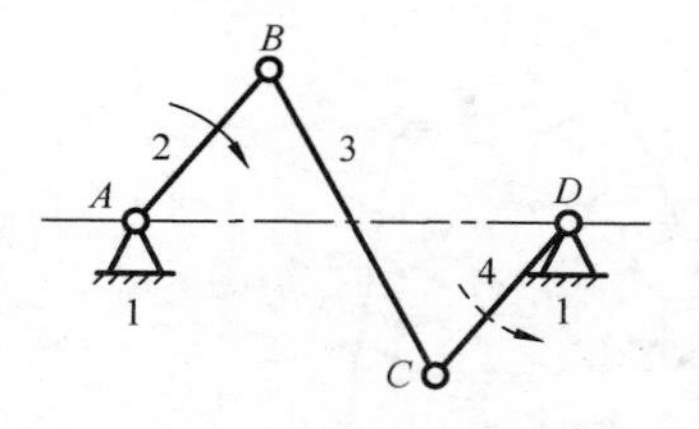


图 5-13　反平行四边形机构

1-机架；2、4-曲柄；3-连杆

5-13

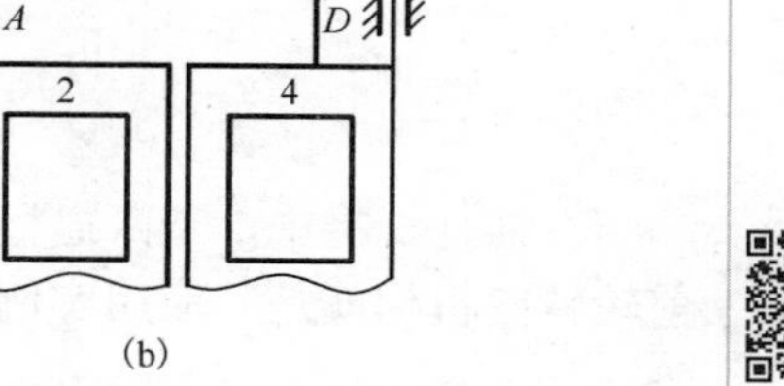

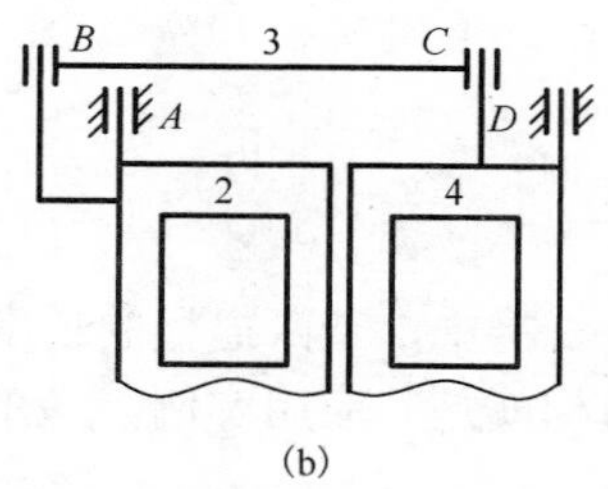

5-14

图 5-14　门窗启闭机构

1-机架；2、4-曲柄(门)；3-连杆

平行四边形机构与反平行四边形机构是可以相互转化的。如图 5-15 所示，当主动曲柄 2 转动一周时，它将有两次与连杆 3、从动曲柄 4 同时共线，此时机构会出现运动不确定现象，平行四边形机构可能转化为反平行四边形机构。在图 5-15 中，主动曲柄 2 转动到 $AB_1$ 位置时，它与连杆 3、从动曲柄 4 共线。若主动曲柄 2 继续转动，从动曲柄 4 的运动会出现不确定性：可能按原向继续转动，保持平行四边形 $AB_2C_2D$，也可能变为反向转动，构成反平行四边形 $AB_2C'_2D$。机构的这一位置称为运动不确定位置。在实际应用中，必须注意消除运动的不确定性，这可利用从动件自身的惯性或施加虚约束等方法来实现。图 5-16 所示机构就是利用虚约束来保证机构始终为平行四边形机构。

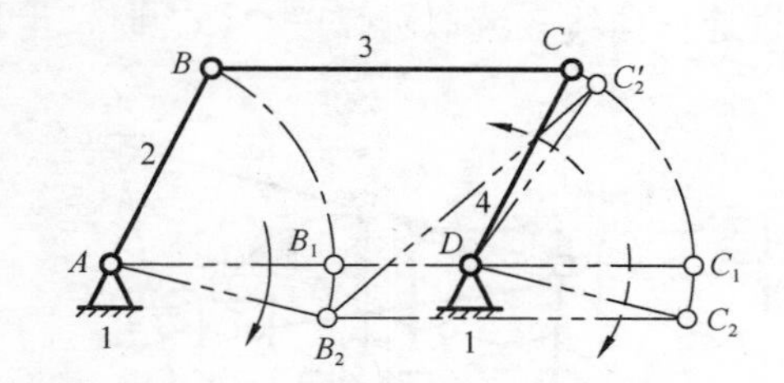


图 5-15　平行四边形机构的运动不确定位置

1-机架；2-主动曲柄；3-连杆；4-从动曲柄

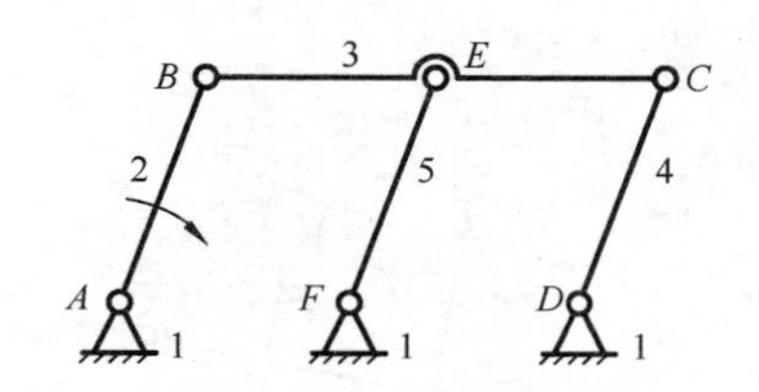


图 5-16　加虚约束的平行四边形机构

1-机架；2、4、5-曲柄；3-连杆

### 3. 双摇杆机构

图 5-17 所示为双摇杆机构，两连架杆只能分别在角度 $\varphi$ 和 $\psi$ 范围内往复摆动而均为摇杆，故称此机构为双摇杆机构。

图 5-18(a)所示的铸工造型机翻箱机构就是双摇杆机构(图 5-18(b))。砂箱作为该机构的连杆 3，在位置 $BC$ 造型振实后，转动摇杆 2 使砂箱搬运至位置 $B'C'$，以便进行拔模。

5-17

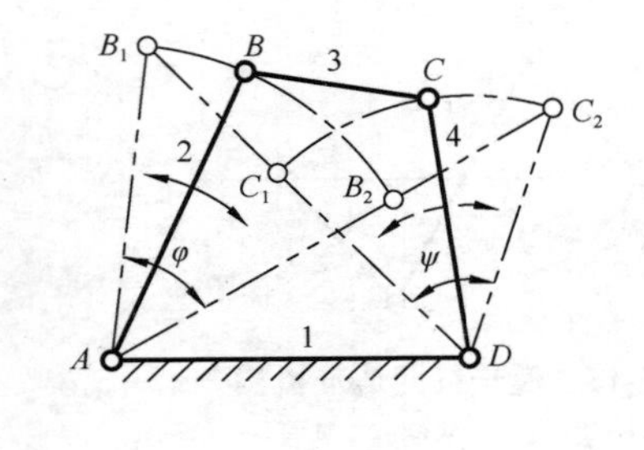


图 5-17 双摇杆机构
1-机架；2、4-摇杆；3-连杆

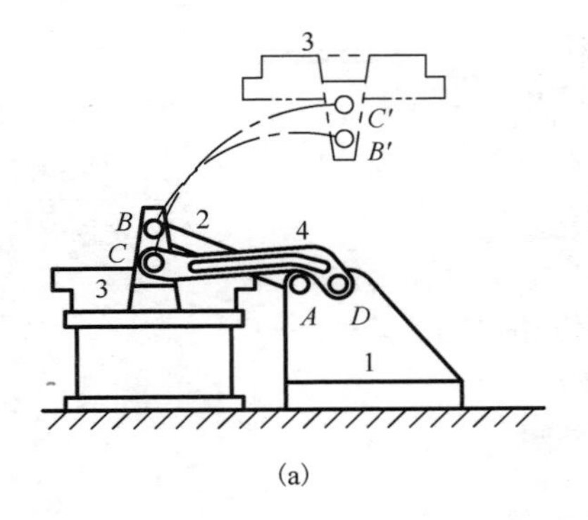


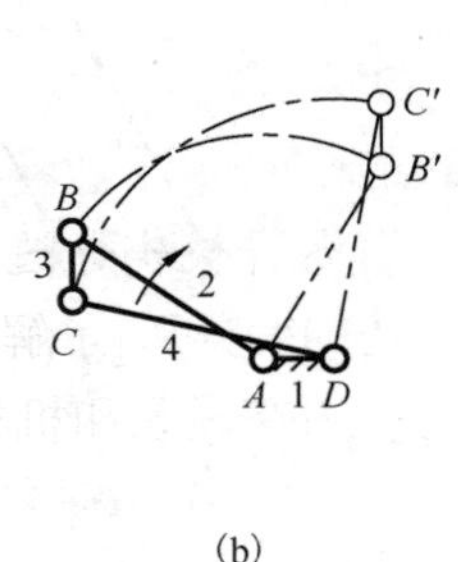


图 5-18 造型机翻箱机构
1-机架；2、4-摇杆；3-连杆

双摇杆机构中，若两摇杆的长度相等，则称其为等腰梯形机构，图 5-19 所示轮式车辆的前轮转向机构就是其应用实例。当车辆直行时，两前轮平行，$AB'C'D$ 即是一等腰梯形(图中虚线位置)。当车辆转弯时，根据弯道半径的不同，要求左右两轮轴线(或摇杆 $AB$ 和 $CD$)转过不同的角度 $\beta$ 和 $\delta$，这样就有可能使两前轮轴线延长线的交点 $O$ 始终能落在后轮轴的延长线上，从而使四个车轮都能绕 $O$ 点在地面上做纯滚动，避免轮胎因滑动而加剧磨损。合理地设计等腰梯形机构，可以近似满足这一要求。

5-19

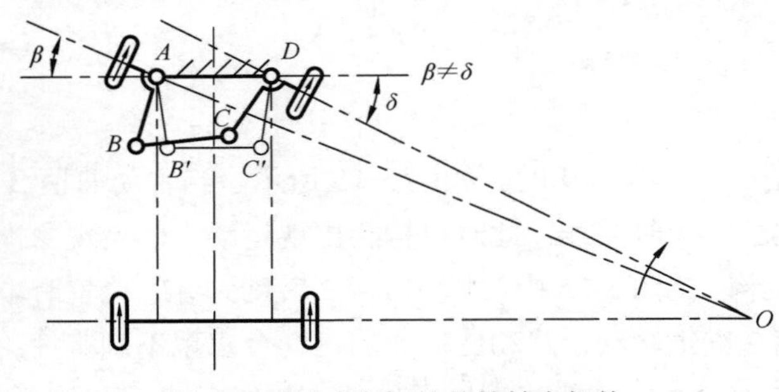


图 5-19 轮式车辆的前轮转向机构

铰链四杆机构中，无论哪种形式，其连杆都是做平面运动的，因而其上各点可以描绘出不同形状的曲线轨迹，这些轨迹称为连杆曲线(图 5-20)。工程上常利用整个连杆曲线或其中某一区段来完成预期的工艺动作或预期的运动规律。图 5-21 所示的压包机就是这方面的一个应用实例。在图示压包机中，当连杆上的 $C$ 点经过连杆曲线上近似圆弧段 $\overset{\frown}{C_1CC_2}$ 时，滑块 $D$ 停止移动，以便装料。

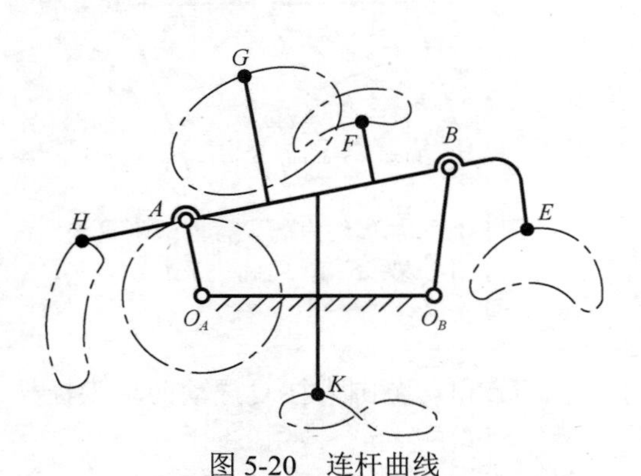


图 5-20 连杆曲线

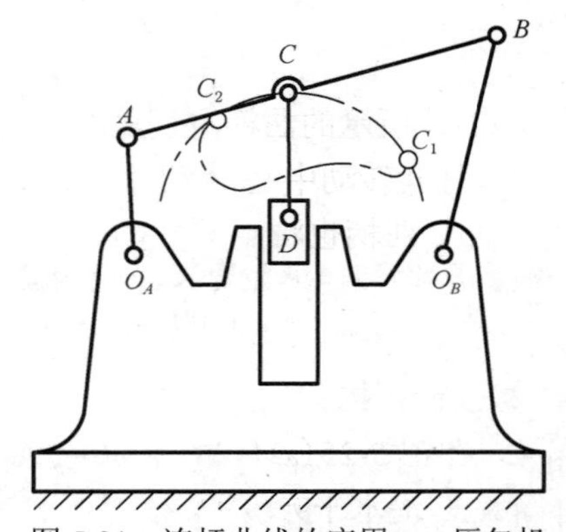


图 5-21 连杆曲线的应用——压包机

## 5.2.2　平面四杆机构的演化

在工程实际中，除了铰链四杆机构外，还常用到其他形式的平面四杆机构。可将这些形式的平面四杆机构看成由铰链四杆机构通过各种方法演化而来(机构的演化也称为机构的变异)。了解机构的演化有助于理解各种形式机构之间的内在联系和机构创新。下面介绍几种常见的机构演化方法及演化后的机构(也称为变异机构)。

**1. 改变构件的尺寸**

适当地改变机构中构件的尺寸，可以将转动副演化成移动副。曲柄滑块机构和双滑块机构就可以认为是通过这种方法演化得到的。

**1) 曲柄滑块机构**

在图 5-22(a)所示的曲柄摇杆机构中，若用一在固定圆弧槽(以摇杆转动中心 $D$ 为圆心、摇杆 4 的长度 $l_4$ 为半径)内滑动的滑块来代替摇杆(图 5-22(b))，则机构各构件间的相对运动并不会改变，但此时铰链四杆机构已演化为具有圆弧导轨的曲柄滑块机构。

当图 5-22(b)中的 $l_4$ 增至无穷大时(此时机架 1 的长度 $l_1$ 也会增至无穷大)，$D$ 将趋于无穷远，上述替代中的圆弧槽就变为一直线槽，曲柄摇杆机构即演化为常见的曲柄滑块机构。根据滑块往复移动的导路中心线 $m$-$m$ 是否通过曲柄转动中心 $A$，又分别称之为对心曲柄滑块机构(图 5-22(c))和偏距为 $e$ 的偏置曲柄滑块机构(图 5-22(d))。

曲柄滑块机构广泛应用于内燃机、空气压缩机、冲床等许多机械中。

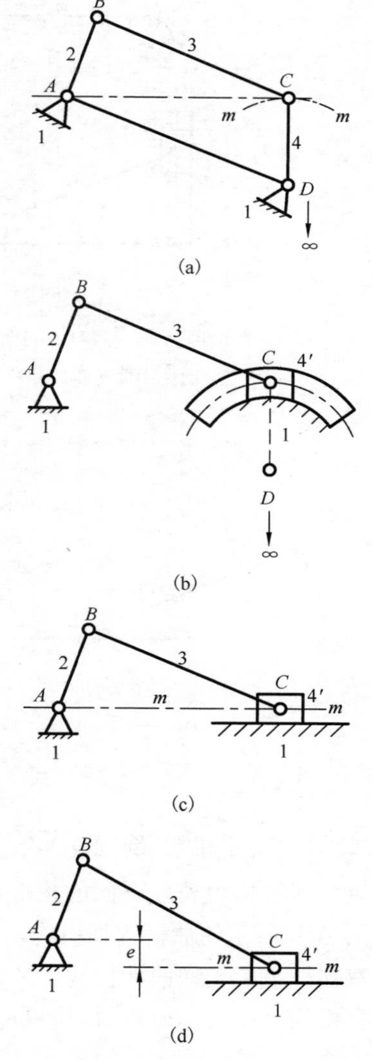

图 5-22　曲柄滑块机构的演化

1-机架；2-曲柄；3-连杆；4-摇杆；4′-滑块

**2) 双滑块机构**

图 5-22(c)所示的曲柄滑块机构，当曲柄 2 的长度 $l_2$ 增至无穷大，且其转动中心 $A$ 沿水平方向向左趋于无穷远时(图 5-23(a))，曲柄也将被一沿竖直方向做直线移动的滑块 2′所代替，这时曲柄滑块机构演化为含有两个移动副的双滑块机构(图 5-23(b))。

图 5-24 所示的椭圆仪机构是双滑块机构的具体应用。机构中连杆 3 上除中点 $M$ 的轨迹为圆以外，其余各点轨迹均为椭圆。

同样，在图 5-25(a)所示的曲柄滑块机构中，当连杆长度 $l_3$ 增至无穷大，且其与滑块 4 的转动副中心 $C$ 沿水平方向向右趋于无穷远时(图 5-25(b))，连杆则将被滑块 3′(相对于滑块 4 沿竖直方向直线移动)所代替，曲柄滑块机构即演化为另一种形式的双滑块机构(图 5-25(c))。该机构中，当曲柄 2 转动时，滑块 4 的水平位移按余弦规律变化($s_4=l_2\cos\varphi$)，故又称为余弦机构。余弦机构常应用于计算装置中。

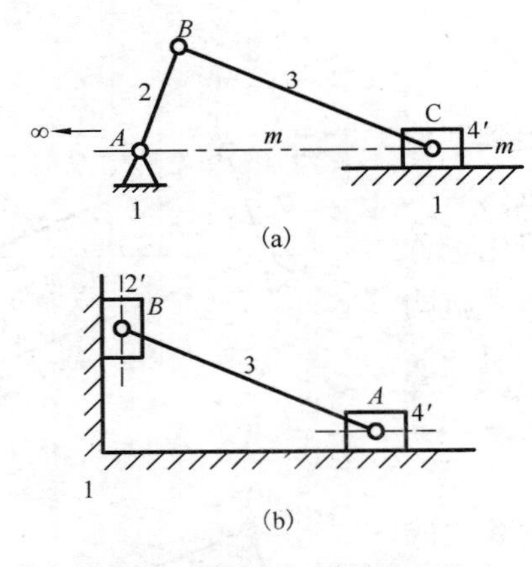

5-24

图 5-23 双滑块机构的演化(一)
1-机架；2-曲柄；2′、4′-滑块；3-连杆

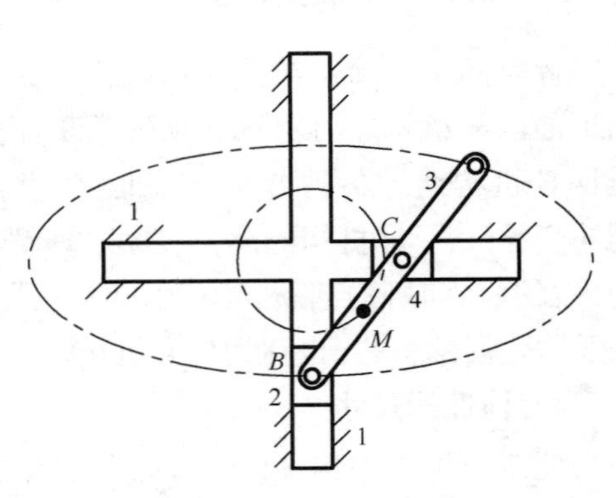


图 5-24 椭圆仪机构
1-机架；2、4-滑块；3-连杆

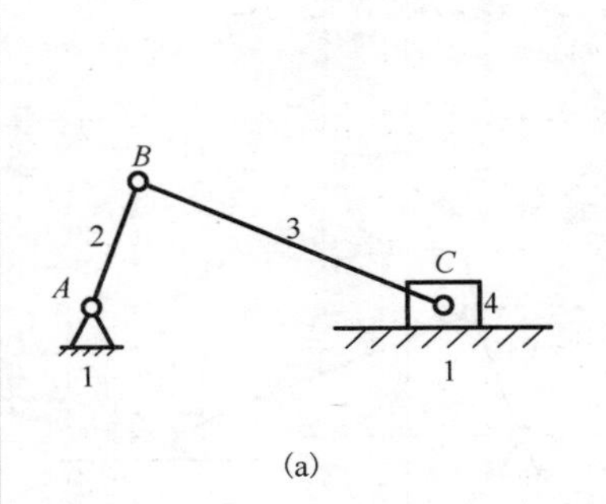


(a)

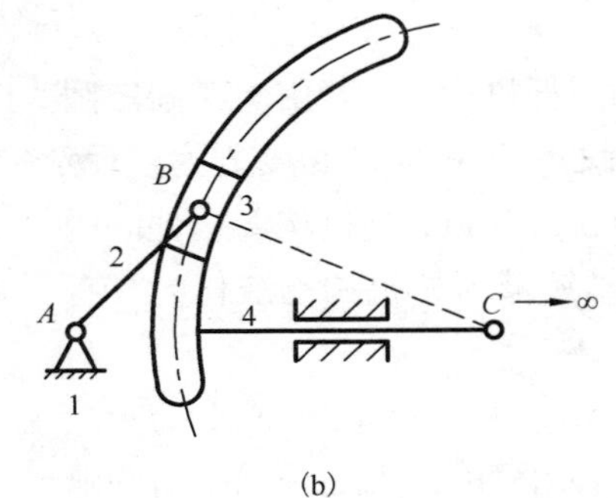


(b)

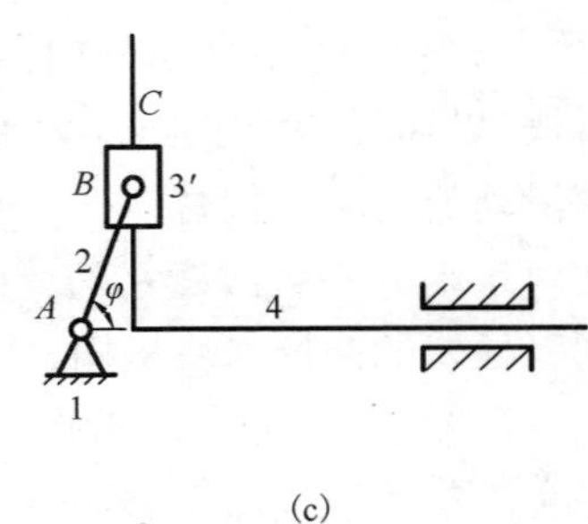


(c)

图 5-25 双滑块机构的演化(二)
1-机架；2-曲柄；3-连杆；3′、4-滑块

**2. 变更机架(倒置)**

在机构中若取不同的构件作为机架，称为对机构进行倒置，倒置后可得到不同的机构。图 5-5 所示的曲柄摇杆机构，当分别选取不同的构件作为机架时，即可得到曲柄摇杆机构、双摇杆机构和双曲柄机构。又如，对图 5-25(a)所示的曲柄滑块机构进行倒置，可分别得到导杆机构(图 5-26(a))、摇块机构(图 5-26(b))和定块机构(图 5-26(c))。

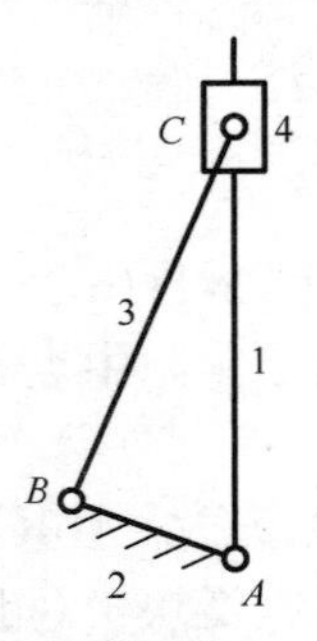


(a)导杆机构
1-导杆；2-机架；3-曲柄；4-滑块

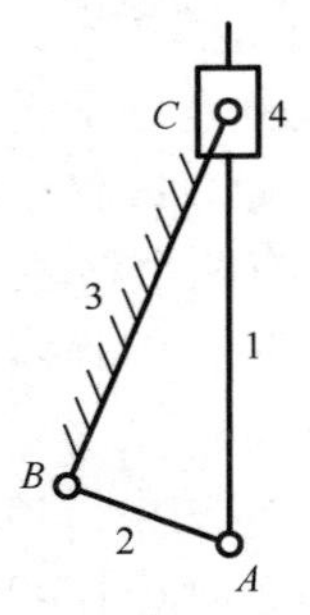


(b)摇块机构
1-导杆；2-曲柄；3-机架；4-摇块

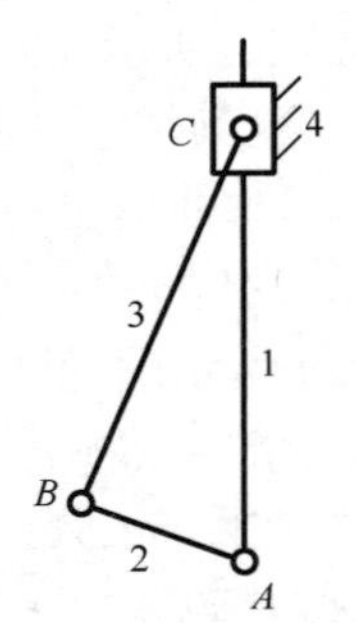


(c)定块机构
1-导杆；2-曲柄；3-连杆；4-机架

图 5-26 曲柄滑块机构的倒置

**1) 导杆机构**

图 5-26(a) 中，杆 1 对滑块 4 起导向作用，故称为导杆，图示机构则称为导杆机构。它是曲柄滑块机构改取曲柄 2 为机架的演化形式。通常取构件 3 为主动件。该机构中，当 $l_3 \geqslant l_2$ 时，构件 3 和构件 1 相对于机架(构件 2) 均能做整周转动，故称之为转动导杆机构；当 $l_3 < l_2$ 时，构件 3 相对于机架(构件 2) 做整周转动，但构件 1 只能做往复摆动，则称之为摆动导杆机构。图 5-27(a) 所示的回转式油泵就是转动导杆机构的应用。第 1 章所述的牛头刨床(图 1-2)，其滑枕的往复运动就是通过摆动导杆机构来实现的(图 5-28)。

**2) 摇块机构**

在图 5-26(b) 所示的机构中，构件 4 可绕机架 3 上的铰链中心 $C$ 摆动，故称该机构为摇块机构(也称摆动滑块机构)。它是曲柄滑块机构改取连杆 3 为机架的演化形式。

摇块机构多用于摆缸式原动机或工作机中，图 5-29 所示的摆缸式液压泵(构件 2 为主动件)和图 5-30 所示的卡车车厢自动翻转卸料机构(压力油推动的活塞杆 1 为主动件)就是其应用实例。

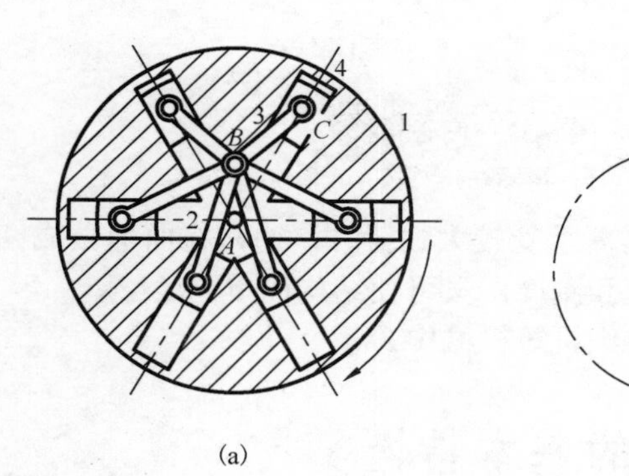


图 5-27　转动导杆机构的应用——回转式油泵

1-导杆；2-机架；3-曲柄；4-滑块

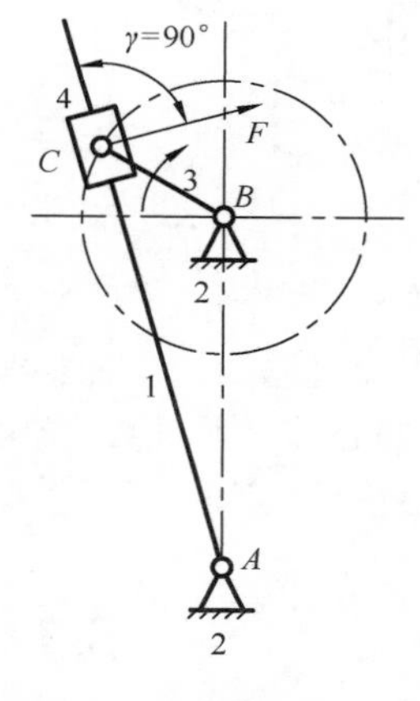


图 5-28　摆动导杆机构的应用——牛头刨床

1-导杆；2-机架；3-曲柄；4-滑块

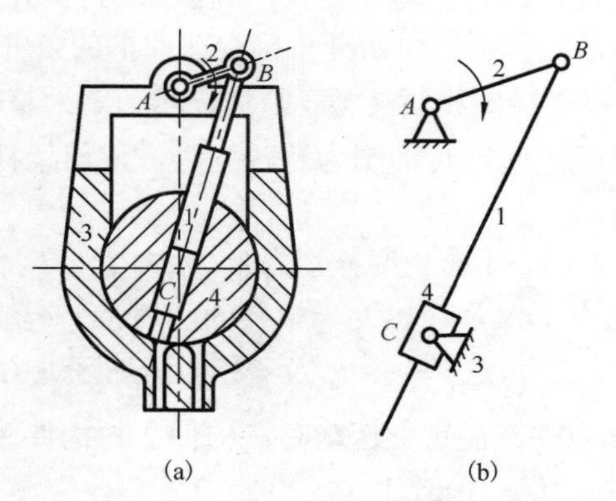


图 5-29　摆缸式液压泵

1-导杆；2-曲柄；3-机架；4-摇块

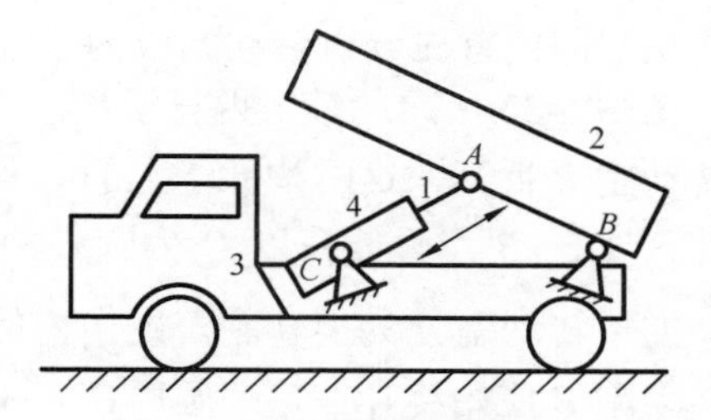


图 5-30　自动翻转卸料机构

1-导杆；2-曲柄；3-机架；4-摇块

5-30

**3) 定块机构**

在图 5-26(c)所示的机构中，由于构件 4 为机架，所以称该机构为定块机构(也称固定滑块机构)。它是曲柄滑块机构改取滑块 4 为机架的演化形式。

在手压抽水机、抽油泵等机械中常用到定块机构。在图 5-31 所示的手压抽水机中，当手柄 2 往复摆动时，活塞 1(导杆)便在缸体 4(机架)中往复移动而将水抽出。

**3. 扩大转动副**

在图 5-32(a)、(b)所示机构中，圆盘 2(曲柄)可绕偏心 $A$ 转动，称为偏心轮，其几何中心 $B$ 与转动中心 $A$ 的距离 $e$ 为偏心距，这类机构称为偏心轮机构，它们可看作是图 5-2、图 5-3 所示的机构当转动副 $B$ 的半径扩大到大于曲柄长度 $l_2$ ($l_2 = e$)时的演化形式。

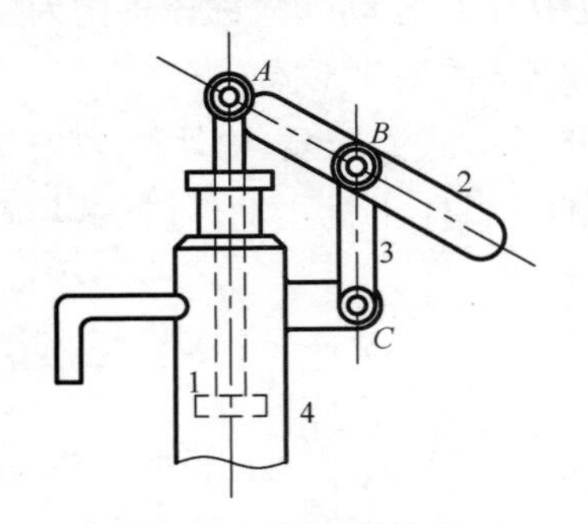


图 5-31 手压抽水机

1-活塞(导杆)；2-曲柄；3-连杆；4-机架

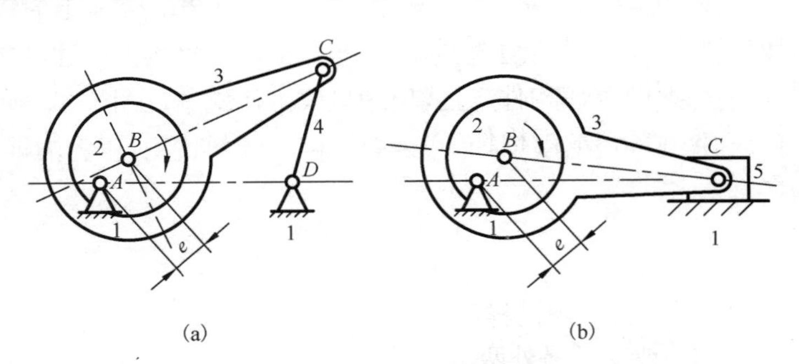


图 5-32 偏心轮机构

1-机架；2-曲柄(偏心轮)；3-连杆；4-摇杆；5-滑块

在实际机器中，当曲柄长度较短而曲柄销轴又需要承受较大载荷时，通常将曲柄做成偏心轮(或偏心轴、曲轴)，这样既能提高该部分的强度和刚度，又可使结构简单。

偏心轮机构广泛应用于剪床、冲床、内燃机、纺织机等机械中。

# 5.3 平面连杆机构的基本特性

## 5.3.1 平面四杆机构存在曲柄的条件

平面四杆机构是否存在曲柄决定了机构能实现什么样的运动转换，并能影响驱动机构运动的原动机类型的选择。下面讨论铰链四杆机构这一典型平面四杆机构存在曲柄的条件。

在铰链四杆机构中，若形成转动副的两构件能做整圈相对转动，则称该转动副为整转副，否则称为摆转副。当铰链四杆机构中连架杆与机架之间的转动副为整转副时，该连架杆就成为曲柄，因此首先分析转动副成为整转副的条件。

在图 5-33 所示的铰链四杆机构中，构件 1、2、3、4 的长度分别为 $l_1$、$l_2$、$l_3$、$l_4$。设想把转动副 $B$ 拆开，这时构件 2 上的 $B$ 点只能在以 $A$ 为圆心、以 $l_2$ 为半径的圆周 $S$ 上运动，而构件 3 上的 $B$ 点只能在以 $D$ 为圆心、以 $r_{\min} = |l_3 - l_4|$ 和 $r_{\max} = l_3 + l_4$ 为半径的圆环区域 $H$ 内运动。如果转动副 $A$ 为整转副，则当构件 2 上的 $B$ 点在圆周 $S$ 上运动时，构件 2 与构件 3 之间的转动副 $B$ 应始终存在，即圆周 $S$ 应在圆环区域 $H$ 内，由此得

$$l_1 + l_2 \leqslant r_{\max} = l_3 + l_4$$
$$|l_1 - l_2| \geqslant r_{\min} = |l_3 - l_4|$$

若 $l_2 \leqslant l_1$，并分析 $l_3$ 大于或小于 $l_4$ 两种情况，可得

$$\begin{cases} l_2 + l_1 \leqslant l_3 + l_4 \\ l_2 + l_3 \leqslant l_1 + l_4 \\ l_2 + l_4 \leqslant l_1 + l_3 \end{cases} \tag{5-1}$$

进一步，有

$$\begin{cases} l_2 \leqslant l_1 \\ l_2 \leqslant l_3 \\ l_2 \leqslant l_4 \end{cases} \tag{5-2}$$

式(5-2)表明构件 2 为最短构件，式(5-1)表明四杆机构中最短构件与其余任一构件的长度之和都小于或等于另外两个构件的长度之和，即最短构件与最长构件的长度之和小于或等于另外两个构件的长度之和。

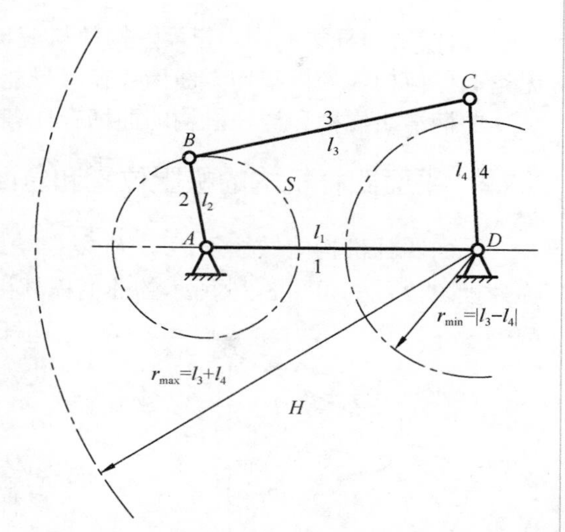


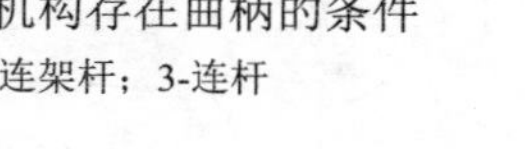
图 5-33　铰链四杆机构存在曲柄的条件

1-机架；2、4-连架杆；3-连杆

5-33

若 $l_1 \leqslant l_2$，用同样的分析方法可知，构件 1 为最短构件并且最短构件与最长构件的长度之和小于或等于另外两个构件的长度之和。

反过来也可以证明，当构件 1 或构件 2 为最短构件并且最短构件与最长构件的长度之和小于或等于另外两个构件的长度之和时，转动副 $A$ 为整转副。

由此可知，转动副成为整转副的充要条件为：①形成转动副的两构件中必有一个为铰链四杆机构中的最短构件；②最短构件与铰链四杆机构中最长构件的长度之和小于或等于另外两个构件的长度之和。

根据整转副的条件，可得铰链四杆机构存在曲柄的条件如下。

(1)连架杆和机架中必有一个是最短构件。

(2)最短构件长度+最长构件长度≤另外两构件长度之和。

根据以上分析可得出下面的结论。

(1)铰链四杆机构中，若最短构件与最长构件的长度之和小于或等于另外两构件长度之和，则取与最短构件相邻的构件为机架时，得曲柄摇杆机构(图 5-34(a)、(b))，取最短构件为机架时，得双曲柄机构(图 5-34(c))；取与最短构件相对的构件为机架时，得双摇杆机构(图 5-34(d))。此即前面提到的机构倒置问题。

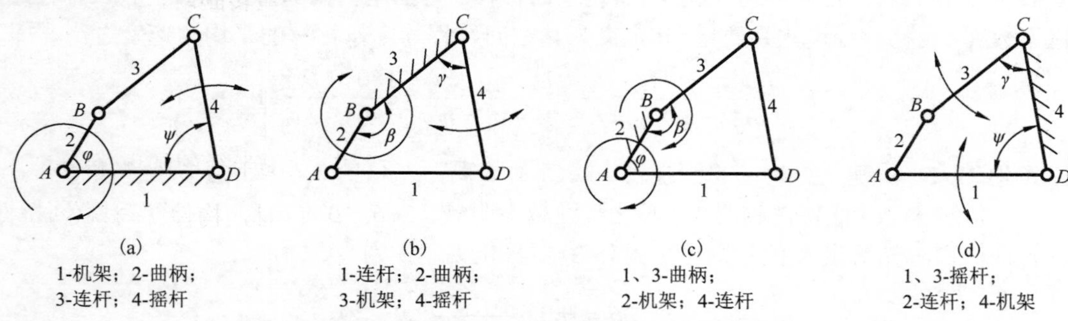


(a) 1-机架；2-曲柄；3-连杆；4-摇杆

(b) 1-连杆；2-曲柄；3-机架；4-摇杆

(c) 1、3-曲柄；2-机架；4-连杆

(d) 1、3-摇杆；2-连杆；4-机架

图 5-34　铰链四杆机构取不同构件为机架(倒置)

(2) 铰链四杆机构中，若最短构件与最长构件的长度之和大于另外两构件的长度之和，则无论取任何构件为机架均无曲柄存在，只能得到双摇杆机构。

曲柄滑块机构和导杆机构的曲柄存在条件请读者自行推出。

### 5.3.2 平面四杆机构的极限位置和急回特性

平面四杆机构中做往复运动(往复摆动或移动)的构件，其往复运动区间的两个极端位置称为极限位置。如图 5-35 所示的曲柄摇杆机构，主动曲柄 2 在转动一周的过程中，有两次与连杆 3 共线。当曲柄转动到 $AB_1$ 时，曲柄与连杆重叠共线，此时摇杆处于最左端位置 $C_1D$；曲柄转动到 $AB_2$ 时，曲柄与连杆拉直共线，摇杆处于最右端位置 $C_2D$。$C_1D$ 和 $C_2D$ 即为摇杆 4 往复摆动的左、右极限位置。摇杆左右两极限位置之间的夹角 $\psi$ 称为摇杆的摆角(即摇杆的行程)。

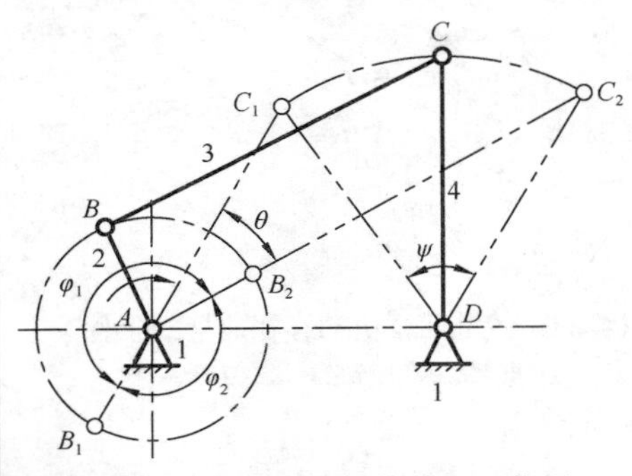


图 5-35 曲柄摇杆机构的极限位置与急回特性

1-机架；2-曲柄；3-连杆；4-摇杆

5-35

设曲柄由位置 $AB_1$ 顺时针转到 $AB_2$ 时转角 $\varphi_1 = 180° + \theta$，由 $AB_2$ 再顺时针转到 $AB_1$ 时转角 $\varphi_2 = 180° - \theta$，则得

$$\theta = \frac{\varphi_1 - \varphi_2}{2}$$

式中，$\theta$ 称为极位夹角。极位夹角 $\theta$ 可能小于 90°，也可能大于 90°。从几何意义上，可将极位夹角 $\theta$ 描述为与摇杆两极限位置对应的曲柄两位置 $AB_1$ 和 $AB_2$ 之间所夹较小角的补角。

平面四杆机构中做往复运动的构件，若其往复运动的平均速度不相等，则称该机构具有急回特性。如图 5-35 所示，当曲柄 2 由位置 $AB_1$ 顺时针转过 $\varphi_1$ 到位置 $AB_2$ 时，摇杆 4 由位置 $C_1D$ 摆至位置 $C_2D$，摆角为 $\psi$；当曲柄顺时针再转过 $\varphi_2$，即由位置 $AB_2$ 转回到位置 $AB_1$ 时，摇杆 4 由位置 $C_2D$ 摆回到位置 $C_1D$，摆角仍然是 $\psi$。由于 $\varphi_2 < \varphi_1$，而曲柄通常做等速转动，所以曲柄转过 $\varphi_2$ 的时间 $t_2$ 小于转过 $\varphi_1$ 的时间 $t_1$，对应摇杆自位置 $C_2D$ 摆回到 $C_1D$ 的平均角速度 $\omega_R = \psi / t_2$ 大于自 $C_1D$ 摆至 $C_2D$ 的平均角速度 $\omega_W = \psi / t_1$，说明该机构具有急回特性。

工程实际中，往往要求机器中做往复运动的从动件在工作行程时速度慢些，而在空回行程时速度快些，即具有急回特性，以期缩短辅助时间，提高机器的生产率，前面所介绍的颚式破碎机、牛头刨床等机器都具有这种急回特性。对于上述的曲柄摇杆机构，摇杆自 $C_1D$ 摆至 $C_2D$ 是工作行程，自 $C_2D$ 摆回到 $C_1D$ 是空回行程。为描述机构的急回特性，引入行程速度变化系数 $K$ (也称行程速比系数)，其定义为其空回行程与工作行程的平均角速度之比，即

$$K = \frac{\omega_R}{\omega_W} = \frac{\psi / t_2}{\psi / t_1} = \frac{t_1}{t_2} = \frac{\varphi_1 / \omega}{\varphi_2 / \omega} = \frac{\varphi_1}{\varphi_2} = \frac{180° + \theta}{180° - \theta} \geqslant 1 \tag{5-3}$$

$K$ 值的大小反映了机构的急回程度。式(5-3)表明，$K$ 值的大小取决于极位夹角 $\theta$，$\theta$ 角越大，$K$ 值越大，急回特性越明显；反之，则越不明显。当 $\theta = 0$ 时，$K$=1，机构无急回特性。若在设计机构时先给定 $K$ 值，则可由式(5-3)得极位夹角 $\theta$ 为

$$\theta = 180° \cdot \frac{K - 1}{K + 1} \tag{5-4}$$

### 5.3.3　平面四杆机构的压力角、传动角和死点位置

**1. 压力角和传动角**

机构不仅要能实现预定的运动规律，还应该效率高、传力性能良好。为了衡量机构传力性能的优劣，引入了压力角的概念，其定义是：从动件受力方向(忽略摩擦力、重力和惯性力)与受力点速度方向之间所夹的锐角。

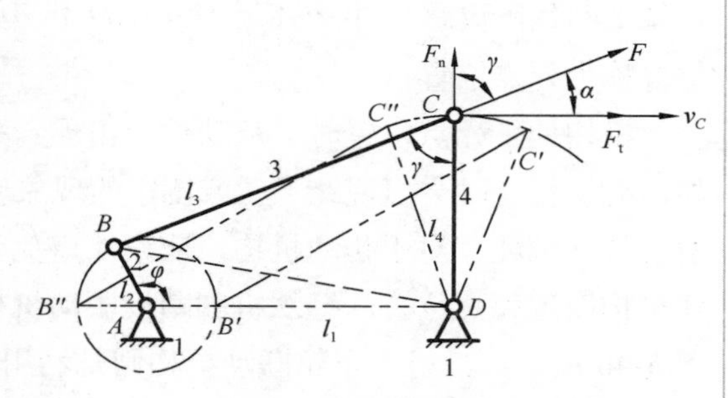


图 5-36　铰链四杆机构的压力角与传动角

1-机架；2-曲柄；3-连杆；4-摇杆

如图 5-36 所示的曲柄摇杆机构，曲柄 2 为主动件，若忽略构件所受的重力、惯性力和运动副中的摩擦力，则连杆 3 为二力构件，曲柄通过连杆传给从动摇杆 4 的力 $F$ 一定沿 $BC$ 方向，受力点 $C$ 的速度 $v_C$ 方向垂直于 $CD$ 方向。由定义可知，$F$ 与 $v_C$ 所夹的锐角 $\alpha$ 即为压力角。由图可见，力 $F$ 沿 $v_C$ 方向的分力 $F_t = F\cos\alpha$ 是克服从动摇杆上工作阻力矩的有效分力，沿 $CD$ 方向的分力 $F_n = F\sin\alpha$ 对从动摇杆无转动效应，只会增加运动副中的摩擦力，是有害分力。从机构传力来说，当然是 $F_t$ 越大、$F_n$ 越小越好，即压力角 $\alpha$ 越小，机构的传力效果越好，所以可以用压力角作为衡量机构传力性能的指标。

在连杆机构中，为度量方便常用压力角的余角 $\gamma = 90° - \alpha$，来检验机构的传力性能，$\gamma$ 称为传动角，在数值上等于连杆与从动摇杆所夹的锐角。因 $\gamma = 90° - \alpha$，故 $\gamma$ 越大(即 $\alpha$ 越小)，机构的传力性能越好。机构运转过程中，传动角是变化的，机构出现最小传动角 $\gamma_{\min}$ 的位置正是其传力性能最差的位置，也是检验其传力性能的关键位置。该位置可由图 5-36 中△$ABD$ 和△$BCD$ 的边角关系来确定。设连杆与从动摇杆的夹角为∠$BCD$=$\gamma'$，由余弦定理得

$$\overline{BD}^2 = l_1^2 + l_2^2 - 2l_1l_2\cos\varphi$$

$$\overline{BD}^2 = l_3^2 + l_4^2 - 2l_3l_4\cos\gamma'$$

由此解得

$$\cos\gamma' = \frac{l_3^2 + l_4^2 - l_1^2 - l_2^2 + 2l_1l_2\cos\varphi}{2l_3l_4} \tag{5-5}$$

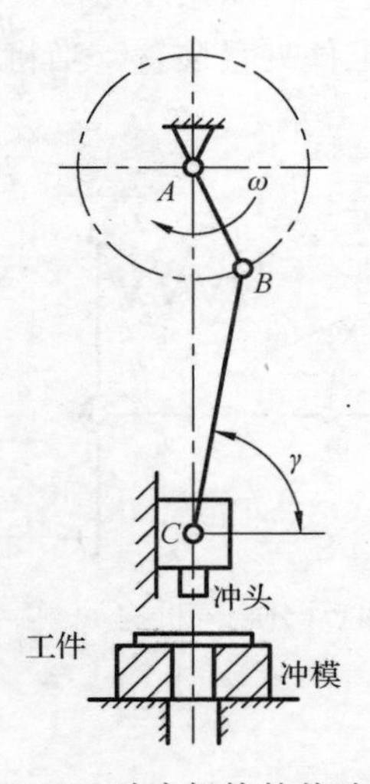


图 5-37　冲床机构的传动角

由式(5-5)可知，当 $\varphi$ 分别等于 0° 和 180° 时，$\cos\varphi = \pm 1$，即 $\cos\gamma'$ 取得最大值和最小值，对应的则有 $\gamma'_{\min}$（$\varphi = 0°$）和 $\gamma'_{\max}$（$\varphi = 180°$）。由传动角 $\gamma$ 的定义可知，若 $\gamma' \leqslant 90°$，则 $\gamma' = \gamma$，若 $\gamma' > 90°$，则 $\gamma = 180° - \gamma'$。因此，若 $\gamma'_{\min} \leqslant 90°$，而 $\gamma'_{\max} > 90°$，则应比较 $\gamma'_{\min}$ 与 $180° - \gamma'_{\max}$，两者中的较小值即为 $\gamma_{\min}$。由此可知，以曲柄为主动件的曲柄摇杆机构，其最小传动角 $\gamma_{\min}$ 必在曲柄转至与机架共线位置 $AB'$ 或 $AB''$ 时出现。

为了保证连杆机构传力性能良好，设计时应对其传动角的最小值加以限制，即应使 $\gamma_{\min} \geqslant [\gamma]$。$[\gamma]$ 称为许用传动角，通常推荐 $[\gamma]$ 值为 50°～40°。此外，为节省动力，对于一些承受短暂高峰载荷的机械，应尽量利用机构处于最大传动角的位置进行工作。如图 5-37 所示的冲床，当冲头(即滑块)接近下极限位置时开始冲压是有利的。

**2．死点位置**

如图 5-38 所示的曲柄摇杆机构，若以摇杆为主动件，当从动件(曲柄)和连杆成一直线(摇杆处于两极限位置)，即机构在 $AB_1C_1D$ 和 $AB_2C_2D$ 位置时，传动角 $\gamma=0°$ (即 $\alpha=90°$)，这一位置称为死点位置。

机构处于死点位置时，从动件会出现卡死(机构自锁)或正、反转运动不确定的现象。例如，缝纫机有时会出现踏不动或倒车的现象就是由脚踏板驱动机构(图 5-39)处于死点位置而引起的。因此，对于传动机构，应设法避免处于死点位置。若无法避免，则应采取适当措施使机构度过死点位置。缝纫机脚踏板驱动机构就是利用下带轮的惯性来度过死点位置的，而图 5-40 所示蒸汽机车车轮联动机构则是利用两组曲柄滑块机构的曲柄相互错开 90°，互相辅助通过死点位置的。

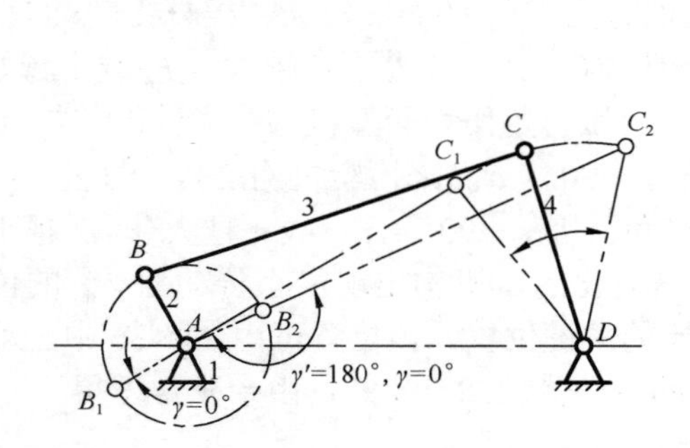


图 5-38 曲柄摇杆机构的死点位置

1-机架；2-曲柄；3-连杆；4-摇杆

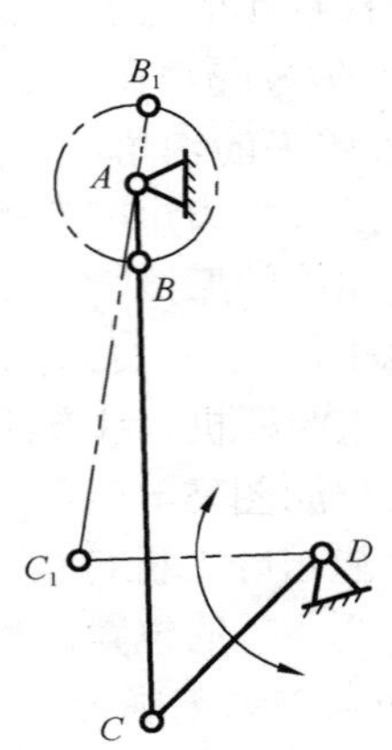


图 5-39 缝纫机脚踏板驱动机构

在工程实际中也常利用死点的特性来实现一定的工作要求。如图 5-41 所示的隔离开关中采用的分合闸机构，当闸刀关合时，机构处于死点位置，将闸刀锁住，这样即使短路而在电路中产生很大的电斥力，也不会把闸刀推开。再如图 5-42 所示的焊接工件夹紧装置，当将工件夹紧时，机构处于死点位置，能防止被夹紧的工件自动松脱。

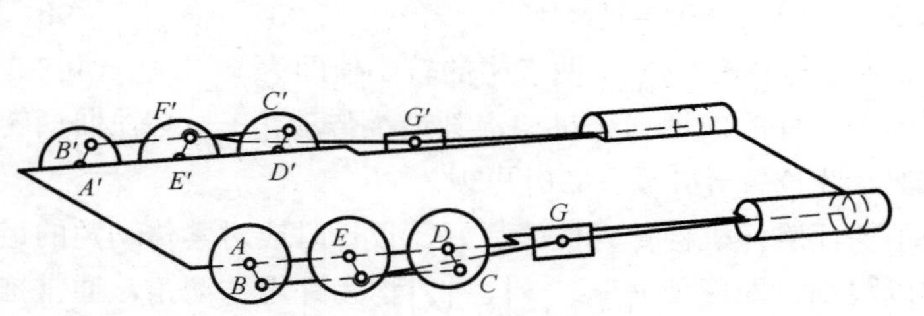


图 5-40 机构间的互相辅助

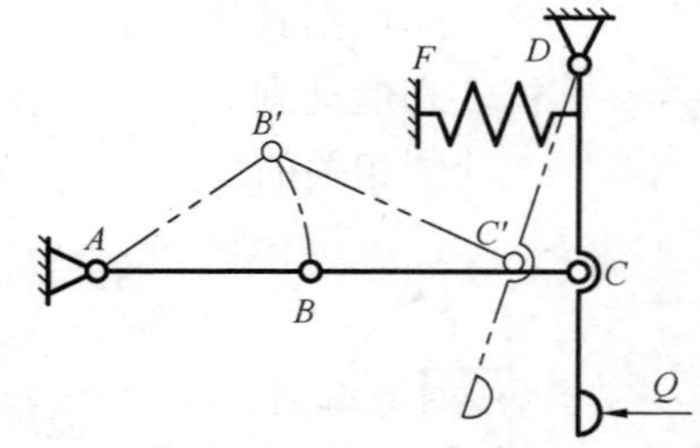


图 5-41 分合闸机构

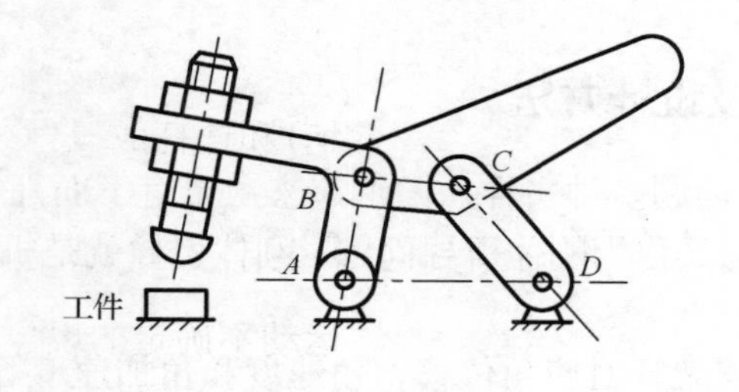


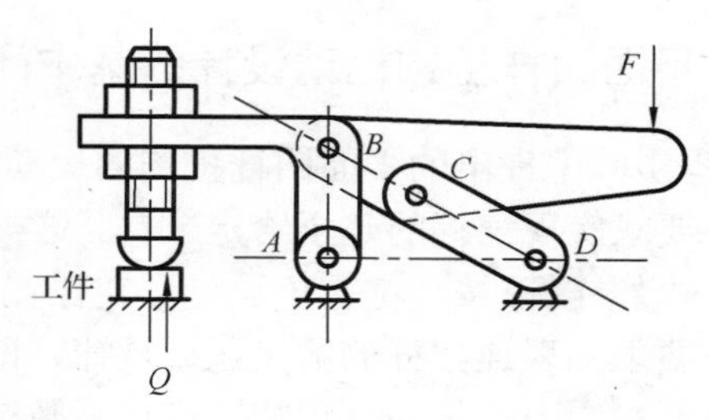


图5-42　夹紧装置

### 5.3.4　平面四杆机构的运动连续性

如图5-43所示，对于给定各构件长度的曲柄摇杆机构，可以有$AB_1C_1D$和$AB_2C_2D$两种不同的结构形态。若为$AB_1C_1D$，则当曲柄连续转动时，摇杆只能在摆角$\psi$范围内连续占据各个位置(连续运动)；若为$AB_2C_2D$，则摇杆只能在摆角$\psi'$范围内连续占据各个位置(连续运动)。摆角$\psi$或$\psi'$所决定的运动范围称为机构运动可行域。摇杆只能在摆角$\psi$或$\psi'$所决定的某一运动可行域内连续运动，不能从一个运动可行域跳跃到另一个运动可行域，这一特性称为机构的运动连续性。

在设计铰链四杆机构时，应保证机构满足运动连续性要求。如图5-43所示的铰链四杆机构$AB_1C_1D$，从几何尺寸上讲，能够实现连杆的两个给定位置$B_1C_1$和$B_2C_2$，但实际上根据机构运动的运动连续性，$C_1D$只能在其可行域$\psi$内运动，当曲柄$AB_1$运动到位置$AB_2$时，连杆只能处于位置$B_2C'''$，并不能运动到$B_2C_2$。同样，在设计其他各类四杆机构时，也应注意运动连续性问题。

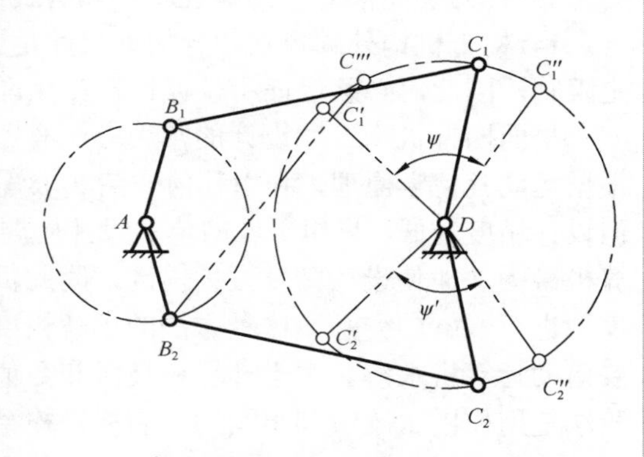


图5-43　铰链四杆机构的运动连续性

## 5.4　平面连杆机构的运动设计

机构设计一般包括以下三方面内容：①根据机器中所需机构的运动形式选择机构类型；②运动设计，即根据具体的运动参数确定机构的运动尺寸，并绘制机构运动简图；③确定机构中各个构件和运动副的结构形式和尺寸(包括确定所用的材料)，进行必要的强度、刚度等分析校核，绘制相关的装配图与零件图。

根据运动形式选择机构类型称为机构的类型综合。类型综合首先根据给定的机构自由度确定该机构的构件个数和各种类型运动副的个数(称为数综合)，进一步确定出机构的各种不同的构型(称为型综合)。机构的类型综合富有创新性，可为机构设计提供多种可能的构型方案。

运动设计以满足机构运动学性能为基本目标，而将其他性能(如动力学性能)作为校核指标。本节主要讨论平面四杆机构的运动设计。

### 5.4.1 平面四杆机构运动设计的基本问题及设计方法

工程实际中提出的平面四杆机构的运动设计问题多种多样，归纳起来主要有下面几类。

(1) 要求实现连杆的几个给定位置。这类问题又称为刚体引导问题。刚体引导就是机构能引导刚体(如连杆)按一定方位通过预定位置。

(2) 要求实现连架杆的给定运动规律，即两连架杆对应角位移、角速度和角加速度等。

(3) 要求实现给定的行程速度变化系数。

(4) 要求实现给定轨迹，即要求连杆上某点的运动轨迹与给定运动轨迹一致。

针对上述要求所设计的四杆机构，通常还需检验是否满足以下一些附加要求。

(1) 检验是否有曲柄存在。对于采用电动机等旋转原动机来驱动的机构，要求其主动件为曲柄，这时应该检验该机构是否有曲柄存在。

(2) 运动连续性检验。以确保机构能连续运动到给定位置上，即机构的确在运动时能实现给定的运动要求。

(3) 传力性能检验。为保证机构具有良好的传力条件，应使机构满足 $\gamma_{\min} \geqslant [\gamma]$。

(4) 检查机构外廓尺寸和各构件尺寸是否合适。在实际机器中，往往对机构所占空间有一定限制，因此，必须保证所设计机构在允许的空间内运动。

平面四杆机构运动设计的常用方法有图解法、解析法和实验法。图解法又称几何法，是根据运动几何学原理，利用几何作图法求解机构运动尺寸的方法。该方法直观、易懂、简便，但设计精度较低，只用于较简单的设计问题。但随着 CAD 软件的广泛应用，图解法可利用计算机绘图从而使设计精度大大提高，因此仍是一种基本的设计方法。解析法是通过建立数学模型进行求解的方法。这种方法的求解精度高，能解决较复杂的设计问题，但计算量大，需要借助计算机求解。由于计算机技术和数值方法的快速发展，解析法的应用越来越广泛。实验法是用作图试凑或利用图谱、表格及模型实验等手段来求得机构运动尺寸的方法，此种方法精度低，主要用于有运动轨迹要求或位置要求较多的机构设计。

### 5.4.2 图解法

**1. 按照给定连杆位置设计四杆机构**

**设计命题 1** 已知连杆的长度和给定的两个位置，设计该铰链四杆机构。

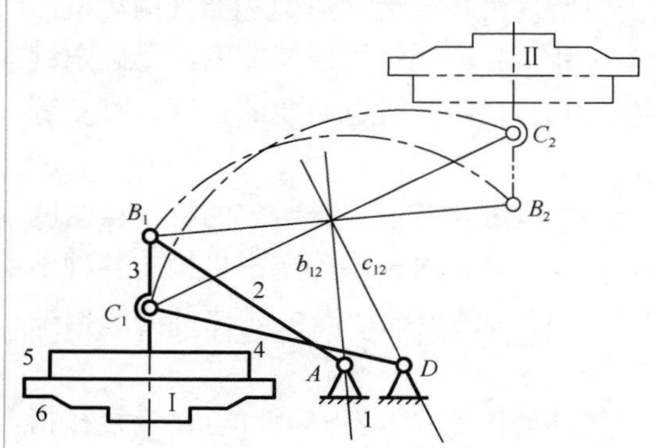


图 5-44 振实造型机的翻转机构
1-机架；2、4-摇杆；3-连杆；5-砂箱；6-翻台

如图 5-44 所示的翻台式振实造型机的翻转机构，其采用铰链四杆机构 $ABCD$ 实现翻台的两个给定工作位置。当翻台 6 在实线位置 I 时，砂箱 5 在翻台上造型并通过振实台振实。然后通过驱动机构使摇杆 2 摆动，将翻台抬起并翻转180°到虚线位置II，进行起模。

设与翻台固连的连杆 3 的长度 $l_3$ 及其两个位置 $B_1C_1$ 和 $B_2C_2$ 已根据结构及工艺要求确定，则设计上述铰链四杆机构的实质是要确定两连架杆与机架组成的固定铰链中心 $A$ 和 $B$ 的位置，随之确定其余三个构件的长度。由于连杆 3 上 $B$、

$C$两点的运动轨迹分别为以$A$、$D$为圆心的两段圆弧，所以$A$、$D$必然分别位于$B_1B_2$、$C_1C_2$的垂直平分线$b_{12}$、$c_{12}$上，故可按下列步骤设计。

(1)根据已知条件，按适当比例$\mu_1$绘出连杆3的两个位置$B_1C_1$和$B_2C_2$。

(2)连接$B_1$、$B_2$和$C_1$、$C_2$，分别作$B_1B_2$、$C_1C_2$的垂直平分线$b_{12}$、$c_{12}$。

(3)分别在$b_{12}$、$c_{12}$上任取$A$、$D$两点作为固定铰链中心，连$AB_1C_1D$即得能实现连杆两位置的四杆机构。其另外三杆的长度分别为：$l_1=\mu_1\cdot\overline{AD}$、$l_2=\mu_1\cdot\overline{AB}$、$l_4=\mu_1\cdot\overline{CD}$。

由步骤(3)可知，若仅要求满足运动条件，$A$、$D$两点可分别在$b_{12}$、$c_{12}$上任意选取而有无穷多个解。实际上，还应考虑几何、运动连续性、传力性能等辅助条件，如各构件所允许的几何尺寸范围、最小传动角或其他结构上的要求(如本例中要求$A$、$D$两点在同一水平线上，且$AD=BC$)，这样就可以在$b_{12}$、$c_{12}$上合理选定$A$、$D$两点的位置而得到确定的解。

**设计命题2** 已知连杆的长度和给定的三个位置，设计该铰链四杆机构。

设计思路与上述设计命题1相同。如图5-45所示，分别作$B_1B_2$和$B_2B_3$的垂直平分线$b_{12}$和$b_{23}$，其交点即铰链中心$A$的位置。同理，分别作$C_1C_2$和$C_2C_3$的垂直平分线$c_{12}$和$c_{23}$，其交点即铰链中心$D$的位置。$A$、$D$分别为确定点，因此设计只有唯一解。

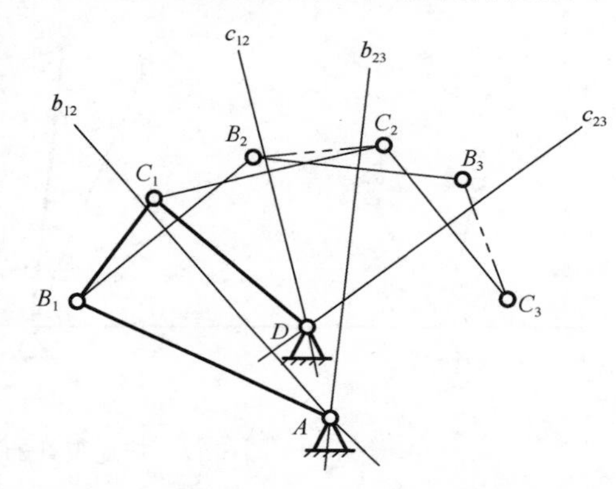

图5-45 给定连杆三个位置设计铰链四杆机构

在以上的设计命题中，不仅已知连杆的位置，还已知连杆的长度(即已知连杆上铰链$B$和$C$的位置)，这时所设计的铰链四杆机构最多能实现连杆的三个位置。如果只给定连杆的位置要求，则可以利用“半角转动法”获得能实现多个连杆位置的铰链四杆机构，这里不再详述。

**2. 按照给定两连架杆对应位置设计四杆机构**

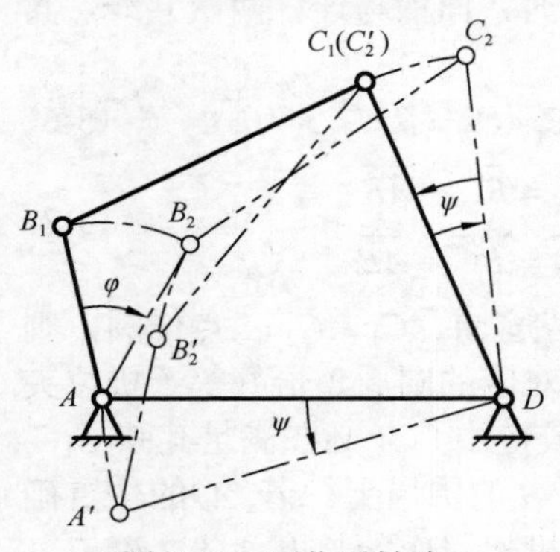

图5-46 刚化反转法

在图5-46所示的四杆机构中，主动件由$AB_1$转到$AB_2$时，从动件由$DC_1$转到$DC_2$，两连架杆的对应角位移为$\varphi$和$\psi$。现设想将第二个位置时的机构$AB_2C_2D$刚化，并使其绕$D$点反转角度$\psi$，这时$DC_2$与$DC_1$重合，刚化的$AB_2C_2D$转到$A'B_2'C_2'D$位置($C_2'$与$C_1$重合)，此位置也可以理解为一个以$DC_1$为机架的四杆机构$DAB_1C_1$，连架杆$DA$逆时针转过角度$\psi$、连杆由$AB_1$运动到$A'B_2'$时的位置。这样就把两连架杆的对应角位移转化为以$DC_1$为机架的机构中连杆的两个位置$AB_1$和$A'B_2'$($AB_1$和$A'B_2'$之间的夹角为$\varphi-\psi$)，从而可根据连杆位置进行机构设计，这种方法称为刚化反转法。

**设计命题3** 已知机架长度$l_{AD}$、连架杆长度$l_{AB}$以及两连架杆的两个对应角位置，设计该铰链四杆机构。

根据刚化反转法，可按以下步骤进行设计(图5-47)。

(1)根据已知条件，按适当比例$\mu_1$绘出机架$AD$以及连架杆$AB$的两个位置$AB_1$和$AB_2$，并绘出与位置$AB_1$和$AB_2$对应的连架杆$DC$的两个位置方向线$DE_1$和$DE_2$(图5-47(a))。

(2) 以 $D$ 为圆心、任意长度为半径作圆弧，与连架杆 $DC$ 的两个位置方向线分别交于 $E_1$ 和 $E_2$，绘出四边形 $DAB_1E_1$（图 5-47(b)）。

(3) 以 $D$ 为圆心，将四边形 $DAB_1E_1$ 反转（逆时针）$\psi_2-\psi_1$，使 $DE_1$ 与 $DE_2$ 重合，$DAB_1E_1$ 转到 $DA'B_1'E_2$ 位置。

(4) 作 $B_2B_1'$ 的垂直平分线，在其上任取一点 $C_2$ 作为连杆 $BC$ 与连架杆 $DC$ 的铰链中心，则 $AB_2C_2D$ 即为能实现两连杆对应角位置的四杆机构。

在以上设计中，由于 $C_2$ 点是任选的，因而有无穷多个解。若给定两连架杆的三个对应角位置，则只能得到一个解。

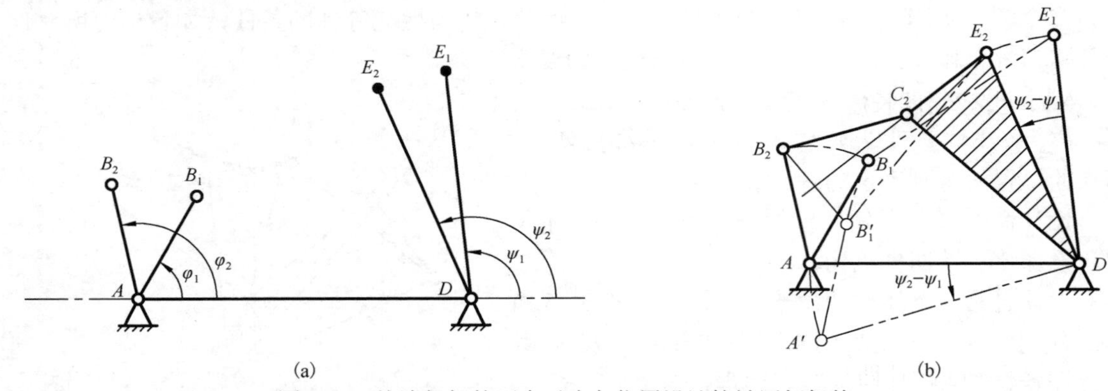

图 5-47　按连架杆的两个对应角位置设计铰链四杆机构

### 3. 按照机构急回特性设计四杆机构

**设计命题 4**　已知摇杆长度 $l_4$、摆角 $\psi$ 和行程速度变化系数 $K$，设计该曲柄摇杆机构。

这类设计问题的关键是抓住机构处于极限位置时的几何关系，再考虑其他辅助条件。分析已知条件可知，本设计要解决的实质问题是确定曲柄的固定铰链中心 $A$ 的位置，进而定出其余三构件的长度。

由图 5-35 所示的曲柄摇杆机构可知，摇杆处于两极限位置时，曲柄与连杆两次共线，其几何关系是

$$\angle C_1AC_2=\theta \tag{5-6}$$

$$\begin{cases}\overline{AC_1}=\overline{BC}-\overline{AB}\\ \overline{AC_2}=\overline{BC}+\overline{AB}\end{cases} \tag{5-7}$$

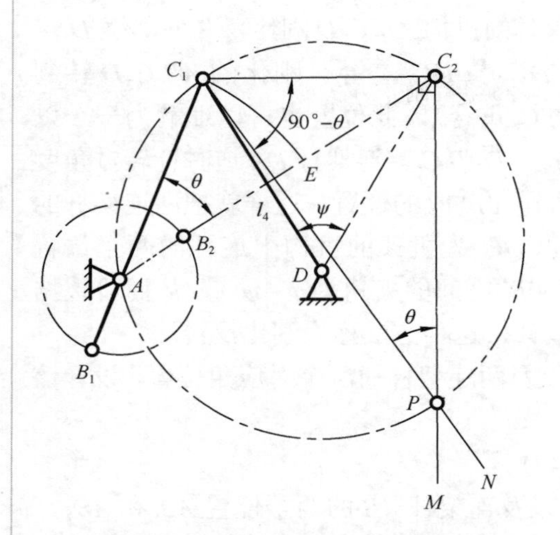

图 5-48　按机构急回特性设计铰链四杆机构

式(5-6)表示，若过 $A$、$C_1$、$C_2$ 三点作圆，则该圆上的弦 $C_1C_2$ 所对应的圆周角恰好等于极位夹角 $\theta$。换言之，固定铰链中心 $A$ 必在满足其弦 $C_1C_2$ 所对应的圆周角等于 $\theta$ 的圆周上。若 $A$ 的位置确定，则 $AC_1$、$AC_2$ 和机架 $AD$ 的长度便随之确定。再解式(5-7)即可得曲柄 $AB$ 和连杆 $BC$ 的长度为

$$\overline{AB}=\frac{\overline{AC_2}-\overline{AC_1}}{2} \tag{5-8}$$

$$\overline{BC}=\frac{\overline{AC_2}+\overline{AC_1}}{2} \tag{5-9}$$

根据上述分析，可得下面设计步骤(图 5-48)。

(1) 由给定的行程速度变化系数 $K$，按式(5-4)求出极位夹角 $\theta$。

(2) 任取固定铰链中心 $D$ 的位置，由摇杆长度 $l_4$ 和摆角 $\psi$，按适当比例 $\mu_1$，作出摇杆两极限位置 $C_1D$ 和 $C_2D$。

(3) 连接 $C_1$ 和 $C_2$，作 $C_2M \perp C_1C_2$，并作 $\angle C_2C_1N=90^\circ-\theta$，$C_2M$ 与 $C_1N$ 相交于 $P$ 点，则 $\angle C_1PC_2=\theta$。

(4) 作 $\triangle C_1PC_2$ 的外接圆，在圆上任取一点 $A$ 为曲柄的固定铰链中心，分别连接 $AC_1$ 和 $AC_2$，则 $\angle C_1A\,C_2=\angle C_1PC_2=\theta$。

(5) 根据式(5-8)，以 $A$ 为圆心、$AC_1$ 为半径作圆弧交 $AC_2$ 于 $E$，平分 $EC_2$ 得曲柄长度 $\overline{AB}$。再以 $A$ 为圆心、$\overline{AB}$ 为半径作圆，交 $C_1A$ 的延长线和 $C_2A$ 于 $B_1$ 和 $B_2$，连杆长度 $\overline{BC}=\overline{B_1C_1}=\overline{B_2C_2}$。

(6) 由上述绘图长度计算各构件的实际长度，分别为

$$l_1=\mu_1\cdot\overline{AD},\quad l_2=\mu_1\cdot\overline{AB},\quad l_3=\mu_1\cdot\overline{BC}$$

由于 $A$ 点是在 $\triangle C_1PC_2$ 的外接圆上任选的，因此可得无穷多个解。实际设计时还应结合曲柄存在条件、传力性能条件(如最小传动角 $\gamma_{\min}>[\gamma]$)等来确定 $A$ 点的具体位置。

### 5.4.3　解析法

运用解析法设计四杆机构时，需要建立反映运动参数与机构运动尺寸(或铰链点的坐标)之间关系的数学方程，其中利用刚体位移矩阵建立数学方程最具代表性。下面介绍刚体位移矩阵的概念。

刚体在平面中的位置，可用固连于刚体上的一条标线来表示。如图 5-49 所示，刚体在位置 1 时，用过刚体上点 $M_1$ 的标线 $M_1P_1$ 表示，其与 $x$ 轴的夹角为 $\theta_1$；刚体运动到位置 $i$ 时，标线 $M_1P_1$ 运动到 $M_iP_i$ 位置，其与 $x$ 轴的夹角为 $\theta_i$。刚体由位置 1 到位置 $i$ 的运动可认为是刚体绕点 $M_1$ (基点)的转动(转角为 $\theta_{1i}=\theta_i-\theta_1$)与平动的合成，由此得 $P_i$ 点的坐标为

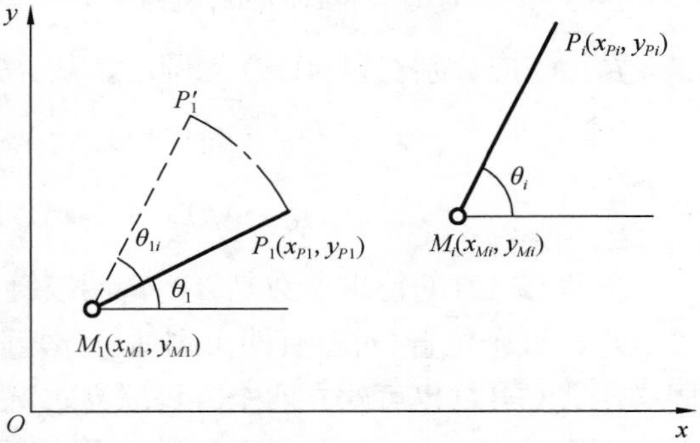

图 5-49　刚体由位置 1 到位置 $i$ 的运动

$$\begin{bmatrix} x_{P_i} \\ y_{P_i} \end{bmatrix}=\begin{bmatrix} \cos\theta_{1i} & -\sin\theta_{1i} \\ \sin\theta_{1i} & \cos\theta_{1i} \end{bmatrix}\begin{bmatrix} x_{P_1}-x_{M_1} \\ y_{P_1}-y_{M_1} \end{bmatrix}+\begin{bmatrix} x_{M_i} \\ y_{M_i} \end{bmatrix}$$

写成齐次形式，有

$$\begin{bmatrix} x_{P_i} \\ y_{P_i} \\ 1 \end{bmatrix}=\begin{bmatrix} \cos\theta_{1i} & -\sin\theta_{1i} & x_{M_i}-x_{M_1}\cos\theta_{1i}+y_{M_1}\sin\theta_{1i} \\ \sin\theta_{1i} & \cos\theta_{1i} & y_{M_i}-x_{M_1}\sin\theta_{1i}-y_{M_1}\cos\theta_{1i} \\ 0 & 0 & 1 \end{bmatrix}\begin{bmatrix} x_{P_1} \\ y_{P_1} \\ 1 \end{bmatrix}$$

上式可简记为

$$[P_i]=[D_{1i}][P_1]$$

式中，$[P_i]=\begin{bmatrix} x_{P_i} \\ y_{P_i} \\ 1 \end{bmatrix}$，$[P_1]=\begin{bmatrix} x_{P_1} \\ y_{P_1} \\ 1 \end{bmatrix}$，$[D_{1i}]=\begin{bmatrix} \cos\theta_{1i} & -\sin\theta_{1i} & x_{M_i}-x_{M_1}\cos\theta_{1i}+y_{M_1}\sin\theta_{1i} \\ \sin\theta_{1i} & \cos\theta_{1i} & y_{M_i}-x_{M_1}\sin\theta_{1i}-y_{M_1}\cos\theta_{1i} \\ 0 & 0 & 1 \end{bmatrix}$。

$[D_{1i}]$称为刚体由位置 1 到位置 $i$ 的刚体位移矩阵，它反映了刚体运动过程中的位姿变化。当已知刚体上基点运动前后的位置坐标和标线的相对角位移时，就可利用刚体位移矩阵得到刚体上任一点在运动前、后的位置坐标关系。

**1. 解析法设计给定连杆位置的四杆机构**

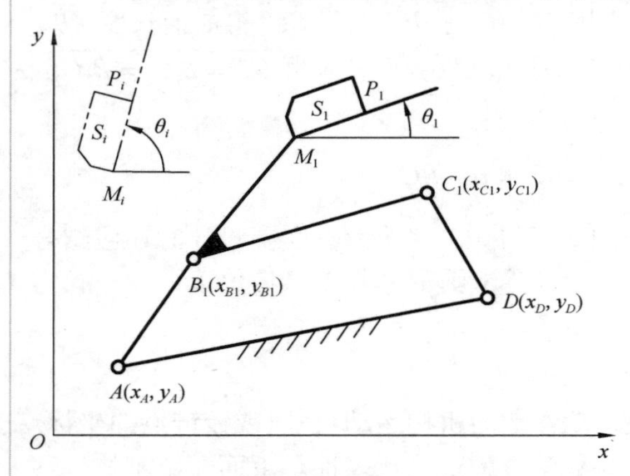


图 5-50 给定连杆位置的四杆机构设计

如图 5-50 所示，要求连杆能通过给定的 $N$ 个位置，连杆标线上基点的各位置坐标 $(x_{M_i}, y_{M_i})$ 及标线的各方位角 $\theta_i$ 均已知 $(i=1,2,\cdots,N)$。要设计该铰链四杆机构，只要确定连杆在位置 1 时的两个铰链中心位置 $B_1$、$C_1$，以及两连架杆的固定铰链中心位置 $A$、$D$，就可以设计出所要求的机构。

由刚体位移矩阵，可得连杆在位置 $i$ 处时两铰链中心 $B_i$ 和 $C_i$ 的坐标：

$$[B_i]=[D_{1i}][B_1] \tag{5-10}$$

$$[C_i]=[D_{1i}][C_1] \tag{5-11}$$

$B_i$、$C_i$ 应分别在以 $A$、$D$ 为圆心、从 $AB_1$、$DC_1$ 为半径的圆周上，故有约束方程：

$$(x_{B_i}-x_A)^2+(y_{B_i}-y_A)^2=(x_{B_1}-x_A)^2+(y_{B_1}-y_A)^2 \tag{5-12}$$

$$(x_{C_i}-x_D)^2+(y_{C_i}-y_D)^2=(x_{C_1}-x_D)^2+(y_{C_1}-y_D)^2 \tag{5-13}$$

方程(5-12)的待求参数是 $A$、$B_1$ 两铰链中心的坐标 $x_A$、$y_A$ 和 $x_{B_1}$、$y_{B_1}$，共四个参数。若给定连杆五个位置(对应有四个刚体位移矩阵)，则由式(5-12)可建立四个方程进行联立求解；同样由式(5-13)也可建立四个方程联立求解 $D$、$C_1$ 两铰链中心的坐标。如果给定连杆 $N$ 个位置，则可建立 $2(N-1)$ 个方程，联立求解可得 $(N-1)$ 个铰链中心的坐标。因此，若要精确实现连杆给定位置，所给连杆的位置数最多为 5。当 $N<5$ 时，可任意选定 $(5-N)$ 个铰链中心，因此可有无穷多个解。

**2. 解析法设计给定两连架杆对应位置的四杆机构**

对于给定两连架杆对应位置的设计问题，可以根据刚化反转法将其转化为给定连杆位置的设计问题，然后利用上述基于刚体位移矩阵的解析法进行设计。下面介绍另外一种解析法。

如图 5-51 所示，以向量表示各构件的位置和长度，则机构可表示为一向量封闭形。取其向两坐标轴的投影得

$$a\cos\varphi+b\cos\delta-c\cos\psi-d=0 \tag{5-14}$$

$$a\sin\varphi+b\sin\delta-c\sin\psi=0 \tag{5-15}$$

由式(5-14)和式(5-15)消去$\delta$，得

$$-b^2+d^2+c^2+a^2+2cd\cos\psi-2ad\cos\varphi=2ac\cos(\varphi-\psi)$$

简写成

$$R_1+R_2\cos\psi-R_3\cos\varphi=\cos(\varphi-\psi) \tag{5-16}$$

式中，$R_1=(a^2-b^2+c^2+d^2)/(2ac)$；$R_2=d/a$；$R_3=d/c$。

若给定机架铰链中心$A$、$D$及连架杆三组对应位置$\varphi_1$、$\psi_1$；$\varphi_2$、$\psi_2$；$\varphi_3$、$\psi_3$(图5-52)，要设计该铰链四杆机构，可将给定的三对位置角代入式(5-16)得三个方程式，即

$$\begin{cases}R_1+R_2\cos\psi_1-R_3\cos\phi_1=\cos(\phi_1-\psi_1)\\R_1+R_2\cos\psi_2-R_3\cos\phi_2=\cos(\phi_2-\psi_2)\\R_1+R_2\cos\psi_3-R_3\cos\phi_3=\cos(\phi_3-\psi_3)\end{cases} \tag{5-17}$$

解方程组(5-17)可得$R_1$、$R_2$、$R_3$。根据给定的铰链中心$A$和$D$($d$值)，就可进一步从$R_1$、$R_2$、$R_3$的三个表达式中求得其他构件的长度，分别为

$$a=d/R_3,\qquad c=d/R_2,\qquad b=\pm\sqrt{a^2+c^2+d^2-2ac\cdot R_1}$$

需要指出的是：①若解得的某构件的长度为负值，则说明表示该构件的向量的实际方向与图5-51中所设方向相反；②$b$取正值或负值，要通过几何作图检查能否使设计的机构由起始位置连续运动至给定位置，即根据机构的运动连续性来判断。

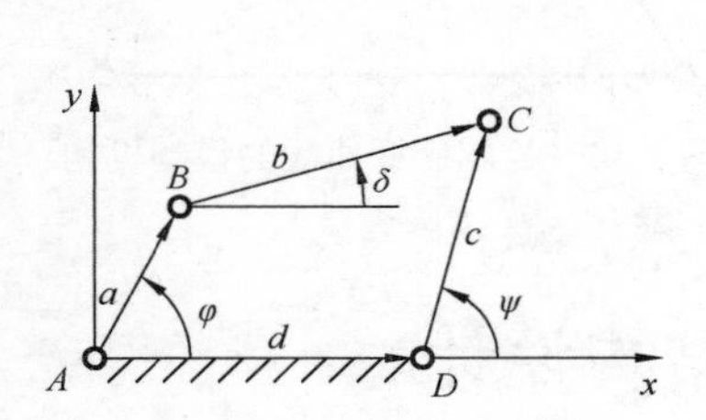


图5-51 四杆机构的向量表示

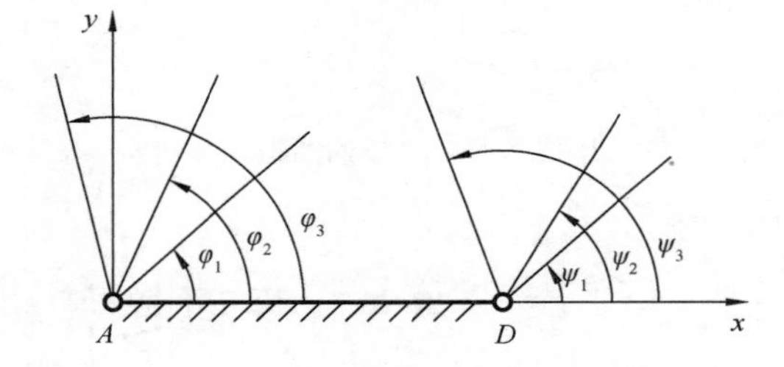


图5-52 连架杆的对应位置

从上述解中可知，这时只能求得给定连架杆三组对应位置的铰链四杆机构。

一些CAD/CAE软件提供了平面连杆机构的运动学/动力学仿真功能。通过对连杆机构的建模与仿真，可以获得从动件的运动学和动力学规律以及连杆上任一点的运动轨迹曲线(连杆曲线)，还可以检验最小传动角以及构件之间是否存在几何干涉等问题。在机构方案设计阶段，基于仿真分析可以快速验证设计效果，并对各种机构方案的运动学/动力学性能进行对比分析，以便确定最佳方案。

### 5.4.4 实验法

当要求连杆上某点实现给定轨迹曲线时，可利用实验法设计该四杆机构。

图5-53所示的$ABM$是一个开式运动链组成的两自由度机构。要确定构件上$M$点在平面中的位置，需给定两个独立参变数。当给定轨迹曲线时，其上各点的两个坐标($x$，$y$)总是已知的，故当$M$点沿给定轨迹运动时，机构有确定的位置。而构件$BM$上的各点$N,C,K,\cdots$走出各自的轨迹，若从中找到轨迹近似为圆的一点，如$C$点，则就以$C$点为构件$BM$上另一铰链

中心，同时将这个近似圆的圆心 $D$ 作为机架的另一铰链中心。于是，在机构 $ABCD$ 中，当构件 $DC$ 为主动曲柄转动时，$M$ 点近似走出给定轨迹曲线。

另外一种实验法也称为图谱法。如图 5-54 所示，设给定机构 $ABCD$ 的各构件长度，在连杆 $BC$ 上固定一板，板上开若干小孔，当机构运动时，采取适当方法将各小孔所走的不同轨迹记录在机架平面上。改变机构各构件长度，然后重复上述工作，就可得到一本轨迹图谱。使用时，可从图谱中找到所需实现的轨迹及与该轨迹相应的机构尺寸参数。目前所提供的图谱均设曲柄 $AB$ 的长度为 1，故只要找到与所需实现的轨迹相似的轨迹，然后求出其放大倍数，即可得到机构的实际尺寸参数。

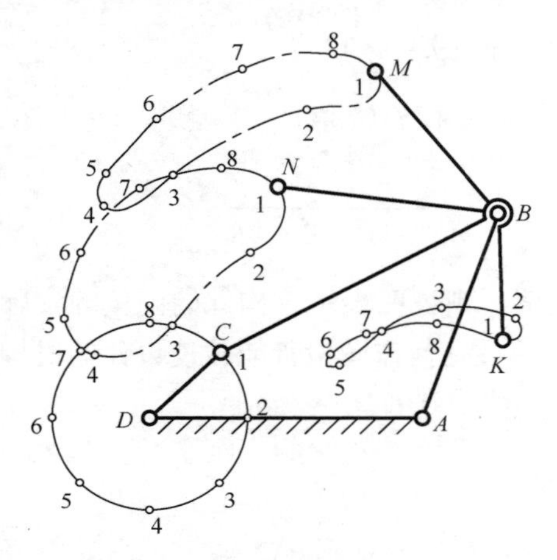


图 5-53　开式运动链组成的两自由度机构

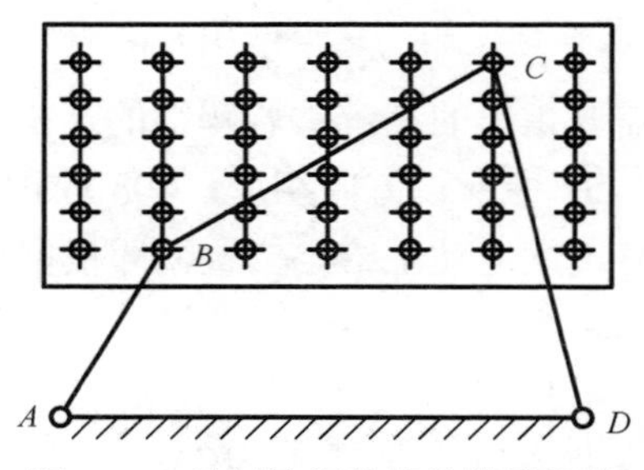


图 5-54　绘制连杆曲线的模型机构

## 5.5　平面连杆机构的结构设计

完成机构的运动设计以后，应根据机构中各构件的运动尺寸、运动副类型及构件的受力情况进行结构设计，确定各个构件和运动副的合理结构形式和结构尺寸。本节主要介绍构件和运动副的典型结构形式，不涉及具体结构尺寸的设计计算。

### 5.5.1　构件的结构

平面连杆机构中构件的结构与机构运动简图的表达形式密切相关。但由于同一个机构可以有不同形式的机构运动简图，根据机构运动简图设计的构件结构也就会有所不同，因此在设计构件的结构时，首先应结合机构的实际使用情况对不同形式机构运动简图所导致的不同结构进行对比分析，以便对构件的总体结构做出合理设计。

图 5-55(a)、(b)所示为某油泵两种不同形式的机构运动简图(代表相同的机构)，据此设计出的结构如图 5-55(c)、(d)所示。图 5-52(c)的结构能容易实现进口腔与出口腔之间的密封，而图 5-55(d)中构件 $AB$ 在结构上必须位于密封腔内，不利于进口腔与出口腔之间的密封，所以图 5-55(c)的结构较合理。

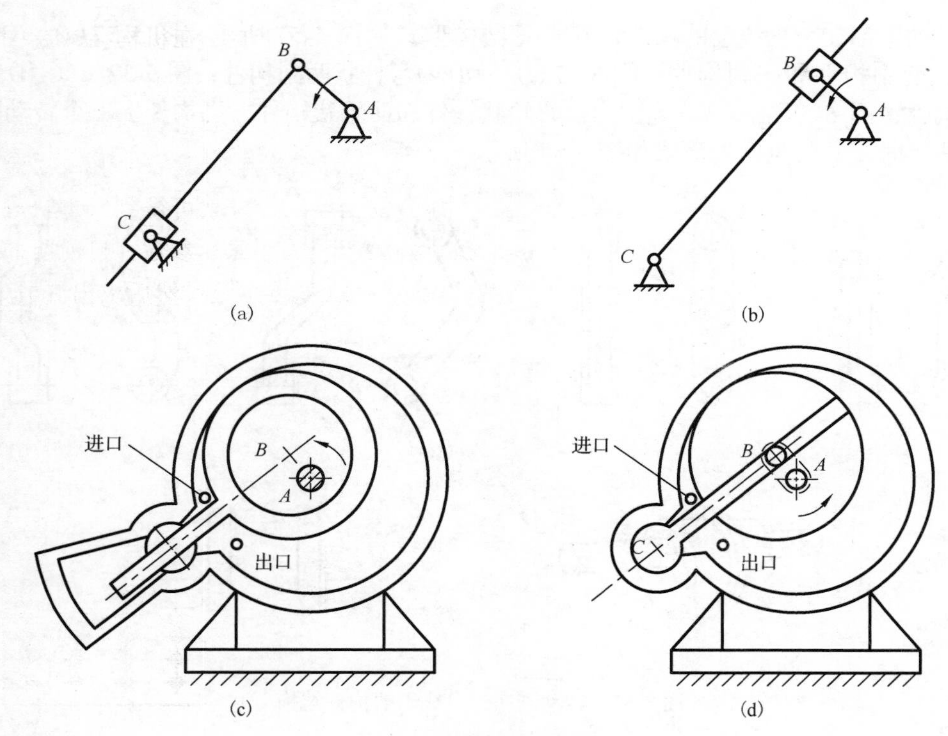


图 5-55　油泵的机构与结构

平面连杆机构构件的具体结构形状取决于构件中运动副个数、类型、构件运动及受力特点等。构件一般采用直杆形式的杆状结构，在有特殊要求的场合(如为避免运动干涉、运动副之间距离过小、运动副布置方式等)，可采用弯曲杆状结构或其他特殊结构形式。

如图 5-56(a)所示，构件 2(曲柄)上的轴与机架 1 组成转动副 $A$。在图示情况下，构件 2 做整圈转动时构件 3 的运动会受到轴 $AA$ 的阻挡。为避免上述现象的发生，可把构件 2 设计成以下特殊结构形式。

(1) 偏心轮结构。当构件 2 上两转动副间距很小导致两运动副的孔或轴难于加工时，可采用图 5-56(b)所示的偏心轮结构，即将转动副 $B$ 的销轴半径放大到把转动副 $A$ 的轴包在其中。

(2) 曲轴结构。若两转动副间距离较大，可将构件 2 设计成图 5-56(c)所示的曲轴形状。但这时构件 3 无法装到轴 $B$ 上，为此可将构件 3 做成剖分式结构，待装到轴 $B$ 上后再将两部分固连起来。

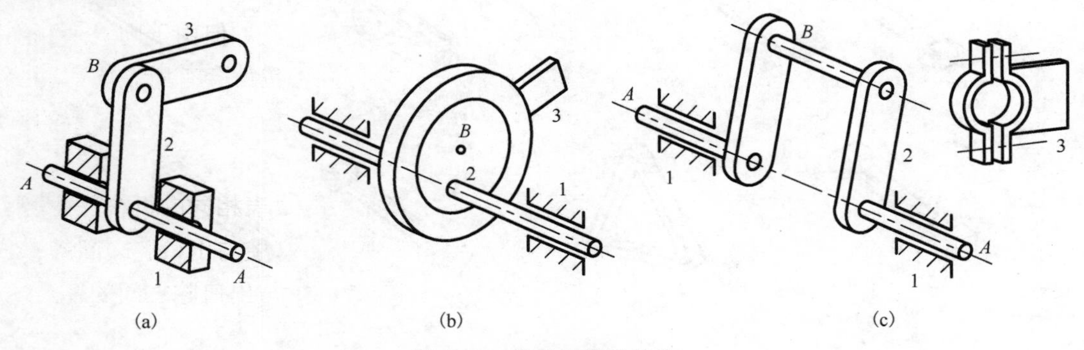


图 5-56　构件的特殊结构

对转动副都在一直线上的构件，其常见结构形式如图 5-57 所示。图 5-57(a)、(b)分别为直杆状两副构件和三副构件；图 5-57(c)、(d)为弯杆状两副构件；图 5-57(e)、(f)为弯杆状三副构件；图 5-57(g)、(h)分别为偏心轮状构件和曲轴状构件。当构件上三个转动副不在一条直线上时，其常见结构形式如图 5-58 所示。

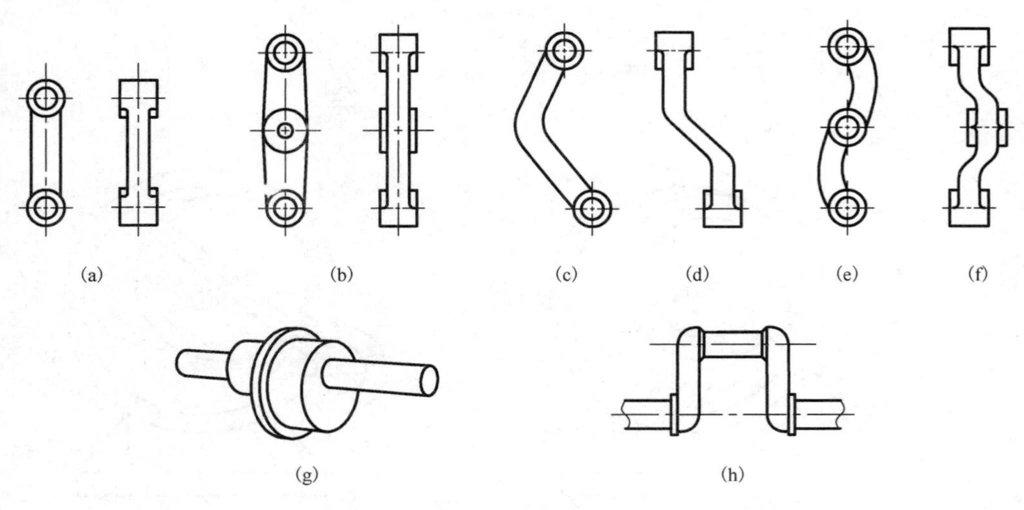


图 5-57　转动副在一直线上的构件结构

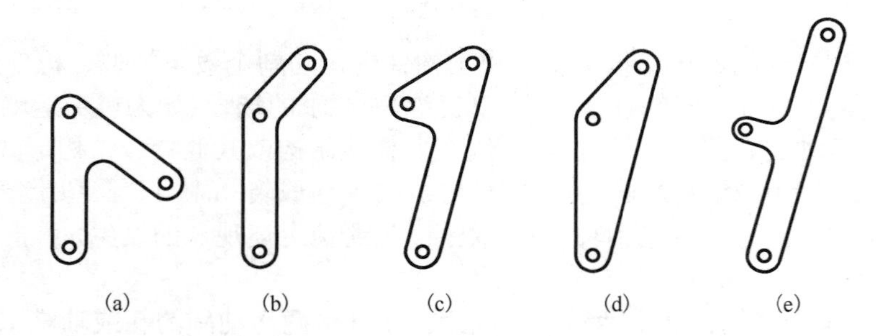


图 5-58　转动副不在一直线上的构件结构

构件的横截面常见结构如图 5-59 所示。

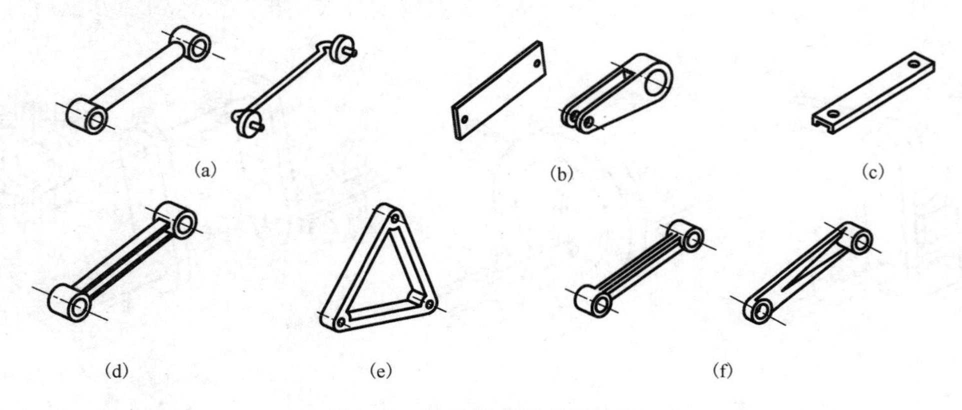


图 5-59　构件横截面常见结构

对于具有转动副和移动副的构件，其结构形式主要取决于转动副轴线与移动副导路中心线的相对位置、移动副接触部位形状和数目等因素。具有转动副和移动副构件的典型结构形式如图 5-60 所示。

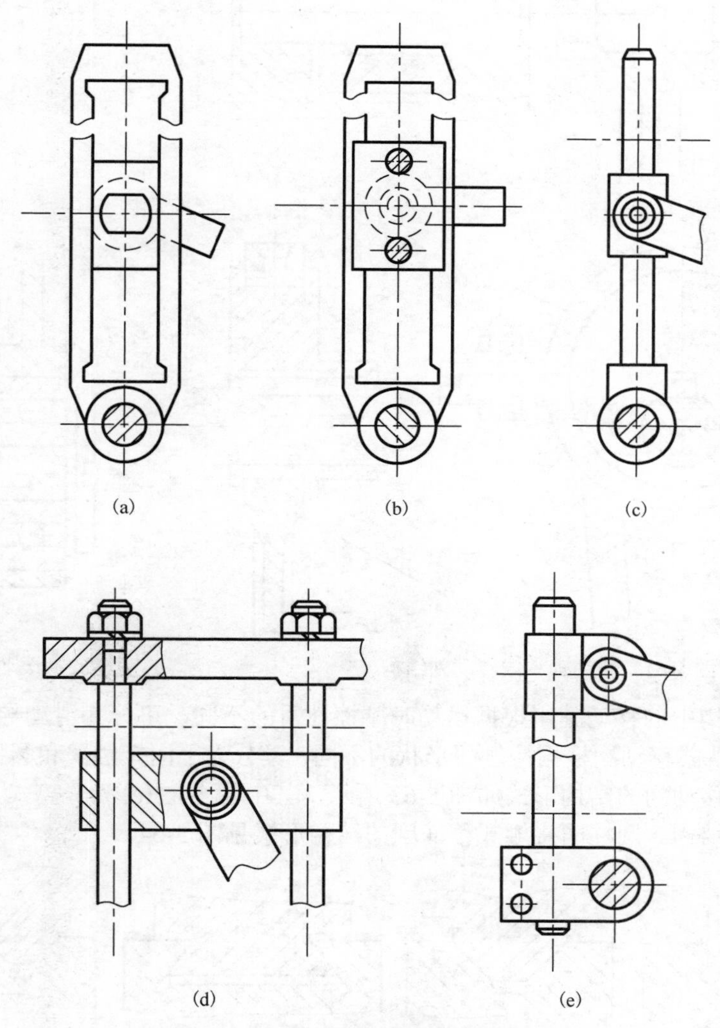


图 5-60　具有转动副和移动副的构件结构

最后需要指出的是，构件结构必须具有良好的结构工艺性(便于加工、装配、维护等)。为此在有些情况下，构件可以设计成由若干零件固接而成的刚性组合体，如内燃机中的连杆就是由连杆体、连杆头、轴套、轴瓦等零件固接而成(图 1-3)。

### 5.5.2　运动副的结构

平面连杆机构中的转动副通常采用滑动轴承形式和滚动轴承形式两种结构。滑动轴承式转动副结构简单、径向尺寸小，但摩擦较大；滚动轴承式转动副摩擦小、径向尺寸较大，对振动冲击敏感。图 5-61 和图 5-62 分别为典型的滑动轴承式转动副和滚动轴承式转动副结构。

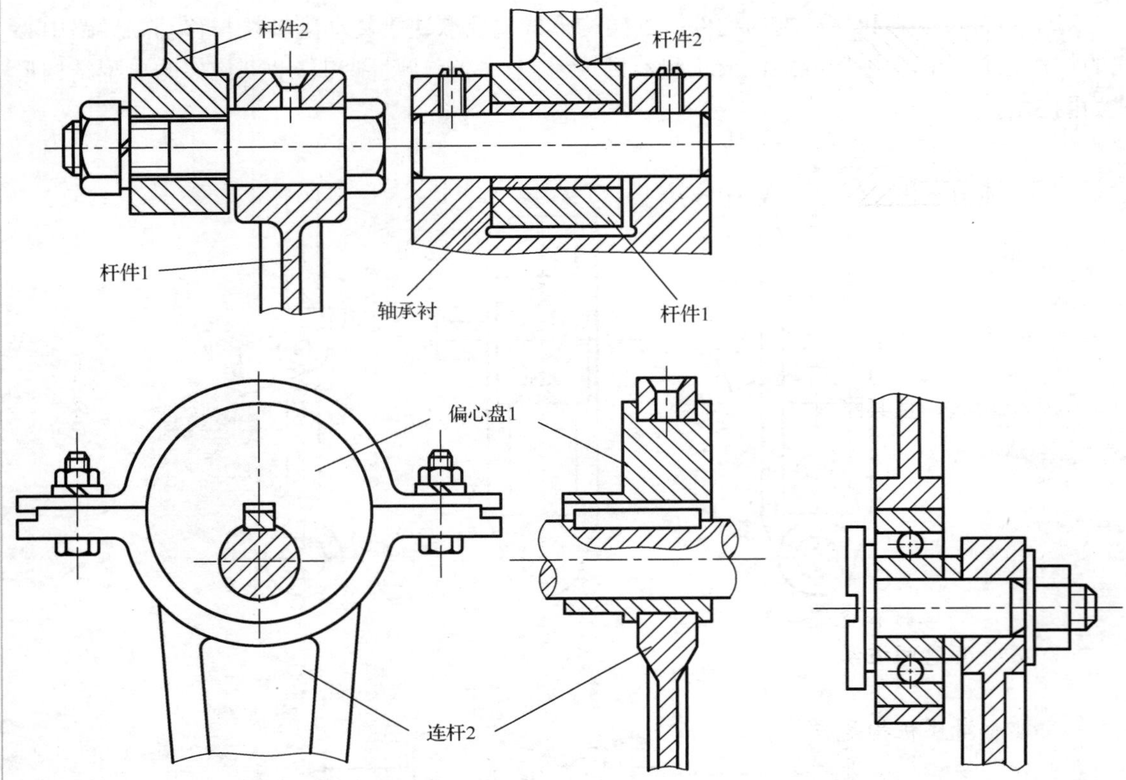


图 5-61　滑动轴承式转动副结构　　　　图 5-62　滚动轴承式转动副结构

平面连杆机构中的移动副，根据运动时摩擦性质的不同，可分为滑动导轨式和滚动导轨式两种。滑动导轨式移动副根据接触面形状的不同，又分为平面接触式和圆柱面接触式两种。

平面接触式移动副的结构形式如图 5-63 所示，其中图 5-63(e)为分离式，图 5-63(f)为可调间隙的移动副结构。圆柱面接触式移动副的结构形式见图 5-64。

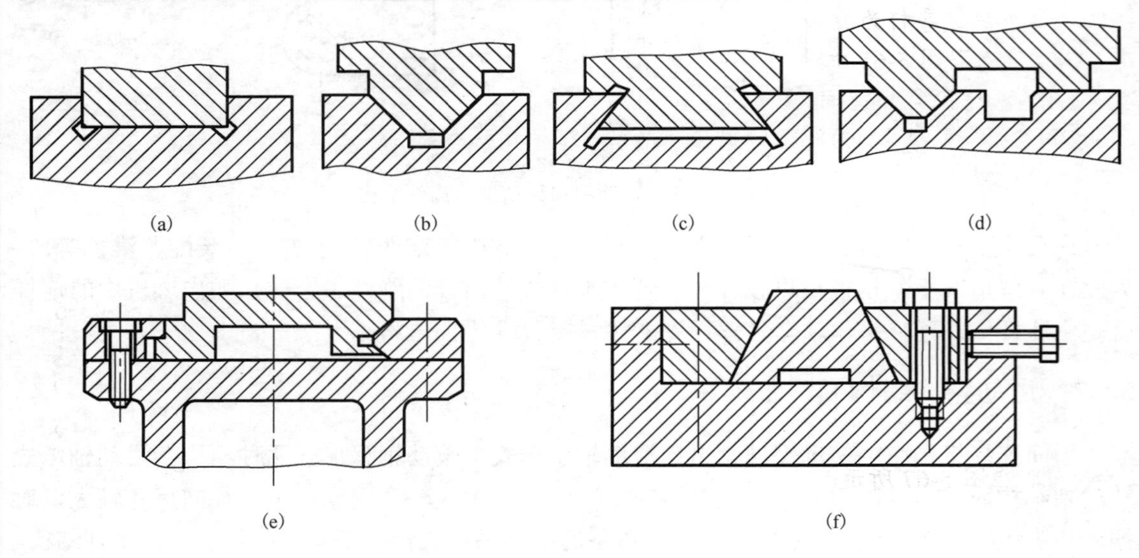


图 5-63　平面接触式移动副结构

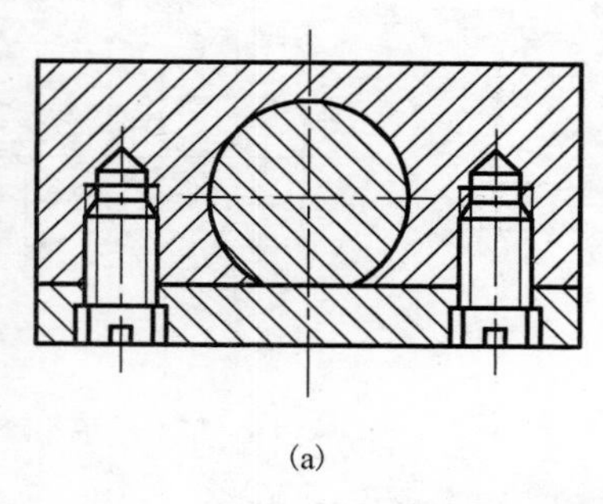

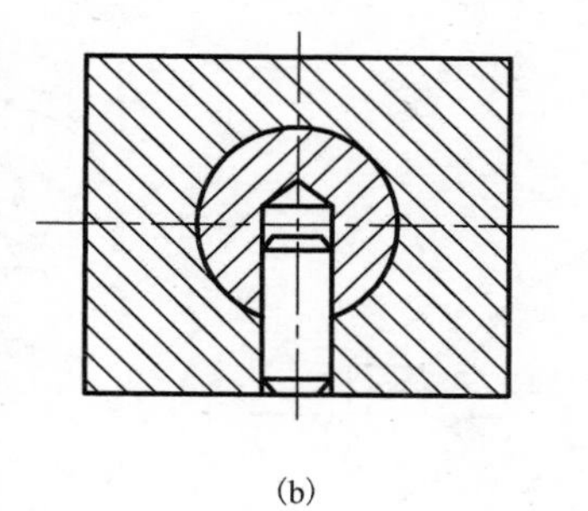

(a)　　(b)

图 5-64　圆柱面接触式移动副结构

当需要减小移动副中的摩擦力时，可采用滚动导轨式移动副。滚动导轨式移动副结构复杂，尺寸也较大，且其刚度比滑动导轨式移动副小。滚动导轨式移动副结构可参阅相关资料。

## 思考题与习题

5-1 铰链四杆机构各杆的尺寸满足曲柄存在条件时可能获得哪些形式的机构？如何得到？若不满足曲柄存在条件，可得到哪种形式的机构？

5-2 对具有急回运动特性的平面四杆机构，当改变其曲柄的回转方向时，其急回特性有无改变？

5-3 曲柄滑块机构是否具有急回运动特性？它在什么情况下出现死点位置？

5-4 以曲柄为原动件，摆动导杆机构有无死点位置？为什么？

5-5 平面四杆机构具有双曲柄的条件是什么？双曲柄四杆机构有无急回运动特性？为什么？

5-6 有曲柄的平面四杆机构中取曲柄为原动件，机构一定不存在死点位置。对吗？

5-7 曲柄摇杆机构在何位置上压力角最大？在何位置上传动角最大(分别以曲柄和摇杆为原动件进行讨论)？

5-8 曲柄滑块机构、摆动导杆机构在何位置上压力角最大？在何位置上传动角最大(分别以曲柄、滑块、导杆为原动件进行讨论)？

5-9 试根据图 5-65 中注明的尺寸判断各铰链四杆机构的类型。

5-10 在图 5-66 所示的四杆机构中，若 $a=17$，$c=8$，$d=21$，则 $b$ 在什么范围内时机构有曲柄存在？它是哪个构件？

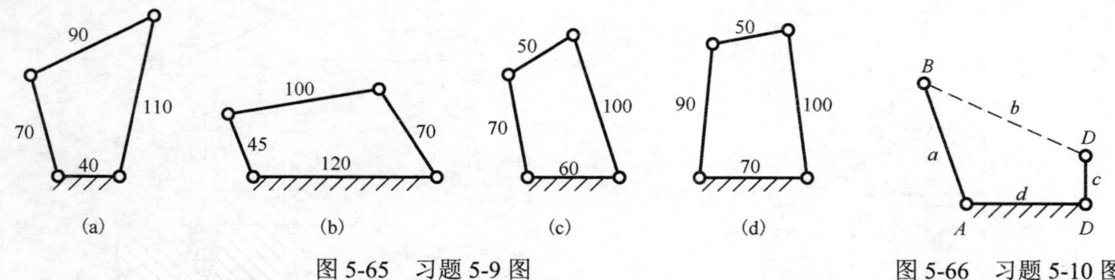


图 5-65　习题 5-9 图　　图 5-66　习题 5-10 图

5-11 在图 5-67 所示的曲柄滑块机构中，证明 $AB$ 杆为曲柄的条件是 $b \geqslant a+e$，当 $e=0$ 时，则为 $b \geqslant a$。

5-12 证明图 5-68 所示曲柄滑块机构的最小传动角位置。

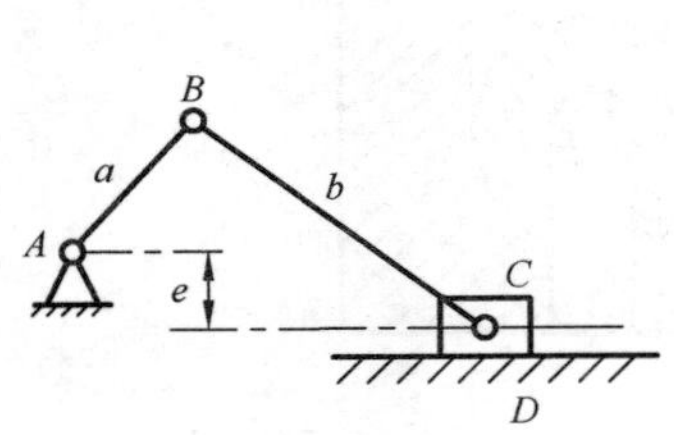

图 5-67　习题 5-11 图

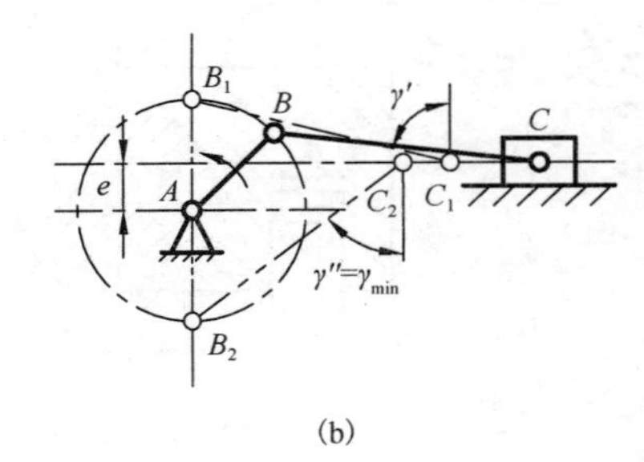

图 5-68　习题 5-12 图

5-13 设计一脚踏轧棉机的曲柄摇杆机构。如图 5-69 所示，$AD$ 在铅垂线上，要求踏板 $CD$ 在水平位置上、下各摆动 10°，且 $l_{CD}=500$mm，$l_{AD}=1000$mm。试用图解法求曲柄 $AB$ 和连杆 $BC$ 的长度。

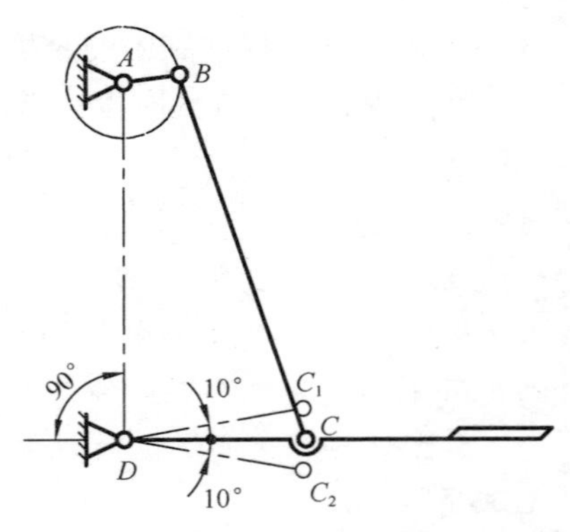

图 5-69　习题 5-13 图

5-14 设计一曲柄摇杆机构。已知摇杆长度 $l_4=100$mm，摆角 $\psi=45°$，行程速度变化系数 $K=1.25$。试确定其余三杆的长度并校验 $\gamma_{\min}$（要求 $\gamma_{\min}\geqslant 40°$）。

5-15 设计一导杆机构。已知机架长度 $l_1=100$mm，行程速度变化系数 $K=1.4$，试用图解法求曲柄的长度。

5-16 设计加热炉炉门的启闭机构。如图 5-70 所示，已知炉门上两活动铰链 $B$、$C$ 的中心距为 50mm。要求炉门打开后呈水平位置，且热面朝下(图中虚线所示)。如果规定铰链 $A$、$D$ 安装在炉体的 $y$-$y$ 竖直线上，其相关尺寸如图 5-70 所示。用图解法求此铰链四杆机构其余三杆的尺寸。

5-17 设计一曲柄滑块机构。如图 5-71 所示，已知滑块的行程 $s=50$mm，偏距 $e=10$mm，行程速度变化系数 $K=1.4$。试用作图法求出曲柄和连杆的长度。

5-18 设计一铰链四杆机构。如图 5-72 所示，已知机架长度 $l_1=50$mm，要求两连架杆的对应位置分别为 $\varphi_1=60°$，$\psi_1=30°$；$\varphi_2=90°$，$\psi_2=50°$；$\varphi_3=120°$，$\psi_3=80°$。试用解析法求出其余各杆的长度。

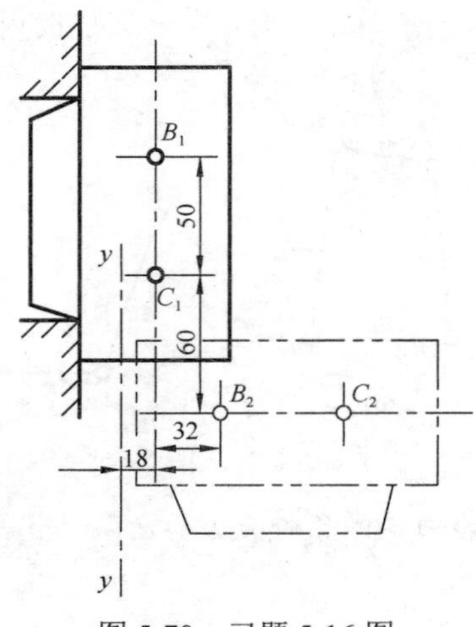

图 5-70　习题 5-16 图

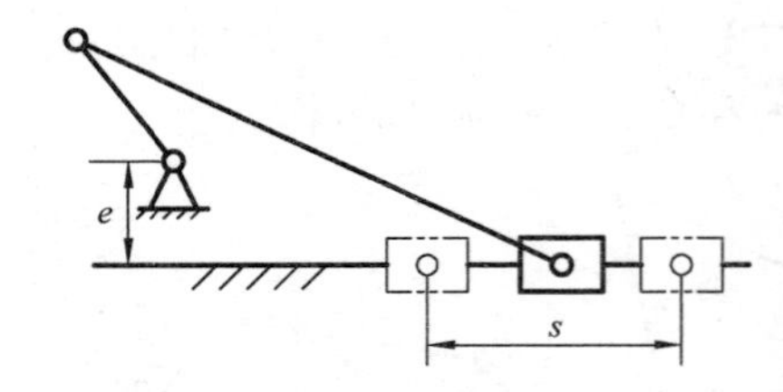

图 5-71　习题 5-17 图

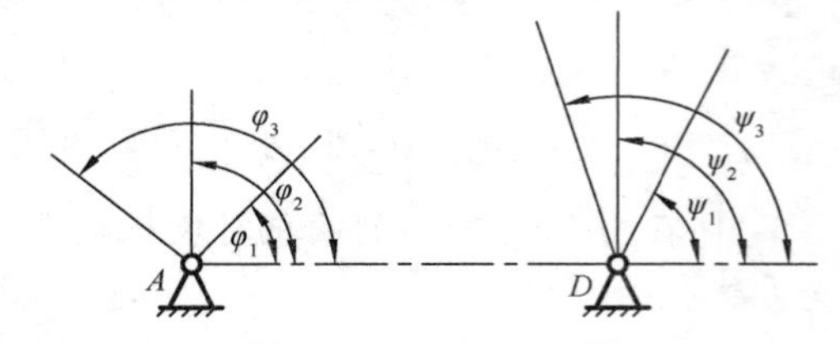

图 5-72　习题 5-18 图

# 第6章 凸轮机构

## 6.1 概　述

设计机械时，常要求某些从动构件的位移、速度或加速度按照预定规律变化。这种要求虽可用连杆机构实现，但难以精确满足，且设计较复杂。因此在这种情况下，通常多采用凸轮机构。

凸轮机构是一种常用机构。其最显著的优点是：只要适当地设计凸轮的轮廓曲线，便可使从动件实现各种预定的运动规律，且机构简单、紧凑，运动可靠，因此广泛应用于各种机械、仪器和操纵控制装置中。其主要缺点是：由于凸轮与从动件之间为点接触或线接触，接触应力大，易于磨损，故凸轮机构多用于传力不大的场合。

## 6.2 凸轮机构的类型和应用

### 6.2.1 凸轮机构的组成

凸轮机构属于高副机构，一般由凸轮 1、从动件 2、机架 3 三个基本构件及锁合装置组成(图 6-1)。其中，凸轮是一个具有曲线轮廓(或沟槽)的构件，一般做连续等速转动，也有做摆动或移动的。而从动件则在凸轮轮廓线控制下，按预定规律做往复摆动或移动。

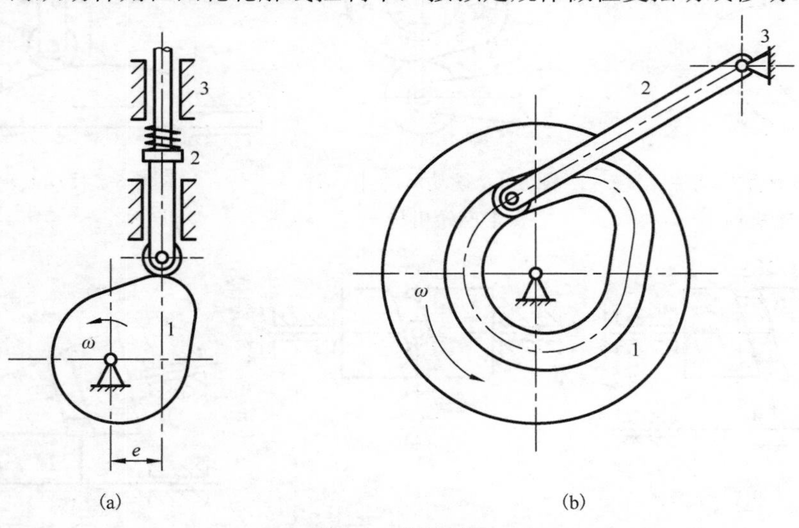


图 6-1　凸轮机构

1-凸轮；2-从动件；3-机架

## 6.2.2 凸轮机构的分类

凸轮机构的结构类型较多，通常按下述三种方法分类。

**1. 凸轮的类型**

(1) 平面凸轮。凸轮和从动件互做平行平面运动。平面凸轮又可分为绕固定轴线转动的盘形凸轮（图 6-2～图 6-4）和沿给定轨道移动的移动凸轮（图 6-5）两类。

(2) 空间凸轮。凸轮和从动件的运动平面相互不平行。常见的空间凸轮机构有圆柱凸轮机构（图 6-6）、圆锥凸轮机构（图 6-7）和端面凸轮机构（图 6-8）。

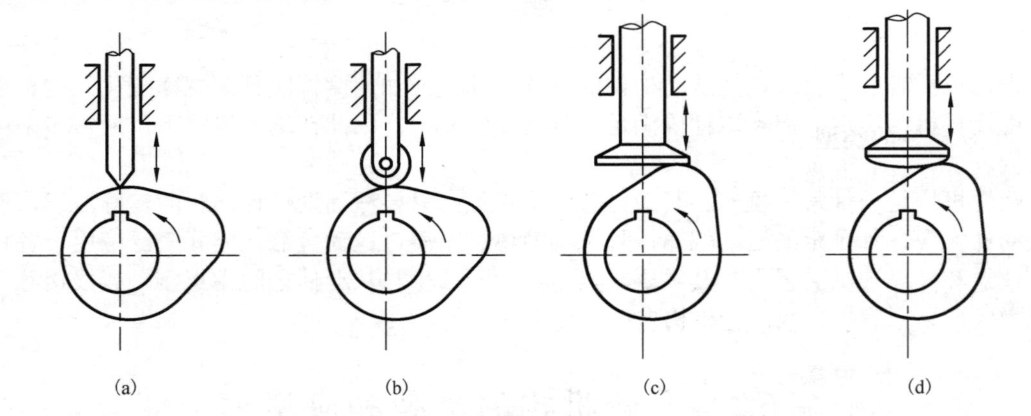


图 6-2 对心移动从动件盘形凸轮机构

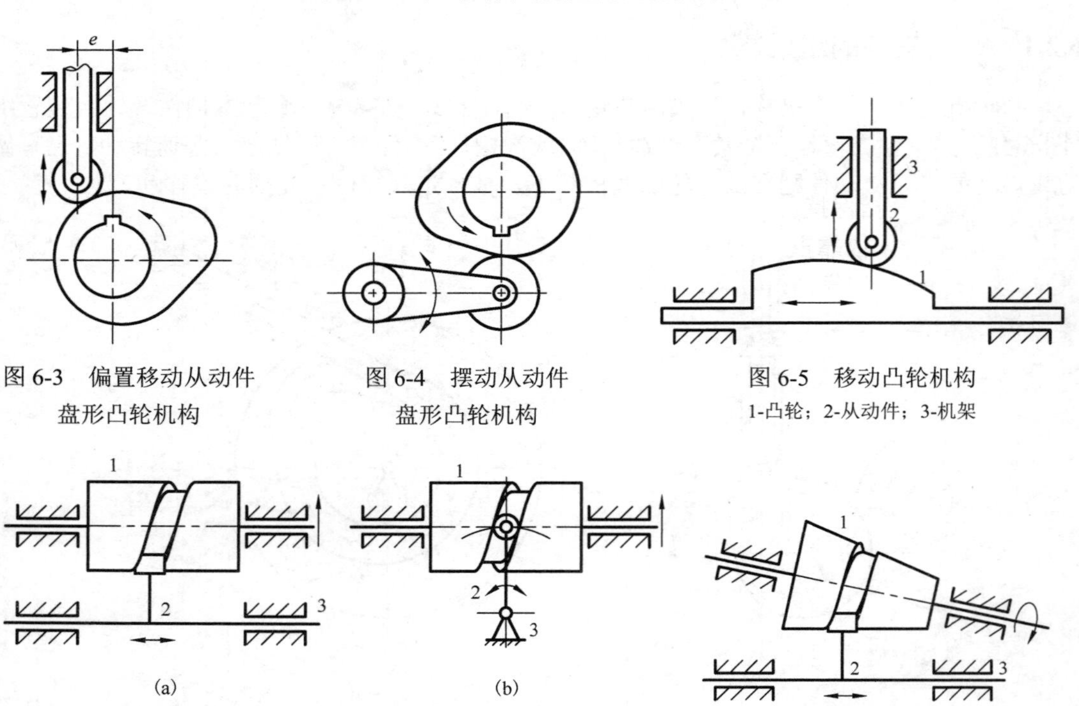


图 6-3 偏置移动从动件盘形凸轮机构

图 6-4 摆动从动件盘形凸轮机构

图 6-5 移动凸轮机构
1-凸轮；2-从动件；3-机架

图 6-6 圆柱凸轮机构
1-凸轮；2-从动件；3-机架

图 6-7 圆锥凸轮机构
1-凸轮；2-从动件；3-机架

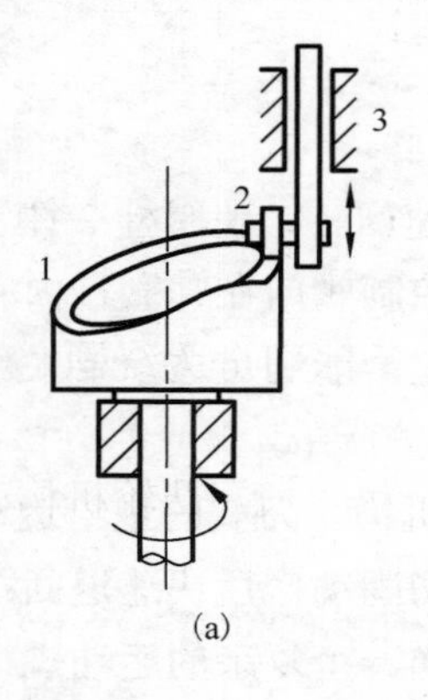


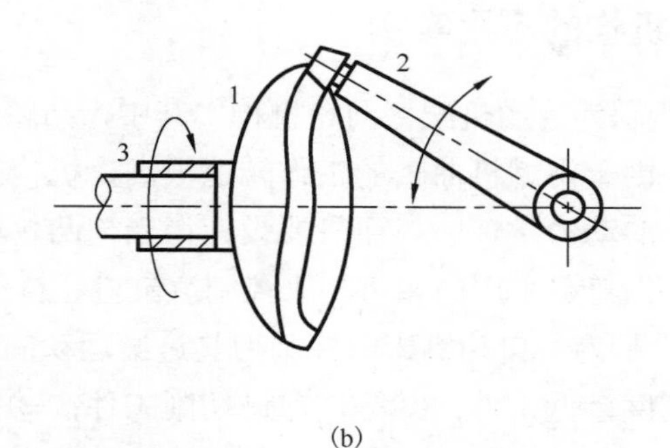

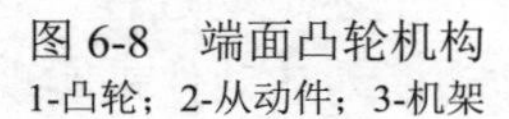
图 6-8 端面凸轮机构

1-凸轮；2-从动件；3-机架

**2. 从动件的类型**

根据从动件与凸轮接触处结构形式的不同，可分为以下几种类型。

(1) 尖端从动件。从动件的端部呈尖点，如图 6-2(a) 所示，其特点是能与任何形状的凸轮轮廓相接触，因而理论上可实现任意预期的运动规律。但由于从动件尖端易磨损，故只能用于轻载低速的场合。尖端从动件凸轮机构是研究其他形式从动件凸轮机构的基础。

(2) 滚子从动件。如图 6-2(b) 和图 6-3 所示，从动件的端部装有滚子。由于从动件与凸轮之间可形成滚动摩擦，所以磨损大大减小，能承受较大的载荷，应用较广。

(3) 平底从动件。如图 6-2(c) 所示，从动件的端部为一平底。若不计摩擦，凸轮作用于从动件上的力，始终垂直于从动件的底平面，因而传力性能良好；同时凸轮与平底接触面之间易形成润滑油膜，磨损小、效率高，故常用于高速凸轮机构中。其缺点是不能用于凸轮轮廓有内凹的情况。

(4) 曲面从动件。介于尖端和平底之间的一种结构形式，如图 6-2(d) 所示。

**3. 锁合方式**

所谓锁合是指保持从动件与凸轮之间的高副接触。常用的锁合方式有以下两种。

(1) 力锁合。依靠重力、弹簧力或其他外力来保证锁合。

(2) 形锁合。依靠凸轮和从动件几何形状来保证锁合。图 6-9 所示为常见的几种形锁合凸轮机构。

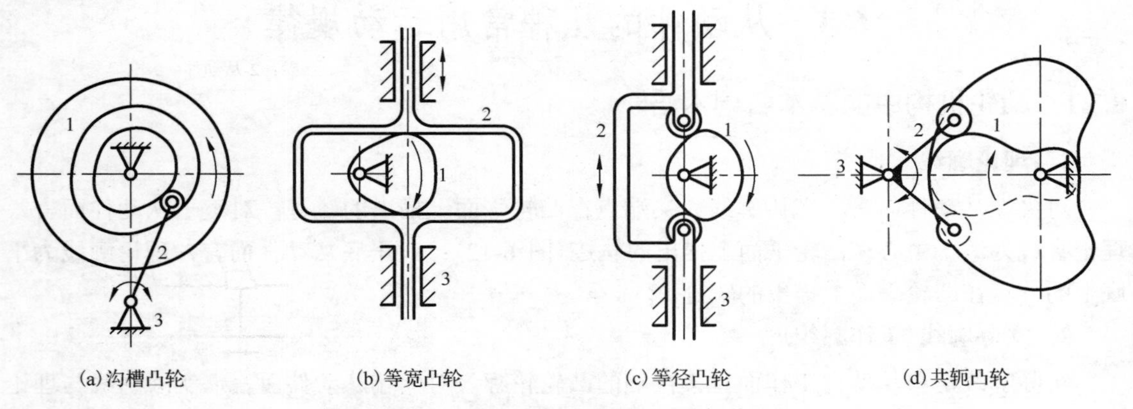

图 6-9 常见的几种形锁合凸轮机构

1-凸轮；2-从动件；3-机架

### 6.2.3 凸轮机构的应用实例

图 6-10 所示为内燃机配气凸轮机构。其中，凸轮 1 等速回转，使阀杆 2 往复移动，控制阀门的启闭。由于内燃机曲轴的工作转速很高，机构必须控制阀门在几微秒内完成启闭动作并要具有良好的动力学性能。而只要设计得当，凸轮机构完全能满足这一要求。因此迄今为止，内燃机中仍普遍采用凸轮机构来控制汽缸进、排气阀门的启闭。

图 6-11 所示为一自动机床中控制刀具进给运动的凸轮机构。刀具的进给运动大致包括：①以较快的速度接近工件；②等速前进切削工件；③完成切削动作后快速退回；④复位后停留一段时间，以便更换工件。然后重复上述运动过程。这样一个复杂的运动规律，就是由一个具有合理设计的轮廓曲线的凸轮推动摆动从动件来实现的。

6-10

6-11

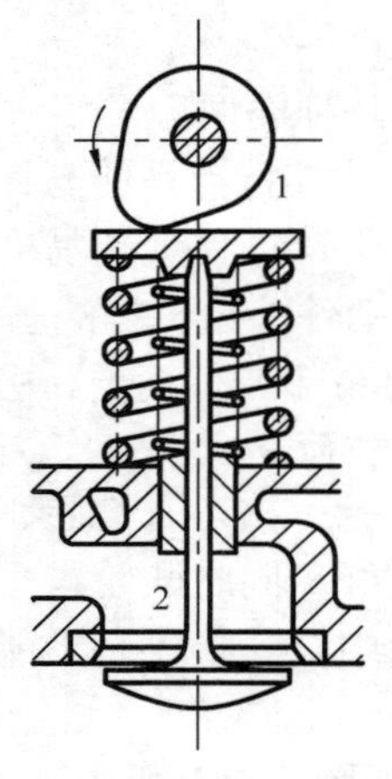


图 6-10 内燃机配气凸轮机构

1-凸轮；2-阀杆

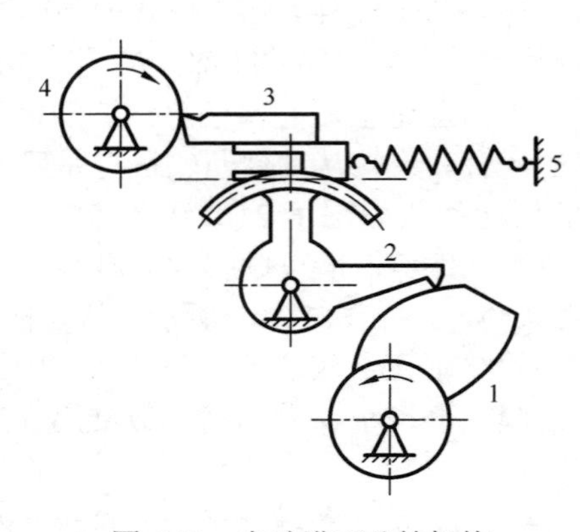


图 6-11 自动进刀凸轮机构

1-凸轮；2-从动件；3-刀具；4-工件；5-机架

在纺织机械、印刷机械、包装机械、食品机械等许多机器中都有凸轮机构的应用，本书不再列举。

## 6.3 从动件的几种常用运动规律

运动规律

### 6.3.1 凸轮机构中的基本名词术语

**1. 理论廓线**

对尖端从动件而言，理论廓线为尖端点在凸轮平面上描出的轨迹；对滚子从动件而言，理论廓线为滚子中心在凸轮平面上描出的轨迹(图 6-12)；对平底从动件而言，理论廓线为平底上的一点在凸轮平面上描出的轨迹。

**2. 实际廓线(工作廓线)**

实际廓线是与从动件工作面直接接触的凸轮轮廓。对尖端从动件而言，实际廓线与理论廓线是一致的；对滚子从动件而言，实际廓线是以理论廓线上各点为圆心所作一系列滚子圆的包络线（图 6-12），它是理论廓线的等距曲线；对平底从动件而言，实际廓线为从动件平底的包络线，它与理论廓线不存在等距关系。

**3. 基圆**

盘形凸轮中，以凸轮轴心为圆心，以理论廓线的最小向径为半径所作的圆称为基圆，其半径用 $r_b$ 表示。

**4. 行程**

从动件的最大位移称为行程。对于移动从动件，其行程用 $h$ 表示；对于摆动从动件，其行程用 $\psi_{max}$ 表示。

**5. 推程**

从动件远离凸轮轴心的行程称为推程，又称升程。与推程相对应的凸轮回转角度 $\varphi_t$ 称为推程运动角。

**6. 回程**

从动件移近凸轮轴心的行程称为回程。与回程相对应的凸轮回转角度 $\varphi_h$ 称为回程运动角。

**7. 远休止**

从动件在距凸轮轴心最远处停留不动的位置称为远休止。对应的凸轮转角 $\varphi_s$ 称为远休止角。

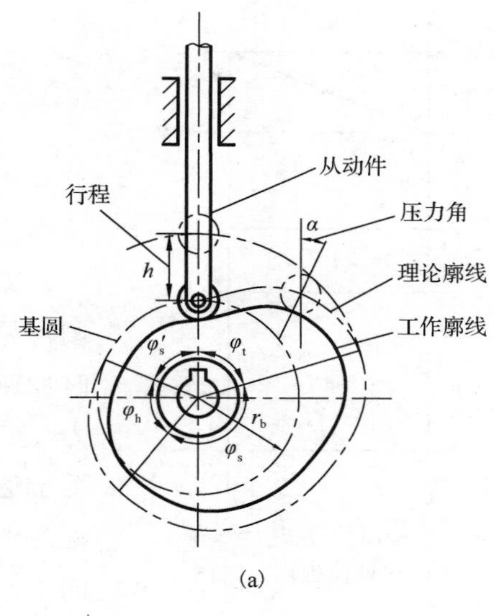


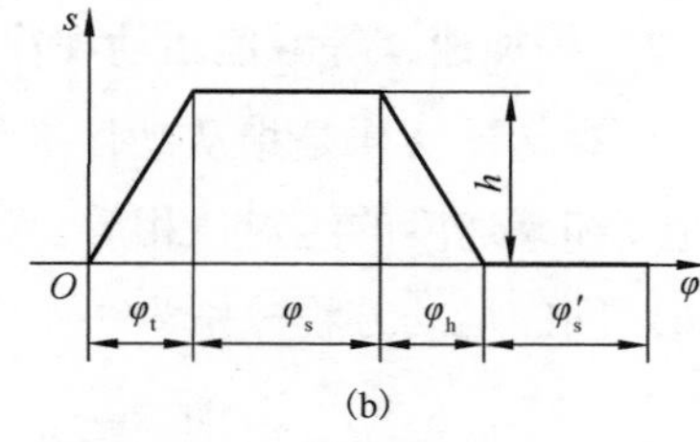


图 6-12 凸轮机构基本名词术语

**8. 近休止**

从动件在距凸轮轴心最近处停留不动的位置称为近休止。对应的凸轮转角 $\varphi_s'$ 称为近休止角。

## 6.3.2 从动件常用的运动规律

在凸轮机构中，凸轮的轮廓形状决定了从动件的运动规律；反之，从动件的不同运动规律则要求凸轮具有不同形状的轮廓。因此，设计凸轮机构时，首先应根据工作要求确定从动件的运动规律，再据此来设计凸轮的轮廓曲线。

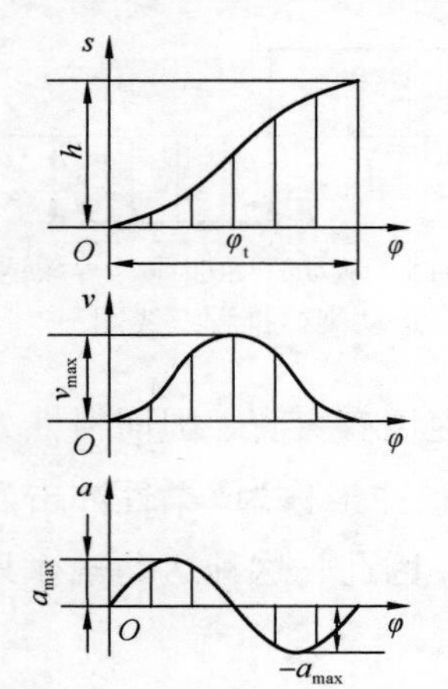


图 6-13 从动件运动规律推程三线图

所谓从动件的运动规律是指其位移 $s$、速度 $v$ 和加速度 $a$ 等随凸轮转角 $\varphi$（$\varphi = \omega t$，因凸轮等速转动，故 $\varphi$ 也可代表对应的时间 $t$）而变化的规律。这种规律可以用位移方程、速度方程和加速度方程 $s = s(t)$、$v = v(t)$ 和 $a = a(t)$ 表示，也可用图 6-13 所示的位移、速度和加速度线图（即从动件运动规律三线图）表示。

为便于研究，下面仅对推程段进行分析，回程段则不做讨论，必要时可用与研究推程段相同的方法进行分析。

**1. 等速运动规律**

等速运动规律是指从动件在运动过程中的速度为常数，其推程运动方程为

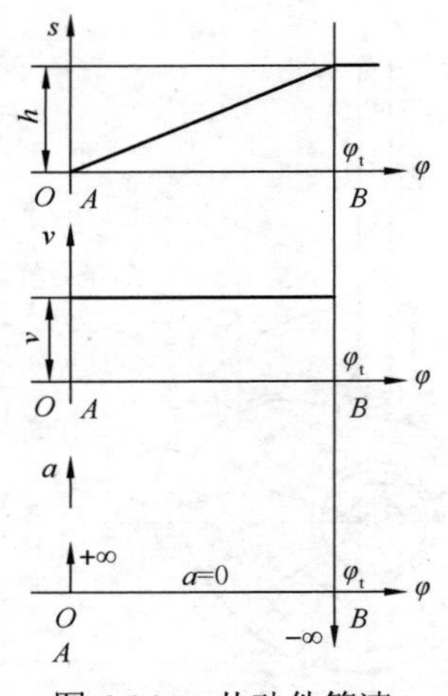

图 6-14 从动件等速运动规律推程三线图

$$
\begin{cases}
s = \dfrac{h}{\varphi_{\mathrm{t}}}\varphi \\
v = \dfrac{h}{\varphi_{\mathrm{t}}}\omega \\
a = 0
\end{cases}
\tag{6-1}
$$

等速运动规律的从动件推程运动线图如图 6-14 所示。由图可见，从动件在推程的始末两点 $A$、$B$ 处，速度有突变，瞬时加速度理论上为无穷大,因而产生理论上也为无穷大的惯性力。实际上，由于构件材料的弹性变形，加速度和惯性力尚不至于达到无穷大，但仍会对机构造成强烈的冲击，故这种冲击称为“刚性冲击”。因此，等速运动规律只适用于凸轮转速很低的场合。

**2. 等加速、等减速运动规律**

这种运动规律是指从动件推程在前半个行程做等加速运动，后半个行程做等减速运动，加速度和减速度的绝对值相等，如图 6-15 所示。等加速、等减速运动规律在等加速区间和等减速区间的运动方程分别为

$$
\begin{cases}
s = \dfrac{2h}{\varphi_{\mathrm{t}}^2}\varphi^2 \\
v = \dfrac{4h\omega}{\varphi_{\mathrm{t}}^2}\varphi \\
a = \dfrac{4h\omega^2}{\varphi_{\mathrm{t}}^2}
\end{cases}
\tag{6-2}
$$

和

$$
\begin{cases}
s = h - \dfrac{2h}{\varphi_{\mathrm{t}}^2}(\varphi_{\mathrm{t}} - \varphi)^2 \\
v = \dfrac{4h\omega}{\varphi_{\mathrm{t}}^2}(\varphi_{\mathrm{t}} - \varphi) \\
a = -\dfrac{4h\omega^2}{\varphi_{\mathrm{t}}^2}
\end{cases}
\tag{6-3}
$$

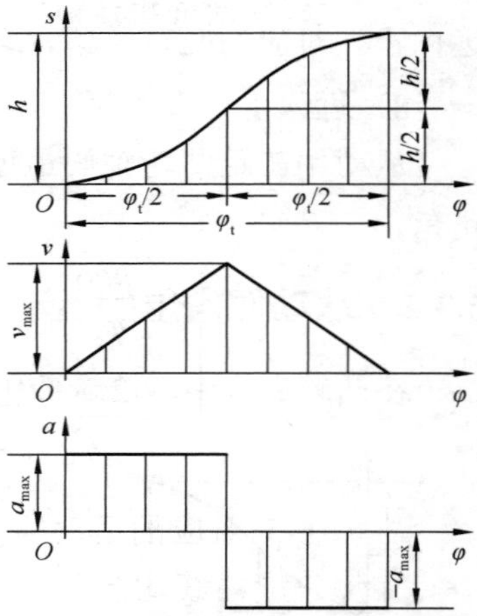

图 6-15 从动件等加速、等减速运动规律推程三线图

由图 6-15 可见，在推程的始末点和前、后半程的交接处，加速度有突变，因而惯性力也产生突变，但突变量为有限值，从而对机构造成有限的冲击，这种冲击称为“柔性冲击”。在高速情况下，柔性冲击仍能引起相当严重的振动、噪声和磨损。因此，这种运动规律只适用于中速的工作场合。

**3. 余弦加速度运动规律(简谐运动规律)**

这种运动规律的从动件推程运动方程为

$$\begin{cases} s = \dfrac{h}{2}\left(1-\cos\dfrac{\pi}{\varphi_t}\varphi\right) \\ v = \dfrac{\pi h\omega}{2\varphi_t}\sin\dfrac{\pi}{\varphi_t}\varphi \\ a = \dfrac{\pi^2 h\omega^2}{2\varphi_t^2}\cos\dfrac{\pi}{\varphi_t}\varphi \end{cases} \tag{6-4}$$

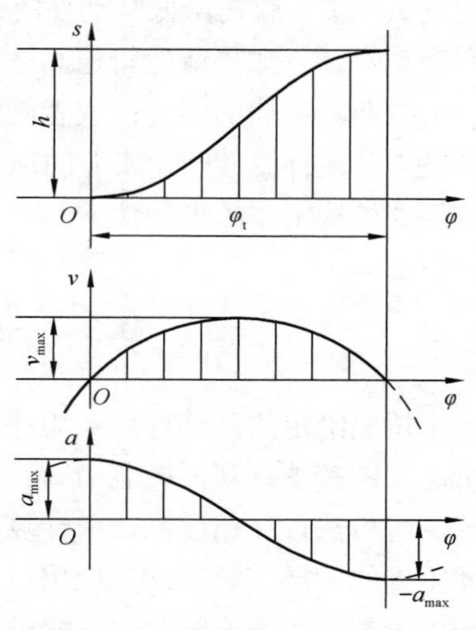


图 6-16　从动件余弦加速度运动规律推程三线图

与式(6-4)对应的运动线图如图 6-16 所示。其加速度曲线为余弦曲线，速度曲线为正弦曲线，而位移曲线为简谐运动曲线，故又称为简谐运动规律。由图可见，在推程的始、末点处加速度仍存在有限值的突变，即存在柔性冲击，因此只适用于中、低速的工作场合。但对升—降—升型运动来说(图中虚线所示)，加速度曲线在包括始、末点的全程内光滑连续，不会有柔性冲击，故可用于高速的工作场合。

**4. 正弦加速度运动规律(摆线运动规律)**

这种运动规律的从动件推程运动方程为

$$\begin{cases} s = h\left(\dfrac{\varphi}{\varphi_t}-\dfrac{1}{2\pi}\sin\dfrac{2\pi}{\varphi_t}\varphi\right) \\ v = \dfrac{h\omega}{\varphi_t}\left(1-\cos\dfrac{2\pi}{\varphi_t}\varphi\right) \\ a = \dfrac{2\pi h\omega^2}{\varphi_t^2}\sin\dfrac{2\pi}{\varphi_t}\varphi \end{cases} \tag{6-5}$$

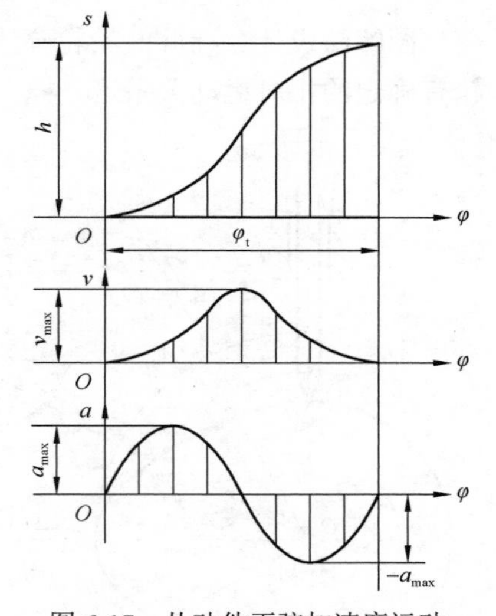


图 6-17　从动件正弦加速度运动规律推程三线图

与式(6-5)对应的运动线图如图 6-17 所示。其速度曲线和加速度曲线均全程连续变化，从动件在运动时既不产生刚性冲击，又不产生柔性冲击，因此可用于高速工作场合。又由于其位移曲线是摆线，故又称为摆线运动规律。

以上讨论了从动件的几种常用运动规律，这些运动规律的数学表达式都比较简单，而且在整个区间内可以用一个统一的数学表达式来描述运动的变化情况。因此，通常又把这些运动规律称为基本运动规律。常用的从动件运动规律可以满足一般的工作要求，但当工作要求比较苛刻或比较特殊时，则需要用到高次多项式运动规律，或将几种常用运动规律组合起来的组合运动规律，对此本书不做介绍，读者可参阅有关文献。

设计凸轮机构时，一般可根据工作要求从常用运动规律中选择适当的曲线，同时应考虑凸轮机构的载荷大小和转速高低，使所选的运动规律具有良好的动力性能。如果从动件系统的质量较大，就需降低从动件的最大速度 $v_{max}$，使系统的动量 $mv$ 不致过大，以保证工作安全和停动灵活。如果凸轮转速高，则要限制从动件的最大加速度 $a_{max}$，以避免凸轮的推力过大而影响凸轮机构的强度；或者限制负加速度的最大值，以避免所需锁合力过大或锁合力不够而发生从动件脱离凸轮表面的现象。此外，所选的运动规律，还应避免刚性冲击和柔性冲击，以保证机构工作的平稳性。

## 6.4 盘形凸轮轮廓曲线的设计

按照给定的从动件运动规律和凸轮基圆半径设计凸轮轮廓线有两种方法，即图解法和解析法。图解法直观，概念清晰，简便易行，但设计精度有限，多用于一般精度要求的凸轮设计。解析法设计精度高，但计算比较复杂，多用于精度要求较高的凸轮设计。随着计算机辅助工程的发展，解析法的应用日益广泛。由于图解法有利于对凸轮轮廓线设计原理的理解，所以本节主要讨论图解法，解析法仅做一般介绍。

### 6.4.1 图解法设计凸轮轮廓线

图解法设计(绘制)凸轮轮廓线是利用相对运动不变的概念，即利用机构中其他构件对凸轮有确定的相对运动关系这一概念而进行的。具体介绍如下。

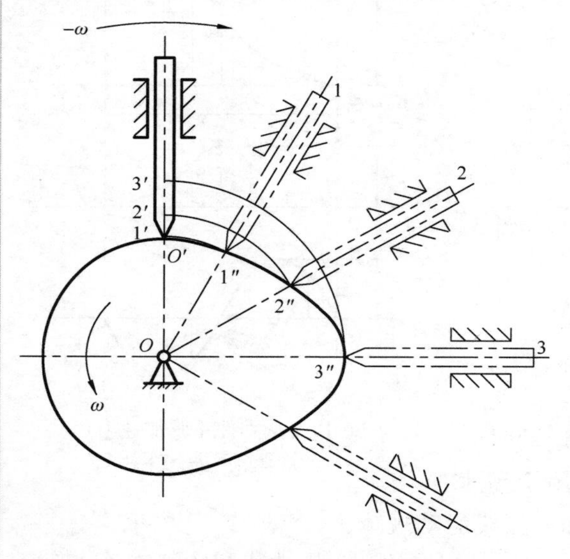

图 6-18 反转法原理示意图

6-18

凸轮机构工作时，凸轮是运动的，而绘制凸轮轮廓线却需要凸轮相对于纸面静止。为此，设想给整个机构加上一个绕凸轮轴心 $O$ 并与凸轮角速度 $\omega$ 等值反向的角速度 $-\omega$(图 6-18)，根据相对运动原理，机构中各构件间的相对运动并不改变，但凸轮已视为静止，从动件则被看成既随导路以角速度 $-\omega$ 绕 $O$ 点转动，又沿导路按预定运动规律做往复移动。以图 6-18 中尖端从动件为例，由于其尖端始终与凸轮轮廓接触，故“反转”后从动件尖端的运动轨迹即为凸轮的轮廓线。这就是图解法绘制凸轮轮廓线的原理，称为“反转法”原理。

下面介绍应用“反转法”原理绘制几种常见凸轮轮廓线的方法和步骤。

**1. 尖端对心移动从动件盘形凸轮轮廓线的绘制**

设已知从动件位移曲线(图 6-19(a))和凸轮基圆半径 $r_b$，且凸轮以角速度 $\omega$ 逆时针等速回转，则按反转法绘制该凸轮轮廓线的步骤如下(参考图 6-19(b))。

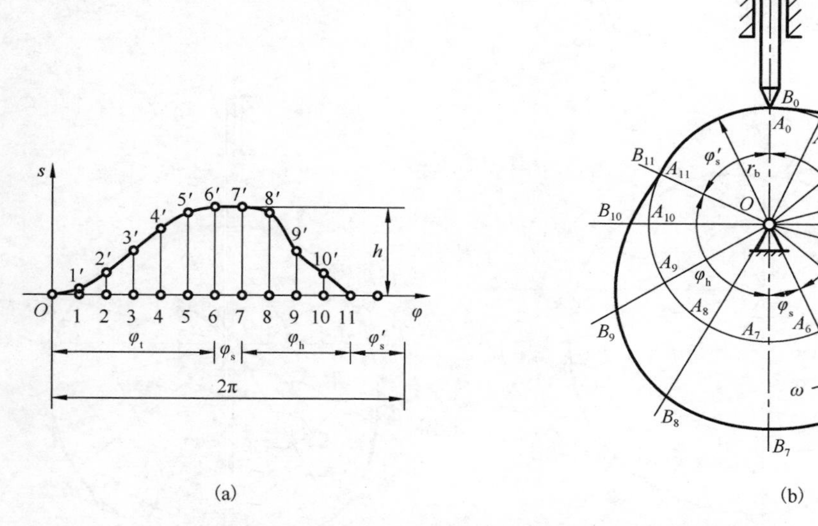


图 6-19 尖端对心移动从动件盘形凸轮轮廓线的绘制

(1) 以 $r_b$ 为半径作凸轮的基圆，该圆与从动件导路中心线的交点 $A_0(B_0)$ 即为从动件尖端点的起始位置。

(2) 自 $OA_0$ 起，逆凸轮回转方向依次量取角度 $\varphi_t$、$\varphi_s$、$\varphi_h$，并将 $\varphi_t$、$\varphi_h$ 分成与图 6-19(a) 中对应的若干等份，各等分线与基圆相交于 $A_1,A_2,A_3,\cdots$，则径向射线 $OA_1,OA_2,OA_3,\cdots$ 就是反转后从动件导路中心线相应的各个位置。

(3) 在 $OA_1,OA_2,OA_3,\cdots$ 上，分别自基圆圆周向外量取线段 $A_1B_1,A_2B_2,A_3B_3,\cdots$，使其等于从动件位移线图中相应的位移量 $11',22',33',\cdots$，则 $B_1,B_2,B_3,\cdots$ 就是反转后从动件尖端运动轨迹上的一系列点。

(4) 连接 $B_0,B_1,B_2,\cdots$ 成一光滑曲线即为所求的凸轮轮廓线。

**2. 滚子对心移动从动件盘形凸轮轮廓线的绘制**

对于图 6-20 所示的滚子从动件盘形凸轮机构，其凸轮轮廓线可按下列方法和步骤绘制。

(1) 理论廓线。将滚子中心 $B$ 看作尖端从动件的尖端，按上述绘制尖端从动件凸轮轮廓线的方法作出轮廓曲线 $\beta_0$。$\beta_0$ 即为凸轮的理论廓线。

(2) 实际廓线。以理论廓线 $\beta_0$ 上各点为圆心，以滚子半径 $r_k$ 为半径，作一系列滚子圆，这一圆簇的内包络线 $\beta$(图中粗实线所示) 即为凸轮的实际廓线。

由作图过程可知，凸轮的实际廓线与理论廓线互为等距曲线，它们在各对应点的曲率半径相差一滚子半径 $r_k$。

**3. 平底对心移动从动件盘形凸轮轮廓线的绘制**

图 6-21 所示的平底从动件凸轮轮廓线可按与绘制滚子从动件盘形凸轮轮廓线相仿的方法绘制，其步骤如下。

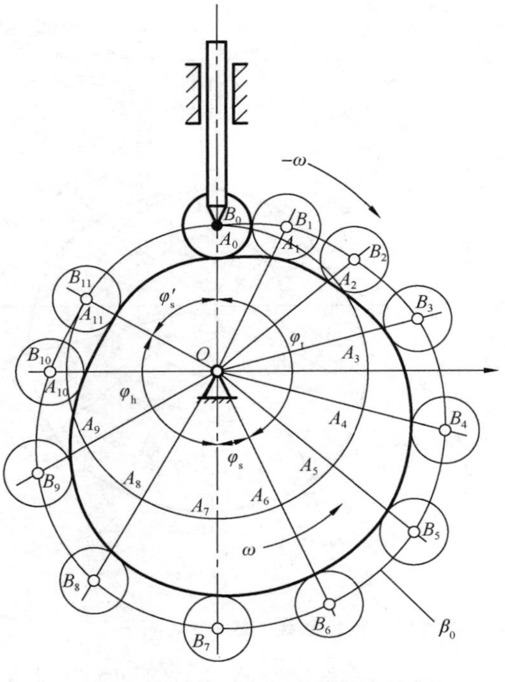

图 6-20 滚子对心移动从动件盘形凸轮轮廓线的绘制

6-20

6-21

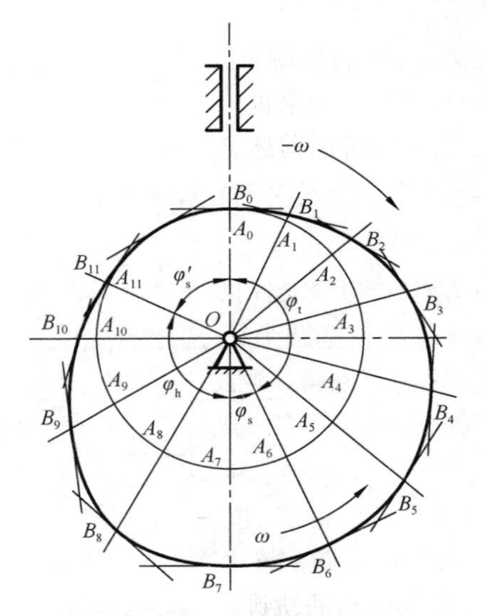


图 6-21 平底对心移动从动件盘形凸轮轮廓线的绘制

(1) 将从动件平底与导路中心线的交点 $B$ 看作尖端从动件的尖端，按前述方法作出凸轮理论廓线 $\beta_0$ 上一系列点 $B_1,B_2,B_3,\cdots$ 。

(2) 过 $B_1,B_2,B_3,\cdots$ 作一系列代表从动件平底的直线段(与导路中心线垂直或成某一角度)，再作该直线段族的包络线，即得凸轮的实际廓线。

平底从动件凸轮的基圆半径仍为理论廓线的最小向径。当基圆半径过小而理论廓线的曲率变化较大时，有可能得不到能与反转后平底的所有位置均相切的实际轮廓(图 6-22)，致使从动件一部分预期的运动规律无法实现而产生“失真”现象。解决的途径是适当加大基圆半径 $r_b$ (如图中加大到 $r_b'$ ) 重新设计。

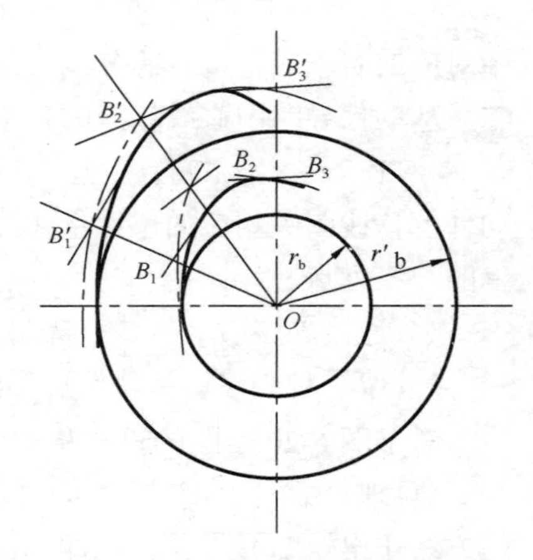


图 6-22 基圆与轮廓线的关系

**4. 偏置移动从动件盘形凸轮轮廓线的绘制**

将图 6-19 中从动件导路向右平移一距离 $e$ (称为偏距)，将形成尖端偏置移动从动件盘形凸轮(图 6-23)，其凸轮轮廓线的设计方法和步骤与对心移动从动件凸轮轮廓线基本一致，但需注意以下几点不同之处。

(1) 从动件导路中心线不再通过凸轮轴心 $O$，而是与以 $O$ 为圆心、以偏距 $e$ 为半径的偏置圆相切，对应于从动件初始位置的切点为 $K_0$。

(2) 运动角应在偏置圆上从 $OK_0$ 起沿 $-\omega$ 方向依次量取并等分。

(3) 反转后的从动件导路中心线是偏置圆的一系列切线 $K_1A_1, K_2A_2, K_3A_3, \cdots$，从动件的位移 $A_1B_1, A_2B_2, A_3B_3, \cdots$ 应在相应的切线上自基圆圆周向外截取。

这样所作的轮廓曲线对滚子从动件或平底从动件的凸轮来说依然是理论廓线，而其实际廓线仍可用前述方法求得。

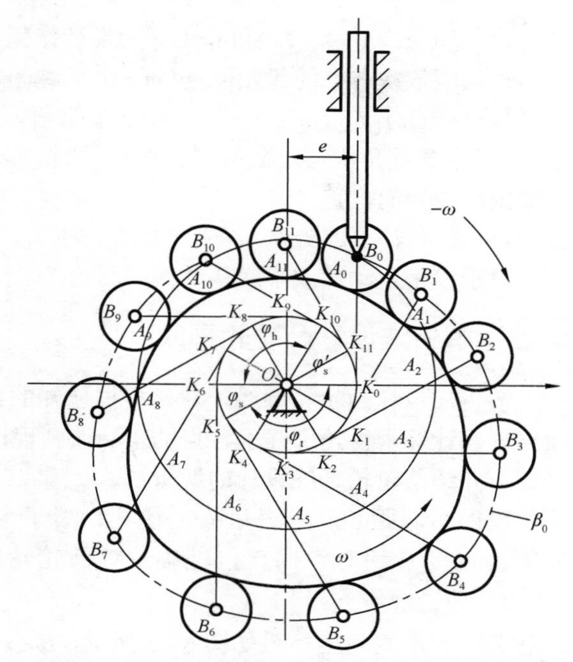

图 6-23　偏置移动从动件盘形凸轮轮廓线的绘制

**5. 摆动从动件盘形凸轮轮廓线的绘制**

已知从动件角位移线图(图 6-24(a))、凸轮转动中心与从动件摆动中心的距离 $l_{oc}$、摆杆长 $l$ 及凸轮基圆半径 $r_b$，且凸轮以等角速度 $\omega$ 逆时针回转，则图 6-24 所示的尖端摆动从动件盘形凸轮的轮廓线绘制仍可采用“反转法”，其作图步骤如下。

(1) 以 $O$ 为圆心，以 $r_b$ 和 $l_{oc}$ 为半径，分别作基圆和中心圆，该中心圆即为反转后从动件摆动中心 $C$ 的轨迹。

(2) 在中心圆上选取 $C_0$ 为起始点，自 $OC_0$ 沿 $-\omega$ 方向依次取角 $\varphi_t$、$\varphi_s$、$\varphi_h$，并将 $\varphi_t$、$\varphi_h$ 分成与角位移线图中对应的若干等份，各径向分角线与中心圆的交点 $C_1, C_2, C_3, \cdots$ 即为反转后从动件摆动中心的一系列位置。

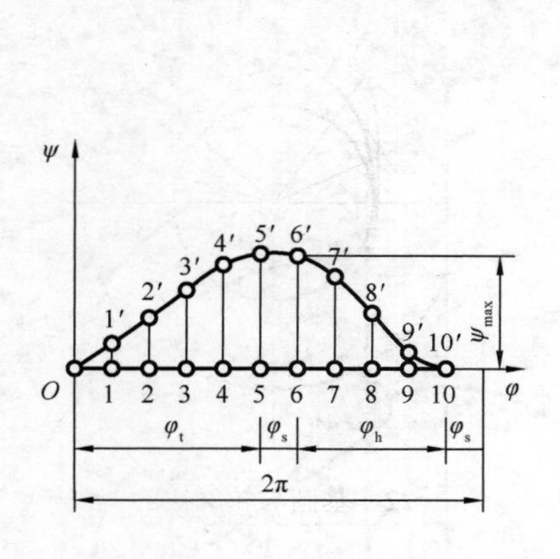

(a)

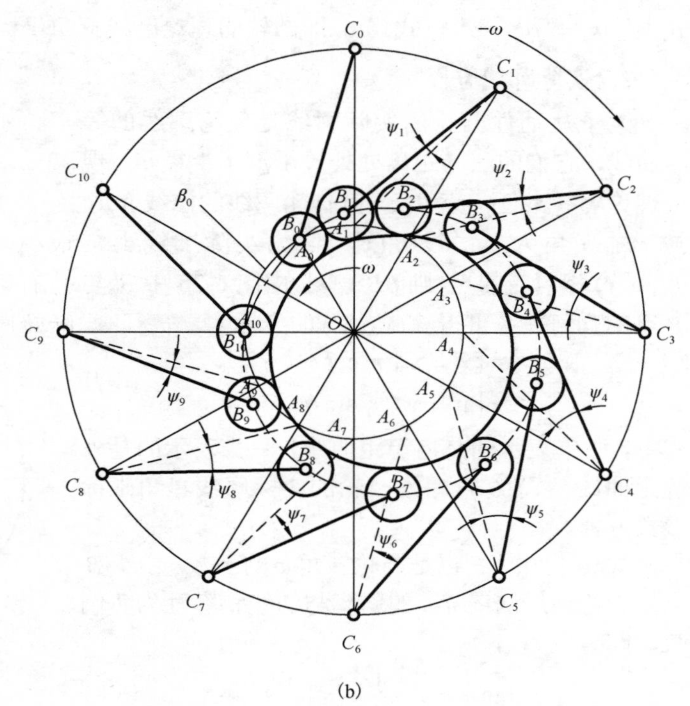

(b)

图 6-24　摆动从动件盘形凸轮轮廓线的绘制

(3) 以 $C_0,C_1,C_2,\cdots$ 为圆心，以 $l$ 为半径作弧与基圆相交，所得交点 $A_0,A_1,A_2,\cdots$ 即为反转后从动件尖端依次占据的起始位置（$\varphi=0$）。

(4) 以 $C_1A_1,C_2A_2,C_3A_3,\cdots$ 为始边作摆角，分别等于图 6-24(a) 中相应的角位移 $\varphi_1,\varphi_2,\varphi_3,\cdots$ 并在各摆角终边上截取摆杆长 $l$，所得各点 $B_1,B_2,B_3,\cdots$ 即为从动件在反转兼摆动中，其尖端依次占据的位置。

(5) 连接 $A_0(B_0),B_1,B_2,\cdots$ 成一光滑曲线 $\beta_0$，$\beta_0$ 即为所求的凸轮轮廓线。

对于滚子从动件或平底从动件的凸轮，$\beta_0$ 仍为理论廓线，其实际廓线也用前述方法求得。

## 6.4.2 解析法设计凸轮轮廓线

解析法设计凸轮轮廓线，就是根据已知的机构参数和从动件运动规律，列出凸轮的轮廓线方程，计算求得轮廓线上各点的坐标值。现以滚子偏置移动从动件盘形凸轮机构(图 6-25)为例，介绍凸轮轮廓线设计的解析法。

设已知偏距 $e$、凸轮基圆半径 $r_b$、滚子半径 $r_k$ 以及从动件位移方程 $s=s(\varphi)$，且凸轮以等角速度 $\omega$ 逆时针回转，试确定该凸轮轮廓线的方程式。

**1. 理论廓线方程**

选取 $xOy$ 直角坐标系如图 6-25 所示，$B_0(e,s_0)$ 为从动件滚子中心的起始位置。当凸轮自此顺 $\omega$ 方向转过 $\varphi$ 角时，按反转法作图，则凸轮不动，从动件导路沿 $-\omega$ 方向转过 $\varphi$ 角，同时滚子中心由 $B_0$ 外移一距离 $s$ 到达 $B(x, y)$，该点的坐标为

$$\begin{cases} x = CD + OC = (s_0+s)\sin\varphi + e\cos\varphi \\ y = AH - OH = (s_0+s)\cos\varphi - e\sin\varphi \end{cases} \tag{6-6}$$

式中，$s_0=\sqrt{r_b^2-e^2}$。式(6-6)即凸轮的理论廓线直角坐标参数方程。

**2. 实际廓线方程**

滚子从动件凸轮的实际廓线是理论廓线的等距曲线，它们的法向距离处处等于滚子半径 $r_k$。现过理论廓线上任一点 $B(x, y)$ 作轮廓线的法线 $n$-$n$，与 $x$ 轴夹角为 $\theta$；设 $B'(x', y')$ 为实际廓线上与 $B(x, y)$ 相对应的点，则 $BB'=r_k$。由图 6-25 中 $B'$ 与 $B$ 点的几何关系可得 $B'(x', y')$ 的坐标为

$$\begin{cases} x' = x \mp r_k\cos\theta \\ y' = y \mp r_k\sin\theta \end{cases} \tag{6-7}$$

式中，“−”表示的是内等距曲线，“+”表示的是外等距曲线。式(6-7)即为凸轮的实际廓线直角坐标参数方程。

式(6-7)中，$\theta$ 也是凸轮转角 $\varphi$ 的函数。由于 $B$ 点处理论廓线法线 $n$-$n$ 的斜率与切线斜率互为负倒数，即有

$$\tan\theta = -\frac{1}{\mathrm{d}y/\mathrm{d}x} = -\frac{\mathrm{d}x/\mathrm{d}\varphi}{\mathrm{d}y/\mathrm{d}\varphi} \tag{6-8}$$

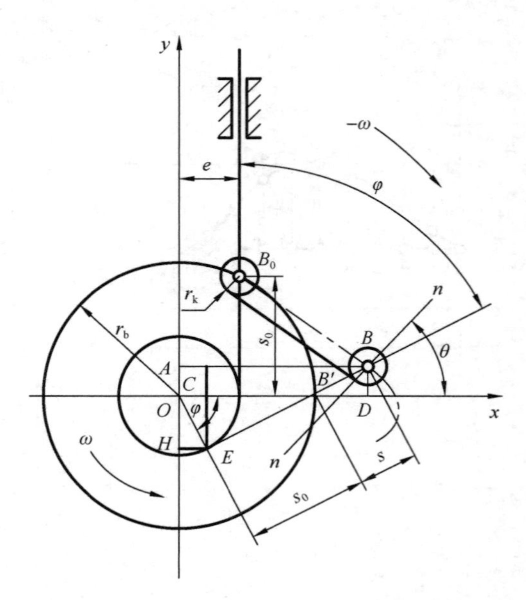


图 6-25 解析法设计凸轮轮廓线例图

故
$$\theta=\arctan\left(-\frac{\mathrm{d}x/\mathrm{d}\varphi}{\mathrm{d}y/\mathrm{d}\varphi}\right) \tag{6-9}$$

$\theta$ 求得后代入式(6-7)，则实际廓线上各点坐标可以求出。

**3. 刀具中心轨迹方程**

在数控机床上加工凸轮时，需要给出刀具中心运动轨迹方程。若刀具(铣刀或砂轮)半径与滚子半径相等，则凸轮的理论廓线方程即刀具中心轨迹方程；若刀具半径与滚子半径不相等，则由于刀具中心轨迹也是凸轮理论廓线的等距曲线，因此同样可用上述求等距曲线的方法求得。

借助一些CAD/CAE软件可以对凸轮机构进行运动学/动力学仿真分析，并能根据给定的从动件运动规律设计凸轮的轮廓曲线。基于运动学/动力学仿真分析可以获得凸轮机构的运动学和动力学规律，进而检验是否满足设计要求；基于CAD/CAE软件设计出凸轮的轮廓曲线后，可直接将轮廓曲线数据转换成数控加工程序，实现计算机辅助设计与制造(CAD/CAM)的集成。

## 6.5 凸轮机构的基本尺寸设计

一般将基圆半径 $r_b$、滚子半径 $r_k$、平底尺寸、偏距 $e$ 以及摆动从动件的摆杆长度 $l$、中心距 $l_{oc}$ 等这些尺寸作为凸轮机构设计中的基本尺寸。在6.4节讨论盘形凸轮轮廓线设计时，是将这些基本尺寸都当作已知量来处理的。实际上，这些基本尺寸对凸轮机构的结构、传力性能都有很大影响。因此，在设计凸轮机构时，不仅要保证从动件能够实现预定的运动规律，还须使设计的机构传力性能良好，结构紧凑，又能满足强度等要求。限于篇幅，下面仅就移动从动件盘形凸轮机构的基本尺寸的确定问题加以讨论。

### 6.5.1 滚子半径的选取

设计滚子从动件凸轮轮廓线时，必须注意滚子半径 $r_k$ 与理论廓线、实际廓线的最小曲率半径 $\rho_{\min}$、$\rho_{c\min}$ 之间的关系(图6-26)。对外凸轮轮廓线，三个参数之间的关系为

(a)

$$\rho_{c\min}=\rho_{\min}-r_k \tag{6-10}$$

(b)

(c)

(d)

6-26

$r_k<\rho_{\min}$ (a)　$r_k=\rho_{\min}$ (b)　$r_k>\rho_{\min}$ (c)　(d)

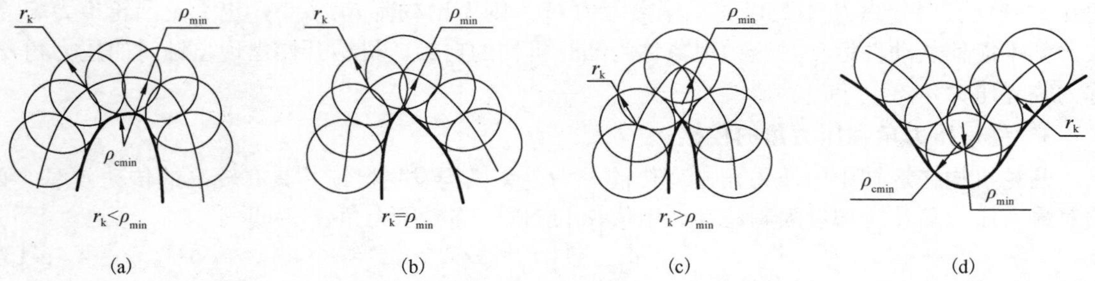

图6-26 滚子半径的选择

当 $\rho_{\min}>r_k$ 时，$\rho_{c\min}>0$，实际廓线为光滑曲线(图6-26(a))；当 $\rho_{\min}=r_k$ 时，$\rho_{c\min}=0$，实际廓线出现尖点(图6-26(b))，凸轮轮廓在尖点处极易磨损而会因此改变原定的运动规律；当 $\rho_{\min}<r_k$ 时，$\rho_{c\min}<0$，实际廓线相交(图6-26(c))，其交点以外的部分加工时将被切去，致使从动件的一部分运动规律无法实现而造成运动失真。因此，为避免出现上述的后两种情况，必须使得 $\rho_{c\min}>0$，即应保证

$$r_k<\rho_{\min} \tag{6-11}$$

设计时通常取 $r_k \leqslant 0.8\rho_{min}$。为了减小凸轮和滚子间的接触应力与磨损，还同时要求 $\rho_{cmin} >$ 1～5mm。如果由这些条件限定的滚子尺寸过小，则不仅会使接触应力过大，还将使滚子销轴过细而不满足强度和安装要求。此时，应加大基圆半径 $r_b$（使 $\rho_{min}$ 增大）重新进行设计。

对内凹的凸轮轮廓线（图 6-26（d）），因实际廓线曲率半径 $\rho_c$ 等于理论廓线曲率半径 $\rho$ 与滚子半径 $r_k$ 之和，无论 $r_k$ 大小如何，都有 $\rho_c > 0$，所以不存在实际廓线出现尖点或相交的问题。

### 6.5.2 压力角的校核

**1. 凸轮机构的压力角**

图 6-27 所示为一尖端对心移动从动件盘形凸轮机构推程中的某个位置。不考虑摩擦时，凸轮对从动件的作用力为法向力 $F_n$，其作用线（即凸轮轮廓线上接触点 $B$ 的法线）与从动件上受力点速度方向所夹的锐角 $\alpha$ 称为凸轮机构在图示位置的压力角。

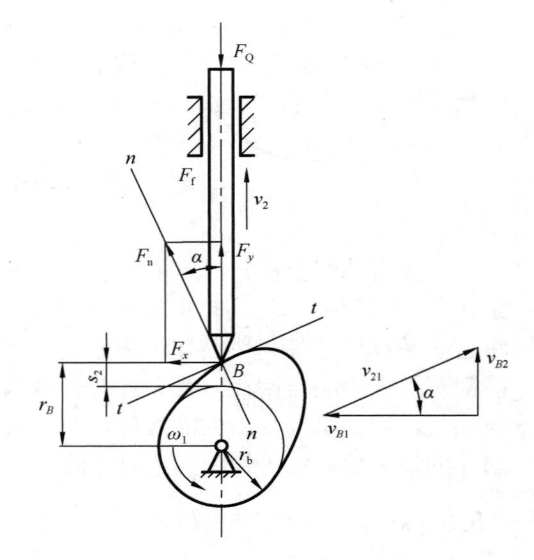


图 6-27　凸轮机构的压力角

**2. 凸轮机构的自锁**

将法向力 $F_n$ 分解为沿导路方向和垂直于导路方向上的两个分力 $F_y$ 和 $F_x$，其大小分别为

$$\begin{cases} F_y = F_n \cos\alpha \\ F_x = F_n \sin\alpha \end{cases} \tag{6-12}$$

式中，$F_y$ 是推动从动件沿导路运动的力，为有用分力；$F_x$ 则使从动件紧压导路而产生阻碍从动件沿导路运动的摩擦力，为有害分力。由式（6-12）可知，当 $F_n$ 一定时，$F_y$ 随 $\alpha$ 的增大而减小，$F_x$ 及其在导路中产生的摩擦力 $F_f$（$F_f = fF_x$）则随 $\alpha$ 的增大而增大。如果凸轮机构运动到某一位置的压力角 $\alpha$ 大到使有用分力 $F_y$ 不足以克服摩擦阻力 $F_f$，则无论载荷 $F_Q$ 多小，也无论凸轮推力 $F_n$ 多大，都不能使从动件运动，这种现象称为凸轮机构的自锁。机构开始出现自锁时的压力角 $\alpha_c$ 称为临界压力角。

**3. 许用压力角和压力角的校核**

凸轮机构在运转中的压力角是变化的，为避免机构发生自锁并具有较高的传动效率，必须对最大压力角 $\alpha_{max}$ 加以限制，其许用值 $[\alpha]$ 应低于临界压力角 $\alpha_c$，即

$$\alpha_{max} \leqslant [\alpha] < \alpha_c \tag{6-13}$$

根据实践经验，许用压力角可取值如下：对移动从动件的推程，取 $[\alpha] = 30°$；对摆动从动件的推程，取 $[\alpha] = 35° \sim 45°$。回程时，凸轮机构中的作用力一般较小，特别是力锁合凸轮机构，从动件在弹簧力或重力作用下返回，不会出现自锁，因此回程压力角可以大些，取 $[\alpha] = 70° \sim 80°$。

设计凸轮轮廓线时，必须对其各处的压力角进行校核。用图解法检验时，可在凸轮理论廓线较陡的区段取若干点，作出各点处廓线的法线和从动件运动方向线之间所夹的锐角，即各点处的压力角（图 6-28），然后校验式（6-13）是否满足。若不满足，则应加大基圆半径重新

设计。对于力锁合凸轮机构，也可适当偏置移动从动件(图 6-29)，以减小推程的最大压力角。

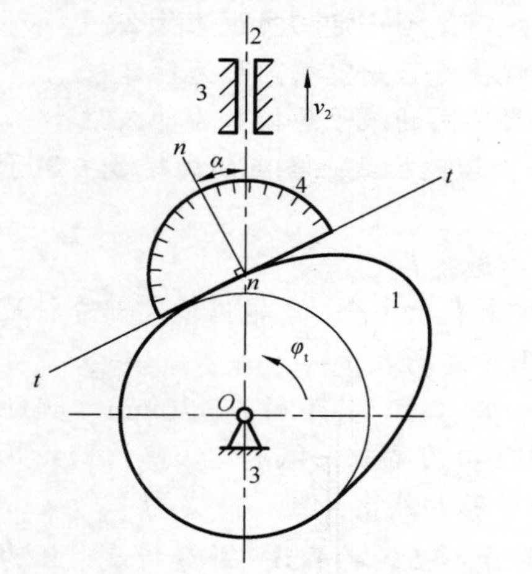


图 6-28 校验凸轮机构的压力角

1-凸轮；2-从动件的导路方向线；3-机架；4-量角器

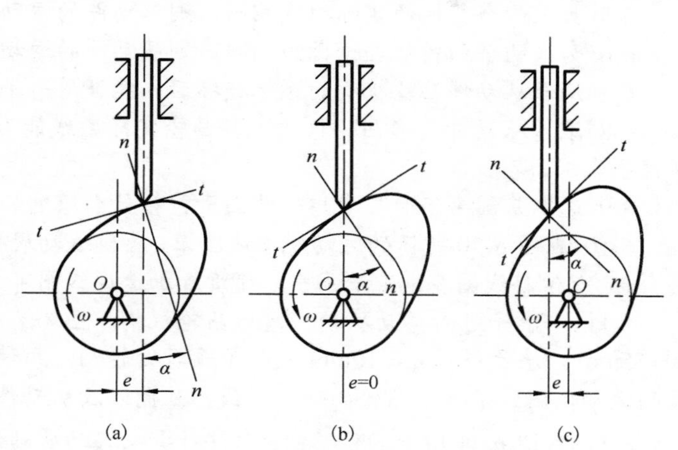


图 6-29 偏距对压力角的影响

### 6.5.3 基圆半径的确定

设计凸轮轮廓线时，须先选定基圆半径 $r_b$。显然，选取的基圆半径越小，设计的机构就越紧凑。但基圆半径太小不仅有可能引起前述的滚子(或平底)从动件预期运动失真的问题，而且会使机构的压力角过大而不能满足机构的传力性能要求，甚至发生自锁。

如图 6-27 所示，在从动件与凸轮的接触点 $B$ 处，凸轮上的速度为 $v_{B1}$，从动件上的速度为 $v_{B2}$，从动件相对于凸轮的速度为 $v_{21}$ (沿切线 $t$-$t$ 方向)，它们满足

$$v_{B2} = v_{B1} + v_{21} \tag{6-14}$$

由速度三角形可得

$$\tan\alpha = \frac{v_{B2}}{v_{B1}} = \frac{v_2}{r_B\omega} = \frac{v_2}{(r_b + s_2)\omega} \tag{6-15}$$

由于运动规律给定后，机构在某一瞬时位置的从动件位移 $s_2$、速度 $v_2$ 均为已知，且凸轮转动角速度 $\omega$ 也为已知常数，所以式(6-15)表明：基圆半径越小，则压力角越大；反之，则压力角越小。因此，在选取基圆半径时应注意以下两点。

(1) 在保证 $\alpha_{max} \leqslant [\alpha]$ 的前提下(对滚子或平底从动件的凸轮机构，还应保证从动件运动不失真)，可将基圆半径取小些，以满足对机构结构紧凑的要求。

(2) 在结构空间允许的条件下，可适当将基圆半径取大些，以利于改善机构的传力性能、减轻磨损和减小凸轮轮廓线的制造误差。

## 思考题与习题

6-1 能否在冲床中改用凸轮机构实现冲头的往复运动和在内燃机配气机构中改用曲柄滑块机构实现阀门的启闭？为什么？

6-2 什么是从动件的运动规律？选择从动件运动规律时应考虑哪些问题？

6-3 从动件与凸轮之间发生刚性冲击和柔性冲击的原因分别是什么？应如何避免？

6-4 什么是凸轮的理论廓线和实际廓线？

6-5 如果两个凸轮的实际廓线相同，则从动件的运动规律是否一定相同？为什么？

6-6 如果两个凸轮的理论廓线相同，则从动件的运动规律是否一定相同？为什么？

6-7 滚子从动件凸轮机构的滚子损坏后，能否用一半径不同的滚子替换？为什么？

6-8 滚子从动件盘形凸轮机构，其凸轮实际廓线能否由理论廓线上各点的向径截去滚子半径长来求得？

6-9 选取基圆半径时应考虑哪些因素？按什么原则加以选择？

6-10 在图6-30所示的运动规律线图中，各段运动规律未表示完全，请根据给定部分补足其余部分(位移线图要求准确画出，速度和加速度线图可用示意图表示)。

6-11 一滚子对心移动从动件盘形凸轮机构，凸轮为一偏心轮，其半径$R=30\text{mm}$，偏距$e=15\text{mm}$，滚子半径$r_k=10\text{mm}$，凸轮顺时针转动，角速度$\omega$为常数。试求：①画出凸轮机构的运动简图；②作出凸轮的理论廓线、基圆以及从动件位移曲线$s$-$\varphi$图。

6-12 按图6-31所示的位移曲线，设计尖端移动从动件盘形凸轮的廓线，并分析最大压力角发生在何处(提示：从压力角公式来分析)。

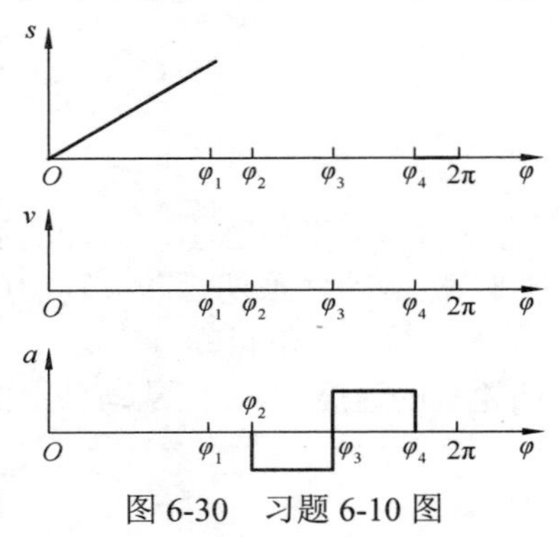


图6-30　习题6-10图

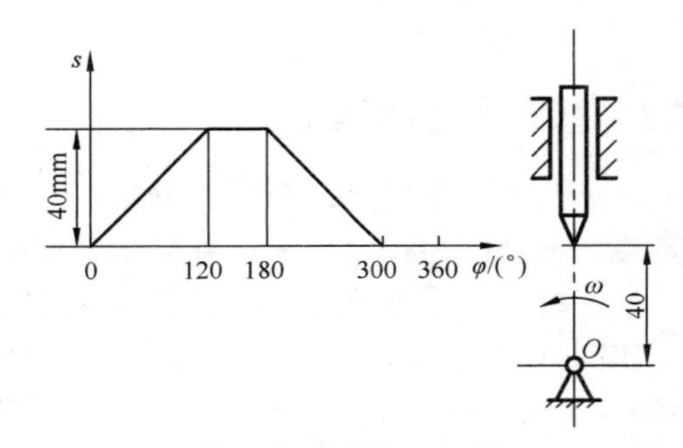


图6-31　习题6-12图

6-13 设计一滚子对心移动从动件盘形凸轮机构。已知凸轮基圆半径$r_b=40\text{mm}$，滚子半径$r_k=10\text{mm}$；凸轮逆时针等速回转，从动件在推程中按余弦加速度规律运动，回程中按等加速、等减速规律运动，从动件行程$h=32\text{mm}$；凸轮在一个循环中的转角为：$\varphi_t=150°$，$\varphi_s=30°$，$\varphi_h=120°$，$\varphi_s'=60°$，试绘制从动件位移线图和凸轮的廓线。

6-14 将习题6-13改为滚子偏置移动从动件。偏距$e=20\text{mm}$，试绘制其凸轮的廓线。

6-15 如图6-32所示的凸轮机构。试用作图法在图上标出凸轮与滚子从动件从$C$点接触到$D$点接触时凸轮的转角$\varphi_{CD}$，并标出在$D$点接触时从动件的压力角$\alpha_D$和位移$s_D$。

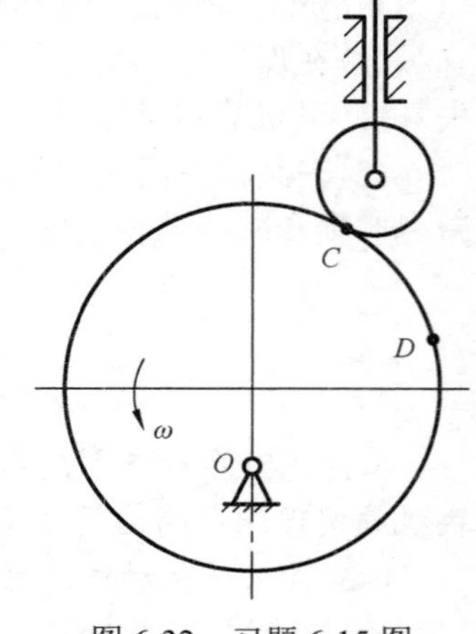


图6-32　习题6-15图

6-16 如图6-33所示，设计一尖端摆动从动件盘形凸轮机构。已知凸轮转动中心$O$与从动件摆动中心$A$之间的距离$L_{OA}=50\text{mm}$，从动摆杆的长度$l_{AB}=40\text{mm}$，凸轮基圆半径$r_b=18\text{mm}$；从动摆杆起始位置与机架线的夹角为$\delta_O$，从动件转角$\delta_2$与凸轮转角$\varphi_1$的变化规律如表6-1所示。试绘制凸轮的轮廓线。

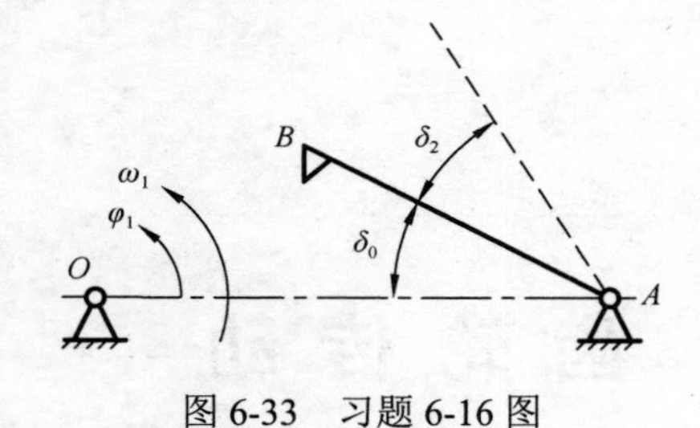


图 6-33 习题 6-16 图

表 6-1 习题 6-16 表

| 凸轮转角 $\varphi_1$ | $0\sim90°$ | $90°\sim180°$ | $180°\sim360°$ |
|---|---|---|---|
| 从动件转角 $\delta_2$ | 15° | 15° | 30° |
| 从动件运动规律 | 等加速上升 | 等减速上升 | 等速下降 |

6-17 设计一尖端摆动从动件盘形凸轮机构。已知凸轮基圆半径 $r_{\mathrm{b}}=25\mathrm{mm}$，从动摆杆长度 $l=40\mathrm{mm}$，凸轮转动中心与从动件摆动中心之间的中心距 $L=50\mathrm{mm}$，凸轮逆时针转动，角速度 $\omega$ 为常数，从动件在凸轮右上侧，推程中按余弦加速度规律运动，回程中按等速规律运动，摆角 $\psi=30°$，凸轮在一个循环中的转角为：$\varphi_{\mathrm{t}}=180°$，$\varphi_{\mathrm{s}}=45°$，$\varphi_{\mathrm{h}}=90°$，$\varphi_{\mathrm{s}}'=45°$。试绘制从动件位移线图和凸轮的轮廓线。

# 第 7 章 齿轮传动

## 7.1 概　　述

齿轮机构是由两个或多个齿轮与机架组成的一种高副机构，当其主要用于传递动力时，也称为齿轮传动。

齿轮传动的主要特点是：可传递空间任意两轴间的运动和动力，适用的功率和圆周速度范围广；传动比准确，传动效率高，一对加工及润滑良好的圆柱齿轮传动，其效率可达 99%，这对长期运转的大功率传动尤为重要；工作可靠，寿命长。

齿轮传动是一种十分重要的机械传动形式，广泛应用于仪器、仪表、冶金、矿山等领域的各类机器中。汉代就已运用铜质人字齿轮，目前世界上规模最大、技术难度最高的升船机采用了大模数齿轮齿条传动实现对承船厢的驱动。

## 7.2 齿轮传动的类型

齿轮传动的类型很多，分类方法也不同，常见的分类方法如图 7-1 所示。

表 7-1 列出了按相互啮合的两齿轮轴相对位置分类(即按轴的布置分)的常见齿轮传动形式。

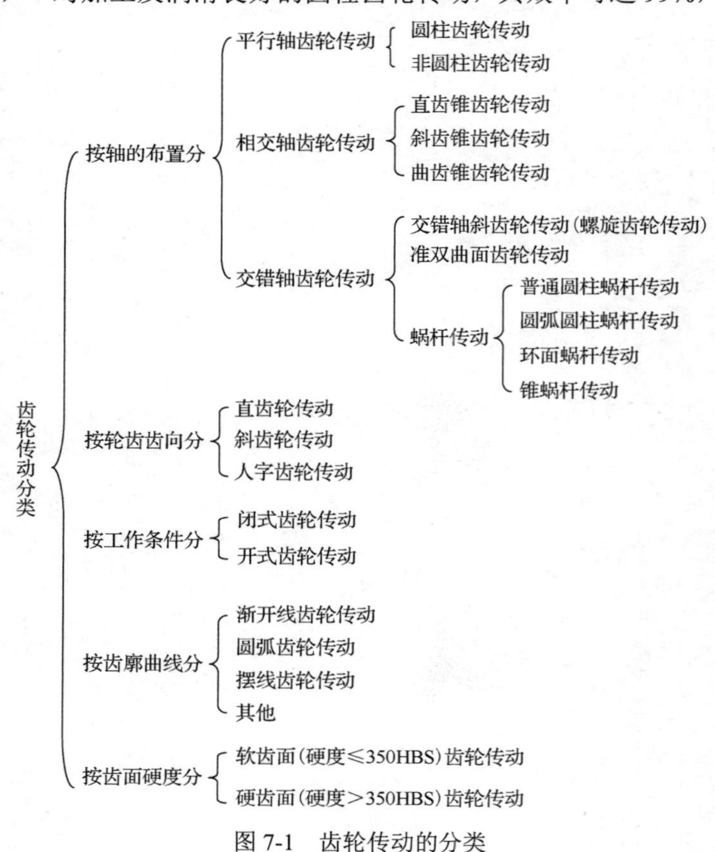


图 7-1　齿轮传动的分类

表 7-1 齿轮传动的类型

| 平行轴齿轮传动 | | | | | |
| --- | --- | --- | --- | --- | --- |
| 直齿圆柱齿轮传动 | 斜齿圆柱齿轮传动 | 人字齿轮传动 | 外啮合齿轮传动 | 内啮合齿轮传动 | 齿轮齿条传动 |
| 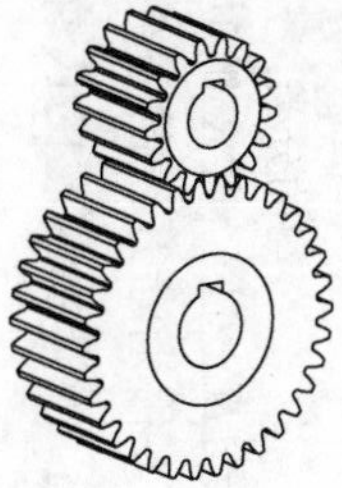 (a) | 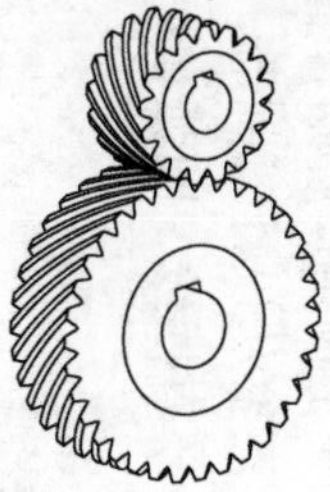 (b) | 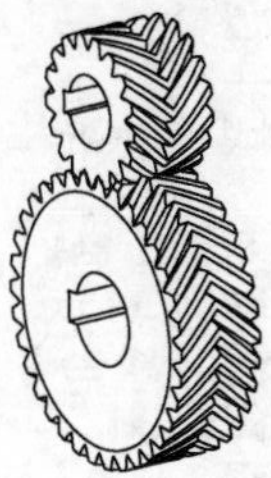 (c) | 图(a)、(b)、(c)均为外啮合 | 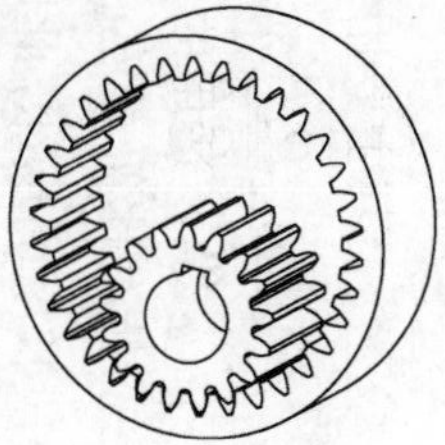 (d) | 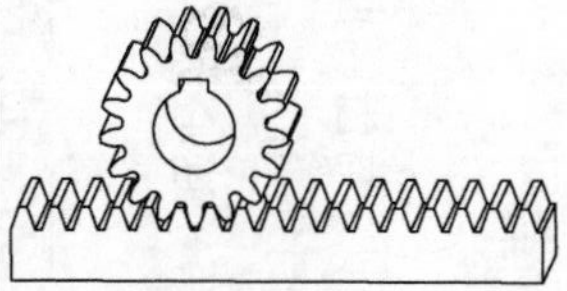 (e) |

| 相交轴齿轮传动和交错轴齿轮传动 | | | | |
| --- | --- | --- | --- | --- |
| 直齿锥齿轮传动 | 斜齿锥齿轮传动 | 曲齿锥齿轮传动 | 交错轴斜齿轮传动 | 蜗杆传动 |
| 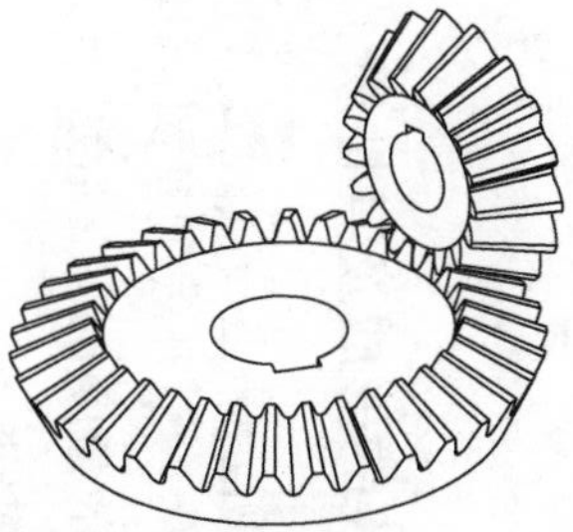 (f) | 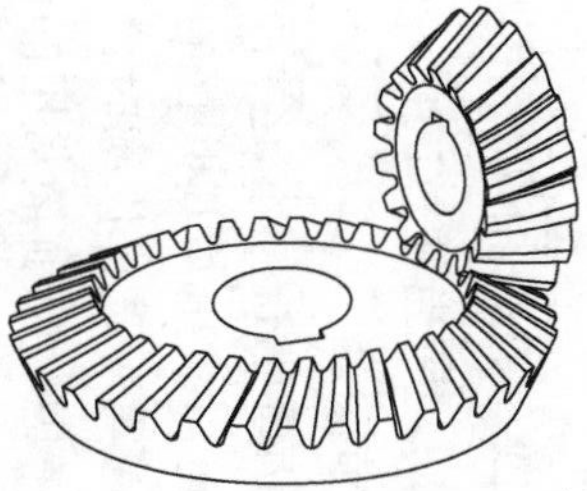 (g) |  (h) |  (i) | 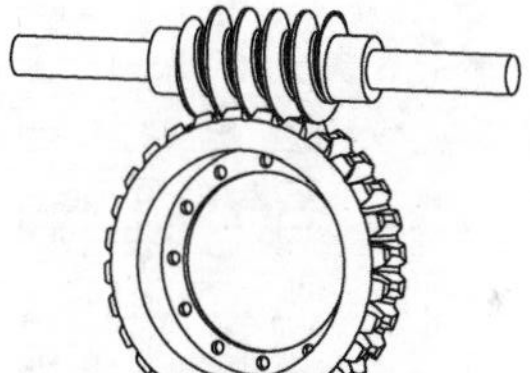 (j) |

# 7.3 齿廓啮合基本定律

在齿轮的啮合传动过程中，两齿轮的角速度之比(即传动比)与齿廓曲线的形状有关。

如图 7-2 所示，$O_1$、$O_2$为两轮的回转中心，$C_1$、$C_2$为两轮相互啮合的一对齿廓，其啮合点为$K$。根据三心定理，过啮合点$K$的齿廓公法线$n$-$n$与两轮连心线$\overline{O_1O_2}$的交点即为两轮的相对速度瞬心$P$。根据速度瞬心的含义，有

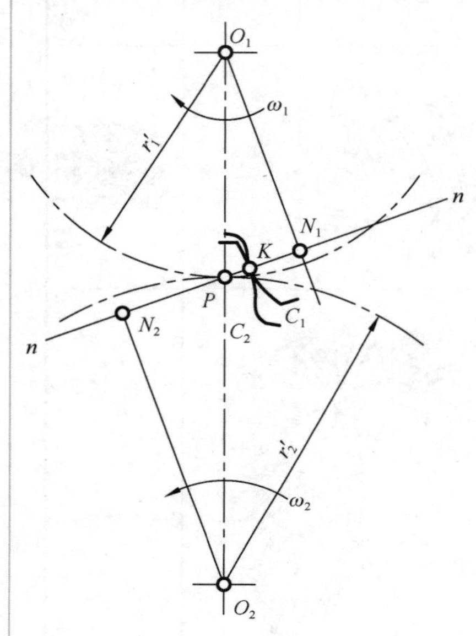

图 7-2 一对齿廓的啮合

$$v_P = \omega_1 \cdot \overline{O_1P} = \omega_2 \cdot \overline{O_2P}$$

式中，$\omega_1$和$\omega_2$分别为两轮的角速度，由此得两轮的传动比为

$$i_{12} = \frac{\omega_1}{\omega_2} = \frac{\overline{O_2P}}{\overline{O_1P}} \tag{7-1}$$

式(7-1)表明，两轮的传动比等于连心线$\overline{O_1O_2}$被齿廓啮合点的公法线所分两段长度的反比，此即齿廓啮合基本定律。

由齿廓啮合基本定律可知，若要两轮的传动比为一常数，则无论两轮齿廓在任何位置接触，过接触点所作两齿廓的公法线必须通过两轮连心线上的固定点$P$。

上述连心线与过接触点所作两齿廓公法线的交点$P$，称为齿轮传动的节点。在作定传动比传动的齿轮中，由于$P$为一定点，所以$P$点相对于轮 1、轮 2 回转平面的运动轨迹分别是以$O_1$、$O_2$为圆心，以$O_1P$、$O_2P$为半径的两个圆，这两个圆称为齿轮的节圆，其半径用$r_1'$和$r_2'$来表示。显然两节圆在$P$点相切，相切点的速度为$v_P = \omega_1 \cdot r_1' = \omega_2 \cdot r_2'$，因此在齿轮传动过程中，两节圆做纯滚动。应当注意的是，只有两齿轮进行啮合传动，即出现节点$P$时，才存在节圆，单个齿轮没有节圆。

凡能满足齿廓啮合基本定律而相互啮合的一对齿廓称为共轭齿廓。一般来说，只要给定一条齿廓曲线都可以求出与其共轭的另一条齿廓曲线，因此理论上满足齿廓啮合基本定律的齿廓是很多的。但在实际选择齿廓时，不仅要满足传动比要求，还要从设计、制造、安装和使用等方面给予综合考虑。目前最常用的齿廓曲线为渐开线，此外还有摆线、圆弧和抛物线等。

# 7.4 渐开线齿廓

## 7.4.1 渐开线的形成及其性质

如图 7-3 所示，当一直线$L$沿一圆周做纯滚动时，直线$L$上任一点$K$的轨迹称为该圆的渐开线。该圆称为渐开线的基圆，其半径以$r_b$表示；直线$L$称为渐开线的发生线，发生线上某点$K$所展出的角度$\theta_K = \angle AOK$称为渐开线上$K$点的展角。渐开线齿轮的齿廓就是由两段对称的渐开线构成的。

渐开线具有以下一些重要的性质。

(1)发生线上沿基圆滚过的长度等于基圆上被滚过的圆弧长度，即 $NK=\overset{\frown}{AN}$。

(2)发生线上的 $K$ 点在图示瞬时位置是绕 $N$ 点转动的，所以 $N$ 点是瞬时转动中心。$K$ 点的瞬时速度方向必与发生线垂直，而 $K$ 点的瞬时速度方向又必是渐开线在该点的切线方向，所以发生线是渐开线的法线。此外，发生线总是与基圆相切，故可推得：渐开线上任一点的法线必与基圆相切。

(3)发生线与基圆的切点 $N$ 为渐开线上 $K$ 点的曲率中心，$KN$ 为渐开线上 $K$ 点的曲率半径。因此，渐开线离基圆越远的部分，其曲率越小、曲率半径越大；反之，渐开线越靠近基圆的部分，其曲率越大、曲率半径越小。

(4)渐开线的形状取决于基圆的大小。如图 7-4 所示，在展角相同的情况下，基圆半径越大，其渐开线的曲率半径也越大。当基圆半径为无穷大时，其渐开线就变成一条直线。

(5)基圆以内无渐开线。

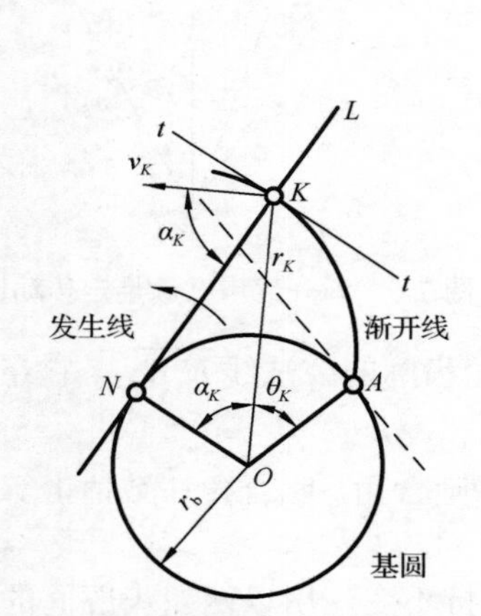


图 7-3　渐开线的形成及其性质

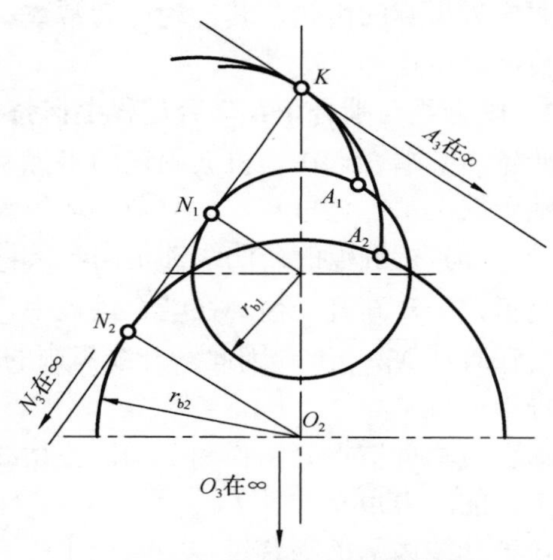


图 7-4　基圆大小对渐开线的影响

## 7.4.2　渐开线方程

若以图 7-3 所示的渐开线为齿廓曲线，当其与共轭齿廓在 $K$ 点啮合时，$K$ 点的法线 $KN$ 与 $K$ 点绕基圆中心 $O$ 转动时的速度 $v_K$ 之间所夹的锐角 $\alpha_K$ 就是渐开线齿廓在 $K$ 点的压力角。

$$\tan\alpha_K=\frac{NK}{r_b}=\frac{\overset{\frown}{AN}}{r_b}=\frac{r_b(\alpha_K+\theta_K)}{r_b}=\alpha_K+\theta_K \tag{7-2}$$

渐开线上 $K$ 点的向径为

$$r_K=\frac{r_b}{\cos\alpha_K} \tag{7-3}$$

由式(7-2)和式(7-3)可得渐开线的极坐标方程为

$$\begin{cases}\theta_K=\tan\alpha_K-\alpha_K=\text{inv}\alpha_K\\ r_K=\dfrac{r_b}{\cos\alpha_K}\end{cases} \tag{7-4}$$

式中，$\text{inv}\,\alpha_K=\tan\alpha_K-\alpha_K$，称为 $\alpha_K$ 的渐开线函数。

### 7.4.3 渐开线齿廓的啮合特性

**1. 渐开线齿廓能保证瞬时传动比恒定**

如图 7-5 所示，两渐开线齿轮的基圆半径分别为 $r_{b1}$、$r_{b2}$，当两轮的渐开线齿廓在任意点 $K$ 啮合时，过 $K$ 点作两齿廓的公法线 $\overline{N_1N_2}$。根据渐开线的性质，该公法线必与两基圆相切(切点分别为 $N_1$、$N_2$)，即 $\overline{N_1N_2}$ 为两基圆的内公切线。因为两轮的基圆为定圆，在同一方向的内公切线只有一条，所以无论两齿廓在何处接触，过接触点所作两齿廓的公法线必为一固定直线，它与连心线的交点必是一定点。因此，两个以渐开线作为齿廓的齿轮，其传动比为常数，即能保证瞬时传动比恒定。

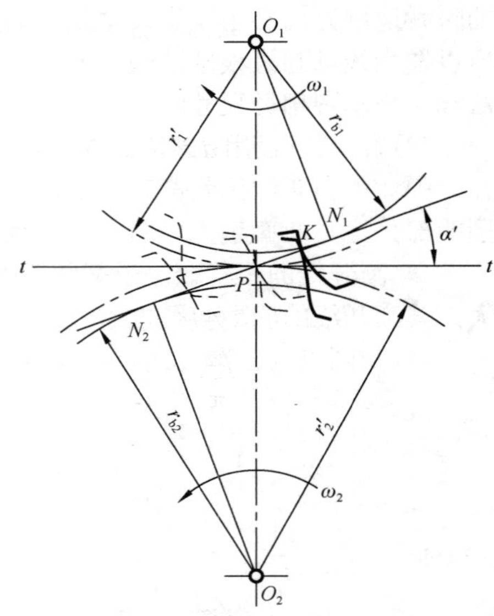

图 7-5 渐开线齿廓满足定传动比要求

**2. 啮合线与啮合角在啮合过程中保持不变**

两轮齿廓啮合点在与机架固连的坐标系中的轨迹称为啮合线。由上述可知，一对渐开线齿廓在任何位置啮合时，其接触点的公法线都是同一条直线 $\overline{N_1N_2}$，也就是说，一对渐开线齿廓在啮合过程中，齿廓啮合点都落在直线 $\overline{N_1N_2}$ 上。因此渐开线齿廓的啮合线就是两轮齿廓的公法线 $\overline{N_1N_2}$，它在齿轮啮合过程中保持不变。

啮合线与过节点 $P$ 所作两节圆的公切线 $t$-$t$ 的夹角称为啮合角。啮合角在数值上等于齿廓在节圆上的压力角 $\alpha'$。

在渐开线齿廓的啮合过程中，由于啮合线和啮合角保持不变，所以两轮齿廓间的正压力方向始终不变。这对齿轮传动的平稳性是十分有利的。

**3. 渐开线齿轮的可分性**

如图 7-5 所示，由于 $\triangle O_1N_1P \backsim \triangle O_2N_2P$，故两轮的传动比可写成

$$i_{12}=\frac{\omega_1}{\omega_2}=\frac{\overline{O_2P}}{\overline{O_1P}}=\frac{r_2'}{r_1'}=\frac{r_{b2}}{r_{b1}} \tag{7-5}$$

即一对齿轮的传动比不仅与两节圆半径成反比，而且与两基圆半径成反比。

一对齿轮加工完毕后，其基圆半径是不会改变的，即使两齿轮的实际中心距与原设计的中心距有偏差，由式(7-5)可知其传动比仍将保持不变。这种性质称为渐开线齿轮的可分性。渐开线齿轮的这一特性，给齿轮的制造、安装带来很大方便。

## 7.5 渐开线标准直齿圆柱齿轮及其啮合传动

### 7.5.1 渐开线齿轮各部分的名称和尺寸

图 7-6 所示为一标准直齿圆柱齿轮的一部分。齿轮上轮齿的总数称为齿轮的齿数，常用 $z$ 表示。各轮齿齿顶所在的圆称为齿顶圆，其直径用 $d_a$ 表示。轮齿之间的空间称为齿槽，各齿

槽底部所在的圆称为齿根圆，其直径用 $d_f$ 表示。在半径为 $r_K$ 的圆周上齿槽所截的弧长称为该圆上的齿槽宽，用 $e_K$ 表示。在半径为 $r_K$ 的圆周上轮齿所截的弧长称为该圆上的齿厚，用 $s_K$ 表示。在半径为 $r_K$ 的圆周上任意相邻两齿同侧齿廓之间的弧长称为该圆上的齿距，用 $p_K$ 表示。显然在同一圆周上，$p_K = s_K + e_K$。

在齿顶圆与齿根圆之间，规定一圆作为计算齿轮各部分尺寸的基准，这个圆称为分度圆，其直径用 $d$ 表示。分度圆上的齿厚、齿槽宽和齿距就是通常所说的齿轮的齿厚、齿槽宽和齿距，并分别用 $s$、$e$ 和 $p$ 来表示，且 $p = s + e$。分度圆的周长 $pz = \pi d$，从而可得分度圆的直径为

$$d = \frac{pz}{\pi} \tag{7-6}$$

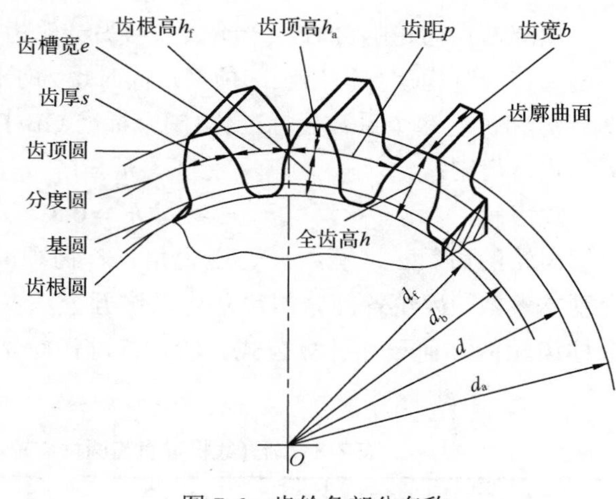


图 7-6　齿轮各部分名称

为了计算和测量方便，希望分度圆直径为有理数，为此取 $p$ 为 $\pi$ 的有理倍数，即 $p = m\pi$，$m$ 称为模数。于是齿轮的分度圆直径又可写为

$$d = mz \tag{7-7}$$

模数 $m$ 的单位是 mm，它是齿轮尺寸计算中的一个基本参数。齿轮所有的几何尺寸都用模数的倍数来表示，所以齿数相同的齿轮，其模数越大，齿轮的尺寸也越大，其承载能力也就越高。图 7-7 表示相同齿数的齿轮，其尺寸随模数而变化的情况。

齿轮的模数已标准化，表 7-2 为国家标准中的标准模数系列。

由渐开线性质可知，同一渐开线齿廓上各点的压力角是不同的。通常所说的压力角是指分度圆上的压力角，并用 $\alpha$ 表示。分度圆压力角已标准化，我国规定的标准压力角 $\alpha = 20°$。由式(7-3)可知

$$\cos\alpha = \frac{r_b}{r} \tag{7-8}$$

综上所述，可对分度圆作出如下定义：分度圆是齿轮上具有标准模数和标准压力角的圆。

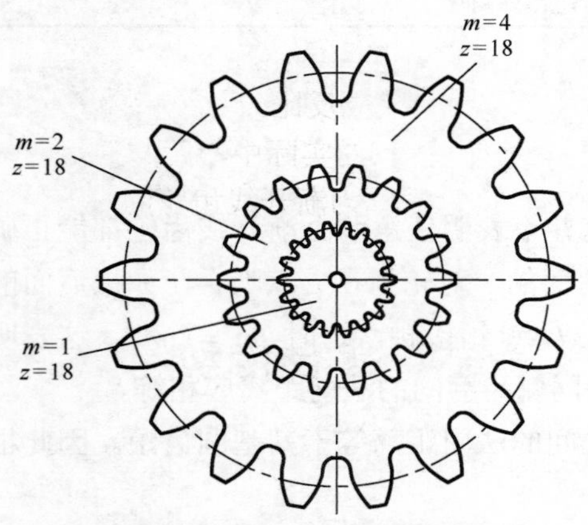


图 7-7　相同齿数、不同模数的齿轮

轮齿上介于分度圆与齿顶圆之间的部分称为齿顶，其径向高度称为齿顶高，用 $h_a$ 表示；介于分度圆与齿根圆之间的部分称为齿根，其径向高度称为齿根高，用 $h_f$ 表示；轮齿在齿顶圆与齿根圆之间的径向高度称为齿全高，用 $h$ 表示。齿顶高 $h_a$、齿根高 $h_f$ 和齿全高 $h$ 可分别表示为

$$\begin{cases} h_a = h_a^* m \\ h_f = (h_a^* + c^*)m \\ h = h_a + h_f = (2h_a^* + c^*)m \end{cases} \tag{7-9}$$

式中，$h_a^*$ 为齿顶高系数；$c^*$ 为顶隙系数。规定 $c = c^* m$，称 $c$ 为顶隙。

表 7-2　渐开线圆柱齿轮模数(GB/T 1357—2008)　　(单位：mm)

| 第一系列 | 1，1.25，1.5，2，2.5，3，4，5，6，8，10，12，16，20，25，32，40，50 |
|---|---|
| 第二系列 | 1.125，1.375，1.75，2.25，2.75，3.5，4.5，5.5，(6.5)，7，9，(11)，14，18，22，28，36，45 |

注：选用模数时，应优先采用第一系列，其次是第二系列，括号内的模数尽可能不用。

顶隙是指齿轮啮合时，一轮齿顶与另一轮齿槽底部之间的径向间隙。保留径向间隙是为了避免传动时齿顶与齿槽底部顶撞，同时也为了储存润滑油。

$h_a^*$ 和 $c^*$ 这两个系数已标准化(国家标准 GB/T 1356—2001)，其值为

正常齿制：　$h_a^*=1$，$c^*=0.25$

短齿制：　$h_a^*=0.8$，$c^*=0.3$

齿轮的齿数 $z$、模数 $m$、压力角 $\alpha$、齿顶高系数 $h_a^*$ 及顶隙系数 $c^*$ 是确定齿轮尺寸的五个基本参数，齿轮各部分的尺寸均以这五个基本参数来表示。表 7-3 列出了渐开线标准直齿圆柱齿轮的几何尺寸计算公式。所谓标准齿轮是指 $m$、$\alpha$、$h_a^*$ 和 $c^*$ 都为标准值，且 $s=e$ 的齿轮。

表 7-3　渐开线标准直齿圆柱齿轮(外啮合)的几何尺寸计算公式

| 名称 | 代号 | 计算公式 | 名称 | 代号 | 计算公式 |
|---|---|---|---|---|---|
| 模数 | $m$ | 由齿轮的承载能力确定，按表 7-2 选取标准值 | 基圆直径 | $d_b$ | $d_b=d\cos\alpha=mz\cos\alpha$ |
| 压力角 | $\alpha$ | 选取标准值 | 齿距 | $p$ | $p=\pi m$ |
| 分度圆直径 | $d$ | $d=mz$ | 基圆齿距 | $p_b$ | $p_b=\frac{\pi d_b}{z}=\pi m\cos\alpha=p\cos\alpha$ |
| 齿顶高 | $h_a$ | $h_a=h_a^*m$ | 分度圆齿厚 | $s$ | $s=\frac{1}{2}\pi m$ |
| 齿根高 | $h_f$ | $h_f=(h_a^*+c^*)m$ | 分度圆齿槽宽 | $e$ | $e=\frac{1}{2}\pi m$ |
| 齿全高 | $h$ | $h=h_a+h_f=(2h_a^*+c^*)m$ | 顶隙 | $c$ | $c=c^*m$ |
| 齿顶圆直径 | $d_a$ | $d_a=d+2h_a=(z+2h_a^*)m$ | 节圆直径 | $d'$ | 标准安装时，$d'=d$ |
| 齿根圆直径 | $d_f$ | $d_f=d-2h_f=(z-2h_a^*-2c^*)m$ | 标准中心距 | $a$ | $a=\frac{1}{2}(d_1+d_2)=\frac{m}{2}(z_1+z_2)$ |

## 7.5.2　一对渐开线齿轮的啮合传动

### 1. 正确啮合条件

虽然一对渐开线齿廓能实现定传动比传动，但这并不表明任意两个渐开线齿轮都能正确地啮合。图 7-8 为一对渐开线齿轮啮合的情形，设前面的一对轮齿在 $L$ 点啮合，如果后面的一对轮齿也处于啮合状态，就应在啮合线上的一点($M$ 点)相接触，这时 $l_1m_1=l_2m_2$，这表明欲使两渐开线齿轮正确啮合，两齿轮中任意相邻两齿同侧齿廓间的法向距离应相等。

由渐开线性质可知，齿轮中相邻两齿同侧齿廓之间的法向距离等于其基圆齿距。因此根据上面的分析，若两轮正确啮合，应有

$$p_{b1}=p_{b2}$$

由于 $p_{b1}=p_1\cos\alpha_1=\pi m_1\cos\alpha_1$，$p_{b2}=p_2\cos\alpha_2=\pi m_2\cos\alpha_2$，代入上式中有

$$m_1\cos\alpha_1=m_2\cos\alpha_2$$

式中，$m_1$、$\alpha_1$及$m_2$、$\alpha_2$分别为两齿轮的模数和压力角。因为模数和压力角都已标准化，所以要满足上式，应使

$$\begin{cases}m_1=m_2=m\\ \alpha_1=\alpha_2=\alpha\end{cases} \tag{7-10}$$

因此，渐开线齿轮的正确啮合条件为：两齿轮的模数和压力角必须分别相等。这样，两齿轮的传动比又可以表示为

$$i_{12}=\frac{\omega_1}{\omega_2}=\frac{d_2}{d_1}=\frac{mz_2}{mz_1}=\frac{z_2}{z_1} \tag{7-11}$$

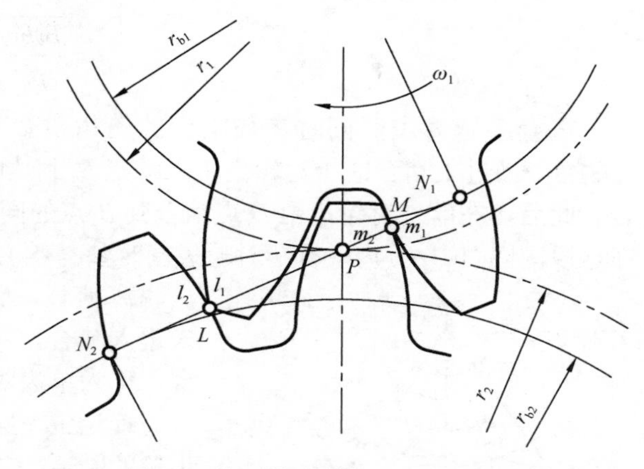


图 7-8 渐开线齿轮的正确啮合条件

**2. 连续传动条件**

一对齿轮啮合除了要满足正确啮合条件外，还应保证能实现连续传动。图 7-9 所示为满足正确啮合条件的一对渐开线直齿圆柱齿轮传动。轮齿啮合是由主动轮的齿根推动从动轮的齿顶开始，即一对轮齿在啮合线上接触的起始点为从动轮的齿顶圆与啮合线$\overline{N_1N_2}$的交点$B_2$，该点称为入啮点。随着啮合的进行，两齿廓的啮合点由$B_2$沿着啮合线向$N_2$方向移动，当移动到主动轮的齿顶圆与啮合线的交点$B_1$时，这对齿廓终止啮合，$B_1$点称为脱啮点。因此啮合线上的$\overline{B_1B_2}$线段是齿廓啮合点的实际轨迹，称为实际啮合线。由于基圆内没有渐开线，所以两轮齿顶圆与啮合线的交点不可能超过$N_1$和$N_2$，线段$\overline{N_1N_2}$是理论上最长的啮合线段，称为理论啮合线，点$N_1$、$N_2$称为极限啮合点。由上述的齿轮啮合过程可知，轮齿上只有从齿顶到齿根的一部分齿廓参加啮合，实际参加啮合的这部分齿廓称为齿廓工作段。

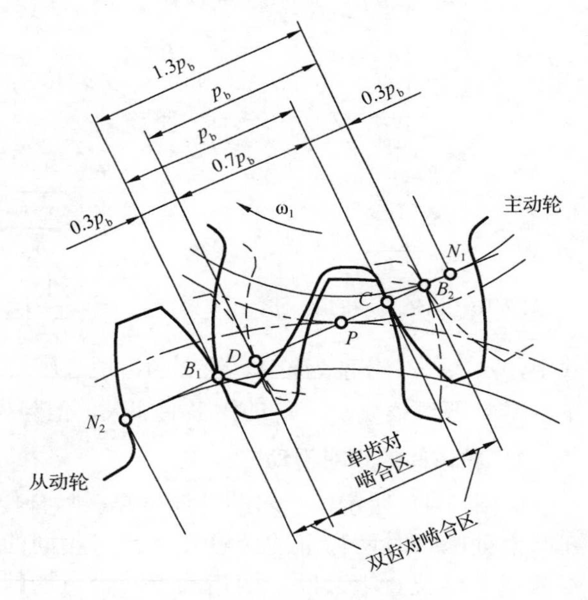


图 7-9 齿轮连续传动条件

7-9

图 7-9 表明，当前一对齿到达脱啮点时，后一对齿廓已从入啮点$B_2$啮合至$C$点，这显然是能够实现连续传动的，这时实际啮合线$\overline{B_1B_2}$的长度大于$\overline{B_1C}$，而$\overline{B_1C}$就是两轮的基圆齿距。因此，一对齿轮的连续传动条件可写为

$$\overline{B_1B_2}\geqslant p_b$$

实际啮合线长度与基圆齿距的比值称为重合度，一般用$\varepsilon$表示。上述连续传动条件可用重合度表示为

$$\varepsilon = \frac{\overline{B_1B_2}}{p_b} \geqslant 1 \tag{7-12}$$

重合度越大表明同时参与啮合的轮齿对数越多或多齿对啮合区间越长。图 7-9 中的 $\varepsilon = 1.3$，当进入啮合的一对轮齿由入啮点 $B_2$ 到达啮合点 $D$ 时，后一对轮齿开始从 $B_2$ 点进入啮合。此后，在前一对轮齿由 $D$ 点啮合到 $B_1$ 点的同时，后一对轮齿由 $B_2$ 点啮合到 $C$ 点。因此，在这段区间($0.3p_b$)内，有两对轮齿同时参与啮合，称为双齿对啮合区。但前一对轮齿在 $B_1$ 点脱离啮合，后一对轮齿尚未到达 $D$ 点时，第三对轮齿还未进入啮合，所以在 $CD$ 区间($0.7p_b$)内，只有一对齿在啮合，称为单齿对啮合区。

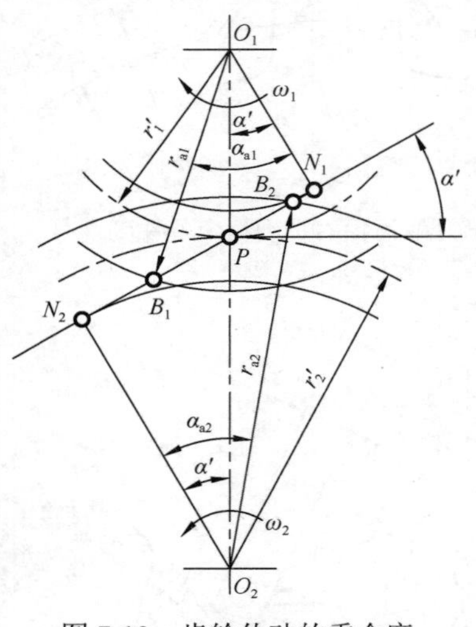


图 7-10 齿轮传动的重合度

理论上，只要 $\varepsilon = 1$ 就能保证齿轮的连续传动。但由于齿轮的制造、安装误差以及传动中轮齿的变形，都会给轮齿啮合造成误差，所以为了确保齿轮传动的连续性，应使 $\varepsilon > 1$。

齿轮传动的重合度越大，则其承载能力也越大，传动越平稳。

重合度的计算公式可由图 7-10 推得，为

$$\varepsilon = \frac{\overline{B_1B_2}}{p_b} = \frac{\overline{PB_1} + \overline{PB_2}}{\pi m \cos\alpha}$$

$$= \frac{1}{2\pi}[z_1(\tan\alpha_{a1} - \tan\alpha') + z_2(\tan\alpha_{a2} - \tan\alpha')] \tag{7-13}$$

式中，$\alpha_{a1}$、$\alpha_{a2}$ 分别为轮 1、轮 2 的齿顶圆压力角；$\alpha'$ 为节圆压力角。从式(7-13)可以看出，重合度 $\varepsilon$ 随着齿数 $z_1$、$z_2$ 的增多而加大，但与模数 $m$ 无关。

**3. 轮齿间的相对滑动**

如图 7-11 所示，一对渐开线齿廓在啮合传动时，只有在节点处啮合时两齿廓的接触点才具有相同的速度，而在啮合线其他位置啮合时，两齿廓上啮合点的速度是不相同的，因此齿廓间存在相对滑动。相对滑动速度在节点前后方向相反，并且大小也随啮合位置不同而变化，越靠近齿根或齿顶部分，相对滑动速度越大。所以，在齿轮传动设计中，应设法使实际啮合线远离极限啮合点，并对齿轮进行良好的润滑。

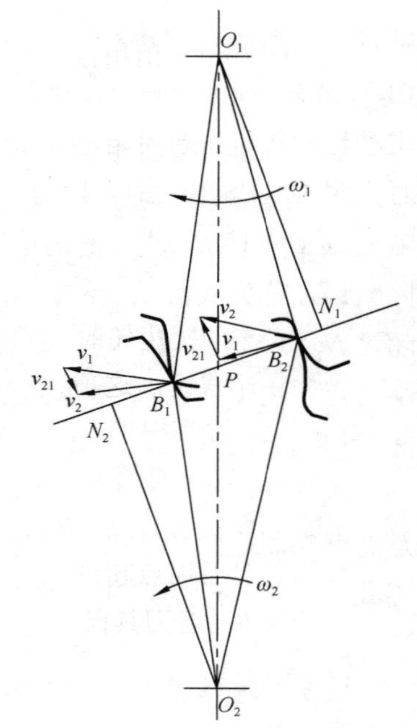


图 7-11 轮齿间的相对滑动

**4. 齿轮传动的标准中心距**

齿轮传动的标准中心距为

$$a = r_1 + r_2 = \frac{m}{2}(z_1 + z_2) \tag{7-14}$$

即两轮的标准中心距 $a$ 等于两轮分度圆的半径之和。

由前面可知，一对齿轮啮合时两轮的节圆总是相切的，即两轮的中心距总是等于两轮节圆的半径之和。因此当一

对标准齿轮按标准中心距安装时，两轮的分度圆也相切，即两轮的节圆与各自的分度圆相重合。

# 7.6　渐开线齿轮的加工方法及变位齿轮的概念

## 7.6.1　渐开线齿轮的加工方法

齿轮的加工方法很多，通常有铸造法、热轧法、冲压法和切削法等，常用的为切削法。切削法有仿形法和展成法两类，本节仅介绍展成法。

展成法也称范成法或包络法，是目前齿轮加工中最常用的一种方法。它是利用一对齿轮互相啮合时其共轭齿廓互为包络的原理，或者说用复演齿轮传动关系的方法来加工齿廓的。展成法加工齿轮时常用的刀具有齿轮插刀、齿条插刀、滚刀等。

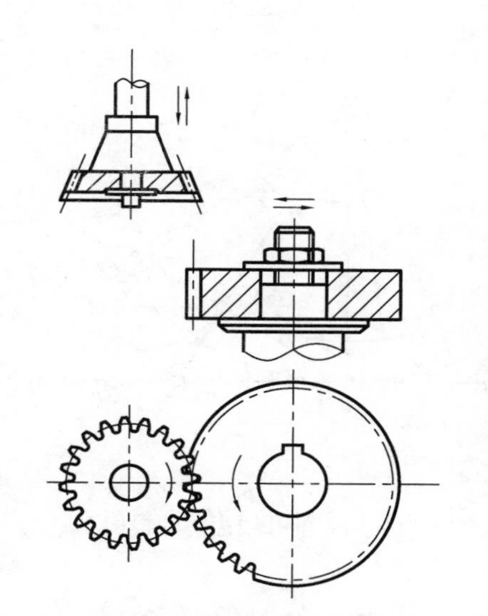

图 7-12　用齿轮插刀加工齿轮

7-12

图 7-12 和图 7-13 分别表示了用齿轮插刀加工齿轮和用滚刀加工齿轮的情形。加工过程包括展成运动、切削运动、进给运动及让刀运动。展成运动是齿轮插刀与轮坯相当于一对齿轮的啮合运动；切削运动是刀具沿轮坯轴向运动以切出齿槽；进给运动是将刀具逐步向轮坯径向推进，以便切出轮齿高度；让刀运动是当刀具完成切削运动退刀时，为避免刀刃擦伤工件而让轮坯沿径向稍稍让开，当刀具再次切削时又恢复原位。

滚刀的轴向截面相当于一个齿条(图 7-13)，利用滚刀加工齿轮能实现连续切削，有利于提高生产率。

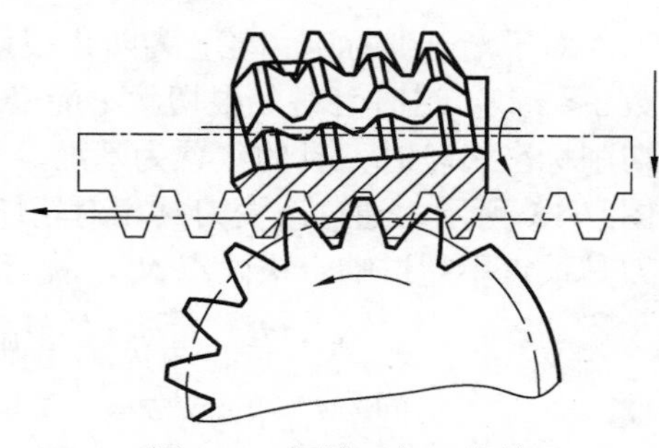

图 7-13　用滚刀加工齿轮

7-13

## 7.6.2　渐开线齿廓的根切现象

用展成法加工齿轮时，如果刀具齿顶线超过极限啮合点 $N_1$，则超过 $N_1$ 的刀刃部分将包络出一条长幅外摆线，这条摆线与已形成的渐开线相交，并将渐开线齿廓中接近基圆的一段切去，这种现象称为根切。图 7-14(a)表示被根切的齿廓，其中 $RS$ 段是渐开线，$SQ$ 段是过渡曲线，虚线段 $ST$ 是被切去的渐开线齿廓。齿廓 $ST$ 之所以被切去，是因为齿条刀具上斜直线的顶点超过了极限啮合点。发生根切现象的原因可由图 7-14(b)来加以证明。

刀具上刀刃顶点超过极限啮合点 $N_1$ 时，由于后一对齿廓的推动，刀具节线 $t$-$t$ 继续与轮坯节圆做纯滚动。若刀具自图示粗实线位置(通过点 $N_1$)继续移动距离 $N'M'$，则轮坯必滚过相等的弧长 $\overset{\frown}{RS}$，即

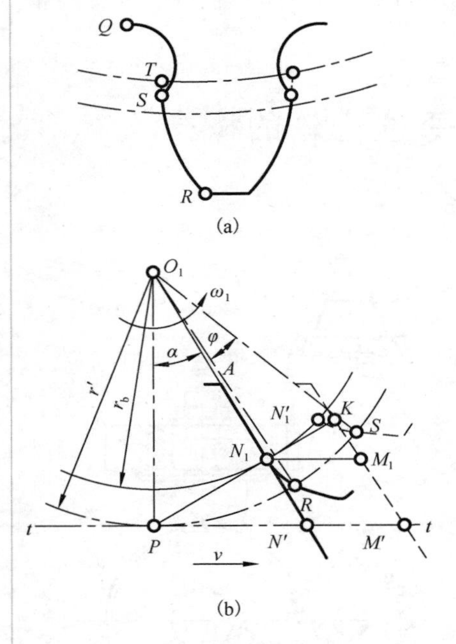


图 7-14　渐开线齿廓的根切

$$N'M' = \overset{\frown}{RS}$$

基圆部分相应滚过 $\overset{\frown}{N_1N_1'}$，且

$$\overset{\frown}{N_1N_1'} = r_b \cdot \varphi = r' \cdot \varphi \cdot \cos\alpha = RS\cos\alpha$$

齿条刀具图示两位置(粗实线位置与虚线位置)的法向距离 $N_1K$ 为

$$N_1K = N_1M_1\cos\alpha = N'M'\cos\alpha = \overset{\frown}{RS}\cos\alpha = \overset{\frown}{N_1N_1'}$$

由此可见，$N_1N_1'$ 小于 $N_1K$，从而说明 $N_1'$ 点必落在刀刃线的左侧，这就说明了在加工齿轮过程中，当刀具顶点超过啮合极限点时，刀刃顶点部分必切入已形成的渐开线齿廓，从而产生根切。

根切会使轮齿根部变薄，削弱其弯曲强度，而且可能使齿轮啮合时的重合度变小，因此应设法避免根切。标准齿轮不发生根切的条件可以归结为

$$z \geqslant \frac{2h_a^*}{\sin^2\alpha} = z_{\min} \tag{7-15}$$

$z_{\min}$ 为切制标准齿轮时不产生根切的最少齿数。当 $h_a^* = 1$、$\alpha = 20°$ 时，$z_{\min} = 17$。

### 7.6.3　变位齿轮的概念

对于渐开线标准齿轮，为防止根切，齿轮齿数不得少于 $z_{\min}$。但在许多场合，要求齿轮齿数 $z < z_{\min}$，这时为避免根切就不能采用标准齿轮而必须改用变位齿轮。所谓变位齿轮就是以切削标准齿轮时刀具的位置为基准，将刀具沿齿轮径向移动一段距离后切削出来的齿轮。如图 7-15 所示，通过改变刀具相对轮坯的位置，即从图示双点画线位置向下移动距离 $xm$，使刀具顶点不超过啮合极限点 $N_1$，就可避免根切。不根切的位移量 $xm$ 为

$$xm \geqslant h_a^*m - N_1M_1$$

而

$$N_1M_1 = r\sin^2\alpha = \frac{mz}{2}\sin^2\alpha$$

故

$$x \geqslant h_a^* - \frac{z\sin^2\alpha}{2}$$

把式(7-15)代入上式，可得

$$x \geqslant \frac{h_a^*(z_{\min} - z)}{z_{\min}} = x_{\min} \tag{7-16}$$

式中，$x$ 表示刀具相对轮坯径向移动量的一个系数，称为变位系数。当刀具远离轮坯时，变位系数 $x$ 为正值，否则 $x$ 为负值，对应的变位分别称为正变位和负变位。$x_{\min}$ 为不产生根切的最小变位系数，对于齿数少于最小齿数的齿轮，为避免根切，应使它的变位系数大于等于最小变位系数。

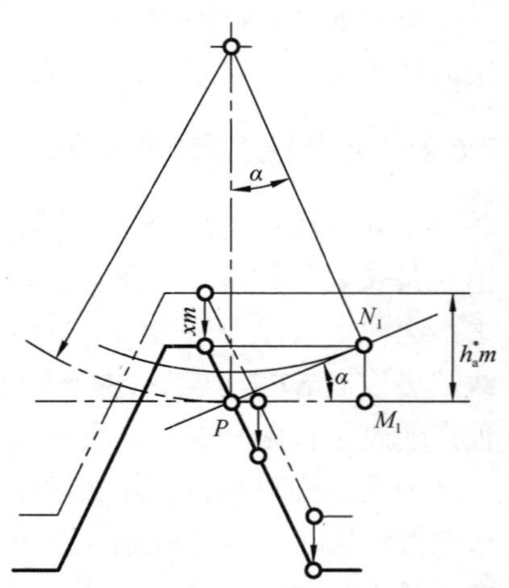


图 7-15　齿轮的变位

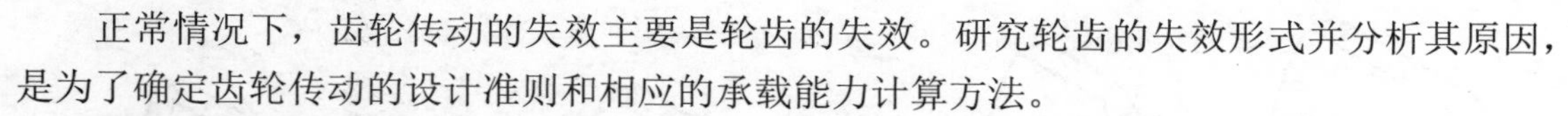

# 7.7 齿轮传动的失效形式、设计准则及常用材料

实物图

## 7.7.1 齿轮传动的失效形式

正常情况下，齿轮传动的失效主要是轮齿的失效。研究轮齿的失效形式并分析其原因，是为了确定齿轮传动的设计准则和相应的承载能力计算方法。

齿轮传动的失效与其工作条件和使用条件有关。就工作条件来讲，齿轮传动有闭式传动和开式传动两类。闭式传动的齿轮封闭在箱体内，能保证良好的润滑，重要的齿轮传动一般采用闭式传动；开式传动的齿轮外露在空气中，灰尘、沙粒等杂质容易落入，润滑不良，通常用于手动、低速等不重要的齿轮传动中。就使用条件来讲，有高速、低速、重载、轻载之分。齿轮的材料也有不同，因此，齿轮的失效也具有多种形式，本节仅介绍常见的轮齿折断、齿面点蚀、齿面胶合、齿面磨损、齿面塑性流动等失效形式。

**1. 轮齿折断**

轮齿折断是指齿轮一个或多个齿的整体或局部断裂。折断一般发生在轮齿的根部，有疲劳折断和过载折断之分。

轮齿进入啮合后就开始受力，齿根圆角处如同悬臂梁一样产生最大的弯曲应力并会产生应力集中。轮齿脱啮后，弯曲应力随之消失。因此，齿轮工作时，每个齿的根部均受到变动的弯曲应力作用。当弯曲应力超过材料的疲劳极限时，齿根就会产生疲劳裂纹，裂纹不断扩展，最后导致轮齿折断。这种折断称为疲劳折断。

用铸铁、整体淬火钢等脆性材料制造的齿轮，若工作时受到很大的冲击或严重过载，其轮齿可能发生突然折断。这种折断称为过载折断。

宽度较小的直齿圆柱齿轮，一般是在齿根部发生全齿折断，如图 7-16(a)所示。斜齿圆柱齿轮、人字齿轮因其接触线是倾斜的，其折断往往是局部折断。对于宽度较大的直齿圆柱齿轮，当其载荷沿齿向分布不均匀时，也会发生局部折断，如图 7-16(b)所示。

轮齿折断是齿轮传动中一种十分危险的失效形式，应尽可能避免这种失效形式的发生。为提高轮齿的抗折断能力，可采取的措施有：增大齿根圆角半径以减少应力集中对疲劳强度的影响；在齿根处采用喷丸处理等强化措施；采用适当的材料和热处理方法使轮齿芯部变韧、表面变硬，从而提高轮齿的抗折断能力。

**2. 齿面点蚀**

点蚀是齿面由于小片金属剥落而产生麻点状损伤，从而使齿轮传动失效的一种现象(图 7-17)。

轮齿进入啮合时，齿面接触处产生近似脉动变化的接触应力 $\sigma_H$，在接触应力超过轮齿材料的接触疲劳极限应力的地方，将在轮齿表层下产生疲劳裂纹，并随时间不断扩展形成点蚀。点蚀一般出现在节线附近靠近齿根部分的表面上。

在开式齿轮传动中，由于齿面磨损较快，所以很少发现点蚀。提高齿面硬度、降低齿面粗糙度、采用黏度较高的润滑油以减少裂纹中润滑油的侵入，均可提高齿面的抗点蚀能力。

**3. 齿面胶合**

胶合是指相啮合的两齿面，在高压下直接接触发生黏着，同时随着两齿面的切向相对滑动，使金属从齿面上撕落而形成的一种比较严重的黏着磨损现象(图 7-18)。

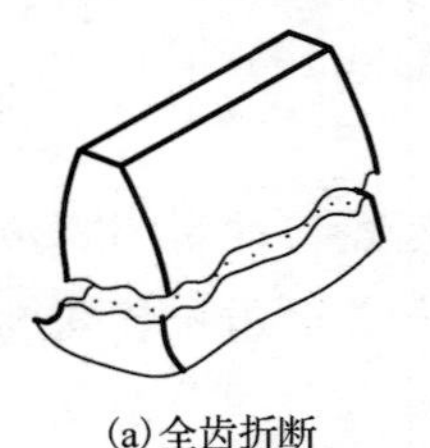

(a)全齿折断　(b)局部折断

图 7-16　轮齿折断

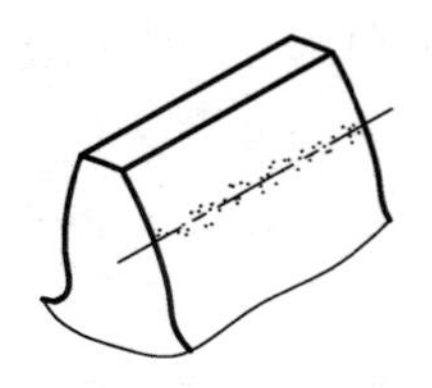

图 7-17　齿面点蚀

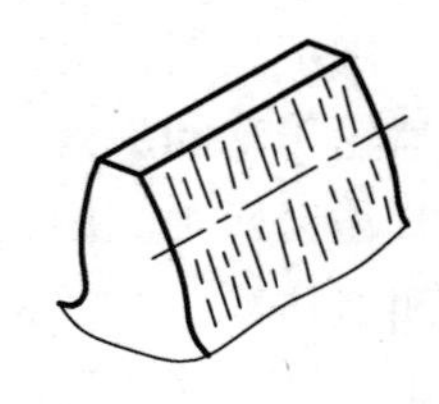

图 7-18　齿面胶合

胶合通常发生在高速、重载的齿轮传动中。由于重载和很大的齿面相对滑动速度，在接触处产生局部瞬时高温导致油膜破裂，两相互接触的轮齿表面由于高温熔焊而产生热胶合。对于重载、低速的齿轮传动，由于啮合处局部压力很高，且齿面相对滑动速度低，也会导致两金属表面间油膜破裂而黏着，从而引起胶合破坏。

合理地搭配齿轮材料，采用适当的热处理方法提高齿面硬度，低速、重载时采用黏度大的润滑油，高速、重载时选用掺有抗胶合添加剂的润滑油，降低齿面加工粗糙度，采用变位齿轮降低齿顶相对滑动速度等方法，均可提高齿面的抗胶合能力。

**4. 齿面磨损**

在开式齿轮传动中，灰尘、沙粒或其他硬屑进入啮合齿面间，在轮齿的相互滚辗作用下，使齿面产生磨损；当表面粗糙的硬齿与较软的轮齿相啮合时，较软的轮齿表面也会产生磨损(图 7-19)。过度磨损后，轮齿变薄，达到一定程度后就会因为承受不了较大的载荷而折断。

图 7-19　齿面磨损

减轻或防止齿面磨损最有效的方法就是采用闭式传动，另外还可同时通过提高齿面硬度、降低表面粗糙度、保持润滑油的清洁并定期更换来防止或减轻齿面磨损。

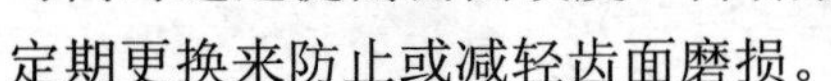

**5. 齿面塑性流动**

对重载、低速的齿轮传动，如果轮齿表面硬度较低，则齿面材料在很大的摩擦力作用下，可能出现沿摩擦力方向的滑移，形成主动轮齿面在节线附近凹下、从动轮齿面在节线附近凸起的现象，这种现象称为齿面塑性流动(图 7-20)。

提高齿面硬度、选用黏度较大的润滑油，可以减轻或防止齿面的塑性流动。

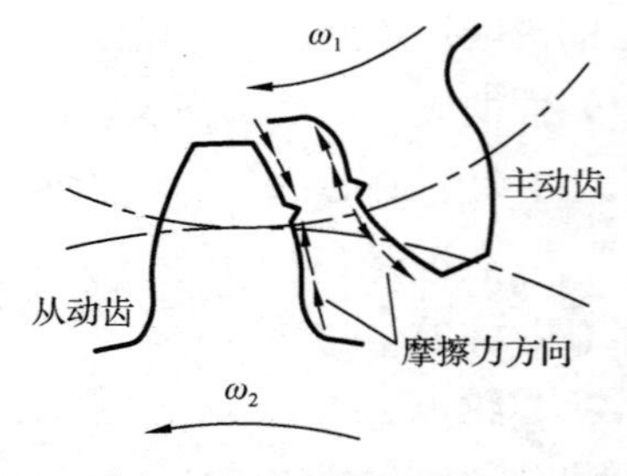


图 7-20　齿面塑性流动

## 7.7.2　设计准则

齿轮传动设计计算准则由失效形式确定。从理论上讲，对每种失效形式都应该有相应的设计计算准则，但由于对失效机理认识、研究的局限性，对一些失效形式(如齿面磨损、齿面塑性流动等)迄今尚无法建立相应的设计计算准则。目前主要的齿轮传动设计计算准则有轮齿弯曲疲劳强度计算准则、齿面接触疲劳强度计算准则和抗胶合能力计算准则，其中轮齿弯曲疲劳强度设计计算准则和齿面接触疲劳强度设计计算准则比较成熟，并在工程实际中广为应用，是设计齿轮传动时的主要设计计算准则。

### 7.7.3 齿轮常用材料

对齿轮材料的基本要求是：齿面硬、齿芯韧、良好的加工性能和经济性。适用于制造齿轮的材料很多，其中最常用的是锻钢，其次是铸钢和铸铁，轻载并要求低噪声时，也可采用非金属材料。

**1. 锻钢**

锻钢是齿轮传动中应用最广的材料。为了提高齿面抗点蚀、抗胶合、抗磨损的能力，一般要进行热处理来提高齿面硬度。按热处理后齿面的硬度不同，可分为软齿面和硬齿面两大类。

(1) 软齿面，齿面硬度≤350HBS。软齿面齿轮的材料通常为45、40Cr、40MnB、42SiMn等中碳钢或中碳合金钢，热处理方式为正火或调质。其工艺过程是先对齿轮毛坯进行热处理，然后进行切齿(滚齿、插齿、铣齿)。由于在啮合过程中，小齿轮轮齿的啮合次数比大齿轮多，所以为防止胶合，并使大、小齿轮寿命相近，应使小齿轮齿面硬度比大齿轮齿面硬度高出25～50HBS。

(2) 硬齿面，齿面硬度>350HBS。由于热处理后齿面硬度很高，这类齿轮的工艺过程是先切齿(粗切，留有磨削余量)，然后进行表面热处理使齿面达到高硬度，最后用磨齿、研齿等方法精加工轮齿。加工精度一般在6级以上。

硬齿面齿轮常用的材料有中碳钢、中碳合金钢及低碳合金钢。热处理方法主要有表面淬火、表面渗碳渗氮等。

硬齿面齿轮的接触强度比软齿面齿轮大为提高，因此可以减小齿轮传动的尺寸。随着齿轮加工设备及工艺的发展，目前大都采用硬齿面齿轮。

**2. 铸钢**

直径较大(顶圆直径 $d_a \geqslant 500$ mm)不易锻造的齿轮毛坯，常用铸钢制造。常用的牌号有ZG270-500、ZG310-570、ZG340-640等。铸钢齿轮毛坯应进行正火处理以消除残余应力和硬度不均匀现象。

**3. 铸铁**

铸铁易铸成形状复杂的齿轮毛坯，容易加工，成本低，但抗弯强度及抗冲击能力较差，常用于制造受力较小、无冲击载荷和大尺寸的低速齿轮(圆周速度小于6m/s)。常用的牌号有HT200、HT350，球墨铸铁QT500-7、QT600-3等。球墨铸铁的力学性能和抗冲击性能优于灰铸铁。

**4. 非金属材料**

非金属材料(如夹布胶木、尼龙)常用于高速、小功率、精度不高或要求噪声低的齿轮传动中。其优点是重量轻、韧性好、噪声小、不生锈、便于维护，缺点是强度低、导热性差、不适于高温环境下工作。由于非金属材料的导热性差，与其配对的齿轮应采用金属材料，以利于散热。

齿轮常用材料及其热处理后的力学性能见表 7-4。

表 7-4 齿轮常用材料及其热处理后的力学性能

| 材料牌号 | 热处理方法 | 强度极限 $\sigma_b$ /MPa | 屈服极限 $\sigma_s$ /MPa | 硬度 | |
|---|---|---|---|---|---|
| | | | | HBS | HRC(表面淬火) |
| 45 | 正火 | 588 | 294 | 169～217 | 40～50 |
| | 调质 | 647 | 373 | 229～286 | |
| 35SiMn，42SiMn | 调质 | 785 | 510 | 229～286 | 45～55 |
| 40MnB | 调质 | 735 | 490 | 241～286 | 45～55 |
| 38SiMnMo | 调质 | 735 | 588 | 229～286 | 45～55 |
| 40Cr | 调质 | 735 | 539 | 241～286 | 48～55 |
| 20Cr | 渗碳淬火 | 637 | 392 | — | 56～62 |
| 20CrMnTi | 渗碳淬火 | 1079 | 834 | — | 56～62 |
| ZG310-570 | 正火 | 570 | 310 | 163～197 | — |
| ZG340-640 | 正火 | 640 | 340 | 197～207 | — |
| HT300 | — | 290 | — | 182～273 | — |
| HT350 | — | 340 | — | 197～298 | — |
| QT500-7 | 正火 | 500 | 320 | 170～230 | — |
| QT600-3 | 正火 | 600 | 370 | 190～270 | — |
| 夹布胶木 | — | 100 | — | 25～35 | — |

## 7.8 齿轮传动的计算载荷

在对齿轮进行受力分析时，通常按理想状态计算作用到轮齿上的载荷，这种载荷称为名义载荷，用 $F_n$ 表示。为了使齿轮传动的承载能力计算尽量接近实际情况，工程上一般用一系列系数对名义载荷进行修正。修正后的载荷称为计算载荷，用 $F_{ca}$ 表示，计算公式如下：

$$F_{ca} = K_A K_V K_\beta K_\alpha F_n = KF_n \tag{7-17}$$

式中，$K_A$ 为使用系数；$K_V$ 为动载系数；$K_\beta$ 为齿向载荷分布系数；$K_\alpha$ 为齿间载荷分配系数；$K$ 为载荷系数，$K = K_A K_V K_\beta K_\alpha$。

**1. 使用系数 $K_A$**

使用系数 $K_A$ 用来考虑由原动机和工作机的工作特性引起的过载、振动和冲击对轮齿受载的影响。其值可按表 7-5 选择。

表 7-5　使用系数 $K_A$

| 载荷状态 | 工作机器 | 原动机 | | | |
|---|---|---|---|---|---|
| | | 电动机、均匀运转的蒸汽机、燃气轮机 | 蒸汽机、燃气轮机、液压装置 | 多缸内燃机 | 单缸内燃机 |
| 均匀平稳 | 发电机、均匀传送的带式输送机或板式输送机、螺旋输送机、轻型升降机、包装机、机床进给机构、通风机、均匀密度材料搅拌机等 | 1.00 | 1.10 | 1.25 | 1.50 |
| 轻微振动 | 不均匀传送的带式输送机或板式输送机、机床的主传动机构、重型升降机、工业与矿用风机、重型离心机、变密度材料搅拌机等 | 1.25 | 1.35 | 1.50 | 1.75 |
| 中等振动 | 橡胶挤压机、橡胶和塑料做间断工作的搅拌机、轻型球磨机、木工机械、钢坯初轧机、提升装置、单缸活塞泵等 | 1.50 | 1.60 | 1.75 | 2.00 |
| 严重冲击 | 挖掘机、重型球磨机、橡胶糅合机、破碎机、重型给水泵、旋转式钻探装置、压砖机、带材冷轧机、压坯机 | 1.75 | 1.85 | 2.00 | 2.25 或更大 |

注：表中所列 $K_A$ 值仅适用于减速传动；若为增速传动，$K_A$ 值约为表值的 1.1 倍。当外部机械与齿轮装置间有挠性连接时，通常 $K_A$ 值可适当减小。

## 2. 动载系数 $K_V$

动载系数 $K_V$ 用来考虑齿轮啮合过程中，因啮合误差(齿形误差、基节误差及轮齿受力后的变形)而引起的内部附加动载荷对轮齿受载的影响。动载系数 $K_V$ 可由图 7-21 查取。

提高齿轮的加工精度可减小内部附加动载荷，因此在设计齿轮传动时，要规定齿轮的加工精度。齿轮精度由高到低共分 12 个等级，常用 6～8 级精度。齿轮工作时的圆周速度越高，齿轮的加工精度也要相应地提高。齿轮的加工精度可根据齿轮工作时节圆的圆周速度按表 7-6 来选择。

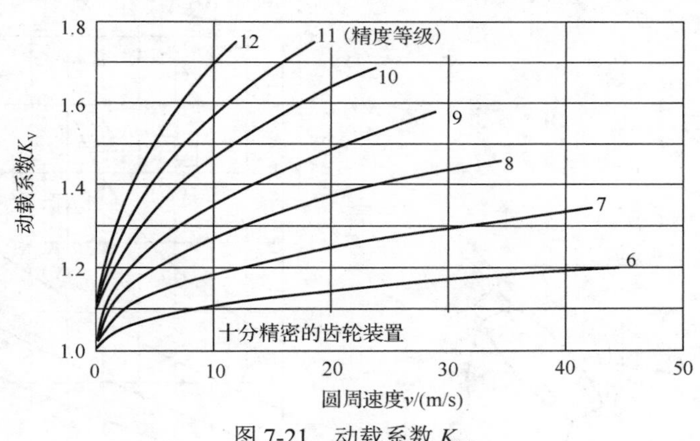


图 7-21　动载系数 $K_V$

表 7-6　齿轮传动精度等级的选择

| 传动形式 | 轮齿形式 | 齿面硬度/HBS | 精度等级 | | | | |
|---|---|---|---|---|---|---|---|
| | | | 6 | 7 | 8 | 9 | 10 |
| | | | 最大圆周速度 $v$/(m/s) | | | | |
| 圆柱齿轮 | 直齿 | ≤350 | ≤18 | ≤12 | ≤6 | ≤4 | ≤1 |
| | | >350 | ≤15 | ≤10 | ≤5 | ≤3 | ≤1 |
| | 斜齿 | ≤350 | ≤36 | ≤25 | ≤12 | ≤8 | ≤2 |
| | | >350 | ≤30 | ≤20 | ≤9 | ≤6 | ≤1.5 |
| 圆锥齿轮 | 直齿 | ≤350 | ≤10 | ≤7 | ≤4 | ≤3 | ≤0.8 |
| | | >350 | ≤9 | ≤6 | ≤3 | ≤2.5 | ≤0.8 |
| | 曲齿 | ≤350 | ≤24 | ≤16 | ≤9 | ≤6 | ≤1.5 |
| | | >350 | ≤19 | ≤13 | ≤7 | ≤5 | ≤1.5 |

齿轮安装后经过良好的跑合，可以使附加动载荷在一定程度上有所降低。此外，对于高速齿轮传动，可以对轮齿进行适当的修缘，以减少附加动载荷。

**3. 齿向载荷分布系数 $K_\beta$**

齿向载荷分布系数 $K_\beta$ 是用来考虑载荷沿齿宽方向分布不均匀的系数。齿轮和支承它的轴、轴承均为弹性体，受力后会产生变形，加上制造、安装的误差，使载荷沿齿向不可能均匀分布。图 7-22 表示了轴受载后产生弯曲变形，从而导致齿向载荷分布不均的结果。为了尽量减小齿向载荷分布的不均匀性，除了注意提高齿轮传动的加工、安装精度，适当增大轴和轴承的刚度外，还可以采用在良好润滑条件下跑合，合理配置支承，增大轴、轴承和支座的刚度，避免齿轮悬臂布置，适当限制齿轮宽度等措施。

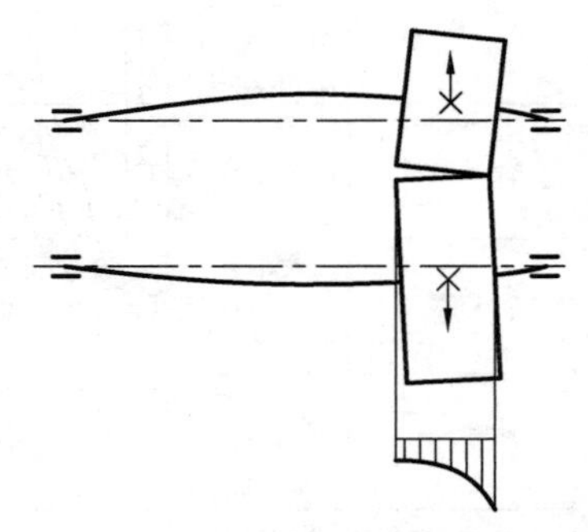

图 7-22 轮齿所受的载荷分布不均

将轮齿沿齿向制成腰鼓形（图 7-23），也可以减小载荷分布的不均匀性。

载荷沿齿向分布不均的影响因素很多，要准确计算 $K_\beta$ 值是很复杂的。在简化计算时可按图 7-24 选取。

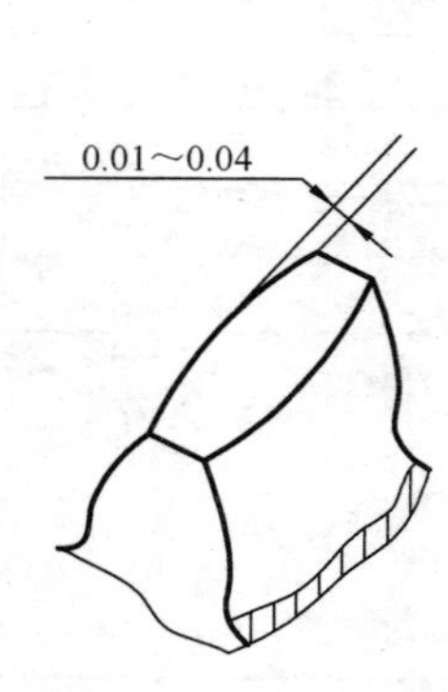


图 7-23 腰鼓形轮齿

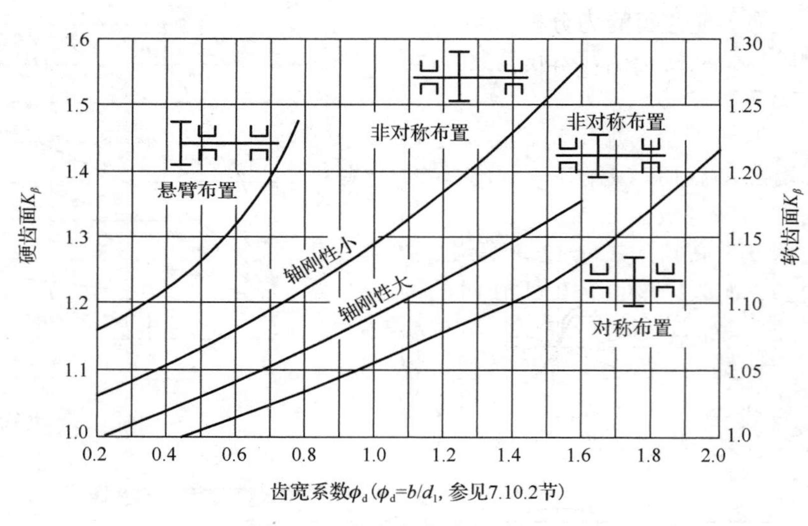


图 7-24 齿向载荷分布系数 $K_\beta$

**4. 齿间载荷分配系数 $K_\alpha$**

齿间载荷分配系数 $K_\alpha$ 是用来考虑同时参与啮合的各对轮齿间载荷分配不均匀的系数。由于齿轮传动的重合度一般均大于 1，所以啮合过程中往往是单齿对啮合和多齿对啮合交替进行。由于齿轮制造误差及轮齿弹性变形的影响，载荷不可能在同时啮合的各对齿之间均匀分配。为此，在计算载荷中要引入齿间载荷分配系数 $K_\alpha$。其值可按精度等级及重合度由图 7-25 查取。

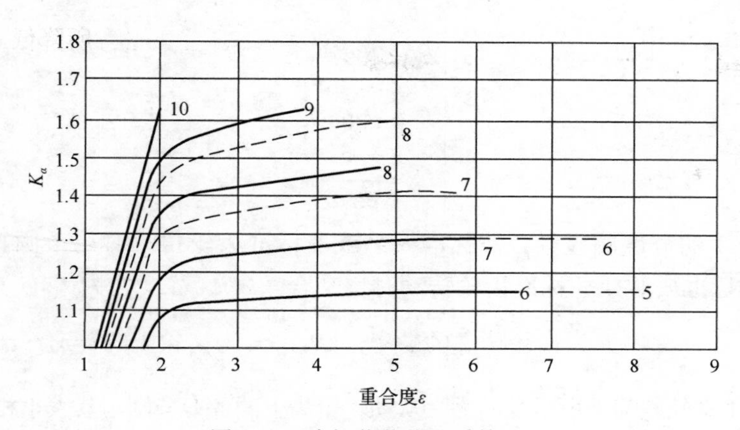


图 7-25 齿间载荷分配系数 $K_\alpha$

——代表调质钢；---代表渗碳淬火钢、渗氮钢

# 7.9 直齿圆柱齿轮的强度计算

## 7.9.1 直齿圆柱齿轮的受力分析

对齿轮进行受力分析时，通常忽略齿面间的摩擦力，并认为法向载荷 $F_n$ 是沿齿宽接触线均匀分布的。为简化分析，常用作用在齿宽中点处的集中力来代替，如图 7-26(a)所示。

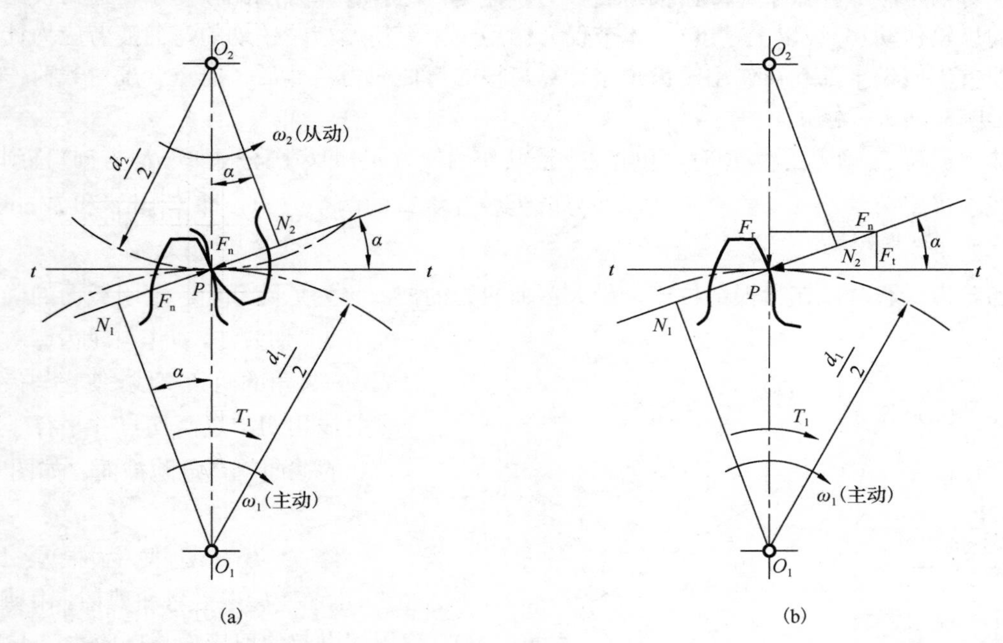


图 7-26 直齿圆柱齿轮传动的受力分析

一对齿廓啮合时，法向载荷 $F_n$ 总是沿着啮合线方向，将其沿啮合线移到节点处，并分解为相互垂直的两个力，即圆周力 $F_t$ 和径向力 $F_r$。由图 7-26(b)可知：

$$\begin{cases} F_t = 2000\dfrac{T_1}{d_1} \\ F_r = F_t \tan\alpha \\ F_n = \dfrac{F_t}{\cos\alpha} \end{cases} \tag{7-18}$$

式中，$d_1$为齿轮1的分度圆直径，非标准安装或非标准齿轮传动时用节圆直径代替，mm；$\alpha$为压力角，非标准安装或非标准齿轮传动时用啮合角$\alpha'$代替；$T_1$为齿轮 1 传递的转矩，$T_1 = 9550\dfrac{P}{n_1}$，N·m，其中$P$为齿轮传递的功率，kW，$n_1$为齿轮1的转速，r/min。

式(7-18)是主动轮轮齿上所承受的力，从动轮轮齿上的各力分别与其大小相等，方向相反。

### 7.9.2 直齿圆柱齿轮传动的应力计算

**1. 直齿圆柱齿轮轮齿弯曲疲劳应力计算**

由于齿轮轮缘刚度较大，故可将轮齿视为宽度为齿宽的悬臂梁。这样，齿根所受的弯矩最大，齿根处的弯曲疲劳强度最弱。

齿轮啮合过程中存在着单齿对啮合和双齿对啮合的情况。当轮齿在齿顶处啮合时，虽然弯矩的力臂大，但因处于双齿对啮合区，力并不是最大，因此弯矩也不是最大。根据分析，齿根所受的最大弯矩发生在轮齿啮合点位于单齿对啮合区上界点时，因此，应当按载荷作用在单齿对啮合区上界点来计算齿根弯曲应力。但是，这种计算方法比较复杂，通常仅用于高精度的齿轮传动(6 级以上精度)，本节仅介绍用于中等精度齿轮传动的弯曲疲劳应力计算方法，即首先假设全部载荷作用于齿顶来计算齿根的弯曲应力，然后考虑重合度对载荷作用位置的影响对其进行修正。

法向载荷$F_n$作用于齿顶时，可将$F_n$沿其作用线方向(即齿廓公法线$\overline{NN}$方向)移到轮齿对称线与齿廓公法线$\overline{NN}$的交点处，并分解为相互垂直的两个分力，即$F_n\sin\delta$和$F_n\cos\delta$，如图 7-27 所示。

当轮齿受载时，在齿根部位产生最大弯曲应力的截面称为危险截面。危险截面的确定可采用 30°切线法，即作与轮齿廓对称线成 30°夹角的两条直线，使它与齿根过渡曲线相切，过两切点并平行于齿轮轴线的截面就是危险截面，如图 7-27 所示。

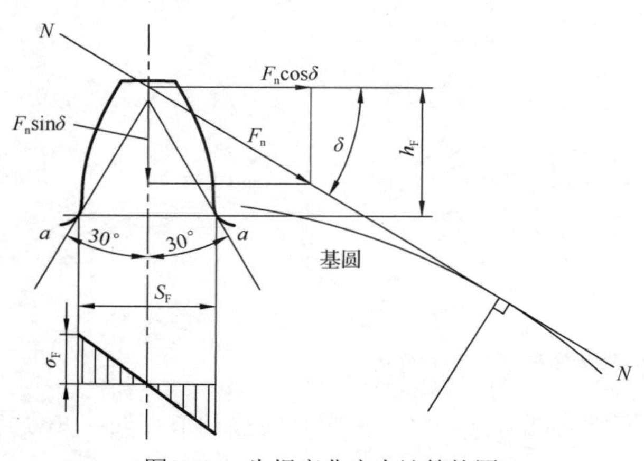

图 7-27 齿根弯曲应力计算简图

分力$F_n\sin\delta$使齿根受压，$F_n\cos\delta$使齿根受弯和剪切。由剪切和压缩引起的剪应力与压应力，与弯曲应力相比要小得多，所以通常只计算由$F_n\cos\delta$在齿根危险截面处产生的弯曲应力。

根据图 7-27 所示的轮齿悬臂梁模型，由材料力学可得危险截面的名义弯曲应力为

$$\sigma_{\mathrm{Fo}}=\frac{M}{W}=\frac{\dfrac{2000T_1}{d_1}\cdot\dfrac{h_{\mathrm{F}}\cos\delta}{\cos\alpha}}{\dfrac{bS_{\mathrm{F}}^2}{6}}=\frac{2000T_1\cdot 6h_{\mathrm{F}}\cdot\cos\delta}{d_1bS_{\mathrm{F}}^2\cdot\cos\alpha}\quad,\ \mathrm{MPa} \tag{7-19}$$

因 $h_{\mathrm{F}}$ 和 $S_{\mathrm{F}}$ 均与模数 $m$ 成正比，令式(7-19)中 $h_{\mathrm{F}}=c_{\mathrm{h}}\cdot m$，$S_{\mathrm{F}}=c_{\mathrm{s}}\cdot m$（$c_{\mathrm{h}}$ 和 $c_{\mathrm{s}}$ 均为比例常数），则

$$\sigma_{\mathrm{Fo}}=\frac{2000T_1}{d_1bm}\cdot\frac{6c_{\mathrm{h}}\cos\delta}{c_{\mathrm{s}}^2\cos\alpha}=\frac{2000T_1}{d_1bm}\cdot Y_{\mathrm{Fa}}\quad,\ \mathrm{MPa} \tag{7-20}$$

式中

$$Y_{\mathrm{Fa}}=\frac{6c_{\mathrm{h}}\cos\delta}{c_{\mathrm{s}}^2\cos\alpha} \tag{7-21}$$

$Y_{\mathrm{Fa}}$ 称为齿形系数，它只取决于齿形(与齿数和变位系数有关)，而与模数无关。对符合基本齿廓的渐开线圆柱齿轮，其齿形系数可由图 7-28 按齿数和变位系数查取。

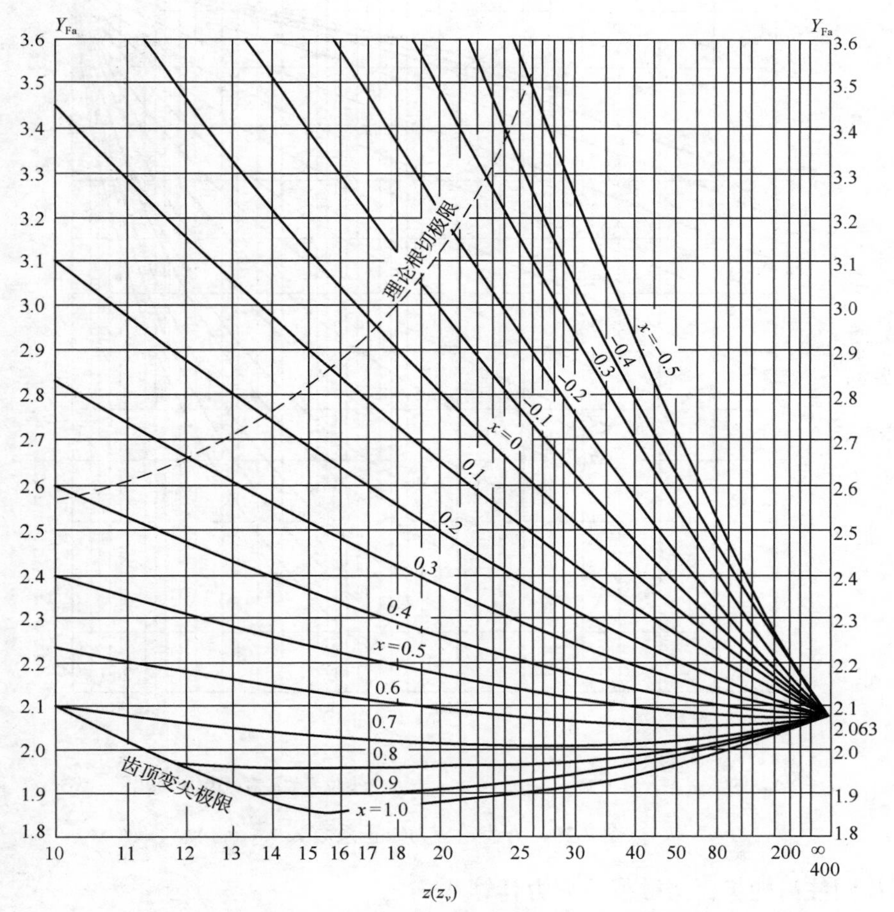


$\alpha_{\mathrm{n}}=20^\circ$、$h_{\mathrm{an}}=m_{\mathrm{n}}$、$c_{\mathrm{n}}=0.25m_{\mathrm{n}}$、$\rho_{\mathrm{f}}=0.38m_{\mathrm{n}}$；$x$ 为变位系数；对内齿轮，取 $Y_{\mathrm{Fa}}=2.053$

图 7-28　外齿轮齿形系数 $Y_{\mathrm{Fa}}$

为使齿根弯曲应力计算结果更加符合实际，应将前面计算的名义弯曲应力 $\sigma_{Fo}$ 乘以载荷系数 $K$ 、应力修正系数 $Y_{Sa}$ 及重合度系数 $Y_{\varepsilon}$ 进行修正。因此得到齿根弯曲疲劳应力的计算公式为

$$\sigma_{F}=\frac{2000KT_1}{d_1bm}\cdot Y_{Fa}Y_{Sa}Y_{\varepsilon}\quad ,\ \text{MPa} \tag{7-22}$$

式中，$b$ 为齿宽，mm；$Y_{Sa}$ 为应力修正系数，用以计入齿根圆角应力集中效应以及弯曲应力以外的其他应力对齿根应力的影响，按图 7-29 确定；$Y_{\varepsilon}$ 为重合度系数，用以计入齿轮重合度 $\varepsilon$ 对轮齿弯曲应力的影响，可近似用式(7-23)计算，即

$$Y_{\varepsilon}=0.25+\frac{0.75}{\varepsilon} \tag{7-23}$$

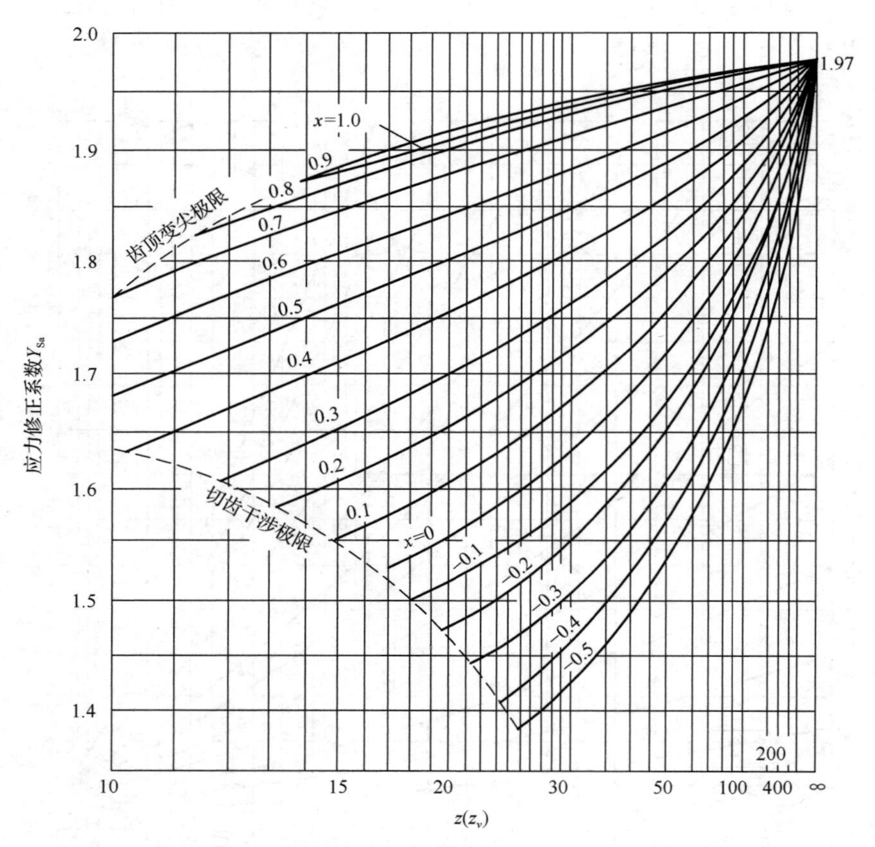


$\alpha_n=20^\circ$，$h_{an}=m_n$，$c_n=0.25m_n$，$\rho_f=0.38m_n$；$x$ 为变位系数；对内齿轮，取 $Y_{Sa}=2.65$

图 7-29　外齿轮应力修正系数 $Y_{Sa}$

**2. 直齿圆柱齿轮齿面接触疲劳应力计算**

齿面接触疲劳应力计算依据赫兹公式(3-2)来进行。

在齿轮啮合过程中，啮合点沿啮合线移动，在每一啮合位置均可把两个轮齿的接触近似看作两个圆柱体的接触。如图 7-30 所示，这两个圆柱体的半径 $\rho_1$、$\rho_2$ 分别等于两齿廓在啮合点处的曲率半径。

由于轮齿在啮合过程中，啮合处的齿廓曲率半径随着啮合位置的变化而变化，所以对应圆柱体的曲率半径 $\rho_1$、$\rho_2$ 及当量曲率半径 $\rho_v$ 也随之变化。图 7-30(b)表明了 $1/\rho_v$ 沿实际啮合线的变化情况。啮合过程中每对轮齿承担的载荷也是在变化的，在单齿对啮合区承担的载荷要比在双齿对啮合区大一些。综合考虑当量曲率半径及载荷的变化后，齿面接触应力沿实际啮合线的变化情况如图 7-30(c)所示。由图可见，在单齿对啮合区的界点 $C$ 处，接触应力最大。但由于在节点 $P$ 处啮合时的接触应力与 $C$ 点相差很小，同时点蚀也往往出现在节点附近，所以通常选择节点处来计算齿面的接触应力。

一对齿在节点啮合时，与之相当的两圆柱体的半径为

$$\rho_1 = \overline{N_1P} = \frac{d_1'}{2}\sin\alpha', \qquad \rho_2 = \overline{N_2P} = \frac{d_2'}{2}\sin\alpha'$$

$$\frac{1}{\rho_v} = \frac{1}{\rho_1} \pm \frac{1}{\rho_2} = \frac{2(d_2' \pm d_1')}{d_2'd_1'\sin\alpha'} = \frac{u \pm 1}{u}\cdot\frac{2}{d_1'\sin\alpha'} = \frac{u \pm 1}{u}\cdot\frac{2}{d_1\cos\alpha\cdot\tan\alpha'} \tag{7-24}$$

式中，$u$ 为齿数比，即大齿轮齿数与小齿轮的齿数之比，$u = z_2/z_1 = d_2'/d_1'$；$d_1'$、$d_2'$ 分别为两齿轮节圆直径；$d_1$、$d_2$ 分别为两齿轮分度圆直径；$\alpha'$ 为啮合角；$\alpha$ 为压力角。

轮齿啮合时，与之相当的两圆柱体的接触线长度 $L$ 与重合度 $\varepsilon$ 有关。当 $\varepsilon = 1$ 时，$L = b$（齿宽），随着 $\varepsilon$ 的增大，同时参与啮合的轮齿对数增多或多齿对啮合区增长，这相当于增加了接触线长度。为此引入重合度系数 $Z_\varepsilon$，以考虑重合度对接触线长度 $L$ 的影响，则 $L = b/Z_\varepsilon^2$。

根据以上分析，把相关参数代入赫兹公式(3-2)，可得齿面接触疲劳应力的计算公式为

$$\sigma_H = Z_E Z_H Z_\varepsilon\sqrt{\frac{KF_t}{bd_1}\cdot\frac{u \pm 1}{u}} = \frac{Z_E Z_H Z_\varepsilon}{a}\sqrt{\frac{500KT_1(u \pm 1)^3}{bu}}\text{，MPa} \tag{7-25}$$

式中，$Z_E$ 为弹性系数，$Z_E = \sqrt{\dfrac{1}{\pi\left(\dfrac{1-\mu_1^2}{E_1} + \dfrac{1-\mu_2^2}{E_2}\right)}}$，按齿轮材料由表 7-7 查取；$Z_H$ 为节点区域系数，$Z_H = \dfrac{1}{\cos\alpha}\sqrt{\dfrac{2}{\tan\alpha'}}$，可按图 7-31 查取；$Z_\varepsilon$ 为重合度系数，可根据式(7-26)计算，即

$$Z_\varepsilon = \sqrt{\frac{4-\varepsilon}{3}} \tag{7-26}$$

对相互啮合的大、小齿轮，虽然其齿根的弯曲应力不同，但在两齿面上产生的接触应力是相同的，即 $\sigma_{H1} = \sigma_{H2}$。

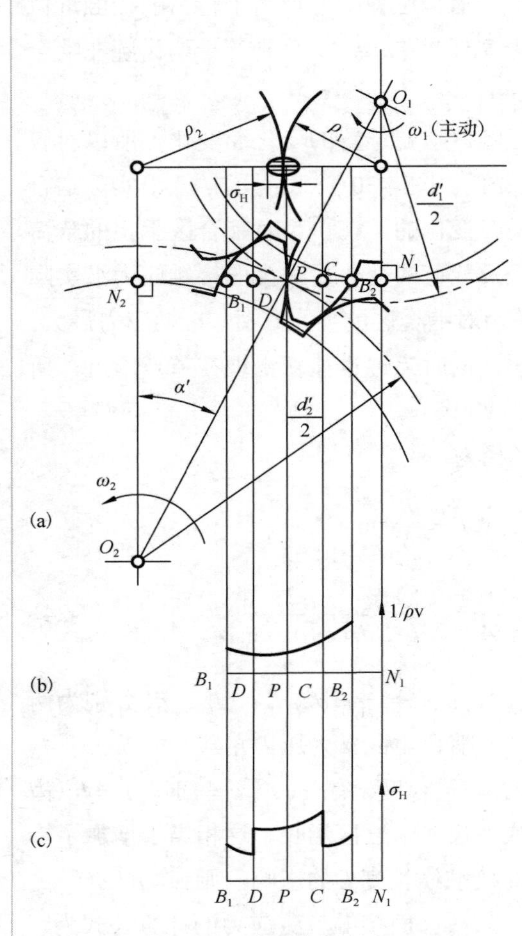


图 7-30 齿面接触应力

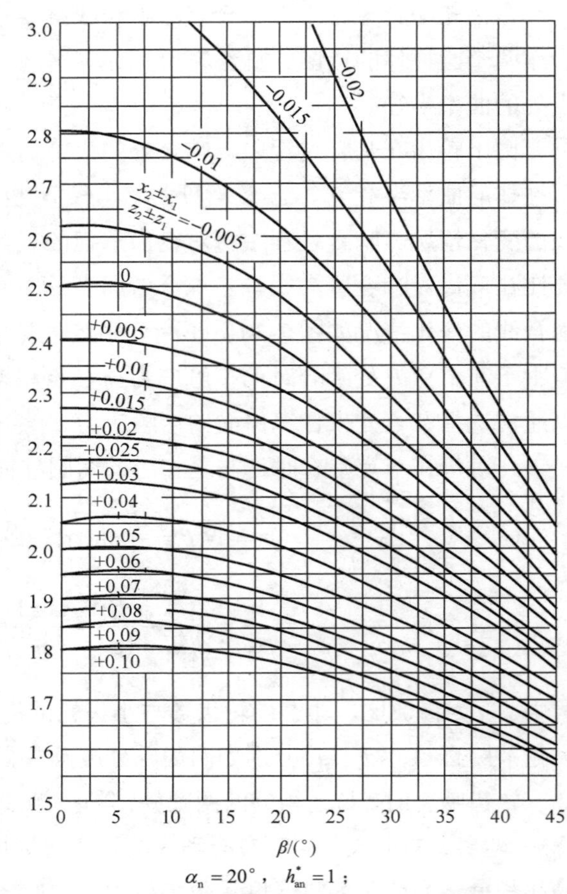


$\alpha_n = 20°$，$h_{an}^* = 1$；

$x_1$、$x_2$ 为变位系数，负号用于内啮合；$\beta$ 为螺旋角

图 7-31 节点区域系数 $Z_H$

表 7-7 弹性系数 $Z_E$ （单位：$\sqrt{\text{MPa}}$）

| 小齿轮材料 \ E / MPa | | 大齿轮材料 | | | | |
|---|---|---|---|---|---|---|
| | | 灰铸铁 | 球墨铸铁 | 铸钢 | 钢 | 夹布胶木 |
| | | $11.8\times10^4$ | $17.3\times10^4$ | $20.2\times10^4$ | $20.6\times10^4$ | $0.875\times10^4$ |
| 钢 | $20.6\times10^4$ | 162.0 | 181.4 | 188.9 | 189.8 | 56.4 |
| 铸钢 | $20.2\times10^4$ | 161.4 | 180.5 | 188.0 | — | — |
| 球墨铸铁 | $17.3\times10^4$ | 156.6 | 173.9 | — | — | — |
| 灰铸铁 | $11.8\times10^4$ | 143.7 | — | — | — | — |

注：表中数值除夹布胶木外，均按泊松比 $\mu_1 = \mu_2 = 0.3$ 计算而得（夹布胶木 $\mu = 0.5$）。

# 7.10　直齿圆柱齿轮传动的设计

## 7.10.1　材料选择及许用应力

设计齿轮传动时，应根据齿轮各种常用材料的特点并综合考虑据所设计齿轮传动的工作条件、使用条件、齿轮的制造工艺性及经济性，合理选择齿轮的材料及相应的热处理工艺。

齿轮的许用应力是根据试验齿轮的弯曲疲劳极限应力和接触疲劳极限应力确定的，而试验齿轮的疲劳极限应力又是在一定的试验条件下获得的。考虑到所设计齿轮传动的工作条件与试验条件不同，需引入一系列系数加以修正以考虑各种因素对疲劳极限应力的影响。修正后，齿轮的许用弯曲疲劳应力$[\sigma_{\rm F}]$和许用接触疲劳应力$[\sigma_{\rm H}]$分别为

$$[\sigma_{\rm F}]=\frac{\sigma_{\rm Flim}Y_{\rm ST}}{S_{\rm Fmin}}Y_N \tag{7-27}$$

$$[\sigma_{\rm H}]=\frac{\sigma_{\rm Hlim}}{S_{\rm Hmin}}Z_N \tag{7-28}$$

式中，$\sigma_{\rm Flim}$、$\sigma_{\rm Hlim}$ 分别为试验齿轮的弯曲疲劳极限应力和接触疲劳极限应力(失效概率为1%)，MPa（$\sigma_{\rm Flim}$可查图 7-32，$\sigma_{\rm Hlim}$可查图 7-33，图中的曲线 *ML*、*MQ* 和 *ME* 分别表示当齿轮材料品质和热处理质量达到最低要求、中等要求和很高要求时的疲劳极限应力取值线，通常按 *MQ* 线选取$\sigma_{\rm Flim}$、$\sigma_{\rm Hlim}$的值，若齿面硬度超出图中荐用范围，可按外插法取相应的值。另外，图 7-32 中的$\sigma_{\rm Flim}$为脉动循环应力下得到的弯曲疲劳极限应力，如果轮齿受双向弯曲应力的作用，应将图中查得的$\sigma_{\rm Flim}$值乘以 0.7)；$S_{\rm Fmin}$、$S_{\rm Hmin}$分别为弯曲疲劳强度和接触疲劳强度的最小安全系数，最小安全系数应根据对齿轮可靠性的要求来决定，见表 7-8；$Y_{\rm ST}$为试验齿轮的应力修正系数，$Y_{\rm ST}=2.0$；$Y_N$、$Z_N$分别为弯曲疲劳强度和接触疲劳强度计算的寿命系数，$Y_N$按应力循环次数 $N$ 由图 7-34 查取，$Z_N$按应力循环次数 $N$ 由图 7-35 查取。

设 $n$ 为齿轮的转速(r/min)；$\gamma$ 为齿轮每转一圈时，同一齿面啮合的次数；$L_{\rm h}$ 为齿轮的工作寿命(h)，则齿轮的工作应力循环次数 $N$ 按下式计算：

$$N=60n\gamma L_{\rm h}$$

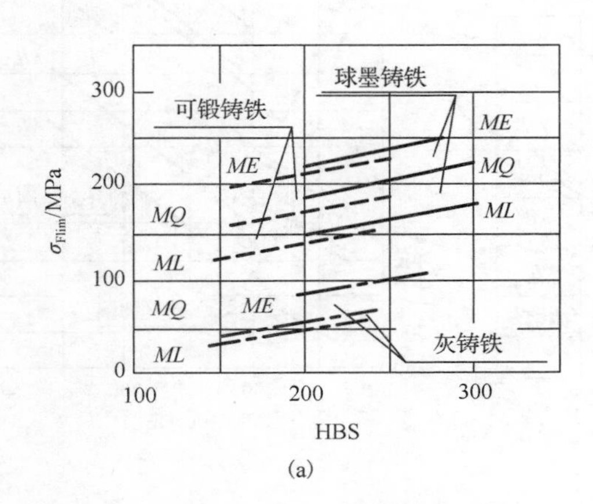


(a)

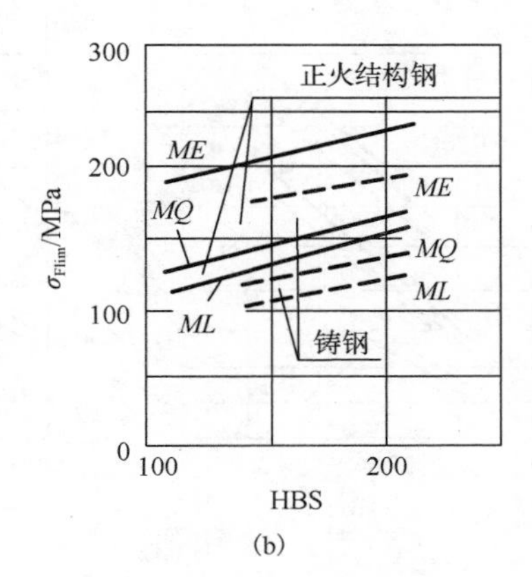


(b)

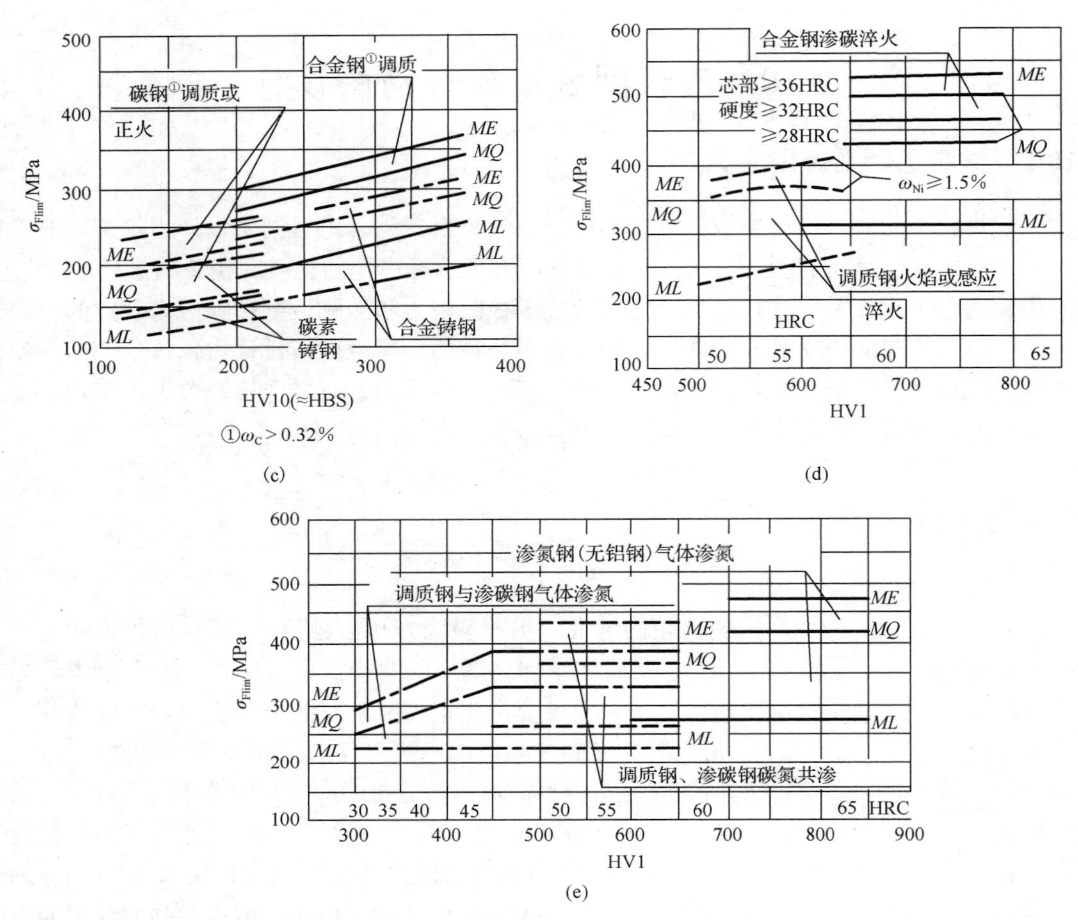


图 7-32 试验齿轮的弯曲疲劳极限应力 $\sigma_{F\lim}$

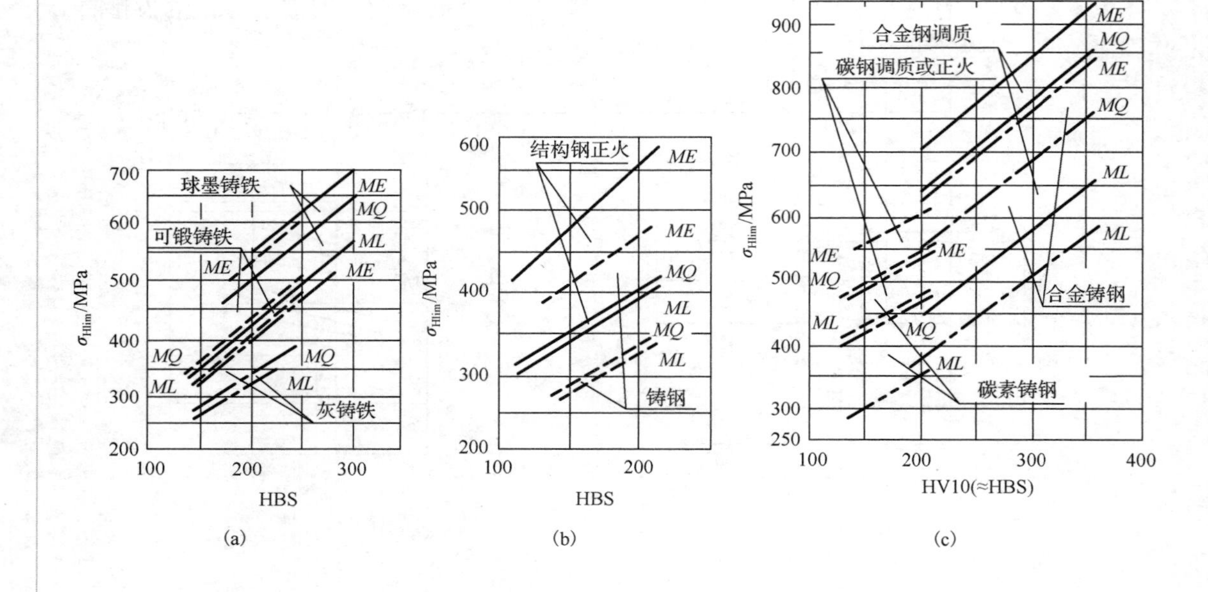

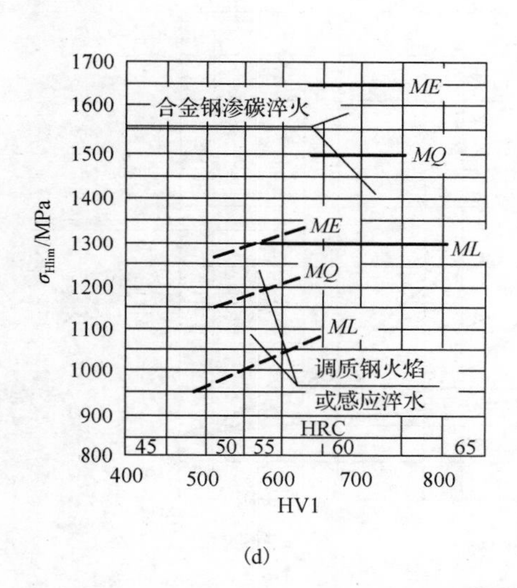

(d)

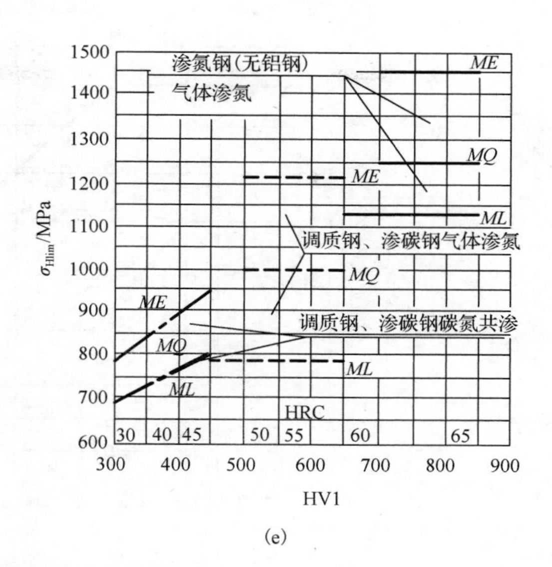

(e)

图 7-33　试验齿轮的接触疲劳极限应力$\sigma_{Hlim}$

**表 7-8　最小安全系数 $S_{H\min}$ 、 $S_{F\min}$**

| 使用要求 | 失效概率 | $S_{H\min}$ | $S_{F\min}$ | 说明 |
|---|---|---|---|---|
| 高可靠度 | ≤1/10000 | 1.5～1.6 | 2 | (1) 一般齿轮传动不推荐采用低可靠度设计；<br>(2) 当取 $S_{H\min}=0.85$ 时，齿面可能在出现点蚀前先产生齿面塑性变形 |
| 较高可靠度 | ≤1/1000 | 1.25～1.3 | 1.6 | |
| 一般可靠度 | ≤1/100 | 1.0～1.1 | 1.25 | |
| 低可靠度 | ≤1/10 | 0.85 | 1 | |

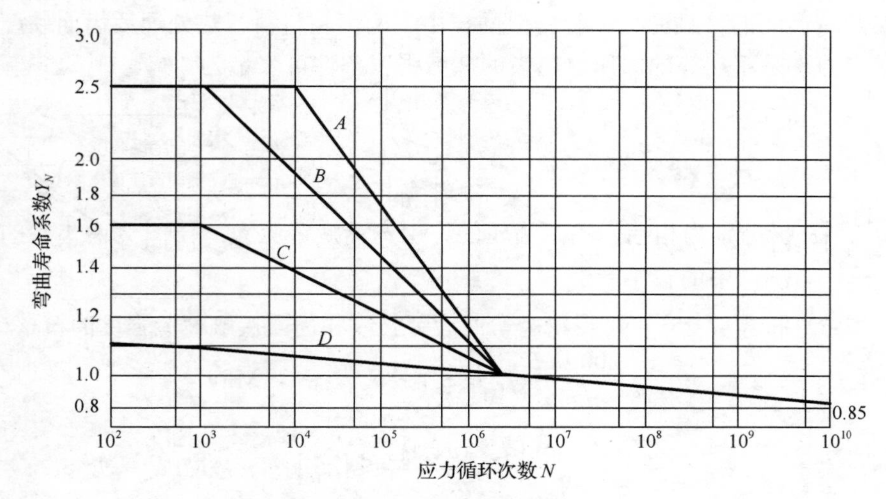

图 7-34　弯曲寿命系数 $Y_N$

*A*-调质钢，球墨铸铁(珠光体、贝氏体)，珠光体可锻铸铁；*B*-渗碳淬火的渗碳钢，火焰或感应淬火的钢和球墨铸铁；*C*-渗氮处理的渗氮钢、调质钢、渗碳钢，球墨铸铁(铁素体)，结构钢，灰铸铁；*D*-氮碳共渗的调质钢、渗碳钢

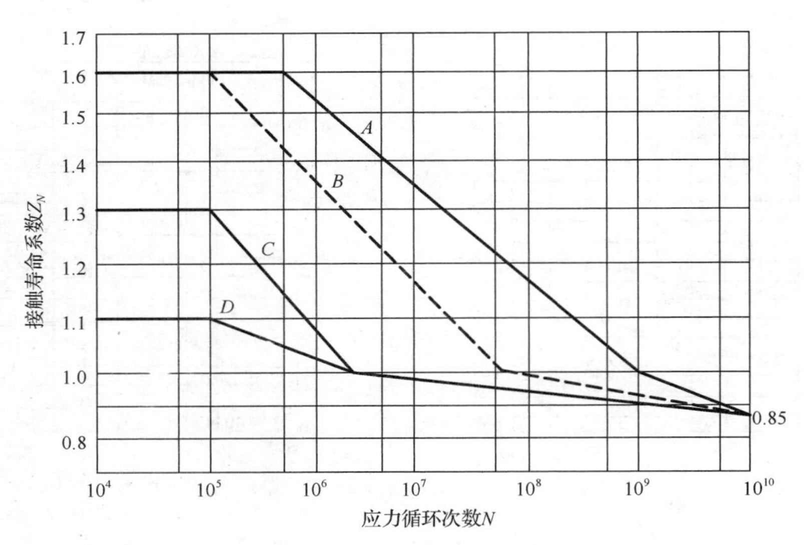


图 7-35　接触寿命系数 $Z_N$

A-允许一定点蚀时的结构钢、调质钢、球墨铸铁(珠光体、贝氏体)、珠光体可锻铸铁、渗碳淬火的渗碳钢、火焰或感应淬火的钢和球墨铸铁；B-结构钢，调质钢，球墨铸铁(珠光体、贝氏体)，珠光体可锻铸铁，渗碳淬火的渗碳钢，火焰或感应淬火的钢和球墨铸铁；C-灰铸铁，球墨铸铁(铁素体)，渗氮处理的渗氮钢、调质钢、渗碳钢；D-氮碳共渗的调质钢、渗碳钢

## 7.10.2　齿轮传动的强度设计

### 1. 强度设计及校核公式

由前面分析可知，一对相互啮合的齿轮，其轮齿所承受的弯曲疲劳应力大小不同，并且由于两齿轮的材料、热处理后的齿面硬度一般也不一样，因此其许用弯曲疲劳应力也不相等。另外，虽然两轮齿面的接触应力相等，但同样由于两齿轮材料、热处理后齿面硬度的原因，其许用接触应力也是不相等的。所以轮齿的疲劳强度条件可表示为

$$\sigma_{F1} \leqslant [\sigma_{F1}] \tag{7-29}$$

$$\sigma_{F2} \leqslant [\sigma_{F2}] \tag{7-30}$$

$$\sigma_{H} \leqslant [\sigma_{H}] \tag{7-31}$$

式中，$[\sigma_{F1}]$、$[\sigma_{F2}]$分别为相啮合的两齿轮的许用弯曲疲劳应力；$[\sigma_H]$为两齿轮的许用接触疲劳应力$[\sigma_{H1}]$、$[\sigma_{H2}]$中的较小者。

代入式(7-22)和式(7-25)，可得轮齿弯曲疲劳强度和齿面接触疲劳强度的校核公式，即

$$\sigma_F = \frac{2000KT_1}{d_1 bm} Y_{Fa} Y_{Sa} Y_{\varepsilon} \leqslant [\sigma_F] \quad ,\text{MPa} \tag{7-32}$$

$$\sigma_H = \frac{Z_E Z_H Z_{\varepsilon}}{a} \sqrt{\frac{500KT_1(u \pm 1)^3}{bu}} \leqslant [\sigma_H] \quad ,\text{MPa} \tag{7-33}$$

引入齿宽系数$\phi_d$和$\phi_a$，其中$\phi_d = b/d_1$，$\phi_a = b/a$。将$b = d_1\phi_d$及$d_1 = mz_1$代入式(7-32)、$b = a\phi_a$代入式(7-33)，分别整理后可得到相应的设计公式为

$$m \geqslant \sqrt[3]{\frac{2000KT_1Y_{\varepsilon}}{\phi_d z_1^2}\left(\frac{Y_{Fa} \cdot Y_{Sa}}{[\sigma_F]}\right)} \tag{7-34}$$

$$a \geqslant (u \pm 1)\sqrt[3]{\frac{500KT_1}{\phi_a u}\left(\frac{Z_E Z_H Z_\varepsilon}{[\sigma_H]}\right)^2} \tag{7-35}$$

在应用式(7-34)、式(7-35)时应注意以下几点。

(1)式中($Y_{Fa} \cdot Y_{Sa}/[\sigma_F]$)应以两齿轮中的较大者代入。

(2)齿宽系数$\phi_d$、$\phi_a$及小齿轮齿数$z_1$由设计者选定，具体方法后面将做介绍。

(3)由设计公式求得模数后须按国家标准取成标准值。对于动力传动齿轮，模数不小于1.5～2mm。

对于软齿面闭式齿轮传动，其齿面接触强度较低，因此在设计时，应先按齿面接触疲劳强度进行设计，确定中心距后，再选择齿数和模数，最后校核轮齿的弯曲疲劳强度。

对于硬齿面闭式齿轮传动，其齿面硬度比较高，通常先按轮齿的弯曲疲劳强度进行设计，然后校核齿面接触疲劳强度。

开式齿轮传动的主要失效形式是轮齿磨损后使齿厚减薄，最后导致轮齿折断。由于目前对磨损尚无成熟的计算方法，一般仍按弯曲疲劳强度进行设计计算。考虑到磨损对齿厚的影响，计算时将许用弯曲疲劳应力$[\sigma_F]$降低25%～50%。

**2. 齿轮参数的选择**

通过轮齿弯曲疲劳强度和齿面接触疲劳强度的设计公式(式(7-34)和式(7-35))确定齿轮模数和中心距时，需要事先选定齿数、齿宽系数、齿数比等参数。下面讨论如何合理选择这些参数。

**1)齿数的选择**

在分度圆直径一定的条件下，增加齿数则模数减小。齿数多则重合度大，提高了传动的平稳性；模数减小，可减小齿高，从而减少齿轮加工时的金属切削量，并能降低齿面间的相对滑动速度，进而减少磨损，提高抗胶合能力。所以对于软齿面闭式齿轮传动，在满足轮齿弯曲疲劳强度的条件下，可适当增加齿数，通常取$z_1 = 20～40$。对于硬齿面闭式齿轮传动和开式齿轮传动，为保证齿根有足够的弯曲疲劳强度，应适当减少齿数，使齿轮有较大的模数，一般取$z_1 = 17～20$。此外，小齿轮齿数应大于避免根切的最少齿数。

**2)齿宽系数的选择**

在齿面接触疲劳强度设计公式(7-35)中，引入了齿宽系数$\phi_a$，在轮齿弯曲疲劳强度设计公式(7-34)中，引入了齿宽系数$\phi_d$。$\phi_a$与$\phi_d$之间的关系为

$$\frac{\phi_a}{\phi_d} = \frac{\dfrac{b}{a}}{\dfrac{b}{d_1}} = \frac{d_1}{a} = \frac{2}{u+1} \tag{7-36}$$

式中，$u$为齿数比。

如果齿宽系数取得较大，承载能力可以提高，但是齿宽大，会增大载荷沿齿宽分布的不均匀性，对轮齿强度不利；如果齿宽系数取得小，则会有相反的利弊。设计时应根据齿轮传动的具体工作条件及要求，参照表7-9选取齿宽系数。

表 7-9 齿宽系数 $\phi_d$

| 齿轮相对于轴承的位置 | 软齿面(大齿轮或大、小齿轮硬度≤350HBS) | 硬齿面(大、小齿轮硬度>350HBS) |
|---|---|---|
| 对称布置 | 0.8～1.4 | 0.4～0.9 |
| 非对称布置 | 0.6～1.2 | 0.3～0.6 |
| 悬臂布置 | 0.3～0.4 | 0.2～0.5 |

为了便于安装和补偿轴向尺寸的误差，小齿轮宽度通常比大齿轮宽度大 5～10mm。

**3) 齿数比 $u$ 的选择**

一对齿轮的齿数比不宜过大，否则传动装置的结构尺寸过大，且两齿轮的工作负担差别也过大。对于一般直齿圆柱齿轮传动，可取 $u \leqslant 5 \sim 8$。齿数比超过 8 时，宜采用二级或多级传动。

### 7.10.3 齿轮的结构设计

上述参数确定以后，结合齿轮强度设计的结果就可得到齿轮分度圆直径和齿宽等尺寸。根据这些尺寸并结合齿轮的材料和制造工艺，应对齿轮结构进行详细设计并确定出具体的结构尺寸，常用的齿轮结构及其尺寸参见 7.13 节。

**例 7-1** 设计某单级齿轮减速器中的直齿圆柱齿轮传动。已知：小齿轮(由电动机驱动)转速为970r/min，大齿轮转速为240r/min，工作时电动机的实际输出功率为9kW，工作寿命为 5 年(设每年工作 300 天)，单班制工作(每班 8h)。

**解** 如表 7-10 所示。

表 7-10 例 7-1 解表

| 设计项目 | 公式及说明 | 主要结果 |
|---|---|---|
| (1) 选取齿轮材料 | 参考表 7-4，一般用途减速器，无特殊要求 | 小齿轮 45 钢<br>大齿轮 45 钢 |
| (2) 选择热处理方法及齿面硬度 | 考虑生产批量小，为便于加工，采用软齿面，热处理方法及硬度选取参阅表 7-4 | 小齿轮调质<br>$HBS_1 = 230 \sim 286$<br>大齿轮正火<br>$HBS_2 = 170 \sim 217$ |
| (3) 小齿轮传递的转矩 $T_1$ | 小齿轮转矩 $T_1 = 9550\dfrac{N}{n_1} = 9550 \times \dfrac{9}{970} = 88.6\,(\text{N} \cdot \text{m})$<br>齿数比 $u = \dfrac{z_2}{z_1} = \dfrac{n_1}{n_2} = \dfrac{970}{240} = 4.04$ | $T_1 = 88.6\ \text{N} \cdot \text{m}$<br>$u = 4.04$ |
| (4) 初取载荷系数 $K'$ | 因齿轮参数尚未确定，载荷系数 $K$ 无法准确确定，须预选。一般可在 $K' = 1.7 \sim 1.9$ 范围内选取。在确定齿轮参数后，再进行校核 | 初取 $K' = 1.8$ |
| (5) 选取齿宽系数 $\phi_a$ | 参考表 7-9，齿轮相对于轴承对称布置，取 $\phi_d = 1$<br>则按式(7-36)，得 $\phi_a = 0.4$ | 取 $\phi_d = 1$<br>$\phi_a = 0.4$ |
| (6) 初取重合度系数 $Z'_\varepsilon$ | 一般直齿轮传动，$\varepsilon$ 为 1.1～1.9，初取 $\varepsilon = 1.8$，由式(7-26)得<br>$Z'_\varepsilon = \sqrt{\dfrac{4-1.8}{3}} = 0.86$ | $Z_\varepsilon = 0.86$ |

续表

| 设计项目 | 公式及说明 | 主要结果 |
| --- | --- | --- |
| (7) 确定许用接触疲劳应力$[\sigma_H]$ | 接触应力变化总次数(按每年 300 个工作日计)<br>$N_1 = 60n\gamma L_h = 60\times970\times1\times12000 = 6.98\times10^8$<br>$N_2 = 60\times240\times1\times12000 = 1.73\times10^8$<br>寿命系数　$Z_{N1} = 0.95$，$Z_{N2} = 1$　(图 7-35)<br>弹性系数　$Z_E = 189.8$　(表 7-7)<br>接触疲劳极限应力<br>$\sigma_{Hlim1} = 560\text{MPa}$　(图 7-33(c))<br>$\sigma_{Hlim2} = 500\text{MPa}$　(图 7-33(c))<br>最小安全系数，按表 7-8，失效概率低于 1/100，$S_{H\min} = 1.0$<br>许用接触疲劳应力，按式(7-28)有<br>$[\sigma_{H1}] = \frac{560}{1.0}\times0.95 = 532\ (\text{MPa})$<br>$[\sigma_{H2}] = \frac{500}{1.0}\times1 = 500\ (\text{MPa})$ | $Z_{N1} = 0.95$，$Z_{N2} = 1$<br>$Z_E = 189.8$<br>$\sigma_{Hlim1} = 560\text{MPa}$<br>$\sigma_{Hlim2} = 500\text{MPa}$<br>$[\sigma_{H1}] = 532\text{MPa}$<br>$[\sigma_{H2}] = 500\text{MPa}$ |
| (8) 按齿面接触疲劳应力初步计算中心距 $a$ | 节点区域系数　$Z_H = 2.5$　(图 7-31)<br>按式(7-35)有<br>$a = (4.04+1)\times\sqrt[3]{\frac{500\times1.8\times88.6}{0.4\times4.04}\left(\frac{189.8\times2.5\times0.86}{500}\right)^2}$<br>$= 161.4\ (\text{mm})$，取 $a = 162\text{mm}$ | $a = 162\ \text{mm}$ |
| (9) 初取齿宽 $b$ | $b = \phi_a a = 0.4\times162 = 64.8\ (\text{mm})$ | $b = 65\ \text{mm}$ |
| (10) 取标准模数 | 按表 7-2，取 $m$ =2 mm | $m = 2\text{mm}$ |
| (11) 确定齿数 | 由 $a = \frac{m}{2}(z_1+z_2)$，有<br>$z_1 + z_2 = \frac{2a}{m} = \frac{2\times162}{2} = 162$　与　$u = \frac{z_2}{z_1} = 4.04$<br>解上两式得 $z_1 = 32$，$z_2 = 130$，实际齿数比 $u = 4.06$<br>传动比误差　$\frac{4.06-4.04}{4.04} < 0.5\%$　(在±5%允许范围内) | $z_1 = 32$<br>$z_2 = 130$<br>$u = 4.06$ |
| (12) 确定载荷系数 $K$ | ①使用系数 $K_A$，按表 7-5　$K_A = 1$<br>②动载系数 $K_V$<br>齿轮圆周速度　$v = \frac{\pi d_1 n_1}{60000} = 3.25\text{m/s}$<br>齿轮精度，参考表 7-6 取为 8 级<br>按图 7-21，$K_V = 1.15$<br>③齿向载荷分布系数 $K_\beta$<br>按图 7-24，软齿面，对称布置，<br>$\phi_d = \frac{b}{d_1} = \frac{65}{64} = 1.02$，　$K_\beta = 1.06$<br>④齿间载荷分配系数 $K_\alpha$<br>由式(7-13)，重合度 $\varepsilon = 1.89$<br>按图 7-25，$K_\alpha = 1.32$<br>$K = K_A K_V K_\beta K_\alpha = 1\times1.15\times1.06\times1.32 = 1.61$<br>$K < K'$ | $K_A = 1$<br>$K_V = 1.15$<br>$K_\beta = 1.06$<br>$K_\alpha = 1.32$<br>$K = 1.61$<br>偏于安全 |
| (13) 确定重合度系数 $Z_\varepsilon$ | 由式(7-26)，$Z_\varepsilon = \sqrt{\frac{4-\varepsilon}{3}} = \sqrt{\frac{4-1.89}{3}} = 0.84 < Z'_\varepsilon$ | $Z_\varepsilon = 0.84$，偏于安全 |
| (14) 确定齿宽 $b$ | 取 $b_1 = 70\text{mm}, b_2 = 65\text{mm}$ | $b_1 = 70\text{mm}$，$b_2 = 65\text{mm}$ |

续表

| 设计项目 | 公式及说明 | 主要结果 |
|---|---|---|
| (15)验算齿根弯曲疲劳强度 | ①齿形系数，按图 7-28<br>$Y_{Fa1}=2.52$，$Y_{Fa2}=2.18$<br>②应力修正系数，按图 7-29<br>$Y_{Sa1}=1.64$，$Y_{Sa2}=1.83$<br>③重合度系数，按式(7-23)<br>$Y_\varepsilon=0.25+\frac{0.75}{1.89}=0.65$<br>④弯曲疲劳极限应力，按图 7-32(c)<br>$\sigma_{Flim1}=240\ \text{MPa}$<br>$\sigma_{Flim2}=220\ \text{MPa}$<br>⑤寿命系数<br>$N_1=60n\gamma L_h=60\times970\times1\times12000=6.98\times10^8$<br>$N_2=60\times240\times1\times12000=1.73\times10^8$<br>按图 7-34，$Y_{N1}=0.9$，$Y_{N2}=0.95$<br>⑥试验齿轮的应力修正系数，按国家标准规定，$Y_{ST}=2$<br>⑦最小安全系数，按表 7-8，失效概率低于 1/100，$S_{Fmin}=1.25$<br>⑧许用弯曲应力，按式(7-27)<br>$[\sigma_{F1}]=\frac{240\times2\times0.9}{1.25}=346(\text{MPa})$<br>$[\sigma_{F2}]=\frac{220\times2\times0.95}{1.25}=334(\text{MPa})$<br>⑨ 齿根弯曲疲劳应力，按式(7-32)<br>$\sigma_{F1}=\frac{2000\times1.61\times88.6}{64\times70\times2}\times2.52\times1.64\times0.65=85.5\ (\text{MPa})<[\sigma_{F1}]$<br>$\sigma_{F2}=\frac{2000\times1.61\times88.6}{64\times65\times2}\times2.18\times1.83\times0.65=88.9\ (\text{MPa})<[\sigma_{F2}]$ | $Y_{Fa1}=2.52$，$Y_{Fa2}=2.18$<br>$Y_{Sa1}=1.64$，$Y_{Sa2}=1.83$<br>$Y_\varepsilon=0.65$<br>$\sigma_{Flim1}=240\ \text{MPa}$<br>$\sigma_{Flim2}=220\ \text{MPa}$<br>$Y_{N1}=0.9$<br>$Y_{N2}=0.95$<br>$Y_{ST}=2$<br>$S_{Fmin}=1.25$<br>$[\sigma_{F1}]=346\ \text{MPa}$<br>$[\sigma_{F2}]=334\ \text{MPa}$<br>$\sigma_{F1}=85.5\text{MPa}$，$\sigma_{F1}<[\sigma_{F1}]$<br>$\sigma_{F2}=88.9\text{MPa}$，$\sigma_{F2}<[\sigma_{F2}]$<br>齿根弯曲疲劳强度足够 |
| (16) 设计结果 | 中心距 $a=162$ mm，模数 $m=2$mm<br>齿数 $z_1=32$，$z_2=130$<br>分度圆直径 $d_1=64$mm，$d_2=260$mm<br>齿宽 $b_1=70$mm，$b_2=65$mm<br>齿轮精度 8 级<br>齿轮材料：小齿轮 45 钢，调质，$HBS_1=230\sim286$；<br>大齿轮 45 钢，正火，$HBS_2=170\sim217$ | |

# 7.11 渐开线斜齿圆柱齿轮传动

## 7.11.1 斜齿轮齿廓曲面的形成及主要啮合特点

由于直齿圆柱齿轮具有一定的宽度，所以其齿廓侧面是发生面 $S$ 在基圆柱上做纯滚动时，平面 $S$ 上任意一条与基圆柱母线 $NN$ 平行的直线 $KK$ 所展出的渐开线曲面，如图 7-36 所示。当一对直齿圆柱齿轮啮合时，啮合面为两基圆柱的内公切面，此内公切面又是相啮合两齿廓的公法面。

斜齿圆柱齿轮齿廓曲面的形成与直齿圆柱齿轮类似，只是形成齿廓曲面的直线 $KK$ 不与基圆柱母线 $NN$ 平行，而是有一角度 $\beta_b$，如图 7-37 所示。当发生面 $S$ 沿基圆柱做纯滚动时，

斜直线 $KK$ 在空间形成的轨迹为一渐开线螺旋面，这就是斜齿轮的齿廓曲面。大于基圆柱的各个圆柱面与渐开线螺旋面的交线是一条螺旋线，螺旋线的切线与基圆柱轴线所夹的锐角称为螺旋角，圆柱半径越大，螺旋线的螺旋角也越大。斜齿轮基圆柱上的螺旋角为 $\beta_b$，而分度圆柱上的螺旋角称为斜齿轮的螺旋角，用 $\beta$ 表示。由于轮齿的螺旋方向(旋向)有左、右之分，故螺旋角 $\beta$ 也有正负之别。

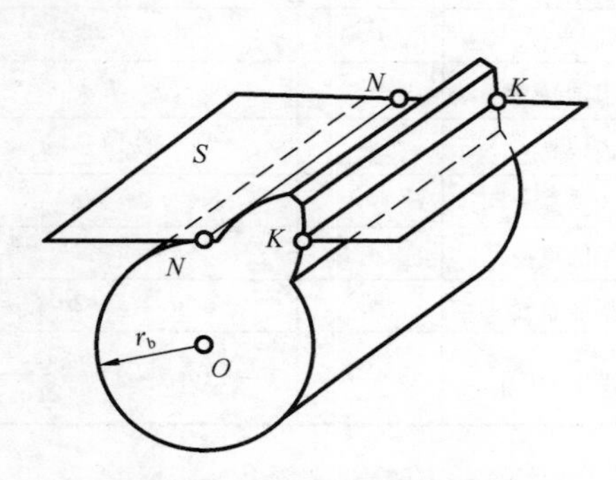


图 7-36　渐开线曲面的形成

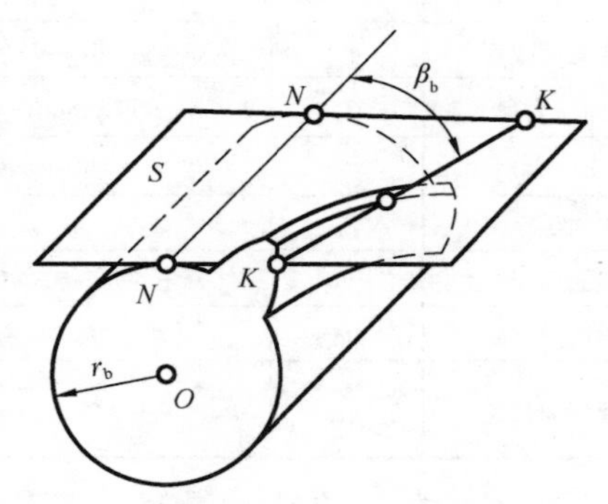


图 7-37　渐开线螺旋面的形成

由上述分析可知，直齿圆柱齿轮啮合时，齿廓接触线是与齿轮轴线平行的直线，相啮合的一对齿廓是同时沿整个齿宽方向进入啮合和脱离啮合，因此轮齿所受的力是突然加上和突然卸掉的，这就使得传动平稳性差，易产生冲击、噪声，在高速传动中表现得尤为突出。斜齿圆柱齿轮啮合时，齿廓接触线与齿轮轴线成一倾斜角 $\beta_b$，而且接触线的长度由零逐渐增长，到某一位置后又逐渐缩短，最后在主动轮的齿顶一点脱离啮合。因此，斜齿圆柱齿轮的轮齿是逐渐进入啮合和逐渐退出啮合的，轮齿上的载荷也是逐渐加上再逐渐卸掉的，所以斜齿圆柱齿轮传动较平稳，冲击、噪声也较小，适用于高速、重载的场合。

## 7.11.2　斜齿圆柱齿轮的基本参数与几何尺寸计算

由于斜齿轮在端面(垂直于齿轮轴线的平面)和法面(垂直于螺旋线方向的平面)内的齿形不同，因而斜齿轮的参数有法向参数(下角标为 n)与端面参数(下角标为 t)之分。加工斜齿轮时，刀具的进刀方向垂直于法面，即沿螺旋齿槽方向进行切削，因此规定斜齿轮的法向参数为标准值。但由于斜齿轮的端面齿形与直齿轮相同，把端面参数代入直齿轮的计算公式就可得到斜齿轮的几何尺寸计算公式，因此就需要建立端面参数与法向参数之间的换算关系。此外，斜齿轮的基本参数比直齿轮多了一个螺旋角。

通过分析可以得到斜齿轮的模数、压力角、齿顶高系数、顶隙系数的法向与端面的关系分别为

$$\begin{cases} m_t = m_n / \cos\beta \\ h_{at}^* = h_{an}^* \cos\beta, \quad c_t^* = c_n^* \cos\beta \\ \tan\alpha_t = \tan\alpha_n / \cos\beta \end{cases} \tag{7-37}$$

标准斜齿圆柱齿轮的几何尺寸计算公式见表 7-11。

表 7-11 标准斜齿圆柱齿轮的几何尺寸计算公式

| 名称 | 符号 | 计算公式 | 名称 | 符号 | 计算公式 |
|---|---|---|---|---|---|
| 螺旋角 | $\beta$ | 一般取 8° ~ 20° | 法向齿厚 | $s_n$ | $s_n = \pi m_n / 2$ |
| 基圆柱螺旋角 | $\beta_b$ | $\tan\beta_b = \tan\beta\cos\alpha$ | 端面齿厚 | $s_t$ | $s_t = p_t / 2 = \pi m_n / (2\cos\beta)$ |
| 法向模数 | $m_n$ | 由轮齿的承载能力确定，选取标准值 | 分度圆直径 | $d$ | $d = m_t z = z m_n / \cos\beta$ |
| 端面模数 | $m_t$ | $m_t = m_n / \cos\beta$ | 基圆直径 | $d_b$ | $d_b = d\cos\alpha_t$ |
| 法向压力角 | $\alpha_n$ | 取标准值 | 齿顶高 | $h_a$ | $h_a = h_a^* m_n$ |
| 端面压力角 | $\alpha_t$ | $\tan\alpha_t = \tan\alpha_n / \cos\beta$ | 齿根高 | $h_f$ | $h_f = (h_a^* + c^*) m_n$ |
| 法向齿距 | $p_n$ | $p_n = \pi m_n$ | 齿全高 | $h$ | $h = h_a + h_f$ |
| 端面齿距 | $p_t$ | $p_t = \pi m_t = p_n / \cos\beta$ | 齿顶圆直径 | $d_a$ | $d_a = d + 2h_a$ |
| 基圆法向齿距 | $p_{bn}$ | $p_{bn} = p_n \cos\alpha_n$ | 齿根圆直径 | $d_f$ | $d_f = d - 2h_f$ |
| 基圆端面齿距 | $p_{bt}$ | $p_{bt} = p_t \cos\alpha_n = p_{bn} / \cos\beta$ | 标准中心距 | $a$ | $a = \frac{1}{2}(d_1 + d_2) = \frac{m_n(z_1 + z_2)}{2\cos\beta}$ |

## 7.11.3 斜齿圆柱齿轮的啮合传动及其重合度

### 1. 斜齿轮的正确啮合条件

要使一对斜齿轮能够正确啮合，除了像直齿轮那样必须保证模数和压力角分别相等外，还必须保证两斜齿轮的螺旋角相匹配。因此一对斜齿圆柱齿轮的正确啮合条件为

$$m_{n1} = m_{n2}，\ \alpha_{n1} = \alpha_{n2}，\ \beta_1 = \pm\beta_2$$

或 $$m_{t1} = m_{t2}，\ \alpha_{t1} = \alpha_{t2}，\ \beta_1 = \pm\beta_2$$

式中，正号用于内啮合传动，负号用于外啮合传动。

### 2. 斜齿轮传动的重合度

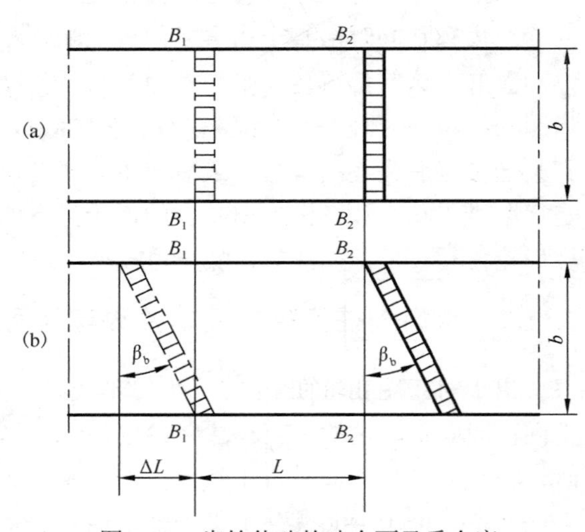

图 7-38 齿轮传动的啮合面及重合度

在图 7-38 中，图(a)、(b)分别表示直齿圆柱齿轮和斜齿圆柱齿轮传动的啮合面。直齿圆柱齿轮传动时，轮齿从 $B_2B_2$ 处沿整个齿宽开始进入啮合，在 $B_1B_1$ 处沿整个齿宽脱离啮合，所以其重合度为 $\overline{B_1B_2} / p_b$。对斜齿轮传动而言，轮齿也是从 $B_2B_2$ 进入啮合，但不是沿着整个齿宽同时进入啮合，而是由轮齿的后端面先进入啮合，随着齿轮的转动，整个轮齿才逐渐全部进入啮合。当轮齿在 $B_1B_1$ 处脱离啮合时，也是由轮齿的后端面先脱离啮合，直到轮齿的前端面转到 $B_1B_1$ 处时，整个轮齿才完全脱离啮合。显然，斜齿轮传动的实际啮合区长度比直齿轮传动增大了 $\Delta L = b\tan\beta_b = b\tan\beta\cos\alpha_t$，其重合度为

$$\varepsilon = \frac{\overline{B_1B_2} + \Delta L}{p_{bt}} = \frac{\overline{B_1B_2}}{p_{bt}} + \frac{b\tan\beta\cos\alpha_t}{p_{bt}} = \varepsilon_\alpha + \varepsilon_\beta \tag{7-38}$$

式中，$\varepsilon_\alpha = \dfrac{\overline{B_1B_2}}{p_{bt}}$，称为端面重合度，其值等于与斜齿轮端面齿廓相同的直齿圆柱齿轮传动的

重合度；$\varepsilon_\beta = \dfrac{b\tan\beta\cos\alpha_t}{p_{bt}} = \dfrac{b\sin\beta}{\pi m_n} = 0.318\phi_d z_1\tan\beta$，称为轴向重合度，它是由于轮齿的倾斜而增加的重合度。

由式(7-38)可知，斜齿轮传动的重合度比直齿轮大，并随着齿轮宽度和螺旋角的增大而增大。

## 7.11.4　斜齿圆柱齿轮的当量齿轮和当量齿数

斜齿轮啮合传动过程中，轮齿间的力作用在法面内，为了便于计算斜齿轮轮齿的强度，同时也为了便于用仿形法切制斜齿轮时选择刀具，就需要研究斜齿轮的法向齿形。

如图7-39所示，过斜齿轮分度圆柱面上$P$点作轮齿螺旋线的法平面$n-n$，它与分度圆柱面的交线为一椭圆。椭圆的短半轴为$r$，长半轴为$r/\cos\beta$，$P$点的曲率半径为

$$\rho_n = \left(\frac{r}{\cos\beta}\right)^2 \bigg/ r = \frac{r}{\cos^2\beta}$$

如果以$\rho_n$为半径作圆，此圆与靠近$P$点附近的一段椭圆非常接近。现假想一直齿圆柱齿轮，其分度圆半径为$\rho_n$，模数和压力角分别为斜齿轮的法向模数$m_n$和法向压力角$\alpha_n$。这个假想的直齿圆柱齿轮称为斜齿轮的当量齿轮，其齿形与斜齿圆柱齿轮的法向齿形十分接近。当量齿轮的齿数$z_v$称为当量齿数，其计算式为

$$z_v = \frac{2\rho_n}{m_n} = \frac{2r}{m_n\cos^2\beta} = \frac{z}{\cos^3\beta} \tag{7-39}$$

由式(7-39)可知，斜齿圆柱齿轮的当量齿数总是大于其实际齿数，且往往不是整数。标准斜齿圆柱齿轮不发生根切的最少齿数为

$$z_{\min} = z_{v\min}\cos^3\beta$$

式中，$z_{v\min}$为当量直齿标准齿轮不发生根切的最少齿数。

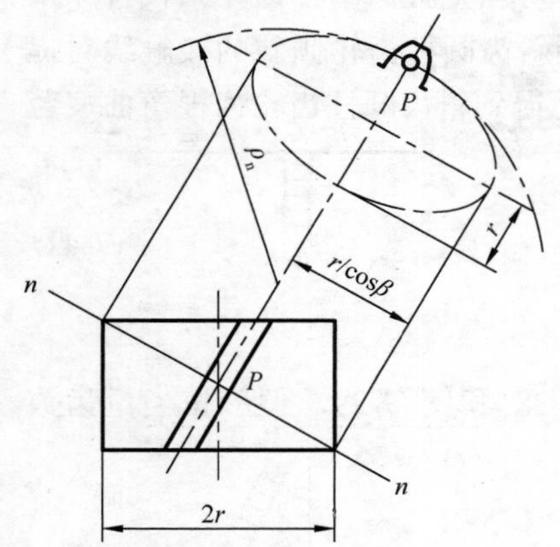
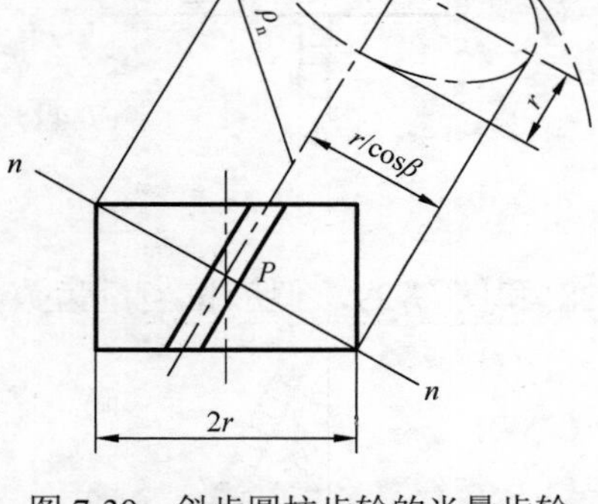

图7-39　斜齿圆柱齿轮的当量齿轮

7-39

## 7.11.5　斜齿圆柱齿轮传动的强度计算及设计

### 1. 斜齿圆柱齿轮的受力分析

将作用于斜齿圆柱齿轮轮齿上的法向载荷$F_n$沿齿轮的周向、径向和轴向分解为三个分力，即圆周力$F_t$、径向力$F_r$和轴向力$F_a$(图7-40)。

$$\begin{cases} F_t = \dfrac{2000T_1}{d_1} \quad ,\mathrm{N} \\ F_r = F_t\dfrac{\tan\alpha_n}{\cos\beta} \quad ,\mathrm{N} \\ F_a = F_t\tan\beta \quad ,\mathrm{N} \\ F_n = \dfrac{F_t}{\cos\beta\cdot\cos\alpha_n} \quad ,\mathrm{N} \end{cases} \tag{7-40}$$

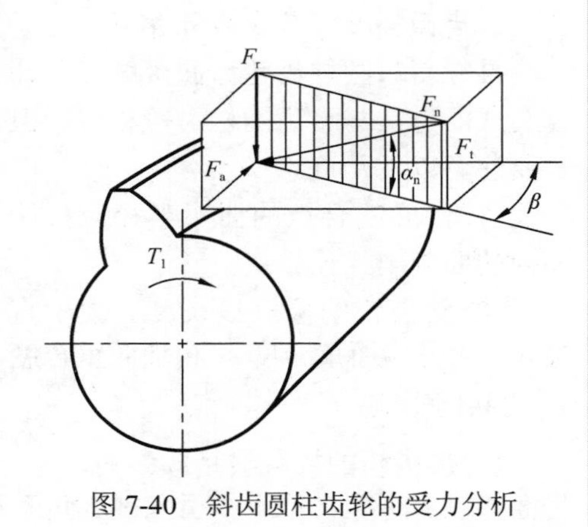

图7-40　斜齿圆柱齿轮的受力分析

式中，$\beta$为螺旋角，非标准齿轮传动用节圆螺旋角代替；$\alpha_n$为法向压力角，非标准齿轮传动用法向啮合角代替。

作用在斜齿圆柱齿轮上的圆周力$F_t$和径向力$F_r$方向的确定方法与直齿圆柱齿轮相同。主动轮的轴向力$F_{a1}$的方向则需根据轮齿的旋向、齿轮的转向来判定，从动轮的轴向力$F_{a2}$的方向可根据作用力和反作用力关系确定。

由于斜齿轮受载时会产生轴向力，因此斜齿轮的轴向固定必须可靠，从而使轴和轴承的设计较为复杂。作用在斜齿轮上的轴向力的大小与轮齿的螺旋角$\beta$有关，$\beta$角越大，轴向力也越大，所以螺旋角$\beta$不宜取得太大。为了能发挥斜齿轮的优点，同时又不致产生过大的轴向力，设计时一般取$\beta = 8^\circ \sim 20^\circ$。

**2. 斜齿圆柱齿轮传动的应力计算**

**1) 齿根弯曲疲劳应力计算**

对斜齿圆柱齿轮而言，由于其啮合过程中的接触线是倾斜的，所以斜齿轮齿根部的弯曲疲劳应力难以用材料力学的方法进行精确计算。因为斜齿轮当量齿轮的齿形与法面齿形相近，所以在建立斜齿圆柱齿轮传动的弯曲强度计算模型时，用一对当量直齿圆柱齿轮来代替原来的斜齿轮，把当量齿轮的相关参数代入式(7-22)，并考虑到斜齿圆柱齿轮倾斜的接触线对提高弯曲强度有利，故引入螺旋角系数$Y_\beta$对其进行修正，从而得到斜齿圆柱齿轮齿根弯曲疲劳应力计算公式为

$$\sigma_F = \frac{2000KT_1}{d_1 b\, m_n} \cdot Y_{Fa} Y_{Sa} Y_\varepsilon Y_\beta \tag{7-41}$$

应用式(7-41)时应注意以下几点。

(1) 取齿形系数$Y_{Fa}$及应力修正系数$Y_{Sa}$时，仍应用图 7-28 和图 7-29，但应按当量齿数$Z_v = Z/\cos^3\beta$查取；

(2) 重合度系数$Y_\varepsilon$仍用式(7-23)计算，但应用$\varepsilon_\alpha$代替$\varepsilon$；

(3) 螺旋角系数$Y_\beta$是考虑由轮齿螺旋角造成的接触线倾斜对齿根弯曲疲劳应力的影响，其数值可按图 7-41 查取。

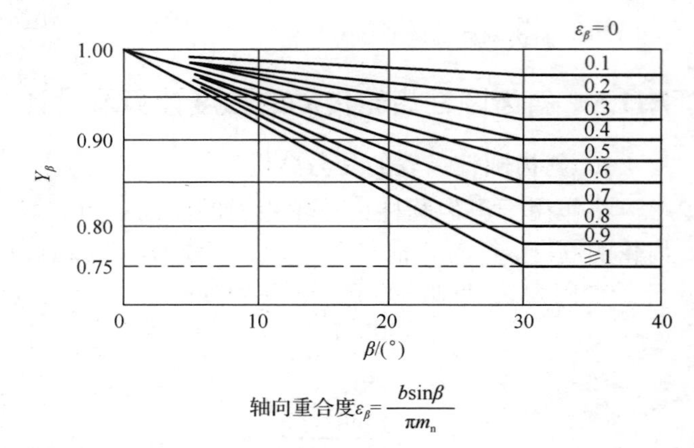


图 7-41 螺旋角系数$Y_\beta$

**2) 齿面接触疲劳应力计算**

推导斜齿圆柱齿轮齿面接触应力计算公式的方法与直齿圆柱齿轮相似，但需要注意以下几点。

(1) 齿廓啮合点的曲率半径应按法面内的曲率半径计算；

(2) 斜齿轮的接触线长度$L$大于直齿轮，它受端面重合度$\varepsilon_\alpha$和轴向重合度$\varepsilon_\beta$的共同影响；

(3) 斜齿轮的接触线是倾斜的，这会给齿面接触疲劳强度带来有利的影响，因此在斜齿轮齿面接触疲劳应力计算中引入螺旋角系数$Z_\beta$来计及这一影响。

考虑上述因素后，利用赫兹公式导出的斜齿圆柱齿轮传动齿面接触疲劳应力计算公式为

$$\sigma_{\mathrm{H}} = Z_{\mathrm{E}} Z_{\mathrm{H}} Z_{\varepsilon} Z_{\beta} \sqrt{\frac{KF_{\mathrm{t}}}{bd_1} \cdot \frac{u+1}{u}} \quad ,\ \mathrm{MPa}$$

式中，$Z_{\mathrm{E}}$为弹性系数，由表 7-7 查取；$Z_{\mathrm{H}}$为节点区域系数，$Z_{\mathrm{H}} = \frac{1}{\cos\alpha_{\mathrm{t}}}\sqrt{\frac{2\cos\beta_{\mathrm{b}}}{\tan\alpha'_{\mathrm{t}}}}$，其值可由图 7-31 查取；$Z_{\beta}$为螺旋角系数，$Z_{\beta} = \sqrt{\cos\beta}$；$Z_{\varepsilon}$为重合度系数。当轴向重合度$\varepsilon_{\beta} < 1$时，$Z_{\varepsilon} = \sqrt{\frac{4-\varepsilon_{\alpha}}{3}(1-\varepsilon_{\beta}) + \frac{\varepsilon_{\beta}}{\varepsilon_{\alpha}}}$；当轴向重合度$\varepsilon_{\beta} \geqslant 1$时，$Z_{\varepsilon} = \sqrt{\frac{1}{\varepsilon_{\alpha}}}$。

**3. 斜齿圆柱齿轮传动的强度设计**

斜齿轮齿根弯曲疲劳强度和齿面接触疲劳强度的校核公式和设计公式分别为

$$\sigma_{\mathrm{F}} = \frac{2000KT_1}{d_1 b\, m_{\mathrm{n}}} \cdot Y_{\mathrm{Fa}} Y_{\mathrm{Sa}} Y_{\varepsilon} Y_{\beta} \leqslant [\sigma_{\mathrm{F}}] \tag{7-42}$$

$$\sigma_{\mathrm{H}} = \frac{Z_{\mathrm{E}} Z_{\mathrm{H}} Z_{\varepsilon} Z_{\beta}}{a} \sqrt{\frac{500KT_1(u+1)^3}{bu}} \leqslant [\sigma_{\mathrm{H}}] \tag{7-43}$$

$$m_{\mathrm{n}} \geqslant \sqrt[3]{\frac{2000KT_1 Y_{\varepsilon} Y_{\beta} \cos^2\beta}{\phi_{\mathrm{d}} Z_1^2}\left(\frac{Y_{\mathrm{Fa}} \cdot Y_{\mathrm{Sa}}}{[\sigma_{\mathrm{F}}]}\right)} \tag{7-44}$$

$$a \geqslant (u+1)\sqrt[3]{\frac{500KT_1}{\phi_{\mathrm{a}} u}\left(\frac{Z_{\mathrm{E}} Z_{\mathrm{H}} Z_{\varepsilon} Z_{\beta}}{[\sigma_{\mathrm{H}}]}\right)^2} \tag{7-45}$$

上述公式中其他各系数和符号的含义、单位及取值方法均与直齿圆柱齿轮相同。

**例 7-2** 设计一单级齿轮减速器中的斜齿圆柱齿轮传动，采用硬齿面齿轮。设计的已知条件与例 7-1 相同。

**解** 如表 7-12 所示。

表 7-12 例 7-2 解表

| 设计项目 | 公式及说明 | 主要结果 |
|---|---|---|
| (1) 选取齿轮材料及热处理方法 | 采用硬齿面，参考表 7-4，大、小齿轮都用 45 钢，表面淬火 | 两齿轮均用 45 钢，表面淬火 |
| (2) 齿面硬度 | 参考表 7-4 小齿轮 45～50HRC<br>大齿轮 40～50HRC | 小齿轮 45～50HRC<br>大齿轮 40～50HRC |
| (3) 小齿轮的转矩 $T_1$ | 参考例 7-1，小齿轮转矩 $T_1 = 88.6\mathrm{N{\cdot}m}$ | $T_1 = 88.6\mathrm{N{\cdot}m}$ |
| (4) 初取载荷系数 $K'$ | 一般可在 $K'=1.6$～1.8 范围内选取 | 初取 $K'=1.7$ |
| (5) 选取齿宽系数$\phi_{\mathrm{d}}$及$\phi_{\mathrm{a}}$ | 参考表 7-9，齿轮相对于轴承对称布置，取 $\phi_{\mathrm{d}}=0.7$，<br>由式(7-36)，$\phi_{\mathrm{a}} = \frac{2\times 0.7}{4.04+1} = 0.28$，取 $\phi_{\mathrm{a}} = 0.3$ | $\phi_{\mathrm{d}} = 0.7$<br>$\phi_{\mathrm{a}} = 0.3$ |
| (6) 初取重合度系数 $Y'_{\varepsilon}$ 及螺旋角系数 $Y'_{\beta}$ | 初设螺旋角 $\beta = 10°$、$\varepsilon_{\alpha} = 1.8$<br>由式(7-23)，$Y'_{\varepsilon} = 0.25 + \frac{0.75}{1.8} = 0.67$<br>由图 7-41，$Y'_{\beta} = 0.93$ | 初取<br>$Y'_{\varepsilon} = 0.67$<br>$Y'_{\beta} = 0.93$ |
| (7) 初取齿数 $z_1$、$z_2$ | 参考 7.10 节，初取 $z_1$=20，$z_2$=81 | 初取 $z_1 = 20$，$z_2 = 81$ |

续表

| 设计项目 | 公式及说明 | 主要结果 |
| --- | --- | --- |
| (8) 齿形系数 $Y_{Fa}$ 及应力修正系数 $Y_{Sa}$ | 由 $z_v = z/\cos^3\beta$，得当量齿数 $z_{v1}=21$，$z_{v2}=85$<br>按图 7-28，$Y_{Fa1}=2.78$，$Y_{Fa2}=2.22$<br>按图 7-29，$Y_{Sa1}=1.57$，$Y_{Sa2}=1.78$ | $Y_{Fa1}=2.78$，$Y_{Fa2}=2.22$<br>$Y_{Sa1}=1.57$，$Y_{Sa2}=1.78$ |
| (9) 确定许用弯曲疲劳应力 $[\sigma_F]$ | 按图 7-32(d)，$\sigma_{Flim1}=350\text{MPa}$，$\sigma_{Flim2}=300\text{MPa}$<br>由式(7-27)，$[\sigma_{F1}]=\dfrac{350\times 2}{1.25}\times 0.9=504$ (MPa)<br>$[\sigma_{F2}]=\dfrac{300\times 2}{1.25}\times 0.95=456$ (MPa) | $[\sigma_{F1}]=504$ MPa<br>$[\sigma_{F2}]=456$ MPa |
| (10) 按齿根弯曲疲劳应力确定模数 $m_n$ | $\left(\dfrac{Y_{Fa1}Y_{Sa1}}{[\sigma_{F1}]}\right)=\left(\dfrac{2.78\times 1.57}{504}\right)=0.008659$<br>$\left(\dfrac{Y_{Fa2}Y_{Sa2}}{[\sigma_{F2}]}\right)=\left(\dfrac{2.22\times 1.78}{456}\right)=0.008665$<br>由式(7-44)，并代入 0.008665，有 $m_n \geqslant 1.78$ mm<br>按表 7-2，取 $m_n=2$ mm | $m_n=2$ mm |
| (11) 确定齿轮主要参数 | 按表 7-11，求得 $a=102.5$ mm<br>取整数，$a=103$ mm，则 $\beta=11°18'34''$<br>由 $\phi_a=b/a$，得 $b_1=36$ mm，$b_2=31$ mm | $a=103$ mm<br>$\beta=11°18'34''$<br>$b_1=36$ mm<br>$b_2=31$ mm |
| (12) 确定载荷系数 $K$ | ①使用系数 $K_A$，按表 7-5，$K_A=1.00$<br>②动载系数 $K_V$<br>$d_1=z_1 mn/\cos\beta=40.792\text{mm}$<br>齿轮圆周速度 $v=\dfrac{\pi d_1 n_1}{60000}=2.06$ m/s<br>齿轮精度，参考表 7-6 取为 8 级<br>按图 7-21，$K_V=1.12$<br>③齿向载荷分布系数 $K_\beta$<br>按图 7-24，硬齿面，对称布置，$\phi_d=0.7$，$K_\beta=1.05$<br>④齿间载荷分配系数 $K_\alpha$<br>按图 7-25，8 级精度，淬火钢<br>由式(7-38)，$\varepsilon=\varepsilon_\alpha+\varepsilon_\beta=1.67+0.96=2.63$<br>$K_\alpha=1.5$<br>$K=K_A K_V K_\beta K_\alpha=1\times 1.12\times 1.05\times 1.5=1.76$<br>$K>K'$，需重新计算 $m_n$ | $K_A=1$<br>8 级精度<br>$K_V=1.12$<br>$K_\beta=1.05$<br>$K_\alpha=1.5$<br>$K=1.76$ |
| (13) 验算齿根弯曲疲劳强度 | 用准确值代入式(7-44)，$m_n \geqslant 1.81$ mm<br>仍取 $m_n=2$ mm | $m_n=2$ mm<br>齿根弯曲疲劳强度足够 |
| (14) 验算齿面接触疲劳强度 | ①弹性系数，按表 7-7，$Z_E=189.8$<br>②节点区域系数，按图 7-31，$Z_H=2.47$<br>③重合度系数 $Z_\varepsilon$，因 $\varepsilon_\beta<1$<br>$Z_\varepsilon=\sqrt{\dfrac{4-\varepsilon_\alpha}{3}(1-\varepsilon_\beta)+\dfrac{\varepsilon_\beta}{\varepsilon_\alpha}}=0.78$<br>④螺旋角系数 $Z_\beta$，$Z_\beta=\sqrt{\cos\beta}=0.99$<br>⑤许用接触疲劳应力 $[\sigma_H]$，参阅例 7-1，按图 7-33(d)<br>$\sigma_{Hlim1}=1150\text{MPa}$，$\sigma_{Hlim2}=1130\text{MPa}$<br>$[\sigma_{H1}]=1092$ MPa，$[\sigma_{H2}]=1130$ MPa<br>⑥按式(7-43)验算齿面接触强度<br>$\sigma_H=992\ \text{MPa}<[\sigma_{H1}]$ | $Z_E=189.8$<br>$Z_H=2.47$<br>$Z_\varepsilon=0.78$<br>$Z_\beta=0.99$<br>$[\sigma_{H1}]=1092$ MPa<br>$[\sigma_{H2}]=1130$ MPa<br>$\sigma_H=992$ MPa<br>齿面接触疲劳强度满足要求 |

续表

| 设计项目 | 公式及说明 | 主要结果 |
|---|---|---|
| (15)主要设计结果 | 中心距 $a=103\text{mm}$，模数 $m_n=2\text{mm}$<br>齿数 $z_1$=20，$z_2$=81<br>螺旋角 $\beta$=11°18′34″<br>齿宽 $b_1=36\text{mm}$，$b_2=31\text{mm}$<br>分度圆直径 $d_1=40.792\text{mm}$，$d_2=165.208\text{mm}$<br>齿轮精度等级：8 级精度<br>齿轮材料：45 钢，表面淬火<br>小齿轮 45～50HRC<br>大齿轮 40～50HRC | 与例 7-1 结果比较，采用硬齿面使减速器尺寸减小很多 |

# 7.12　锥齿轮传动

## 7.12.1　概述

锥齿轮用来传递两相交轴之间的运动和动力。锥齿轮的轮齿分布在截锥体上，故圆柱齿轮中的各个圆柱在锥齿轮中相应地称为分度圆锥、齿顶圆锥、齿根圆锥等。为了减小计算和测量的相对误差，以及便于确定锥齿轮传动的最大尺寸，通常取锥齿轮大端的参数为标准值，即 $\alpha=20^\circ$，$h_a^*=1$，$c^*=0.2$，模数 $m$ 按表 7-13 选取。

表 7-13　锥齿轮模数(GB/12368—1990)　　(单位：mm)

| … | 1 | 1.125 | 1.25 | 1.375 | 1.5 | 1.75 | 2 | 2.25 | 2.5 | 2.75 | 3 | 3.25 | 3.5 |
|---|---|---|---|---|---|---|---|---|---|---|---|---|---|
| 3.75 | 4 | 4.5 | 5 | 5.5 | 6 | 6.5 | 7 | 8 | 9 | 10 | … | | |

如图 7-42 所示，$\Sigma$ 为两锥齿轮轴线之间的夹角(称为轴交角)，$\delta_1$ 和 $\delta_2$ 分别为齿轮 1 和齿轮 2 的分度圆锥角，$\Sigma=\delta_1+\delta_2$。夹角 $\Sigma$ 可根据传动的需要来确定，但在大多数情况下 $\Sigma=90^\circ$。

锥齿轮按轮齿与分度圆锥母线之间的关系，可分为直齿、斜齿及曲齿(圆弧齿、螺旋齿)等类型。由于直齿锥齿轮的设计、制造和安装较为简单，故应用最为广泛。曲齿锥齿轮由于传动平稳、承载能力高，常用于高速重载的传动。本节只介绍 $\Sigma=90^\circ$、正确安装的标准外啮合直齿锥齿轮传动。

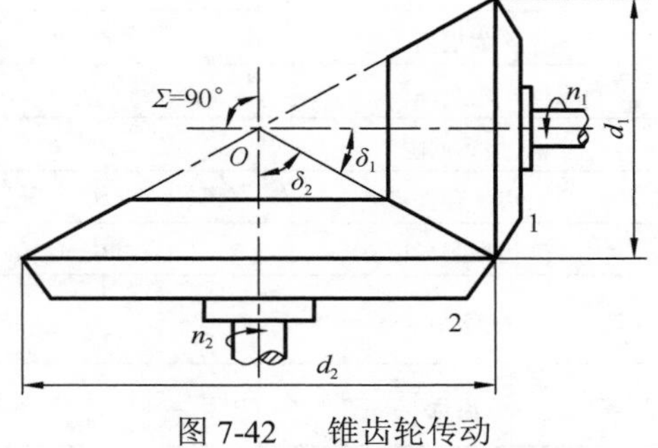

图 7-42　锥齿轮传动
1、2-锥齿轮

## 7.12.2　轮齿曲面的形成及几何关系

### 1. 轮齿曲面的形成

渐开线直齿锥齿轮齿面的形成与渐开线直齿圆柱齿轮相似，其区别在于用基圆锥代替了基圆柱。因此，当发生面沿基圆锥做纯滚动时，其上任一条通过锥顶的直线将在空间形成一个球面渐开线曲面，该曲面即为渐开线直齿锥齿轮的齿廓曲面。

### 2. 几何参数和尺寸计算

图 7-43 给出了一对标准直齿锥齿轮啮合时各部分的几何尺寸，其相应的计算公式见表 7-14。

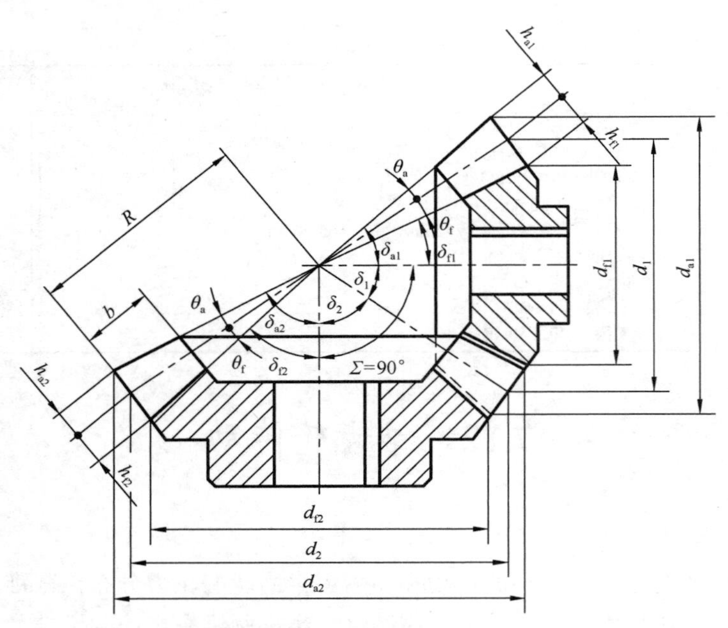


图 7-43 直齿锥齿轮的几何尺寸

**表 7-14 $\Sigma=90°$ 的标准直齿锥齿轮的几何参数及计算公式**

| 名称 | 符号 | 计算公式及参数的选择 |
| --- | --- | --- |
| 模数 | $m$ | 以大端模数为标准 |
| 传动比 | $i$ | $i=\dfrac{z_2}{z_1}=\tan\delta_2=\cot\delta_1$ |
| 分度圆锥角 | $\delta_1$，$\delta_2$ | $\delta_2=\arctan\dfrac{z_2}{z_1}$，$\delta_1=90°-\delta_2$ |
| 分度圆直径 | $d_1$、$d_2$ | $d_1=mz_1$，$d_2=mz_2$ |
| 齿顶高 | $h_a$ | $h_a=h_a^*m$ |
| 齿根高 | $h_f$ | $h_f=(h_a^*+c^*)m$ |
| 齿全高 | $h$ | $h=h_a+h_f=(2h_a^*+c^*)m$ |
| 齿顶间隙 | $c$ | $c=c^*m$ |
| 齿顶圆直径 | $d_{a1}$、$d_{a2}$ | $d_{a1}=d_1+2h_a\cos\delta_1$，$d_{a2}=d_2+2h_a\cos\delta_2$ |
| 齿根圆直径 | $d_{f1}$、$d_{f2}$ | $d_{f1}=d_1-2h_f\cos\delta_1$，$d_{f2}=d_2-2h_f\cos\delta_2$ |
| 锥距 | $R$ | $R=\sqrt{r_1^2+r_2^2}=\dfrac{m}{2}\sqrt{z_1^2+z_2^2}=\dfrac{d_1}{2\sin\delta_1}=\dfrac{d_2}{2\sin\delta_2}$ |
| 齿宽 | $b$ | $b\leqslant\dfrac{R}{3}$，$b\leqslant 10m$ |
| 齿宽系数 | $\phi_R$ | $\phi_R=\dfrac{b}{R}$ |
| 齿顶角 | $\theta_a$ | $\theta_a=\arctan\dfrac{h_a}{R}$ |
| 齿根角 | $\theta_f$ | $\theta_f=\arctan\dfrac{h_f}{R}$ |
| 根锥角 | $\delta_{f1}$、$\delta_{f2}$ | $\delta_{f1}=\delta_1-\theta_f$，$\delta_{f2}=\delta_2-\theta_f$ |
| 顶锥角 | $\delta_{a1}$、$\delta_{a2}$ | $\delta_{a1}=\delta_1+\theta_a$，$\delta_{a2}=\delta_2+\theta_a$ |

**3. 背锥和当量齿数**

在图7-44中，以锥顶$O$为圆心、锥距$R$为半径作一球面，该球面与锥齿轮齿廓曲面(球面渐开线曲面)的交线为球面渐开线。由于球面渐开线无法展开到平面上，致使锥齿轮的设计和制造产生很多困难。为此，常用下述方法将球面渐开线近似地展开在平面上。

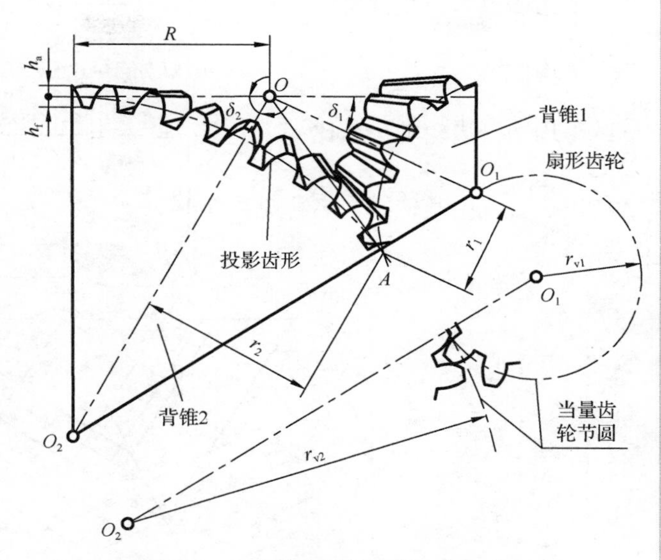


图7-44 直齿锥齿轮的背锥与当量齿轮

7-44

如图7-44所示，过锥齿轮大端分度圆上$A$点作$OA$的垂线与两轮的轴线分别交于$O_1$和$O_2$点。分别以$OO_1$、$OO_2$为轴线，以$O_1A$、$O_2A$为母线作两个圆锥，该两圆锥称为背锥，背锥与球面(锥顶$O$为圆心、锥距$R$为半径)切于大端分度圆。自球心$O$作射线，将球面渐开线的齿廓投影于背锥上，则由图可见，背锥上的齿形与球面渐开线的齿形极为相似。因此可用背锥上的齿形代替球面渐开线齿形。将背锥展开成平面，得到一对以背锥母线长度$r_{v1}$、$r_{v2}$为分度圆半径的扇形齿轮，再将它补足为完整的齿轮，这样的齿轮称为锥齿轮的当量齿轮，其齿数$z_v$称为锥齿轮的当量齿数。

由图7-44可见，两个锥齿轮的当量齿轮的分度圆半径分别为

$$r_{v1} = r_1 / \cos\delta_1 = mz_1 / (2\cos\delta_1), \qquad r_{v2} = r_2 / \cos\delta_2 = mz_2 / (2\cos\delta_2)$$

进一步可写为 $$r_{v1} = mz_{v1} / 2, \qquad r_{v2} = mz_{v2} / 2$$

其中，$z_{v1}$、$z_{v2}$称为当量齿数，分别为

$$z_{v1} = z_1 / \cos\delta_1, \qquad z_{v2} = z_2 / \cos\delta_2 \tag{7-46}$$

由上述可知，锥齿轮大端的齿形可用齿数为$z_v$的当量齿轮的齿形来近似表示。同样，利用当量齿轮可把有关圆柱齿轮传动的一些结论直接应用于锥齿轮传动，如锥齿轮传动的正确啮合条件为两轮大端模数、压力角、锥距应分别相等。此外，锥齿轮传动的重合度、锥齿轮不发生根切的最少齿数都可按当量齿轮进行计算。

**4. 平均当量齿轮**

锥齿轮齿宽中点处的当量齿轮称为平均当量齿轮。考虑到锥齿轮大端的齿形较大、小端的齿形较小，所以在轮齿强度计算中，通常以平均当量齿轮的齿形作为圆锥齿轮的齿形。平均当量齿轮与锥齿轮的主要几何关系如下(图7-45)。

平均分度圆直径 $$d_m = d(1 - 0.5\phi_R) \tag{7-47}$$

平均当量小齿轮分度圆直径 $$d_{mv1} = \frac{d_{m1}}{\cos\delta_1} = d_1(1 - 0.5\phi_R)\frac{\sqrt{u^2+1}}{u} \tag{7-48}$$

平均当量大齿轮分度圆直径 $$d_{\mathrm{mv2}}=\frac{d_{\mathrm{m2}}}{\cos\delta_2}=d_1(1-0.5\phi_{\mathrm{R}})u\sqrt{u^2+1} \tag{7-49}$$

平均模数 $$m_{\mathrm{m}}=m(1-0.5\phi_{\mathrm{R}}) \tag{7-50}$$

平均当量齿轮的齿数比 $$u_{\mathrm{mv}}=\frac{z_{\mathrm{v2}}}{z_{\mathrm{v1}}}=\frac{z_2/\cos\delta_2}{z_1/\cos\delta_1}=\frac{u}{\tan\delta_1}=u^2 \tag{7-51}$$

以上公式中其他符号名称见表 7-14。

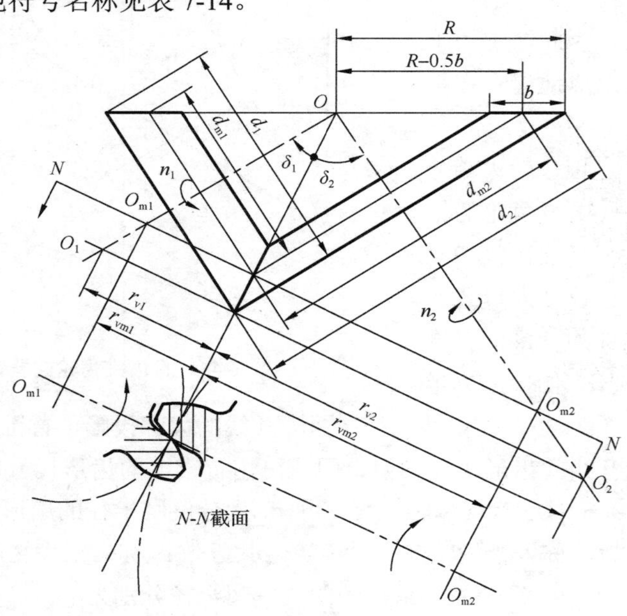


图 7-45 直齿锥齿轮的平均当量齿轮

## 7.12.3 直齿锥齿轮传动强度计算

### 1. 轮齿的受力分析

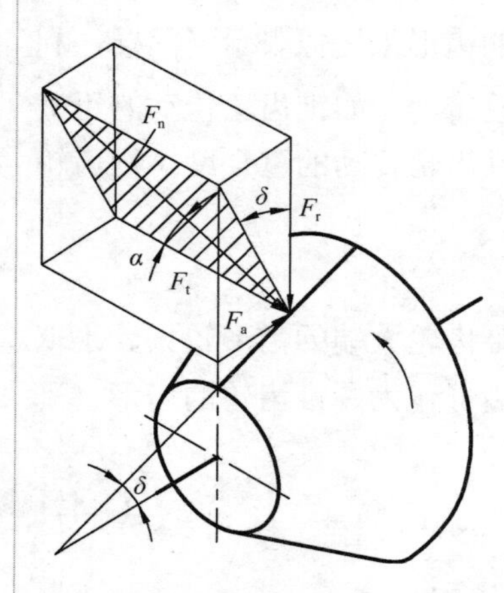


图 7-46 直齿锥齿轮的受力分析

类似于圆柱齿轮的分析方法，将直齿锥齿轮轮齿所受的法向载荷 $F_{\mathrm{n}}$ 视为集中力作用在平均分度圆上。$F_{\mathrm{n}}$ 可分解为相互垂直的三个分力，即圆周力 $F_{\mathrm{t}}$、径向力 $F_{\mathrm{r}}$、轴向力 $F_{\mathrm{a}}$（图 7-46），各力的大小分别为

$$\begin{cases} F_{\mathrm{t}}=\dfrac{2000T}{d_{\mathrm{m}}} & ,\mathrm{N} \\ F_{\mathrm{r}}=F_{\mathrm{t}}\cdot\tan\alpha\cdot\cos\delta & ,\mathrm{N} \\ F_{\mathrm{a}}=F_{\mathrm{t}}\cdot\tan\alpha\cdot\sin\delta & ,\mathrm{N} \\ F_{\mathrm{n}}=\dfrac{F_{\mathrm{t}}}{\cos\alpha} & ,\mathrm{N} \end{cases} \tag{7-52}$$

应该注意的是，在锥齿轮传动中，由于两齿轮轴线相互垂直，因而 $F_{\mathrm{t1}}$ 与 $F_{\mathrm{t2}}$、$F_{\mathrm{r1}}$ 与 $F_{\mathrm{a2}}$、$F_{\mathrm{a1}}$ 与 $F_{\mathrm{r2}}$ 大小相等，方向相反。

### 2. 齿根弯曲疲劳强度计算

直齿锥齿轮轮齿弯曲疲劳强度是按平均当量圆柱齿轮进行计算的。因此可直接沿用式(7-32)和式(7-34)得到直齿锥齿轮轮齿弯曲疲劳强度的校核公式和设计公式分别为

$$\sigma_{\mathrm{F}}=\frac{4706KT_1}{\phi_{\mathrm{R}}(1-0.5\phi_{\mathrm{R}})^2 z_1^2 m^3\sqrt{u^2+1}}Y_{\mathrm{Fa}}Y_{\mathrm{Sa}}Y_{\varepsilon}\leqslant[\sigma_{\mathrm{F}}]\quad,\ \mathrm{MPa} \tag{7-53}$$

$$m\geqslant\sqrt[3]{\frac{4706KT_1}{\phi_{\mathrm{R}}(1-0.5\phi_{\mathrm{R}})^2 z_1^2\sqrt{u^2+1}}\left(\frac{Y_{\mathrm{Fa}}Y_{\mathrm{Sa}}Y_{\varepsilon}}{[\sigma_{\mathrm{F}}]}\right)}\quad,\ \mathrm{mm} \tag{7-54}$$

式中，$Y_{\mathrm{Fa}}$、$Y_{\mathrm{Sa}}$ 分别为齿形系数和应力修正系数，按当量齿数 $z_{\mathrm{v}}$ 分别由图 7-28 和图 7-29 查取；$Y_{\varepsilon}$ 为重合度系数，根据平均当量齿轮的重合度由式(7-23)计算；$K$ 为载荷系数，$K=K_{\mathrm{A}}K_{\mathrm{V}}K_{\beta}$，查取方法同直齿圆柱齿轮；$\phi_{\mathrm{R}}$ 为齿宽系数，$\phi_{\mathrm{R}}=b/R$，常取 $\phi_{\mathrm{R}}=1/3$～$1/4$；其余各符号的意义和单位与前面相同。

### 3. 齿面接触疲劳强度计算

直齿锥齿轮齿面接触疲劳强度也是按平均当量圆柱齿轮进行计算的，其校核公式和设计公式分别为

$$\sigma_{\mathrm{H}}=Z_{\mathrm{E}}Z_{\mathrm{H}}Z_{\varepsilon}\sqrt{\frac{4706KT_1}{\phi_{\mathrm{R}}(1-0.5\phi_{\mathrm{R}})^2 d_1^3 u}}\leqslant[\sigma_{\mathrm{H}}]\quad,\ \mathrm{MPa} \tag{7-55}$$

$$d_1\geqslant\sqrt[3]{\frac{4706KT_1}{\phi_{\mathrm{R}}(1-0.5\phi_{\mathrm{R}})^2 u}\left(\frac{Z_{\mathrm{E}}Z_{\mathrm{H}}Z_{\varepsilon}}{[\sigma_{\mathrm{H}}]}\right)^2}\quad,\ \mathrm{mm} \tag{7-56}$$

式中，$Z_{\mathrm{E}}$ 为弹性系数，按表 7-7 查取；$Z_{\mathrm{H}}$ 为节点区域系数，按图 7-31 查取；$Z_{\varepsilon}$ 为重合度系数，根据平均当量齿轮的重合度按式(7-26)计算。

## 7.13 齿轮的结构

齿轮一般由轮缘、轮辐和轮毂三部分组成。这些部分的形状和尺寸通常是根据制造工艺和经验公式确定的。按毛坯制造方法的不同，齿轮结构可分为锻造齿轮、铸造齿轮、镶圈齿轮和焊接齿轮等类型。

### 1. 锻造齿轮

根据图 7-47，对于直径较小的钢制齿轮，若齿根圆直径与轴的直径相差不多，即 $e<2.5m_{\mathrm{t}}$ 或 $e<1.6m$（$m_{\mathrm{t}}$、$m$ 分别为圆柱齿轮的端面模数和锥齿轮的大端模数）时，应将齿轮和轴做成一体，称为齿轮轴，如图 7-48 所示。齿轮轴毛坯可以用自由锻或模锻加工。这种结构能提高轴的刚度，因而有利于载荷沿齿宽均匀分布，但齿轮和轴必须用同一种材料。如果 $e$ 值超过上述尺寸，则无论从方便制造还是从节约贵重金属材料的角度来考虑，都应把齿轮和轴分开制造。

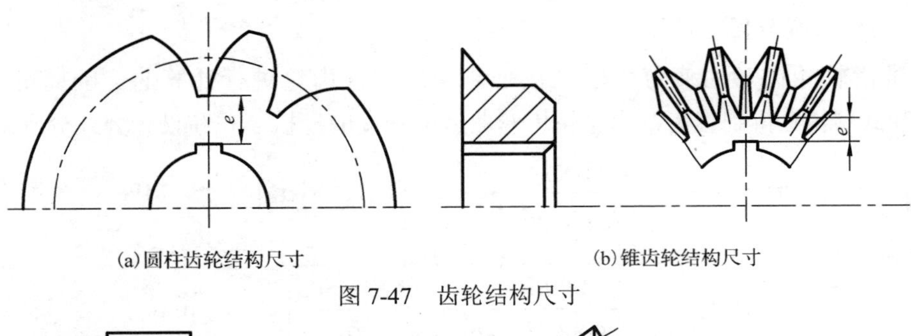


(a)圆柱齿轮结构尺寸　　(b)锥齿轮结构尺寸

图 7-47　齿轮结构尺寸

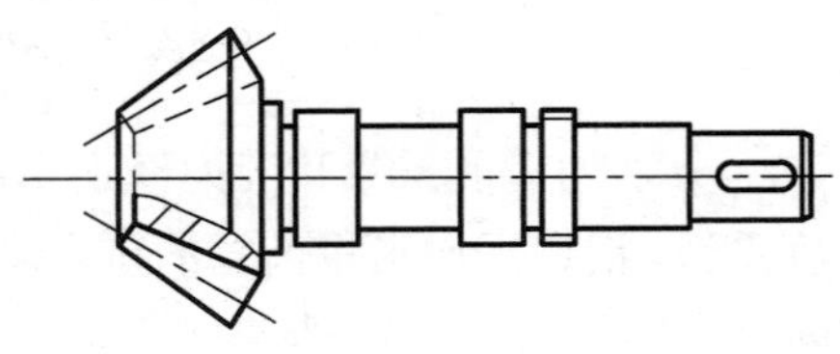

(a)圆柱齿轮轴　　(b)锥齿轮轴

图 7-48　齿轮轴

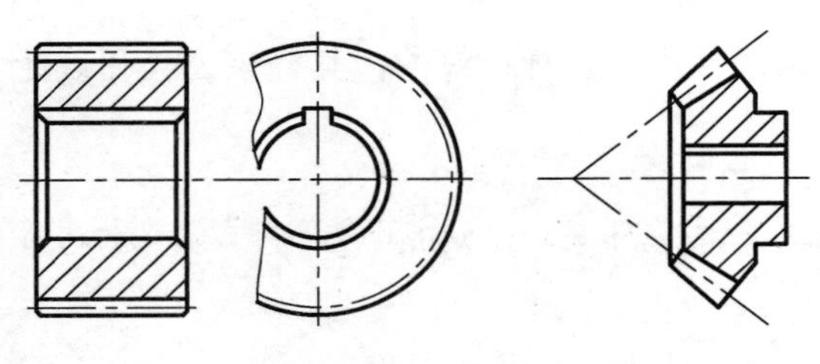

(a)实心式圆柱齿轮　　(b)实心式锥齿轮

图 7-49　实心式齿轮结构

齿顶圆直径 $d_a \leqslant 200\text{mm}$ 的齿轮，可做成图 7-49 所示的实心式结构。当 $200\text{mm} < d_a \leqslant 500\text{mm}$ 时，为减轻重量和节约材料，常采用辐板式结构，如图 7-50 所示。齿轮各部分的结构尺寸，可参考图 7-50 下方所列经验公式确定。齿轮辐板上的圆孔的主要作用是便于齿轮的搬运及加工时的装夹。

**2. 铸造齿轮**

若齿轮直径较大（$d_a > 500\text{mm}$），锻造比较困难，这时应采用铸造齿轮，一般铸成轮辐式或辐板式结构，如图 7-51 所示。

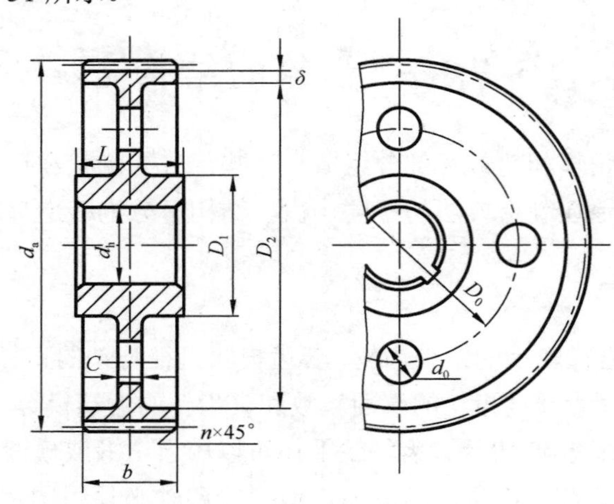


(a)锻造圆柱齿轮

$D_0 = 0.5(D_1 + D_2)$；$d_0 = 0.25(D_2 - D_1)$；$D_1 = 1.6d_h$；

$\delta = (2.5 \sim 4)\ m_n$，但不小于 8～10mm；$C = 0.3b$；$n = 0.5m_n$；$L = (1.2 \sim 1.5)d_h$

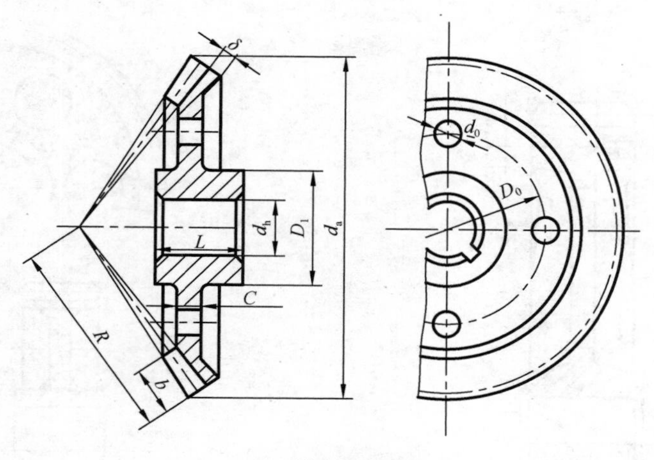


(b)锻造锥齿轮

$D_1=1.6d_h$；$c=(0.1\sim0.2)R$；$\delta=(3\sim4)m\geqslant10\text{mm}$；$L=(1\sim1.2)d_h$；$D_0$、$d_0$ 由结构确定

图 7-50 辐板式锻造齿轮

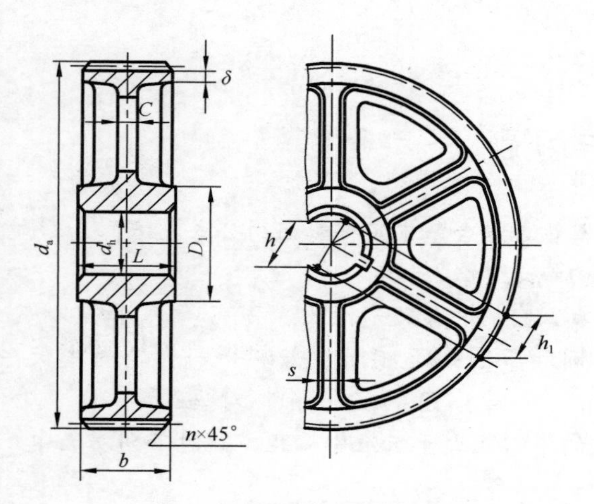


(a)轮辐式铸造圆柱齿轮

$\delta=5m_n$；$D_1=(1.6\sim1.8)d_h$；$h=0.8d_h$；

$h_1=0.8h$；$C=0.2h$；$n=0.5m_n$；

$s=\dfrac{h}{6}\geqslant10\text{mm}$；$L=(1.2\sim1.5)d_h$

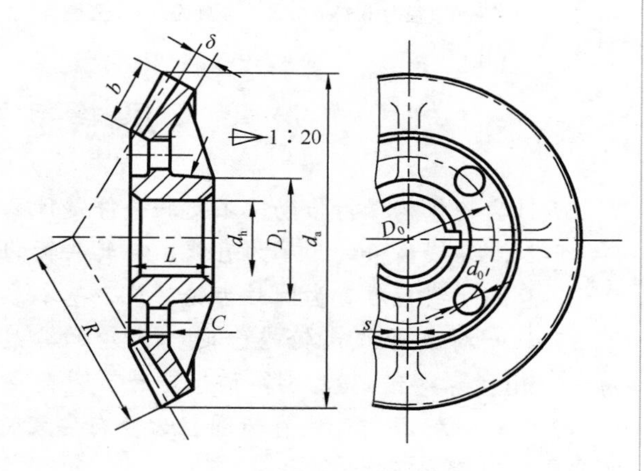


(b)辐板式铸造锥齿轮

$D_1=1.6d_h$（铸钢）；$D_1=1.8d_h$（铸铁）；$L=(1.2\sim1.5)d_h$；

$\delta=(3\sim4)m$，但不小于 10mm；

$c=(0.1\sim0.17)R$，但不小于 10mm；

$s=0.8c$，但不小于 10mm；$D_0$、$d_0$ 由结构确定

图 7-51 铸造齿轮结构

**3. 镶圈齿轮**

当齿轮直径很大时，为节约贵重金属，可将齿轮做成镶圈结构。如图 7-52 所示，将优质材料制成的齿圈(轮缘)用过盈配合的方法装在铸铁或铸钢的轮心上，并在配合面处加装 4～8 个紧定螺钉。

**4. 焊接齿轮**

当单件或小批量生产或尺寸过大不便铸造时，可采用图 7-53 所示的焊接结构齿轮。

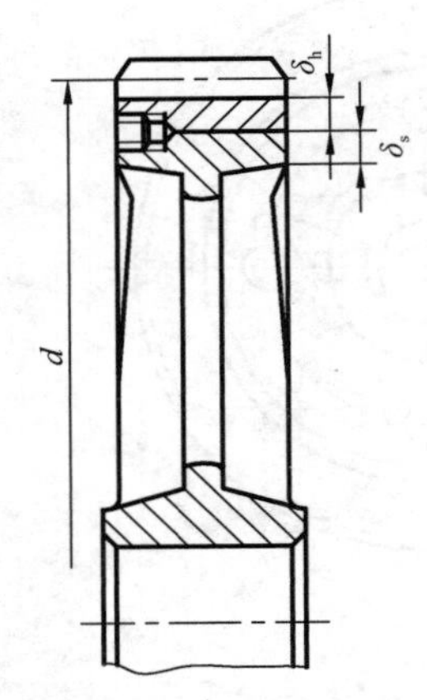


图 7-52　镶圈齿轮结构

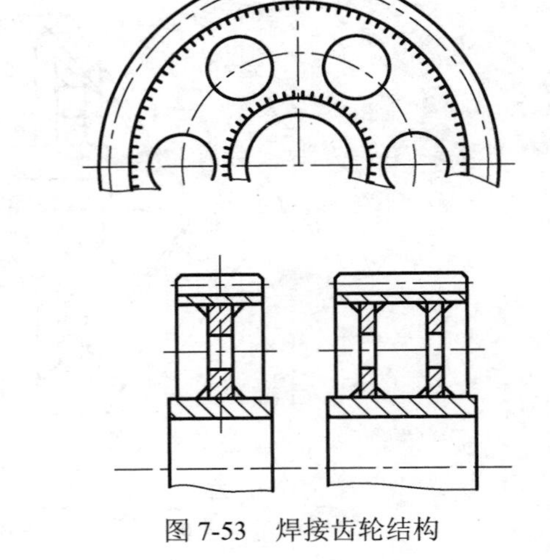

图 7-53　焊接齿轮结构

$z_2 \leqslant 150$ 时，$\delta_h = (2.4m+10)\sqrt[3]{\dfrac{z_2}{150}}$mm；$z_2 > 150$ 时，$\delta_h = 0.016d + 10$mm；

铸铁轮心：$\delta_s = (1 \sim 1.2)\delta_h$；铸钢轮心：$\delta_s = (0.8 \sim 1)\delta_h$；

螺钉直径为(0.5～0.6) $\delta_h$，长度约为 3 倍直径

# 思考题与习题

7-1 齿轮机构保持传动比不变的条件是什么？齿廓啮合基本定律如何用公式表达？

7-2 渐开线齿条的齿廓为直线，与其共轭的曲线是什么？

7-3 渐开线标准直齿圆柱齿轮有几个基本参数？它们的含义是什么？

7-4 一对渐开线齿轮啮合时，齿轮的分度圆和节圆是否相同？若测得一齿轮的模数 $m = 5$mm，齿数 $z = 32$，则得该齿轮的节圆直径 $d' = mz = 5\times32 = 160$(mm)，对吗？

7-5 一对标准渐开线直齿圆柱齿轮在安装时的中心距大于标准中心距，此时下列参数中哪些变化？哪些不变？

(1)传动比；(2)啮合角；(3)分度圆直径；(4)基圆直径；(5)实际啮合线长度；(6)齿顶高；(7)齿顶隙。

7-6 何谓重合度 $\varepsilon$？它的物理意义是什么？

7-7 渐开线直齿圆柱齿轮的正确啮合条件和连续传动条件是什么？一对齿轮如果模数 $m$ 和压力角 $\alpha$ 不相等是否就一定不能正确啮合？

7-8 一对斜齿轮在啮合传动时，齿廓接触线的长度是如何变化的？

7-9 斜齿圆柱齿轮的分度圆直径 $d$ 与标准模数 $m_n$、齿轮的齿数 $z$ 有着怎样的关系？$m_n$ 相等，$z$ 相等的两个斜齿轮的 $d$ 是否相等？$d_a$、$d_f$、$d_b$ 又是否相等？

7-10 在斜齿轮中为什么要引入法向参数？为什么规定法向参数为标准值？

7-11 在斜齿轮和锥齿轮中引入当量齿轮的目的是什么？

7-12 锥齿轮为何以大端的参数为标准值？其正确啮合的条件是什么？

7-13 设计齿轮传动时为何引入载荷系数 $K$？它由哪几部分组成？

7-14 齿面点蚀为何都发生在齿根表面靠近节线处？

7-15 如何改善载荷沿齿向分布不均匀及动载荷的状况？

7-16 怎样合理选择齿轮精度等级？

7-17 在轮齿弯曲疲劳强度计算公式中为什么要引入齿形系数 $Y_{Fa}$ 及应力修正系数 $Y_{Sa}$ ？

7-18 轮齿弯曲疲劳强度计算公式中为什么要引入齿宽系数 $\phi_d$ ？设计时应如何选择 $\phi_d$ ？

7-19 一对传动齿轮的轮齿弯曲疲劳应力 $\sigma_F$ 是否相等？许用弯曲疲劳应力 $[\sigma_F]$ 是否相同？

7-20 一对齿轮传动中，主、从动轮齿面上的接触疲劳应力 $\sigma_H$ 是否相等？而许用接触疲劳应力 $[\sigma_H]$ 又是否相同？

7-21 为何小齿轮的材料性能和齿面硬度都要高于大齿轮？

7-22 现有材料、齿宽系数、齿数比完全相同的两对标准直齿圆柱齿轮，在相同的条件下工作。如果两个小齿轮的分度圆直径比为 1∶2 时，试问两对齿轮所能传递的扭矩比应为多少？

7-23 有一对齿轮传动，$m=6\text{mm}$，$z_1=20$，$z_2=80$，$b=40\text{mm}$。为了缩小中心距，要改用 $m=4\text{mm}$ 的一对齿轮来代替它。设载荷系数 $K$，齿数 $z_1$、$z_2$ 及材料均不变。试问为了保持原有接触疲劳强度，应取多大的齿宽 $b$？

7-24 两对闭式标准直齿圆柱齿轮传动，其主要参数如表 7-15 所示，其他条件均不变。试分析:

(1) 按接触疲劳强度考虑，哪对齿轮允许传递的转矩大？

(2) 按弯曲疲劳强度考虑，哪对齿轮允许传递的转矩大？

表 7-15 习题 7-24 表

| 齿轮对 | $m$ | $z_1$ | $z_2$ | $b$ |
|---|---|---|---|---|
| I | 4 | 18 | 41 | 40 |
| II | 2 | 36 | 82 | 40 |

7-25 一标准渐开线直齿圆柱齿轮，测得齿轮顶圆直径 $d_a=208\text{mm}$，齿根圆直径 $d_f=172\text{mm}$，齿数 $z=24$，试求该齿轮的模数 $m$ 和齿顶高系数 $h_a^*$。

7-26 一对正确安装的渐开线标准直齿圆柱齿轮(正常齿制)。已知模数 $m=4\text{mm}$，齿数 $z_1=25$，$z_2=125$。求传动比 $i$、中心距 $a$，并用作图法求实际啮合线长度和重合度 $\varepsilon$。

7-27 已知一对渐开线标准斜齿圆柱齿轮中心距 $a=155\text{mm}$，齿数 $z_1=23$，$z_2=76$，模数 $m_n=3\text{mm}$。试求这对齿轮的螺旋角 $\beta$ 和两轮的几何尺寸。

7-28 一对渐开线标准直齿锥齿轮，模数 $m=5\text{mm}$，齿数 $z_1=16$，$z_2=48$，两轴交错角 $\Sigma=90^\circ$。试求这对齿轮的传动比和几何尺寸。

7-29 设在图 7-54 所示的齿轮传动中，$z_1=20$，$z_2=20$，$z_3=30$。齿轮材料均为 45 钢调质，$\text{HBS}_1=240$，$\text{HBS}_2=260$，$\text{HBS}_3=220$，工作寿命为 2500h。试确定在下述两种情况中，轮 2 的许用接触疲劳应力 $[\sigma_H]$ 和许用弯曲疲劳应力 $[\sigma_F]$。

(1) 轮 1 主动，转速为 $20\text{r/min}$；(2) 轮 2 主动，转速为 $20\text{r/min}$。

7-30 一闭式单级直齿圆柱齿轮减速器。小齿轮 1 的材料为 40Cr，调质处理，齿面硬度为

250HBS；大齿轮 2 的材料为 45 钢，调质处理，齿面硬度为 220HBS。电机驱动，传递功率 $P=10\text{kW}$，$n_1=960\text{r/min}$，单向转动，载荷平稳，工作寿命为 5 年(每年工作 300 天，单班制工作)。齿轮的基本参数为：$m=3\text{mm}$，$z_1=25$，$z_2=75$，$b_1=65\text{mm}$，$b_2=60\text{mm}$。试验算齿轮的接触疲劳强度和弯曲疲劳强度。

7-31 双级斜齿圆柱齿轮减速器如图 7-55 所示。求：①低速级斜齿轮的螺旋线方向应如何选择才能使中间轴上两齿轮的轴向力方向相反？②低速级斜齿轮的螺旋角 $\beta$ 应取多大值才能使中间轴上的轴向力互相抵消？

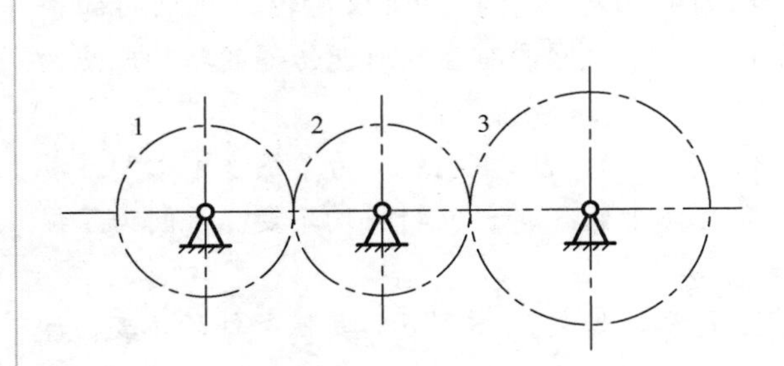


图 7-54 习题 7-29 图

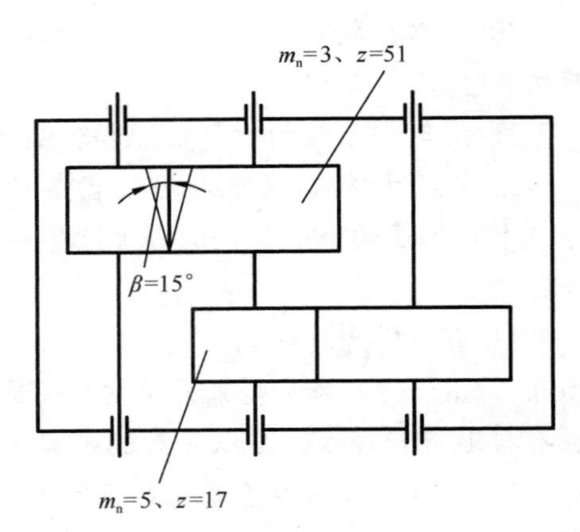


图 7-55 习题 7-31 图

# 第 8 章 蜗杆传动

## 8.1 概　　述

蜗杆传动主要由蜗杆和蜗轮构成，用于传递两交错轴间的运动和动力，两轴的交错角 $\Sigma$ 通常为 90°。

与一般齿轮传动相比，蜗杆传动的主要特点是：传动比大而结构紧凑(在一般动力传动中传动比 $i$=10～80，在分度机构中传动比 $i$ 可达 1000)；运转平稳，噪声小；满足一定条件时可实现反行程自锁(即不能以蜗轮为主动件带动蜗杆转动)；传动效率低(一般为 0.7～0.8，具有反行程自锁的蜗杆传动效率小于 0.5)，摩擦、磨损严重，制造成本高(为了减小摩擦、磨损，蜗轮齿圈往往要用价格昂贵的减摩材料制造)。

蜗杆传动通常以蜗杆为主动件作为减速装置，用于两轴交错、传动比大且传递功率不太大的场合。此外，由于蜗杆传动可实现反行程自锁，也常用于起重机械中，起到一定的安全保护作用。

## 8.2 蜗杆传动的形成与类型

### 8.2.1 蜗杆传动的形成

蜗杆传动(图 8-1)是由交错轴斜齿圆柱齿轮传动(螺旋齿轮传动)演化而来的。如图 8-2 所示，一对螺旋角分别为 $\beta_1$、$\beta_2$ 且旋向相同的斜齿圆柱齿轮构成交错角 $\Sigma = 90^\circ$ 的交错轴斜齿圆柱齿轮传动，若轮 1 的螺旋角 $\beta_1$ 较大，且其分度圆柱直径较小而齿宽 $b_1$ 较大，则轮 1 的螺旋齿可在分度圆柱面上缠绕一周以上。这样的轮 1 形似螺杆，称为蜗杆。与蜗杆相啮合的轮 2 称为蜗轮。

如图 8-2 所示，蜗杆分度圆柱螺旋线上任一点的切线 $t$-$t$ 与蜗杆端平面间所夹的锐角 $\gamma$ 称为导程角。因 $\gamma = 90^\circ - \beta_1$，所以对于交错角 $\Sigma = \beta_1 + \beta_2 = 90^\circ$ 的蜗杆传动，蜗轮的螺旋角 $\beta_2$ 等于蜗杆的导程角 $\gamma$，即 $\beta_2 = \gamma$。

由于轴线是交错的，所以蜗杆蜗轮啮合传动时齿廓间是点接触。为了改善啮合状况，将蜗轮的轮齿沿齿宽方向做成圆弧形，使其部分地包住蜗杆。蜗轮的轮齿是用与蜗杆形状相同的滚刀按展成法加工的，以使蜗杆与蜗轮能很好地啮合。

与斜齿轮一样，蜗杆也有左旋、右旋之分。除特殊要求之外，一般应采用右旋蜗杆。蜗轮的旋向与相配对的蜗杆旋向相同。

8-1

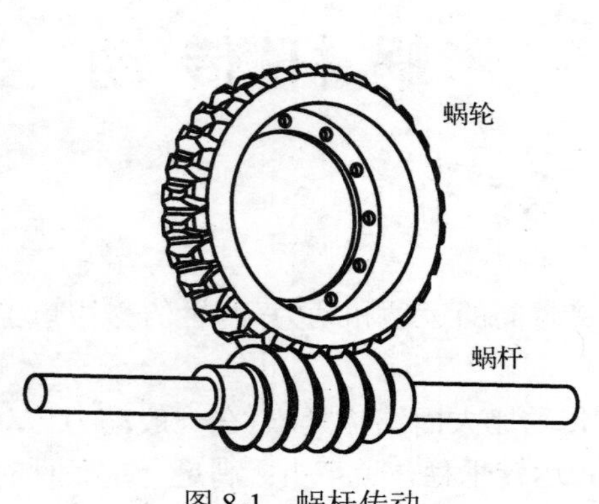

图 8-1 蜗杆传动

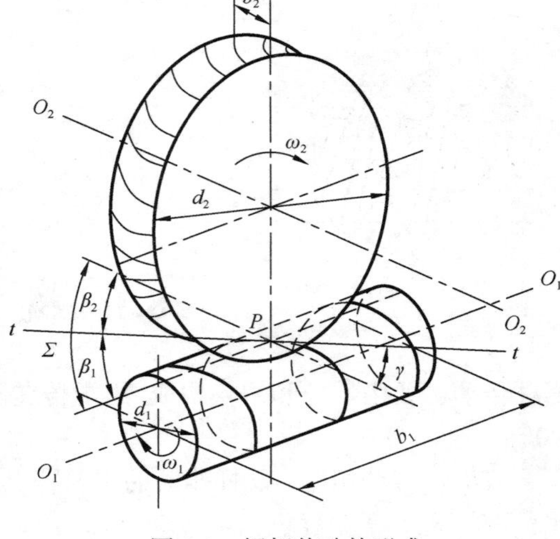

图 8-2 蜗杆传动的形成

## 8.2.2 蜗杆传动的类型

根据蜗杆的外廓形状，蜗杆传动可分为圆柱蜗杆传动(图 8-3(a))、环面蜗杆传动(图 8-3(b))和锥蜗杆传动(图 8-3(c))。圆柱蜗杆传动又有普通圆柱蜗杆传动和圆弧圆柱蜗杆传动两类。

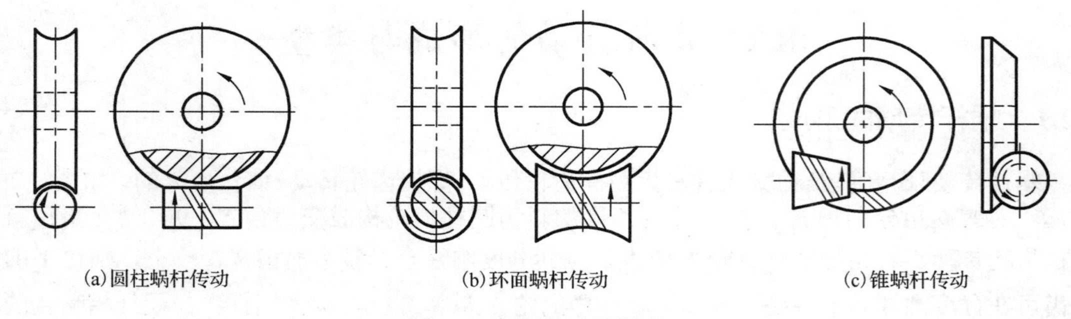
(a)圆柱蜗杆传动　(b)环面蜗杆传动　(c)锥蜗杆传动

图 8-3 蜗杆传动的类型

根据加工方法和齿廓曲线的不同，普通圆柱蜗杆分为阿基米德蜗杆(ZA 蜗杆)、渐开线蜗杆(ZI 蜗杆)、法向直廓蜗杆(ZN 蜗杆)和锥面包络蜗杆(ZK 蜗杆)。国家标准(GB/T 10085—2018)推荐采用 ZI 蜗杆和 ZK 蜗杆。

阿基米德蜗杆的齿面为阿基米德螺旋面，通常是用具有直线刃的梯形刀具在车床上加工而成的。加工时刀具前刀面安装在过蜗杆轴线的水平位置上，刀具的左右两个直线刀刃同时切削蜗杆齿槽的两个侧面，如图 8-4(a)所示。这样加工出来的蜗杆，在轴剖面 I - I 内的齿廓为直线(齿形角 $\alpha = 20°$)；在垂直于轴线的端面上，齿廓为阿基米德螺线，故称为阿基米德蜗杆。这种蜗杆磨削困难，通常在不磨削的情况下使用，能达到的齿形精度较低，应用受到一定限制。阿基米德蜗杆易于加工，但是当导程角 $\gamma$ 较大时加工比较困难。

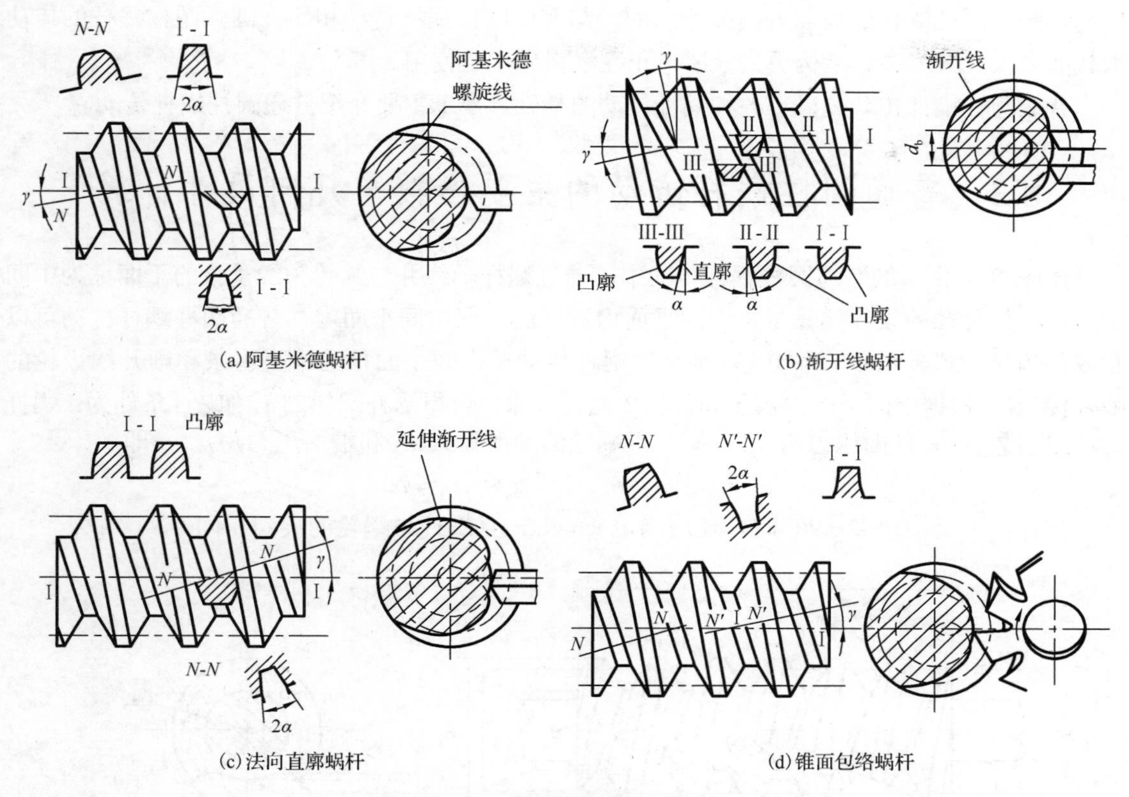

(a) 阿基米德蜗杆

(b) 渐开线蜗杆

(c) 法向直廓蜗杆

(d) 锥面包络蜗杆

图 8-4 普通圆柱蜗杆的类型

渐开线蜗杆的齿面为渐开螺旋面，通常在车床上车削加工。在垂直于轴线的端面上，齿廓曲线为渐开线。在与基圆柱相切的截面(刀具切削刃所在的平面)内，齿廓一侧为直线，另一侧为曲线，如图 8-4(b)所示。这种蜗杆可以用平面砂轮磨削，有利于提高精度。一般用于转速较高和要求精度较高的传动中。

法向直廓蜗杆的齿面为延伸渐开线螺旋面，通常也在车床上车削加工。在垂直于轴线的端面上，齿廓为延伸渐开线，法向齿廓为直线。切削时，切削刃平面在螺旋线的法面内，如图 8-3(c)所示。这种蜗杆磨削也比较困难。

上述三种蜗杆的齿面都是直纹的轨迹曲面，即蜗杆齿螺旋面都是以直母线绕其蜗杆轴线做螺旋运动而形成的。这一点体现在蜗杆的加工制造上，就是蜗杆均可在车床上用直刃车刀车削而成。

锥面包络蜗杆的齿面为包络曲面而非轨迹曲面，比较复杂。锥面包络蜗杆不能像上述几种蜗杆那样在车床上加工，而只能在铣床上铣削加工。铣刀可以是圆锥面的盘形铣刀或圆锥面的指形铣刀。铣削加工时，刀具绕自身轴线高速回转，工件在绕自身轴线缓慢回转的同时，沿轴线缓慢移动。刀具回转曲面的包络面即为蜗杆螺旋齿面。在蜗杆的任意截面内齿廓均为曲线，如图 8-4(d)所示。这种蜗杆便于磨削，可实现较高的精度。

圆弧圆柱蜗杆传动(ZC 蜗杆)是在普通圆柱蜗杆传动的基础上发展起来的一种新型蜗杆

传动。圆弧圆柱蜗杆的齿面为圆弧形凹面。与普通圆柱蜗杆传动相比，圆弧圆柱蜗杆的传动承载能力大、效率高、结构更为紧凑，正逐渐得到广泛使用。

普通圆柱蜗杆传动是以上各种蜗杆传动的基础，本章主要介绍普通圆柱蜗杆传动。

## 8.3 普通圆柱蜗杆传动的主要参数与几何尺寸计算

在图 8-5 所示的普通圆柱蜗杆传动中，通过蜗杆轴线并与蜗轮轴线垂直的平面称为中间平面，蜗杆传动的设计计算是在中间平面内进行的。在中间平面内，普通圆柱蜗杆传动可以看成是齿条和齿轮的啮合传动(阿基米德蜗杆传动在中间平面相当于直齿条和渐开线齿轮的啮合传动)。根据中间平面内齿条和齿轮的啮合关系，可得蜗杆蜗轮的正确啮合条件为：蜗杆的轴面模数 $m_{a1}$ 和轴面压力角 $\alpha_{a1}$ 分别等于蜗轮的端面模数 $m_{t2}$ 和端面压力角 $\alpha_{t2}$，即

$$m_{a1}=m_{t2}=m\,,\qquad \alpha_{a1}=\alpha_{t2}=\alpha$$

此外，当交错角 $\Sigma=90^\circ$ 时，还应满足 $\gamma=\beta_2$，且蜗杆与蜗轮的旋向相同。

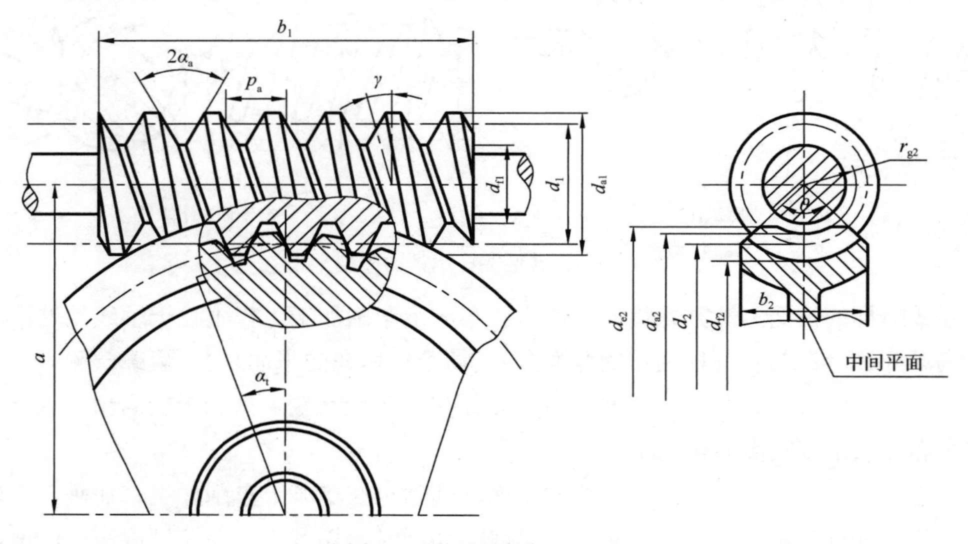


图 8-5 普通圆柱蜗杆传动

### 8.3.1 蜗杆传动的主要参数及其选择

**1. 模数 $m$ 和压力角 $\alpha$**

与齿轮传动一样，蜗杆传动的几何尺寸也是以模数为主要计算参数，模数 $m$ 的标准值见表 8-1。对于 ZA 蜗杆，其轴面压力角 $\alpha_a$ 为标准值(20°)；对于 ZI、ZN、ZK 三种蜗杆，法向压力角 $\alpha_n$ 为标准值(20°)，蜗杆轴面压力角与法向压力角的关系为

$$\tan\alpha_a=\frac{\tan\alpha_n}{\cos\gamma} \tag{8-1}$$

式中，$\gamma$ 为蜗杆导程角。

表 8-1　动力蜗杆传动的 $m$、$d_1$ 及 $m^2d_1$ 值(摘自 GB/T 10088—2018)

| 模数 $m$/mm | 分度圆直径 $d_1$/mm | 直径系数 $q$ | 蜗杆头数 $z_1$ | $m^2d_1$ /$mm^3$ | 模数 $m$/mm | 分度圆直径 $d_1$/mm | 直径系数 $q$ | 蜗杆头数 $z_1$ | $m^2d_1$ /$mm^3$ |
|---|---|---|---|---|---|---|---|---|---|
| 2 | (18) | 9 | 1、2、4 | 72 | 8 | (63) | 7.875 | 1、2、4 | 4032 |
| | 22.4 | 11.2 | 1、2、4、6 | 90 | | 80 | 10 | 1、2、4、6 | 5120 |
| | (28) | 14 | 1、2、4 | 112 | | (100) | 12.5 | 1、2、4 | 6400 |
| | 35.5 | 17.75 | 1 | 142 | | 140 | 17.5 | 1 | 8960 |
| 2.5 | (22.4) | 8.96 | 1、2、4 | 140 | 10 | (71) | 7. 1 | 1、2、4 | 7100 |
| | 28 | 11.2 | 1、2、4、6 | 175 | | 90 | 9 | 1、2、4、6 | 9000 |
| | (35.5) | 14.2 | 1、2、4 | 222 | | (112) | 11.2 | 1、2、4 | 11200 |
| | 45 | 18 | 1 | 281 | | 160 | 16 | 1 | 16000 |
| 3.15 | (28) | 8.89 | 1、2、4 | 278 | 12.5 | (90) | 7.2 | 1、2、4 | 14062 |
| | 35.5 | 11.27 | 1、2、4、6 | 353 | | 112 | 8.96 | 1、2、4、6 | 17500 |
| | (45) | 14.29 | 1、2、4 | 447 | | (140) | 11.2 | 1、2、4 | 21875 |
| | 56 | 17.778 | 1 | 556 | | 200 | 16 | 1 | 31250 |
| 4 | (31.5) | 7.875 | 1、2、4 | 504 | 16 | (112) | 7 | 1、2、4 | 28672 |
| | 40 | 10 | 1、2、4、6 | 640 | | 140 | 8.75 | 1、2、4、6 | 35840 |
| | (50) | 12.5 | 1、2、4 | 800 | | (180) | 11.25 | 1、2、4 | 46080 |
| | 71 | 17.75 | 1 | 1136 | | 250 | 15.625 | 1 | 64000 |
| 5 | (40) | 8 | 1、2、4 | 1000 | 20 | (140) | 7 | 1、2、4 | 56000 |
| | 50 | 10 | 1、2、4、6 | 1250 | | 160 | 8 | 1、2、4、6 | 64000 |
| | (63) | 12.6 | 1、2、4 | 1575 | | (224) | 11.2 | 1、2、4 | 89000 |
| | 90 | 18 | 1 | 2250 | | 315 | 15.75 | 1 | 12600 |
| 6.3 | (50) | 7.936 | 1、2、4 | 1984 | 25 | (180) | 7.2 | 1、2、4 | 112500 |
| | 63 | 10 | 1、2、4、6 | 2500 | | 200 | 8 | 1、2、4、6 | 125000 |
| | (80) | 12.698 | 1、2、4 | 3175 | | (280) | 11.2 | 1、2、4 | 175000 |
| | 112 | 17.778 | 1 | 4445 | | 400 | 16 | 1 | 250000 |

注：表中括号内数值为第二系列，尽可能不采用。

### 2. 蜗杆头数 $z_1$ 和蜗轮齿数 $z_2$

蜗杆的齿数 $z_1$ 通常称为蜗杆头数，蜗杆有单头($z_1=1$)和多头($z_1>1$)之分。

蜗杆头数 $z_1$ 可根据要求的传动比和效率来确定。单头蜗杆传动的传动比比较大，但效率较低。多头蜗杆的传动效率高，但头数过多又会给蜗杆加工带来困难。因此，通常取 $z_1=1$、2、4、6。

在蜗杆头数 $z_1$ 确定后，蜗轮齿数 $z_2$ 由传动比 $i$ 来确定。需要注意的是，为了避免滚刀加工蜗轮时产生根切与干涉，理论上应使 $z_{2\min}\geqslant 17$。但当 $z_2<26$ 时，啮合区要显著减少，将影响传动的平稳性，当 $z_2\geqslant 30$ 时，可实现两对齿以上的啮合。当蜗轮直径不变时，$z_2$ 越大，模数就越小，将削弱轮齿的弯曲强度；当模数不变时，蜗轮尺寸将要增大，使相啮合的蜗杆支承间距加长，这将降低蜗杆的弯曲刚度，容易产生挠曲而影响正常啮合。因此，一般取 $z_2=32$～80。表 8-2 列出了 $z_1$、$z_2$ 的推荐值，具体选择时还应考虑表 8-1 中的匹配关系。当蜗轮用于分度传动时，$z_2$ 的选择可不受限制。

表 8-2 蜗杆头数 $z_1$ 与蜗轮齿数 $z_2$ 的推荐值

| $i=z_2/z_1$ | $z_1$ | $z_2$ | $i=z_2/z_1$ | $z_1$ | $z_2$ |
|---|---|---|---|---|---|
| ≈5 | 6 | 29～31 | 14～30 | 2 | 29～61 |
| 7～15 | 4 | 29～61 | 29～82 | 1 | 29～82 |

**3. 蜗杆分度圆直径 $d_1$ 和蜗杆直径系数 $q$**

如图 8-6 所示，蜗杆分度圆柱上相邻两圈螺旋齿同侧齿面沿轴向的距离 $p_a$ 称为蜗杆轴向齿距(显然，$p_a=\pi m$)。沿着蜗杆同一螺旋齿绕行一周所移过的轴向距离 $p_z$ 称为导程。导程与轴向齿距的关系为

$$p_z = z_1 p_a \tag{8-2}$$

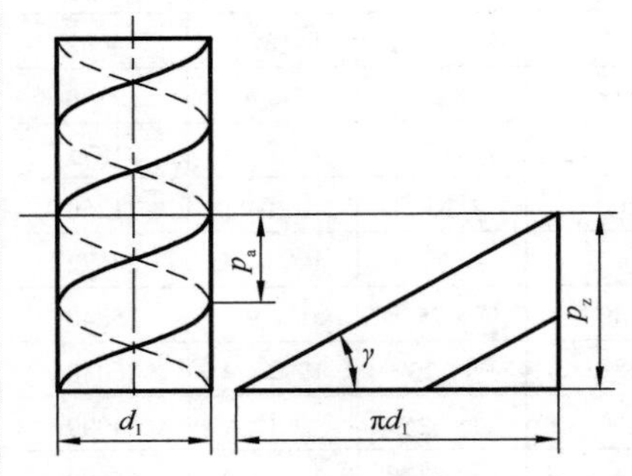

图 8-6 导程角 $\gamma$ 与导程 $p_z$ 的关系

由图 8-6 可得

$$\tan\gamma = \frac{p_z}{2\pi r_1} = \frac{z_1 p_a}{\pi d_1} = \frac{z_1 m}{d_1} \tag{8-3}$$

即

$$d_1 = m\frac{z_1}{\tan\gamma} \tag{8-4}$$

式(8-4)表明，同一模数 $m$ 的蜗杆，当蜗杆头数 $z_1$ 和导程角 $\gamma$ 不同时，分度圆直径 $d_1$ 也不相同。由于蜗轮是用和蜗杆形状相当的滚刀进行加工的，所以需要很多不同直径的滚刀。显然这是很不经济的。为了限制刀具的数目以及便于刀具标准化，对每个模数 $m$ 规定了一定数量的蜗杆分度圆直径 $d_1$。$d_1$ 和 $m$ 的匹配关系见表 8-1。令蜗杆分度圆直径 $d_1$ 与模数 $m$ 的比值为 $q$，称为蜗杆直径系数，即

$$q = \frac{d_1}{m} \tag{8-5}$$

式中，$d_1$、$m$ 已标准化；$q$ 为导出量。

**4. 蜗杆传动的中心距 $a$**

蜗杆传动的标准中心距为

$$a = \frac{1}{2}(d_1 + d_2) = \frac{1}{2}(q + z_2)m \tag{8-6}$$

## 8.3.2 蜗杆传动的几何尺寸计算

普通圆柱蜗杆传动的主要几何尺寸见图 8-5，有关尺寸计算公式见表 8-3。

表 8-3 普通圆柱蜗杆传动的主要几何尺寸计算公式(交错角为 90°)

| 名称及符号 | 计算公式 | 名称及符号 | 计算公式 |
|---|---|---|---|
| 蜗杆轴面模数或蜗轮端面模数 $m$ | 取标准值(表 8-1) | 蜗杆齿根高 $h_{f1}$ | $h_{f1}=(h_a^*+c^*)m$ |
| 蜗杆轴面或蜗轮端面压力角 $\alpha$ | $\alpha=20°$(对阿基米德蜗杆) | 蜗杆分度圆直径 $d_1$ | $d_1=qm$ |
| 中心距 $a$ | $a=\frac{1}{2}(d_1+d_2)=\frac{1}{2}(q+z_2)m$ | 蜗杆齿顶圆直径 $d_{a1}$ | $d_{a1}=d_1+2h_a^*m$ |
| 蜗杆直径系数 $q$ | $q=d_1/m$ | 蜗杆齿根圆直径 $d_{f1}$ | $d_{f1}=d_1-2m(h_a^*+c^*)$ |
| 蜗杆轴向齿距 $p_a$ | $p_a=\pi m$ | 蜗轮分度圆直径 $d_2$ | $d_2=mz_2$ |

续表

| 名称及符号 | 计算公式 | 名称及符号 | 计算公式 |
|---|---|---|---|
| 蜗杆导程 $p_z$ | $p_z = z_1 p_a$ | 蜗轮咽喉圆直径 $d_{a2}$ | $d_{a2} = d_2 + 2h_a^* m$ |
| 蜗杆齿宽(螺纹长度) $b_1$ | 建议取 $z_1 = 1$、2 时，$b_1 \geqslant (12 + 0.1z_2)m$<br>$z_1 = 3$、4 时，$b_1 \geqslant (13 + 0.1z_2)m$ | 蜗轮齿根圆直径 $d_{f2}$ | $d_{f2} = d_2 - 2m(h_a^* + c^*)$ |
| 蜗杆分度圆柱导程角 $\gamma$ | $\gamma = \arctan(z_1 m / d_1)$ | 蜗轮外径 $d_{e2}$ | $d_{e2} \approx d_{a2} + m$ |
| 渐开线蜗杆基圆导程角 $\gamma_b$ | $\cos\gamma_b = \cos\gamma\cos\alpha_n$ | 蜗轮咽喉母圆半径 $r_{g2}$ | $r_{g2} = a - \frac{1}{2}d_{a2}$ |
| 渐开线蜗杆基圆直径 $d_{b1}$ | $d_{b1} = d_1 \tan\gamma / \tan\gamma_b$<br>$= mz_1 / \tan\gamma_b$ | 蜗轮齿宽 $b_2$ | 由设计确定 |
| 顶隙 $c$ | $c = c^* m \ (c^* = 0.2)$ | 蜗轮齿宽角 $\theta$ | $\theta = 2\arcsin(b_2/d_1)$ |
| 蜗杆齿顶高 $h_{a1}$ | $h_{a1} = h_a^* m \ (h_a^* = 1)$ | | |

# 8.4 蜗杆传动的工作情况分析

## 8.4.1 蜗杆传动的运动分析

**1. 齿面间的相对滑动**

如图 8-7 所示，蜗杆和蜗轮在节点 $P$ 啮合，该点处蜗杆的圆周速度为 $v_1$，蜗轮的圆周速度为 $v_2$，$v_1$ 和 $v_2$ 之间成 $90°$ 夹角，因而沿齿向(即蜗杆分度圆柱面螺旋线切线方向)有相对滑动存在，相对滑动速度大小为(蜗杆相对蜗轮)

$$v_s = \frac{v_1}{\cos\gamma} = \sqrt{v_1^2 + v_2^2} \tag{8-7}$$

并且有

$$\frac{v_2}{v_1} = \tan\gamma \tag{8-8}$$

式中，$\gamma$ 为蜗杆的导程角。

由于相对滑动速度 $v_s$ 的值很大，齿面摩擦损耗大，磨损、发热严重，降低了传动效率，当载荷过大而又未能很好润滑时，还易发生齿面胶合。

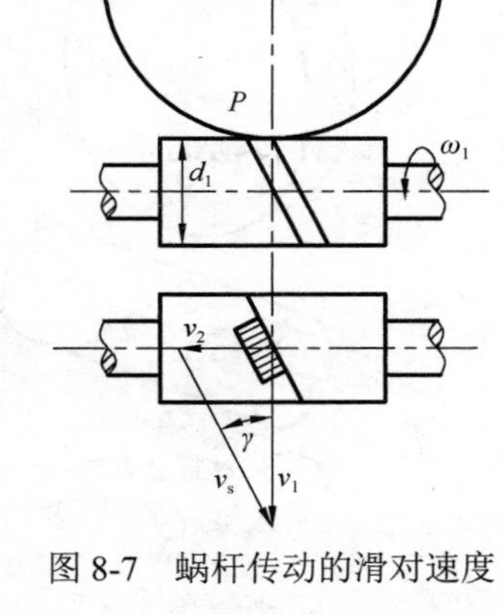


图 8-7 蜗杆传动的滑对速度

**2. 蜗杆传动的传动比**

与齿轮传动一样，蜗杆传动的传动比 $i = \omega_1 / \omega_2$，式中，$\omega_1$、$\omega_2$ 分别为蜗杆、蜗轮的角速度。根据式(8-4)、式(8-8)及 $d_2 = mz_2$，又可导出 $i = \frac{d_2}{d_1 \tan\gamma} = \frac{z_2}{z_1}$。所以，有

$$i = \frac{\omega_1}{\omega_2} = \frac{z_2}{z_1} \tag{8-9}$$

**3. 蜗杆传动的转向判定**

根据图 8-7 所示的蜗杆传动中蜗杆和蜗轮旋向、蜗杆转向、蜗杆和蜗轮在啮合点处圆周速度的方向，可以归纳出蜗杆传动中蜗轮转向判定方法。

对于交错角 $\Sigma = 90°$ 的蜗杆传动，蜗杆和蜗轮的转向可以用蜗杆的手握方法来判定。以图 8-8 为例，蜗杆为右旋时用右手(左旋用左手)，四指顺着蜗杆的转向空握成拳，大拇指指向的相反方向即表示蜗轮在啮合点圆周速度 $v_2$ 的方向，由此便可确定蜗轮的转向。

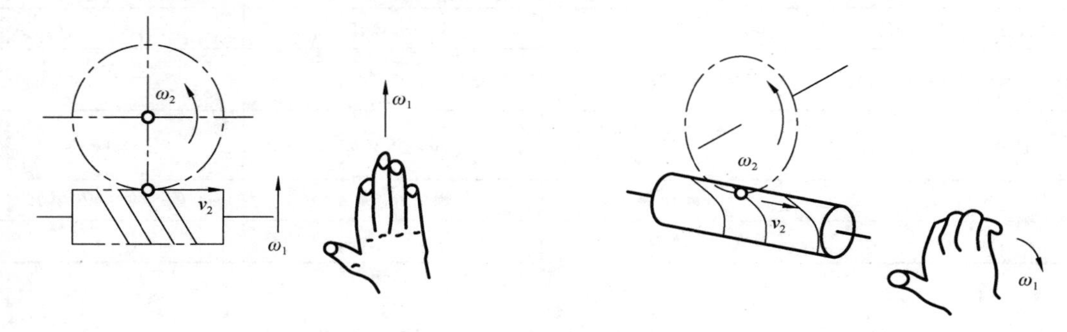


图 8-8　蜗杆蜗轮的转向判定

## 8.4.2 蜗杆传动的受力分析

蜗杆传动的受力分析和斜齿圆柱齿轮相似。仍以一对齿啮合于节点 $P$ 处作为受力分析及强度计算的依据。

图 8-9 所示为以右旋蜗杆为主动件，沿图示方向旋转时，蜗杆齿面上的受力情况。

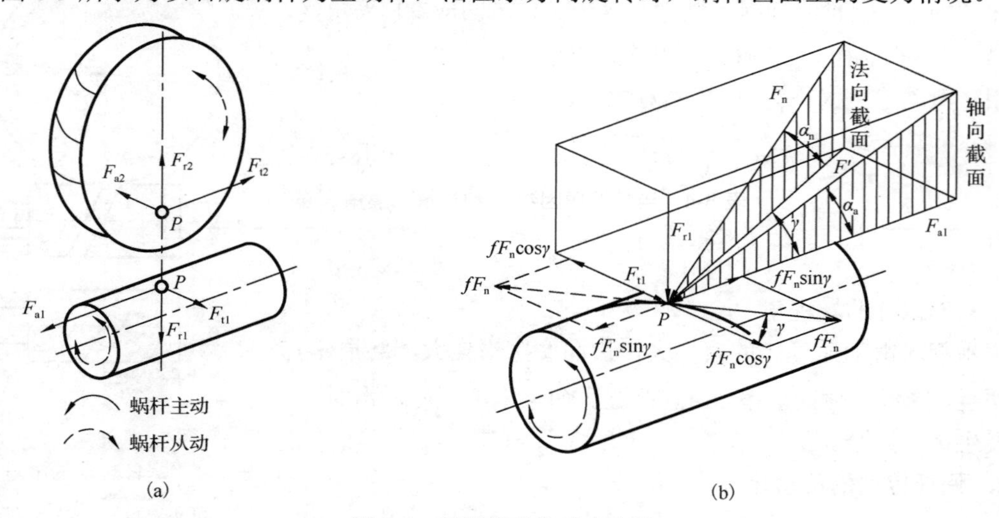


图 8-9　蜗杆传动的受力分析

$F_n$ 为作用于齿面上节点 $P$ 处的法向力。$F_n$ 可分解为三个相互垂直的分力，即圆周力 $F_{t1}$、轴向力 $F_{a1}$ 和径向力 $F_{r1}$(蜗轮上相应的三个分力分别为 $F_{t2}$、$F_{a2}$ 和 $F_{r2}$)。显然，$F_{t1}$ 与 $F_{a2}$、$F_{a1}$ 与 $F_{t2}$、$F_{r1}$ 与 $F_{r2}$ 这三对力分别大小相等、方向相反(图 8-9(a))。由图 8-9(b)可知，蜗杆、蜗轮所受各力的大小可按下列各式计算：

$$F_{t1}=F_{a2}=F_n\cos\alpha_n\sin\gamma+fF_n\cos\gamma=\frac{2000T_1}{d_1}\quad,\ \text{N} \tag{8-10}$$

$$F_{a1}=F_{t2}=F_n\cos\alpha_n\cos\gamma-fF_n\sin\gamma=\frac{2000T_2}{d_2}\quad,\ \text{N} \tag{8-11}$$

$$F_{r1}=F_{r2}=F_n\sin\alpha_n=F_{a1}\tan\alpha\quad,\ \text{N} \tag{8-12}$$

式中，$T_1$、$T_2$ 分别为蜗杆和蜗轮上的转矩，N·m；$T_2=T_1 i\eta_1$，其中 $i$ 为传动比，$\eta_1$ 为啮合效率；$d_1$、$d_2$ 分别为蜗杆及蜗轮的分度圆直径，mm；$f$ 为摩擦因数。

上述各力的方向与蜗杆和蜗轮的转向及是否为主动件有关。①主动轮所受圆周力方向一定与转向相反，从动轮所受圆周力方向一定与转向相同。例如，若蜗杆为主动件，则蜗杆所受圆周力 $F_{t1}$ 的方向与蜗杆的转向相反，蜗轮所受圆周力 $F_{t2}$ 的方向与蜗轮的转向相同。② $F_{t1}$ 与 $F_{a2}$、$F_{a1}$ 与 $F_{t2}$ 互为作用与反作用力，其大小相等、方向相反。③蜗杆和蜗轮所受径向力 $F_{r1}$、$F_{r2}$ 的方向分别指向各自的轴心。据此就可以确定上述六个力的方向。

### 8.4.3　蜗杆传动的效率

当蜗杆主动时，输入到蜗杆的功率为 $F_{t1}v_1$，从蜗轮输出的功率为 $F_{t2}v_2$，则蜗杆传动的啮合效率为

$$\eta_1=\frac{F_{t2}v_2}{F_{t1}v_1}=\frac{F_n\cos\alpha_n\cos\gamma-fF_n\sin\gamma}{F_n\cos\alpha_n\sin\gamma+fF_n\cos\gamma}\tan\gamma=\frac{1-f\tan\gamma/\cos\alpha_n}{\tan\gamma+f/\cos\alpha_n}\tan\gamma$$

令 $f/\cos\alpha_n=f_v=\tan\phi_v$（$f_v$ 称为当量摩擦因数，$\phi_v$ 称为当量摩擦角），则得

$$\eta_1=\frac{\tan\gamma}{\tan(\gamma+\phi_v)} \tag{8-13}$$

在蜗杆传动类型一定时，当量摩擦因数 $f_v$ 和相应的当量摩擦角 $\phi_v$ 主要与相对滑动速度 $v_s$ 的大小有关，并与蜗杆、蜗轮的材料和齿面粗糙度、蜗杆齿面硬度有关。当润滑充分时，随着 $v_s$ 增大，润滑油更容易被带到齿面啮合处，有利于油膜的形成，因而 $f_v$、$\phi_v$ 下降。普通圆柱蜗杆传动的 $f_v$、$\phi_v$ 值见表 8-4。

**表 8-4　当量摩擦因数 $f_v$ 和当量摩擦角 $\phi_v$ 的值**

| 蜗轮齿圈材料 | 锡青铜 | | | | 铝铁青铜 | | 灰铸铁 | | | |
|---|---|---|---|---|---|---|---|---|---|---|
| 蜗杆螺纹硬度 | HRC≥45 磨削，抛光 | | 其他情况 | | HRC≥45 磨削，抛光 | | HRC≥45 | | 其他情况 | |
| 滑动速度 $v_s$/(m/s) | $f_v$ | $\phi_v$ | $f_v$ | $\phi_v$ | $f_v$ | $\phi_v$ | $f_v$ | $\phi_v$ | $f_v$ | $\phi_v$ |
| 0.01 | 0.110 | 6°17′ | 0.120 | 6°51′ | 0.180 | 10°12′ | 0.180 | 10°12′ | 0.190 | 10°45′ |
| 0.05 | 0.090 | 5°09′ | 0.100 | 5°43′ | 0.140 | 7°58′ | 0.140 | 7°58′ | 0.160 | 9°05′ |
| 0.10 | 0.080 | 4°34′ | 0.090 | 5°09′ | 0.130 | 7°24′ | 0.130 | 7°24′ | 0.140 | 7°58′ |
| 0.25 | 0.065 | 3°43′ | 0.075 | 4°17′ | 0.100 | 5°43′ | 0.100 | 5°43′ | 0.120 | 6°51′ |
| 0.50 | 0.055 | 3°09′ | 0.065 | 3°43′ | 0.090 | 5°09′ | 0.090 | 5°09′ | 0.100 | 5°43′ |
| 1.0 | 0.045 | 2°35′ | 0.055 | 3°09′ | 0.070 | 4°00′ | 0.070 | 4°00′ | 0.090 | 5°09′ |
| 1.5 | 0.040 | 2°17′ | 0.050 | 2°52′ | 0.065 | 3°43′ | 0.065 | 3°43′ | 0.080 | 4°34′ |
| 2.0 | 0.035 | 2°00′ | 0.045 | 2°35′ | 0.055 | 3°09′ | 0.055 | 3°09′ | 0.070 | 4°00′ |
| 2.5 | 0.030 | 1°43′ | 0.040 | 2°17′ | 0.050 | 2°52′ | — | — | — | — |

续表

| 蜗轮齿圈材料 | 锡青铜 | | | | 铝铁青铜 | | 灰铸铁 | | | |
|---|---|---|---|---|---|---|---|---|---|---|
| 蜗杆螺纹硬度 | HRC≥45 磨削，抛光 | | 其他情况 | | HRC≥45 磨削，抛光 | | HRC≥45 | | 其他情况 | |
| 滑动速度 $v_s$ /(m/s) | $f_v$ | $\phi_v$ | $f_v$ | $\phi_v$ | $f_v$ | $\phi_v$ | $f_v$ | $\phi_v$ | $f_v$ | $\phi_v$ |
| 3.0 | 0.028 | 1°36′ | 0.035 | 2°00′ | 0.045 | 2°35′ | — | — | — | — |
| 4 | 0.024 | 1°22′ | 0.031 | 1°47′ | 0.040 | 2°17′ | — | — | — | — |
| 5 | 0.022 | 1°16′ | 0.029 | 1°40′ | 0.035 | 2°00′ | — | — | — | — |
| 8 | 0.018 | 1°02′ | 0.026 | 1°29′ | 0.030 | 1°43′ | — | — | — | — |
| 10 | 0.016 | 0°55′ | 0.024 | 1°22′ | — | — | — | — | — | — |
| 15 | 0.014 | 0°48′ | 0.020 | 1°09′ | — | — | — | — | — | — |
| 24 | 0.013 | 0°45′ | — | — | — | — | — | — | — | — |

$\eta_1$与$\gamma$、$f_v$的关系如图 8-10 所示。由式(8-13)及图 8-10 可知，$\eta_1$随蜗杆导程角$\gamma$的增大而提高。通常取$\gamma<30°$，这是因为当$\gamma$由 44°降到 26°～30°时，$\eta_1$降低很少，但能大大简化蜗杆和蜗轮的制造工艺。

由式(8-13)还可以看出，当量摩擦角$\phi_v$降低，$\eta_1$可相应提高。由表 8-4 可知，相对滑动速度$v_s$增大，$\phi_v$降低。所以在由齿轮传动和蜗杆传动组成的多级传动中，若转速不太高，则常将蜗杆传动放在高速级，以提高传动效率。而且，这样布置还有以下优点：由于转速高，在传递功率不变的情况下，蜗杆传动的轮齿受力小，因而结构尺寸小，可节省蜗轮材料(减摩材料)，并能充分发挥蜗杆传动运转平稳的特点。

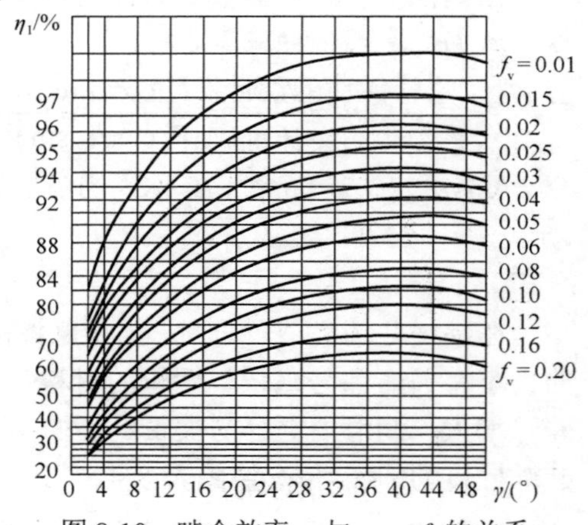

图 8-10 啮合效率$\eta_1$与$\gamma$、$f_v$的关系

### 8.4.4 蜗杆传动的自锁

当蜗杆传动以蜗轮为主动时(图 8-9(a)中虚线箭头表示的转向)，蜗杆所受的法向力$F_n$及其各分量仍如图 8-9(b)所示，只是摩擦力方向相反(图中虚线所示)。此时蜗杆所受圆周力$F_{t1}$为

$$F_{t1}=F_n\cos\alpha_n\sin\gamma-fF_n\cos\gamma$$

蜗轮所受圆周力$F_{t2}$为

$$F_{t2}=F_n\cos\alpha_n\cos\gamma+fF_n\sin\gamma$$

所以有

$$\frac{F_{t1}}{F_{t2}}=\frac{\cos\alpha_n\sin\gamma-f\cos\gamma}{\cos\alpha_n\cos\gamma+f\sin\gamma}=\tan(\gamma-\phi_v) \tag{8-14}$$

由式(8-14)可见，当$(\gamma-\phi_v)$值很小时，尽管加在蜗轮上的$F_{t2}$很大，但驱动蜗杆转动的$F_{t1}$仍然很小。当$\gamma\leqslant\phi_v$时，不管蜗轮上施加的主动力$F_{t2}$有多大，$F_{t1}$总是小于等于零，因而从动件蜗杆就不能转动。这就是蜗杆传动的“反行程自锁”。因此，蜗杆传动的自锁条件是蜗杆导程角$\gamma$小于等于当量摩擦角，即

$$\gamma\leqslant\phi_v \tag{8-15}$$

具有自锁特性的蜗杆传动，啮合效率$\eta_1$很低。将$\gamma=\phi_v$代入式(8-13)得

$$\eta_1=\frac{\tan\gamma}{\tan(\gamma+\phi_v)}=\frac{\tan\gamma}{\tan 2\gamma}=\frac{1}{2}(1-\tan^2\gamma)<0.5 \tag{8-16}$$

在简单的起重绞车中，利用蜗杆传动的反行程自锁特性可起到安全保护作用，即当重物吊起后停车时，理论上它不会自行降下，而无须刹车。但在振动、冲击严重的情况下，由于摩擦因数不稳定，故这种自锁不可靠。所以，通常在采用蜗杆传动中的起重机械中仍需有刹车装置。

## 8.5 蜗杆传动的失效形式、设计准则及常用材料

### 8.5.1 蜗杆传动的失效形式及设计准则

**1. 失效形式**

蜗杆传动的失效形式与齿轮传动相似。但因蜗杆与蜗轮齿面之间有较大的相对滑动，所以发热量大。而蜗杆的轮齿强度又总是高于蜗轮的轮齿强度，故蜗轮轮齿首先失效。其失效形式主要是蜗轮齿面胶合、磨损和点蚀等。

**2. 蜗杆传动的设计准则**

蜗杆传动的设计准则应按照其失效形式来确定。但目前还没有比较成熟的计算胶合和摩擦、磨损的方法，一般仍按齿面接触强度和齿根弯曲强度进行计算。而在选取许用应力时，适当考虑胶合和磨损因素的影响。由于蜗杆的强度高于蜗轮，所以一般只对蜗轮轮齿进行强度计算。

对于闭式蜗杆传动，首先按齿面接触疲劳强度进行设计，再按齿根弯曲疲劳强度进行校核。对于开式蜗杆传动，通常只须进行齿根弯曲疲劳强度计算。闭式蜗杆传动由于散热条件差，容易引起润滑失效导致齿面胶合，还应进行热平衡计算。

### 8.5.2 蜗杆传动的常用材料

蜗杆和蜗轮的材料不仅要求有足够的强度，而且配对材料要有优良的减摩性和摩擦相容性。所谓减摩性好，是指配对材料相对滑动时摩擦因数小、跑合性好、磨损少、易于形成润滑油膜等。为此，蜗杆、蜗轮配对材料应该一硬一软。实践证明，钢制蜗杆与青铜蜗轮配合有最佳性能。

常用的蜗杆材料(表8-5)有优质碳素钢、合金钢，经淬火处理可获得较高的齿面硬度，然后进行磨削或抛光处理。调质蜗杆只用于速度低、载荷小的场合。

表8-5 蜗杆材料及工艺要求

| 蜗杆材料 | 热处理 | 硬度 | 表面粗糙度参数 $Ra$ / μm |
|---|---|---|---|
| 45，40Cr，40CrNi，42SiMn | 表面淬火 | 45～55HRC | 1.60～0.80 |
| 20Cr，20CrMnTi ，20MnVB | 表面渗碳淬火 | 58～63HRC | 1.60～0.80 |
| 45(用于不重要的传动) | 调质 | ≤270HBS | 6.3 |

常用的蜗轮齿圈材料有铸锡青铜、铸铝铁青铜和灰铸铁等。在齿面相对滑动速度$v_s$＞4m/s的重要传动中，常用铸锡青铜作为蜗轮齿圈的材料，如ZCuSn10P1(铸锡磷青铜)、

ZCuSn5PbZn5(铸锡锌铅青铜)等。它们的抗胶合性和减磨性好，易切削加工，但价格较高。当相对滑动速度 $v_s$ ≤4m/s 时，常采用强度高、价格低但抗胶合能力较差的铸铝铁青铜(ZCuAl10Fe3)和铸铝铁镍青铜(ZCuAl9Fe4Ni4Mn2)作为蜗轮齿圈。对相对滑动速度 $v_s$ ≤2m/s 的不重要传动，或者直径较大的蜗轮则可采用灰铸铁 HT150、HT200 等。

# 8.6 蜗杆传动的设计

## 8.6.1 材料选择及许用应力

根据蜗杆传动的速度、载荷、常用材料的特点及经济性，合理选择蜗轮和蜗杆的材料及相应的热处理工艺，进而确定蜗轮的许用应力。

### 1. 蜗轮齿面的许用接触应力 $[\sigma_H]$

蜗轮齿面的许用接触应力 $[\sigma_H]$ 是由材料的抗失效能力决定的。当蜗轮齿材料为低强度青铜(强度极限 $\sigma_b$ <300MPa)而蜗杆材料为钢时，齿面的抗点蚀能力低而抗胶合能力高，因而 $[\sigma_H]$ 值应该根据材料的抗点蚀性能确定。其计算公式为

$$[\sigma_H]=[\sigma_{H0}]\sqrt[8]{\frac{10^7}{N_H}} \quad ,\text{MPa} \tag{8-17}$$

式中，$[\sigma_{H0}]$ 为基本许用接触应力，即接触应力循环次数为 $10^7$ 时的许用接触应力，MPa，见表 8-6；$N_H$ 为接触应力循环次数，$N_H=60a_Hnt$，其中 $a_H$ 为蜗轮每转一圈齿廓工作面所受接触应力的次数，$n$ 为每分钟转数，$t$ 为蜗轮工作总小时数，当 $N_H>25\times10^7$ 时，取 $N_H=25\times10^7$；当 $N_H<2.6\times10^5$ 时，取 $N_H=2.6\times10^5$。

表 8-6 $\sigma_b$ <300MPa 的青铜的基本许用接触应力 $[\sigma_{H0}]$ (单位：MPa)

| 蜗轮齿圈材料 | 铸造方法 | 蜗杆螺旋面的硬度 | | 蜗轮齿圈材料 | 铸造方法 | 蜗杆螺旋面的硬度 | |
|---|---|---|---|---|---|---|---|
| | | <45HRC | ≥45HRC | | | <45HRC | ≥45HRC |
| 铸锡磷青铜(ZCuSn10P1) | 砂模铸造 | 160 | 180 | 铸锡锌铅青铜(ZCuSn5Pb5Zn5) | 砂模铸造 | 121 | 135 |
| | 金属模铸造 | 208 | 234 | | 金属模铸造 | 141 | 158 |
| | 离心铸造 | 232 | 261 | | 离心铸造 | 160 | 180 |

当蜗轮齿圈材料为铸铁及 $\sigma_b$ ≥300MPa 的高强度青铜时，轮齿的抗点蚀能力高而抗胶合能力低，$[\sigma_H]$ 值由材料的抗胶合性能来决定，可根据相对滑动速度 $v_s$ 值由表 8-7 选取。这时许用接触应力与应力循环次数无关。

表 8-7 铸铁及 $\sigma_b$ ≥300MPa 的青铜的许用接触应力 $[\sigma_H]$ (单位：MPa)

| 材料 | | 相对滑动速度 $v_s$ /(m/s) | | | | | | |
|---|---|---|---|---|---|---|---|---|
| 蜗杆 | 蜗轮齿圈 | <0.25 | 0.25 | 0.5 | 1 | 2 | 3 | 4 |
| 20 或 20Cr 钢渗碳、淬火，45 钢淬火，齿面硬度≥45HRC | 灰铸铁(HT150) | 286 | 241 | 203 | 179 | 129 | — | — |
| | 铸铝铁青铜(ZCuAl10Fe3) | — | 294 | 187 | 175 | 250 | 225 | 200 |
| 45 | 灰铸铁(HT150) | 240 | 201 | 193 | 175 | 140 | — | — |

**2. 蜗轮齿的许用弯曲应力$[\sigma_F]$**

蜗轮齿的许用弯曲应力$[\sigma_F]$按式(8-18)计算，即

$$[\sigma_F]=[\sigma_{F0}]\sqrt[9]{\frac{10^6}{N_F}} \quad ,\text{MPa} \tag{8-18}$$

式中，$[\sigma_{F0}]$为基本许用弯曲应力，即弯曲应力循环次数为 $10^6$ 时的许用弯曲应力，MPa，见表 8-8；$N_F$ 为弯曲应力循环次数，$N_F=60a_F nt$，其中 $a_F$ 为蜗轮每转一圈齿根所受弯曲应力的次数，$n$ 为每分钟转数，$t$ 为蜗轮工作总小时数，当 $N_F>25\times10^7$ 时，取 $N_F=25\times10^7$；当 $N_F<10^5$ 时，取 $N_F=10^5$。

表 8-8 蜗轮齿的基本许用弯曲应力$[\sigma_{F0}]$ (单位：MPa)

| 蜗轮齿圈材料及铸造方法 | 与 HRC<45 的蜗杆相配时 | 与 HRC≥45 并经磨光或抛光的蜗杆相配时 |
|---|---|---|
| 铸锡磷青铜(ZCuSn10Pl)，砂模铸造 | 46(32) | 58(40) |
| 铸锡磷青铜(ZCuSn10Pl)，金属模铸造 | 58(42) | 73(52) |
| 铸锡磷青铜(ZCuSn10Pl)，离心铸造 | 66(46) | 83(58) |
| 铸锡锌铅青铜(ZCuSn5Pb5Zn5)，砂模铸造 | 32(24) | 40(30) |
| 铸锡锌铅青铜(ZCuSn5Pb5Zn5)，金属模铸造 | 41(32) | 51(40) |
| 铸铝铁青铜(ZCuAl10Fe3)，砂模铸造 | 112(91) | 140(116) |
| 灰铸铁(HT150)，砂模铸造 | 40/ | 50/ |

注：表中括号内的值用于双向传动的场合。

## 8.6.2 蜗杆传动的强度设计

由于蜗轮轮齿的形状复杂，接触应力及弯曲应力的精确计算比较困难，通常按斜齿圆柱齿轮传动进行近似计算。这里仅给出推导结果。

**1. 齿面接触强度计算**

校核公式：

$$\sigma_H=15900\sqrt{\frac{KT_2}{m^2d_1z_2^2}}\leqslant[\sigma_H] \quad ,\text{MPa} \tag{8-19}$$

设计公式：

$$m^2d_1\geqslant\left(\frac{15900}{z_2[\sigma_H]}\right)^2KT_2 \quad ,\text{mm}^3 \tag{8-20}$$

式中，$T_2$ 为蜗轮传递的转矩，N·m；$K$ 为载荷系数，它与蜗杆传动的工作情况、速度高低、载荷沿齿宽分布情况等因素有关，一般当工作载荷平稳时，取 $K$=1～1.25，如果载荷变化大时，取 $K$=1.2～1.4，蜗轮圆周速度小时取小值，反之取大值；$[\sigma_H]$为蜗轮齿面的许用接触应力，MPa；其余符号的意义同前。

式(8-19)和式(8-20)适用于钢制蜗杆对锡青铜齿圈蜗轮。当蜗轮齿圈是铝铁青铜或铸铁时，式中的数字“15900”分别换成“16400”和“16600”。

设计时，按式(8-20)算出 $m^2d_1$ 的值后，由表 8-1 按标准查出适用的 $m$ 和 $d_1$ 值。

**2. 轮齿弯曲强度计算**

校核公式：

$$\sigma_F=\frac{2000KT_2Y_{Fa2}}{d_1d_2m\cos\lambda}\leqslant[\sigma_F] \quad ,\text{MPa} \tag{8-21}$$

设计公式：
$$m^2 d_1 \geqslant \frac{2000KT_2Y_{\mathrm{Fa2}}}{z_2[\sigma_{\mathrm{F}}]\cos\lambda} \quad , \mathrm{mm}^3 \tag{8-22}$$

式中，$Y_{\mathrm{Fa2}}$ 为蜗轮的齿形系数，按当量齿轮的齿数 $z_{\mathrm{v2}}=\dfrac{z_2}{\cos^3\gamma}$ 由表 8-9 查取；$[\sigma_{\mathrm{F}}]$ 为蜗轮齿的许用弯曲应力，MPa；其余符号的含义同前。

表 8-9 蜗轮的齿形系数 $Y_{\mathrm{Fa2}}$（$\alpha=20°$，$h_{\mathrm{a}}^*=1$）

| $z_{\mathrm{v2}}$ | 20 | 24 | 26 | 28 | 30 | 32 | 35 | 37 |
|---|---|---|---|---|---|---|---|---|
| $Y_{\mathrm{Fa2}}$ | 1.98 | 1.88 | 1.85 | 1.80 | 1.76 | 1.71 | 1.64 | 1.61 |
| $z_{\mathrm{v2}}$ | 40 | 45 | 50 | 60 | 80 | 100 | 150 | 300 |
| $Y_{\mathrm{Fa2}}$ | 1.55 | 1.48 | 1.45 | 1.40 | 1.34 | 1.30 | 1.27 | 1.24 |

### 8.6.3 蜗杆传动的热平衡

**1. 蜗杆传动的总效率 $\eta$**

$$\eta=\eta_1\cdot\eta_2\cdot\eta_3 \tag{8-23}$$

式中，$\eta_1$ 为考虑蜗杆传动啮合损耗的效率，由式(8-13)求出；$\eta_2$ 为考虑轴承中摩擦损耗的效率，对于滚动轴承，每对取 0.99～0.995；对于滑动轴承，每对取 0.97～0.99；$\eta_3$ 为考虑蜗杆或蜗轮搅油损耗时的效率，它与蜗杆或蜗轮的浸油深度、转速高低及油的黏度大小有关，一般取 0.98。当蜗杆下置(图 8-11(a))时，若蜗杆圆周速度较大、浸油较深，则搅油损耗过大，蜗杆导程角 $\gamma$ 大时尤甚。此时，蜗杆浸油深度不宜超过一个齿高。当蜗杆圆周速度 $v_1>4$～5m/s 时，即使浸油深度不超过一个齿高，搅油损耗仍然很大，此时，可将蜗杆上置(蜗轮浸入油池)，见图 8-11(b)，或在蜗杆轴上装设溅油轮(溅油轮浸入油池，蜗杆不浸入油池)，见图 8-11(c)，靠溅油轮将油飞溅到蜗杆与蜗轮的啮合面。

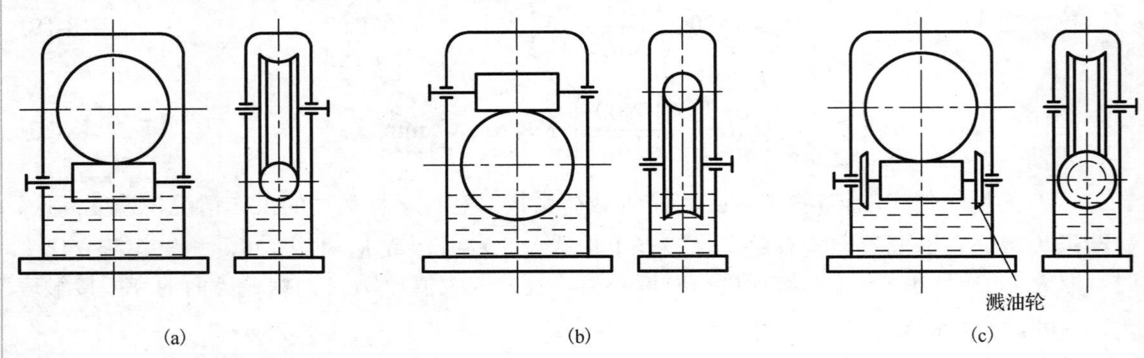


图 8-11 蜗杆布置方式

在蜗杆传动的尺寸尚未确定之前进行受力分析或强度计算时，蜗杆传动的总效率可由式(8-24)估算，即

$$\eta=(100-3.5\sqrt{i})\% \tag{8-24}$$

式中，$i$ 为传动比。

**2. 蜗杆传动的热平衡计算**

蜗杆传动由于效率低，因而工作时发热量大。如果产生的热量不能及时散发出去，油温将不断升高，润滑油黏度降低，齿面间的润滑状态恶化，最终导致轮齿的严重磨损或者胶合，所以必须进行热平衡计算，以保证油温在规定范围之内。

验算温升：

$$\Delta t = \frac{1000P(1-\eta)}{K_{\mathrm{t}}A} \leqslant [\Delta t] \quad , ℃ \tag{8-25}$$

式中，$\Delta t = t - t_0$，$t$ 为蜗杆传动工作时油的温度，$t_0$ 为周围空气的温度；$P$ 为传递的功率，kW；$\eta$ 为蜗杆传动的总效率；$A$ 为蜗杆减速器的散热面积，$\mathrm{m}^2$，指箱体外壁与空气接触且内壁被油飞溅到的箱壳面积，对于箱体上的散热片，散热面积按散热片表面积的50%计算；$K_{\mathrm{t}}$ 为散热系数，根据箱体周围通风条件，一般取 $K_{\mathrm{t}}$ =10～17J/（$\mathrm{m}^2 \cdot \mathrm{s} \cdot ℃$）；$[\Delta t]$为温差许用值，一般为60～70℃，并应使油温 $t = (t_0 + \Delta t)$ 小于80℃。

如果超过温差许用值，可采用以下冷却措施。

(1)在箱壳外增设散热片，以增大散热面积。当自然冷却时，散热片应沿竖直方向设置，以利于空气流通；当用风扇冷却时，散热片应沿着风扇送风气流的方向设置，通常为水平方向。

(2)在蜗杆轴上安装风扇(图8-12(a))，提高散热系数。

(3)在箱体油池内装设蛇形冷却水管(图 8-12(b))；或将润滑油经冷却器冷却后喷淋到啮合处(图8-12(c))。

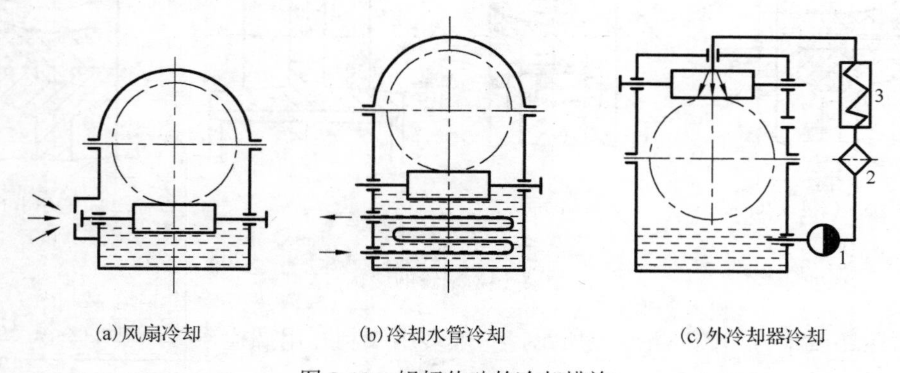


(a)风扇冷却　(b)冷却水管冷却　(c)外冷却器冷却

图8-12　蜗杆传动的冷却措施

1-油泵；2-过滤器；3-冷却器

## 8.6.4 蜗杆传动的结构设计

**1. 蜗杆的结构**

蜗杆螺旋齿部分的直径不大时，一般和轴做成一体。当蜗杆齿根圆直径 $d_{\mathrm{f1}}$ 与轴直径 $d$ 之比 $d_{\mathrm{f1}}/d \geqslant 1.7$ 时，才将蜗杆齿圈和轴分别制造，然后套装在一起。

整体式蜗杆结构形状如图 8-13 所示。其中图 8-13(a)无退刀槽，螺旋齿部分两侧的轴径比蜗杆齿根圆直径大，因而蜗杆刚度较好，但螺旋齿部分只能铣制；图 8-13(b)有退刀槽，可以车制或铣制，但刚度较差。

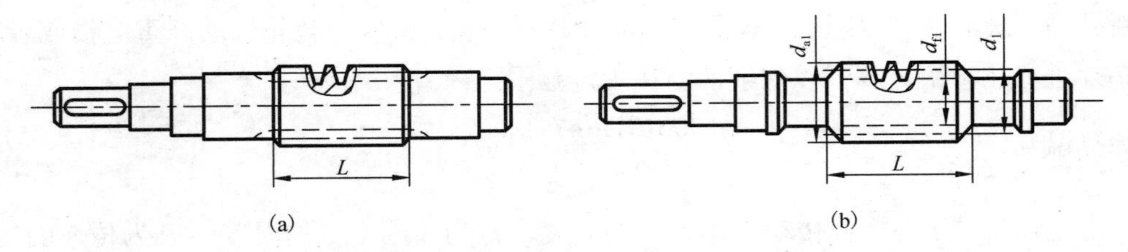


图 8-13 蜗杆的结构

## 2. 蜗轮的结构

常用的蜗轮结构有以下几种形式。

(1)齿圈式。如图 8-14(a)所示，齿圈由青铜制成，轮芯由铸铁制成，两者常用$\frac{H7}{r6}$配合，并用 4～6 个螺钉来固定，台肩是为了便于轴向定位。螺钉直径取(1.2～1.5) $m$（$m$ 为蜗轮模数)，拧入深度为(0.3～0.4) $b_2$（$b_2$ 为蜗轮齿宽)，螺纹孔中心线由配合缝向较硬的轮芯偏移 2～3mm，以便钻孔。这种结构用于尺寸不大或温度变化较小的场合，以免因两种材料的热胀冷缩不同而影响过盈配合的紧度。

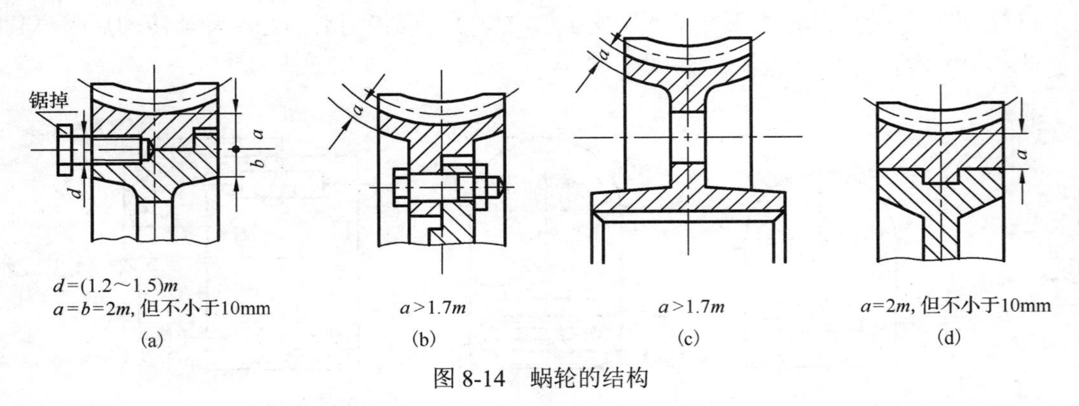


图 8-14 蜗轮的结构

(2)螺栓连接式。如图 8-14(b)所示，一般多用绞制孔用螺栓连接，其配合为$\frac{H7}{m8}$，螺栓的尺寸和数量按螺栓组连接的设计计算方法来确定。这种结构装拆方便，常用于尺寸较大或容易磨损的蜗轮。

(3)整体式。如图 8-14(c)所示，主要用于铸铁蜗轮和尺寸较小($d_2<100$mm)的青铜蜗轮。

(4)镶铸式。如图 8-14(d)所示，将青铜齿圈铸在铸铁轮芯上，轮芯上制出榫槽，以防轴向滑动。

**例 8-1** 试设计一混料机上用的闭式蜗杆传动。已知：输入功率 $P=8.5$kW，蜗杆转速 $n_1=1460$r/min，传动比 $i=20$，载荷较平稳，每日工作两班，每班 8h，寿命 5 年，不逆转。

**解** 见表 8-10。

**表 8-10 例 8-1 解表**

| 设计项目 | 计算公式或说明 | 结果 |
|---|---|---|
| (1)选择蜗杆、蜗轮材料,并确定蜗轮齿的许用接触应力 | 蜗杆选用 45 钢,淬火,齿面硬度≥45HRC;蜗轮齿圈选用铸锡磷青铜(ZCuSn10Pl),离心浇铸,轮芯用 HT150。<br>由表 8-6 查取 ZCuSn10Pl 的 $[\sigma_{H0}]$=261MPa,接触应力循环次数<br>$N_H = 60a_H nt = 60\times1\times1460\times(2\times8\times300\times5)/20 = 1.05\times10^8$<br>$[\sigma_H]=[\sigma_{H0}]\sqrt[8]{\frac{10^7}{N_H}} = 261\times\sqrt[8]{\frac{10^7}{1.05\times10^8}} = 194.5\ (\text{MPa})$ | 蜗杆用 45 钢,蜗轮齿圈用铸锡磷青铜,离心浇铸<br>$[\sigma_H]=194.5\ \text{MPa}$ |
| (2)确定蜗杆头数 $z_1$ 及蜗轮齿数 $z_2$ | 按表 8-2,取 $z_1=2$, $z_2=i\cdot z_1=20\times2=40$ | $z_1=2$, $z_2=40$ |
| (3)按齿面接触强度计算 $m^2d_1$,并确定 $m$、$d_1$、$q$<br>①估取载荷系数 $K$<br>②确定蜗轮的转矩 $T_2$<br>③计算 $m^2d_1$ 并确定 $m$、$d_1$、$q$ | 因载荷平稳,取 $K=1.1$<br>估计蜗杆与蜗轮的啮合效率 $\eta_1=0.87$<br>轴承效率 $\eta_2=0.99$<br>搅油效率 $\eta_3=0.98$<br>$T_2=9550\frac{P\cdot\eta_1\cdot\eta_2\cdot\eta_3\cdot i}{n_1}=\frac{9550\times8.5\times0.87\times0.99\times0.98\times20}{1460}=938.6\ (\text{N}\cdot\text{m})$<br>$m^2d_1\geqslant\left(\frac{15900}{z_2[\sigma_H]}\right)^2KT_2=\left(\frac{15900}{40\times194.5}\right)^2\times1.1\times938.6=4312.3\ (\text{mm}^3)$<br>按表 8-1 取 $m$、$d_1$、$q$ | $K=1.1$<br>$T_2=938.6\ \text{N}\cdot\text{m}$<br>$m^2d_1=4312.3\ \text{mm}^3$<br>$m=8\text{mm}$<br>$d_1=80\text{mm}$<br>$q=10$ |
| (4)计算蜗杆传动各尺寸参数 | $d_2=mz_2=8\times40=320(\text{mm})$<br>$d_{a1}=m(q+2)=8\times(10+2)=96(\text{mm})$<br>$d_{f1}=m(q-2.4)=8\times(10-2.4)=60.8(\text{mm})$<br>$d_{a2}=m(z_2+2)=8\times(40+2)=336(\text{mm})$<br>$d_{f2}=m(z_2-2.4)=8\times(40-2.4)=300.8(\text{mm})$<br>$b_1\geqslant(12+0.1z_2)m=(12+0.1\times40)\times8=128(\text{mm})$<br>$a=0.5m(q+z_2)=0.5\times8\times(10+40)=200(\text{mm})$ | $d_2=320\ \text{mm}$<br>$d_{a1}=96\ \text{mm}$<br>$d_{f1}=60.8\ \text{mm}$<br>$d_{a2}=336\ \text{mm}$<br>$d_{f2}=300.8\ \text{mm}$<br>取 $b_1=130\ \text{mm}$<br>$a=200\ \text{mm}$ |
| (5)校核蜗轮齿的弯曲强度 | $\gamma=\arctan\frac{z_1}{q}=\arctan\frac{2}{10}=11°18'35''$<br>蜗轮当量齿数 $z_{v2}=\frac{z_2}{\cos^3\gamma}=\frac{40}{\cos^3 11°18'35''}=42.42$<br>蜗轮齿形系数 $Y_{Fa2}$ 按表 8-9 由内插法得<br>$Y_{Fa2}=1.51$<br>$\sigma_F=\frac{2000KT_2Y_{Fa2}}{d_1d_2m\cos\gamma}=\frac{2000\times1.1\times938.6\times1.51}{80\times320\times8\times0.98}=15.5(\text{MPa})$<br>$[\sigma_{F0}]$=83 MPa(按表 8-8)<br>$[\sigma_F]=[\sigma_{F0}]\sqrt[9]{\frac{10^6}{N_F}}=83\times\sqrt[9]{\frac{10^6}{1.05\times10^8}}=49.5(\text{MPa})$<br>$\sigma_F<[\sigma_F]$ | $\gamma=11°18'35''$<br>$z_{v2}=42.42$<br>$\sigma_F=15.5\ \text{MPa}$<br>$[\sigma_F]=49.5\text{MPa}$<br>$\sigma_F<[\sigma_F]$,蜗轮齿弯曲强度满足要求 |

续表

| 设计项目 | 计算公式或说明 | 结果 |
| --- | --- | --- |
| (6)蜗杆传动热平衡计算<br>①估算蜗杆传动箱体的散热面积 $A$ | 如图 8-15 所示，箱体简化为长方体，箱体高 $h=3a$，箱体宽 $b=2a$，箱体厚 $c=a$，$a$ 为蜗杆传动中心距。一般箱体底部与机座接触，计算箱体散热面积不包括底部面积<br>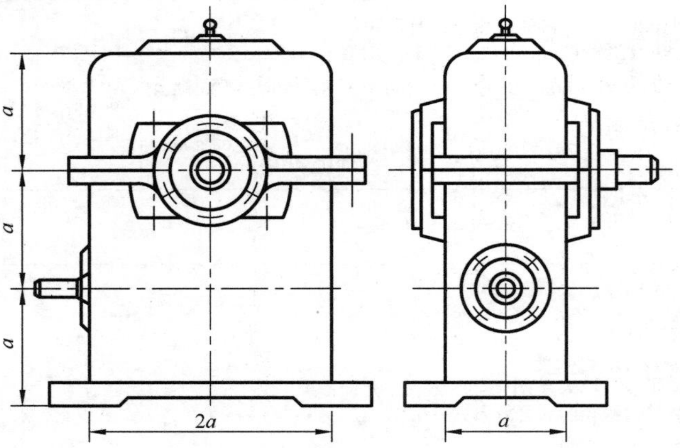<br>图 8-15　箱体散热面积 | |
| | $A=2(hb+hc)+bc=2(3a\times 2a+3a\times a)+2a\times a=20a^2=20\times(0.2)^2=0.8(\text{m}^2)$ | $A=0.8\ \text{m}^2$ |
| ②计算蜗杆圆周速度 $v_1$，相对滑动速度 $v_s$，啮合效率 $\eta_1$，传动总效率 $\eta$ 及油温 | $v_1=\dfrac{\pi d_1 n_1}{60\times 10^3}=\dfrac{\pi\times 80\times 1460}{60\times 10^3}=6.11(\text{m/s})$ | $v_1=6.11\ \text{m/s}$ |
| | $v_s=v_1/\cos\gamma=6.11/0.98=6.23(\text{m/s})$ | $v_s=6.23\ \text{m/s}$ |
| | $\phi_v=1°11'$（按表 8-4） | |
| | $\gamma+\phi_v=11°18'35''+1°11'=12°29'35''$ | $\gamma+\phi_v=12°29'35''$ |
| | $\eta_1=\tan\gamma/\tan(\gamma+\phi_v)=\tan 11°18'35''/\tan 12°29'35''=0.9$ | $\eta_1=0.9$ |
| | $\eta=\eta_1\cdot\eta_2\cdot\eta_3$，取 $\eta_2=0.99$，$\eta_3=0.98$ | |
| | $\eta=0.9\times 0.99\times 0.98=0.873$ | $\eta=0.873$ |
| | 取　$K_t=15\text{J/(m}^2\cdot\text{s}\cdot℃)$<br>由式(8-25)，有<br>$\Delta t=\dfrac{1000P(1-\eta)}{K_t A}=\dfrac{1000\times 8.5\times(1-0.873)}{15\times 0.8}=89.96(℃)>70℃$ | 与初定效率接近，前面确定的参数可用 |
| | 取室温 $t_0=20℃$，则<br>油温　$t=t_0+\Delta t=20+89.96=109.96(℃)>80℃$ | 油温不满足要求，应增加箱壳散热面积(如增设散热片) |

# 思考题与习题

8-1 闭式蜗杆传动的设计准则是什么？

8-2 减磨性与耐磨性有什么不同？

8-3 为了节约有色金属，将蜗杆、蜗轮都用钢制造；或将蜗杆用青铜制造，蜗轮用钢制造，是否可行？

8-4 国家标准为什么规定模数 $m$、蜗杆分度圆直径 $d_1$ 为标准值？

8-5 蜗杆头数 $z_1$、蜗轮齿数 $z_2$ 的一般取值是多少？当 $z_2>80$ 时，会导致什么结果？

8-6 图 8-16 均是以蜗杆为主动件。试在图上标出蜗轮(或蜗杆)的转向，蜗轮齿的倾斜方向(旋向)，蜗杆、蜗轮所受力的方向。

8-7 指出下式中的错误:

$$F_{t2}=\frac{2000T_2}{d_2}=\frac{2000iT_1}{d_2}=\frac{2000T_1}{d_1}=F_{t1}$$

8-8 蜗杆传动的自锁是怎样一回事？自锁条件是什么？蜗杆主动时会发生自锁吗？

8-9 进行蜗杆传动的强度计算时，为什么只需计算蜗轮齿的强度？

8-10 为什么含锡青铜的蜗轮齿面许用接触应力$[\sigma_H]$与相对滑动速度$v_s$无关，而铝铁青铜及铸铁的$[\sigma_H]$与$v_s$有关？

8-11 影响蜗杆传动效率的主要因素和参数有哪些？为什么传递大功率时很少用蜗杆传动？

8-12 为什么蜗杆传动在传递运动时常用单头蜗杆，而传递转矩时常用多头蜗杆？

8-13 传动效率最高时的蜗杆导程角$\gamma$值是多大？通常为什么不采用这样大的$\gamma$值？

8-14 为什么由齿轮传动和蜗杆传动组成的多级传动中，常将蜗杆传动放在高速级？

8-15 在蜗杆传动中，为何有时蜗杆下置、有时蜗杆上置？

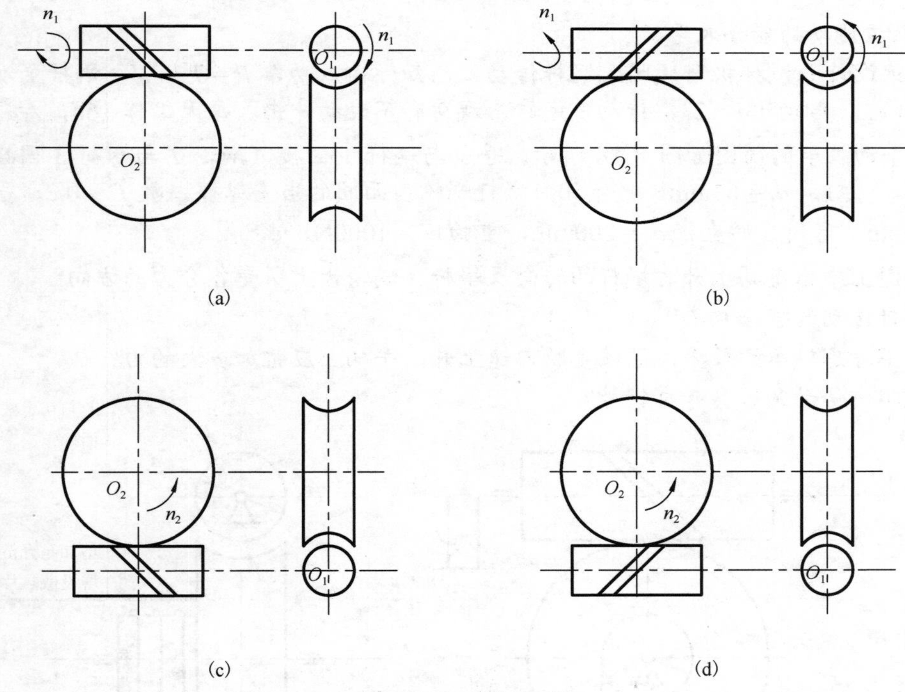


图 8-16　习题 8-6 图

8-16 为什么齿轮传动一般不需要进行热平衡计算，而蜗杆传动却需要进行此项计算？

8-17 图 8-17 所示为斜齿圆柱齿轮-蜗杆传动。小齿轮为主动，其转向及轮齿旋向如图所示。试在图上标出:

(1) 大齿轮的转向及轮齿旋向;

(2) 蜗杆螺旋线的合理旋向(即使蜗杆所受的轴向力能与大齿轮所受的轴向力相互部分抵消时的旋向);

(3)蜗轮的转向及轮齿的旋向；

(4)蜗杆、蜗轮所受诸力的方向。

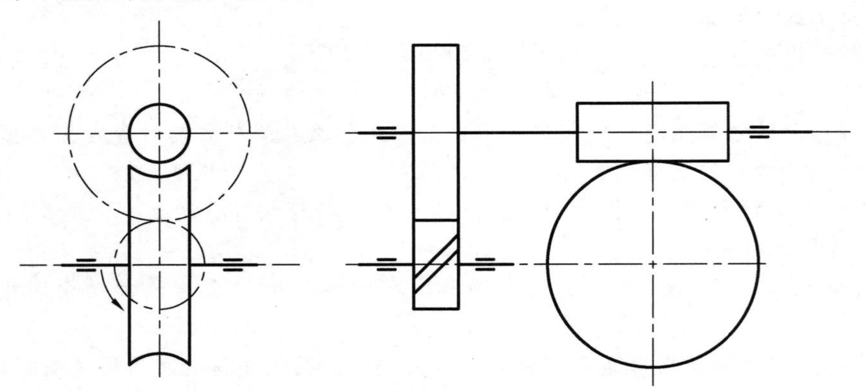

图 8-17 习题 8-17 图

8-18 已知一蜗杆传动，蜗杆主动，$z_1=4$，蜗杆顶圆直径 $d_{a1}=48\text{mm}$，轴节 $p_a=12.5664\text{mm}$，转速 $n_1=1440\text{r/min}$，蜗杆材料为 45 钢，齿面硬度≥45HRC，磨削、抛光；蜗轮齿圈材料为锡青铜。试求该传动的啮合效率。

8-19 试设计一搅拌机用的闭式蜗杆传动。已知：输入功率 $P=7.3\text{kW}$，蜗杆主动，转速 $n_1=1450\text{r/min}$，传动比 $i=23$，传动不逆转，载荷有不大的冲击，每天工作 16h，寿命 5 年。

8-20 手动绞车的简图如图 8-18 所示。手柄与蜗杆 1 固接，蜗轮 2 与卷筒 3 固接。已知 $m=8\text{mm}$、$z_1=1$、$d_1=63\text{mm}$、$z_2=50$，蜗杆蜗轮齿面间的当量摩擦因数 $f_v=0.2$，手柄的臂长 $L=320\text{mm}$，卷筒 3 的直径 $d_3=200\text{mm}$，重物 $W=1000\text{N}$。求：

(1)在图上画出重物上升时蜗杆的转向及蜗杆、蜗轮齿上所受各分力的方向；

(2)蜗杆传动的啮合效率；

(3)若不考虑轴承的效率，欲使重物匀速上升，手柄上应施加多大的力？

(4)说明该传动是否具有自锁性？

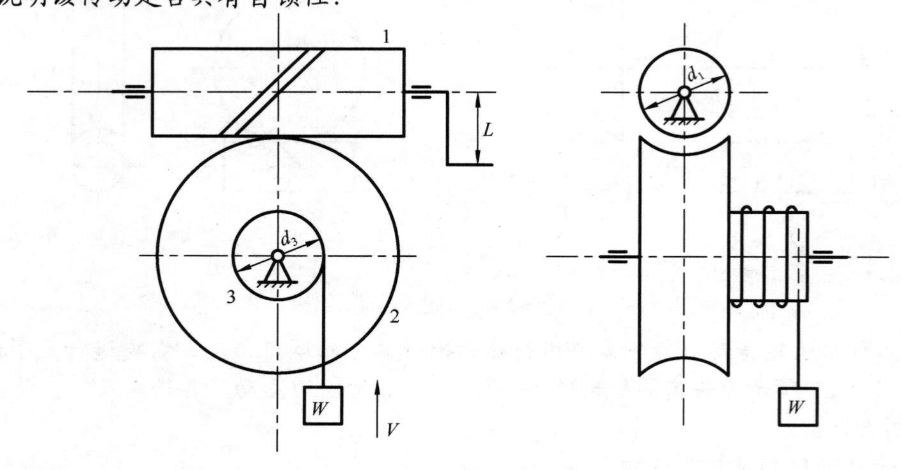


图 8-18 习题 8-20 图

1-蜗杆；2-蜗轮；3-卷筒

# 第 9 章

# 轮　系

## 9.1　概　述

由一对齿轮组成的齿轮机构是最基本的齿轮机构。但在实际机械中，为了满足不同的工作需要，常采用一系列相互啮合的齿轮(包括圆柱齿轮、锥齿轮、蜗杆、蜗轮等)所组成的传动系统来实现运动和动力的传递，这种由一系列齿轮所组成的传动系统称为轮系。根据轮系工作时各齿轮几何轴线的相对运动情况，可将轮系分为三大类，即定轴轮系、周转轮系和混合轮系。

利用轮系可以获得更大的传动比、实现变速和改变转向，并能实现转动的合成与分解。轮系广泛应用于各种机械的传动系统，如汽车变速箱、后桥差速器、工业机器人减速器、风电设备齿轮箱等。

## 9.2　定轴轮系及其传动比计算

轮系工作时，所有齿轮几何轴线的位置相对于机架都是固定的轮系，称为定轴轮系。组成定轴轮系的各齿轮，若其轴线相互平行，则为平面定轴轮系(图 9-1)，否则为空间定轴轮系(图 9-2)。

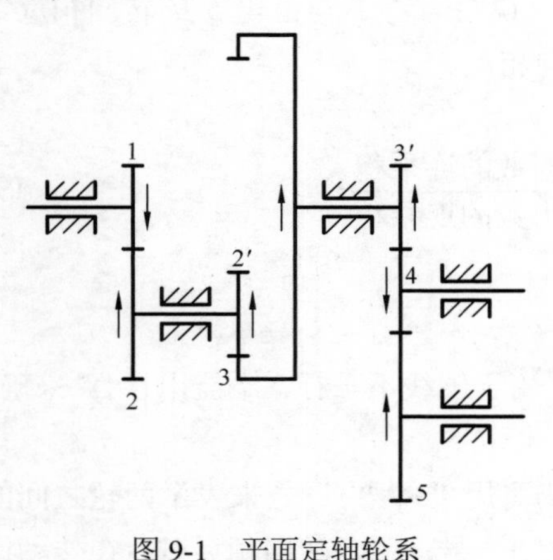


图 9-1　平面定轴轮系

1、2、2′、3′、4、5-外齿轮；3-内齿轮

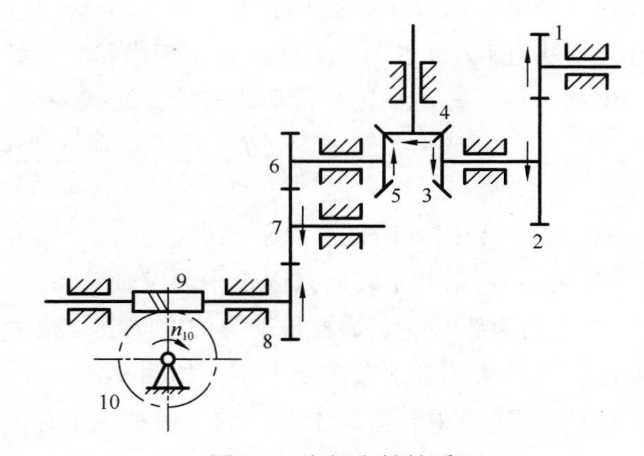


图 9-2　空间定轴轮系

1、2、6、7、8-外齿轮；3、4、5-锥齿轮；9-蜗杆；10-蜗轮

9-1

9-2

轮系的传动比，是指轮系中输入轴与输出轴的角速度或转速之比。在计算轮系传动比时，既要确定传动比的大小，也要确定输入轴与输出轴的转向关系。转向关系可通过对齿轮标注直线箭头来表示，有时也可用正、负号来表示。

直线箭头的方向代表齿轮可见侧面上某点的线速度方向(图 9-1 和图 9-2)。直线箭头的标注规则是：一对平行轴外啮合齿轮，因其转向相反，故用方向相反的箭头表示；一对平行轴内啮合齿轮，因其转向相同，故用方向相同的箭头表示；一对锥齿轮传动时，表示转向的箭头同时指向啮合点或同时背离啮合点；对于蜗杆蜗轮传动，则根据左、右手定则的方法来判断蜗轮或蜗杆的转向。利用这样的箭头逐一表示轮系中两相啮合齿轮的转向关系，最终可确定轮系中输入轴与输出轴的转向关系。

对于轴线平行的两齿轮，也可用“+”“-”号的方法表示二者间的转向关系。“+”号表示转向相同，“-”号表示转向相反。需要注意的是，对轴线不平行的两齿轮不能用“+”“-”号表示其转向关系，只能用箭头表示其转向关系。

现以图 9-1 所示定轴轮系为例，讨论定轴轮系传动比的计算方法。设齿轮 1 为主动轮(输入轴)，齿轮 5 为最后的从动轮(输出轴)，各轮的转速分别为 $n_1, n_2, \cdots, n_5$，则轮系的传动比为 $i_{15} = n_1 / n_5$。已知各轮的齿数分别为 $z_1$、$z_2$、$z_{2'}$、$z_3$、$z_{3'}$、$z_4$、$z_5$，则轮系中相互啮合的各对齿轮传动比为

$$i_{12} = n_1/n_2 = -z_2/z_1 \text{（外啮合）}, \quad i_{2'3} = n_{2'}/n_3 = +z_3/z_{2'} \text{（内啮合）}$$
$$i_{3'4} = n_{3'}/n_4 = -z_4/z_{3'} \text{（外啮合）}, \quad i_{45} = n_4/n_5 = -z_5/z_4 \text{（外啮合）}$$

将以上各式连乘，并考虑到 $n_2 = n_{2'}$、$n_3 = n_{3'}$，得

$$i_{12} \cdot i_{2'3} \cdot i_{3'4} \cdot i_{45} = \frac{n_1 n_{2'} n_{3'} n_4}{n_2 n_3 n_4 n_5} = \frac{n_1}{n_5} = (-1)^3 \frac{z_2 z_3 z_4 z_5}{z_1 z_{2'} z_{3'} z_4} = (-1)^3 \frac{z_2 z_3 z_5}{z_1 z_{2'} z_{3'}}$$

即
$$i_{15} = \frac{n_1}{n_5} = i_{12} \cdot i_{2'3} \cdot i_{3'4} \cdot i_{45} = (-1)^3 \frac{z_2 z_3 z_5}{z_1 z_{2'} z_{3'}}$$

上式说明，定轴轮系的传动比等于该轮系中各对齿轮(或各部分)传动比的连乘积。其大小等于各对齿轮中所有从动轮齿数的连乘积与所有主动轮齿数的连乘积之比，而传动比的正负取决于外啮合次数 $m$，在该轮系中 $m=3$，$i_{15}$ 为负，说明齿轮 1 与齿轮 5 的转向相反。通过标注箭头(图 9-1)也同样表明齿轮 1 与齿轮 5 的转向相反。

由此，得平面定轴轮系传动比的计算通式为

$$i_{主从} = \frac{n_{主}}{n_{从}} = (-1)^m \frac{\text{各从动轮齿数的连乘积}}{\text{各主动轮齿数的连乘积}} \tag{9-1}$$

应用式(9-1)时，应注意以下几点。

(1)用 $(-1)^m$ 来判定转向只限于平面定轴轮系。

(2)对含有锥齿轮、蜗杆传动等的空间定轴轮系，由于轴线不平行，不能用 $(-1)^m$ 来确定，只能通过画箭头的方法在图上表示，如图 9-2 所示。

(3)空间轮系中若首、末两轮的几何轴线平行，仍可用“+”“-”号来表示两轮之间的转向关系：二者转向相同时，在传动比计算结果前冠以“+”号；二者转向相反时，在传动比计算结果前冠以“-”号。但要注意的是，这里所说的“+”“-”号是在图上用画箭头的方法确定的，而不能用 $(-1)^m$ 来确定。

(4)只改变传动比正、负号，而不影响传动比大小的齿轮称为惰轮(也称过桥轮)，如图 9-1 中的轮 4。它在轮系中既是主动轮，又是从动轮。

**例 9-1** 在图 9-2 所示的轮系中，已知各轮的齿数：$z_1=15$，$z_2=25$，$z_3=14$，$z_4=20$，$z_5=14$，$z_6=20$，$z_7=30$，$z_8=40$，$z_9=2$（右旋），$z_{10}=60$。试求：①传动比 $i_{1,7}$ 和总传动比 $i_{1,10}$；②若 $n_1=200\text{r/min}$，转向如图中箭头所示，求 $n_7$ 和 $n_{10}$。

**解** (1)用画箭头的方法可得各轮的转向如图 9-2 所示。轮 1 与轮 7 的轴线平行且转向相反，故 $i_{1,7}$ 应带有负号。考虑到轮 4 为惰轮，因此有

$$i_{1,7}=\frac{n_1}{n_7}=-\frac{z_2z_5z_7}{z_1z_3z_6}=-\frac{25\times14\times30}{15\times14\times20}=-2.5$$

因为轮 1 与轮 10 的轴线不平行，所以 $i_{1,10}$ 没有正、负号，即

$$i_{1,10}=\frac{n_1}{n_{10}}=\frac{z_2z_5z_8z_{10}}{z_1z_3z_6z_9}=\frac{25\times14\times40\times60}{15\times14\times20\times2}=100$$

(2)因 $i_{1,7}=\dfrac{n_1}{n_7}=-2.5$，则 $\qquad n_7=\dfrac{n_1}{i_{1,7}}=\dfrac{200}{-2.5}=-80(\text{r/min})$

式中，负号说明轮 7 的转向与轮 1 相反。实际上轮 7 也是惰轮。

因 $i_{1,10}=\dfrac{n_1}{n_{10}}=100$，则 $\qquad n_{10}=\dfrac{n_1}{i_{1,10}}=\dfrac{200}{100}=2(\text{r/min})$

轮 10 转向如图 9-2 中箭头所示。

# 9.3 周转轮系及其传动比计算

## 9.3.1 周转轮系及其组成

轮系运转时，至少有一个齿轮的轴线不固定，而是绕另一固定的齿轮轴线回转的轮系称为周转轮系。在图 9-3(a)所示的周转轮系中，齿轮 1 和构件 $H$ 分别绕各自的固定轴线 $O_1$ 和 $O_H$（$O_1$ 与 $O_H$ 重合）转动，齿轮 2 一方面绕自己的几何轴线 $O_2$ 转动(称为自转)，同时其轴线 $O_2$ 还随构件 $H$ 一起绕固定的轴线 $O_H$ 转动(称为公转)。

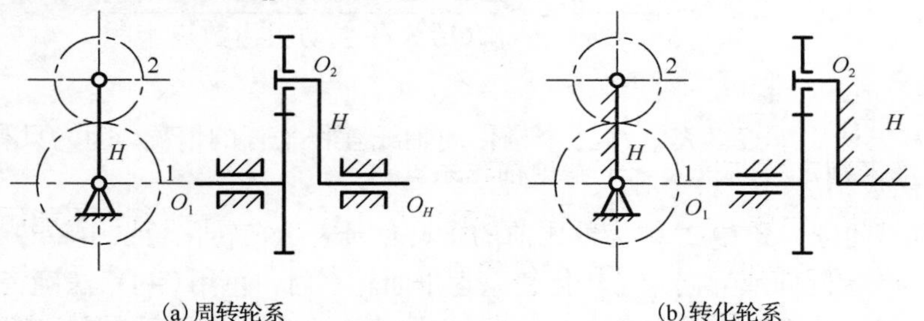

(a)周转轮系 (b)转化轮系

图 9-3 周转轮系及其转化轮系

1、2-齿轮；H-构杆

(a)
(b)
9-3

周转轮系中，几何轴线固定的齿轮称为中心轮或太阳轮，它可以是转动的，也可以是固定的。几何轴线不固定，既做自转又做公转的齿轮称为行星轮。支持行星轮做自传和公转的构件称为转臂或系杆。由此可见，一个周转轮系中，必有转臂、行星轮，以及与行星轮相啮

9-4

合的中心轮。中心轮和转臂的几何轴线必须重合，否则周转轮系不能运动。

周转轮系一般又可分为两类：①行星轮系——自由度为 1 的周转轮系，参见图 9-5 所示的轮系；②差动轮系——自由度为 2 的周转轮系，如图 9-4 所示(在图 9-4 所示的轮系中，如果中心轮 1 或 3 有一个固定不动，则该轮系成为行星轮系)。

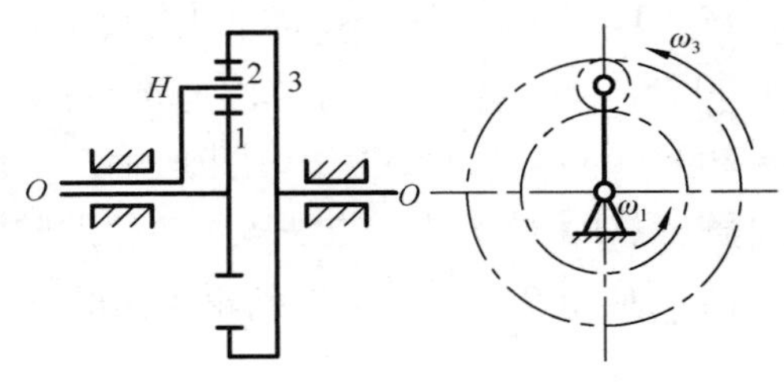


图 9-4　差动轮系

1、2-外齿轮；3-内齿轮；*H*-系杆

## 9.3.2　周转轮系传动比的计算

周转轮系中行星轮的运动是由公转和自转组成的复合运动，而不是简单的定轴转动，所以，周转轮系的传动比不能直接用定轴轮系的公式来计算。

根据运动的相对性，若对图 9-3(a)所示的周转轮系整体加上一个与转臂转速 $n_H$ 大小相等转向相反的公共转速“$-n_H$”，则各构件间的相对运动并不改变。但转臂就变为“静止不动”，这样，周转轮系便转化为定轴轮系(图 9-3(b))，称之为原周转轮系的转化轮系。在转化轮系中，各构件的转速为相对于转臂的转速，记作 $n_1^H$、$n_2^H$ 和 $n_H^H$。在原周转轮系中，各构件的转速为相对于机架的转速，即 $n_1$、$n_2$ 和 $n_H$。则它们之间的关系为

$$n_1^H = n_1 - n_H,\quad n_2^H = n_2 - n_H,\quad n_H^H = n_H - n_H = 0$$

既然转化轮系为一定轴轮系，就可以用定轴轮系传动比的计算方法来计算其传动比。如图 9-3(a)所示的周转轮系，齿轮 1 与齿轮 2 在转化轮系中的传动比为

$$i_{1,2}^H = \frac{n_1^H}{n_2^H} = \frac{n_1 - n_H}{n_2 - n_H} = -\frac{z_2}{z_1}$$

式中，齿数比前的“－”号表示在转化轮系中轮 1 与轮 2 的转向相反(即 $n_1^H$ 与 $n_2^H$ 转向相反)。

由此，可以得到周转轮系中任意两轴线平行的齿轮 $G$、$K$ 在转化轮系中的传动比计算公式为

$$i_{G,K}^H = \frac{n_G^H}{n_K^H} = \frac{n_G - n_H}{n_K - n_H} = \pm\frac{\text{由}G\text{至}K\text{各从动轮齿数连乘积}}{\text{由}G\text{至}K\text{各主动轮齿数连乘积}} \tag{9-2}$$

应用式(9-2)时应注意以下两点。

(1) 式(9-2)只适用于 $G$、$K$、$H$ 三个构件的轴线互相平行的情况。因为只有两轴平行时，两轴转速才能代数相加。

(2) 正、负号问题。式(9-2)中齿数比前的正、负号表示在转化轮系中轮 $G$ 与轮 $K$ 的转向关系，即 $n_G^H$、$n_K^H$ 为同向或异向。当转化轮系为平面轮系时，可用 $(-1)^m$ 法确定，也可用画虚线箭头(并不表示其在周转轮系中的真实转向)方法确定；当转化轮系为空间轮系时，只能用画虚线箭头方法确定。此外，$n_G$、$n_K$、$n_H$ 本身具有正、负号。当将已知转速代入式中时，若其中任意一个用正号，则与之转向相同的也用正号，与之转向相反的用负号。求解得到的转速应根据其正、负号与已知转速相比较来确定转向。

**例 9-2**　图 9-5 所示的行星轮系中，已知各轮的齿数：$z_1 = z_{2'} = 100$，$z_2 = 99$，$z_3 = 101$，求传动比 $i_{H,1}$。

**解** 齿轮1、3在转化轮系中的传动比为

$$i_{1,3}^{H}=\frac{n_1-n_H}{n_3-n_H}=(-1)^2\frac{z_2z_3}{z_1z_{2'}}$$

代入已知数据得
$$i_{1,3}^{H}=\frac{n_1-n_H}{0-n_H}=+\frac{99\times 101}{100\times 100}=+\frac{9999}{10000}$$

故
$$i_{H,1}=\frac{n_H}{n_1}=+10000$$

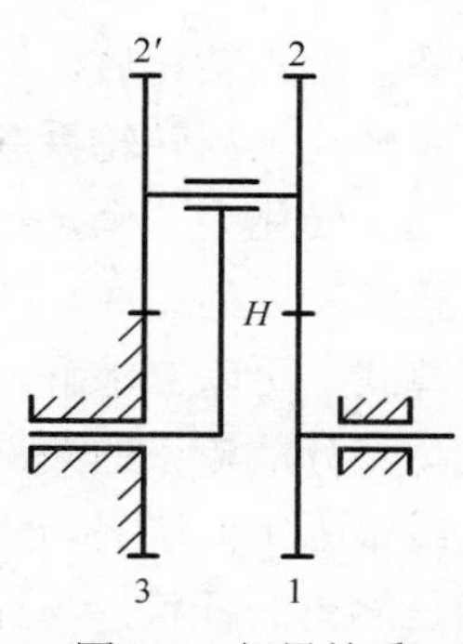

图9-5 行星轮系

1、2、2′-齿轮；3-机架(齿轮)；H-系杆

9-5

即当转臂$H$转10000转时，轮1才转1转，其转向与转臂的转向相同。可见，行星轮系可以用很少的齿轮得到很大的传动比，因而结构紧凑。但是，这种大传动比的行星轮系效率很低，故不能用来传递动力，而仅用在传递运动的仪器设备中。当轮1为主动时，该轮系会发生自锁而不能运动，因此它只能以转臂为主动件用于减速传动。

若将本题中的$z_2$由99改为100，则

$$i_{1,3}^{H}=\frac{n_1-n_H}{n_3-n_H}=\frac{z_2z_3}{z_1z_{2'}}=\frac{100\times 101}{100\times 100}=\frac{101}{100}$$

$$i_{1,H}=1-\frac{101}{100}=-\frac{1}{100} \quad 或 \quad i_{H,1}=-100$$

即当转臂转100转时，轮1反向转1转。由此可见，行星轮系中从动轮的转向不仅与主动轮的转向有关，而且与轮系中各轮齿数有关。本例中仅将$z_2$增加1个齿，轮1就改变了转向。这也是行星轮系与定轴轮系不同的地方。

**例9-3** 在图9-6所示的锥齿轮组成的行星轮系中，已知各轮的齿数：$z_1=20$，$z_2=30$，$z_{2'}=50$，$z_3=80$，$n_1=50\text{r}/\text{min}$，转向如图上箭头所示。求转臂的转速$n_H$。

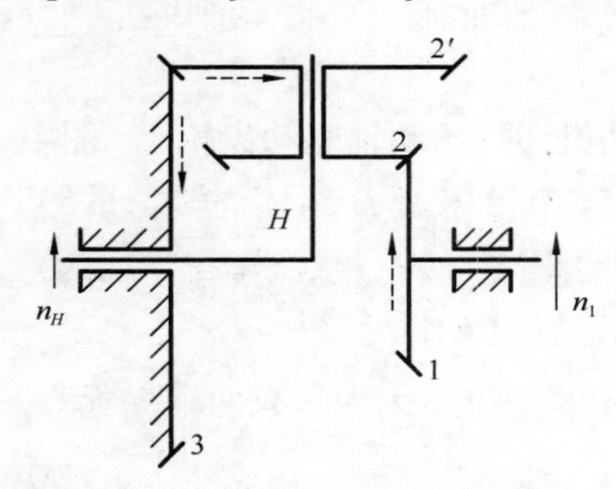

图9-6 锥齿轮组成的行星轮系

1、2、2′-锥齿轮；3-机架(锥齿轮)；H-系杆

**解** 因为锥齿轮1、3和转臂$H$的轴线重合，符合式(9-2)的应用条件，由式(9-2)有

$$i_{1,3}^{H}=\frac{n_1-n_H}{n_3-n_H}=-\frac{z_2z_3}{z_1z_{2'}}$$

上式齿数比前的负号是由于在转化轮系中轮1和轮3的转向相反(通过画虚线箭头判断)。将各轮齿数以及$n_3=0$、$n_1=+50$代入上式，解得

$$n_H\approx 14.7\text{r}/\text{min}$$

9-6

必须指出，本例中因双联行星齿轮2-2′的轴线和轮1、轮3及转臂$H$的轴线不平行，故不能应用式(9-2)计算$n_2$。

## 9.4 混合轮系及其传动比计算

混合轮系由定轴轮系和周转轮系，或由几个基本的周转轮系组成。有周转轮系部分，就不能将整个轮系作为定轴轮系处理；有定轴轮系部分，就不能将整个轮系转化为一个定轴轮

系。因为转化后，原来的一个周转轮系虽可转化为一个定轴轮系，但同时也将原来的定轴轮系转化为周转轮系了。当混合轮系是由几个周转轮系组成时，因几个转臂的转速各不相等而无法转化为一个定轴轮系，必须转化为几个定轴轮系。因此，计算混合轮系的传动比首先要搞清轮系的组成，找出构成混合轮系的各个单一周转轮系和定轴轮系，分别列出其传动比计算式，再联立求解。

分清轮系的关键在于找出各个基本周转轮系。其方法是：先找出行星轮，即找出那些轴线不固定而绕另一齿轮轴线转动的齿轮；支持行星轮运动的构件就是转臂，注意转臂不一定是简单的杆状；与行星轮相啮合的定轴线齿轮是中心轮。这些行星轮、转臂和中心轮便组成一个基本的周转轮系。找出各周转轮系后，剩余的便是定轴轮系。因定轴轮系的所有齿轮轴线都是固定的，故有时也包括周转轮系里的中心轮在内。

**例 9-4** 在图 9-7 所示的轮系中，已知各轮的齿数，求传动比 $i_{1,H}$。

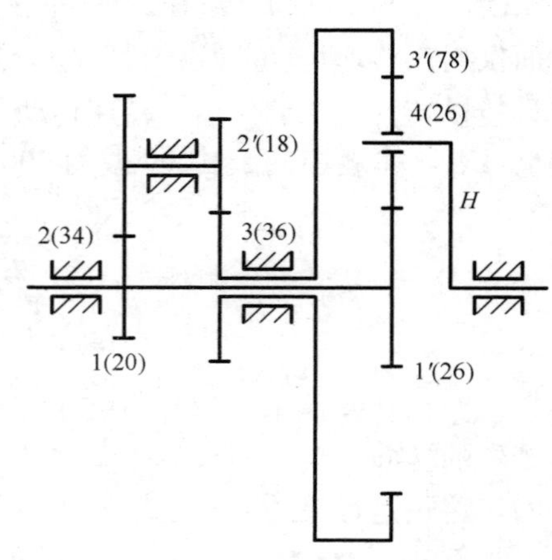


图 9-7 混合轮系

1、1′、2、2′、3、4-外齿轮；3′-内齿轮；H-系杆

**解** 周转轮系由1′、4、3′和 $H$ 组成，其转化轮系的传动比为

$$i_{1',3'}^{H}=\frac{n_{1'}-n_H}{n_{3'}-n_H}=(-1)\frac{z_{3'}}{z_{1'}}=-\frac{78}{26}=-3$$

定轴轮系由 1、2、2′ 和 3 组成。假设 1 为主动，其传动比为

$$i_{1,3}=\frac{n_1}{n_3}=(-1)^2\frac{z_2z_3}{z_1z_{2'}}=+\frac{34\times36}{20\times18}=+\frac{17}{5}$$

9-7

联立两式，并注意到 $n_1=n_{1'}$，$n_3=n_{3'}$，得 $i_{1,H}=\frac{n_1}{n_H}=+\frac{17}{8}$，正号说明 $n_1$ 和 $n_H$ 转向相同。

**例 9-5** 图 9-8 所示为汽车后桥差速器(差动轮系)。发动机通过传动轴驱动齿轮 1。图中轮 1 和轮 2 组成定轴轮系。转臂 $H$ 固连在轮 2 上。轮 4、轮 5、轮 3 及杆 $H$ 组成周转轮系(3′为虚约束)。由于轮 4 与轮 5 同轴线，所以 $z_4=z_5$。两车轮间的距离为 $2l$。求汽车在半径为 $r$ 的弯道拐弯时两个车轮的转速 $n_4$ 和 $n_5$。

**解** 应用周转轮系传动比计算公式(9-2)有

$$i_{4,5}^{H}=\frac{n_4-n_H}{n_5-n_H}=-\frac{z_5}{z_4}=-1 \tag{a}$$

由式(a)得

$$n_4+n_5=2n_H \tag{b}$$

当汽车直行时，两后轮所走的路程相同，所以轮 4 和轮 5 的转速(大小及方向)相等，即 $n_4=n_5=n_H$。此时，轮 4、轮 5、轮 3 和转臂 $H$ 成为一个整体，由轮 1 驱动，轮 3 无绕转臂 $H$ 的自转。

假设汽车向左转，此时由于左右两后轮所走的路程不相等，所以轮 4、轮 5 的转速不同。为使车轮和路面间不发生滑动以减少轮胎的磨损，要求两后轮均做纯滚动，又因两车轮的直径相等，故两轮的转速比与其转弯半径比相等，即

$$\frac{n_4}{n_5}=\frac{r-l}{r+l} \tag{c}$$

定轴轮系由轮 1、轮 2 组成，其传动比大小为

$$i_{1,2}=\frac{n_1}{n_2}=\frac{z_2}{z_1} \quad （无正、负号） \tag{d}$$

联立式(b)、式(c)和式(d)，解得

$$n_4=\frac{r-l}{r}\cdot\frac{z_1}{z_2}\cdot n_1,\quad n_5=\frac{r+l}{r}\cdot\frac{z_1}{z_2}\cdot n_1$$

此时，行星轮 3 除了随 $H$ 杆的公转外，还绕 $H$ 杆自转。由此可知，后桥差速器的作用是必要时将输入的一种转速 $n_1$ 分解为轮 4 和轮 5 的两个转速 $n_4$ 和 $n_5$。

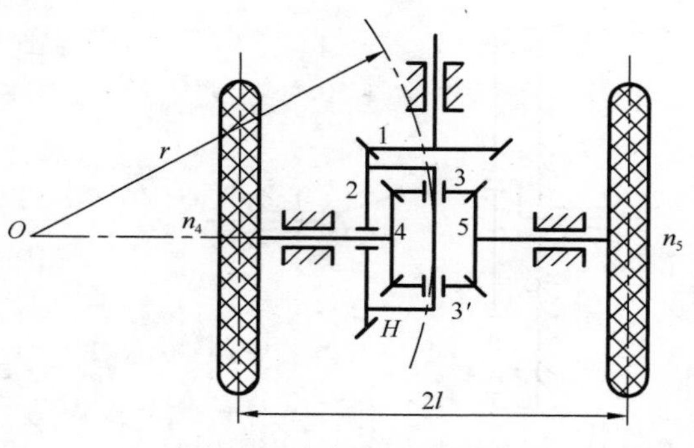


图 9-8　汽车后桥差速器

1～5、3′-锥齿轮；$H$-系杆

9-8

# 9.5　轮系的功用

(1) 实现较远距离的传动。当两轴相距较远时(图 9-9)，用多个齿轮组成的定轴轮系代替一对齿轮传动可减小齿轮尺寸，既节省空间、材料，又方便制造、安装。

(2) 获得较大的传动比。一对齿轮的传动比一般不大于 8，否则会因小齿轮尺寸过小而缩短寿命，大齿轮尺寸过大而多占空间并浪费材料。欲获得较大的传动比，可采用多级传动的定轴轮系(图 9-10)。不过传动比过大，定轴轮系中的轴和齿轮就会比较多，机构趋于复杂。若采用齿轮不多的周转轮系，则可获得很大的传动比。

例如，图 9-5 所示的行星轮系(例 9-2)，利用 4 个齿轮就获得了很大的传动比($i_{H,1}=+10000$)。但要注意的是，这种大传动比行星轮系的效率很低，只能用来传递运动。

图 9-11 所示为另一种可实现大传动比的行星轮系。它由内齿轮 1、行星轮 2、转臂 $H$、等角速比输出机构 3 及输出轴 $V$ 所组成。由于行星轮与内齿轮只差几个齿(常用齿差为 1～4)，故称为渐开线少齿差行星齿轮传动，这种传动只能用于减速。传动时，转臂 $H$ 为主动件，行星轮 2 为从动件。其传动比计算如下。

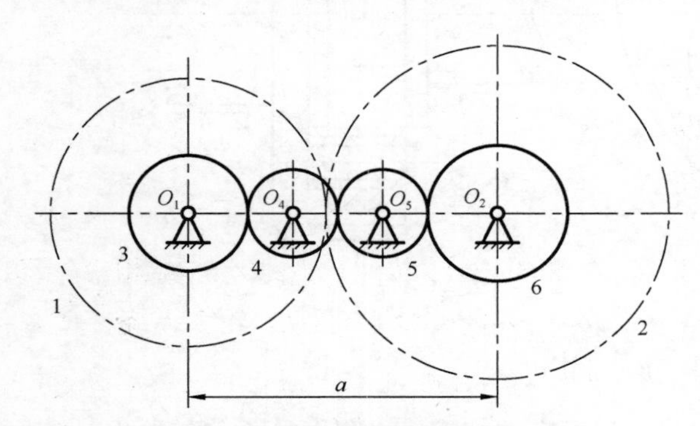


图 9-9　定轴轮系实现较远距离的传动

1～6-齿轮

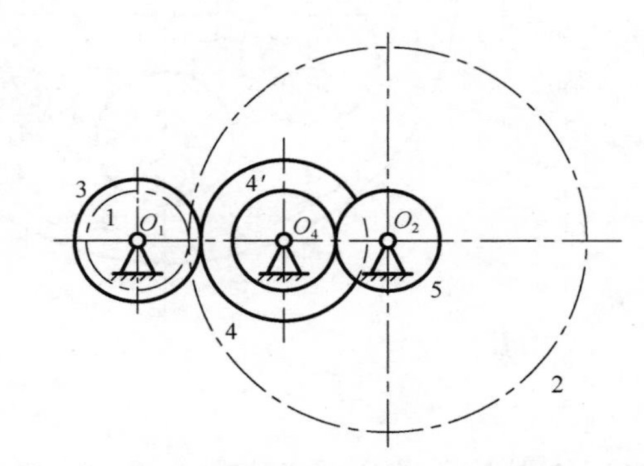


图 9-10　定轴轮系获得较大的传动比

1～5、4′-齿轮

9-10

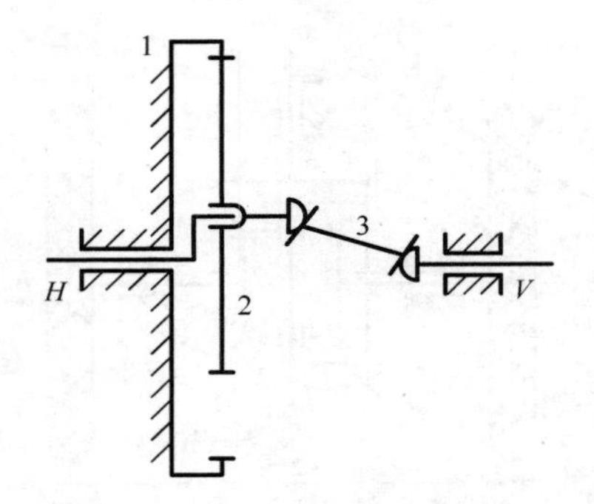


图 9-11　渐开线少齿差行星齿轮传动
1-内齿轮(中心轮)；2-行星轮；
3-输出机构；H-转臂；V-输出轴

由
$$i_{1,2}^{H}=\frac{n_1-n_H}{n_2-n_H}=\frac{-n_H}{n_2-n_H}=\frac{z_2}{z_1}$$

得
$$i_{H,2}=\frac{n_H}{n_2}=-\frac{z_2}{z_1-z_2}$$

由上式可知，当齿数差($z_1-z_2$)很小时，传动比$i_{H2}$很大。当$z_1-z_2=1$时，称为“一齿差”行星传动，其传动比$i_{H2}=-z_2$。

由于该轮系中的行星轮既有公转又有自转，因此要用一根轴直接把行星轮的绝对运动以等速比输出来是不可能的，必须采用一个传动比等于 1 的运动输出机构。可采用的机构有双万向联轴器、十字滑块联轴器、孔销式运动输出机构等。由于双万向联轴器的轴向尺寸较大、十字滑块联轴器的效率较低，所以应用最广的是孔销式运动输出机构，它相当于一个平行四边形机构。图 9-12 为该机构示意图，图中$O_2$、$O_3$分别为行星轮和输出轴的中心。行星轮 2 上均匀分布 6 个半径为$r_k$的圆孔(一般为 6～12 个)，其中心为 A。在输出轴的圆盘上也均匀地布有半径为$r_g$的相同数量的圆柱销，其中心为$B$，这些圆柱销对应地插入行星轮的上述圆孔中。若行星轮和输出轴的中心距(即中心轮与行星轮的中心距)为$a$，设计时取$r_k-r_g=a$，则$O_2$、$A$、$B$、$O_3$构成平行四边形机构$O_2ABO_3$。运动过程中，位于行星轮上的$O_2A$和位于输出轴圆盘上的$O_3B$始终保持平行，故输出轴与行星轮等速同向运动。

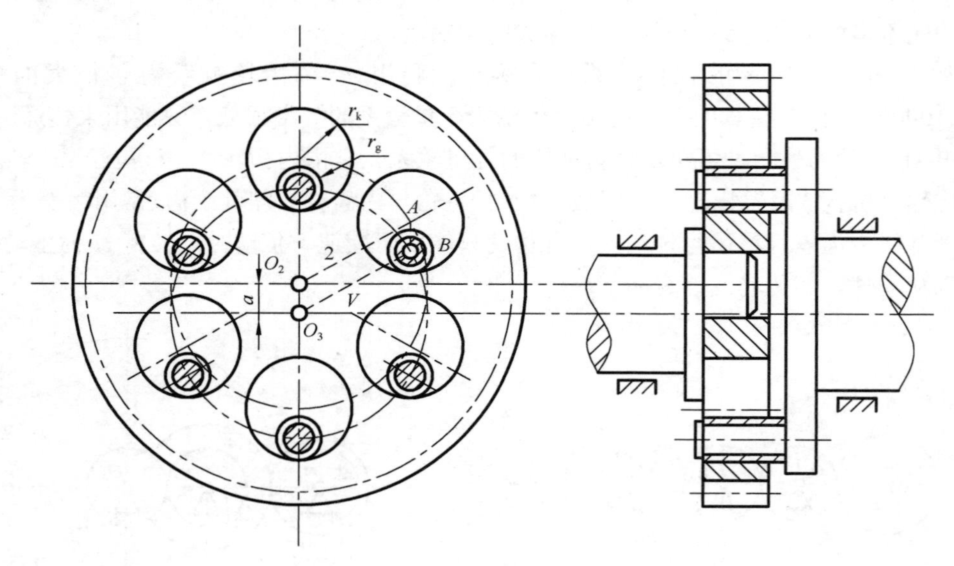


图 9-12　孔销式运动输出机构
2-行星轮；V-输出轴

(3)实现变速和变向传动。在输入轴转速和转向不变的情况下，利用轮系可使输出轴获得不同的转速和转向。

图 9-13 所示的汽车变速箱就是利用轮系实现汽车在行驶过程中的变速和倒车(变向)。图中轴 I 为输入轴，轴 II 为输出轴，*A-B* 为牙嵌式离合器。当齿轮 5、6 啮合而 3、4 和离合器均脱离时，汽车以低速前进；当齿轮 3、4 啮合而 5、6 和离合器均脱离时，汽车以中速前进；当离合器接合而齿轮 3、4 和 5、6 均脱离时，汽车以高速前进；当齿轮 7、8、6 啮合而 3、4 和 5、6 及离合器均脱离时，汽车倒车。

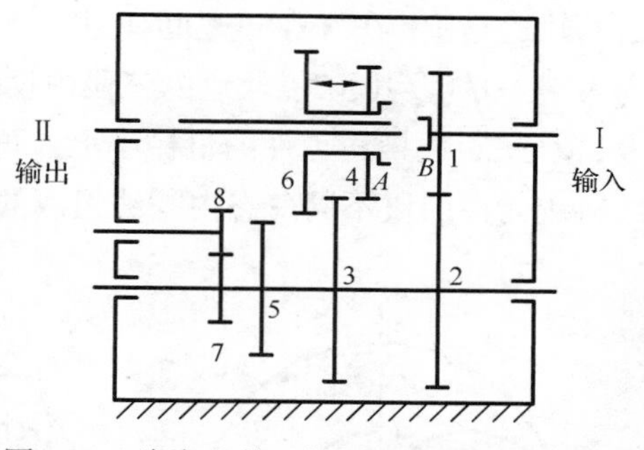


图 9-13 汽车上的三轴四速变速箱传动简图

1～3、5、7、8-固定齿轮；4、6-滑移齿轮

9-13

(4) 实现运动分解与合成。利用差动轮系将一轴的转动分解成两轴的转动，或将两轴的转动合成为一轴的转动，这在汽车、飞机等动力传动中已广泛应用，如例 9-5。再如图 9-14 所示的炼钢转炉变速机构中的混合轮系可将两种不同的转速合成为一种转速。其中齿轮 1、2 组成定轴轮系，$a$、$b$、$g$ 和 $H$ 组成周转轮系。若电动机 $M_1$ 开动、$M_2$ 制动，中心轮 $b$ 静止，周转轮系为一行星轮系，将得到一个输出转速 $n_{H1}$；若电动机 $M_1$ 制动、$M_2$ 开动，则中心轮 $a$ 静止，周转轮系为另一行星轮系，输出转速为 $n_{H2}$；若 $M_1$、$M_2$ 同向转动，周转轮系为一差动轮系(中心轮 $a$、$b$ 反向)，输出转速为 $n_{H3}$；若 $M_1$、$M_2$ 反向转动，周转轮系为另一差动轮系(中心轮 $a$、$b$ 同向)，输出转速为 $n_{H4}$。这四种输出转速分别满足了不同的生产需求。

(5) 实现分路传动。利用轮系可以将输入的一种转速同时分配到几个不同的输出轴上，以满足不同的工作要求。如图 9-15 所示，当发条 $N$ 驱动齿轮 1 转动时，通过轮系分别使分针 $M$、秒针 $S$ 和时针 $H$ 以不同的转速转动。

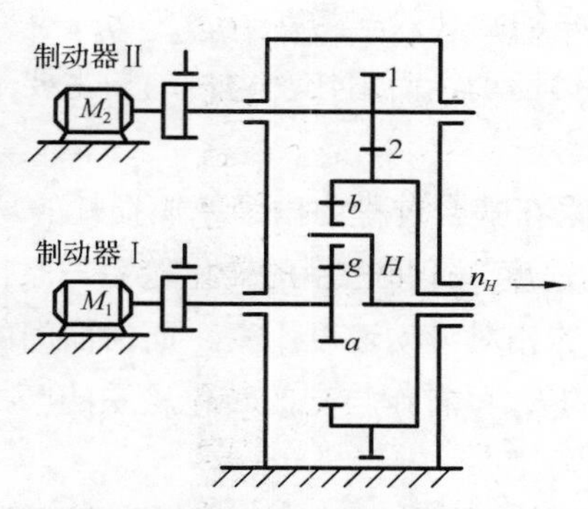


图 9-14 炼钢转炉变速机构

1、2、$a$、$g$-外齿轮；$b$-内齿轮；$H$-系杆

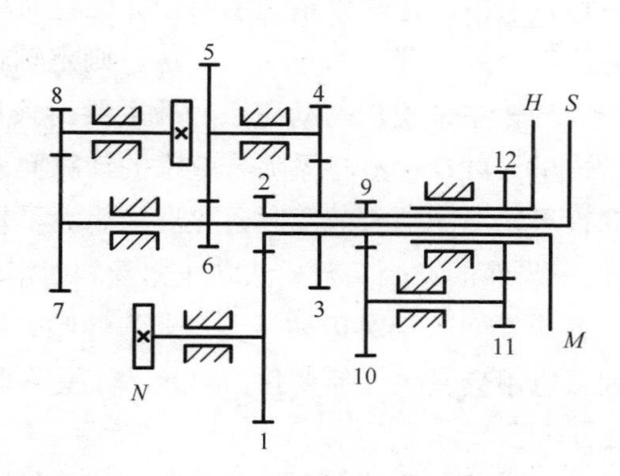


图 9-15 钟表传动简图

1～12-齿轮；$H$-时针；$M$-分针；$S$-秒针；$N$-发条

9-14

9-15

(6) 实现特定运动轨迹。周转轮系中行星轮上某点的运动轨迹称为旋轮线。利用旋轮线的类型和性质，在工程上可获得不少应用。例如，图 9-16(a)、(b)、(c) 所示为内啮合行星轮系，当行星轮的半径 $r_g$ 与内齿轮半径 $r_b$ 取不同的比值时，可以得到不同形状和性质的旋轮线。图 9-16(a) 为 $r_g/r_b = 1/2$，行星轮上 $A$ ($A'$) 点的轨迹是精确直线，即为著名的卡当圆运动，$C$

点的轨迹是圆，在 $A$ 和 $C$ 之间任意一点(如 $B$ 点)的轨迹是不同长轴和短轴的椭圆。图 9-16(b)为 $r_g/r_b=1/3$，其 $M$ 点轨迹为三段内摆线组成的带尖环线，它适用于自动机上顺序完成在 $A$、$B$、$C$ 三工位接送工件的机械手上。再如，图 9-16(c)为 $r_g/r_b=1/4$，其行星轮上各点的旋轮线轨迹为由四段不同变态内摆线组成的带尖、圆弧、环扣形状的环线。

9-16

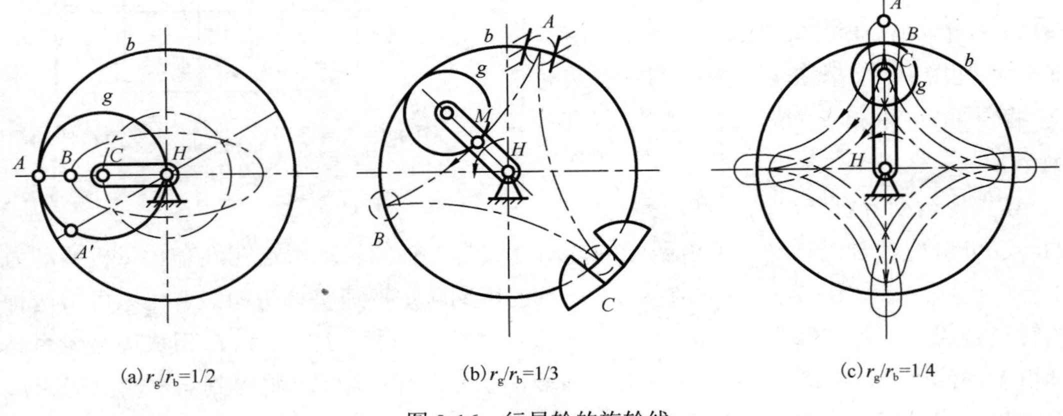


图 9-16 行星轮的旋轮线

$b$-中心轮；$g$-行星轮；$H$-系杆

## 9.6 轮系的效率

轮系的效率与轮齿的啮合摩擦、轴承摩擦及搅油等损失功率有关，这里只考虑轮齿啮合摩擦损失的因素。考虑啮合摩擦损失功率的效率称为啮合效率。

在各种轮系中，定轴轮系效率的计算比较简单。对由 $n$ 对齿轮串联组成的定轴轮系，若各对齿轮的啮合效率分别为 $\eta_1,\eta_2,\cdots,\eta_n$，则定轴轮系的啮合效率为 $\eta=\eta_1\eta_2\cdots\eta_n$。

对于周转轮系来说，差动轮系一般主要用来传递运动，而用作动力传动的主要是行星轮系，所以这里只讨论行星轮系啮合效率的计算问题。

计算行星轮系的啮合效率时，先要求出行星轮系在啮合过程中由于摩擦损耗的功率 $N_f$，而 $N_f$ 取决于齿面的摩擦系数、法向压力及相对滑动速度。行星轮系的转化轮系与原行星轮系相比较，各构件间的相对运动不变，即齿轮啮合时的相对滑动速度不变，而齿面间的作用力和摩擦因数也不会发生任何变化。因此，行星轮系的 $N_f$ 可看作与它的转化轮系的摩擦损耗功率 $N_f^H$ 相同，即 $N_f=N_f^H$。

如图 9-17(a)所示的行星轮系，设齿轮 1 为主动件，构件 $H$ 为从动件。若作用在轮 1 上的力矩为 $M_1$，其角速度为 $\omega_1$，则输入功率 $N_1=M_1\omega_1$ 为正；图 9-17(b)所示为行星轮系的转化轮系，作用在轮 1 上的力矩仍为 $M_1$，其角速度则变为 $\omega_1^H=\omega_1-\omega_H$，轮 1 传递的功率 $N_1^H=M_1\omega_1^H=M_1(\omega_1-\omega_H)$，显然 $N_1\neq N_1^H$。令

$$\varphi=\frac{N_1^H}{N_1}=\frac{M_1(\omega_1-\omega_H)}{M_1\omega_1}=1-\frac{\omega_H}{\omega_1}=1-i_{H1}=\frac{i_{13}^H}{i_{13}^H-1} \tag{9-3}$$

式中，$i_{13}^H$ 是行星轮系转化轮系的传动比。$\varphi$ 的正负取决于 $i_{13}^H$ 的值，当 $i_{13}^H<0$ 或 $i_{13}^H>1$ 时，$\varphi>0$；当 $0<i_{13}^H<1$ 时，$\varphi<0$。如果 $\varphi>0$，表示 $N_1^H$ 与 $N_1$ 同号，说明轮 1 在行星轮系(图 9-17(a))和转化轮系(图 9-17(b))中都是主动构件；如果 $\varphi<0$，表示 $N_1^H$ 与 $N_1$ 异号，说明轮 1 在行星轮系中是主动件，而在转化轮系中变为从动件。

如果行星轮系转化轮系的传动比 $i_{13}^H>0$，称该行星轮系为正号机构；反之，若 $i_{13}^H<0$，则称该行星轮系为负号机构。由上述可知，对于负号机构，$\varphi$ 恒大于零；而对于正号机构，$\varphi$ 可能大于零或小于零，视 $i_{13}^H$ 大于 1 或小于 1 而定。

现以负号机构为例，说明行星轮系的效率计算方法。

图 9-17(a)所示的轮系为负号机构，$\varphi>0$，即原行星轮系的主动件在转化轮系中仍为主动件。在图 9-17(a)中，当轮 3 固定时，可以取构件 1 为主动件，也可以取 $H$ 为主动件，不同构件作为主动件时，效率是不同的。下面以轮 1 为主动件、$H$ 为从动件来进行分析。

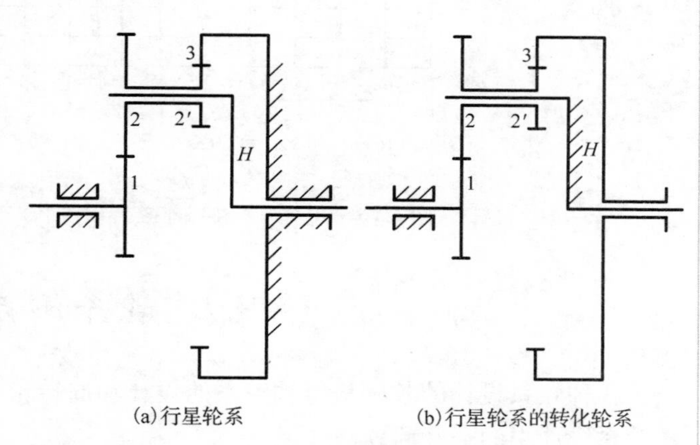

(a)行星轮系　(b)行星轮系的转化轮系

图 9-17　行星轮系的效率

1、2、2′-外齿轮；3-内齿轮；$H$-构杆

当轮 1 为主动件，$H$ 为从动件时，$N_1>0$。由于 $\varphi>0$，则 $N_1^H>0$，即在转化轮系中轮 1 为主动件，轮 3 为从动件。转化轮系中啮合摩擦损耗功率 $N_f^H=N_1^H(1-\eta_{13}^H)$，式中 $\eta_{13}^H$ 为转化轮系的啮合效率，即相当定轴轮系的啮合效率。由 $N_f=N_f^H$ 及式(9-3)，可得行星轮系的啮合效率为

$$\eta_{1H}=1-\frac{N_f}{N_1}=1-\frac{N_f^H}{N_1}=1-\frac{N_1^H}{N_1}(1-\eta_{13}^H)=1-\frac{i_{13}^H}{i_{13}^H-1}(1-\eta_{13}^H)=\frac{1-i_{13}^H\eta_{13}^H}{1-i_{13}^H} \tag{9-4}$$

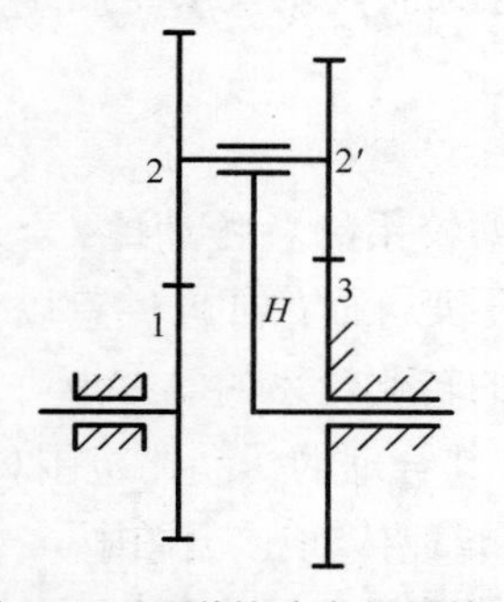

图 9-18　双联外啮合行星轮系

1-中心轮；2、2′-行星轮；3-机架(中心轮)；$H$-系杆

用类似方法，可以推导出 $H$ 为主动件、轮 1 为从动件时行星轮系的啮合效率为

$$\eta_{H1}=\frac{1-i_{13}^H}{\eta_{13}^H-i_{13}^H}\eta_{13}^H=\frac{1-i_{13}^H}{1-\dfrac{i_{13}^H}{\eta_{13}^H}} \tag{9-5}$$

由式(9-4)、式(9-5)可看出，行星轮系为负号机构时，其效率要比其转化轮系，即相当定轴轮系的效率高。

图 9-18 所示为双联外啮合行星轮系，其相应转化轮系的转动比 $i_{13}^H>0$，所以它是正号机构。用同样方法也可以推导出其效率公式(可参考有关行星齿轮传动专著)。行星轮系为正号机构时其效率通常要比其转化轮系，即相当定轴轮系的效率低。所以作为传动用的行星轮系通常采用负号机构。

图 9-19 给出了由两个中心轮一个系杆组成的行星轮系的效率变化曲线。

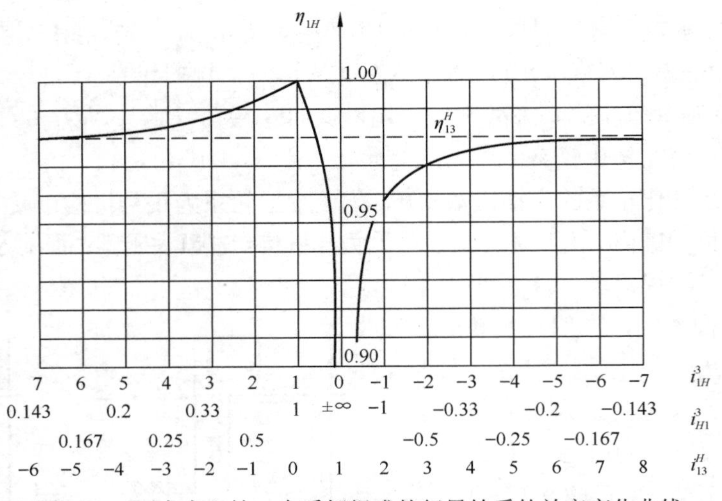


图 9-19 两个中心轮一个系杆组成的行星轮系的效率变化曲线

# 9.7 轮系的设计

各种轮系设计的基础是定轴轮系的设计和周转轮系的设计，下面简要介绍定轴轮系和周转轮系设计中的一些问题。

## 9.7.1 定轴轮系的设计

**1. 定轴轮系类型的选择**

应根据具体的工作要求与使用场合选择定轴轮系的类型，并合理确定轮系中各级传动的类型(如直齿圆柱齿轮、斜齿圆柱齿轮、圆锥齿轮、蜗杆传动等)。一般情况下，当要求轮系的输入轴与输出轴平行时可采用平面定轴轮系，但若要求传动比较大或对空间布局有要求，也可采用空间定轴轮系。当要求轮系的输入轴与输出轴不平行时，只能采用空间定轴轮系。

**2. 定轴轮系中各轮齿数的选择**

定轴轮系中各轮的齿数与轮系中各级传动比有关，因此应根据轮系的总传动比 $i$ 合理分配各级传动比 $i_p$（$p=1,2,\cdots,n$），并使其满足 $i=i_1 i_2\cdots i_n$。分配各级传动比 $i_p$ 时应注意以下两点。

(1) 由于各种传动类型(圆柱齿轮、圆锥齿轮、蜗杆传动等)都有其合理的传动比范围(其范围可参阅相关设计资料)，因此各级传动比都应在对应传动类型的合理传动比范围内。

(2) 为使结构紧凑协调，相邻两级传动比不宜相差过大，有时为了便于润滑，在分配传动比时还要注意使两级大齿轮直径尽可能接近。

## 9.7.2 周转轮系的设计

**1. 周转轮系类型的选择**

周转轮系的类型很多，设计周转轮系时应综合考虑所要求的传动比大小、效率高低、结构复杂程度等因素，合理选择周转轮系的类型。各种周转轮系的传动比范围、效率及结构特点可参阅相关文献资料。

**2. 周转轮系中各轮齿数的选择**

为了能传递较大的功率和改善轮系的受力情况，一般周转轮系中不是只用一个行星轮，而是采用均布的多个行星轮来传动，为此各轮齿数应满足下面的条件。

(1) 保证实现给定的传动比，即满足传动比条件。

(2) 保证两个中心轮及转臂的轴线重合，即满足同心条件。

(3) 保证各行星轮能严格均布在两中心轮之间，即满足安装条件。

(4) 保证均匀分布的各行星轮之间互不干涉，即满足邻接条件。

下面以图 9-20 所示的行星轮系(转臂未画出)为例进行说明。

(1) 传动比条件。因为

$$i_{1H}=1+\frac{z_3}{z_1}$$

所以

$$\frac{z_3}{z_1}=i_{1H}-1 \tag{9-6}$$

(2) 同心条件。根据中心轮 1、3 及转臂 $H$ 三轴线重合条件，对于标准齿轮或等变位齿轮传动，可得

$$r_3=r_1+2r_2 \tag{9-7}$$

即

$$z_3=z_1+2z_2$$

式中，$r_1$、$r_2$、$r_3$ 分别为各齿轮的分度圆半径。

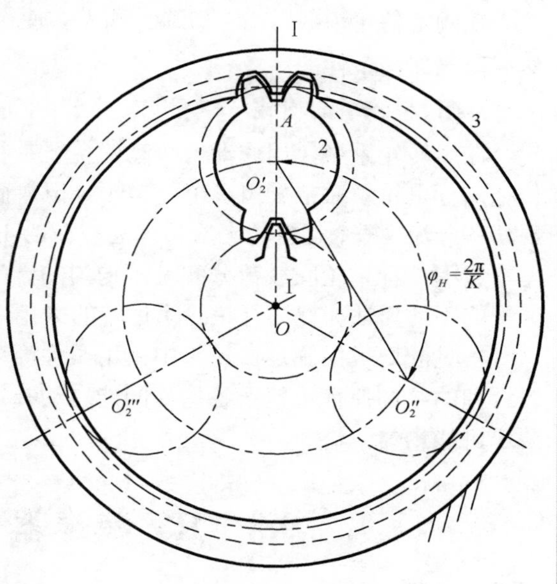


图 9-20 行星轮系的安装条件

1-中心轮；2-行星轮；3-机架(中心轮)

(3) 安装条件。在图 9-20 中，设均布的行星轮数为 $K$。将中心轮 3 的任一齿厚的中线定到 *I-I* 位置。若行星轮 2 的齿数为偶数，则将另一中心轮 1 的任一齿厚中线也定到 *I-I* 位置(若轮 2 为奇数齿，应将轮 1 的任一齿间中线定到 *I-I*)，这时就可在转臂 $H$ 的轴孔 $O_2'$ 处安装一个行星轮 $A$。$A$ 装入后，中心轮 1 和 3 的相对位置就受到限制，而不能任意调整。

中心轮 3 固定不动，转臂 $H$ 转过 $\varphi_H=\dfrac{2\pi}{K}$ 时，另一轴孔 $O_2''$ 转到 *I-I* 位置，中心轮 1 相应转过的角度为

$$\varphi_1=(1-i_{13}^H)\varphi_H=\left(1+\frac{z_3}{z_1}\right)\frac{2\pi}{K}$$

现要在 $O_2''$ 处装入第二个行星轮，则要求转过 $\varphi_1$ 的中心轮 1 的某一齿厚的中线也落在 *I-I* 上，即 $\varphi_1$ 所对弧必须刚好是其周节的整倍数 $q$。因为每个周节所对的中心角为 $\dfrac{2\pi}{z_1}$，所以 $\varphi_1=q\dfrac{2\pi}{z_1}$，由此可得

$$\varphi_1 = q\frac{2\pi}{z_1} = \left(1+\frac{z_3}{z_1}\right)\frac{2\pi}{K}$$

即

$$q = \frac{z_1 + z_3}{K} \tag{9-8}$$

因此，这种周转轮系的安装条件是：两中心轮齿数之和应被行星轮个数所整除。

(4) 邻接条件。在图 9-20 中 $O_2'$、$O_2''$ 为相邻两行星轮位置，为了保证相邻两行星轮不致相碰，中心距 $O_2'\,O_2''$ 要大于两行星轮齿顶圆半径之和，即 $O_2'\,O_2'' > d_2$，$d_2$ 为行星轮齿顶圆直径，即

$$2(r_1 + r_2)\sin\frac{\pi}{K} > 2(r_2 + h_a^* m)$$

或

$$(z_1 + z_2)\sin\frac{\pi}{K} > z_2 + 2h_a^* \tag{9-9}$$

在确定各轮齿数时，先初选 $z_1$ 和 $K$，使得根据前三个条件得到的 $z_2$、$z_3$ 和 $q$ 均为正整数，然后验算邻接条件。

**3. 行星轮系的均载**

在周转轮系中，用作动力传动的主要是行星轮系。为了提高承载能力和实现高功率密度传动，行星轮系通常采用多个行星轮分担载荷，形成功率分流。理论上，采用 $K$ 个行星轮实现功率分流，每个行星轮上应传递总载荷的 $1/K$。但实际上由于不可避免的制造误差和安装误差等原因，行星轮间载荷分配是不均匀的。为此应采取合理的均载措施来降低行星轮间载荷分配的不均匀性、提高行星轮系运转的平稳性和可靠性。

常见的均载措施是在轮系中采用柔性浮动自定位结构、弹性结构等(详见有关文献)，通过合理的结构使行星轮系各构件间能自动补偿各种制造误差和安装误差，从而使各行星轮受载尽可能均匀。

## 9.8 RV 减速器和谐波减速器简介

本节扼要介绍利用行星轮系原理发展起来的 RV 减速器和谐波减速器，其主要特点是传动比大、结构紧凑、精度及效率高，在工业机器人、精密传动等领域得到广泛应用。

### 9.8.1 RV 减速器

RV 减速器是一种两级行星传动装置，第一级是渐开线行星齿轮传动机构，第二级是一种摆线针轮行星传动机构，通过摆线轮与针轮的啮合实现。

摆线针轮行星传动机构也是一种“一齿差”行星传动，只是行星轮的齿廓曲线不再采用渐开线齿廓而是改用摆线齿廓，而中心内齿轮则采用了针齿，即由固定在机壳上带有滚动销套的圆柱销(即小圆柱针销)组成。它的传动原理、运动输出机构等均与渐开线少齿差行星传动完全相同。

图 9-21 为摆线针轮行星传动机构的示意图。图中 1 为针轮，2 为摆线行星齿轮，$H$ 为系杆，3 为输出机构。因为它是一齿差行星传动，其传动比为

$$i_{H2} = \frac{n_H}{n_2} = -\frac{z_2}{z_1 - z_2} = -z_2$$

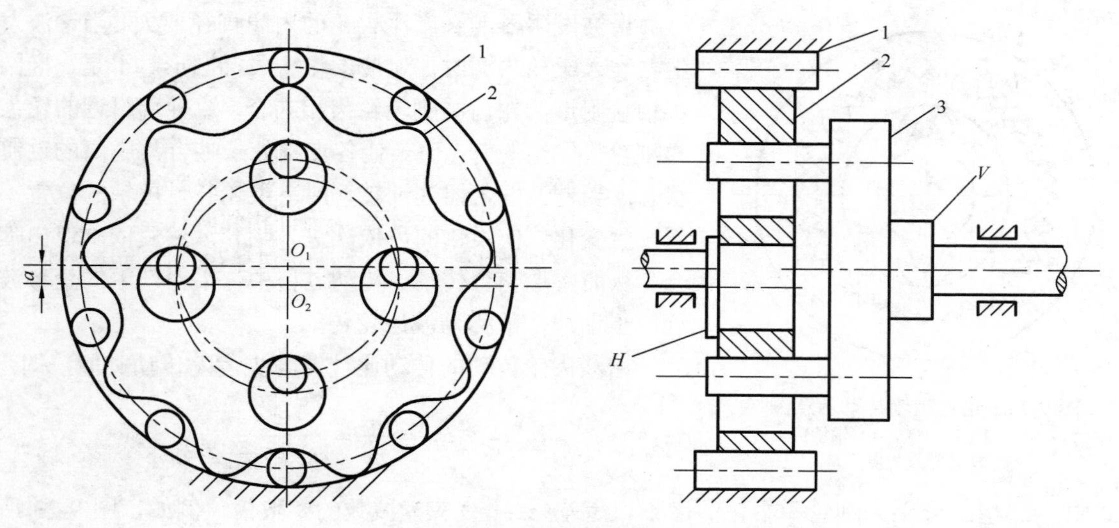


图 9-21 摆线针轮行星传动机构
1-针轮；2-摆线行星齿轮；3-输出机构；$H$-系杆；$V$-输出轴

由渐开线行星齿轮传动和摆线针轮行星传动组成的 RV 减速器的传动原理如图 9-22 所示。在第一级传动，可得

$$i_{s,p}^{H}=\frac{n_s-n_H}{n_p-n_H}=-\frac{z_p}{z_s}$$

式中，$n_s$、$n_p$ 和 $n_H$ 分别为渐开线中心轮、行星轮和转臂的转速；$z_s$ 和 $z_p$ 分别为中心轮和行星轮的齿数。

在第二级传动，可得

$$i_{c,r}^{p}=\frac{n_c-n_p}{n_r-n_p}=\frac{z_r}{z_c}$$

式中，$n_c$ 和 $n_r$ 分别为摆线轮和针轮的转速，且 $n_c=n_H$，$n_r=0$；$z_c$ 和 $z_r$ 分别为摆线轮和针轮的齿数，且 $z_c=z_r-1$。

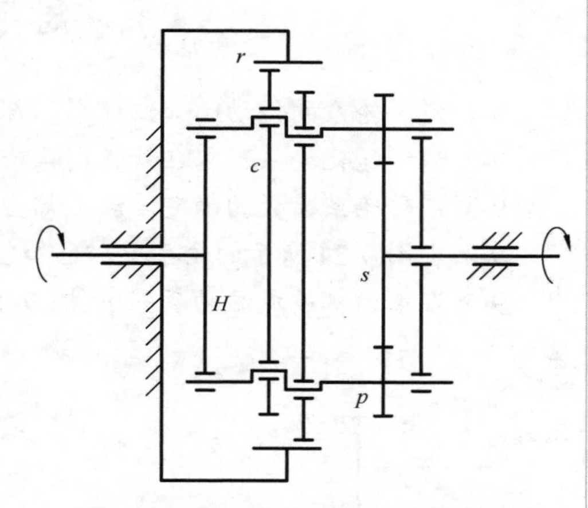


图 9-22 RV 减速器的传动原理示意图
$s$-渐开线中心轮；$p$-渐开线行星轮；
$c$-摆线轮；$r$-针轮；$H$-转臂(输出机构)

由以上两式可得 RV 减速器的传动比为

$$i_{s,H}=\frac{n_s}{n_H}=1+(z_c+1)\frac{z_p}{z_s}=1+z_r\frac{z_p}{z_s}$$

## 9.8.2 谐波减速器

谐波减速器利用谐波齿轮传动实现减速。谐波齿轮传动是在渐开线少齿差行星齿轮传动的基础上发展起来的一种新型传动。图 9-23 是这种传动的示意图。它由三个基本构件组成：具有内齿的刚轮 1、具有外齿的柔轮 2 和谐波发生器 $H$。与行星齿轮传动一样，三个构件中必有一个是固定件，而其余两个，一个为主动件，另一个为从动件。通常谐波发生器为主动件，刚轮为固定件。

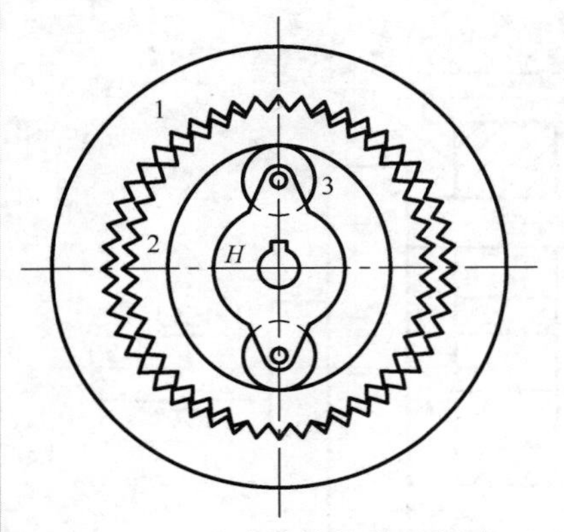

图 9-23 谐波齿轮传动示意图
1-刚轮；2-柔轮；3-滚轮(轴承)；
H-谐波发生器

谐波发生器的长度比柔轮的内圈直径要大。当谐波发生器装入柔轮内圈时，迫使柔轮变成椭圆形。于是，椭圆长轴端附近的轮齿与刚轮轮齿相啮合，短轴端附近的轮齿与刚轮齿完全脱开，而其他各点则处于啮合与脱离的过渡状态。当谐波发生器连续转动时，柔轮长、短轴的位置不断发生变化，使柔轮的齿依次进入啮合，然后依次退出啮合，从而实现啮合传动。传动过程中，柔轮产生的变形波近似于谐波，故称谐波齿轮传动。

谐波齿轮传动的传动比计算与少齿差传动类似，即

$$i_{H2}=\frac{n_H}{n_2}=-\frac{z_2}{z_1-z_2}$$

式中，$z_1$ 和 $z_2$ 分别为刚轮和柔轮的齿数。齿差$(z_1-z_2)$应为波数的整数倍。例如，图 9-23 所示为双波(两个触头)，则齿差$(z_1-z_2)$至少为 2。

谐波减速器的传动比大、结构紧凑、精度高，但由于柔轮周期性变形，容易发生疲劳破坏。

## 思考题与习题

9-1 定轴轮系的传动比如何计算？首、末两轮的转向如何判断？

9-2 何谓转化轮系？它在计算周转轮系中起什么作用？

9-3 周转轮系齿数的确定应满足哪些条件？

9-4 在图 9-24 所示的轮系中，已知各轮齿数，3′为单头右旋蜗杆，求传动比 $i_{15}$。

9-5 在滚齿机展成运动装置中(图 9-25)，已知各轮齿数，若被切齿轮齿数为 64，求交换齿轮 5、7 的齿数比。

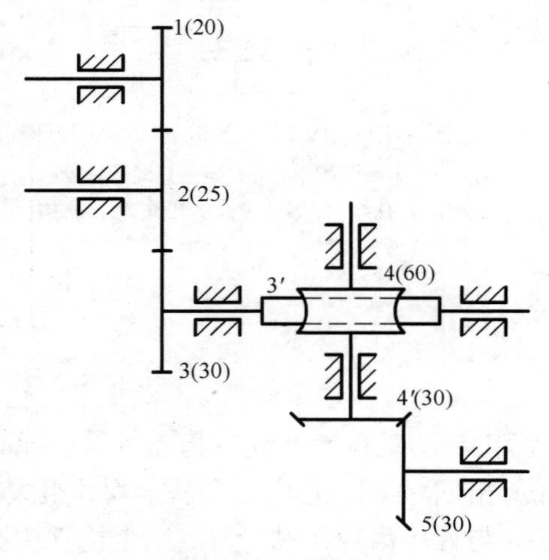

图 9-24 习题 9-4 图
1～3、4′、5-齿轮；3′-蜗杆；4-蜗轮

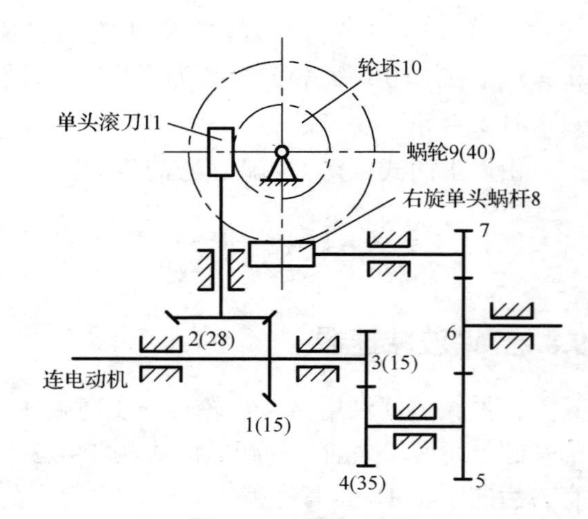

图 9-25 习题 9-5 图

9-6 在图 9-26 所示的轮系中，所有齿轮的模数相等，且均为标准齿轮，若 $n_1$= 200r/min，$n_3$= 50r/min。求齿数 $z_{2'}$ 及杆 4 的转速 $n_4$。当：①$n_1$、$n_3$ 同向时；②$n_1$、$n_3$ 反向时。

9-7 图 9-27 所示为一滚动轴承，钢球相对内圈 1、外圈 3 做纯滚动，当：①外圈固定于机架，内圈固定于轴上并以 $n$ (r/min)转动时，求保持架的转速 $n_H$；②外圈以 $n$ (r/min)转动，而内圈固定时，$n_H$ 将增加还是减少？

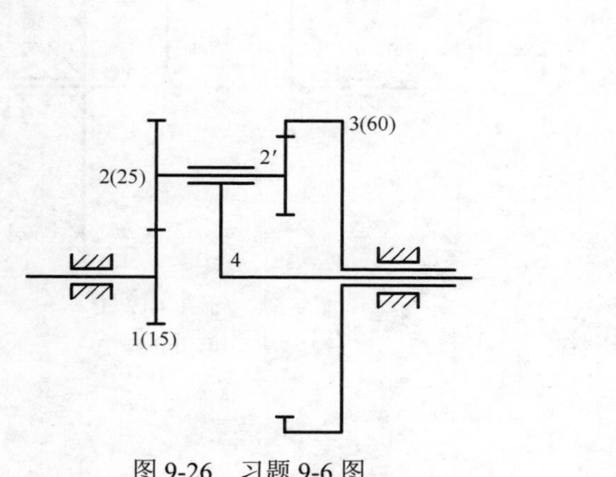


图 9-26 习题 9-6 图

1～3、2′-齿轮；4-系杆

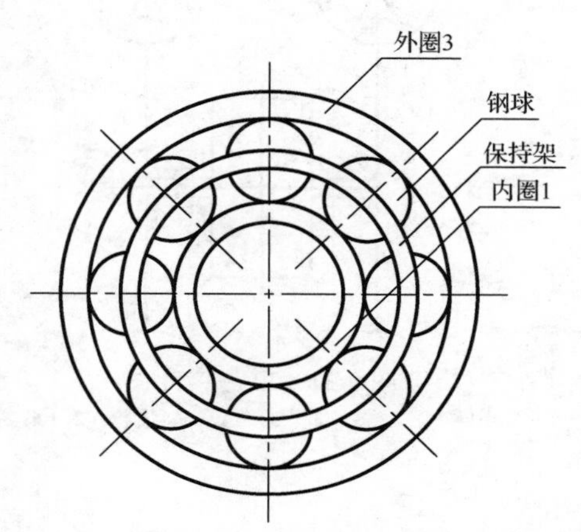


图 9-27 习题 9-7 图

9-8 图 9-28 所示为卷扬机的减速器，各轮齿数在图中示出，求传动比 $i_{17}$。

9-9 图 9-29 所示为一轮系，各轮齿数如图所示，求传动比 $i_{14}$。

9-10 图 9-30 所示为自行车里程表机构。齿轮 1 与车轮轴相连。各轮齿数如图所示，设轮胎受压变形后，28in(1in = 2.54cm)的车轮的有效直径约为 0.7m。车行 1km 时，表上指针刚好转 1 周，求轮 2 的齿数。

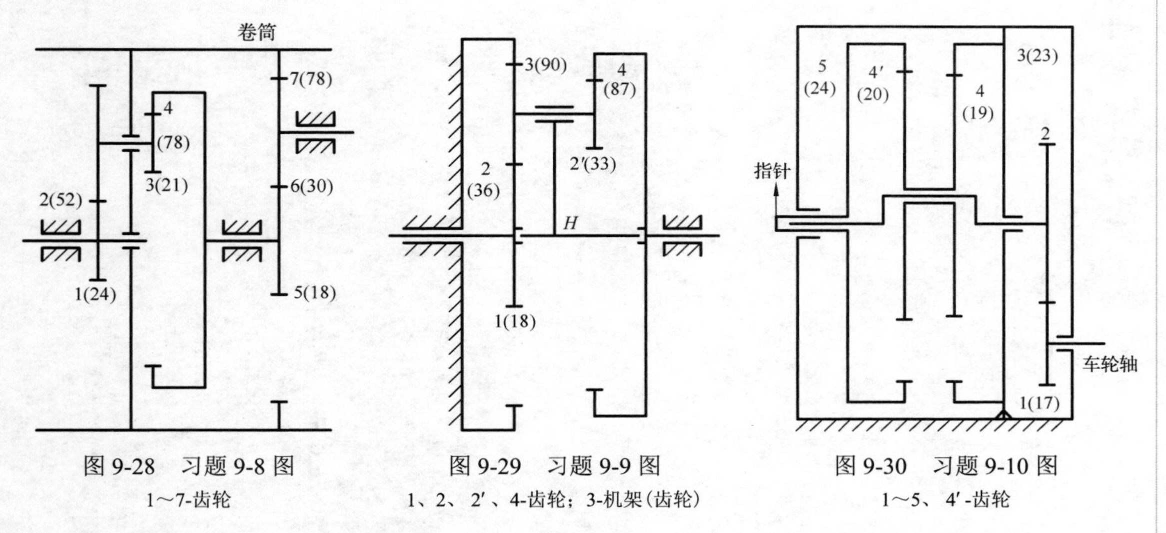


图 9-28 习题 9-8 图

1～7-齿轮

图 9-29 习题 9-9 图

1、2、2′、4-齿轮；3-机架(齿轮)

图 9-30 习题 9-10 图

1～5、4′-齿轮

9-11 在图 9-31 所示的减速器中，已知蜗杆 1 和 5 的头数均为 1(右旋)，$z_{1'} = 101$，$z_2 = 99$，$z_{2'} = z_4$，$z_{4'} = 100$，$z_{5'} = 100$，求传动比 $i_{1H}$。

9-12 图 9-32 所示为一减速器，已知各轮齿数为：$z_1 = z_2 = 20$，$z_3 = 60$，$z_4 = 90$，$z_5 = 210$；齿轮 1 与电机轴相连，电机转速为 1440r/min，求轴 $A$ 的转速 $n_A$。

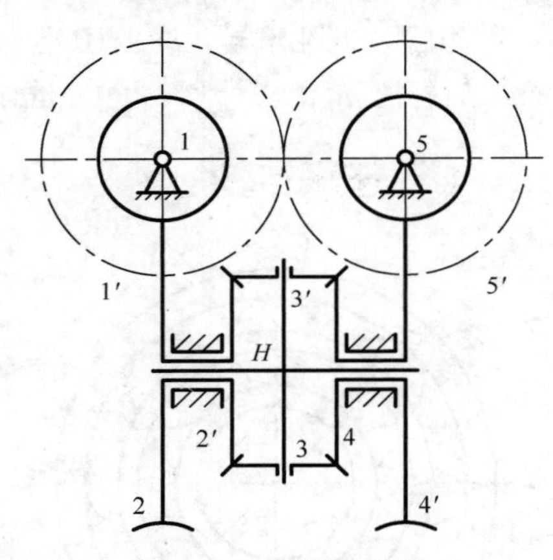


图 9-31 习题 9-11 图

1～5-蜗杆；1′、2′、3、3′、4、5′-齿轮；2、4′-蜗轮

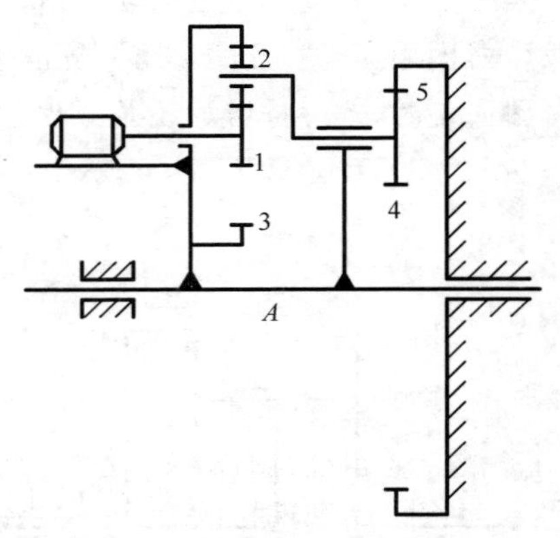


图 9-32 习题 9-12 图

1～5-齿轮；$A$-轴

# 第 10 章 带传动与链传动

## 10.1 概　　述

带传动和链传动均属于挠性传动，它们都有用于传递运动和动力的中间挠性件及若干传动轮。带传动通过具有较小弹性模量的材料和抗弯刚度小的结构实现挠性传动，链传动的挠性则是通过转动副连接的多个相对较短链节形成的传动链来实现的。按工作原理划分，两者均可利用接触面的摩擦力来传递运动和动力，分别称为摩擦带传动(通常直接称为带传动)和摩擦式链传动；或者通过啮合方式传递运动和动力，分别称为啮合(或同步)带传动和链传动。

带传动结构简单，加工、装配容易，成本低廉，但轮廓尺寸大，使用寿命短，传动能力小。与带传动相比，链传动对轴的作用力小，整体尺寸小，传动能力大，适应高温潮湿环境，但工作噪声较大，常用于低速重载、环境恶劣的工作场合。

## 10.2 带传动的基本结构和性能

### 10.2.1 带传动的工作原理

带传动由安装在主动轴 $O_1$ 上的带轮 1(主动带轮)、安装在从动轴 $O_2$ 上的带轮 2(从动带轮)，以及紧套在两轮上的带 3 所组成(图 10-1)。它结构简单，应用广泛。

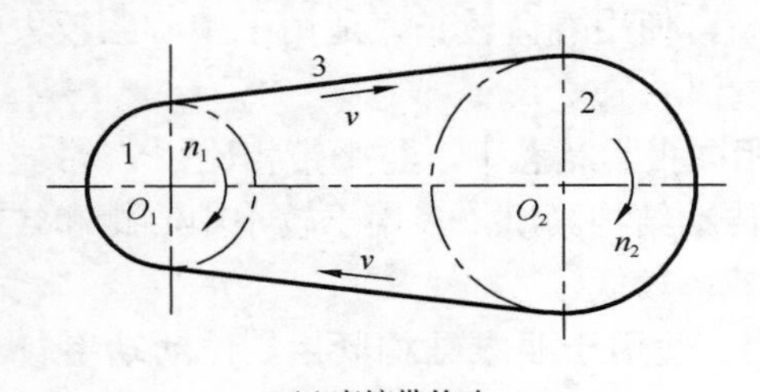


(a)摩擦带传动

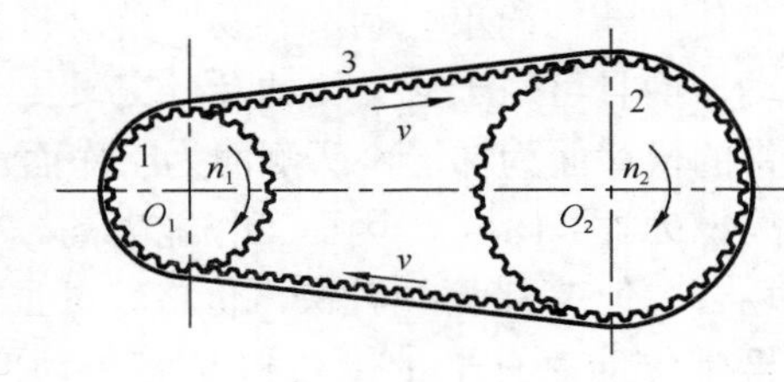


(b)同步带传动

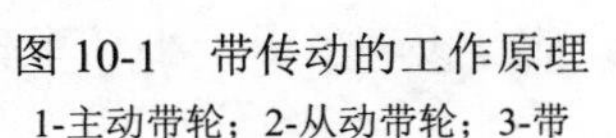

图 10-1　带传动的工作原理

1-主动带轮；2-从动带轮；3-带

10-1

带传动(图 10-1(a))中，带 3 紧套在带轮 1 和 2 上，使带与带轮的接触面产生正压力。当主动带轮转动时，带与带轮的相对运动趋势使接触面产生摩擦力，这样，通过主动轮驱动带，继而又利用带驱使从动轮转动，实现主动轮到从动轮之间运动和动力的传递。

同步带传动(图 10-1(b))中，则依靠带内周等距分布的梯形齿(或弧齿)与分布于带轮圆周上的轮齿相啮合传递运动和动力。

本章主要介绍摩擦带传动。

### 10.2.2 带传动的主要传动形式和类型

带传动的主要传动形式有开口传动(图 10-1(a))、交叉传动(图 10-2(a))和半交叉传动(图 10-2(b))。在开口传动中，两轴平行、两轮的回转方向相同，通常带速 $v \leqslant 20 \sim 50\text{m/s}$；在交叉传动中，两轴平行但回转方向相反，通常 $v \leqslant 15\text{m/s}$；半交叉传动则用于两轴交错的工况，带速 $v$ 通常不超过 15m/s，且传递功率相对较小，仅能单向传动。

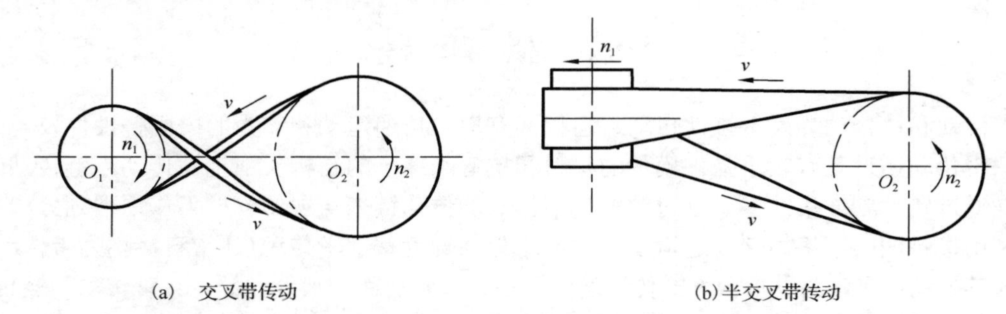


(a) 交叉带传动　　(b)半交叉带传动

图 10-2 交叉传动与半交叉传动

在摩擦带传动中，按传动带的横截面形状不同又分为平带传动、V 带传动、圆带传动及多楔带传动等，如图 10-3 所示。其中，V 带传动应用最广。

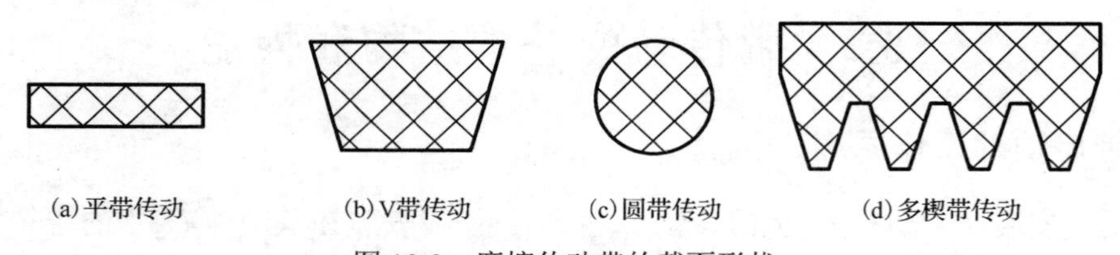

(a)平带传动　(b)V带传动　(c)圆带传动　(d)多楔带传动

图 10-3 摩擦传动带的截面形状

平带传动结构简单、制造容易、传动效率较高、使用寿命较长，适用于中心距较大的远距离传动，而且可用于交叉传动及半交叉传动。

V 带的横截面为梯形，两侧面为工作面。在相同张紧状态下，与平带相比，V 带能产生较大的摩擦力(图 10-4)，因而工作能力高。V 带传动结构紧凑，多用于较小中心距和较大传动比的场合。但 V 带磨损较快，价格较贵且传动效率较低。

多楔带传动兼有平带传动和 V 带传动的优点，适用于要求结构紧凑、传动功率较大的场合。

圆带传动结构最简单，但传动能力低，多用于小功率传动。另外，圆带也可用于交叉传动及半交叉传动。

作为两种带传动能力的近似对比，沿带轮周向取单位长度进行受力分析。平带、V 带的径向受力状态分别如图 10-4(a)、(b)所示。$F_Q$ 为周向拉力之合力的径向分量，沿带轮径向作用，带与带轮接触面产生的正压力合力为 $F_N$，则平带接触面上产生的周向摩擦力为

$$F = fF_N = fF_Q$$

式中，$f$ 为摩擦因数；$F_N$ 为正压力。

对于 V 带，在同样大小 $F_Q$ 的作用下，V 带的两侧接触面上均产生正压力 $F_N$（图 10-4(b)），同时，在接触面上沿带轮的周向和径向(图示摩擦力方向)产生相应的摩擦力，在此近似计算模型中，径向、周向摩擦力各自与正压力成正比。根据径向力平衡条件得

$$F_Q = 2F_N\left(\sin\frac{\phi}{2} + f\cos\frac{\phi}{2}\right)$$

$$2F_N = \frac{F_Q}{\sin\frac{\phi}{2} + f\cos\frac{\phi}{2}}$$

式中，$\phi$ 为 V 带轮的轮槽角。

由此得周向摩擦力为

$$F_v = 2fF_N = f\frac{F_Q}{\sin\frac{\phi}{2} + f\cos\frac{\phi}{2}} = f_v F_Q$$

$$f_v = \frac{f}{\sin\frac{\phi}{2} + f\cos\frac{\phi}{2}} \tag{10-1}$$

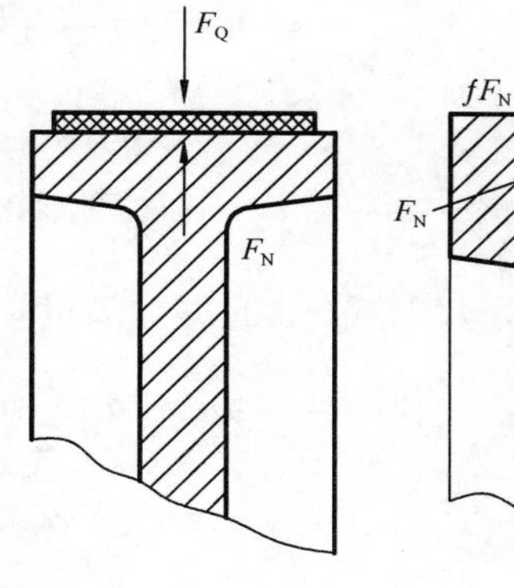


(a) 平带横截面

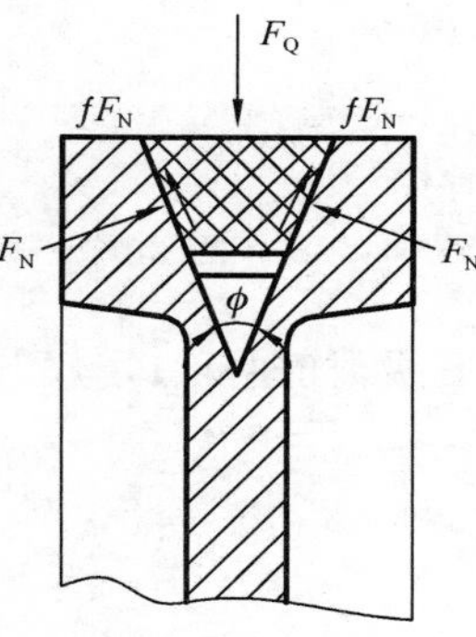


(b) V带横截面

图 10-4　平带、V 带表面工况及受力分析对比

式中，$f_v$ 称为 V 带与带轮之间的当量摩擦因数。若取 $f = 0.3$，$\phi = 32° \sim 38°$，则 $f_v = 0.532 \sim 0.492$，平均取 $f_v = 0.51$。

可见，在同样张紧条件下，V 带与带轮间可以产生更大的摩擦力，因而能够比平带传递更大的功率。因此，一般机械设备中，多采用 V 带传动。

### 10.2.3　带传动的几何尺寸计算

开口带传动的几何关系如图 10-5 所示，其中，带与带轮相接触的一段圆弧所对应的圆心角在带传动中称为包角。带传动中常用 $\alpha_1$、$\alpha_2$ 分别表示小带轮和大带轮的包角。由于带的内、外周长度是不相等的，因此，对于不同类型的带传动，规定了相应的基准长度和基准直径。对于平带，基准直径为带轮外径；对于 V 带，则是弯曲后中性层处的直径。与此直径相对应的带长为带的基准长度。

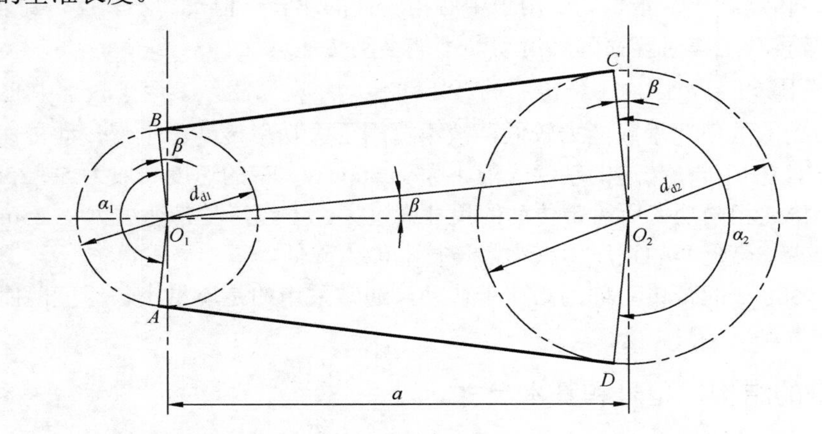


图 10-5　开口带传动的几何关系

带传动的主要几何参数包括中心距 $a$、带的基准长度 $L_d$、带轮的基准直径 $d_{d1}$ 及 $d_{d2}$、小

带轮包角 $\alpha_1$。由图 10-5 可知，各几何参数间的关系如下：

$$L_d = \overset{\frown}{AB} + BC + \overset{\frown}{CD} + DA = \frac{\alpha_1 d_{d1}}{2} + \frac{\alpha_2 d_{d2}}{2} + 2BC$$

$$= (\pi - 2\beta)\frac{d_{d1}}{2} + (\pi + 2\beta)\frac{d_{d2}}{2} + 2a\cos\beta \tag{10-2}$$

$$\alpha_1 = \pi - 2\beta$$

式中，$\beta = \arcsin\left(\frac{d_{d2} - d_{d1}}{a}\right)$，作为近似计算，可取 $\beta \approx \sin\beta = \frac{d_{d2} - d_{d1}}{a}$，$\cos\beta \approx 1 - \frac{\beta^2}{2}$（取其幂级数前两项），代入式(10-2)并化简得

$$L_d \approx 2a + \frac{\pi}{2}(d_{d1} + d_{d2}) + \frac{(d_{d2} - d_{d1})^2}{4a} \tag{10-3}$$

$$\alpha_1 \approx \pi - \frac{d_{d2} - d_{d1}}{a} \tag{10-4}$$

由式(10-3)得 $$4a^2 + [\pi(d_{d1} + d_{d2}) - 2L_d]a + \frac{(d_{d2} - d_{d1})^2}{2} \approx 0$$

可以解得 $$a \approx \frac{2L_d - \pi(d_{d1} + d_{d2}) + \sqrt{[2L_d - \pi(d_{d1} + d_{d2})]^2 - 8(d_{d2} - d_{d1})^2}}{8} \tag{10-5}$$

### 10.2.4 带传动的特点及应用范围

**1. 特点**

(1) 带是挠性件，具有弹性和阻尼，能缓和冲击、减小振动，因而工作平稳，噪声小。

(2) 传动过载时，带传动将打滑，可保护其他零件免受损坏。

(3) 摩擦带传动靠摩擦力传递动力，所以传动效率低（一般平带的传动效率约为 95%，V 带的传动效率约为 92%）。

(4) 带传动结构简单，对制造、安装要求不高，工作时不需要润滑，因而成本较低；但带的寿命较短，一般只能使用数千小时，且不宜用于高温、易燃场合。

(5) 与齿轮传动相比，带传动适用于中心距较大的场合；但尺寸不紧凑，对轴作用力大。

(6) 摩擦带传动工作时存在弹性滑动，不能准确传递运动。

**2. 应用范围**

由于带传动的效率和承载能力较低，故不适用于大功率传动。平带传动传递的功率一般不大于 500kW，V 带传动传递的功率一般不大于 700kW；带的速度一般为 5～25m/s。带速过小（≤5m/s），传递相同功率所需带传动的尺寸则过大。不经济；带速过大（> 25m/s），则离心力过大，造成带与带轮间的正压力减小，使传动能力降低。

速度大于 30m/s 的带传动称为高速带传动，通常采用的是质量小、厚度薄而均匀、挠曲性好的环形平带。

### 10.2.5 V 带的结构、型号和基本尺寸

V 带有普通 V 带、窄 V 带、联组 V 带等类型（图 10-6）。其中普通 V 带和窄 V 带的应用最广。

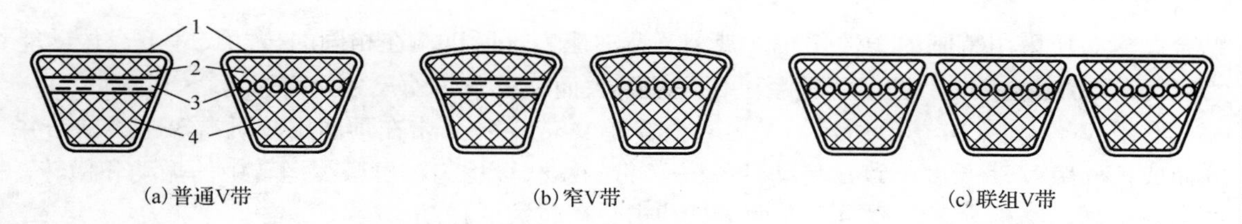

(a) 普通V带　(b) 窄V带　(c) 联组V带

图 10-6　V 带截面结构

1-包布；2-顶胶；3-抗拉体；4-底胶

标准普通 V 带为无接头环形，其横截面为梯形，按截面尺寸的不同，分为 Y、Z、A、B、C、D、E 共 7 种型号，其截面尺寸及基准长度已标准化，见表 10-1、表 10-4。V 带弯曲时，外周一侧(横截面顶部)因周向受拉而使横向尺寸缩短，内周一侧(横截面底部)因周向受压而使横向尺寸伸长，故楔角将减小，为保证带与带轮工作面的良好接触，除尺寸很大的带轮外，带轮的轮槽角都应适当减小，见表 10-9。

**表 10-1　普通 V 带的截面尺寸和每米质量**(摘自 GB/T 11544—2012)

| 型号 | Y | Z | A | B | C | D | E |
|---|---|---|---|---|---|---|---|
| 节宽 $b_p$/mm | 5.3 | 8.5 | 11 | 14 | 19 | 27 | 32 |
| 顶宽 $b$/mm | 6 | 10 | 13 | 17 | 22 | 32 | 38 |
| 高度 $h$/mm | 4.0 | 6.0 | 8.0 | 11 | 14 | 19 | 23 |
| 楔角 $\phi$/(°) | 40 | | | | | | |
| 每米质量/(kg/m) | 0.04 | 0.06 | 0.10 | 0.17 | 0.30 | 0.60 | 0.87 |

普通 V 带的结构如图 10-6(a)所示，分别由包布 1、顶胶 2、抗拉体 3 及底胶 4 构成。包布由数层胶帆布制成，起保护作用；抗拉体用来承受拉力；顶胶和底胶的存在使 V 带能够在具有足够接触高度的情况下，易于弯曲变形。抗拉体有帘布芯和绳芯两种结构，帘布芯 V 带制造方便，整体承载能力高，但易伸长、发热和脱层；绳芯 V 带柔韧性好，抗弯强度高，适用于转速较高、带轮直径较小的场合。

当 V 带弯曲时，带中长度及宽度保持不变的面称为带的节面，节面宽度称为节宽 $b_p$，见表 10-1。节面处的带长 $L_d$ 为带的基准长度，是标准值，见表 10-4。同样，V 带轮的轮缘上与 V 带节宽 $b_p$ 对应相等的轮槽宽度称为轮槽节宽 $b_d$，节宽处的直径称为带轮基准直径 $d_d$。

窄 V 带的相对高度(带高与节宽之比)较大，如图 10-6(b)所示，与普通 V 带相比其截面较窄(普通 V 带：$b_p/h\approx1.4$，窄 V 带：$b_p/h\approx1.03\sim1.1$)，顶面拱起，横向刚度增加，受力后抗拉体不易产生横向弯曲变形(图 10-7)，沿带宽分布的抗拉体在轮槽中的径向相对位置(半径大小)基本保持不变，周向长度变化差异小，带的横截面拉力分布更均匀，带的强度更高；另外，窄 V 带两侧面呈内凹形，带弯曲变形所引起的横向尺寸变化，能使两侧面变得平直而与轮槽侧面更好

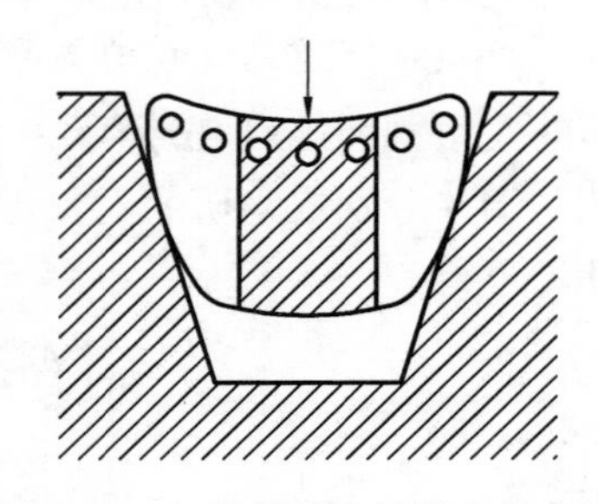

图 10-7　V 带截面在轮槽中的变形

贴合；包布层采用特制的柔性包布，减小了弯曲应力。所以，在相同的传动尺寸下，传动能力可提高 50%～150%。因此，适用于传递功率大而又要求传动尺寸紧凑的场合。

联组 V 带如图 10-6(c)所示，是由多根普通 V 带或窄 V 带在顶面用胶帆布等距离黏结并联而成，同组 V 带长度一致，传动时各根 V 带的承载较均匀，可减少运转中的振动和横转，传动效率高，结构紧凑，适用于大功率、冲击载荷较大的传动。

# 10.3 带传动的工作情况分析

带传动要正常工作，带与带轮接触面必须产生足够的摩擦力用于克服从动轮上的阻力矩。当摩擦力不够时，带与带轮之间就会产生打滑现象，即带与带轮在整个接触弧段上出现明显的宏观相对运动，致使传动失效。因此，能否保证带与带轮接触面产生足够的摩擦力以便克服工作阻力，就成为带传动设计中的主要问题。

## 10.3.1 带传动的受力分析

为了使带与带轮之间能够产生摩擦力，带应紧套在带轮上使接触面产生正压力。为此，在安装带传动时，须使带以一定的张紧力 $F_0$(作用于带横截面中的拉力)紧套在两个带轮上，$F_0$ 称为初拉力(图 10-8(a))。不工作时，带传动两边的拉力相等，都等于初拉力 $F_0$。

带传动工作时，主动轮以转速 $n_1$ 转动，带轮与带之间的相对运动趋势使接触面产生摩擦力，驱使带运动。因此，主动轮作用在带上的摩擦力 $F_1'$ 与带的运动方向(也就是主动轮的圆周速度方向)相同；在从动端，带作用在从动轮上的摩擦力 $F_2'$ 克服阻力矩 $T_2$ 驱使带轮以转速 $n_2$ 转动，所以，该摩擦力方向与从动轮圆周速度方向(也就是带的运动方向)相同。主动轮接触面所受摩擦力是带作用于带轮的反作用力。同理，从动侧带的接触面也受到从动轮的反作用摩擦力。受力状态分析如图 10-8(b)所示。

由于摩擦力的作用，带的横截面拉力发生变化，向着主动轮运动的带被进一步拉紧(称为紧边)，拉伸变形量增大，拉力由 $F_0$ 增至 $F_1$；向着从动轮运动的带则被放松(称为松边)，拉伸变形量减小，拉力由 $F_0$ 降至 $F_2$。$F_1$、$F_2$ 分别被称为紧边拉力和松边拉力。如果近似地认为带传动工作时其总长保持不变，即紧边变形增加量等于松边变形减少量，由于拉力与变形成正比，因此带紧边拉力的增加量应等于松边拉力的减少量，即

$$F_1 - F_0 = F_0 - F_2 \tag{10-6}$$

工作时，带的紧、松边的拉力差 $F_1-F_2$ 起着传递动力的作用，以 $F_e$ 表示，即 $F_e=F_1-F_2$，称为有效工作拉力，也称为有效拉力或有效圆周力。$F_1$、$F_2$、$F'$(表示 $F_1'$ 或 $F_2'$)、$T_1$ 及 $T_2$ 之间的关系如图 10-8(b)所示，$F'$ 是带与带轮之间相互作用的摩擦力的总和。将带传动分为主、从动端并分别取为研究对象，如图 10-8(c)所示，则根据对各自轮心的合力矩为零的力平衡条件，可得

$$F_1\frac{d_{d1}}{2} - F_2\frac{d_{d1}}{2} - T_1 = 0\,, \qquad F_1\frac{d_{d2}}{2} - F_2\frac{d_{d2}}{2} - T_2 = 0$$

解得

$$F_1 - F_2 = \frac{2T_1}{d_{d1}} = \frac{2T_2}{d_{d2}} \tag{10-7}$$

再分别以主、从动端的带为研究对象(图 10-8(b))，同样地，根据对各自轮心的合力矩为零的条件，可得

$$F_1\frac{d_{d1}}{2}-F_2\frac{d_{d1}}{2}-F_1'\frac{d_{d1}}{2}=0$$

$$F_1\frac{d_{d2}}{2}-F_2\frac{d_{d2}}{2}-F_2'\frac{d_{d2}}{2}=0$$

解得　　$F_1'=F_1-F_2=F_2'$　　(10-8)

上述各式中 $d_{d1}$ 和 $d_{d2}$ 分别是主、从动轮的基准直径。

由以上分析可知，带传动正常工作过程中，带与主动轮之间的摩擦力和带与从动带轮之间的摩擦力是相等的，统一以 $F'$ 表示，且 $F'=F_e$。当工作阻力矩 $T_2$ 增大时，$F'$ 将随之增大，以满足 $F'=F_e=2T_2/d_{d2}$。然而，$F'$ 增加的前提是其尚未超过极限值 $F'_{max}$（给定条件下带与带轮之间所能产生的最大摩擦力）。当阻力矩 $T_2$ 增大到使得维持带传动正常工作所需要的有效拉力 $F_e$ 超过主动带轮或从动带轮与带之间所能产生的最大摩擦力时，即 $F_e=2T_2/d_{d2}>F'_{max}$ 时，则将在相应的带轮上出现打滑现象。此时，尽管主动轮转动，但摩擦力不足以克服阻力矩 $T_2$ 使从动轮转动。因此，最大摩擦力限制着带传动的传动能力。

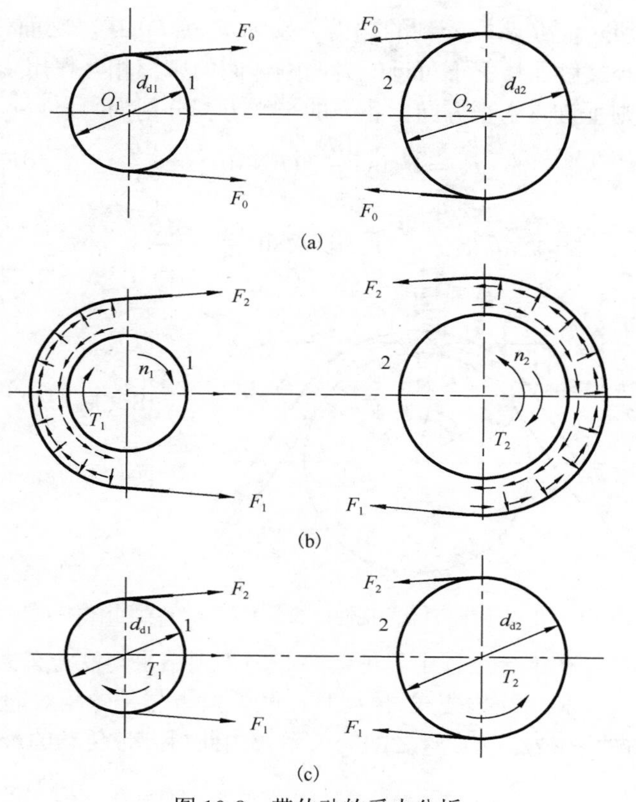

图 10-8　带传动的受力分析

1-主动轮；2-从动轮；3-带

## 10.3.2　带传动最大有效工作拉力计算

前面已经说明，最大有效工作拉力与带和带轮之间所能产生的最大摩擦力有关，带传动接近打滑时，带与带轮之间的摩擦力将达到极限值。此时，带传动的有效工作拉力 $F_e$ 也达到最大值 $F_{ec}$。所以，如何确定最大摩擦力 $F'_{max}$，是带传动必须解决的基本问题。

带与带轮之间沿一段圆弧接触并相互作用，宏观上不能近似简化为两刚体平面接触并相互摩擦作用的力学模型，即最大摩擦力不能直接应用静摩擦定律(即库仑定律)来求得。这一问题最初由欧拉归结为研究如图 10-9 所示对象，一挠性体绕在固定的圆柱体上，接触弧所对圆心角为$\alpha$，摩擦因数为 $f$，设一侧的拉力为 $F_2$，则另一侧的拉力 $F_1$ 至少需要多大才能拉动此挠性体？欧拉给出的结论为

$$F_1=F_2\mathrm{e}^{f\alpha} \tag{10-9}$$

式中，$e$ 为自然对数的底。式(10-9)称为欧拉公式。

式(10-9)可推导如下。

在挠性体上选取长 d$l$ 的微小弧段为分离体，d$l$ 所对应的圆心角为 d$\theta$，所受作用力如图 10-9

所示，$dl$ 两端受到的拉力分别为 $F$ 和 $F+dF$，底面作用有正压力 $dF_N$ 及摩擦力 $f dF_N$(即在微小接触面情况下可近似为两刚体间的摩擦相互作用)。将上述各力分别沿垂直、水平方向分解，则垂直、水平方向上各力的平衡方程分别为

$$dF_N = F\sin\frac{d\theta}{2} + (F+dF)\sin\frac{d\theta}{2}, \qquad f dF_N + F\cos\frac{d\theta}{2} = (F+dF)\cos\frac{d\theta}{2}$$

由于 $d\theta$ 很小，可近似取 $\sin\frac{d\theta}{2}\approx\frac{d\theta}{2}$；$\cos\frac{d\theta}{2}\approx 1$，并略去二次微量 $dF\cdot\sin\frac{d\theta}{2}$，可得

$$dF_N = Fd\theta$$

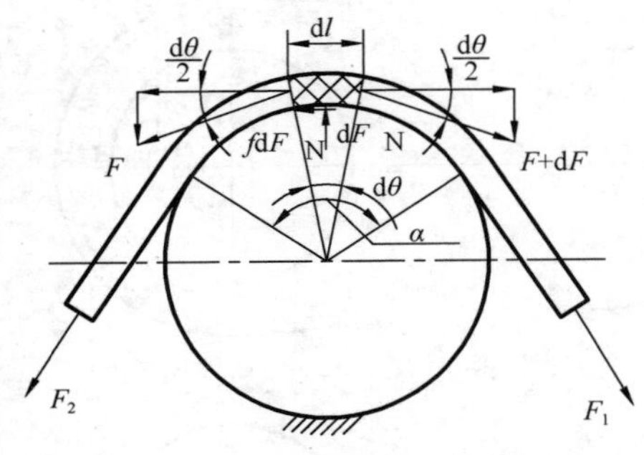


图 10-9 绕在圆柱体上的挠性体的受力分析

以及 $$f dF_N = dF$$

由此解得 $$\frac{dF}{F} = f d\theta$$

两边积分，得 $$\int_{F_2}^{F_1}\frac{dF}{F} = \int_0^{\alpha} f d\theta$$

即 $$\ln\frac{F_1}{F_2} = f\alpha$$

由此得 $$F_1 = F_2 e^{f\alpha}$$

在推导过程中若考虑离心力，则结果与欧拉公式不同。具体结论可参阅相关资料。

利用欧拉公式(传动时接触弧段带与带轮相对静止)可以得出摩擦力达到最大时，带传动两边拉力 $F_1$ 与 $F_2$ 之间的关系。由此得到带传动的最大有效工作拉力 $F_{ec}$ 为

$$F_{ec} = F'_{max} = F_1 - F_2 = F_1\left(1-\frac{1}{e^{f\alpha_1}}\right) \tag{10-10}$$

或

$$F_{ec} = F'_{max} = F_1 - F_2 = F_2(e^{f\alpha_1}-1) \tag{10-11}$$

由式(10-6)：$F_1 - F_0 = F_0 - F_2$ 得 $$F_1 + F_2 = 2F_0$$

代入式(10-10)得

$$F_1 = F_0 + \frac{F_{ec}}{2} = F_0 + \frac{F'_{max}}{2} \tag{10-12}$$

$$F_2 = F_0 - \frac{F_{ec}}{2} = F_0 - \frac{F'_{max}}{2} \tag{10-13}$$

将式(10-12)、式(10-13)代入式(10-10)并整理得

$$F_{ec} = F'_{max} = 2F_0\frac{e^{f\alpha_1}-1}{e^{f\alpha_1}+1} \tag{10-14}$$

在带传动中，两带轮上包角大小通常是不相等的，一般总是大带轮包角 $\alpha_2$ 大于小带轮包角 $\alpha_1$(图 10-5)，且两带轮与带之间的摩擦因数通常相同，故带与小带轮之间所能产生的最大摩擦力总是小于带与大带轮之间所能产生的最大摩擦力，所以，带传动的打滑总是出现在小带轮上。因此，在带传动设计计算时，仅计算带与小带轮之间所能产生的最大摩擦力。

由式(10-14)可见，最大有效工作拉力 $F_{ec}$ 与下列几个因素有关。

(1)初拉力 $F_0$。最大有效工作拉力 $F_{ec}$ 与初拉力 $F_0$ 成正比，$F_0$ 越大，带与带轮间的正压力越大，所能产生的最大摩擦力就越大，最大有效工作拉力 $F_{ec}$ 也就越大。但是初拉力 $F_0$ 的增大是有限制的，$F_0$ 过大将使带张紧过度而易于松弛，也使带的工作寿命显著降低。

(2)小带轮包角 $\alpha_1$。最大有效工作拉力 $F_{ec}$ 随包角 $\alpha_1$ 增大而增大。$\alpha_1$ 的大小与带传动中心

距 $a$、小带轮直径 $d_{d1}$ 及传动比 $i$ 有关，设计带传动时，在尺寸紧凑的前提下，应使包角 $\alpha_1$ 足够大。

(3) 摩擦因数 $f$。最大有效工作拉力 $F_{ec}$ 随摩擦因数 $f$ 的增大而增大。摩擦因数越大，带与带轮之间所能产生的最大摩擦力就越大，传动能力也就越高。摩擦因数 $f$ 与带及带轮的材料和接触表面状态、工作环境等因素有关，难以人为增大。V 带的当量摩擦因数 $f_v$ 大，则是采用典型的槽形接触摩擦增力结构产生等效效应。

### 10.3.3 带的应力分析

带传动工作时，带横截面中的应力有以下三种。

**1. 拉应力**

紧边的拉应力为

$$\sigma_1 = \frac{F_1}{A} \quad \text{，MPa} \tag{10-15}$$

松边的拉应力为

$$\sigma_2 = \frac{F_2}{A} \quad \text{，MPa} \tag{10-16}$$

式中，$A$ 为带的横截面面积，$mm^2$。

**2. 弯曲应力**

带绕在带轮上时会发生弯曲变形，从而产生弯曲正应力 $\sigma_b$，其最大值可由弯曲变形所产生的最大正应变的大小求得，即

$$\sigma_b = 2E\frac{y}{d_d} \approx E\frac{h}{d_d} \quad \text{，MPa} \tag{10-17}$$

式中，$y$ 为由中性层到最外层的距离，mm；$h$ 为带的厚度，mm；$E$ 为带材料的弹性模量，MPa。

由式(10-17)可见，$h$ 越大、$d_d$ 越小，带的横截面中的弯曲应力 $\sigma_b$ 就越大。因此，$\sigma_{b1} \geqslant \sigma_{b2}$，即带绕上小带轮时产生的弯曲应力 $\sigma_{b1}$ 大于绕上大带轮时产生的弯曲应力 $\sigma_{b2}$。

**3. 离心拉应力**

带从带轮的一侧运动到另一侧时因做圆周运动而产生离心力。离心力的作用导致带与带轮接触面上的正压力减小，使带传动的工作能力降低。同时，离心力($dF = a \cdot dm = r\omega^2 qrd\phi$)的作用使带的横截面中产生拉力 $F_c$，其受力状态如图 10-10 所示。

$F_c$ 产生于带的全长，各截面内力大小相等，其值可用式(10-18)计算(由离心力作用下带的力平衡条件导出)，即

$$F_c = qv^2 \quad \text{，N} \tag{10-18}$$

式中，$q$ 为带的单位长度质量，kg/m；$v$ 为带的圆周速度，m/s。

因此，带的横截面离心拉应力为

$$\sigma_c = \frac{F_c}{A} \quad \text{，MPa} \tag{10-19}$$

式中，$A$ 为带的横截面面积，$mm^2$。

带传动工作时，任一横截面运动到不同位置时横截面最大应力的大小是不相同的，而是随着带的运动而循环变化的，

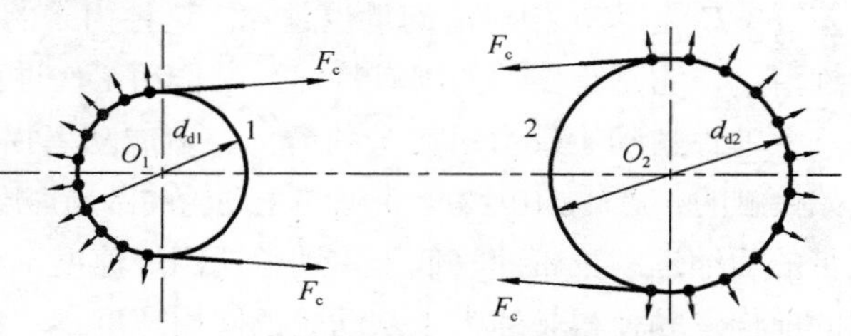

图 10-10 圆周运动产生的离心拉力分析

其最大值出现在带的紧边刚接触到小带轮时的 $b$ 点处(图 10-11)，其值为

$$\sigma_{max}=\sigma_1+\sigma_{b1}+\sigma_c \quad ,\text{MPa} \tag{10-20}$$

在一定载荷下，带每循环一周，横截面中的应力变化一次，当应力循环变化次数超过一定值后，带将因疲劳而损坏。$\sigma_{max}$ 值越大，所允许的应力循环变化次数越少。为保证带具有足够的使用寿命，要求：

$$\sigma_{max}=\sigma_1+\sigma_{b1}+\sigma_c\leqslant[\sigma] \quad ,\text{MPa} \tag{10-21}$$

此式即带传动的疲劳强度条件。

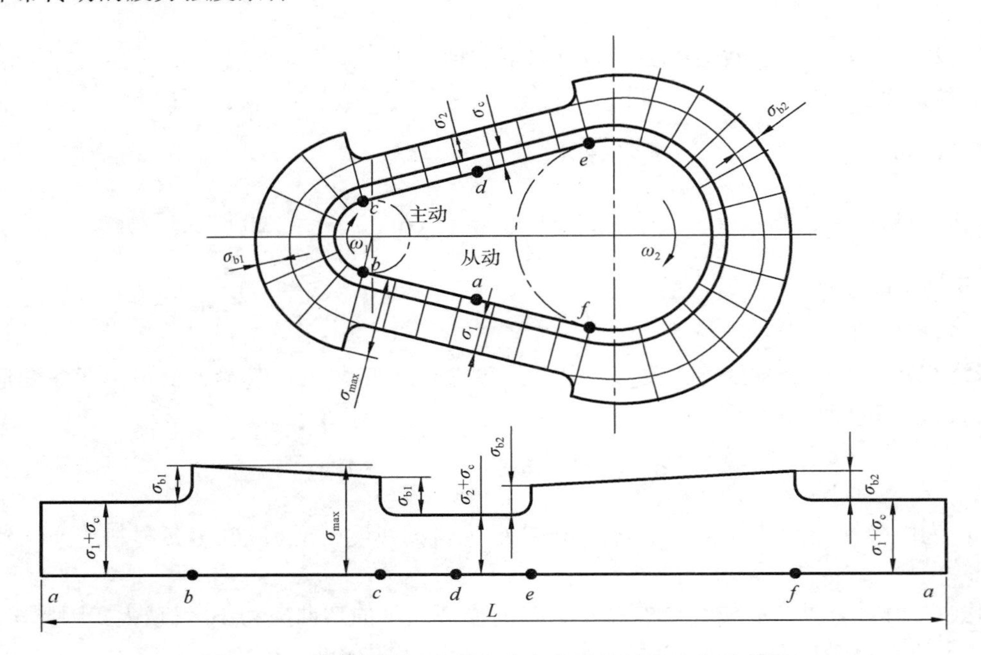


图 10-11　带的横截面中最大应力值沿带长的分布示意图

### 10.3.4　带传动的运动分析

前已述及，工作时带的紧边拉力和松边拉力是不相等的。当带从主动轮紧边转动到松边时，拉力由 $F_1$ 逐渐减小到 $F_2$，单位长度的拉伸变形量也逐渐减小而实际长度逐渐缩短，从而使带在运动过程中相对于带轮产生微小的向后收缩运动(缩向拉力大的一边)，结果造成带与带轮间形成微小相对滑动。相反，当带由从动轮松边转动到紧边时，所受的拉力由 $F_2$ 逐渐增大至 $F_1$，带相对于带轮产生微小的前伸运动，同样在带与带轮间形成微小的相对滑动。拉力差 $F_1$-$F_2$ 越大，相对滑动量也越大。这种由带的弹性变形引起的相对滑动，称为带转动的弹性滑动，它是带传动的固有特性。带传动工作过程中，弹性滑动是不可避免的。

弹性滑动不仅会引起带的磨损、造成功率损失，还会产生速度损失。在带与主动轮刚开始接触的 $a$ 点(图 10-12)，带速与主动轮的圆周速度相等；而由点 $a$ 到点 $b$ 的转动过程中，由于带的后缩运动，带速将低于主动轮的圆周速度 $v_1$。同样，在由点 $c$ 到点 $d$ 的转动过程中，带的前伸运动使得带速大于从动轮的圆周速度 $v_2$。因此，从动轮的圆周速度 $v_2$ 小于主动轮的圆周速度 $v_1$。其减小量可用滑动率 $\varepsilon$ 来表示，即

$$\varepsilon=\frac{v_1-v_2}{v_1}=\frac{\pi n_1 d_{d1}-\pi n_2 d_{d2}}{\pi n_1 d_{d1}}=1-\frac{n_2 d_{d2}}{n_1 d_{d1}}=1-\frac{d_{d2}}{i d_{d1}} \tag{10-22}$$

式中，$i=\frac{n_1}{n_2}$为带传动的传动比。

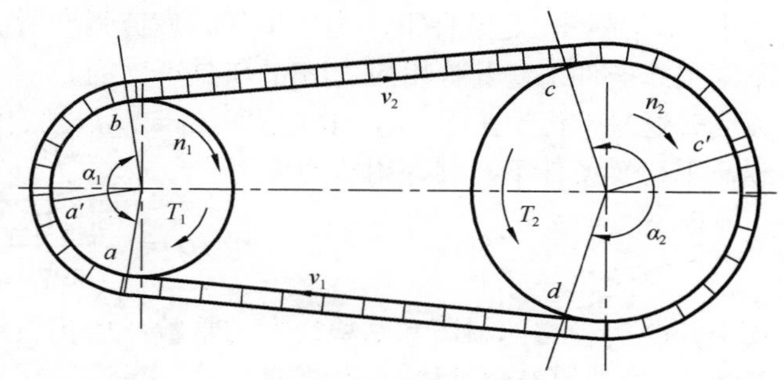


图 10-12　带传动的运动分析

带传动的滑动率 $\varepsilon$ 一般为 1%～2%，为了便于计算，在一般的带传动设计中，滑动率 $\varepsilon$ 的影响可以忽略，而取传动比为

$$i=\frac{n_1}{n_2}=\frac{d_{d2}}{d_{d1}(1-\varepsilon)}\approx\frac{d_{d2}}{d_{d1}} \tag{10-23}$$

正常情况下，带传动的弹性滑动并不是发生在全部的接触弧上(图 10-12)，而是只发生在带离开主、从动轮前的那一部分接触弧上，并称之为滑动弧，如图 10-12 中接触弧$\overset{\frown}{a'b}$及$\overset{\frown}{c'd}$；而未发生弹性滑动的接触弧称为静弧，如图 10-12 中接触弧$\overset{\frown}{aa'}$及$\overset{\frown}{cc'}$。随着工作载荷的增加，弹性滑动弧段也将扩大。当滑动弧扩大到整个接触弧时，带与带轮之间产生的摩擦力达到最大值，如果工作载荷再进一步增大，则带与带轮之间将发生显著的相对滑动，即产生打滑。此时，大带轮的转速急剧下降，甚至停转。打滑产生后，带的磨损加剧、发热量增加，传动能力丧失。因此，打滑必须避免。

## 10.4　带传动的设计计算

### 10.4.1　带传动的失效形式及设计准则

带传动的失效多表现为：带在带轮上打滑；带过早地发生疲劳破坏(如脱层、撕裂和断裂)；带工作面过度磨损。另外，带轮特别是轮辐式带轮也可能因为强度不足而断裂。其中，打滑和疲劳破坏是主要失效形式。

因此，带传动的设计准则为：在保证带传动不发生打滑的条件下，使带具有一定的疲劳强度和寿命。

另外，为防止带工作面过度磨损，带轮工作面应保证足够光洁，装配也应严格满足设计要求；带轮的受力情况很复杂，为保证强度，带轮尺寸一般按经验公式决定。

### 10.4.2　带传动的强度计算

带传动的强度计算与设计准则相对应，为了防止打滑，根据 10.3 节的分析结果，带传动工作时有效工作拉力 $F_e$ 不能超过最大有效工作拉力 $F_{ec}$，也就是带与带轮之间所能产生的最大摩擦力 $F'_{max}$，即 $F_e\leqslant F_{ec}=F'_{max}$，因此有

$$F_e=F_1-F_2\leqslant F_1\left(1-\frac{1}{e^{f_v\alpha_1}}\right)=\sigma_1 A\left(1-\frac{1}{e^{f_v\alpha_1}}\right)\quad，\text{N} \tag{10-24}$$

由疲劳强度条件(式(10-21))有

$$\sigma_1\leqslant[\sigma]-\sigma_{b1}-\sigma_c \tag{10-25}$$

代入式(10-24)得
$$F_e \leqslant ([\sigma]-\sigma_{b1}-\sigma_c)A\left(1-\frac{1}{e^{f_v\alpha_1}}\right), \quad \text{N} \tag{10-26}$$

式中，$[\sigma]$是在一定条件下，由单根带的疲劳强度所决定的许用应力。不同规格、材质的带在不同工作条件下，其许用应力$[\sigma]$的值是不同的。

普通V带传动在$\alpha_1=\alpha_2=180°$（即$d_{d1}=d_{d2}$）、规定的带长$L_d$和应力循环次数($N=10^8\sim10^9$)、载荷平稳等条件下，其许用应力值为
$$[\sigma]=\sqrt[11.1]{\frac{CL_d}{3600z_p tv}}$$

式中，$C$为由带的材质和结构决定的常数；$L_d$为带的基准长度；$z_p$为带循环一周所绕过的带轮数；$t$为带的寿命时数；$v$为带速。

因此，根据设计准则，单根V带所允许传递的功率为
$$P=\frac{F_e v}{1000}\leqslant\frac{\left([\sigma]-\sigma_{b1}-\dfrac{qv^2}{A}\right)A\left(1-\dfrac{1}{e^{f_v\alpha_1}}\right)v}{1000}, \quad \text{kW} \tag{10-27}$$

下面分析带速对传动能力的影响。

设$([\sigma]-\sigma_{b1})A=R$，则式(10-27)为
$$P=\frac{(Rv-qv^3)\left(1-\dfrac{1}{e^{f_v\alpha_1}}\right)}{1000}, \quad \text{kW} \tag{10-28}$$

作为$v$的三次多项式，使$P$等于零的根分别为：$-\sqrt{R/q}$、0、$\sqrt{R/q}$；在带传动中，$v\geqslant0$。因此，当带速$v$等于0及$\sqrt{R/q}$时，带传动丧失工作能力。故它们是带传动的极限速度：
$$v=v_{\lim1}=0 \quad \text{及} \quad v=v_{\lim2}=\sqrt{R/q}$$

在$v_{\lim1}$和$v_{\lim2}$之间随速度大小而连续变化的功率$P$必有最大值。令式(10-28)对$v$的导数等于0，可求得最佳带速$v$为
$$v_{opt}=\sqrt{\frac{R}{3q}}\approx0.58v_{\lim2} \tag{10-29}$$

带在最佳速度下工作，能充分发挥带的工作能力。但实际上，一般选取的带速总是低于$v_{opt}$，以便可以选用小一点的带轮，使带传动结构紧凑，降低制造成本。

由式(10-27)可以计算出带传动在包角$\alpha_1$=180°、特定长度及平稳的工作条件下，单根普通V带所能传递的功率，称为单根普通V带的基本额定功率$P_0$。其值列于表10-2中。

当带传动的实际工况与以上条件不同时，可对$P_0$加以修正，求得实际工作条件下单根普通V带所能传递的额定功率$[P]$。计算式为
$$[P]=(P_0+\Delta P_0)K_\alpha K_L, \quad \text{kW} \tag{10-30}$$

式中，$K_\alpha$为小带轮包角的修正系数，查表10-3；$K_L$为带长度的修正系数，查表10-4；$\Delta P_0$为计入传动比影响时，单根普通V带所能传递额定功率的增量，kW(因为$P_0$是按$\alpha_1$=180°，即$d_{d1}=d_{d2}$的条件计算的，当传动比$i>1$时，两带轮的直径大小不同，带绕过大带轮时的弯曲应力比绕过小带轮时小，因而在相同寿命条件下，传动能力有所提高)。$\Delta P_0$可按下式计算：
$$\Delta P_0=K_b n_1(1-1/K_i), \quad \text{kW} \tag{10-31}$$

式中，$K_b$ 为弯曲影响系数，是考虑同样弯曲程度对不同型号的带所产生的影响不同而引入的修正系数，见表 10-5；$n_1$ 为小带轮转速，r/min；$K_i$ 为传动比影响系数，见表 10-6。

**表 10-2 单根普通 V 带的基本额定功率 $P_0$**

（$\alpha_1=\alpha_2=\pi$，$L_d=L_0$，$z_p=2$，传动平稳）(GB/T 23575.1—2008 摘录) （单位：kW）

| 型号 | 小带轮转速/(r/min) | 小带轮基准直径 $d_{d1}$/mm | | | | | | | |
|---|---|---|---|---|---|---|---|---|---|
| | | 20 | 25 | 28 | 31.5 | 35.5 | 40 | 45 | 50 |
| Y | 400 | — | — | — | — | — | — | 0.04 | 0.05 |
| | 700 | — | — | — | 0.03 | 0.04 | 0.04 | 0.05 | 0.06 |
| | 800 | — | 0.03 | 0.03 | 0.04 | 0.05 | 0.05 | 0.06 | 0.07 |
| | 950 | 0.01 | 0.03 | 0.04 | 0.04 | 0.05 | 0.06 | 0.07 | 0.08 |
| | 1200 | 0.02 | 0.03 | 0.04 | 0.05 | 0.06 | 0.07 | 0.08 | 0.09 |
| | 1450 | 0.02 | 0.04 | 0.05 | 0.06 | 0.06 | 0.08 | 0.09 | 0.11 |
| | 1600 | 0.03 | 0.05 | 0.05 | 0.06 | 0.07 | 0.09 | 0.11 | 0.12 |
| | 2000 | 0.03 | 0.05 | 0.06 | 0.07 | 0.08 | 0.11 | 0.12 | 0.14 |

| 型号 | 小带轮转速/(r/min) | 小带轮基准直径 $d_{d1}$/mm | | | | | |
|---|---|---|---|---|---|---|---|
| | | 50 | 56 | 63 | 71 | 80 | 90 |
| Z | 400 | 0.06 | 0.06 | 0.08 | 0.09 | 0.14 | 0.14 |
| | 700 | 0.09 | 0.11 | 0.13 | 0.17 | 0.20 | 0.22 |
| | 800 | 0.10 | 0.12 | 0.15 | 0.20 | 0.22 | 0.24 |
| | 960 | 0.12 | 0.14 | 0.18 | 0.23 | 0.26 | 0.28 |
| | 1200 | 0.14 | 0.17 | 0.22 | 0.27 | 0.30 | 0.33 |
| | 1450 | 0.16 | 0.19 | 0.25 | 0.30 | 0.35 | 0.36 |
| | 1600 | 0.17 | 0.20 | 0.27 | 0.33 | 0.39 | 0.40 |
| | 2000 | 0.20 | 0.25 | 0.32 | 0.39 | 0.44 | 1.48 |

| 型号 | 小带轮转速/(r/min) | 小带轮基准直径 $d_{d1}$/mm | | | | | | | |
|---|---|---|---|---|---|---|---|---|---|
| | | 80 | 90 | 100 | 112 | 125 | 140 | 160 | 180 |
| A | 400 | 0.31 | 0.39 | 0.47 | 0.56 | 0.67 | 0.78 | 0.94 | 1.09 |
| | 700 | 0.47 | 0.61 | 0.74 | 0.90 | 1.07 | 1.26 | 1.51 | 1.76 |
| | 800 | 0.52 | 0.68 | 0.83 | 1.00 | 1.19 | 1.41 | 1.69 | 1.97 |
| | 950 | 0.60 | 0.77 | 0.95 | 1.15 | 1.37 | 1.62 | 1.95 | 2.27 |
| | 1200 | 0.71 | 0.93 | 1.14 | 1.39 | 1.66 | 1.96 | 2.36 | 2.74 |
| | 1450 | 0.81 | 1.07 | 1.32 | 1.61 | 1.92 | 2.28 | 2.73 | 3.16 |
| | 1600 | 0.87 | 1.15 | 1.42 | 1.74 | 2.07 | 2.45 | 2.94 | 3.40 |
| | 2000 | 1.01 | 1.34 | 1.66 | 2.04 | 2.44 | 2.87 | 3.42 | 3.93 |

续表

| 型号 | 小带轮转速/(r/min) | 小带轮基准直径 $d_{d1}$/mm | | | | | | | |
|---|---|---|---|---|---|---|---|---|---|
| | | 125 | 140 | 160 | 180 | 200 | 224 | 250 | 280 |
| B | 400 | 0.84 | 1.05 | 1.32 | 1.59 | 1.85 | 2.17 | 2.50 | 2.89 |
| | 800 | 1.44 | 1.82 | 2.32 | 2.81 | 3.30 | 3.86 | 4.46 | 5.13 |
| | 950 | 1.64 | 2.08 | 2.66 | 3.22 | 3.77 | 4.42 | 5.10 | 5.85 |
| | 1200 | 1.93 | 2.47 | 3.17 | 3.85 | 4.50 | 5.26 | 6.04 | 6.90 |
| | 1450 | 2.19 | 2.82 | 3.62 | 4.39 | 5.13 | 5.97 | 6.82 | 7.76 |
| | 1600 | 2.33 | 3.00 | 3.86 | 4.68 | 5.46 | 6.33 | 7.20 | 8.13 |
| | 1800 | 2.50 | 3.23 | 4.15 | 5.02 | 5.83 | 6.73 | 7.63 | 8.46 |
| | 2000 | 2.64 | 3.42 | 4.40 | 5.30 | 6.13 | 7.02 | 7.87 | 8.60 |

| 型号 | 小带轮转速/(r/min) | 小带轮基准直径 $d_{d1}$/mm | | | | | | | |
|---|---|---|---|---|---|---|---|---|---|
| | | 200 | 224 | 250 | 280 | 315 | 355 | 400 | 450 |
| C | 600 | 3.30 | 4.12 | 5.00 | 6.00 | 7.14 | 8.45 | 9.82 | 11.29 |
| | 800 | 4.07 | 5.12 | 6.23 | 7.52 | 8.92 | 10.46 | 12.10 | 13.80 |
| | 950 | 4.58 | 5.78 | 7.04 | 8.49 | 10.05 | 11.73 | 13.48 | 15.23 |
| | 1200 | 5.29 | 6.71 | 8.21 | 9.81 | 11.53 | 13.31 | 15.04 | 16.59 |
| | 1450 | 5.84 | 7.45 | 9.04 | 10.72 | 12.46 | 14.12 | 15.53 | 16.47 |
| | 1600 | 6.07 | 7.75 | 9.38 | 11.06 | 12.72 | 14.19 | 15.24 | 15.57 |
| | 1800 | 6.28 | 8.00 | 9.63 | 11.22 | 12.67 | 13.73 | 14.08 | 13.29 |
| | 2000 | 6.34 | 8.06 | 9.62 | 11.04 | 12.14 | 12.59 | 11.95 | 9.64 |

| 型号 | 小带轮转速/(r/min) | 小带轮基准直径 $d_{d1}$/mm | | | | | | | |
|---|---|---|---|---|---|---|---|---|---|
| | | 355 | 400 | 450 | 500 | 560 | 630 | 710 | 800 |
| D | 200 | 5.31 | 6.52 | 7.90 | 9.21 | 10.76 | 12.54 | 14.55 | 16.76 |
| | 300 | 7.35 | 9.13 | 11.02 | 12.88 | 15.07 | 17.57 | 20.35 | 23.39 |
| | 500 | 10.90 | 13.55 | 16.40 | 19.17 | 22.38 | 25.94 | 29.76 | 33.72 |
| | 700 | 13.70 | 17.07 | 20.63 | 23.99 | 27.73 | 31.68 | 35.59 | 39.14 |
| | 950 | 16.15 | 20.06 | 24.01 | 27.50 | 31.04 | 34.19 | 36.35 | 36.76 |
| | 1200 | 17.25 | 21.20 | 24.84 | 26.71 | 29.67 | 30.15 | 27.88 | 21.32 |
| | 1450 | 16.77 | 20.15 | 22.62 | 23.59 | 22.58 | 18.06 | 7.99 | — |
| | 1600 | 15.63 | 18.31 | 19.59 | 18.88 | 15.13 | 6.25 | — | — |

| 型号 | 小带轮转速/(r/min) | 小带轮基准直径 $d_{d1}$/mm | | | | | | | |
|---|---|---|---|---|---|---|---|---|---|
| | | 500 | 560 | 630 | 710 | 800 | 900 | 1000 | 1120 |
| E | 100 | 6.21 | 7.32 | 8.75 | 10.31 | 12.05 | 13.96 | 15.84 | 18.07 |
| | 250 | 12.97 | 15.67 | 18.77 | 22.23 | 26.03 | 30.14 | 34.11 | 38.71 |
| | 350 | 16.81 | 20.38 | 24.42 | 28.89 | 33.73 | 38.84 | 43.66 | 49.04 |
| | 500 | 21.65 | 26.25 | 31.36 | 36.85 | 42.53 | 48.20 | 53.12 | 57.94 |
| | 700 | 26.21 | 31.59 | 37.26 | 42.87 | 47.96 | 51.95 | 54.00 | 53.62 |
| | 950 | 28.32 | 33.40 | 37.92 | 41.02 | 41.59 | 38.19 | 30.08 | — |
| | 1100 | 27.30 | 31.35 | 33.94 | 33.74 | 29.06 | 17.65 | — | — |
| | 1300 | 22.82 | 24.31 | 22.56 | 15.44 | — | — | — | — |

表 10-3　小带轮包角的修正系数 $K_\alpha$

| $\alpha$/(°) | 180 | 170 | 160 | 150 | 140 | 130 | 120 | 110 | 100 | 90 |
|---|---|---|---|---|---|---|---|---|---|---|
| $K_\alpha$ | 1.00 | 0.98 | 0.95 | 0.92 | 0.89 | 0.86 | 0.82 | 0.78 | 0.74 | 0.69 |

表 10-4　普通 V 带的基准长度 $L_d$ 及带长度的修正系数 $K_L$

| 基准长度 $L_d$/mm | $K_L$ | | | | | 基准长度 $L_d$/mm | $K_L$ | | | | |
|---|---|---|---|---|---|---|---|---|---|---|---|
| | 普通 V 带型号 | | | | | | 普通 V 带型号 | | | | |
| | Y | Z | A | B | C | | A | B | C | D | E |
| 200 | 0.81 | | | | | 2000 | 1.03 | 0.98 | 0.88 | | |
| 224 | 0.82 | | | | | 2240 | 1.06 | 1.00 | 0.91 | | |
| 250 | 0.84 | | | | | 2500 | 1.09 | 1.03 | 0.93 | | |
| 280 | 0.87 | | | | | 2800 | 1.11 | 1.05 | 0.95 | 0.83 | |
| 315 | 0.89 | | | | | 3150 | 1.13 | 1.07 | 0.97 | 0.86 | |
| 355 | 0.92 | | | | | 3550 | 1.17 | 1.09 | 0.99 | 0.89 | |
| 400 | 0.96 | 0.87 | | | | 4000 | 1.19 | 1.13 | 1.02 | 0.91 | |
| 450 | 1.00 | 0.89 | | | | 4500 | | 1.15 | 1.04 | 0.93 | 0.90 |
| 500 | 1.02 | 0.91 | | | | 5000 | | 1.18 | 1.07 | 0.96 | 0.92 |
| 560 | | 0.94 | | | | 5600 | | | 1.09 | 0.98 | 0.95 |
| 630 | | 0.96 | 0.81 | | | 6300 | | | 1.12 | 1.00 | 0.97 |
| 710 | | 0.99 | 0.83 | | | 7100 | | | 1.15 | 1.03 | 1.00 |
| 800 | | 1.00 | 0.85 | | | 8000 | | | 1.18 | 1.06 | 1.02 |
| 900 | | 1.03 | 0.87 | 0.82 | | 9000 | | | 1.21 | 1.08 | 1.05 |
| 1000 | | 1.06 | 0.89 | 0.84 | | 10000 | | | 1.23 | 1.11 | 1.07 |
| 1120 | | 1.08 | 0.91 | 0.86 | | 11200 | | | | 1.14 | 1.10 |
| 1250 | | 1.11 | 0.93 | 0.88 | | 12500 | | | | 1.17 | 1.12 |
| 1400 | | 1.14 | 0.96 | 0.90 | | 14000 | | | | 1.20 | 1.15 |
| 1600 | | 1.16 | 0.99 | 0.92 | 0.83 | 16000 | | | | 1.22 | 1.18 |
| 1800 | | 1.18 | 1.01 | 0.95 | 0.86 | | | | | | |

表 10-5　弯曲影响系数 $K_b$

| 普通 V 带型号 | Y | Z | A | B | C | D | E |
|---|---|---|---|---|---|---|---|
| $K_b$ | $0.06\times10^{-3}$ | $0.39\times10^{-3}$ | $1.03\times10^{-3}$ | $2.65\times10^{-3}$ | $7.50\times10^{-3}$ | $26.6\times10^{-3}$ | $49.8\times10^{-3}$ |

表 10-6　传动比影响系数 $K_i$

| 传动比 $i$ | 1.00～1.04 | 1.05～1.19 | 1.20～1.49 | 1.50～2.95 | $>2.95$ |
|---|---|---|---|---|---|
| $K_i$ | 1.00 | 1.03 | 1.08 | 1.12 | 1.14 |

### 10.4.3　普通 V 带传动设计

**1. 原始数据和设计内容**

通常，设计 V 带传动的已知工作条件和原始数据如下。

(1)传动的用途和工作条件；

(2) 主动带轮的转速 $n_1$、从动带轮的转速 $n_2$(或传动比 $i$)；

(3) 需要传递的功率 $P$；

(4) 传动位置要求及原动机种类等。

设计计算需确定的内容如下：

(1) V 带的型号、长度和根数；

(2) 带轮的基准直径和结构尺寸；

(3) 带传动的中心距；

(4) 带传动对轴的作用力(或称压轴力)等。

### 2. 普通 V 带传动的设计步骤及参数选择

#### 1) 确定计算功率 $P_d$

计算功率 $P_d$ 是根据所要传递的功率 $P$，并考虑载荷性质和每天运转时间长短等因素来确定的，具体计算式为

$$P_d = K_A P \quad , \text{kW}$$

式中，$K_A$ 为工作情况系数，见表 10-7。

表 10-7 带传动的工作情况系数 $K_A$

| 载荷性质 | 工作机 | 原动机 | | | | | |
|---|---|---|---|---|---|---|---|
| | | 普通笼型交流电动机，同步电机，直流电动机(并励)，$n > 600$r/min 的内燃机 | | | 交流电动机(大转差率、双笼型、单项、滑环式)，直流电动机(复励、串励)，单缸发动机，$n \leq 600$r/min 的内燃机 | | |
| | | 一天工作时间/h | | | | | |
| | | ≤10 | >10～16 | >16 | ≤10 | >10～16 | >16 |
| 载荷基本平稳 | 液体搅拌机；鼓风机(≤7.5kW)；离心泵及压缩机；轻型运输机 | 1.0 | 1.1 | 1.2 | 1.1 | 1.2 | 1.3 |
| 载荷变动较小 | 带式运输机(砂、石、谷物)；通风机(>7.5kW)；旋转式泵及压缩机；机床；发电机；印刷机；木工机械；旋转筛 | 1.1 | 1.2 | 1.3 | 1.2 | 1.3 | 1.4 |
| 载荷变动较大 | 运输机(螺旋式、斗式)；往复式泵及压缩机；磨粉机；冲床；锻锤；橡胶机械；纺织机械；重载运输机；振动筛 | 1.2 | 1.3 | 1.4 | 1.4 | 1.5 | 1.6 |
| 载荷变动很大 | 破碎机(旋转式、颚式)；磨碎机(球磨、棒磨、管磨)；起重机；挖掘机 | 1.3 | 1.4 | 1.5 | 1.5 | 1.6 | 1.8 |

注：①启动频繁、经常正反转、工作条件恶劣时 $K_A$ 应乘以 1.2；

②张紧轮在松边外侧或紧边内侧时，$K_A$ 加 0.1；在紧边外侧时加 0.2。

#### 2) 选择带的型号

根据计算功率 $P_d$ 和小带轮转速 $n_1$，由图 10-13 选定 V 带型号。带的截面尺寸越大，则单根普通 V 带允许传递的功率越大。当传递功率一定时，大截面尺寸 V 带所需的根数较少，但带的厚度较大，带轮直径要相应地增大，因而传动尺寸也较大。

如果根据 $P_d$ 和 $n_1$ 值所选择的带型号位于图 10-13 中两种型号的相邻区域，则可按此两种型号同时进行设计计算，最后根据传动所占空间大小、圆周速度、带的根数等方面进行综合对比后，确定一种 V 带型号。

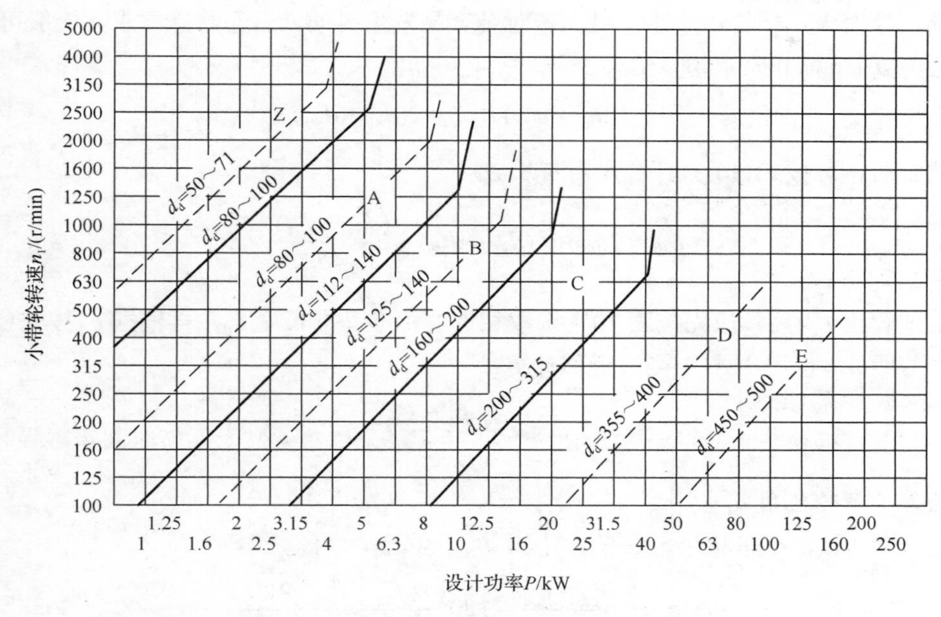


图 10-13　普通 V 带选型图

**3) 确定带轮的基准直径 $d_{d1}$、$d_{d2}$**

带轮直径越小，则带传动结构越紧凑；但带的横截面弯曲应力增大，容易疲劳断裂。通常根据 V 带型号由表 10-8 选择小带轮直径 $d_{d1} \geqslant d_{dmin}$。为确保带的疲劳寿命，带轮直径不宜过小。大带轮直径可按式(10-23)计算，并按表 10-8 圆整。

表 10-8　V 带轮最小基准直径 $d_{dmin}$ 及基准直径系列 $d_d$　（单位：mm）

| 带型 | Y | | Z | | | A | | B | | C | | D | | | E | |
|---|---|---|---|---|---|---|---|---|---|---|---|---|---|---|---|---|
| $d_{dmin}$ | 20 | | 50 | | | 75 | | 125 | | 200 | | 355 | | | 500 | |
| 基准直径系列 | 20 | 22.4 | 25 | 28 | 31.5 | 35.5 | 40 | 45 | 50 | 56 | 63 | 71 | 80 | 85 | 90 | 95 |
| | 100 | 106 | 112 | 118 | 125 | 132 | 140 | 150 | 160 | 170 | 180 | 200 | 212 | 224 | 236 | 250 |
| | 265 | 280 | 315 | 355 | 375 | 400 | 425 | 450 | 475 | 500 | 530 | 560 | 630 | 710 | 800 | 900 |
| | 1000 | 1120 | 1250 | 1600 | 2000 | 2500 | | | | | | | | | | |

**4) 验算带速 $v$**

一般情况下，带速 $v$ 应满足 $v \leqslant 25 \sim 30$m/s，但不小于 5m/s；如果 $v$ 过大，同样工作时间内应力循环次数增加，易发生疲劳损坏，而且离心力偏大，会导致有效工作拉力减小，降低了带传动的工作能力；如果 $v$ 过小，则所需有效拉力 $F_e$ 过大，所需带根数多，带轮宽度、轴及轴承尺寸都要随之增大。此两种情况下，均需调整小带轮基准直径 $d_{d1}$，一般应使 $v$ 接近 20m/s 为宜。

**5) 确定传动中心距 $a$ 和带的基准长度 $L_d$**

带传动中心距 $a$ 的大小，直接关系到传动尺寸的大小和带在单位时间内的绕转次数。中心距大，带长增加，单位时间内的绕转次数较少，带的横截面峰值应力作用次数少，因此带的寿命较长；此外，中心距大时，小带轮包角增大，摩擦力增加，传动能力提高；但中心距大则传动尺寸变大，结构不紧凑，且高速时带容易发生抖动。若无特殊要求，一般可按下式初选中心距 $a_0$(下标 0 表示初步结果)，即

$$0.7(d_{d1}+d_{d2})<a_0<2(d_{d1}+d_{d2}) \tag{10-32}$$

$a_0$ 选定后，可按式(10-3)计算所需带长 $L_{d0}$：

$$L_{d0}\approx 2a_0+\frac{\pi}{2}(d_{d1}+d_{d2})+\frac{(d_{d2}-d_{d1})^2}{4a_0}$$

由上式算出 $L_{d0}$ 后，应先按表 10-4 选取相近的标准基准长度 $L_d$，再根据 $L_d$ 按式(10-5)计算实际中心距 $a$，也可用式(10-33)近似计算：

$$a\approx a_0+\frac{L_d-L_{d0}}{2} \tag{10-33}$$

**6)验算小带轮包角 $\alpha_1$**

根据式(10-4)，小带轮包角 $\alpha_1$ 的大小为

$$\alpha_1\approx\pi-\frac{d_{d2}-d_{d1}}{a}=180^\circ-\frac{d_{d2}-d_{d1}}{a}\times\frac{180^\circ}{\pi}$$

一般要求 $\alpha_1\geqslant 120^\circ$(至少 $90^\circ$)。若 $\alpha_1$ 太小，则应增大中心距 $a$，使 $\alpha_1$ 增大。

**7)确定 V 带根数 $z$**

$$z=\frac{P_d}{[P]} \tag{10-34}$$

式中，$[P]$为单根普通 V 带的额定功率，kW，由式(10-30)计算。

为了使一组传动带中各根带受力比较均匀，带根数不宜太多，通常 $z$ 应小于 10，否则应改选较大截面尺寸型号的 V 带，重新计算。

**8)计算总的初拉力 $F_0'$**

如前所述，带传动所能产生的摩擦力随初拉力 $F_0$ 的增大而增大，初拉力不足，则带的传递能力下降，传动效率降低，磨损加快；但初拉力也不能过大，否则带的疲劳寿命会降低，对轴的作用力也增大。另外，在 10.3 节通过静力学分析计算，确定了产生足够摩擦力所需的初拉力 $F_0$，但带传动工作时绕在带轮上的圆弧段因圆周运动而产生离心力，使带与带轮之间的正压力减小，其结果造成在工作状态下，初拉力 $F_0$ 不能维持带与带轮之间原有的接触压力大小。因此，需要对带传动的张紧程度予以增强，以便保证带传动以设计转速转动时，带与带轮间仍能产生所要求的最大摩擦力。由式(10-14)，并考虑抵消离心力的不利影响(参见式(10-18))，装配时单根普通 V 带所需总的初拉力 $F_0'$ 可按式(10-35)计算：

$$F_0'=F_0+F_c=\frac{500P_d}{zv}\left(\frac{2.5}{K_\alpha}-1\right)+qv^2 \tag{10-35}$$

式中，$q$ 为单位带长的质量，见表 10-1。

为了确保带传动具有设计所需的初拉力，安装 V 带时，应测定初拉力 $F_0'$。另外，由于新

带容易松弛，所以对非自动张紧的带传动，安装新带时，初拉力应在上述计算值的基础上再增加 50%。

**9) 确定 V 带轮的结构和尺寸**

具体内容参见 10.4.4 小节。

**10) 计算带传动对轴的作用力 $F_p$**

为了设计安装带轮的轴及其轴承，应计算带传动对轴的作用力(简称压轴力)$F_p$。一般可忽略带传动松紧边拉力不同对合力大小的影响，按初拉力 $F_0'$ 的合力做近似计算(图 10-14)，即

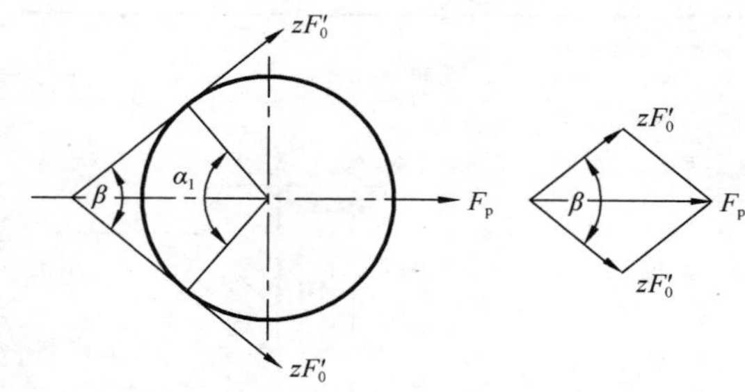


图 10-14　带传动对轴的作用力

$$F_p = 2zF_0'\cos\frac{\beta}{2} = 2zF_0'\cos\left(\frac{\pi}{2}-\frac{\alpha_1}{2}\right) = 2zF_0'\sin\frac{\alpha_1}{2} \tag{10-36}$$

## 10.4.4　V 带轮设计

V 带轮的设计应满足下列要求：质量小且分布均匀；结构工艺性好；安装对中性好；铸造或焊接时引起的内应力小；转速高时需经过动平衡；轮槽工作面应精加工(表面粗糙度一般为 $Ra\leqslant 3.2\mu m$)，以减少带的磨损。

带轮通常由轮缘 1、轮辐 2、轮毂 3 组成(图 10-15)。带轮靠近外周的环形部分称为轮缘，与轴相连接的圆筒形部分称为轮毂，连接轮缘与轮毂的部分称为轮辐。轮缘部分的轮槽数与带的根数相同、结构尺寸与所选的 V 带型号相对应(表 10-9)。为保证带工作面与轮槽侧面较好地贴合，轮槽角略小于 V 带楔角 $\phi$(标准规定为 40°)。

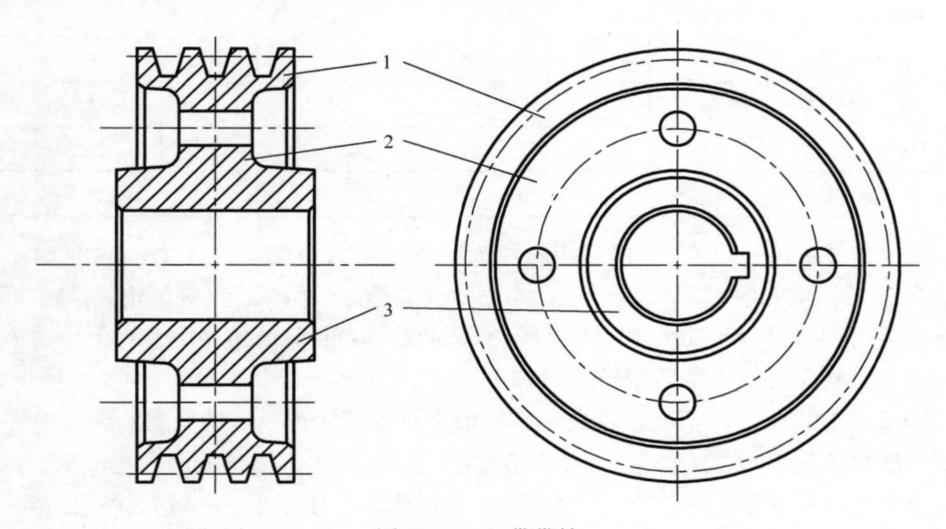


图 10-15　V 带带轮

1-轮缘；2-轮辐；3-轮毂

表 10-9　普通 V 带带轮的轮槽尺寸（GB/T 10412—2002）

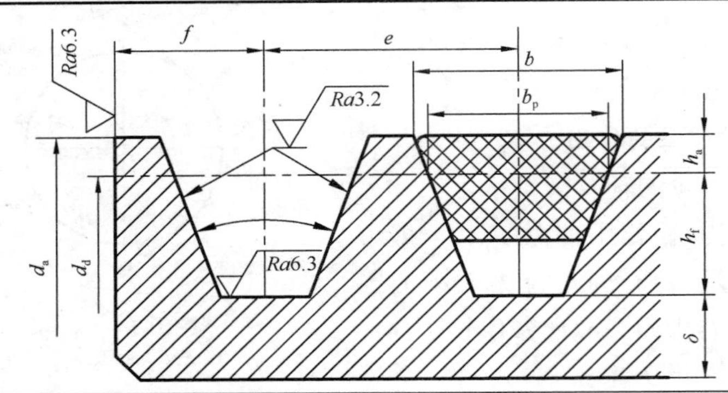


（单位：mm）

| 项目 | | 符号 | 槽型 | | | | | | |
|---|---|---|---|---|---|---|---|---|---|
| | | | Y | Z | A | B | C | D | E |
| 基准宽度 | | $b_d$ | 5.3 | 8.5 | 11.0 | 14.0 | 19.0 | 27.0 | 32.0 |
| 基准线上槽深 | | $h_{amin}$ | 1.6 | 2.0 | 2.75 | 3.5 | 4.8 | 8.1 | 9.6 |
| 基准线下槽深 | | $h_{fmin}$ | 4.7 | 7.0 | 8.7 | 10.8 | 14.3 | 19.9 | 23.4 |
| 槽间距 | | $e$ | 8±0.3 | 12±0.3 | 15±0.3 | 19±0.4 | 25.5±0.5 | 37±0.6 | 44.5±0.7 |
| 第一槽对称面至端面距离 | | $f$ | 6 | 7 | 9 | 11.5 | 16 | 23 | 28 |
| 最小轮缘厚 | | $\delta_{min}$ | 5 | 5.5 | 6 | 7.5 | 10 | 12 | 15 |
| 带轮宽 | | $B$ | $B=(z-1)e+2f$，$z$ 为轮槽数 | | | | | | |
| 外径 | | $d_a$ | $d_a=d_d+2h_a$ | | | | | | |
| 轮槽角 $\phi$ | 32° | 相应的基准直径 $d_d$ | ≤60 | — | — | — | — | — | — |
| | 34° | | — | <80 | ≤118 | ≤190 | ≤315 | — | — |
| | 36° | | >60 | — | — | — | — | ≤475 | ≤600 |
| | 38° | | — | >80 | >118 | >190 | >315 | >475 | >600 |
| | 极限偏差 | | ±1° | | | | ±30′ | | |

当圆周速度 $v<30\text{m/s}$ 时，带轮常用材料为铸铁，如 HT150 或 HT200。高速时，常用铸钢或轻质合金。铸钢带轮的圆周速度可达 45m/s，但制造比较困难。焊接带轮重量轻，用料少，制造方便，可用于高速（$v<60\text{m/s}$）、大直径（$d_d\geqslant 500\sim600\text{mm}$）的传动中。对于小功率的低速传动，木材、塑料也可作为制造带轮的材料。

带轮的结构形式由带轮基准直径决定。一般小直径带轮可以制造成实心轮，中等直径的带轮可采用辐板式或孔板式，大直径的带轮通常采用辐条式，辐条截面为椭圆形。因此，V 带轮结构可分为：S 型——实心带轮；P 型——辐板带轮；H 型——孔板带轮；E 型——椭圆辐条式带轮。V 带轮的结构形式见图 10-16。V 带轮的轮缘宽度 $B$、轮毂孔径 $d$ 和轮毂长度 $L$ 之间的关系及其他结构尺寸可参考有关资料。

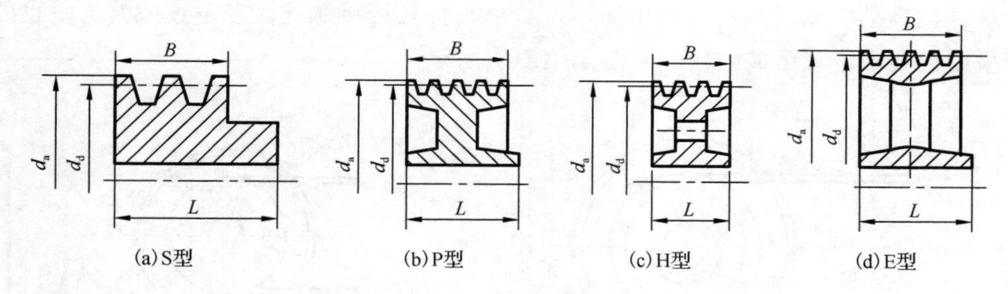


图 10-16　V 带轮的结构形式

V 带轮的工作图见图 10-17。

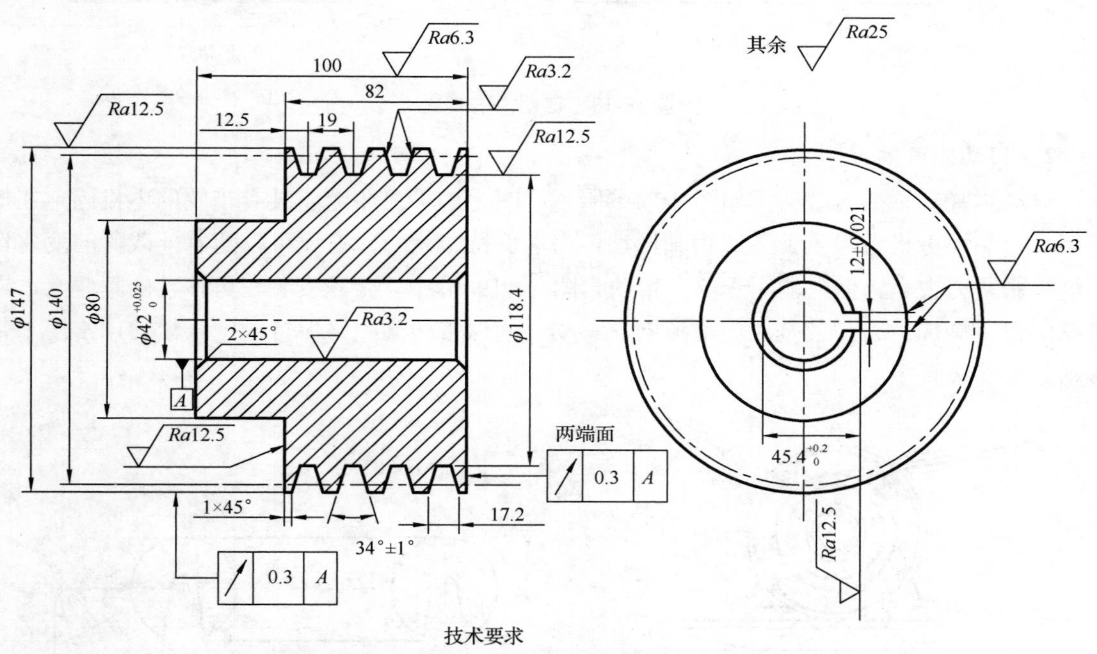


图 10-17　V 带轮工作图

## 10.4.5　V 带传动张紧装置设计

V 带并非完全弹性体，在张紧状态下运转一定时间后，会因塑性变形而松弛，使带的初拉力降低，传动能力下降，甚至无法正常工作。因此，为了保证带的传动能力，应定期检查初拉力的大小，发现不足时及时重新张紧。常见的张紧装置、张紧方法如下。

**1. 定期张紧装置**

定期张紧装置通过定期调整中心距的方法调节初拉力。因此，它适用于带轮安装位置允许且易于调整的场合。如图 10-18(a)所示，在水平或接近水平的传动中，采用具有位置可调的螺栓连接结构，将装有带轮的电动机安装在机架上，当初拉力不足时，松开连接螺栓，旋拧调节螺钉，推动电动机向右移动至所需位置后再拧紧连接螺栓。在垂直或接近垂直的传动中，可采用摆架式位置可调结构，如图 10-18(b)所示。

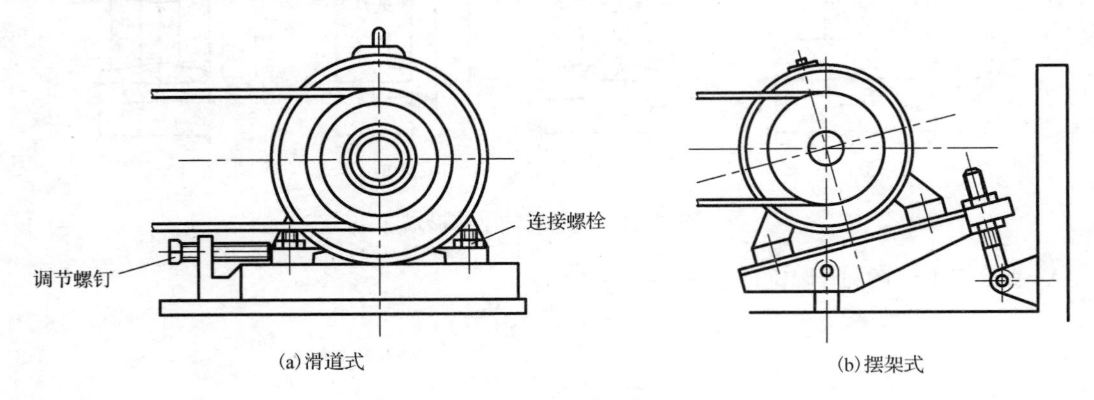


图 10-18　定期张紧装置

**2. 自动张紧装置**

自动张紧装置的典型结构如图 10-19 所示，图 10-19(a)中，将装有带轮的电机固定在摇摆架上，利用电机的自重使其绕销轴摆动，自动保持张紧力。它还可以随着外载荷的变化自动调节张紧力大小，但只能用于单向转动。图 10-19(b)中，带轮安装在可移动的基座上，通过砝码自重施加拉力，使基座沿滑道向右移动，确保带传动始终保持恒定张紧力，常用于带传动的实验装置中。

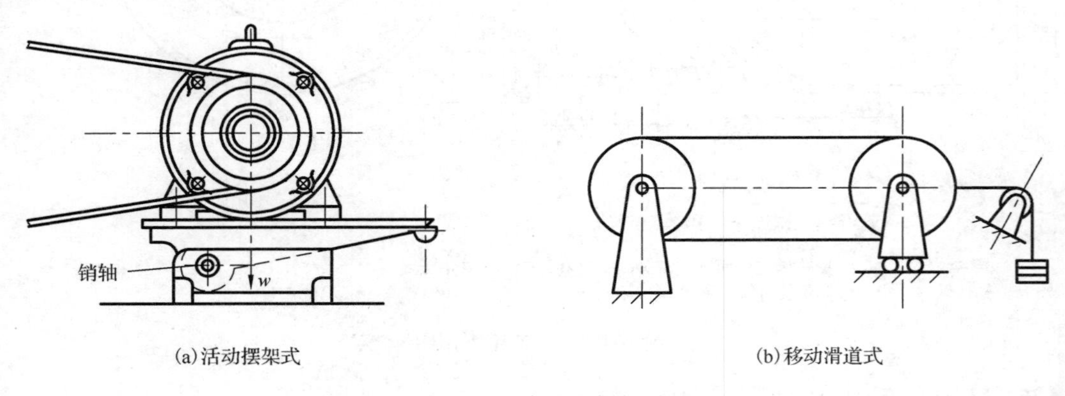


图 10-19　自动张紧装置

**3. 张紧轮张紧装置**

当传动中心距不可调时，可采用图 10-20 所示的张紧轮张紧装置。张紧轮通常应放置在 V 带的松边内侧(图 10-20(a))，使 V 带只承受单向弯曲应力。同时张紧轮还应尽量靠近大带轮，避免过分影响小带轮包角。图 10-20(b)中的张紧轮压在松边外侧，使带反向弯曲，造成寿命降低，通常仅用于平带传动，对于 V 带则仅限于确实需要增大包角和空间受限的传动中。

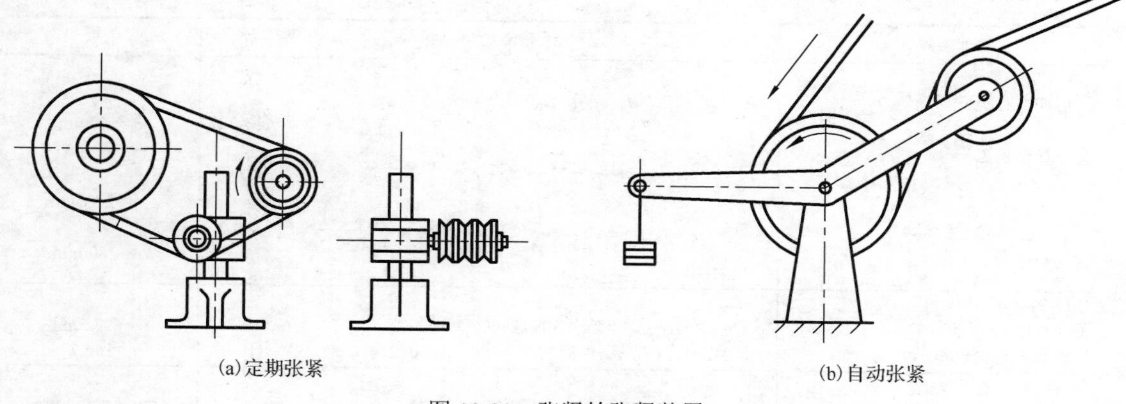


图 10-20　张紧轮张紧装置

## 10.5　普通 V 带的使用和维护

正确使用和妥善保养，是保证 V 带正常工作和延长寿命的有效措施。

(1) 安装带轮时应保证同轴度；带轮轴线保持平行，且对应轮槽必须对正，否则会造成 V 带扭曲，侧面磨损加快、轴承工况恶化，见图 10-21。

(2) V 带在轮槽中应保证位置正确(图 10-22)，其顶面应与带轮外缘平齐。V 带嵌入太深，可能触及轮槽底面，失去 V 带传动优点；位置过高，则接触面减少，传动能力降低，且磨损加剧。

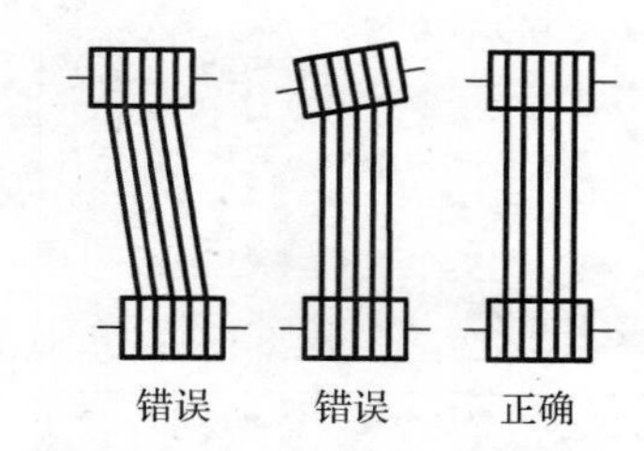


图 10-21　V 带轮轴线安装情况

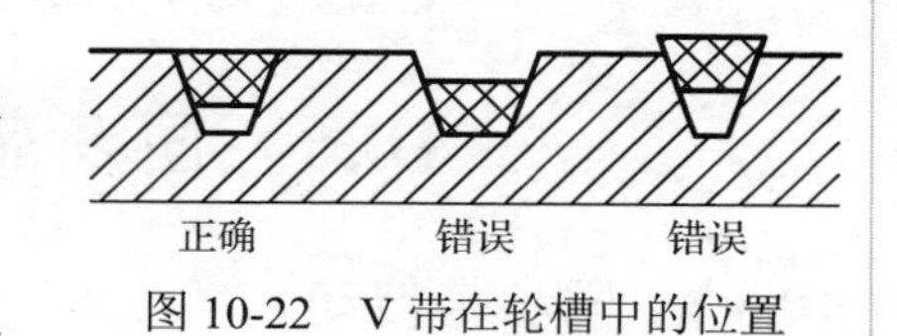


图 10-22　V 带在轮槽中的位置

(3) 成组使用的 V 带，长短差异应尽可能小，以便各根带受力均匀。

(4) 带轮安装在轴上不得摇晃，工作时，轴不能产生明显的弯曲变形。

(5) 使用中应保持 V 带清洁，不可与油接触，污垢多时，可用温水或 1.5%的稀碱溶液洗涤。另外，还应避免日光直接暴晒。

**例 10-1**　试设计一曲柄压力机的 V 带传动(载荷变动较大)。一班制工作，传递功率 $P$=30kW，传动比 $i$=2.8，主动带轮转速 $n_1$=1460r/min。

**解**　见表 10-10。

表 10-10　例 10-1 解表

| 设计内容 | 计算公式和说明 | 结果 |
|---|---|---|
| (1) 确定 V 带型号和带轮直径 | | |
| ①确定工作情况系数 $K_A$ | 见表 10-7 | $K_A=1.2$ |
| ②求计算功率 $P_d$ | $P_d=K_A\cdot P=1.2\times30$ | $P_d=36\text{kW}$ |
| ③选 V 带型号 | 见图 10-13 | C 型 |
| ④选小带轮直径 $d_{d1}$ | 见表 10-8 | $d_{d1}=224\text{mm}$ |
| ⑤求大带轮直径 $d_{d2}$ | $d_{d2}=i\cdot d_{d1}=2.8\times224$　(10-23)<br>见表 10-8 | $d_{d2}=630\text{mm}$ |
| ⑥验算带速 $v$ | $v=\pi\cdot d_{d1}\cdot n_1/60\times1000$ | $v=17.12\text{ m/s}$ |

续表

| 设计内容 | 计算公式和说明 | 结果 |
|---|---|---|
| (2) 确定带长<br>①初选中心距 $a_0$<br>②计算带长 $L_{d0}$<br>③选基准带长 $L_d$ | $0.7(d_{d1}+d_{d2}) < a_0 < 2(d_{d1}+d_{d2})$<br>$598 < a_0 < 1708$ (10-32)<br>$L_{d0} = 2a_0 + \frac{\pi}{2}(d_{d1}+d_{d2}) + \frac{(d_{d2}-d_{d1})^2}{4a_0}$<br>$= 2\times 650 + \frac{\pi}{2}(224+630) + \frac{(630-224)^2}{4\times 650}$ (10-3)<br>见表 10-4 | $a_0$=650mm<br>$L_{d0}$= 2705mm<br>$L_d$= 2800mm |
| (3) 求中心距和包角<br>①计算中心距 $a$<br>②验算小带轮包角 $\alpha_1$ | $a = a_0+(L_d-L_{d0})/2 = 650+(2800-2705)/2$ (10-33)<br>$\alpha_1=180°-(d_{d2}-d_{d1})/a\times 57.3°=180°-(630-224)/a\times 57.3°$ (10-4) | $a$ = 697.5mm<br>$\alpha_1$=146.7° |
| (4) 计算 V 带根数 $z$<br>计算单根普通 V 带额定功率$[P]$<br>查表<br>计算$\Delta P_0$<br>查表<br>计算 $z$ | $[P]=(P_0+\Delta P_0)K_\alpha K_L=(7.47+1.17)\times 0.9\times 0.95$ (10-30)<br>见表 10-2<br>见表 10-3<br>见表 10-4<br>$\Delta P_0=K_b n_1(1-1/K_i)= 0.0075\times 1460\times(1-1/1.12)$ (10-31)<br>见表 10-5<br>见表 10-6<br>$z = \frac{P_d}{[P]} = \frac{36}{7.39} = 4.87$ | $[P]$ = 7.39 kW<br>$P_0$ = 7.47 kW<br>$K_\alpha$ = 0.9<br>$K_L$ = 0.95<br>$\Delta P_0$ = 1.17 kW<br>$K_b = 7.5\times 10^{-3}$<br>$K_i$ = 1.12<br>取 $z$ = 5 |
| (5) 计算压轴力 $F_p$<br>①计算初拉力 $F_0'$<br>查表<br>②计算 $F_p$ | $F_0' = \frac{500P_d}{z\cdot v}\left(\frac{2.5}{K_\alpha}-1\right)+q\cdot v^2$<br>$= \frac{500\times 36}{5\times 17.12}\left(\frac{2.5}{0.9}-1\right)+0.3\times 17.12^2$ (10-35)<br>见表 10-1<br>$F_p = 2zF_0\sin\frac{\alpha_1}{2} = 2\times 5\times 462\times\sin\frac{144.2}{2}$ (10-36) | $F_0'$ = 462 N<br>$q$ = 0.3 kg/m<br>$F_p$ = 4396 N |
| (6) 设计带轮结构、轮槽尺寸 | 略 | |

# 10.6 同步带传动与金属 V 带传动简介

## 10.6.1 同步带传动

同步带传动是一种啮合式传动形式。其结构形式如图 10-1(b)所示，带的工作面呈齿形，与带轮上的轮齿做啮合传动，带与带轮之间不产生相对滑动，保证了传动的同步性。同步带传动的传动比准确，对轴的作用力小，结构紧凑，传动效率可达 99.5%，传动比可达 10，线速度可达 50m/s。其主要缺点是安装时对中心距的要求严格，价格较高。同步带有单面齿(图 10-1(b))和双面齿(图 10-23)两种类型，双面齿同步带按齿排列的不同，又分为具有对称齿形的 D Ⅰ型(图 10-23(a))和具有交错齿形的 DⅡ型(图 10-23(b))，它们可以两面传递动力，常用于多轴传动中通过双面啮合实现转速换向的功能。

同步带采用钢丝绳芯或合成纤维绳芯作为强力层(图 10-24)，具有很高的抗拉强度，又有良好的弹性和韧性，故所用带轮直径可以较小。强力层外包裹基体材料，基体材料具有耐磨、抗老化、高强度和高弹性等性能，目前多采用聚氨酯或氯丁橡胶。同步带也是无接头的封闭环形。

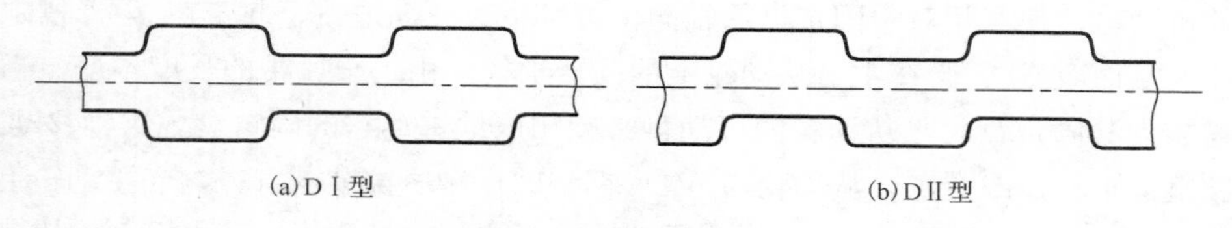


图 10-23　双面齿同步带

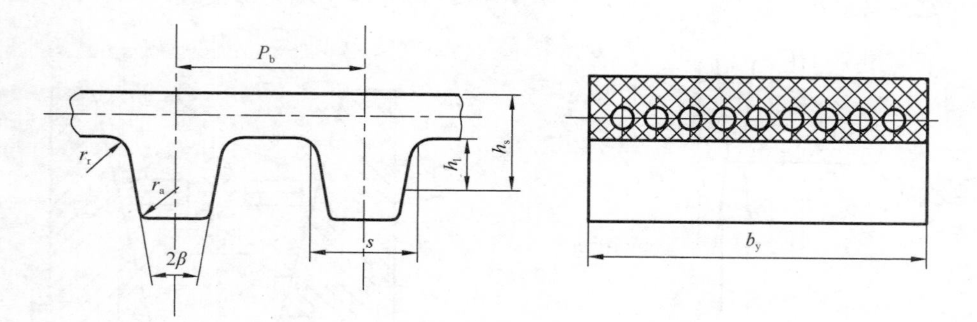


图 10-24　同步带结构

同步带主要用于传动比要求准确的中、小功率传动，如计算机、放映机、录音机、磨床和纺织机械等。

## 10.6.2　金属 V 带无级变速传动

与本书中介绍的其他传动形式不同，金属 V 带传动是一种无级变速传动（Continuously Variable Transmission，CVT）装置，如图 10-25 所示，在输入轴转速不变的情况下，它可以实现传动比的连续改变，使输出轴转速在一定范围内连续变化。在原动机有效工作转速范围较窄而工作机转速及阻力不断变化的机器中，例如，汽车的行驶工况下，它能使传动系统与发动机工况获得最佳匹配，从而提高汽车的动力性、燃油经济性、驾驶舒适性和行驶平顺性。

图 10-25　金属 V 带无级变速传动

金属 V 带无级变速传动是在橡胶 V 带无级变速传动的基础上发展而来的。它克服了橡胶 V 带变速传动功率较小、效率低、可靠性不高和寿命短的缺点，使带传动的范围得到有效拓宽。

金属 V 带传动的基本结构和摩擦工作面结构如图 10-26 所示，主要包括主动轮、从动轮、金属传动带和液压装置等基本部件。金属传动带由厚度为 1.5～2.2mm、宽度为 24mm 或 30mm 的数百片楔形钢片以及 2 根各 6～12 层厚度约 0.18mm 的薄金属环组成，如图 10-27 所示。主动轮和从动轮都分别由可动盘和固定盘组成，靠近液压缸一侧的可动盘可以在轴上滑动，另一侧固定盘则固定不动。可动盘与固定盘都是锥面体结构，二者共同形成周向 V 形槽与金属两侧带相接触实现摩擦传动。工作时装有主、从动轮的两轴之间的距离保持不变，移动主、从动轮的可动盘，使其相对于固定盘的轴向位置发生改变，迫使金属带在 V 形槽中的位置发生变化，从而改变 V 带在主、从动轮上的回转半径。由于金属带的长度不变，当主动轮的可动盘靠近其固定盘时，从动轮的可动盘必须相应地远离它的固定盘。这种移动可使 V 形钢带做整体平移，改变主、从动轮与 V 形钢带的接触摩擦节圆直径，当主动轮上的节圆直径增大而从动轮节圆直径减小时，传动比减小，反之，传动比增大。由于主、从动轮的传动工作半径可在一定范围内连续变化，因此，该传动可以实现无级变速。

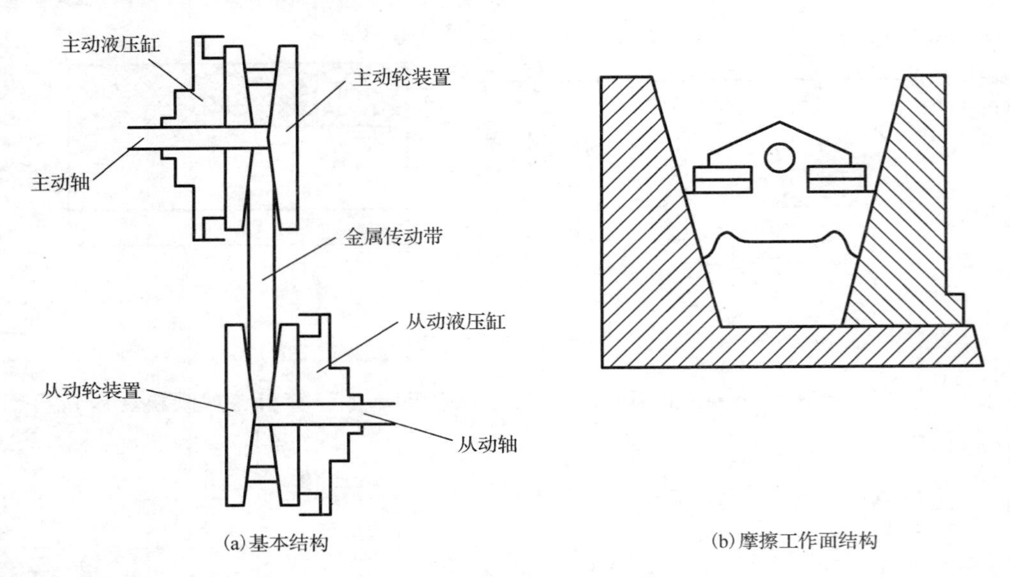


图 10-26　金属 V 带传动原理简图

在金属 V 带传动中，因张紧而拉伸的薄金属环主要起到定位楔形钢片的作用，同时使包在带轮上的楔形钢片与 V 形槽锥面间压紧，以便能产生摩擦力。而楔形钢片间则形成微小间隙。工作过程中，当主动轮转动时，包在其上的楔形钢片受到带轮的摩擦力作用而向前运动，挤压其前面的楔形钢片而形成金属 V 带传动的紧边(楔形钢片相互压紧)并产生驱动压力，进一步通过楔形钢片对从动轮的摩擦力作用推动从动轮转动，将动力由主动带轮传递到从动带轮；在传动的另一边，因楔形钢片间不能传递拉力而无法将主动轮带与楔形钢片间的摩擦力向后传递，离开从动带轮的楔形钢片间的挤压力也消失了，楔形钢片之间出现间隙，成为带传动的松边。因此，金属 V 带常称为压力带。带轮与楔形钢片间的摩擦力虽然也通过楔形钢片与金属环间的摩擦作用以及金属环的拉伸效应来传递，但传力能力较小。可动盘沿轴向移动，则是根据需要通过液压控制系统调节液压缸的压力来实现的。液压系统还控制着传动带的张紧力。

目前，金属 V 带无级变速传动主要应用在家用小轿车的自动变速器中，具有后备动力大、传动效率高、结构简单等优点。图 10-28 为汽车自动变速器中的金属 V 带无级变速传动。

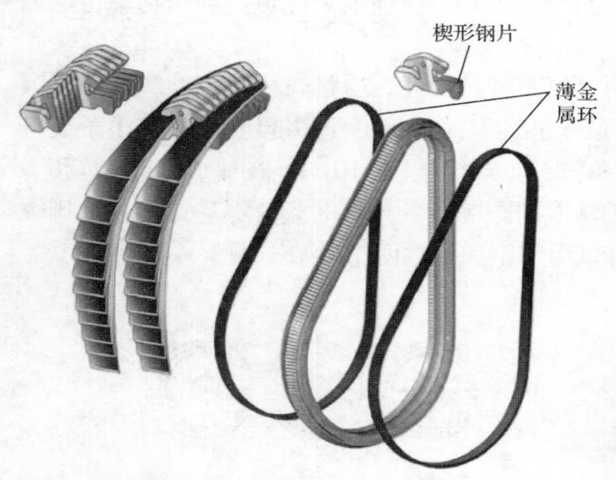

图 10-27　金属 V 带结构

图 10-28　自动变速器中金属 V 带无级变速传动

# 10.7　链传动的基本结构及特点

## 10.7.1　链传动的分类

链传动一般都采用啮合传动形式，仅在有无级变速要求时采用摩擦传动。图 10-29 为常见的滚子链啮合传动，由主动链轮、链条、从动链轮组成。

链传动按结构可分为滚子链和齿形链两大类。滚子链价格便宜、应用广泛，但传动平稳性较差，传递功率一般在 100kW 以下，链速一般不超过 15m/s，最大传动比一般不超过 8。齿形链传动平稳、噪声小、传动效率高、工作可靠，常用于高速、大传动比、小中心距的场合，但价格较高。这里重点介绍滚子链传动。

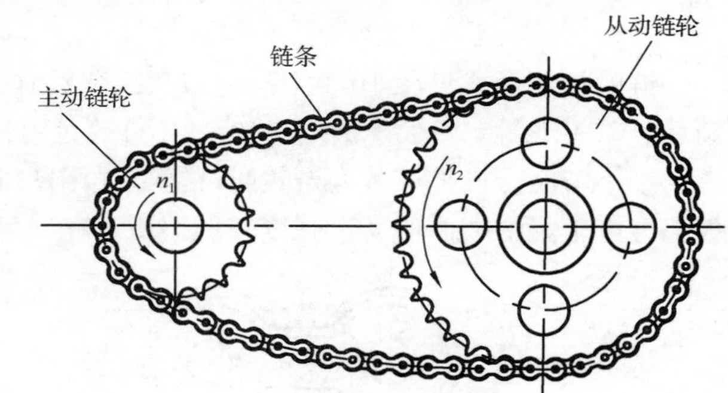


图 10-29　链传动

## 10.7.2　传动链的结构特点

### 1. 滚子链

滚子链的结构如图 10-30 所示，由内链板 1、外链板 2、销轴 3、套筒 4 和滚子 5 组装而成。套筒与内链板、销轴与外链板采用过盈配合连接，销轴与套筒则为间隙配合连接，各链节间可自由相对转动。滚子与套筒间的配合间隙则更大一些，使其可以轻松转动，以便在与链轮啮合过程中减少摩擦磨损。链条的内外板均做成“8”字形，使其各横截面具有接近相等的抗拉强度。各零件的尺寸已优化成一定的比例关系，以减轻链条质量。

滚子链传动的基本参数是节距 $p$、滚子外径 $d_1$ 和内链节内宽 $b_1$。其中，节距 $p$ 为相邻两滚子外圆中心间的距离，它是滚子链的主要参数。每个节距长度的一段链，称为链传动的一个链节，全部链节长度之和构成整条链长，通常一根链的链节数为偶数。节距值等于链号数乘以 25.4/16mm。节距增大时，链条中各零件的尺寸也要相应地增大，可传递的功率也随之增大。

滚子链是标准件，设计时按工作情况选用。其系列、尺寸、质量与极限拉伸载荷参见国家标准 GB/T 1243—2006《传动用短节距精密滚子链、套筒链、附件和链轮》。标准滚子链有 A、B 两种系列，常用 A 系列。标准中还分有单排链、双排链(图 10-31，图中 $p_t$ 是排距)和多排链。链的强度随排数的增加而增大。但由于精度的影响，各排链间载荷不易均匀，故排数不宜过多，一般不超过 4 排。链的承载能力可以用节距和排数两个参数来调整。

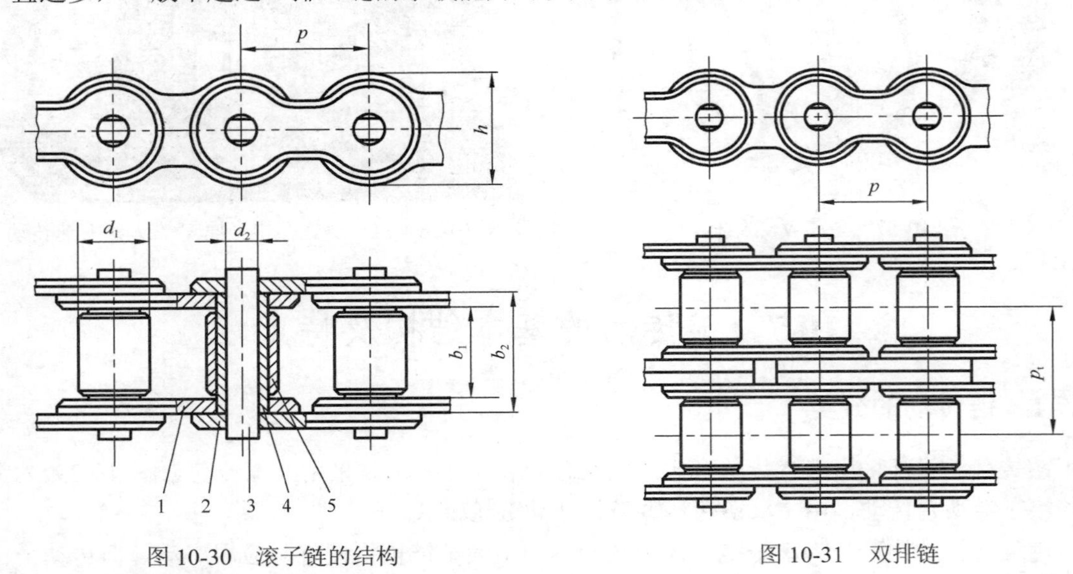


图 10-30 滚子链的结构

1-内链板；2-外链板；3-销轴；4-套筒；5-滚子

图 10-31 双排链

链的接头形式见图 10-32。当链节数为偶数时采用的接头形状与链节相同，接头处用开口销(图 10-32(a))、弹簧卡片(图 10-32(b))等止锁件进行轴向定位，一般前者用于大节距，后者用于小节距。当链节数为奇数时，需要采用图 10-32(c)所示的过渡链节。由于过渡链节链板上会产生附加弯曲应力，强度较弱，所以在一般情况下最好不用。

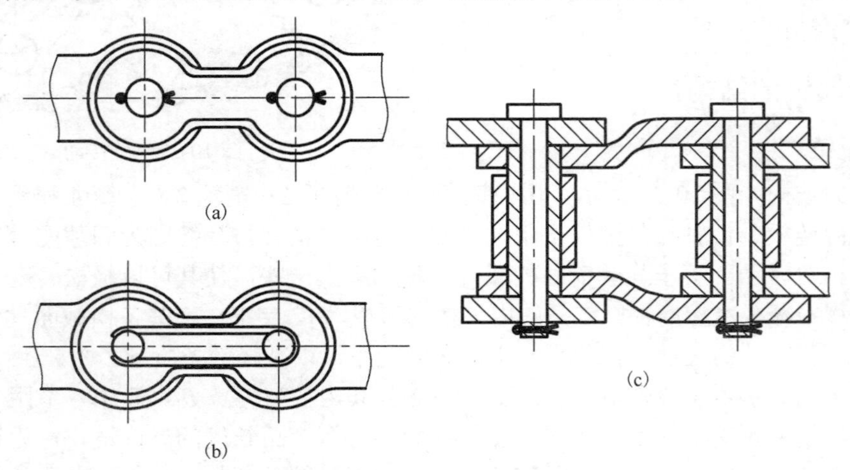


图 10-32 链接头

滚子链的标记为：链号 - 排数 × 整链链节数　标准编号

例如，08A-1×88　GB/T 1243—2006，表示：A 系列、节距 12.7mm、单排、88 节，标准编号为 GB/T 1243—2006 的滚子链。

**2. 齿形链**

齿形链由齿形链板和销轴组成，见图 10-33。工作时链齿外侧齿廓与链轮轮齿啮合，外侧齿形为直边。为防止链在链轮上发生轴向窜动，齿形链上设有导向链板，链轮上相应地设有导向槽。

与滚子链相比，齿形链传动比较平稳，冲击小，噪声低，因此齿形链也称无声链。它可用于高速(链速可达 40m/s)传动，也可用于大功率及较大传动比的场合。但齿形链质量大、成本高，故应用没有滚子链广泛。

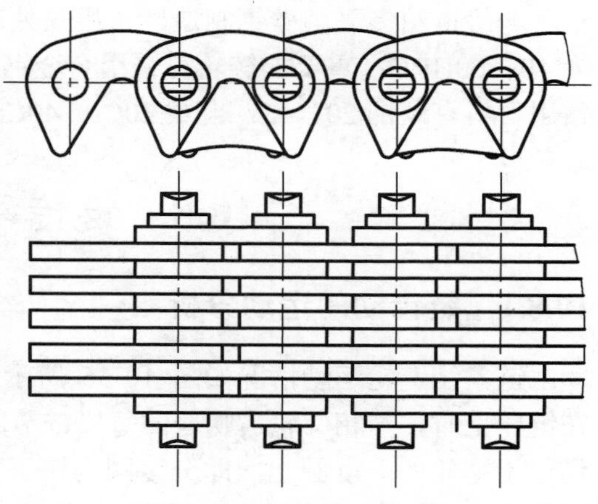

图 10-33　齿形链的结构

### 10.7.3　滚子链链轮的结构和材料

链轮通常由轮缘、轮辐和轮毂三部分组成，其结构尺寸可根据制造工艺和经验公式确定。其中轮缘部分的轮齿形状是影响啮合传动性能的主要因素。

**1. 链轮齿形**

滚子链与链轮的啮合属于非共轭啮合，故链轮齿形的设计有较大的灵活性。但链轮的齿形应保证链节能顺利地啮入和退出，啮合接触良好，当因磨损而节距增大时不易脱链，且形状尽可能简单等。国家标准中没有规定具体的链轮齿形，仅规定了最大和最小齿槽形状及其极限参数，见图 10-34。图中 $r_e$、$r_i$ 及 $\alpha$ 规定有上、下极限值，在此极限范围以内的各种齿形均可采用。

图 10-35 所示为常用的链轮端面齿形，也称为三圆弧一直线齿形。当选用这种齿形并用相应的标准刀具加工时，链轮端面齿形在工作图上可不画出，只需注明链轮的基本参数和主要尺寸，并标明“齿形按 GB/T 1243—2006 规定制造”。链轮轴面齿廓，即链轮在通过其轴线的平面中的齿廓形状在链轮工作图中则应绘出，相关尺寸参数可参阅有关设计手册。

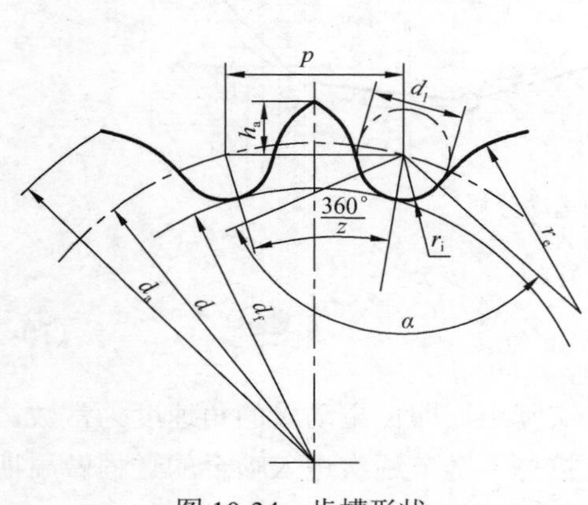


图 10-34　齿槽形状

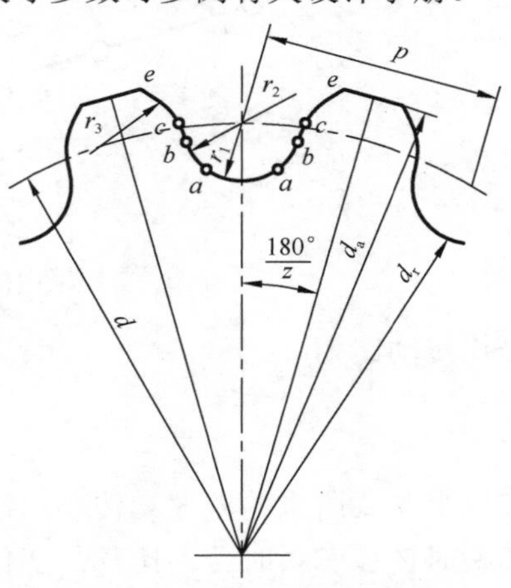


图 10-35　滚子链链轮端面齿形

**2. 链轮材料**

链轮材料应满足强度和耐磨性要求。由于小链轮轮齿的啮合次数比大链轮轮齿的啮合次数多，所受冲击也较严重，因此，小链轮的材料应较好，齿面硬度应较高。

一般链轮多采用碳钢制造，常用热处理工艺为中碳钢淬火或低碳钢渗碳淬火，表面硬度为 40～60HRC；重要的链轮可采用合金钢制造；低速、载荷平稳工况下，也可用铸铁制造。常用材料有碳钢 20、45；合金 20Cr、40Cr；铸铁 HT200 等。

# 10.8 链传动的工作情况分析

## 10.8.1 链传动的运动分析

链条绕链轮运动情况如图 10-36 所示。传动链由刚性链节通过转动副连接而成，当链绕在链轮上时，与相邻轮齿啮合的每段链节的节距 $p$ 构成正多边形的一条边，正多边形的顶点均位于链轮的分度圆上，即分度圆为该正多边形的外接圆。因此，每段链节所对应的分度圆圆心角为 $\varphi = 360°/z$，正多边形的周长等于链条节距 $p$ 与链轮齿数 $z$ 的乘积 $z\,p$。链轮每转一周，随之转过的链长为 $z\,p$，所以链的平均速度为

$$v = \frac{z_1 p n_1}{60000} = \frac{z_2 p n_2}{60000} \quad ,\ \mathrm{m/s} \tag{10-37}$$

式中，$z_1$、$z_2$ 分别为主、从动链轮的齿数；$n_1$、$n_2$ 分别为主、从动链轮的转速。

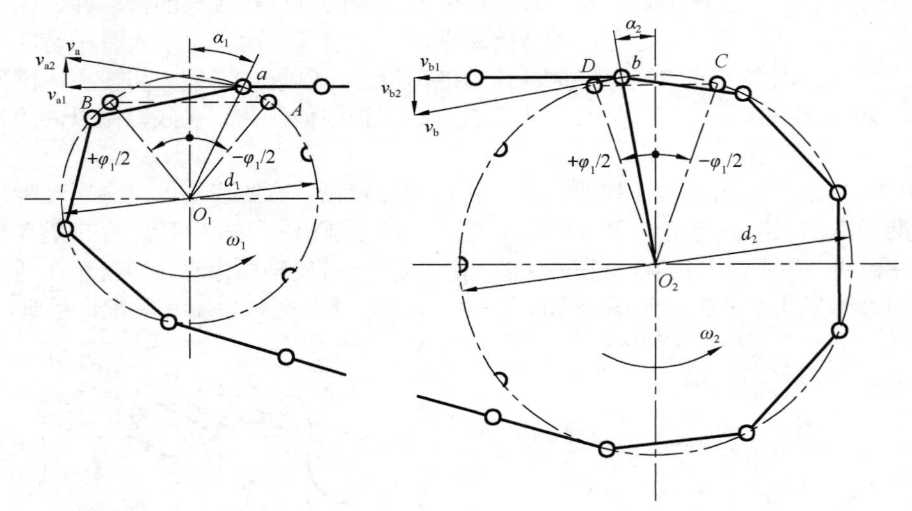


图 10-36 链传动的运动分析

平均传动比为

$$i = \frac{n_1}{n_2} = \frac{z_2}{z_1} \tag{10-38}$$

按以上两式所求的链速和传动比都是平均值。实际上，即使主动轮的角速度为常数，链传动的瞬时链速和瞬时传动比都是变化的，并且是按每一链节逐次进入啮合的过程做周期性变化。链轮转动时，绕在链轮上的链条，其滚子已啮入链轮轮齿根部，因此滚子的圆心(也就

是连接相邻两链节的转动副中心或称铰链中心）都沿着链轮的分度圆做圆周运动。其圆周速度为 $v_1 = 0.5d_1\omega_1$。而未绕在链轮上的链条，对于紧边而言，其运动由紧边最两端的链节分别与主、从动链轮的入啮和脱啮过程所决定，运动状态相当复杂。作为简化分析，通常可将未绕在链轮上的整个紧边始终看作一段直线，并忽略其在传动过程中相对于两轮连心线的角度变化，即假定链传动工作过程中，紧边与连心线间的夹角始终保持不变。

设图 10-36 中处于水平位置的紧边 $ab$ 是链传动的一个任意位置。铰链中心 $a$ 的速度为 $v_a$（$v_a = 0.5d_1\omega_1$）。$v_a$ 可分解为链条水平运动的分速度 $v_{a1}$ 和横向运动的分速度 $v_{a2}$，其大小分别为

$$v_{a1} = v_a \cos\alpha_1 = \frac{d_1}{2}\omega_1 \cos\alpha_1 \tag{10-39}$$

$$v_{a2} = v_a \sin\alpha_1 = \frac{d_1}{2}\omega_1 \sin\alpha_1 \tag{10-40}$$

式中，$\alpha_1$ 为铰链中心 $a$ 的圆周速度方向与水平方向的夹角，也是其在主动链轮上的相位角。由图 10-36 可知，$\alpha_1$ 的变化范围为 $\left[-\frac{\varphi_1}{2}, +\frac{\varphi_1}{2}\right]$，$\varphi_1 = \frac{360°}{z_1}$。因此可见，当主动链轮等角速转动时，链条水平移动的分速度则是由小到大、再由大到小的变化着。链速变化规律如图 10-37 所示。链轮每转过一个链节，链速重复变化一次。链轮节距越大，齿数越少，$\alpha_1$ 的变化范围就越大，链速的变化也就越大。与此同时，铰链中心 $a$ 的横向运动速度也在周期性地变化，导致链条沿横向产生周期性的振动。

由图 10-36 可知，从动链轮的运动取决于铰链中心 $b$ 的运动。设铰链中心 $b$ 在任意位置的相位角为 $\alpha_2\left(-\frac{\varphi_2}{2} \leqslant \alpha_2 \leqslant +\frac{\varphi_2}{2},\ \varphi_2 = \frac{360°}{z_2}\right)$，其速度 $v_b$（$v_b = \frac{1}{2}d_2\omega_2$）也可分解为水平运动的分速度 $v_{b1}$ 和横向运动的分速度 $v_{b2}$，其中 $v_{b1}$ 的大小为

$$v_{b1} = \frac{1}{2}d_2\omega_2 \cos\alpha_2 \tag{10-41}$$

由于链条为挠性承拉传动件，因此紧边两端的铰链中心 $a$ 和铰链中心 $b$ 水平运动的速度（即承拉方向的速度分量）应该相等，即 $\frac{1}{2}d_1\omega_1\cos\alpha_1 = \frac{1}{2}d_2\omega_2\cos\alpha_2$，故链传动的瞬时传动比为

$$i' = \frac{\omega_1}{\omega_2} = \frac{d_2\cos\alpha_2}{d_1\cos\alpha_1} \tag{10-42}$$

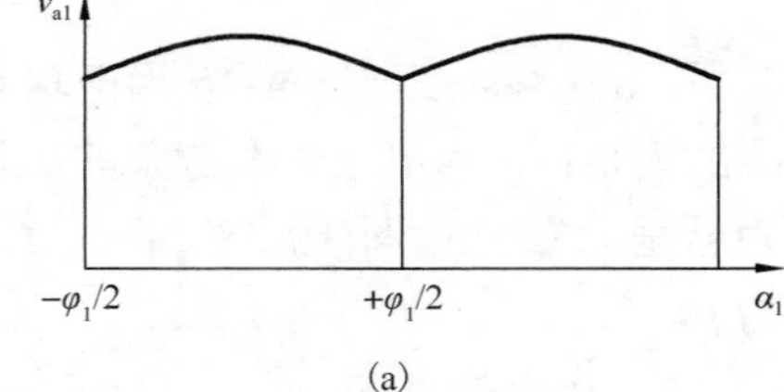

(a)

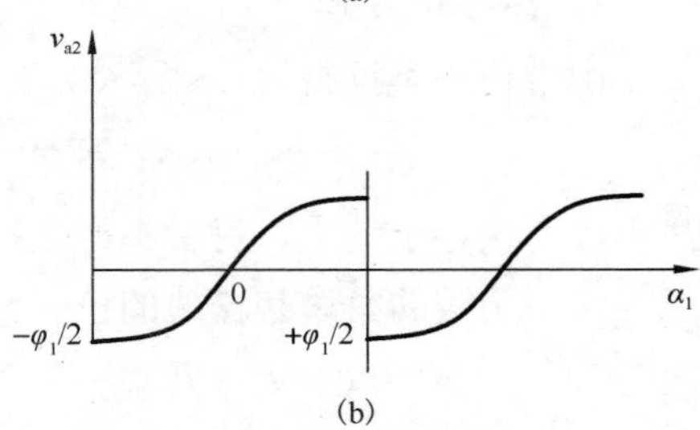

(b)

图 10-37　瞬时链速变化规律

在式(10-42)中，$\alpha_1$、$\alpha_2$ 均做周期性变化，所以，瞬时传动比不是常数。当主动链轮匀角速转动时，从动链轮做周期性的变角速转动。这种运动的不均匀性，起因于绕上链轮的链条呈正多边形的特点，故称之为链传动的多边形效应。

链的速度变化会引起附加动载荷及冲击噪声。链条的水平方向加速度为

$$a_1 = \frac{dv_{a1}}{dt} = -\frac{d_1}{2}\omega_1 \sin\alpha_1 \frac{da_1}{dt} = -\frac{d_1}{2}\omega_1^2 \sin\alpha_1 = -\frac{p\omega_1^2}{2\sin\left(\frac{180^\circ}{z}\right)}\sin\alpha_1 \tag{10-43}$$

式中，当$\alpha_1 = \pm\frac{\varphi_1}{2} = \pm\frac{180^\circ}{z_1}$时，$a_1$达到最大值$\frac{p\omega_1^2}{2}$。由此可以看出，最大加速度与节距$p$有关，$p$越大，$a_1$的最大值越大。故设计时选择较小的节距对减小动载荷有利。

## 10.8.2 链传动的受力分析

链传动在安装时，应保证一定程度的张紧，张紧程度取决于传动的布置方式及工作时链的允许垂度。同时，一定量的垂度将在链条中产生对应大小的悬垂拉力。链传动张紧的目的主要是防止松边过松，以免影响链条正常退出啮合和产生振动、跳齿或脱链现象，因而所需的张紧力比带传动要小得多。

不考虑动载荷，链传动中的主要作用力有如下几种。

**1. 工作拉力 $F$**

$$F = \frac{1000p}{v} \quad , \text{N} \tag{10-44}$$

式中，$P$为链传动的功率，kW；$v$为链的平均速度，m/s，见式(10-37)。

**2. 悬垂拉力 $F_f$**

悬垂拉力$F_f$的大小与链条的松边垂度及传动的布置方式有关，在下面$F_f'$和$F_f''$之中选取大者：

$$\begin{cases} F_f' = K_f qa \times 10^{-2} \quad , \text{N} \\ F_f'' = (K_f + \sin\alpha)qa \times 10^{-2} \quad , \text{N} \end{cases} \tag{10-45}$$

式中，$a$为中心距，mm；$\alpha$为两轴心连线与水平线的夹角；$q$为单位长度链条的质量，kg/m；$K_f$为悬垂系数，见图10-38。图中$f$为垂度(单位为mm)。

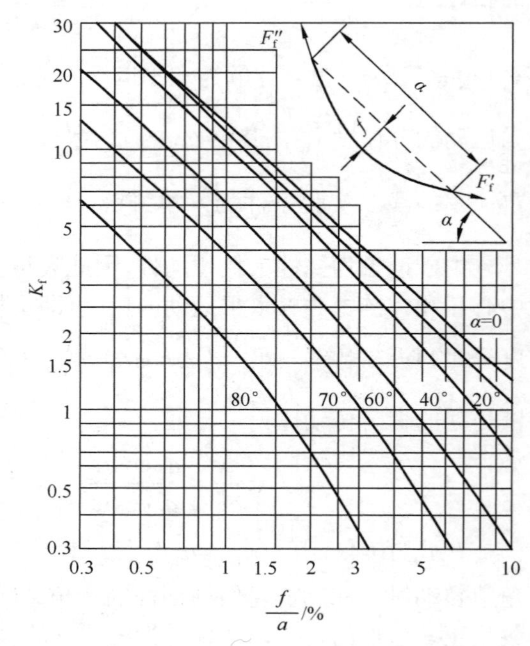


图 10-38　悬垂拉力的确定

**3. 离心拉力 $F_c$**

由带传动类推得

$$F_c = qv^2 \quad , \text{N} \tag{10-46}$$

离心拉力仅存于链中，对轴不产生拉力。

作用于链的紧边和松边的拉力分别为

$$F_1 = F + F_f + F_c \quad , \text{N} \tag{10-47}$$

$$F_2 = F_f + F_c \quad , \text{N} \tag{10-48}$$

链传动是啮合传动，作用在轴上的载荷不大，通常用式(10-49)估算：

$$F_Q = (1.2 \sim 1.3)F \quad , \text{N} \tag{10-49}$$

有冲击、振动载荷时取大值。

### 10.8.3 链传动的失效形式及功率曲线

**1. 链传动的失效形式**

(1)磨损。链传动工作时，相对运动的接触表面会产生磨损，其中销轴与套筒之间压力较大，因而铰链磨损较严重。此处磨损会使链节距增大，以致造成脱链现象。对于开式传动，磨损是主要的失效形式。磨损部位还有滚子内外表面、套筒外表面、链板及链轮轮齿表面等。

(2)疲劳破坏。链在工作时，链板承受交变应力作用，超过一定的循环次数将产生疲劳断裂，滚子表面也会因循环变应力作用而产生疲劳点蚀。在润滑充分的条件下，链板的疲劳断裂是决定链传动承载能力的主要因素。

(3)冲击疲劳破坏。链传动在经常启动、制动、反转，或链速较高而承受强烈冲击载荷时，滚子、套筒等元件将会发生冲击疲劳断裂，使传动失效。

(4)胶合。速度过高而又润滑不充分时，会使销轴和套筒之间的润滑状态进一步恶化、接触面间润滑油膜破裂，两者的工作表面在高温、高压下直接接触而导致胶合。胶合限定了链传动的极限速度。

(5)拉断。链传动在低速重载或严重过载时，链条承受的拉力超过其静强度极限而被拉断。

**2. 功率曲线**

由各种失效形式所限求得的链传动额定功率曲线见图 10-39。这是在润滑良好并保证一定使用寿命的条件下根据实验得出的结果。当润滑不良或工况恶劣时，磨损严重，传动能力将大为降低。

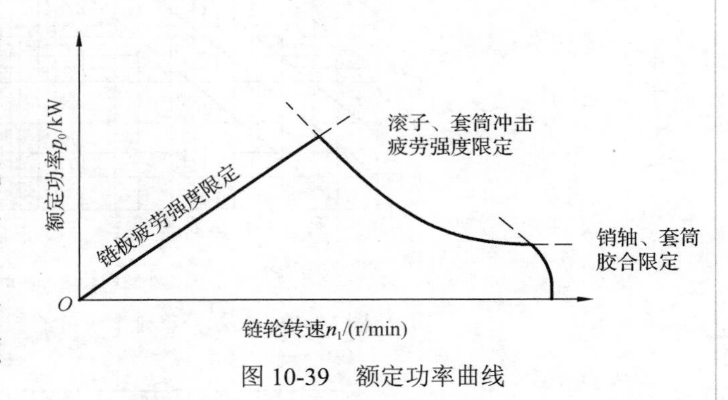


图 10-39 额定功率曲线

图 10-40 给出了 A 系列单排滚子链传动在特定实验条件下所允许的额定功率曲线。实验条件为：单排链，$z_1$=19，$i=3$，$a=40p$，载荷平稳，按推荐的润滑方式润滑，工作寿命为 15000h，两链轮轴心连线水平布置，两链轮共面，因磨损引起的链条相对伸长量不超过 3%。

实际使用的链传动一般与上述特定条件不符，故应对图 10-40 中查得的额定功率 $p_0$ 予以修正。实际许用功率用$[p_0]$表示：

$$[p_0]=p_0K_zK_m \tag{10-50}$$

式中，$K_z$为小链轮齿数系数，当小链轮转速位于图 10-40 中折线顶点所对应转速的左侧时(链板疲劳)取 $K_z=\left(\frac{z_1}{19}\right)^{1.08}$，当转速位于折线的顶点右侧时(滚子及套筒冲击疲劳)取 $K_z=\left(\frac{z_1}{19}\right)^{1.5}$；$K_m$为多排链排数系数，见表 10-11。

表 10-11　多排链排数系数 $K_m$

| 排数 | 1 | 2 | 3 | 4 | 5 | 6 |
|---|---|---|---|---|---|---|
| $K_m$ | 1.0 | 1.7 | 2.5 | 3.3 | 4.0 | 4.6 |

链传动在良好润滑条件下工作时，能大大减轻铰链的磨损，显著延长链条的使用寿命。润滑供油充分可以增强冷却效果，降低传动噪声，减缓啮合冲击，避免铰链的早期胶合。链传动的润滑方式可根据链条的速度 $v$ 及节距 $p$ 选择，见图 10-41。

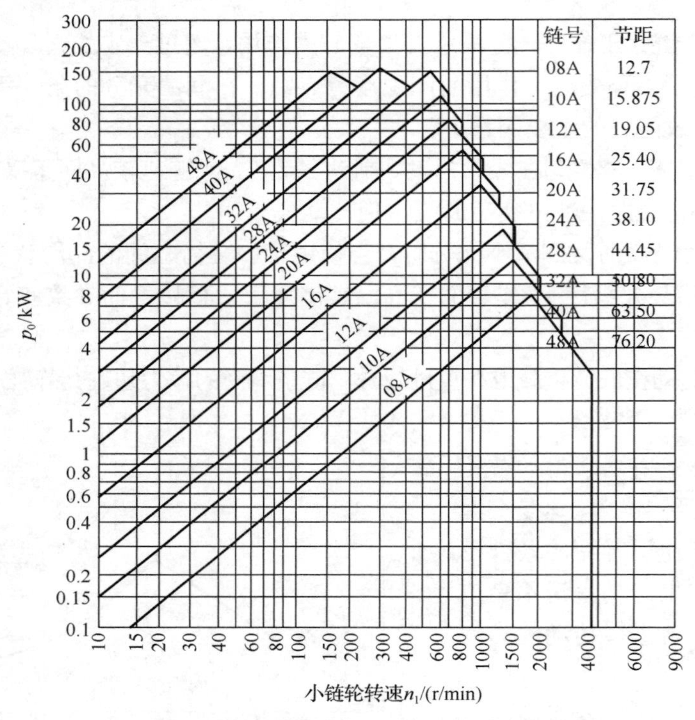


图 10-40　A 系列单排滚子链的额定功率曲线图

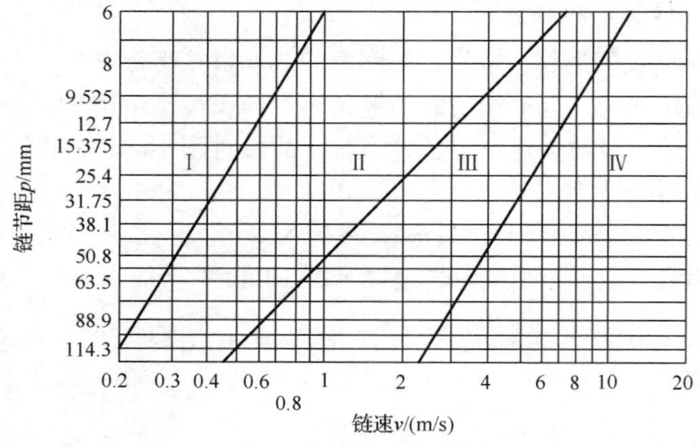


图 10-41　链传动的推荐润滑方式

Ⅰ-人工定期润滑；Ⅱ-滴油润滑；Ⅲ-油浴或飞溅润滑；Ⅳ-压力喷油润滑

# 10.9　链传动的设计计算

## 10.9.1　主要参数的选择

**1. 链轮齿数** $z_1$、$z_2$

由前面运动分析可知，若 $z_1$ 大，则多边形效应减小，有利于提高链传动的平稳性和使用寿命。但 $z_1$ 过大，则 $z_2$ 也增大，传动的总体尺寸增大。齿数少可减小总体尺寸，但齿数过小将会导致：①传动的不均匀性和动载荷增加；②链条进入和退出啮合时，链节间的相对转角增大，从而加剧铰链的磨损并增大功率损耗；③传递同样功率所需圆周力增大，链条和链轮所承受的载荷变大。另外，链条铰链磨损后节距增大，导致链条与链轮的啮合点外移，见图 10-42。

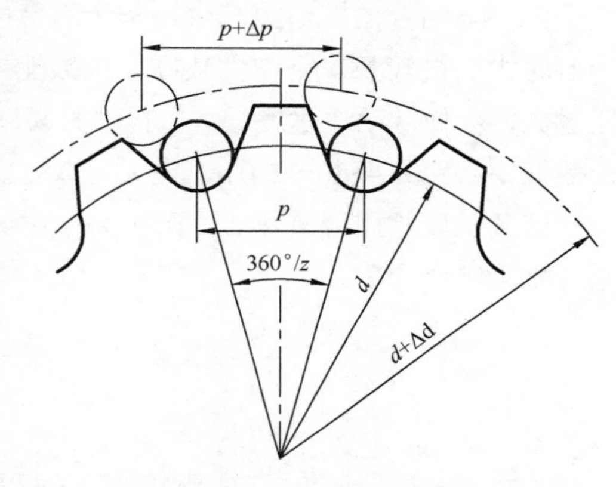

图 10-42　链节伸长与节圆直径变化的关系

啮合点处的直径增量 $\Delta d$ 与节距增量 $\Delta p$ 的关系为 $\Delta d = \dfrac{\Delta p}{\sin\left(\dfrac{180^\circ}{z}\right)}$。$\Delta p$ 一定时，$z$ 越大则 $\Delta d$ 越大，传动更容易产生跳齿或脱链。所以齿数既不能太少，也不能太多。

小链轮齿数 $z_1$ 应按链速和传动比选取。推荐 $z_1 = 29 - 2i$，且应满足表 10-12 中链速对 $z_1$ 的限制。

**表 10-12　链速对 $z_1$ 的限制**

| 链速 $v$/(m/s) | 0.6～3 | 3～8 | >8 |
|---|---|---|---|
| $z_1$ | ≥15～17 | ≥19～21 | ≥23～25 |

大链轮齿数 $z_2 = i\,z_1$，一般 $z_2 \leqslant 120$。

链轮齿数 $z_1$、$z_2$ 一般选为奇数，链节数 $L_p$ 选为偶数，以利于链条和链轮磨损均匀，并避免采用过渡链节。链轮齿数应优先选用以下数列：17，19，21，23，25，38，57，76，95，114。

**2. 传动比** $i$

通常，$i \leqslant 7$，推荐 $i = 2$～$3.5$；当 $v < 2$m/s 且载荷平稳时，$i$ 可达 10。传动比大，则链条包在小链轮上的包角变小，啮合齿数减少，会加速链轮轮齿的磨损，易导致跳齿而破坏正常啮合。一般情况下包角不宜小于 120°，传动比应在 3 左右。

**3. 节距** $p$

链节距的大小，决定着链条和链轮齿各部分尺寸以及链的拉曳承载能力，节距大，传动能力大，但运动不均匀性及冲击、噪声也大。为使传动平稳、结构紧凑，在承载能力足够的条件下宜选用节距较小的单排链。速度高、功率大时，可选用节距较小的多排链。速度不太高、中心距大、传动比小时选大节距单排链。通常可由图 10-40 选择节距。

**4. 链速 $v$**

链速的提高因动载荷变大所限制，通常 $v \leqslant 12\text{m/s}$。当链条采用合金钢制造且加工制造及安装精度都很高时，对于链轮齿数较多、节距较小的传动链，链速也可达 20～30 m/s。链轮最佳转速与极限转速参见图 10-40，图中接近于最大额定功率所对应的转速为最佳转速，功率曲线最右端的竖线为极限转速。

**5. 中心距和链长**

在链速相同的情况下，中心距小、链节数少，则同一链节绕转一周所需时间减少，应力循环次数增多，因而加剧了链的磨损和疲劳，而且，由于中心距小，链条在小链轮上的包角变小，参与啮合的链节数减少，每个啮合齿所承受的载荷增大，且易出现跳齿和脱链现象；中心距大、链较长，则弹性较好，抗振能力较强，且磨损较慢，所以使用寿命较长。但中心距过大，会使从动边垂度增大，传动时易造成松边颤动、运行不平稳。当无其他条件限制时，一般取中心距 $a=(30\sim50)p$，最大可取 $a_{\max}=80p$。

链条长度常用链节数 $L_p$(节距 $p$ 的倍数)表示。与带传动类似，链节数与中心距之间的关系分别为

$$L_{p0}=\frac{2a}{p}+\frac{z_1+z_2}{2}+\left(\frac{z_2-z_1}{2\pi}\right)^2\frac{p}{a} \tag{10-51}$$

$$a=\frac{p}{4}\left[\left(L_p-\frac{z_1+z_2}{2}\right)+\sqrt{\left(L_p-\frac{z_1+z_2}{2}\right)^2-8\left(\frac{z_2-z_1}{2\pi}\right)^2}\right] \tag{10-52}$$

为了保证合理的垂度及便于安装，实际中心距应减小 2～5mm。链传动一般设计有中心距调节机构，以调整张紧程度。中心距不能调节时其减小量取偏小值。

## 10.9.2 静强度计算

在低速链传动中($v<0.6\text{m/s}$)，链条的失效主要是因抗拉强度不足而被拉断。因此，通常以静强度计算为主。链条的静强度计算式为

$$s=\frac{Q}{K_A F_1}\geqslant[s] \tag{10-53}$$

式中，$s$ 为静强度安全系数；$F_1$ 为链条紧边拉力，见式(10-47)；$Q$ 为链条极限拉伸载荷；$K_A$ 为工作情况系数；$[s]$为许用安全系数。相关数据可参阅有关设计手册。

## 10.9.3 链传动的布置

链传动的布置对传动能力及使用寿命均有较大的影响。布置时，一般应使两轴线都与同一铅垂平面垂直，两链轮位于同一平面内。常用工况为连心线水平或接近水平的布置，松边在下。各种布置形式及注意事项见表 10-13。

表 10-13　链传动的布置

| 传动参数 | 传动布置 | | 说明 |
| --- | --- | --- | --- |
| | 正确 | 不正确 | |
| $i=2\sim3$<br>$a=(30\sim50)p$ | 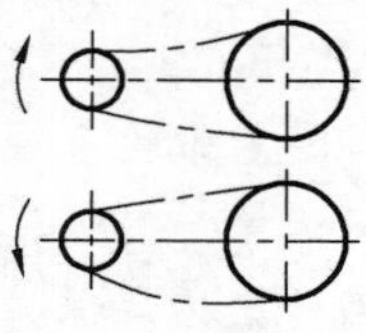 | 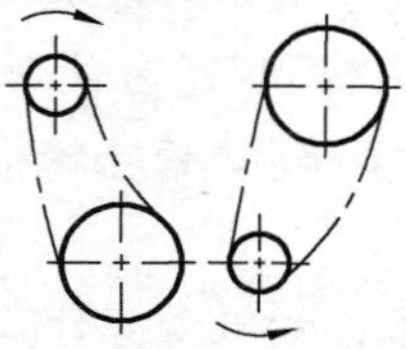 | 两轮轴线在同一水平面，链条的紧边在上、在下都不影响工作，但紧边在上较好 |
| $i>2$<br>$a<30p$ | 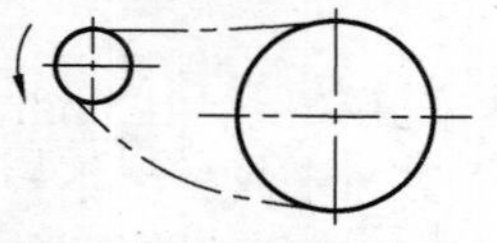 | 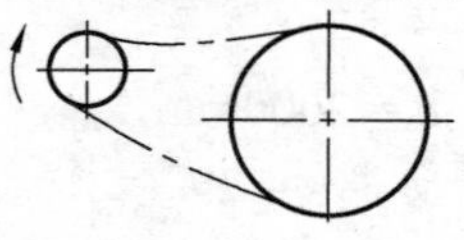 | 两轮轴线不在同一水平面，链条的松边不应在上面，否则由于松边垂度增大，导致链条与链轮齿相干扰，破坏正常啮合 |
| $i<1.5$<br>$a>60p$ | 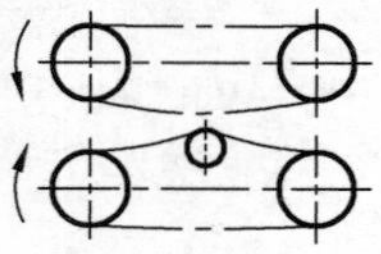 | 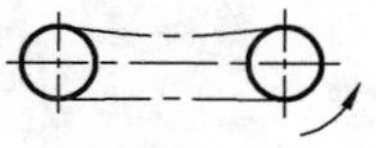 | 两轮轴线在同一水平面，链条的松边不应在上面，否则由于链条垂度逐渐增大，引起松边和紧边相碰 |
| $i$、$a$<br>为任意值 | 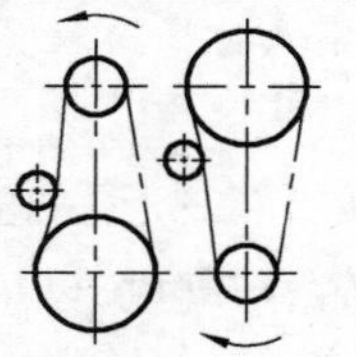 | 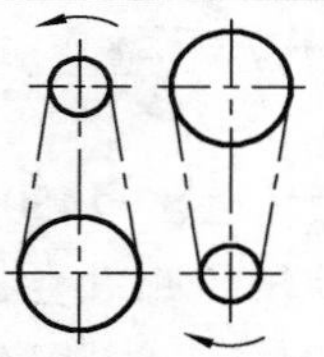 | 两轮轴线在同一铅垂面，链条因磨损垂度逐渐增大时，将减少与下面链轮的有效啮合齿数，导致传动能力降低。为此应采用以下措施：中心距可调；安装张紧装置；上下两轮偏置，使其不在同一铅垂面内 |

# 思考题与习题

10-1 包角对带传动能力有什么影响？影响包角大小的因素有哪些？为什么只给出小带轮包角 $\alpha_1$ 的计算公式？

10-2 带传动的工作原理是什么？正常工作时，带与大、小带轮间的摩擦力两者大小是否相等？带传动正常工作时的摩擦力与打滑时的摩擦力是否相等，为什么？

10-3 摩擦因数大小对带传动有什么影响？影响摩擦因数大小的因素有哪些？为了增加传动能力，能否将带轮工作面加工粗糙，为什么？

10-4 有效工作拉力与摩擦力、拉力差以及工作阻力之间有什么关系？最大有效工作拉力与哪些因素有关？$d_{d1}$、$\alpha_1$、$i$、$v$、$a$ 等对 V 带传动的传动能力各有什么影响，如何选择？为什么要使小带轮直径 $d_{d1}$ 大于或等于 $d_{dmin}$，而且 $d_{dmin}$ 随着型号的增大而增大，这又是为什么？

10-5 空载启动后持续加载运转，直到带传动将要打滑的极限状态。整个过程中，带的紧、松边拉力的比值 $F_1/F_2$ 是如何变化的，打滑在哪个带轮上发生，为什么？

10-6 带传动工作时，带横截面中的应力由哪几部分组成，影响它们大小的因素有哪些，最大应力出现在什么位置？何谓带的绕转次数，它与哪些因素有关，对带传动寿命有什么影响？

10-7 试由设计公式分析带传动速度对传动能力的影响。带速越高，带的离心力越大，但在多级传动中，常将带传动放在高速级，这是为什么？

10-8 带传动的失效形式有哪些？设计准则是什么？带传动的设计计算公式是否已充分体现了带传动设计准则？单根普通V带的基本额定功率是在什么特定条件下得出的？当实际工作条件与特定条件不符时，如何处理？为什么要考虑 $\Delta p_0$ 值？

10-9 V带截面楔角均是40°，而V带轮轮槽楔角 $\phi$ 却随着带轮直径的减小而减小(38°、36°、34°)，为什么？

10-10 初拉力太大或太小对V带传动有什么影响？用什么方法保持带传动中预紧力大致不变？

10-11 设V带传动中心距 $a=2000\text{mm}$，小带轮基准直径 $d_{d1}$=125mm，$n_1$= 960r/min，大带轮基准直径 $d_{d2}=500\text{mm}$，滑动率 $\varepsilon=2\%$。求：①V带基准长度；②小带轮包角 $\alpha_1$；③大带轮实际转速。

10-12 初选V带传动中心距时，推荐 $2(d_{d1}+d_{d2})\geqslant a>0.7(d_{d1}+d_{d2})$，若传动比 $i=7$，按推荐中心距的最小值、最大值设计带传动，其 $\alpha_1$ 各为多少？若传动比 $i=10$，当满足最小包角 $\alpha_1\geqslant120°$ 要求时，其中心距应取多大？

10-13 某V带传动的传递功率 $P$=7.5kW，带速 $v$=10m/s，紧边拉力是松边拉力的2倍，求紧边拉力 $F_1$ 及有效工作拉力 $F$。

10-14 设V带传动的主动带轮转速 $n_1$=1450r/min，传动比 $i=2$，带的基准长度 $L_d=2500\text{mm}$，工作平稳，一班制工作，当主动带轮的基准直径分别为 $d_{d1}$=140mm和 $d_{d1}$=180mm时，试计算相应的单根B型V带所能传递的功率，它们的差值是多少？

10-15 三级塔轮式V带传动如图10-43所示。主动带轮的最大基准直径 $d_d=315\text{mm}$，主动带轮的转速 $n_1=220\text{r/min}$，传动中心距 $a$=1860mm，从动轴要求具有三种不同的转速，分别为385r/min、220r/min和126r/min。试设计此传动带的基准长度和各级带轮基准直径。

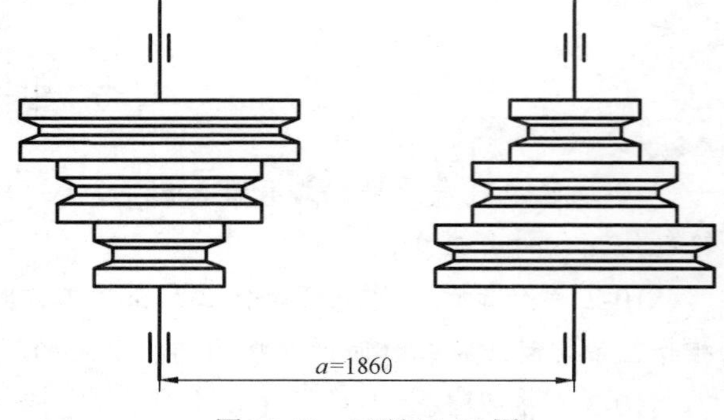

图10-43 习题10-15图

10-16 某车床主轴箱与电机间有一V带传动装置。用B型V带4根，小带轮的基准直径 $d_{d1}$=140mm，大带轮的基准直径 $d_{d2}$=280mm，中心距约为790mm。若车床主轴箱的输入转速(即大带轮转速)为725r/min，两班制工作。试计算：①此带传动所能传递的功率；②带与带轮接触面间的当量摩擦因数 $f_v$；③单根带紧边拉力 $F_1$ 和有效工作拉力 $F$；④带传动对轴的作用力 $F_p$。

10-17 有一V带减速传动装置，带轮的基准直径 $d_{d1}$=200mm，$d_{d2}$=630mm，选用4根B型或C型V带，带的基准长度 $L_d=2500\text{mm}$。用普通笼型电动机作原动机，驱动鼓风机。鼓风机转速为460r/min，两班制工作。试计算这两种V带传动能传递的功率和传动中心距。若使两种传动方案的传递功率相接近，应如何解决？

10-18 用普通笼型电动机通过V带传动驱动离心式水泵。电动机功率 $P=22\text{kW}$，转速 $n_1$=

1470r/min，离心式水泵转速 $n_2 = 970$r/min，两班制工作。试设计 V 带传动，并将从动带轮工作图画在 3 号图纸上。

10-19 链传动有哪些主要特点和应用场合？

10-20 节距 $p$ 对链传动的平稳性有何影响？高速时节距应选大还是选小？

10-21 链轮齿数 $z$ 的多少对链传动的平稳性有何影响？

10-22 何为链传动的多边形效应？

10-23 链传动的平均传动比 $i = n_1/n_2 = z_2/z_1 = d_2/d_1$，对吗？

10-24 链传动有哪些主要失效形式？其发生的主要原因有哪些？

10-25 为什么链传动会发生跳齿或脱链？

10-26 布置链传动时应注意哪些问题？

10-27 链传动中心距过大或过小会产生什么问题？

10-28 有一链传动的主要参数为：$z_1 = 25$、$z_2 = 63$、$n_1 = 125$r/min、$p = 38.1$mm，传递功率 $P = 7$kW，载荷平稳。初取 $a_0 = 40p$，水平布置。试计算链轮节圆直径 $d_1$、$d_2$，链的紧边拉力 $F_1$ 及对轴的作用力 $F_Q$。

10-29 有一单排滚子链传动，已知节距 $p = 25.4$，$z_1 = 23$，$z_2 = 47$，主动链轮转速 $n_1 = 900$r/min，工作情况系数 $K_A = 1.2$。试求其所能传递的功率。

10-30 设计单排链传动，要求传递功率 $P = 15$kW，主动链轮转速 $n_1 = 120$r/min，传动比 $i = 3$，载荷平稳，采用推荐的润滑方式，链传动水平布置。

# 第 11 章 其他机构与传动类型简介

## 11.1 概　　述

前面讨论过的齿轮传动、蜗杆传动、带传动与链传动，在主动轮连续转动时，从动轮也连续转动。然而在工程实际中，有时候需要工作机构做周期性的间歇运动，这时就需要将主动件的连续转动转变为从动件周期性的间歇运动。能够实现这种要求的常用机构有棘轮机构、槽轮机构、不完全齿轮机构等。它们各有特点，适用场合不同。

在原动机距离工作机构比较远，或在机器工作过程中原动机与工作机构之间的相对位置和距离不断变化时，如果仍然采用前面讨论过的机械传动，会使得传动系统非常复杂甚至难以实现，此时可采用液压传动。液压传动以液体为介质、利用液体的压力能来传递运动和动力。

机械传动的主、从动件之间总会有机械连接，而当需要把扭矩传递到一个密封的容器中时，机械传动不易使容器完全密封，此时可采用磁力传动。磁力传动的主、从动件之间无机械连接，其利用磁体之间的磁场力来传递动力。

传动的一个功用是将机器中原动机提供的动力传递、分配到多处。当机器中多处需要动力时，若仍然采用传统的机械传动方式来传递、分配动力，有时会使传动系统比较复杂，此时可采用分布式驱动系统。在分布式驱动系统中，将多个原动机直接设置在需要动力的工作机构上，可简化传动系统并提高机器的工作可靠性。

## 11.2 棘 轮 机 构

### 11.2.1　棘轮机构的组成及工作原理

棘轮机构是一种常用的间歇运动机构。棘轮机构的典型结构形式如图 11-1 所示，主要由主动件摇杆 1、棘爪 2、从动件棘轮 3、止回爪 4 和机架等组成。弹簧片 5 用来使止回爪 4 始终和棘轮 3 保持接触。棘轮 3 固连在棘轮机构的从动轴 6 上，而摇杆 1 则空套在从动轴 6 上与从动轴 6 形成转动副，并与棘爪 2 用转动副连接。当摇杆 1 逆时针转动时，与之相连的棘爪 2 嵌入棘轮 3 的齿槽，推动棘轮 3 逆时针转过一定角度。当摇杆 1 顺时针转动时，带动棘爪 2 在棘轮 3 的齿上滑过，止回爪 4 阻止棘轮 3 顺时针转动，故棘轮 3 静止不动。这样，当摇杆 1 连续往复摆动时，棘轮 3 便做逆时针单向间歇转动。

11-1

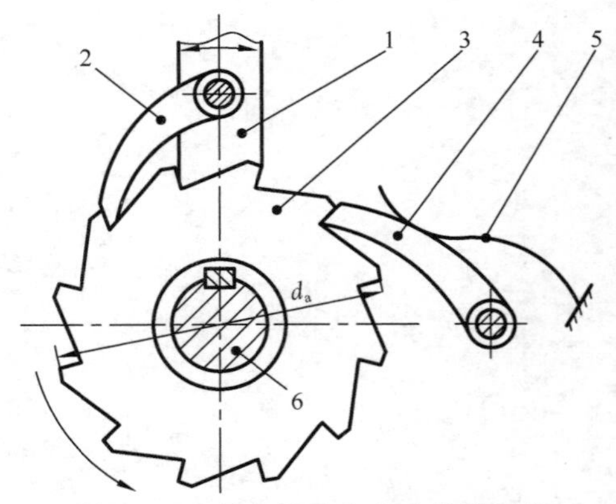

图 11-1　单向外啮合齿式棘轮机构
1-摇杆；2-棘爪；3-棘轮；
4-止回爪；5-弹簧片；6-从动轴

## 11.2.2　棘轮机构的类型及应用

### 1. 棘轮机构的类型

按照结构形式和工作原理，棘轮机构可分为齿式棘轮机构和摩擦式棘轮机构两大类。

**1) 齿式棘轮机构**

齿式棘轮机构按啮合方式分为外啮合(图 11-1)及内啮合(图 11-2)两种形式，按运动形式分为单向棘轮机构和可换向棘轮机构。

图 11-1 和图 11-2 所示为单向棘轮机构，主动摇杆往复摆动一次，棘轮转动一次。图 11-3 所示为另一种单向棘轮机构，在这种棘轮机构中设置有 2 个棘爪，棘爪可制成钩头拉杆式(图 11-3(a))或推杆式(图 11-3(b))。从图中可以看出，主动摇杆往复摆动一次，棘轮沿同一方向间歇转动两次，故称为单向双动棘轮机构。

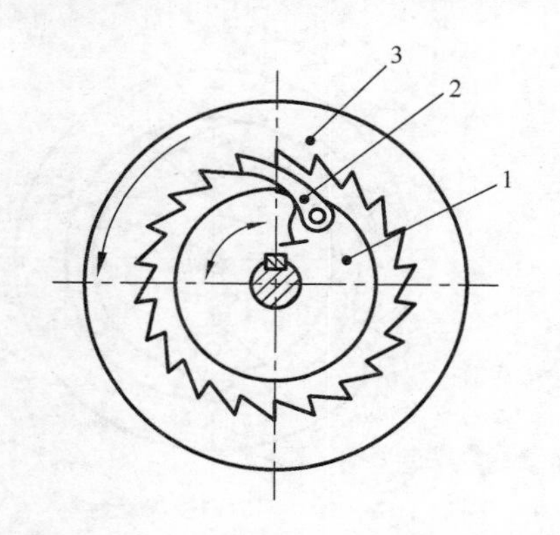


图 11-2　单向内啮合齿式棘轮机构

1-摇杆；2-棘爪；3-棘轮

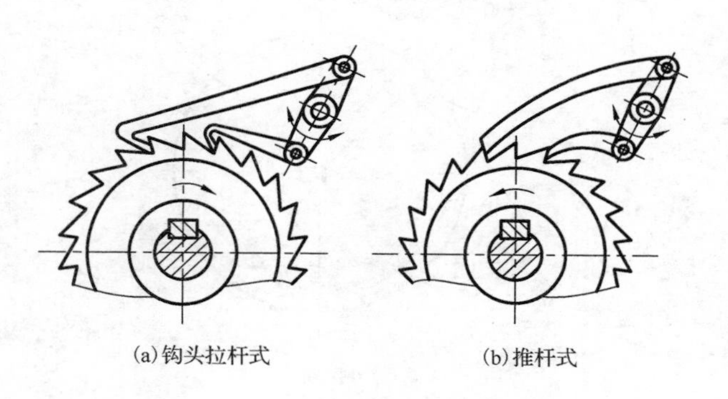

(a) 钩头拉杆式　(b) 推杆式

图 11-3　单向双动棘轮机构

根据工作要求，如果需要棘轮做可换向的间歇转动，则可把棘轮的齿制成矩形，而棘爪制成可翻转的，如图 11-4(a)所示。这样，当棘爪处于图中实线所示位置 $B$ 时，棘轮做逆时针方向的间歇转动。若将棘爪绕轴销 $A$ 翻转到图中双点画线所示位置 $B'$ 时，棘轮做顺时针方向的间歇转动，这种棘轮机构称为可换向棘轮机构。图 11-4(b)所示为另一种可换向棘轮机构，其棘轮齿为矩形，棘爪头部为楔形。这样，当棘爪处于图示位置时，棘轮做逆时针方向的间歇转动；当把棘爪提起并绕其本身轴线旋转 180° 再放下后，则棘轮做顺时针方向的间歇转动。

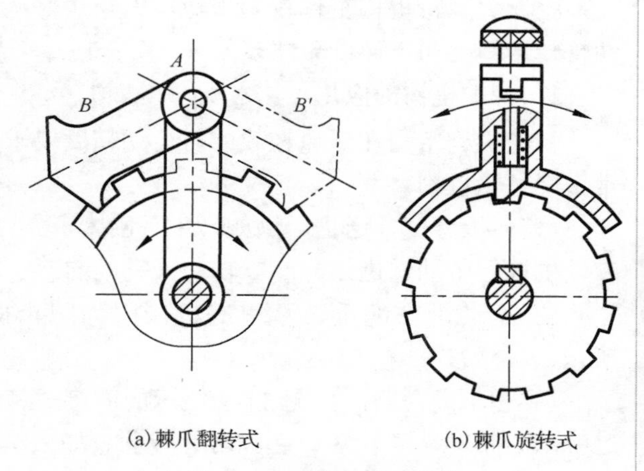


(a) 棘爪翻转式　(b) 棘爪旋转式

图 11-4　可换向棘轮机构

齿式棘轮机构结构简单，制造方便，工作可靠，而且棘轮每次转过的角度大小可在较大的范围内调节。齿式棘轮机构的缺点是在工作过程中会产生刚性冲击，当棘爪在棘轮齿上滑过时，会产生噪声，棘爪和棘轮齿容易磨损，棘轮每次转过的角度只能以相邻两齿所夹的圆心角为单位进行调整。

**2) 摩擦式棘轮机构**

图 11-5 所示为摩擦式棘轮机构，主要由主动件摇杆 1、棘爪 2(为一偏心凸楔块)及从动轮 3 组成。其中，图 11-5(a)为外接式，图 11-5(b)为内接式。当摇杆 1 逆时针转动时，棘爪 2 与从动轮 3 楔紧，棘爪 2 利用摩擦力带动从动轮 3 逆时针方向转动。当摇杆 1 顺时针方向转动时，棘爪 2 与从动轮松开，并在从动轮 3 上滑过，从动轮 3 不转动，处于停歇状态。如此，当主动摇杆 1 往复摆动时，从动轮 3 做逆时针间歇转动。

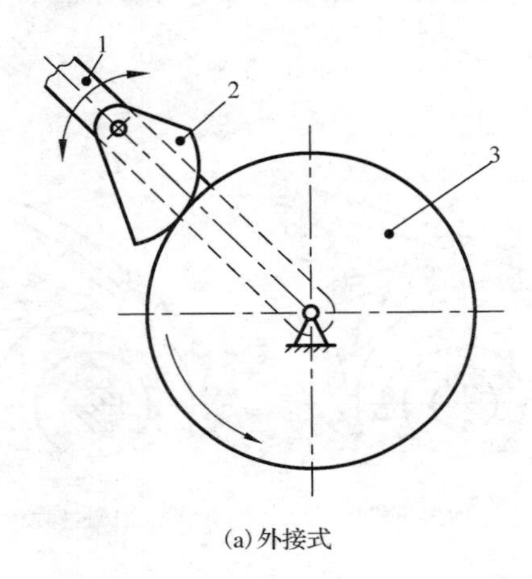

(a) 外接式

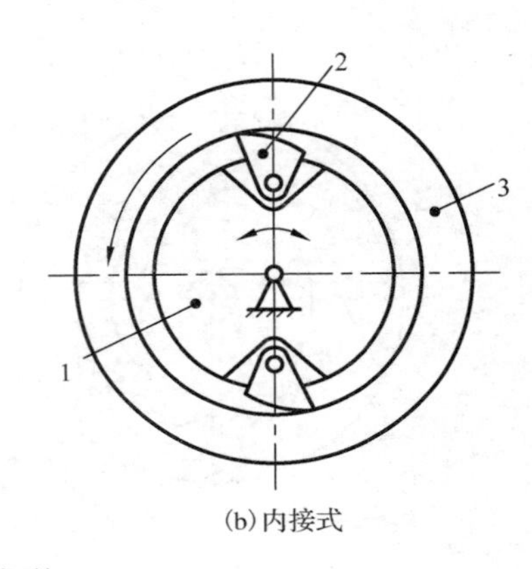

(b) 内接式

图 11-5 摩擦式棘轮机构

1-摇杆；2-偏心凸模块；3-从动轮

摩擦式棘轮机构工作较为平稳，无噪声，从动轮每次转过的角度可无级调整，缺点是从动轮转角精度和工作可靠性较差。

**2. 棘轮机构的应用**

棘轮机构常用在低速轻载或对运动精度要求不很严格的场合，在工程实际中，以下场合常采用棘轮机构。

(1) 转位分度、送进。例如，牛头刨床工作台的横向送进动作就是利用图 11-4(b)所示的棘轮机构，带动送进螺杆间歇转动来完成的。

(2) 止动。在起重、牵引等机械中为防止机构倒转而作为止动器来使用，如图 11-6 所示。

(3) 超越离合器。如图 11-7 所示的内接式棘轮机构，当主动件棘轮 1 顺时针转动时，通过棘爪 2 带动从动轮 3 一起顺时针转动。如果从动轮 3 以大于主动件棘轮 1 的角速度同时顺时针方向转动，则主动棘轮 1 与从动轮 3 分离，两者转动互不干涉，即从动轮能以高于主动轮的转速转动，这就是所谓的超越运动。能够实现超越运动的离合器称为超越离合器。自行车后轴的“飞轮”就是如图 11-7 所示的一种齿式超越离合器。图 11-8 所示为由内接摩擦式棘轮机构演化而来的摩擦式超越离合器。

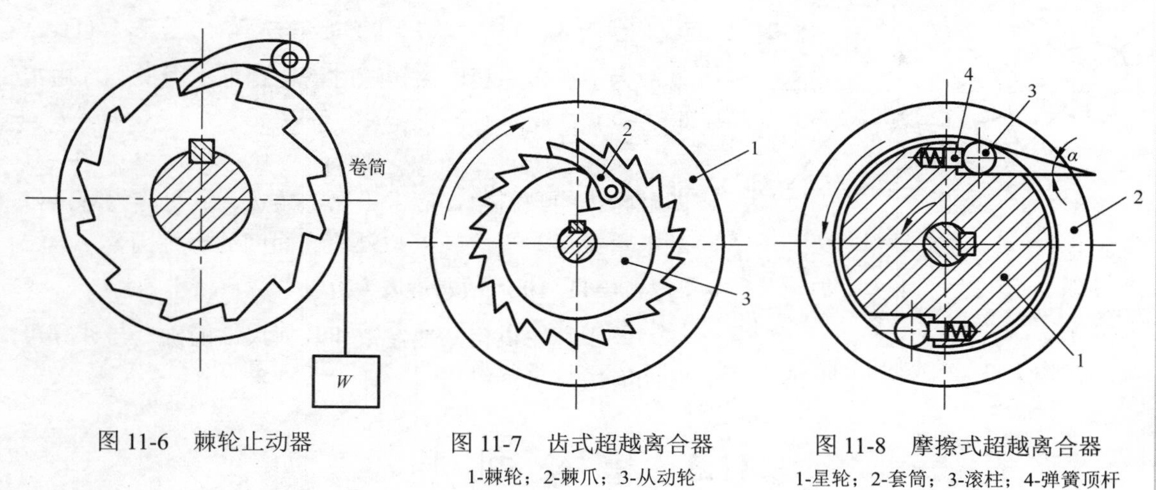


图 11-6 棘轮止动器

图 11-7 齿式超越离合器
1-棘轮；2-棘爪；3-从动轮

图 11-8 摩擦式超越离合器
1-星轮；2-套筒；3-滚柱；4-弹簧顶杆

11-8

### 11.2.3 齿式棘轮机构的设计

**1. 棘轮模数、齿数的确定**

与齿轮一样，齿式棘轮的有关尺寸也是以模数 $m$ 作为计算的基本参数，与齿轮不同的是棘轮的模数是按齿顶圆直径 $d_a$ 计算的，即

$$m = \frac{d_a}{z}$$

棘轮模数已经系列化，单位为mm，常用值为1、2、3、4、5、6、8、10、12、14、16等。

棘轮齿数 $z$ 通常根据棘轮机构的使用条件和运动要求来确定。对于一般进给和分度所使用的棘轮机构，可根据所要求的棘轮最小转角来确定棘轮的齿数(可取 $z \leqslant 250$，一般取 $z=8\sim60$)，然后选定模数。

**2. 棘轮齿倾斜角 $\alpha$ 的确定**

为使棘轮机构能够正常工作，在棘爪要推动棘轮由停歇状态开始转动时，棘爪应能在载荷作用下自动滑向棘轮齿槽底部。如图 11-9 所示，棘轮齿工作面的倾斜角(棘轮齿工作面 $AB$ 与 $OA$ 之间的夹角)为 $\alpha$，棘爪转动中心 $O'$ 和棘轮转动中心 $O$ 分别与棘轮齿顶点 $A$ 的连线之间的夹角为 $\Sigma$。设棘轮和棘爪在 $A$ 点接触，若不计棘爪的重力和棘爪与摇杆之间转动副中的摩擦，则当棘爪从棘轮齿顶部沿棘轮齿工作面 $AB$ 滑向棘轮齿槽底部时，受到棘轮齿对其作用的法向力 $\boldsymbol{F}_n$(垂直于棘轮齿工作面 $AB$)和摩擦力 $\boldsymbol{F}_f$(在棘轮齿工作面内沿 $BA$ 方向)。为使棘爪能顺利地滑入棘轮齿槽底部，则要求 $\boldsymbol{F}_n$ 与 $\boldsymbol{F}_f$ 的合力 $\boldsymbol{F}_R$ 对 $O'$ 的力矩为顺时针方向，即合力 $\boldsymbol{F}_R$ 的作用线应位于 $OA$ 与 $O'A$ 所形成的夹角内，即应使

$$\beta < \Sigma \tag{11-1}$$

式中，$\beta$ 是合力 $\boldsymbol{F}_R$ 与 $OA$ 之间的夹角。又由图 11-9 可知，$\beta=90^\circ-\alpha+\varphi$ (其中 $\varphi$ 为摩擦角)，代入式(11-1)后可得

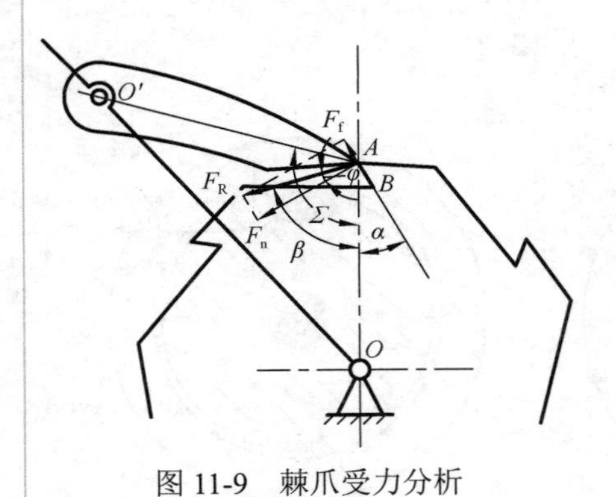


图 11-9 棘爪受力分析

$$\alpha > 90^\circ + \varphi - \Sigma \tag{11-2}$$

为了在传递相同的转矩时，使棘爪受力最小，通常取 $\Sigma=90^\circ$，此时有

$$\alpha > \varphi \tag{11-3}$$

即棘轮齿的倾斜角 $\alpha$ 应大于摩擦角 $\varphi$，这也称为棘爪自动啮紧条件。当取棘爪与棘轮齿面间的摩擦因数 $f=0.2$ 时，$\varphi=11^\circ 19'$，故常取 $\alpha=20^\circ$。

关于棘轮机构其他参数和几何尺寸的确定与计算可参阅有关技术资料。

# 11.3 槽 轮 机 构

## 11.3.1 槽轮机构的组成及工作原理

槽轮机构又称马耳他机构或日内瓦机构，是一种常用的间歇运动机构。典型的槽轮机构如图 11-10 所示，主要由带有拨销 $A$ 的主动拨盘 1、具有若干径向开口槽的从动槽轮 2 等组成。主动拨盘 1 以等角速度 $\omega_1$ 连续转动，当拨盘上的拨销 $A$ 不在槽轮的径向槽中时，槽轮 2 上的内凹锁止弧 $S_2$ 被拨盘 1 上的外凸锁止弧 $S_1$ 卡住，槽轮不能转动。图示为拨销 $A$ 开始进入槽轮径向槽时，此时槽轮上的锁止弧 $S_2$ 刚被松开，此后，槽轮在拨销 $A$ 的推动下顺时针转动。当拨销 $A$ 在另一边完全退出径向槽时，槽轮上的锁止弧 $S_2$ 重新被拨盘上的锁止弧 $S_1$ 卡住，槽轮又静止不动。直至拨销 $A$ 再次进入槽轮的另一个径向槽时，槽轮又重复上述运动。如此，槽轮机构可将拨盘的连续转动转换为槽轮的间歇转动。

11-10

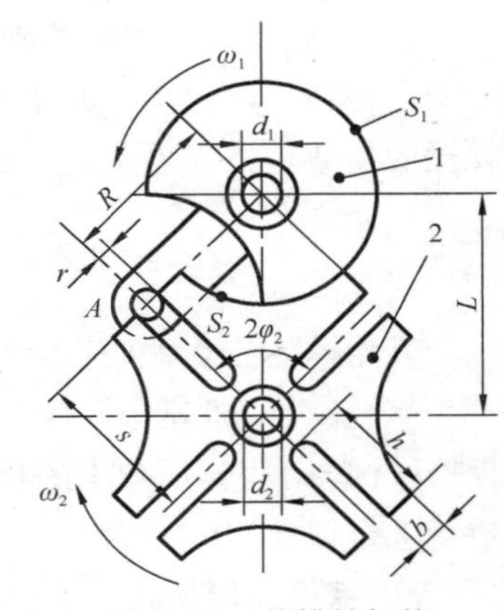


图 11-10 外槽轮机构

1-拨盘；2-槽轮

## 11.3.2 槽轮机构的类型、特点及应用

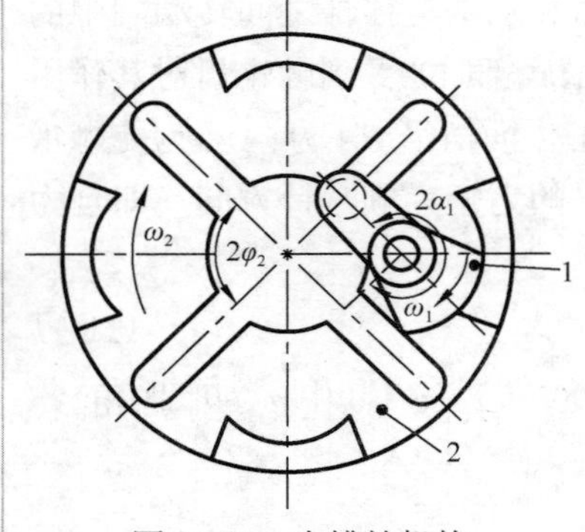


图 11-11 内槽轮机构

1-拨盘；2-槽轮

11-11

普通槽轮机构有两种形式，一种为外槽轮机构，如图 11-10 所示，其槽轮和拨盘转向相反，另一种为内槽轮机构，如图 11-11 所示，其槽轮和拨盘转向相同。外槽轮机构应用比较广泛，图 11-12 所示为外槽轮机构在胶片式电影放映机中的应用。在机械加工中，一种自动车床转塔刀架转位机构中应用了外槽轮机构。图 11-13 所示为两相交轴间夹角为 90°的球面槽轮机构，其从动槽轮 2 为半球形，主动拨轮 1 及其拨销 3 的轴线均通过球心。球面槽轮机构的工作过程与平面槽轮机构相似。

槽轮机构结构简单，工作可靠，机械效率高，工作较为平稳，但在工作中仍然存在着柔性冲击，会产生较大的动载荷，且槽轮槽数越少，动载荷越大，故常用于转速不高的场合。此外，由于槽轮每次转动所转过的角度与槽轮的槽数有关，若要改变槽轮每次转动所转过的角度，就要改变槽轮的槽数，需重新设计制造槽轮机构，故槽轮机构多用于不要求经常调整槽轮转角的场合。另外，由于制造工艺、结构尺寸等条件的限制，槽轮的槽数不宜过多，故槽轮每次转动所转过的角度较大。

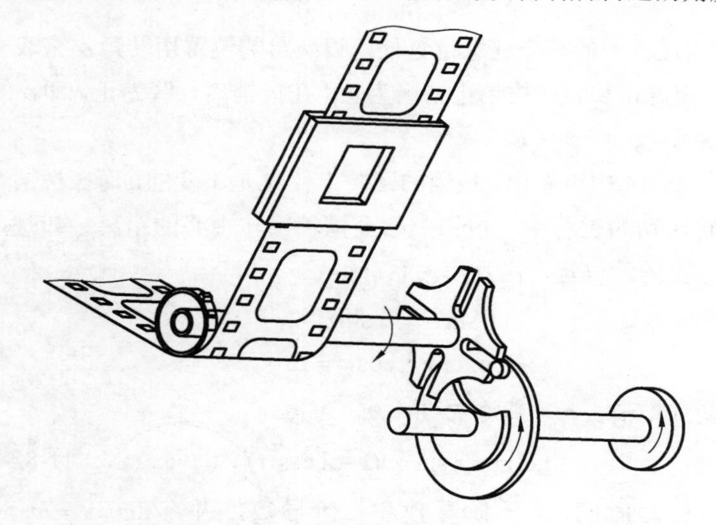

图 11-12　电影放映机中的槽轮机构

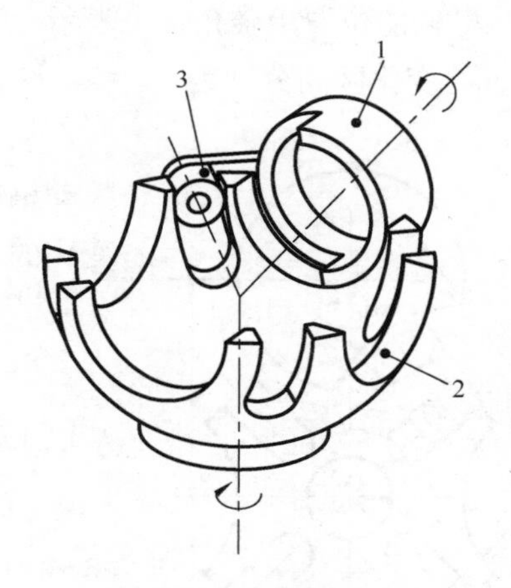


图 11-13　球面槽轮机构

1-拨轮；2-槽轮；3-拨销

### 11.3.3　槽轮机构的运动分析

**1. 普通槽轮机构的运动系数**

在图 11-10 所示的外槽轮机构中，设主动拨盘 1 回转一周所用的时间为 $t$，在此期间，槽轮 2 的转动时间为 $t_d$，则槽轮机构的运动系数 $k$ 为

$$k = t_d / t \tag{11-4}$$

因为拨盘 1 通常做等速回转，所以拨盘转动的时间也可以用在该时间段内拨盘转过的转角来表示。对图 11-10 所示的单拨销、径向槽均布的外槽轮机构，时间 $t_d$ 与 $t$ 所对应的拨盘转角分别为 $2\alpha_1$ 和 $2\pi$。为了避免拨销 $A$ 在进入和退出槽轮上的径向槽时发生刚性冲击，拨销在开始进入和完全退出径向槽的瞬时，其线速度方向应沿着径向槽的中心线。于是，由图可知 $2\alpha_1 = \pi - 2\varphi_2$，其中 $2\varphi_2$ 为槽轮上相邻两径向槽之间的夹角。设槽轮槽数为 $z$，则 $2\varphi_2 = 2\pi / z$，将上述关系代入式(11-4)，可得外槽轮机构的运动系数为

$$k = \frac{t_d}{t} = \frac{2\alpha_1}{2\pi} = \frac{\pi - 2\varphi_2}{2\pi} = \frac{\pi - (2\pi / z)}{2\pi} = \frac{1}{2} = \frac{1}{z} \tag{11-5}$$

由式(11-5)可知，运动系数 $k$ 总小于 0.5，故这种单拨销外槽轮机构槽轮的运动时间总小于其停歇时间。如果在拨盘 1 上沿周向均匀地布置 $n$ 个拨销，则当拨盘转动一周时，槽轮将被拨动 $n$ 次，运动系数是单拨销时的 $n$ 倍，即

$$k = n(1/2 - 1/z) \tag{11-6}$$

对于图 11-11 所示的单拨销内槽轮机构，其运动系数为

$$k=\frac{2\alpha_1}{2\pi}=\frac{\pi+2\varphi_2}{2\pi}=\frac{\pi+2\pi/z}{2\pi}=\frac{1}{2}+\frac{1}{z} \tag{11-7}$$

显然，$k>0.5$。

**2. 普通槽轮机构的运动特性**

图 11-14 所示为槽轮机构在运动过程中的某个任意位置处，设拨盘的位置用转角$\alpha$来表示，槽轮的位置用转角$\varphi$来表示，并规定$\alpha$和$\varphi$在拨销进入区为负，在拨销离开区为正，即$\alpha$和$\varphi$的变化区间分别为$-\alpha_1\leqslant\alpha\leqslant\alpha_1$和$-\varphi_2\leqslant\varphi\leqslant\varphi_2$。

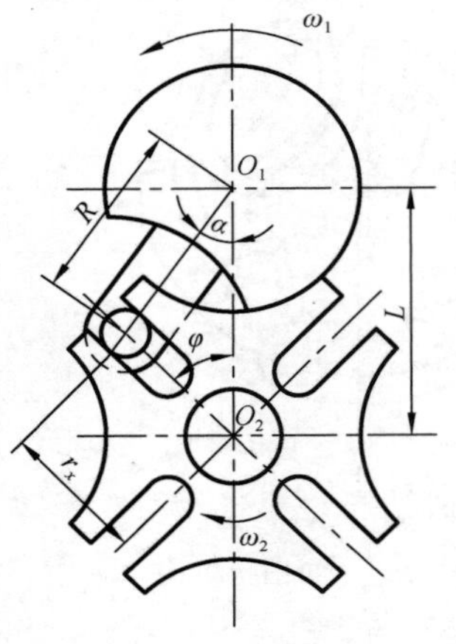


图 11-14 槽轮机构运动特性分析

从图 11-14 中可看出，拨销的回转半径$R$是不变的，而在拨销拨动槽轮转动的过程中，拨销中心至槽轮回转中心的距离$r_x$却是变化的。在图示位置，由几何关系可得

$$R\sin\alpha=r_x\sin\varphi$$

$$R\cos\alpha+r_x\cos\varphi=L$$

从以上两式中消去$r_x$，并令$R/L=\lambda$，可得

$$\tan\varphi=\lambda\sin\alpha/(1-\lambda\cos\alpha) \tag{11-8}$$

将式(11-8)对时间$t$求一阶导数和二阶导数，并令$\mathrm{d}\varphi/\mathrm{d}t=\omega_2$，$\mathrm{d}^2\varphi/\mathrm{d}t^2=\varepsilon_2$，则得

$$\omega_2/\omega_1=\lambda(\cos\alpha-\lambda)/(1-2\lambda\cos\alpha+\lambda^2) \tag{11-9}$$

$$\varepsilon_2/\omega_1^2=\lambda(\lambda^2-1)\sin\alpha/(1-2\lambda\cos\alpha+\lambda^2)^2 \tag{11-10}$$

又由图 11-10 可见，$\lambda=R/L=\sin(\pi/z)$，将其代入式(11-9)和式(11-10)可知，当拨盘角速度$\omega_1$一定时，槽轮角速度$\omega_2$和角加速度$\varepsilon_2$的变化取决于槽轮槽数$z$。

## 11.3.4 槽轮机构的设计

**1. 槽轮槽数和拨盘拨销数的确定**

(1) 由于运动系数$k$应大于零，所以由式(11-5)可知外槽轮机构槽轮槽数$z$应不小于 3。

(2) 运动系数$k$随槽轮槽数$z$的增加而增大，即增加槽数$z$，能使槽轮在一个间歇运动周期内的运动时间增长。但在有的机器中，槽轮运动时间正是生产工艺过程中的辅助时间。为了缩短工艺辅助时间，槽轮槽数不宜过多。

(3) 对于单拨销外槽轮机构，槽数$z$无论取多少，运动系数$k$总小于 0.5。若要求$k$大于 0.5，则应增加拨销数$n$。

(4) 由于槽轮做间歇转动，必须有停歇时间，所以运动系数$k$总应小于 1，即拨盘拨销数$n$与槽轮槽数$z$的关系应为

$$n<2z/(z-2) \tag{11-11}$$

由式(11-11)可知，当$z=3$时，$n=1\sim5$；当$z=4$或 5 时，$n=1\sim3$；当$z\geqslant6$时，$n=1$或 2。

(5) 对于图 11-11 所示的内槽轮机构，其运动系数 $k$ 总大于 0.5。而为了保证槽轮有停歇时间，则要求 $k$ 必须小于 1，故槽轮槽数 $z \geqslant 3$。

(6) 由槽轮机构的运动特性分析可知，槽轮槽数越多，角加速度变化越小，运动越平稳。因此，槽轮槽数不应太少。在生产实践中，通常取槽数 $z$ 为 4、6、8。

**2. 槽轮机构的基本尺寸计算**

在机械中常用的是径向槽均匀分布的外槽轮机构。对于这种机构，在设计计算时，首先根据工作要求确定槽轮槽数 $z$ 和主动拨盘的拨销数 $n$，再按受力情况和实际机械所允许的安装空间尺寸，确定中心距 $L$ 和拨销半径 $r$，最后可按图 11-10 所示的几何关系，由下列各式求出其他尺寸：

$$R = L\sin\varphi_2 = L\sin(\pi/z), \qquad s = L\cos\varphi_2 = L\cos(\pi/z)$$

$$h \geqslant s - (L - R - r)$$

拨盘轴的直径 $d_1$ 及槽轮轴的直径 $d_2$ 受以下条件限制：

$$d_1 \leqslant 2(L - s), \qquad d_2 < 2(L - R - r)$$

锁止弧半径的大小根据槽轮轮叶齿顶厚度 $b$ 来确定，通常取 $b$=3～10mm。

# 11.4　不完全齿轮机构

## 11.4.1　不完全齿轮机构的工作原理

不完全齿轮机构是由普通齿轮机构演化而来的一种间歇运动机构。它与普通齿轮机构的区别为齿轮上的轮齿不是布满在整个圆周上，主动轮上只有一个或几个轮齿，在从动轮上，根据对运动时间与停歇时间长短的要求做出与主动轮相应数量的轮齿。因此，当主动轮连续转动时，从动轮做单向间歇转动。在从动轮停歇期间，主动轮上的凸锁止弧与从动轮上的凹锁止弧密合，保证从动轮停歇在确定位置上而不发生游动。

在图 11-15 (a) 所示的不完全齿轮机构中，主动轮 1 上只有一个齿，从动轮 2 上有 8 个齿，故主动轮转一周，从动轮只转 1/8 周，从动轮每转一周有 8 次停歇。在图 11-15 (b) 所示的不完全齿轮机构中，主动轮 1 上有 4 个齿，从动轮 2 的圆周上有 4 个运动段和 4 个停歇段，每个运动段有 4 个齿，主动轮转一周，从动轮转 1/4 周，从动轮每转一周有 4 次停歇。

## 11.4.2　不完全齿轮机构的类型、特点及应用

不完全齿轮机构有外啮合和内啮合两种形式，分别如图 11-15 和图 11-16 所示。

不完全齿轮机构与其他间歇运动机构相比，结构简单，制造容易。此外，主动轮转一周，从动轮停歇的次数和每次停歇的时间，以及从动轮每次转动所转过的角度等，允许选择的范围比棘轮机构和槽轮机构大，因而设计灵活。但是，不完全齿轮机构在工作过程中，从动轮在开始转动和终止转动的瞬时，角速度有突变，会产生刚性冲击，故一般只应用于低速、轻载的工作条件下。

(a)

(b)
11-15

11-16

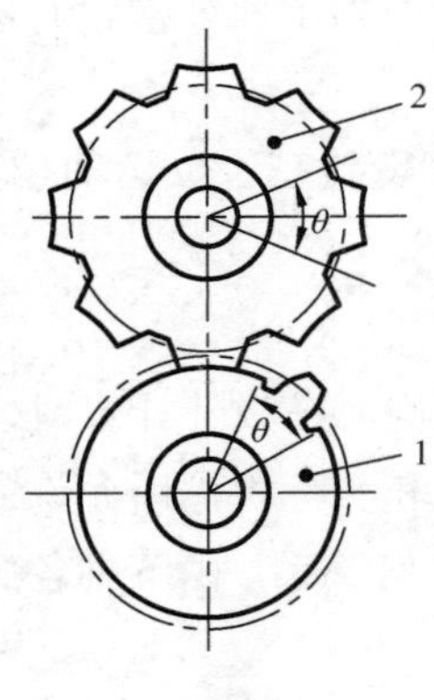

(a) 主动轮齿数为1

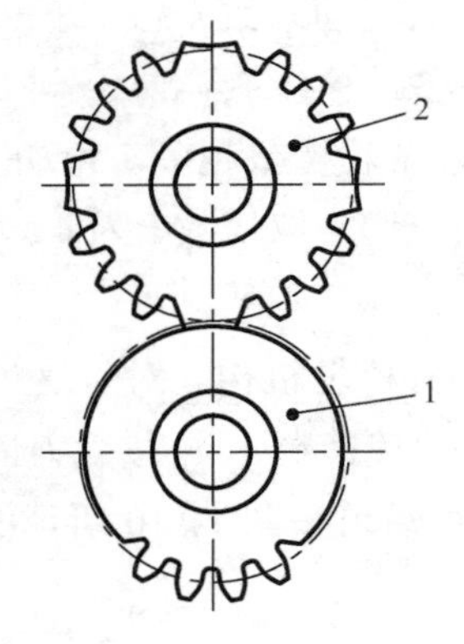

(b) 主动轮齿数为4

图 11-15 外啮合不完全齿轮机构
1-主动轮；2-从动轮

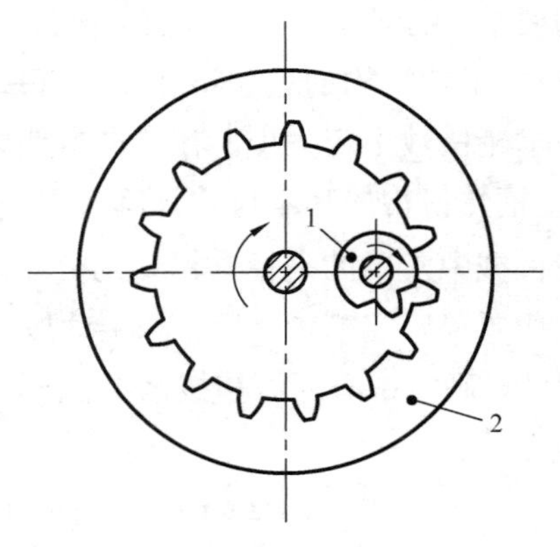

图 11-16 内啮合不完全齿轮机构
1-主动轮；2-从动轮

为了改善不完全齿轮机构的动力学性能，减小冲击，以适应转速较高的间歇运动场合，可在主、从动轮上加装瞬心线附加杆，如图 11-17 所示。附加杆的作用是：在主、从动轮齿进入啮合以前，两附加杆先行接触，主动轮通过附加杆推动从动轮，使其从一个尽可能小的角速度开始转动并按某种预定的运动规律逐渐加速到正常运动的角速度 $\omega_1 z_1 / z_2$；而在终止运动阶段：在主、从动轮齿脱离啮合以后，借助另一对附加杆，使从动轮从正常转动的角速度按某种预定的运动规律逐渐减速到静止。由于不完全齿轮机构在从动轮开始运动阶段的冲击一般都比终止运动阶段的冲击严重，故通常仅在开始运动处加装一对附加杆，图 11-17 所示的不完全齿轮机构便是如此。

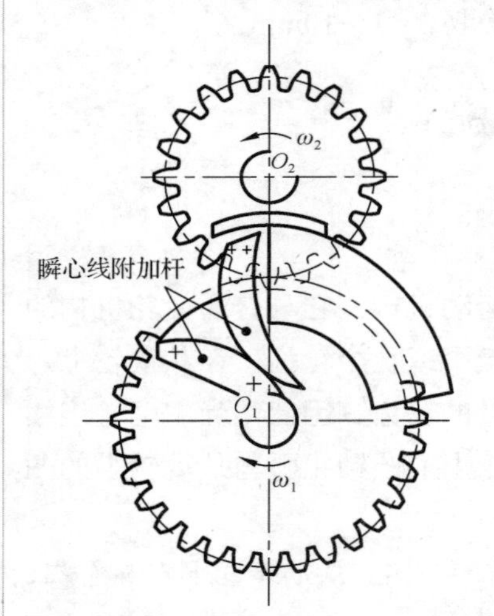

图 11-17 带瞬心线附加杆的不完全齿轮机构

另外，在不完全齿轮机构中，为了保证主动轮的首齿能顺利进入啮合而不与从动轮的齿顶相干涉，需适当减小主动轮首齿的齿顶高度。同时，为了保证从动轮能够准确地停歇在预定位置，主动轮末齿的齿顶高也需进行适当的修正。

不完全齿轮机构常用于多工位自动机和半自动机工作台的间歇转位装置、计数机构和要求间歇运动的进给机构中。

随着技术的发展，在有些情况下，间歇运动也可采用伺服和步进驱动技术来实现。伺服和步进驱动技术中的原动机分别是伺服电机和步进电机。伺服电机和步进电机在控制程序的控制下工作。因此，可以通过改变 控制程序很方便地实现间歇运动中的停歇和运动时间间隔。另外，还可根据工况的改变，通过执行控制程序中不同的分支，自动地实现在不同停歇和运动时间间隔之间的切换。伺服和步进驱动技术是机械自动化和智能化的重要内容。

# 11.5　液压传动简介

齿轮传动、蜗杆传动以及带传动与链传动等，其传递运动和动力的介质是刚性或者固态构件，在传动系统设计、制造和安装完成后，主、从动件之间的相对位置和距离通常固定不动。而在有些情况下，例如，原动机距离工作机构比较远，以及在机器工作过程中，原动机与工作机构之间有相对运动，使两者之间的相对位置和距离发生变化，此时可采用液压传动。液压传动是一种以液体为工作介质，以液体的压力能进行运动和动力传递的传动方式。

## 11.5.1　液压传动系统的主要组成及工作原理

液压千斤顶是一个简单而又完整的液压传动装置，用图 11-18 所示的液压千斤顶来说明液压传动系统的主要组成及工作原理。在图 11-18 中，提起杠杆手柄 1 时，泵缸活塞 2 向上移动，泵缸 3 的油腔容积增大，此时单向阀 5 处于关闭状态，油箱 9 中的油液在大气压力作用下顶开单向阀 4 进入泵缸 3 的油腔。压下杠杆手柄 1 时，泵缸活塞 2 向下移动，压力油使单向阀 4 关闭并顶开单向阀 5 进入液压缸 7 的油腔，此时截止阀 8 处于关闭状态，液压缸 7 的油腔中的压力增大，压力油推动液压缸活塞 6 向上移动将重物 $G$ 顶起。打开截止阀 8 后，液压缸 7 的油腔中的油液流回油箱 9，液压缸活塞及重物 $G$ 下降。

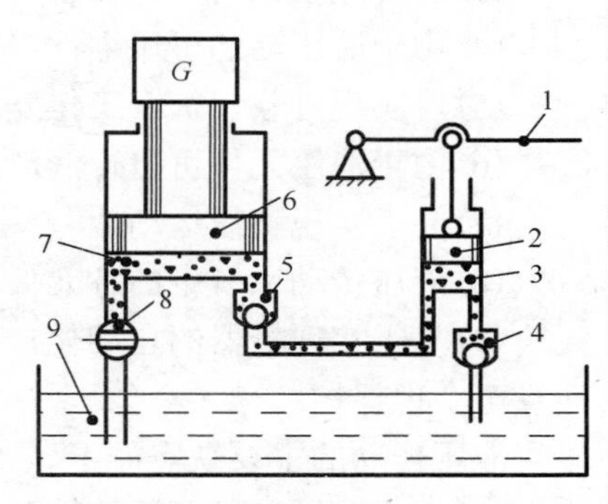


图 11-18　液压千斤顶

1-杠杆手柄；2-泵缸活塞；3-泵缸(油腔)；4、5-单向阀；6-液压缸活塞；7-液压缸(油腔)；8-截止阀；9-油箱

从以上分析可以看出，一个完整的液压传动系统主要由以下四个部分所组成。

**1. 动力元件**

液压传动系统中的动力元件是液压泵，其作用是把机械能转变为液体的压力能，产生高压油液，以驱动负载。图 11-18 中的泵缸 3 即是一个手动液压泵。在工程实际的液压传动系统中，常用的液压泵有齿轮泵、螺杆泵、叶片泵及柱塞泵等，由动力驱动。

**2. 执行元件**

液压传动系统中执行元件的作用是把液体的压力能转变为机械能。图 11-18 中的液压缸 7 即为执行元件。在工程实际的液压传动系统中，常用的执行元件有液压马达、液压缸和摆动液压缸等。液压马达可实现连续的旋转运动；液压缸可实现往复直线运动；摆动液压缸可实现小于 360° 的往复摆动。

**3. 控制元件**

液压传动系统中的控制元件是各种液压阀，图 11-18 中的截止阀 8 即为控制元件。液压阀的作用是控制油液的压力、流量和流动方向。改变油液的压力可以改变执行元件输出力或力矩的大小；改变油液的流量可以改变执行元件的运动速度；改变油液的流动方向可以改变执行元件的运动方向。当液压传动系统中有多个执行元件时，在液压控制阀的作用下，各执行元件才能按照预定的要求协调地工作。

**4. 辅助元件**

液压传动系统中除上述三个组成部分以外的其他元件，包括管道、管接头、滤油器、油箱以及各种液压参数监测仪表等都是液压系统的辅助元件。

### 11.5.2 液压传动的特点及应用

与机械传动相比，液压传动具有以下主要优点。

(1) 单位功率重量轻、结构尺寸小、惯性小、反应快，易于实现快速启动、制动和频繁换向。

(2) 用一个执行元件便可在大范围内实现无级调速，调速比可达到 2000∶1，输出最低转速可达 1r/min 甚至更低。因此，在很多情况下，液压马达可直接与工作机构连接，使传动系统大大简化。

(3) 可传递较大的力或力矩，低速液压马达的输出扭矩可达几千 N·m 到几万 N·m。

(4) 由于液压油的可压缩性，能吸收振动、缓和冲击，因此工作平稳，工作噪声小。

(5) 可实现过载保护，工作安全可靠。

(6) 由于液压元件可自行润滑，因此磨损小，使用寿命长。

(7) 易于实现直线运动。

(8) 液压传动系统中的各元件可根据需要方便、灵活地布置。

(9) 易于实现机器的自动化，当采用电液联合控制时，不仅可实现更高程度的自动控制，而且可实现遥控。

液压传动的主要缺点如下。

(1) 由于液压油的可压缩性及泄漏，不能实现精确的定比传动和位置控制，泄漏还会对工作环境造成污染。

(2) 由于液体对温度比较敏感，所以传动系统的工作性能易受温度变化的影响，不宜在温度很高或很低的环境中工作。

(3) 由于流体流动时的阻力损失，在油液管路较长时传动效率较低。

(4) 由于液压元件的制造精度要求较高，因而液压传动系统的制造成本较高。

(5) 液压传动系统出现故障时不易查找故障原因，对使用和维护有较高的技术要求。

由于液压传动具有无级调速和传动平稳的优点，故在磨、插、拉、刨、铣等机床上得到广泛应用；因其布置方便且易实现自动化，在组合机床上应用也很广泛；由于执行元件的输出力或力矩较大、操纵方便、布置灵活，液压元件和电器易实现自动化和遥控，在冶金机械、矿山机械、钻探机械、起重运输机械、建筑机械、塑料机械、农业机械、液压机、铸锻机以及飞机和舰船上都普遍采用液压传动。

## 11.6 磁力传动和分布式驱动简介

### 11.6.1 磁力传动简介

在化工、核能、医药卫生、食品等行业中，经常使用搅拌器、反应釜及泵等设备。而所要搅拌、进行化学反应及泵送的物料通常处在高温、高压、真空状态下；或者物料本身有毒有害、易燃易爆不能泄漏到环境中；或者工作环境不能对设备中的物料造成污染等。这就要求这类设备在工作过程中要确保其中的物料与环境完全隔绝。磁力传动可以不经任何机械连接和工作介质，通过磁力将扭矩传递进一个完全与环境隔绝的设备中，从而满足上述要求。

一种常用的磁力传动装置的主要组成及工作原理如图 11-19 所示。外转子 2 与主动轴 1 固连，内转子 5 与从动轴 7 固连，外转子的内侧圆周上设置有若干个磁极沿着径向的永久磁体，内转子的外侧圆周与外转子磁体 3 相对应的位置上设置有极性相反的永久磁体，内外转子上磁体的磁场力可透过隔离套 4 实现内外转子之间无接触的磁力耦合。隔离套将内转子及从动轴 7 密封起来从而形成一个完全与环境隔绝的密闭空间。隔离套通常由非铁磁性且电阻率比较高的材料制成。当外转子转动时，内转子在磁场力拖动下与外转子一起转动。

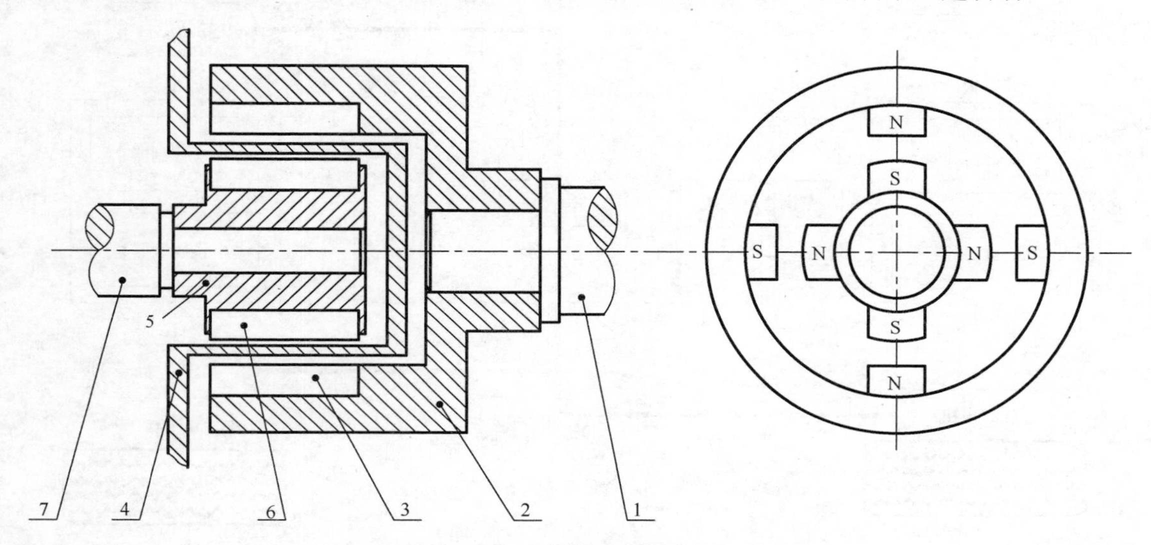


图 11-19　径向磁力传动装置

1-主动轴；2-外转子；3-外转子磁体；4-隔离套；5-内转子；6-内转子磁体；7-从动轴

## 11.6.2　分布式驱动简介

如果机器中只有一台原动机，而工作机构却有多个且空间位置比较分散，加之各工作机构的工况还各不相同，此时，若将原动机的动力通过传动系统传递、分配、变换到各工作机构，会使传动系统结构异常复杂。以内燃机为动力的机动车辆即属于这种情况。内燃机所产生的动力，除要通过离合器、变速器、传动轴、差速器等传递、分配、变换到车辆的多个驱动轮上外，还要传递、分配到空调压缩机、发电机、冷却水泵、冷却风扇、配气系统的凸轮轴等需要动力的部件上。

在以电力为原动力的情况下，原动机通常为电动机。在这种情况下，可以将多个电动机直接设置到工作机构和需要动力的部件上，由电动机直接驱动工作机构，从而使动力的传递和变换由复杂的机械传动系统简化为简单的电力配送系统，此即为分布式驱动。

为了减少温室气体排放，机动车辆正在由内燃机驱动向由电力驱动的方向发展。在电动汽车上，通常采用分布式驱动，即不是在电动汽车上设置一台电动机，再将动力经机械传动系统传递、分配到各驱动轮，而是在尽可能靠近驱动轮处设置两个或三个甚至四个驱动电机。由于驱动电机距离驱动轮很近，所以大大简化、缩短了动力传递系统。在有些电动汽车上，甚至将驱动电机设置在驱动轮内，驱动轮的轮毂与驱动电机的转子直接固连，只要给驱动电机施加驱动电流，驱动电机可直接驱动车轮转动。分布式驱动不仅大大简化了动力传递系统，还提高了动力传递的可靠性和车辆的经济性。与智能化控制系统相结合，分布式驱动能更好地满足机动车辆的各种性能要求。图 11-20 为某电动汽车分布式驱动示意图，该车为 4 轮全驱动，2 个前轮采用轮毂电机驱动，2 个后轮采用轮边电机驱动。

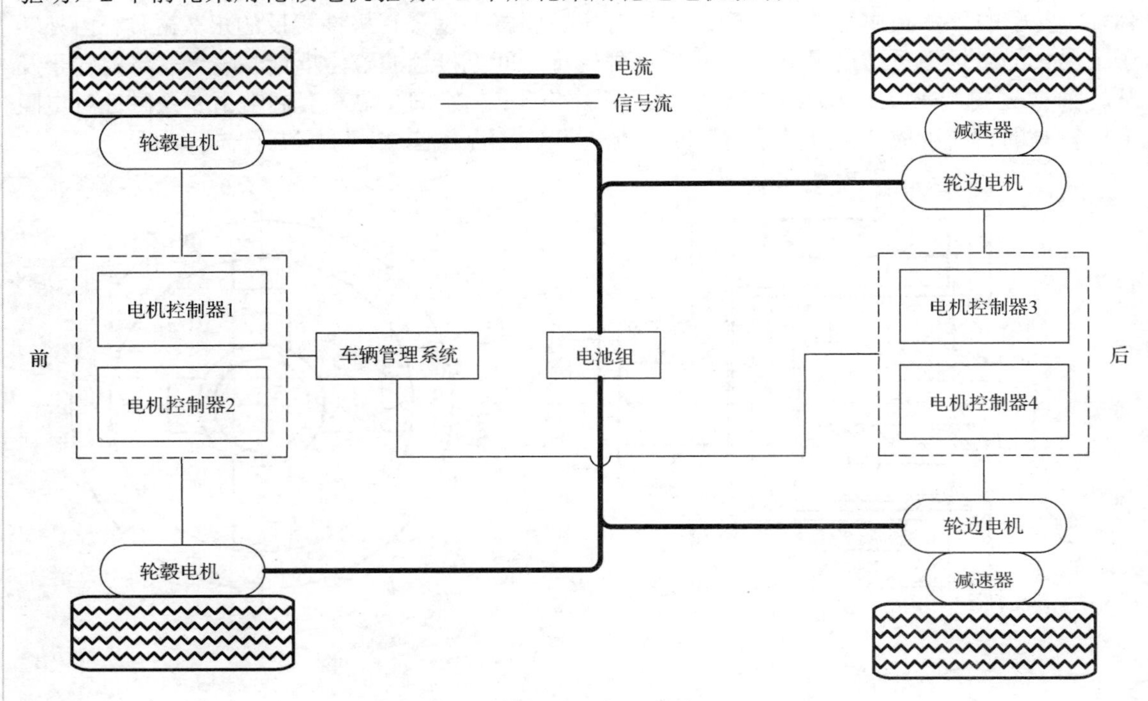


图 11-20　某电动汽车分布式驱动示意图

# 思考题与习题

11-1 棘轮机构有几种类型，它们分别有什么特点，适用于什么场合？

11-2 棘轮机构除常用来实现间歇运动的功能外，还用来实现什么功能？

11-3 为什么槽轮机构的运动系数 $k$ 不能大于 1？

11-4 不完全齿轮机构和普通齿轮机构的啮合过程有什么异同点？

11-5 液压传动有哪些特点？

11-6 试再举出几种具有不同转矩特性的实际负载。

11-7 某自动机上装有一个单拨销六槽外槽轮机构，已知槽轮每停歇 5s 转动一下，求拨盘转速。

11-8 某自动机上装有一拨盘上均布了 2 个拨销的六槽外槽轮机构，若拨盘转速为 10r/min，求槽轮在一个转动-停歇周期中转动和停歇的时间。

# 第12章 机械系统的调速与平衡

## 12.1 概 述

对某些机械来说，即使在稳定运转时，由于外力的周期性变化将引起机械的速度做周期性波动。为了把速度波动限制在允许范围内，不致影响机械的正常工作，常在机械中安装飞轮。要确定飞轮尺寸，也必须掌握机械系统的受力及运行过程。前面章节研究机构运动问题时，都假定主动件的运动为已知，没有考虑作用在机械上的各种力和运动之间的关系。在分析和设计机械时，为了确定构件的真实惯性力和运动副中的约束反力，就需要知道主动件的真实运动规律，而主动件的真实运动规律是由作用在机械上的力、主动件的位置以及所有运动构件的质量和转动惯量决定的，这就要研究在已知力作用下的机械的真实运动。

机械运转时，运动构件的惯性力会在运动副中产生附加的动压力。这种动压力对机械有不良的影响。因此在设计机械时，必须合理地选择和分配构件的质量，使惯性力得到平衡。本章在简要叙述机械平衡的目的和分类后，着重讨论刚性转子的静平衡和动平衡的原理及平衡计算方法。

## 12.2 机械系统受力及运行过程分析

### 12.2.1 作用在机械上的力

机械运转时，作用在机械上的力有驱动力、工作阻力、重力、惯性力和运动副中的约束反力。当忽略重力、惯性力和约束反力时，作用在机械上的外力可分为两大类，即驱动力和工作阻力。它们对机械的影响最直接，因此，必须知道它们的机械特性。所谓力的机械特性是指力与运动参数(位置、速度等)之间的变化关系。把这种关系制成曲线即“机械特性曲线”。

**1. 驱动力**

驱动力的变化规律取决于原动机的机械特性，可以是常数，也可以是不同运动参数的函数。例如，液压油缸中活塞的推力为常数；内燃机发出的驱动力(或驱动力矩)是活塞位置(或曲轴角位置)的函数；电动机产生的驱动力矩都是转子角速度的函数。

**2. 工作阻力**

工作阻力取决于机械的类型和工艺特点，从机械特性看，常见的工作阻力有以下几种。

(1) 工作阻力是常数，如起重机悬吊物的重量。一般认为轧钢机、车床等的工作阻力也近似地为常数。

(2) 工作阻力是位置的函数，如往复式压缩机和曲柄压力机滑块上的作用力都是其曲轴位置的函数。

(3) 工作阻力是速度的函数，如鼓风机、离心泵中的阻力都是其主轴转速的函数。

(4) 工作阻力是时间的函数，如碎石机、球磨机等，其机械特性随加工材料粒度的变化而变，因此阻力随时间变化。

在研究本章内容时，驱动力或工作阻力认为是已知的。它们的确定将在有关专业课程中论述。

### 12.2.2 机械运动的三个阶段

从机械开始运动到终止运动所经过的时间称为机械运动的全部时间。因为机械所有运动构件的运动规律都取决于主动件的运动规律，所以主动件从开始运动到终止运动所经过的时间，也就是机械运动的全部时间。对一般机械来讲，机械运动的全部时间中包括下列三个阶段。

(1) 启动阶段。主动件的速度从零值上升到它的正常工作速度。

(2) 稳定运动阶段。主动件保持常速(称“匀速稳定运动”，如鼓风机等)或在它的正常工作速度所对应的平均值做周期性的速度波动(称“变速稳定运动”，如内燃机、压缩机等)。稳定运动阶段是一般机械真正的工作阶段。

(3) 停车阶段。主动件从正常工作速度下降到零值。

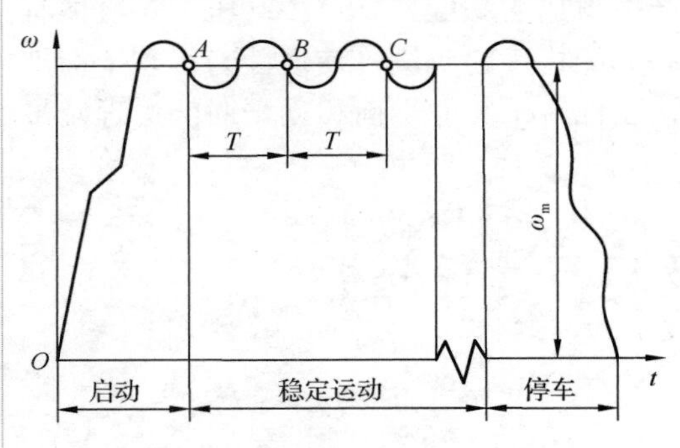


图 12-1 机械运动的三个阶段

图 12-1 为主动件角速度 $\omega$ 对时间 $t$ 的关系曲线，该曲线表示出了三个阶段的运动情况。在稳定运动阶段中，主动件以及机械中所有的运动构件的速度，从某值起通过一次速度波动，又回到该值的时间间隔，称为机械的一个运动循环，其所需的时间称为稳定运动阶段的速度波动周期，以 $T$ 表示。

根据能量守恒定律，作用在机械上的力，在任一时间间隔内所做的功，应等于机械动能的增量。其表达式为

$$W_a-(W_r+W_f)=W_a-W_c=E_2-E_1=\sum\frac{1}{2}(m_i v_{si2}^2+J_{si}\omega_{i2}^2)-\sum\frac{1}{2}(m_i v_{si1}^2+J_{si}\omega_{i1}^2) \quad (12\text{-}1)$$

式中，$W_a$、$W_r$、$W_f$ 分别为驱动力、工作阻力和有害阻力(摩擦力等)在该时间间隔内所做的功；$W_c=W_r+W_f$ 称为总功耗，一般有害阻力功远比工作阻力功小，往往忽略不计；$E_1$、$E_2$ 分别为机械在该时间间隔开始和结束时的动能，其中 $m_i$、$J_{si}$ 分别为构件 $i$ 的质量和它对质心的转动惯量；$v_{si1}$、$v_{si2}$ 为构件 $i$ 的质心在该时间间隔开始和结束时的速度；$\omega_{i1}$、$\omega_{i2}$ 为构件 $i$ 在该时间间隔开始和结束时的角速度。式(12-1)称为机械动能方程式。由式(12-1)可知机械运动的三个阶段有如下特征。

(1) 在机械启动阶段，机械末速度大于初速度，动能增加($E_2>E_1$)，即

$$W_a-W_c=E_2-E_1>0$$

该阶段中驱动力做的功大于阻力做的功。

(2) 在机械稳定运动阶段，若机械做变速稳定运动，则对每一个运动循环而言，其初速度

等于末速度，于是有

$$W_a - W_c = E_2 - E_1 = 0$$

即机械在每一个运动循环中，当忽略有害阻力时，驱动力做的功(输入功 $W_a$)等于工作阻力做的功(输出功 $W_c$)。必须指出，对一个运动循环内的某一时间间隔而言，驱动力做的功与工作阻力做的功是不一定相等的。若机械做匀速稳定运动，由于在该阶段的速度是常数，故在任一时间间隔中驱动力做的功总是等于工作阻力做的功。

(3)在机械停车阶段，机械的末速度小于初速度，$E_2 < E_1$，于是有

$$W_a - W_c = E_2 - E_1 < 0$$

故该阶段驱动力做的功小于阻力做的功。停车阶段一般不加驱动力。如果要缩短停车时间，可用制动装置来增加阻力。

# 12.3　机械系统动力学的等效模型

## 12.3.1　机械系统的动力学模型

**1. 等效构件**

机械动能方程式(12-1)是求已知力作用下机械运动的依据。但在求解式(12-1)时，必须研究作用在机械各构件上的力所做的功和这些构件的动能变化，因而相当烦琐。

在工程上大量使用的是单自由度的机械系统。在单自由度系统中，只要知道其中一个构件的运动规律，其他构件的运动规律便随之确定。因此，可以把研究整个系统的运动问题转化为研究该系统中某一构件的运动问题，即取该构件建立一个等效动力学模型。这个能替代整个机械系统运动的构件称为等效构件。通常取原动件为等效构件。

建立等效动力学模型的条件是：作用于等效构件上的等效力、等效力矩产生的瞬时功率等于作用在原机械系统上的所有外力、外力矩产生的同一瞬时的功率之和；等效构件的等效质量具有的动能等于原机械系统的总动能。

用等效动力学模型写出的动能方程式只含有一个独立运动参数，所以便于求解。

**2. 等效力和等效力矩**

等效力或等效力矩是一个假想的力 $F_v$ 或力矩 $M_v$。它作用在等效构件上替代原机械系统中所有的外力和力矩，并保证系统的运动不因替代而改变。即在系统的可能位移下 $F_v$(或 $M_v$)所做的功或功率，等于作用于系统中所有外力和力矩所做的功或功率之和。这个假想的力 $F_v$(或 $M_v$)称为等效力(或等效力矩)。需要注意的是，等效力或等效力矩不是原系统中所有被替代的力或力矩的合力或合力矩。

等效力和等效力矩的求法如下：如图 12-2(a)所示，选取机械系统中构件 $AB$ 为等效构件，设 $F_v$ 是加在 $B$ 点并与 $AB$ 垂直的等效力(或设 $M_v$ 是加在 $AB$ 上的等效力矩)；$v$ 为 $F_v$ 作用点 $B$ 的速度；$\omega$ 为等效构件 $AB$ 的角速度，则等效力 $F_v$(或等效力矩 $M_v$)产生的功率为

$$P_v = F_v v$$

或

$$P_v = M_v \omega \tag{12-2}$$

又设 $F_i$ 和 $M_i$ 为作用在该系统第 $i$ 个构件上的外力和外力矩；$v_i$ 是力 $F_i$ 作用点的速度；$\alpha_i$

是力 $F_i$ 和 $v_i$ 间的夹角；$\omega_i$ 是构件 $i$ 的角速度，则作用在系统各构件上所有外力和外力矩产生的功率为

$$\sum_{i=1}^{n} P_i = \sum_{i=1}^{n} F_i v_i \cos\alpha_i + \sum_{i=1}^{n} (\pm M_i \omega_i) \tag{12-3}$$

式中，$n$ 为该机械系统的运动构件数。计算时若 $M_i$ 和 $\omega$ 同向，则该项功率取正值，反之取负值。由式(12-2)、式(12-3)，根据等效力和等效力矩的概念可得

$$F_{\mathrm{v}} v = \sum_{i=1}^{n} F_i v_i \cos\alpha_i + \sum_{i=1}^{n} (\pm M_i \omega_i) \quad 或 \quad M_{\mathrm{v}} \omega = \sum_{i=1}^{n} F_i v_i \cos\alpha_i + \sum_{i=1}^{n} (\pm M_i \omega_i) \tag{12-4}$$

则

$$F_{\mathrm{v}} = \sum_{i=1}^{n} F_i \frac{v_i \cos\alpha_i}{v} + \sum_{i=1}^{n} \left( \pm M_i \frac{\omega_i}{v} \right) \quad 或 \quad M_{\mathrm{v}} = \sum_{i=1}^{n} F_i \frac{v_i \cos\alpha_i}{\omega} + \sum_{i=1}^{n} \left( \pm M_i \frac{\omega_i}{\omega} \right) \tag{12-5}$$

若算得 $F_{\mathrm{v}}$ 为正，则 $F_{\mathrm{v}}$ 与 $v$ 同向；若 $M_{\mathrm{v}}$ 为正，则 $M_{\mathrm{v}}$ 与 $\omega$ 同向，否则为异向。

由式(12-5)知，在已知外力和力矩的情况下，等效力 $F_{\mathrm{v}}$ 或等效力矩 $M_{\mathrm{v}}$ 的值只与速度比值有关，而速度比值是随机械系统的位置而变的，它与系统的真实速度无关，所以 $F_{\mathrm{v}}$ 和 $M_{\mathrm{v}}$ 是机械系统位置的函数。在求速度比值时，可先任意假定等效构件的速度值，据此求得各外力作用点的速度和外力矩作用构件的角速度，从而求得这些速度和等效构件速度(或角速度)的比值。

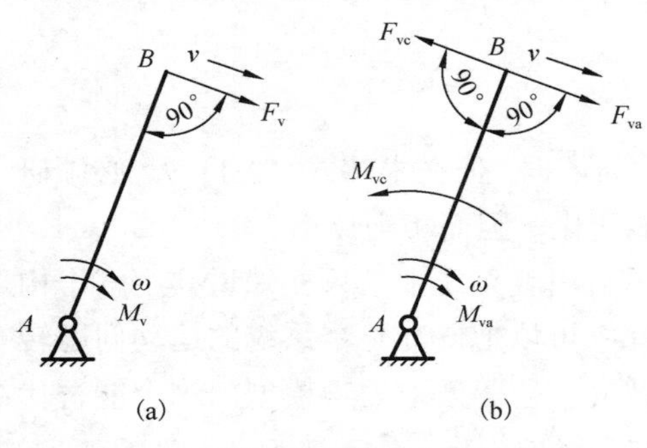


图 12-2 等效力和等效力矩的求法

必须指出，在研究已知力作用下机械系统的运动时，常常按已知驱动力(或驱动力矩)和工作阻力(或阻力矩)分别求出其等效驱动力 $F_{\mathrm{va}}$(或等效驱动力矩 $M_{\mathrm{va}}$)和等效阻力 $F_{\mathrm{va}}$(或等效阻力矩 $M_{\mathrm{vc}}$)，如图 12-2(b)所示。

**例 12-1** 图 12-3 所示的铰链四杆机构中，已知各构件的长度和作用在 $S_{\mathrm{F1}}$、$S_{\mathrm{F2}}$、$S_{\mathrm{F3}}$ 各点上的力 $F_1$、$F_2$、$F_3$，现以曲柄 1 为等效构件，求这些力在图示位置时的等效力 $F_{\mathrm{v}}$。$F_{\mathrm{v}}$ 作用在 $S$ 点上，其方向线垂直于 $AB$。

**解** $F_1$、$F_2$、$F_3$ 产生的功率为

$$\sum_{i=1}^{3} P_i = F_1 v_{\mathrm{sF1}} \cos\alpha_1 + F_2 v_{\mathrm{sF2}} \cos\alpha_2 + F_3 v_{\mathrm{sF3}} \cos\alpha_3$$

式中，$v_{\mathrm{sF1}}$、$v_{\mathrm{sF2}}$、$v_{\mathrm{sF3}}$ 分别为力 $F_1$、$F_2$、$F_3$ 作用点的速度；$\alpha_1$、$\alpha_2$、$\alpha_3$ 为各力与其作用点的夹角(图 12-3)。设等效力 $F_{\mathrm{v}}$ 所做的功率为 $P_{\mathrm{v}}$，则按定义

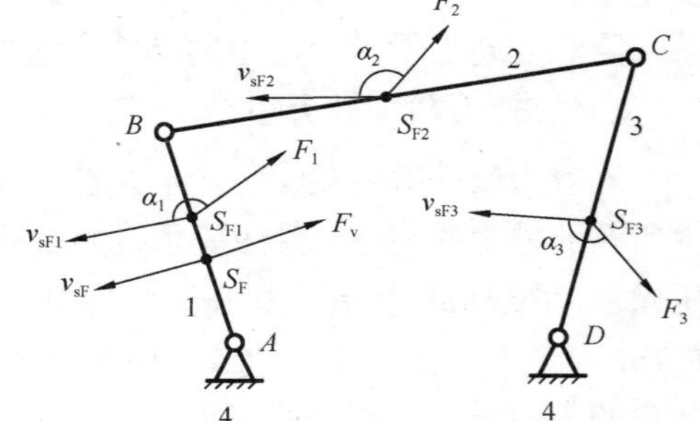


图 12-3 求铰链四杆机构的等效力

1、3-连架杆；2-连杆；4-机架

$$P_{\mathrm{v}} = \sum_{i=3}^{3} P_i$$

因例题中各构件的作用力与其作用点速度方向间的夹角均为钝角，所做功率为负值，故 $P_{\mathrm{v}}$ 为负值，因此 $F_{\mathrm{v}}$ 与 $v_{\mathrm{s}}$ 间夹角为 180°，即为等效阻力。因此，有

$$F_{\mathrm{v}} = F_1 \frac{v_{\mathrm{sF1}}}{v_{\mathrm{sF}}} \cos\alpha_1 + F_2 \frac{v_{\mathrm{sF2}}}{v_{\mathrm{sF}}} \cos\alpha_2 + F_3 \frac{v_{\mathrm{sF3}}}{v_{\mathrm{sF}}} \cos\alpha_3$$

式中，速比关系$\left(\frac{v_{sF1}}{v_{sF}}, \frac{v_{sF2}}{v_{sF}}, \frac{v_{sF3}}{v_{sF}}\right)$及力与其作用点速度间的夹角（$\alpha_1$、$\alpha_2$、$\alpha_3$）可用速度分析的方法得到。

**3．等效质量和等效转动惯量**

等效质量$m_v$或等效转动惯量$J_v$也是一个假想的质量或转动惯量。它们是根据机械系统能量不变的条件求出的，即用等效质量$m_v$或等效转动惯量$J_v$替代整个系统所有的质量和转动惯量，并保证系统的运动不变。换言之，$m_v$或$J_v$的动能应等于机械系统所有运动构件的动能之和。

等效质量$m_v$和等效转动惯量$J_v$的求法如下：图 12-4 中，$AB$为等效构件，设$m_v$为集中在$B$点的等效质量；或设$J_v$为与$AB$共同回转的等效转动惯量，则等效构件的动能$E_v$可写成

$$E_v = \frac{1}{2} m_v v^2 \quad 或 \quad E_v = \frac{1}{2} J_v \omega^2 \tag{12-6}$$

又设$\omega_i$为机器中第$i$个构件的角速度值；$v_{S_i}$为质心$S_i$的速度值；$m_i$为构件$i$的质量；$J_{S_i}$为构件$i$对其质心的转动惯量，则整个机器的动能$\sum_{i=1}^{n} E_i$为

$$\sum_{i=1}^{n} E_i = \sum_{i=1}^{n}\left(\frac{1}{2} m_i v_{S_i}^2 + \frac{1}{2} J_{S_i} \omega_i^2\right) \tag{12-7}$$

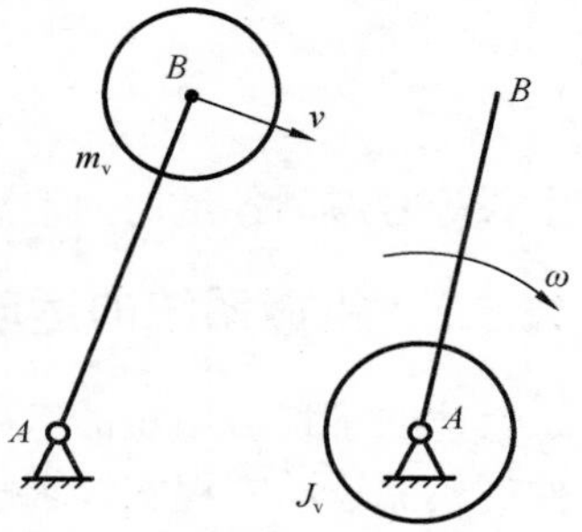

图 12-4　等效质量和等效转动惯量

式中，$n$为机器中运动构件的数目。由此，根据等效构件的动能与机械系统所有构件的动能和相等的概念，由式(12-6)、式(12-7)得

$$\frac{1}{2} m_v v^2 = \sum_{i=1}^{n}\left(\frac{1}{2} m_i v_{S_i}^2 + \frac{1}{2} J_{S_i} \omega_i^2\right) \quad 或 \quad \frac{1}{2} J_v \omega^2 = \sum_{i=1}^{n}\left(\frac{1}{2} m_i v_{S_i}^2 + \frac{1}{2} J_{S_i} \omega_i^2\right)$$

则

$$\begin{cases} m_v = \sum_{i=1}^{n}\left[m_i\left(\frac{v_{S_i}}{v}\right)^2 + J_{S_i}\left(\frac{\omega_i}{v}\right)^2\right] \\ J_v = \sum_{i=1}^{n}\left[m_i\left(\frac{v_{S_i}}{\omega}\right)^2 + J_{S_i}\left(\frac{\omega_i}{\omega}\right)^2\right] \end{cases} \tag{12-8}$$

构件的质量$m_i$和对其质心的转动惯量$J_i$一般均为常数，而速度的大小是随机械系统位置而变的，所以$m_v$和$J_v$是机械系统位置的函数。如果机械系统的各速比都为常数，则$m_v$和$J_v$也为常数。

**例 12-2**　图 12-5 所示的行星轮系中，各轮的齿数为$z_1$、$z_2$、$z_2'$、$z_3$，各轮质心与轮心重合，轮心$O_1$、$O_2$间距离为$R_H$(系杆长)，齿轮 1、2、2′ 相对其质心的转动惯量为$J_1$、$J_2$、$J_2'$，系杆对轴的转动惯量为$J_H$，轮 2、2′ 的质量为$m_2$、$m_2'$，若以中心轮 1 为等效构件，求其等效转动惯量。

**解**　齿轮 2、2′ 做平面平行运动，系杆$H$和中心轮 1 做定轴转动，由式(12-8)得

$$J_v = J_1\left(\frac{\omega_1}{\omega_1}\right)^2 + (J_2 + J_2')\left(\frac{\omega_2}{\omega_1}\right)^2 + (m_2 + m_2')\left(\frac{v_{O2}}{\omega_1}\right)^2 + J_H\left(\frac{\omega_H}{\omega_1}\right)^2$$

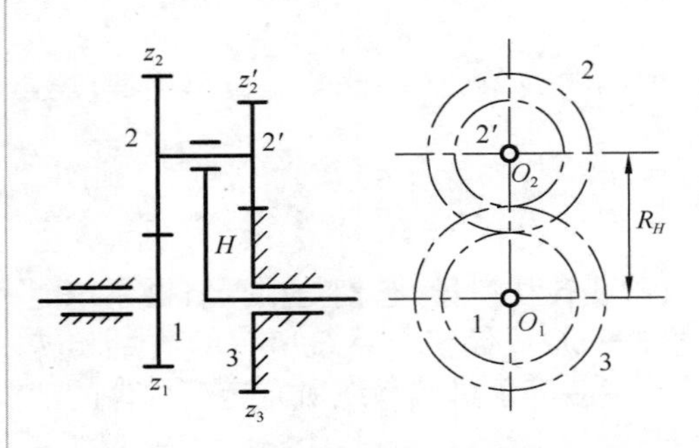


图 12-5 轮系的等效质量和等效转动惯量

1-中心轮；2、2′-行星轮；3-机架(中心轮)；H-系杆

式中，$\omega_1$、$\omega_2$、$\omega_H$分别为齿轮 1、2(及2′)和系杆$H$的角速度值；$v_{O2}$为系杆$H$与齿轮2(或2′)形成的转动副中心$O_2$的速度值。由行星轮系的速比分析得

$$\frac{\omega_2}{\omega_1}=\frac{z_1(z_2'+z_3)}{z_2'z_1-z_3z_2}, \quad \frac{\omega_H}{\omega_1}=\frac{z_2'z_1}{z_2'z_1-z_3z_2}$$

$$\frac{v_{O2}}{\omega_1}=\frac{R_Hz_2'z_1}{z_2'z_1-z_3z_2}$$

将以上各式代入前式后得

$$J_{\mathrm{v}}=J_1+(J_2+J_2')\left[\frac{z_1(z_2'+z_3)}{z_2'z_1-z_3z_2}\right]^2+(m_2+m_2')\left(\frac{R_Hz_2'z_1}{z_2'z_1-z_3z_2}\right)^2+J_H\left(\frac{z_2'z_1}{z_2'z_1-z_3z_2}\right)^2$$

上式等号右侧各量均为常数，所以等效转动惯量$J_{\mathrm{v}}$为常数。

### 12.3.2 机械系统的运动方程式及其求解

建立了机械系统的等效动力学模型后，单自由度机械系统的真实运动可通过建立等效构件的机械运动方程式经求解而获得。机械运动方程式一般有两种表达形式。

**1. 动能形式的机械运动方程式**

这种方程式就是式(12-1)所示的机械动能方程式，即有以下两种情况：

若等效构件为转动构件，有

$$\int_{\varphi_1}^{\varphi_2}M_{\mathrm{v}}\mathrm{d}\varphi=\int_{\varphi_1}^{\varphi_2}M_{\mathrm{va}}\mathrm{d}\varphi-\int_{\varphi_1}^{\varphi_2}M_{\mathrm{vc}}\mathrm{d}\varphi=\frac{1}{2}J_{\mathrm{v2}}\omega_2^2-\frac{1}{2}J_{\mathrm{v1}}\omega_1^2 \tag{12-9}$$

式中，$\varphi_1$、$\varphi_2$分别为等效构件在所研究区段开始和结束时的转角；$\omega_1$、$\omega_2$分别为对应于$\varphi_1$、$\varphi_2$两位置时的角速度值；$J_{\mathrm{v1}}$、$J_{\mathrm{v2}}$分别为相应于$\varphi_1$、$\varphi_2$两位置的等效转动惯量；$M_{\mathrm{va}}$、$M_{\mathrm{vc}}$分别为作用在等效构件上的等效驱动力矩和等效阻力矩。

式(12-9)中已考虑到$M_{\mathrm{va}}$做正功，$M_{\mathrm{vc}}$做负功，故$M_{\mathrm{va}}$、$M_{\mathrm{vc}}$都以正值代入。

若等效构件为移动构件，有

$$\int_{s_1}^{s_2}F_{\mathrm{v}}\mathrm{d}s=\int_{s_1}^{s_2}F_{\mathrm{va}}\mathrm{d}s-\int_{s_1}^{s_2}F_{\mathrm{vc}}\mathrm{d}s=\frac{1}{2}m_{\mathrm{v2}}v_2^2-\frac{1}{2}m_{\mathrm{v1}}v_1^2 \tag{12-10}$$

式中，$s_1$、$s_2$分别为等效构件在所研究区段开始和结束时的位置；$v_1$、$v_2$分别为对应于$s_1$、$s_2$两位置时的速度值；$m_{\mathrm{v1}}$、$m_{\mathrm{v2}}$分别为相应于$s_1$、$s_2$两位置的等效质量；$F_{\mathrm{va}}$、$F_{\mathrm{vc}}$分别为作用在等效构件上的等效驱动力和等效阻力。

式(12-9)、式(12-10)称为动能形式的机械运动方程式。

**2. 力或力矩形式的机械运动方程式**

将式(12-9)、式(12-10)微分，有

$$M_{\mathrm{v}}\mathrm{d}\varphi=\mathrm{d}\left(\frac{1}{2}J_{\mathrm{v}}\omega^2\right)$$

即

$$M_{\mathrm{v}}=M_{\mathrm{va}}-M_{\mathrm{vc}}=\frac{\omega^2}{2}\frac{\mathrm{d}J_{\mathrm{v}}}{\mathrm{d}\varphi}+J_{\mathrm{v}}\frac{\mathrm{d}\omega}{\mathrm{d}t} \tag{12-11}$$

或
$$F_{\mathrm{v}}\mathrm{d}s=\mathrm{d}\left(\frac{1}{2}m_{\mathrm{v}}v^{2}\right)$$

$$F_{\mathrm{v}}=F_{\mathrm{va}}-F_{\mathrm{vc}}=\frac{v^{2}}{2}\frac{\mathrm{d}m_{\mathrm{v}}}{\mathrm{d}s}+m_{\mathrm{v}}\frac{\mathrm{d}v}{\mathrm{d}t} \tag{12-12}$$

当$J_{\mathrm{v}}$、$m_{\mathrm{v}}$为常数时，式(12-11)、式(12-12)可写成

$$\begin{cases}M_{\mathrm{v}}=M_{\mathrm{va}}-M_{\mathrm{vc}}=J_{\mathrm{v}}\dfrac{\mathrm{d}\omega}{\mathrm{d}t}\\F_{\mathrm{v}}=F_{\mathrm{va}}-F_{\mathrm{vc}}=m_{\mathrm{v}}\dfrac{\mathrm{d}v}{\mathrm{d}t}\end{cases} \tag{12-13}$$

当等效力$F_{\mathrm{v}}$或等效力矩$M_{\mathrm{v}}$不是常数或机构位置的函数时，若用动能形式的机械运动方程式来求解，因积分问题而有困难，可改用力或力矩形式的机械运动方程式来求解。

**3. 机械运动方程式的求解**

建立了机械运动方程式，即可求解在已知力作用下机械系统的真实运动。运动方程式的求解可用图解法、解析法和数值计算法。由于机械系统的驱动力和工作阻力的变化特性取决于所用原动机的机械特性和机械的工艺特点，因此，求解运动方程式的方法也不同。下面就常见的几种情况，加以简要介绍。为了讨论方便，只讨论等效构件为转动构件的情况。等效构件为移动构件时，其求解方法相同。

**1)等效力矩$M_{\mathrm{v}}$和等效质量$J_{\mathrm{v}}$均为机械位置的函数**

例如，用柴油机驱动某往复式工作机(如压缩机)时，等效驱动力矩$M_{\mathrm{va}}$、等效阻力矩$M_{\mathrm{vc}}$和等效转动惯量$J_{\mathrm{v}}$都是机械位置的函数。若给出$M_{\mathrm{va}}=M_{\mathrm{va}}(\varphi)$、$M_{\mathrm{vc}}=M_{\mathrm{vc}}(\varphi)$、$J_{\mathrm{v}}=J_{\mathrm{v}}(\varphi)$，求等效构件的角速度$\omega$，则由式(12-9)可得

$$\omega=\sqrt{\frac{J_{\mathrm{v0}}}{J_{\mathrm{v}}}\omega_{0}^{2}+\frac{2}{J_{\mathrm{v}}}\int_{\varphi_{0}}^{\varphi}M_{\mathrm{v}}\mathrm{d}\varphi} \tag{12-14}$$

式中，$J_{\mathrm{v}}$、$J_{\mathrm{v0}}$分别为对应于$\varphi$、$\varphi_0$两位置时的等效转动惯量；$M_{\mathrm{v}}=M_{\mathrm{va}}-M_{\mathrm{vc}}$。

由式(12-14)解出的$\omega$为等效构件角位置$\varphi$的函数。若要知道这区段中机器运动的时间$t$，则因
$$\omega=\frac{\mathrm{d}\varphi}{\mathrm{d}t}\quad 或\quad \mathrm{d}t=\frac{\mathrm{d}\varphi}{\omega}$$

故有
$$t=t_{0}+\int_{\varphi_{0}}^{\varphi}\frac{1}{\omega}\mathrm{d}\varphi$$

式中，$t_0$、$t$分别为相应于角位置$\varphi_0$、$\varphi$时机械的运动时间。

**2)等效力矩$M_{\mathrm{v}}$为等效构件角速度函数，等效转动惯量$J_{\mathrm{v}}$为常数**

由电动机驱动的鼓风机、离心泵、起重机等均属此类型。由式(12-13)积分可得
$$\int_{\omega_{0}}^{\omega}\frac{\mathrm{d}\omega}{M_{\mathrm{va}}-M_{\mathrm{vc}}}=\frac{1}{J_{\mathrm{v}}}\int_{t_{0}}^{t}\mathrm{d}t=\frac{t-t_{0}}{J_{\mathrm{v}}}$$

所以
$$t=t_{0}+J_{\mathrm{v}}\int_{\omega_{0}}^{\omega}\frac{\mathrm{d}\omega}{M_{\mathrm{va}}-M_{\mathrm{vc}}} \tag{12-15}$$

或
$$\varphi=\varphi_{0}+J_{\mathrm{v}}\int_{\omega_{0}}^{\omega}\frac{\omega\mathrm{d}\omega}{M_{\mathrm{va}}-M_{\mathrm{vc}}} \tag{12-16}$$

式中，$\varphi_0$、$\varphi$分别为等效构件在所研究区段开始和结束时的位置；$\omega_0$、$\omega$和$t_0$、$t$分别为对应于$\varphi_0$、$\varphi$两位置时等效构件的角速度值和时间。

**例 12-3** 由电动机与某工作机组成的机组，若以电动机主轴为等效构件，设该机组的等效转动惯量$J_v$=常数，等效阻力矩$M_{vc}=c=$常数，等效驱动力矩是主轴角速度$\omega$的函数$M_{va}=a-b\omega$($a$、$b$为常数)，又设机组的启动时间$t_0=0$，启动角速度$\omega_0=0$，求主轴从启动到角速度值达到$\omega$时所需的时间。

**解** 由式(12-15)得

$$t=t_0+J_v\int_{\omega_0}^{\omega}\frac{d\omega}{M_{va}-M_{vc}}=J_v\int_0^{\omega}\frac{d\omega}{a-b\omega-c}=-\frac{J_v}{b}\ln\left(\frac{a-c-b\omega}{a-c}\right)$$

# 12.4 机械系统的速度波动及其调节

机械系统在稳定运动阶段中，由于其驱动力矩和阻力矩并不时时相等，而其转动惯量又不能随力矩做相应的变化，该阶段机械系统在运转过程中出现速度波动。这将导致运动副中产生附加动压力，并引起机械振动，使机械寿命、效率和工作质量降低。本节将简单介绍机械速度波动产生的原因及通过合理设计减小速度波动的方法。

## 12.4.1 周期性速度波动的调节——飞轮转动惯量的计算

**1. 调节周期性速度波动的目的和方法**

在研究机械系统速度波动的调节问题时，通常把机械的主轴作为等效构件，如内燃机、冲床的曲轴都是主轴，它们在稳定运动阶段中的速度是波动的，但在一个循环中由于其等效驱动力矩和等效阻力矩所做的功相等，所以经过一个运动循环后，机械的动能又回到原值，因此主轴也按照这个循环做周期性的速度波动。根据等效驱动力和等效阻力所做功的循环周期不同，一个周期有时对应于主轴转一转(如单缸二冲程内燃机)或两转(如单缸四冲程内燃机)或若干转。周期性速度波动会直接影响机械系统的工作质量，如用内燃机驱动发电机时，因内燃机曲轴的速度波动而使发电机转子不能匀速转动，从而使发出的电压不稳定。调节周期性速度波动就是要减小这种速度波动的幅度，把它们限制在机械工作所允许的范围内。

调节周期性速度波动的方法是增加构件的质量或转动惯量，通常是在机械系统中安装飞轮。一般飞轮安装在主轴上(也有装在高速轴上，以减轻飞轮的重量)。系统装上飞轮后，当驱动功大于阻力功时，飞轮就把多余的能量积蓄起来而只使主轴的角速度略增，反之当阻力功小于驱动功时，飞轮就放出能量而使主轴速度略降，从而使速度波动不会太大。合适地确定飞轮转动惯量，能把机械系统的周期性速度波动限制在所允许的范围内。但飞轮不能使机械的周期性速度波动消除。

必须指出，在调节机械周期性速度波动时，由于飞轮能用积蓄的能量来弥补运动周期中短时间不足的能量(阻力功大于驱动功时)，所以机械系统中安装飞轮后，不但不增加原动机的功率，相反还可以减少原动机的功率。但系统的起动和制动时间延长了。

### 2. 机械运转的平均角速度和不均匀系数

#### 1) 机械运转的平均角速度

如前所述，很多机械运转时，即使装了飞轮其主轴角速度还是变化的，为了标出这种机械的转速，需要引进平均角速度的概念。平均角速度的算法有以下两种。

(1) 实际平均角速度。已知一个循环内主轴角速度为时间的函数 $\omega=\omega(t)$，其曲线如图 12-6 所示，设 $T$ 为一个运动循环所需的时间，则其实际平均角速度为

$$\omega_{\mathrm{m}}=\frac{\varphi}{T}=\frac{\int_0^T \omega \mathrm{d}t}{T} \tag{12-17}$$

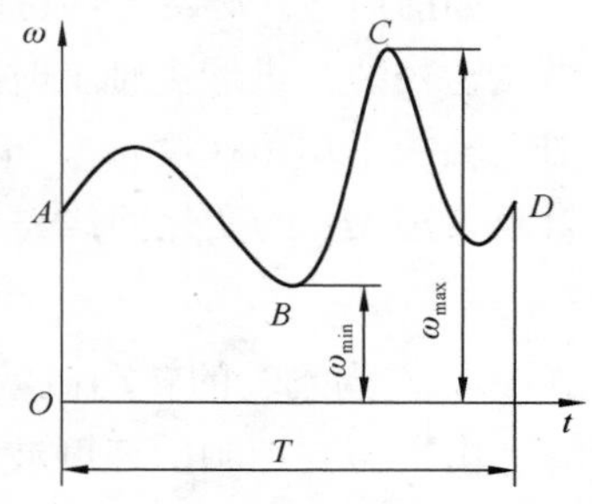


图 12-6 平均角速度

(2) 算术平均角速度。由于实际平均角速度计算繁复，工程上常用算术平均角速度来表示机器运转时的速度。算术平均角速度可用式(12-18)计算，即

$$\omega_{\mathrm{m}}=\frac{1}{2}(\omega_{\max}+\omega_{\min}) \tag{12-18}$$

式中，$\omega_{\max}$ 和 $\omega_{\min}$ 分别为一运动循环中主轴的最高角速度值和最低角速度值。机器铭牌上标出的所谓“名义转速”就是根据算术平均角速度求得的。

#### 2) 机械运转的不均匀系数

在稳定运转的一个运动循环中，机械主轴的最高角速度值 $\omega_{\max}$ 和最低角速度值 $\omega_{\min}$ 之差，仅表示了机械主轴角速度波动的幅度，但不宜用来表示机械运转的不均匀程度。因为同样幅度的角速度波动，对低速机械的运转性能影响严重，而对高速机械的影响并不显著。因此，机械运转的不均匀程度是用机械主轴角速度波动的幅度和其平均角速度的比值 $\delta$ 来表示的。$\delta$ 称为机械运转的不均匀系数，各种机械的许用不均匀系数 $[\delta]$ 值列于表 12-1 中，$[\delta]$ 值的大小由机械工作性质决定，如驱动发电机的活塞式发动机的 $[\delta]$ 值要定得小些，以免造成电压和电流的变化过大，但对碎石机等机械的 $[\delta]$ 值可定得大些。

表 12-1 常用机械运转速度不均匀系数的许用值 $[\delta]$

| 机械名称 | $[\delta]$ | 机械名称 | $[\delta]$ |
|---|---|---|---|
| 碎石机 | 1/5～1/20 | 纺纱机 | 1/60～1/100 |
| 农业机械 | 1/10～1/50 | 船用发动机 | 1/20～1/150 |
| 冲床、剪床 | 1/7～1/10 | 内燃机 | 1/80～1/150 |
| 汽车、拖拉机 | 1/20～1/60 | 直流发电机 | 1/100～1/200 |
| 金属切削机床 | 1/30～1/50 | 交流发电机 | 1/200～1/300 |
| 水泵、鼓风机 | 1/30～1/500 | 航空发动机 | 小于 1/200 |
| 造纸机、织布机 | 1/40～1/50 | 汽轮发电机 | 小于 1/200 |

当已知机械名义角速度 $\omega_{\mathrm{m}}$ 和它所要求的 $\delta$ 值后，由式(12-19)即可求出一个运动循环中机械的许用最高角速度值和最低角速度值：

$$\begin{cases}\omega_{\max}=\omega_{\mathrm{m}}\left(1+\dfrac{\delta}{2}\right)\\ \omega_{\min}=\omega_{\mathrm{m}}\left(1-\dfrac{\delta}{2}\right)\end{cases} \tag{12-19}$$

### 3. 飞轮转动惯量的计算

只有当机械在稳定运转时期的驱动力矩和阻力时时相等，且转动惯量为常数时，机械是没有速度波动的，因而不需要飞轮。除此以外的机械，为了调节其周期性速度波动，理论上都需要安装飞轮。

**1）计算飞轮转动惯量 $J_F$ 的原理**

如前所述，安装飞轮的目的，无非是借助飞轮的转动惯量 $J_F$ 来控制机械的不均匀系数 $\delta$。当飞轮安装在机械主轴上时，主轴所在构件就作为等效构件。为求飞轮的转动惯量 $J_F$ 先要知道主轴的平均角速度 $\omega_m$、不均匀系数 $\delta$ 和机械在一个稳定运动循环中等效驱动力矩 $M_{va}$、等效阻力矩 $M_{vc}$ 的变化曲线。至于机械的等效转动惯量 $J_v$ 可写成

$$J_v = J_F + J_{v\Sigma}$$

式中，$J_F$ 为飞轮的转动惯量；$J_{v\Sigma}$ 为机械中其他运动构件的等效转动惯量。

由于需要控制的速度波动范围一般都很小，因此所需加置的 $J_F$ 很大，所以 $J_{v\Sigma}$ 就远比 $J_F$ 小很多，计算时往往略去，于是 $J_v \approx J_F$。这样，就大大简化了计算，又安全地保证了所要求的机械运转平稳性。所以在下面的计算中我们把飞轮的转动惯量 $J_F$ 就当作机械的等效转动惯量 $J_v(\approx J_F)$。

按式(12-9)可写出机械主轴在一个稳定运动循环中从最低角速度值 $\omega_{min}$ 升到最高角速度值 $\omega_{max}$ 这一区段的运动方程式：

$$\int_{\varphi_{\omega min}}^{\varphi_{\omega max}} M_v d\varphi = \int_{\varphi_{\omega min}}^{\varphi_{\omega max}} (M_{va} - M_{vc}) d\varphi \approx \frac{1}{2} J_F (\omega_{max}^2 - \omega_{min}^2) \tag{12-20}$$

式中，$\varphi_{\omega min}$、$\varphi_{\omega max}$ 分别为对应于 $\omega_{min}$、$\omega_{max}$ 时主轴的角位置。$\omega_{min}$、$\omega_{max}$ 可由已知的 $\omega_m$ 和 $\delta$ 按式(12-19)求得，故在求飞轮的转动惯量 $J_F$ 时，还必须求出在 $\varphi_{\omega min}$ 和 $\varphi_{\omega max}$ 区段间的等效驱动力矩和等效阻力矩做功的差值，即

$$\int_{\varphi_{\omega min}}^{\varphi_{\omega max}} (M_{va} - M_{vc}) d\varphi = W_y$$

式中，$W_y$ 称为最大盈亏功。由于等效力矩可能是位置、速度或时间的函数，因此计算飞轮的转动惯量的方法也各不相同，在此仅介绍等效力矩是机械位置函数，而等效转动惯量是常数时的飞轮转动惯量 $J_F$ 的计算。至于等效力矩是其他参数的函数时，其解法可参阅有关资料。

**2）等效驱动力矩 $M_{va} = M_{va}(\varphi)$、等效阻力矩 $M_{vc} = M_{vc}(\varphi)$ 时，飞轮转动惯量 $J_F$ 的求法**

从式(12-20)来看，机械系统动能的大小取决于主轴(等效构件)的角速度 $\omega$ 值，当 $\omega = \omega_{max}$ 时，动能最大，即 $E = \frac{1}{2} J_F \omega_{max}^2 = E_{max}$；当 $\omega = \omega_{min}$ 时，动能最小，即 $E = \frac{1}{2} J_F \omega_{min}^2 = E_{min}$。这样就可将求解 $\omega_{min} \sim \omega_{max}$ 区段的功 $\int_{\varphi_{\omega min}}^{\varphi_{\omega max}} (M_{va} - M_{vc}) d\varphi$ 的问题，变为求解 $\varphi_{E min}$ 至 $\varphi_{E max}$ 区间的功 $\int_{\varphi_{E min}}^{\varphi_{E max}} (M_{va} - M_{vc}) d\varphi$ 的问题。这里，$\varphi_{E min}$ 和 $\varphi_{E max}$ 分别为对应机械系统在稳定运动循环中，具有最小动能 $E_{min}$ 和最大动能 $E_{max}$ 时主轴的角位置。积分式 $\int_{\varphi_{E min}}^{\varphi_{E max}} (M_{va} - M_{vc}) d\varphi$ 可用如下图解求法。

机械系统一个稳定运动循环的 $M_{va}$-$\varphi$ 和 $M_{vc}$-$\varphi$ 曲线如图 12-7 所示。由于两曲线相交处 $M_{va}=M_{vc}$，则 $J_F\varepsilon=M_{va}-M_{vc}=0$，所以主轴在此处的角加速度 $\varepsilon=0$，而最小或最大角加速度 $\omega_{min}$、$\omega_{max}$ 总发生在 $\varepsilon=0$ 处，所以 $E_{min}$、$E_{max}$ 必发生在 $M_{va}$-$\varphi$ 和 $M_{vc}$-$\varphi$ 曲线的相交处。至于 $E_{min}$、$E_{max}$ 具体发生在哪个位置，可用能量指示图 12-8 来求，其方法为：求出图 12-7 中面积 1、2、3、4、5 的大小，按比例分别以垂直向量表示之(如图 $\overrightarrow{ab}$、$\overrightarrow{bc}$、$\overrightarrow{cd}$、$\overrightarrow{de}$、$\overrightarrow{ea}$)，再任取一点 $O$ 为基点，自 $O$ 点按面积 1、2、3、4、5 的顺序依次衔接地画出所代表的各向量。画向量时应注意：负面积表示此区间 $M_{vc}>M_{va}$，故向量指示应向下；正面积表示此区间 $M_{va}>M_{vc}$，故向量指示应向上。据此在图 12-8 中自 $O$ 点向下作 $\overrightarrow{ab}$ 得 $b$ 点，再自 $b$ 点向上作 $\overrightarrow{bc}$ 得 $c$ 点，依次作向量 $\overrightarrow{cd}$、$\overrightarrow{de}$、$\overrightarrow{ea}$ 得 $d$、$e$、$a$ 点，从图中看，$b$ 点最低，$c$ 点最高，故主轴在角位置 $\varphi_b$ 时机械系统的动能最小，在角位置 $\varphi_c$ 时其动能最大，所以 $\varphi_b=\varphi_{E\min}$、$\varphi_c=\varphi_{E\max}$，从而得

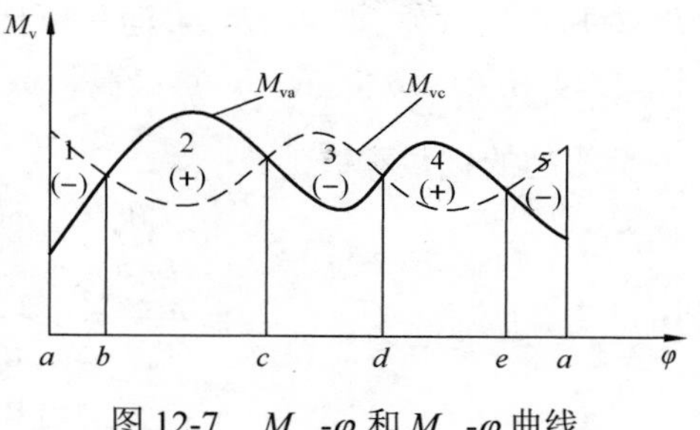


图 12-7　$M_{va}$-$\varphi$ 和 $M_{vc}$-$\varphi$ 曲线

$$\int_{\varphi_{E\min}}^{\varphi_{E\max}}(M_{va}-M_{vc})\mathrm{d}\varphi=W_y=\text{面积 2 所代表的功}$$

得 $W_y$ 后，由式(12-20)求得飞轮的转动惯量 $J_F$ 为

$$J_F=\frac{2W_y}{\omega_{max}^2-\omega_{min}^2}=\frac{W_y}{\omega_m^2\delta} \tag{12-21}$$

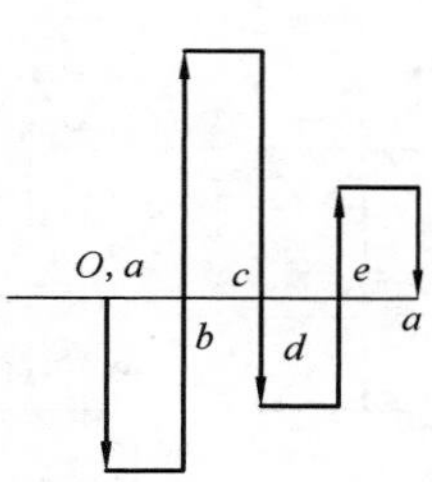

图 12-8　能量指示图

**例 12-4**　在柴油发电机机组中，设以柴油机曲轴为等效构件，柴油机一个稳定运动循环的等效驱动力矩 $M_{va}$ 的变化曲线和发电机的等效阻力矩 $M_{vc}$ 的变化曲线如图 12-9(a)所示，如两曲线交出的面积所代表的功为：$A_1=-50\ \text{N·m}$、$A_2=+550\ \text{N·m}$、$A_3=-100\ \text{N·m}$、$A_4=+125\ \text{N·m}$、$A_5=-500\,\text{N·m}$、$A_6=+25\,\text{N·m}$、$A_7=-50\,\text{N·m}$，曲轴的转速为600r / min，要求达到的运转不均匀系数 $\delta=1/300$，求装在曲轴上的飞轮的转动惯量 $J_F$。

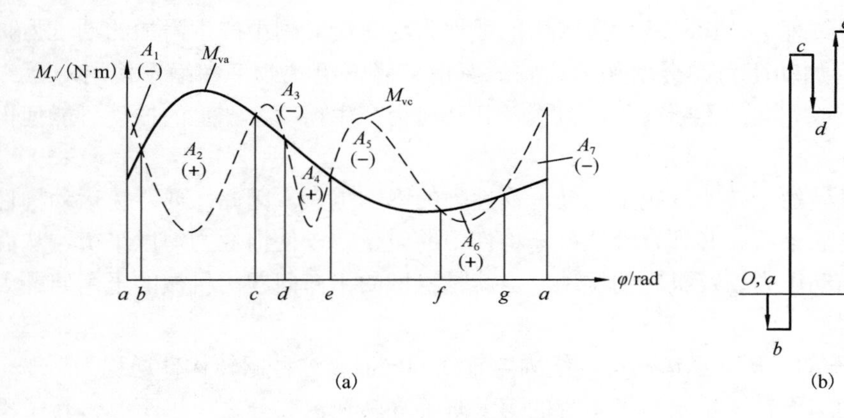


(a)

(b)

图 12-9　例 12-4 图

**解**　作能量指示图：取能量指示图比例尺 $\mu_E=10\,\text{N·m/mm}$，即图上 1mm 代表 10N·m，以

$O$ 为基点依次作 $A_1, A_2, \cdots, A_7$ 面积所代表的功的向量 $\overrightarrow{ab}, \cdots, \overrightarrow{ga}$ 得 $b$、$c$、$d$、$e$、$f$、$g$、$a$ 点。图 12-9(b)中，$b$ 最低，$e$ 点最高，故 $\varphi_{\mathrm{E\,min}} = \varphi_b$、$\varphi_{\mathrm{E\,max}} = \varphi_e$，则 $W_{\mathrm{y}}$ 即为面积 $A_2$、$A_3$、$A_4$ 所表示的功的代数和：

$$W_{\mathrm{y}} = +500 - 100 + 125 = 575\ (\mathrm{N \cdot m})$$

所以

$$J_{\mathrm{F}} = \frac{W_{\mathrm{y}}}{\omega_{\mathrm{m}}^2 \delta} = \frac{575}{\left(\dfrac{2\pi}{60} \times 600\right)^2 \times \dfrac{1}{300}} = 43.7 \quad ,\ \mathrm{kg \cdot m^2}$$

## 12.4.2 非周期性速度波动的概念

无论是匀速或变速稳定运动的机器，在稳定运动阶段中，如作用其上的驱动力或工作阻力突然发生很大变化，则其主轴的角速度也随之不断地增大或减小，最终将使机器的速度过高而损坏或被迫停车。例如，发电机-内燃机机组，因外界用电少而突然减少载荷，若内燃机所发出的驱动功不变，这时发电机的驱动功远远大于阻力功，其主轴角速度就急剧上升，如图 12-10 中 $bc$ 段所示。这种因驱动功和阻力功一直不能相等而引起的主轴速度变化用所谓“调速器”来控制输入功和输出功的互相适应，控制住速度的变化，如控制内燃机的汽油供给量而使其所发出的功与发电机减载荷后需要的功相适应，获得新的稳定运动阶段，如图 12-10 中的 $cd$ 段。由于主轴的这种速度变化不是周期性的，所以称它为非周期性速度波动。关于用调速器调节非周期性速度波动的问题，将在专门课程中论述。

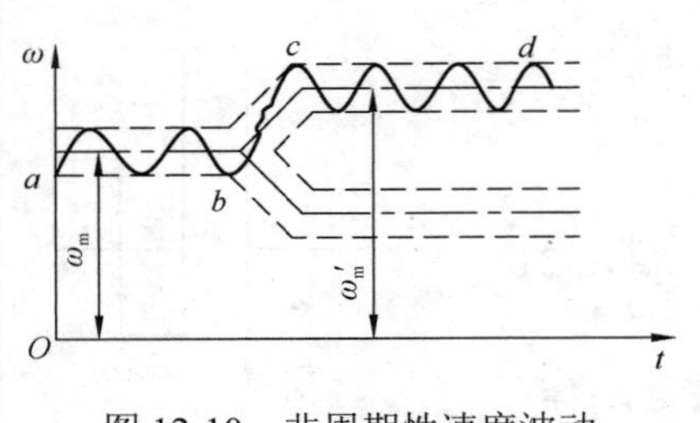


图 12-10 非周期性速度波动

# 12.5 机械系统的平衡

## 12.5.1 机械系统平衡的类型

在机械运转过程中，运动构件所产生的惯性力将在运动副中产生附加的动压力。这种由惯性力引起的附加动压力，会增加运动副的摩擦、降低机械效率和缩短使用寿命。而且由于惯性力的大小或方向的不断变化，机械及其基座会产生振动，严重的振动可能使机械遭到破坏。

由于现代机械的运转速度越来越高，惯性力的影响更大。因此，要避免运动构件的惯性力所引起的不良后果，就必须合理地分配构件中的质量，以使惯性力得以平衡，从而消除或减少运动副中的动压力以及机座的振动。这就是机械的平衡问题。机械的平衡问题大致可分为以下三个方面。

(1)刚性转子的平衡。当运动构件绕固定轴线回转时，这种回转构件通称为转子。根据经验，如果转子的工作转速位于转子本身的第一阶临界转速的二分之一以下时，转子不会有显著的弹性变形而可视为一个刚性构件，称为刚性转子。因此，可以用理论力学中力系的平衡原理来处理这类转子的平衡问题。

(2)挠性转子的平衡。若转子的工作转速位于第一阶临界转速的三分之二以上时，该转子就可以认为是挠性的，即转子在惯性力的影响下产生弯曲变形，从而使不平衡惯性力有显著的增加。这种状态下的转子称为挠性转子。而它的平衡理论和平衡技术都要比刚性转子复杂得多。

(3)机械在机座上的平衡。对于做往复运动的构件或做平面运动的构件，它们产生的惯性力或惯性力偶就不能由构件各自平衡。其平衡问题必须就整个机械来加以研究。因此，把这类平衡问题称为机械在机座上的平衡。

刚性转子的平衡问题是工程上最常见的平衡问题，所以本节着重介绍刚性转子的平衡原理与方法。

### 12.5.2　刚性转子的平衡原理

做等速定轴转动的构件，如齿轮、凸轮、曲轴等，由于其结构不对称、材料不均匀、制造与安装存在误差等原因，其质心可能不在转动轴线上，而偏离转动轴线一距离 $r$。若转子的质量为 $m$，角速度为 $\omega$，则转子转动时受到的离心惯性力大小为

$$F = mr\omega^2 \tag{12-22}$$

当转子转速较低时，产生的离心惯性力一般很小，其影响可忽略不计。例如，重量为 10kg，重心偏离轴线 0.001m 的转子，当其转速为 30r/min 时，由式(12-22)可算得离心惯性力仅为 0.1N。而当转子转速上升到 3000r/min 时，离心惯性力增加为 1000N，是转子重量的 10 倍。因此，在高速机械中，离心惯性力的影响很大，必须设法消除，所以要对离心惯性力进行平衡。

**1. 转子的静平衡原理**

对于宽径比 $\dfrac{L}{D} \leqslant \dfrac{1}{5}$ 的转子，如齿轮、带轮、盘形凸轮等，可近似认为其全部质量都分布在同一转动平面内。因此转子的各不平衡质量产生的离心惯性力 $F_i$ 形成一平面力系。当 $\sum F_i = 0$，即质心在转动轴线上时，称构件为静平衡，否则为静不平衡。

如图 12-11(a)所示，设圆盘上有不平衡质量 $m_1$、$m_2$、$m_3$，其质心 $c_1$、$c_2$、$c_3$ 在同一转动平面内，向径分别为 $r_1$、$r_2$、$r_3$。当圆盘以角速度 $\omega$ 转动时，若 $m_1$、$m_2$、$m_3$ 产生的离心惯性力 $F_1$、$F_2$、$F_3$ 之和不为零，即 $F_1 + F_2 + F_3 \neq 0$，则该圆盘为静不平衡转子。欲使其达到静平衡，需在圆盘上加一平衡质量 $m$，其质心 $c$ 的向径为 $r$(或在相反方向去掉这一平衡质量)，使 $m$ 产生的离心惯性力 $F$ 与原有的力系平衡，即

$$F = F_1 + F_2 + F_3 = 0 \tag{12-23}$$

或

$$m\omega^2 r + m_1\omega^2 r_1 + m_2\omega^2 r_2 + m_3\omega^2 r_3 = 0$$

即

$$mr + m_1 r_1 + m_2 r_2 + m_3 r_3 = 0 \tag{12-24}$$

式中，质量与向径的乘积称为质径积。

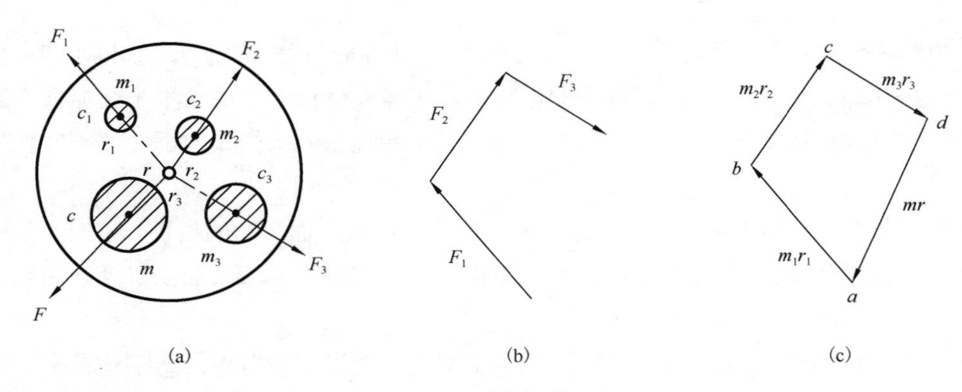


图 12-11 圆盘的静平衡

由以上实例可知，使静不平衡转子达到静平衡的条件为：所加(或减)平衡质量和原不平衡质量所产生的离心惯性力之和为零。根据这一条件，对任何静不平衡的转子，无论它有多少个偏心质量，只要选定向径 $r$，通过加上或去掉一平衡质量，就可达到静平衡。

**2. 转子的动平衡原理**

对于宽径比 $\dfrac{L}{D}>\dfrac{1}{5}$ 的转子，如电动机转子、机床主轴、曲轴等，就不能认为全部质量都集中在同一平面内，故各不平衡质量产生的离心惯性力是一空间力系。例如，曲轴的离心惯性力 $F_1$ 和 $F_2$ 分布在两个平面内(图 12-12)，为一空间力系。

图 12-12 中不平衡质量 $m_1=m_2$，向径 $r_1=-r_2$，则 $F_1+F_2=0$ 或 $m_1r_1+m_2r_2=0$，说明转子是静平衡的。但因 $F_1$ 和 $F_2$ 不共面而形成一惯性力矩 $M=F_1\cdot L$，故该转子仍然是不平衡的。这种不平衡只有当转子转动时才表现出来，称为动不平衡。可见，欲使 $\dfrac{L}{D}>\dfrac{1}{5}$ 的转子达到动平衡，需使

$$\sum F_i=0\,,\qquad \sum M_i=0 \tag{12-25}$$

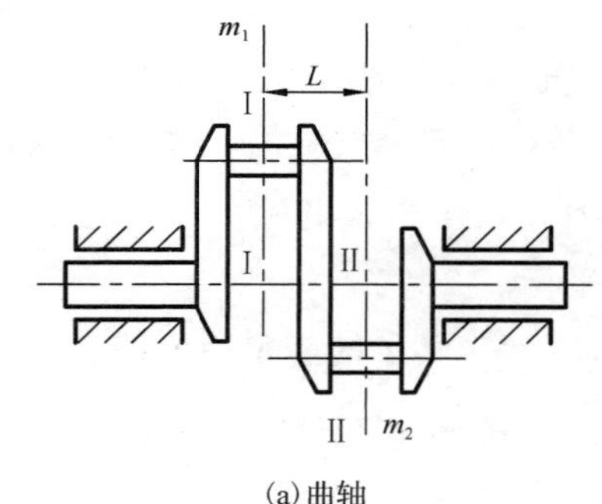


(a) 曲轴

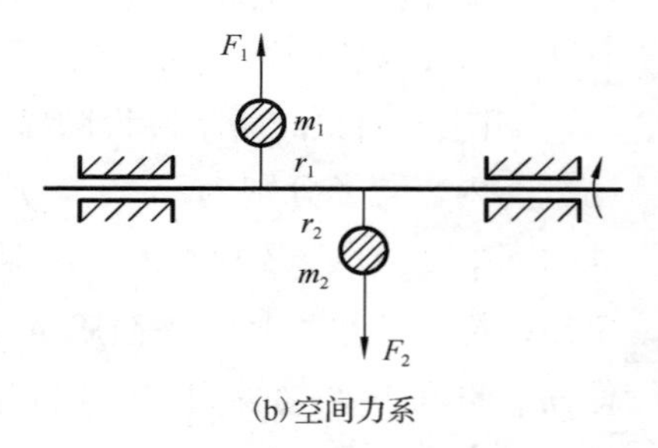


(b) 空间力系

图 12-12 静平衡而动不平衡的曲轴

这类转子可以是静平衡而动不平衡的，也可以是既静不平衡也动不平衡，但动平衡后必然是静平衡的。

现讨论如何使动不平衡转子成为动平衡转子。设转子的不平衡质量 $m_1$ 和 $m_2$ 分布分别处于平面Ⅰ和平面Ⅱ内(图 12-13(a))，向径为 $r_1$ 和 $r_2$，角速度为 $\omega$，惯性力 $F_1$ 和 $F_2$ 为一空间力系，根据力的合成与分解原理，将 $F_1$ 和 $F_2$ 分解到任意选定、容易加平衡质量的两个平面 $T'$ 和 $T''$ 内(该两平面通常称为平衡平面)，只要

$$F_1=F_1'+F_1'',\quad F_2=F_2'+F_2'',\quad F_1'l_1'=F_1''l_1'',\quad F_2'l_2'=F_2''l_2'' \tag{12-26}$$

则四个分力 $F_1'$、$F_1''$、$F_2'$、$F_2''$ 和原惯性力 $F_1$、$F_2$ 产生的不平衡效应就是相同的。这样，就把空间力系转化成两个平面力系，即把转子的动平衡问题转化成两个平面内的静平衡问题。

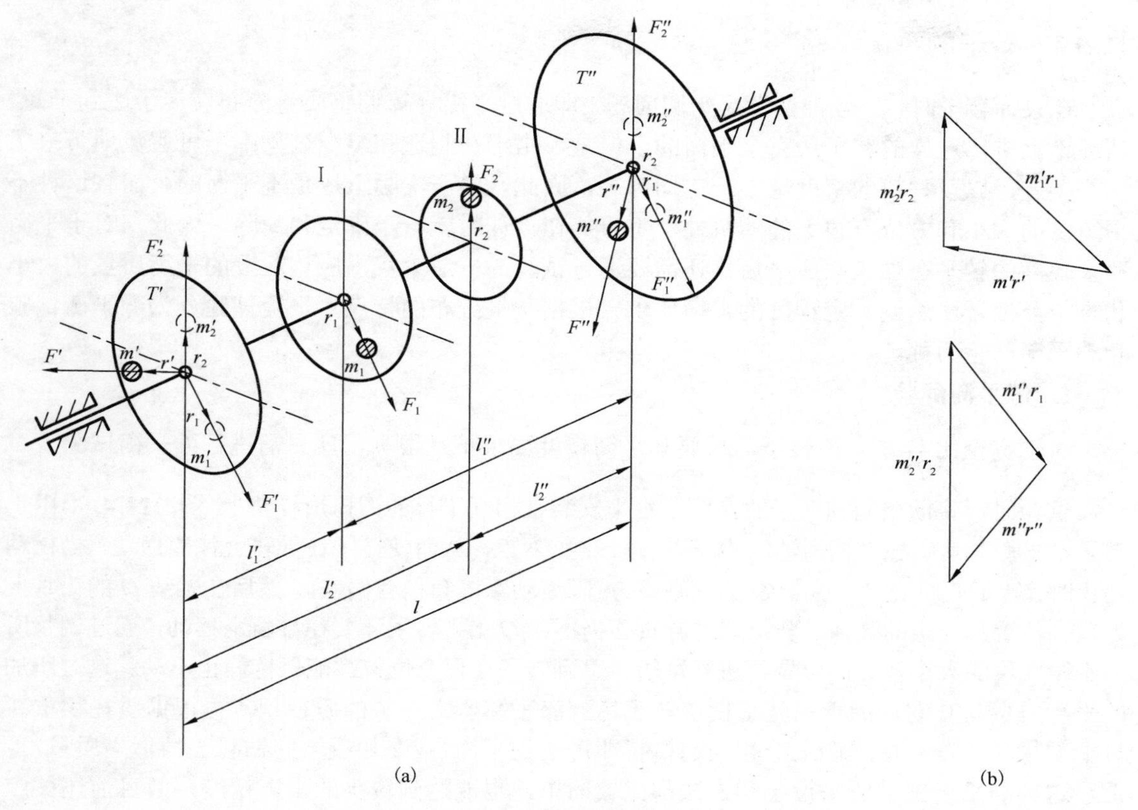


图 12-13 回转构件的动平衡

因此，只要这两个平衡面内的各质量分别达到静平衡，整个转子就成为动平衡的转子。为此，在平面 $T'$和 $T''$内各加一平衡质量 $m'$ 和 $m''$，其质心的向径分别为 $r'$ 和 $r''$，它们产生的离心惯性力为 $F'$ 和 $F''$，使

$$\begin{cases} F_1' + F_2' + F' = 0 \\ F_1'' + F_2'' + F'' = 0 \end{cases} \tag{12-27}$$

若取 $m_1'$、$m_1''$ 的向径为 $r_1$，$m_2'$、$m_2''$ 的向径为 $r_2$，则有

$$\begin{cases} m_1'r_1 + m_2'r_2 + m'r' = 0 \\ m_1''r_1 + m_2''r_2 + m''r'' = 0 \end{cases} \tag{12-28}$$

式中，未知量 $m'r'$ 和 $m''r''$ 可用向量多边形法求得(图 12-13(b))，再适当选取 $r'$ 和 $r''$ 的大小，便可求出平衡质量 $m'$ 和 $m''$。

由上述可知，对任何不平衡的转子，无论它有多少个偏心质量分布在多少个平面内，都只需在任选的两个平面 $T'$ 和 $T''$ 内各加上(或减去)一个适当的平衡质量，就能使转子的离心惯性力的合力及合力矩都等于零，达到动平衡。

### 12.5.3 转子的平衡试验

在设计转子时，一般都要考虑平衡问题，即通过平衡计算调整质量分布使转子达到平衡。从理论上讲，这样的转子是完全平衡的。但是，由于在制造和装配过程中不可避免地带来了一些误差，以及材料的密度也不一定均匀等，因此，转子实际上还是不平衡的。而且这种不平衡量的大小和方位有很大的随机性，不可能在设计时就给予确定和消除。因此，对于平衡要求较高的转子在加工完成之后，还需要通过试验的方法来找出应该配置的平衡质量的大小和方位，使转子达到一定程度的平衡要求。根据质量分布的特点，平衡试验分为静平衡试验和动平衡试验两种。

**1. 静平衡试验**

对于宽径比$\dfrac{L}{D}\leqslant\dfrac{1}{5}$的转子，只要其平衡精度要求不是很高，就只需进行静平衡试验。

试验时，将欲平衡的转子放在两个水平安装且相互平行的刀口形导轨上(图 12-14)，由于转子不平衡，其质心 $S$ 偏离轴线 $O$ 而产生一个重力矩，从而使转子在导轨上往复摆动。当摆动停止时，转子的质心 $S$ 必位于 $O$ 的铅垂下方(因滚动摩擦会稍有偏差)，然后在轴线 $O$ 的铅垂上方适当位置加一定的平衡质量，这时若质心仍不在 $O$ 上，转子还要在导轨上摆动，通过调整所加平衡质量的大小及径向位置再进行试验，直到转子在任意位置都能保持静止不动。这时所加的平衡质量与其向径的乘积就是使该转子达到静平衡所需加装的质径积，再根据质径积重新分配质量和位置，焊或铆上一相当的材料即可达到平衡(或在相反方向钻孔去掉适当质量)。上述这种静平衡试验所需设备和方法都比较简单，也能达到较高的平衡精度，故目前还被广泛采用。

**2. 动平衡试验**

转子的动平衡试验是在动平衡机上进行的。现代动平衡机大多采用电子测量技术测定构件的不平衡量。图 12-15 所示为一种电测动平衡机的原理示意图。它由驱动系统、试件(转子)支承系统和不平衡量测量系统三个主要部分组成。

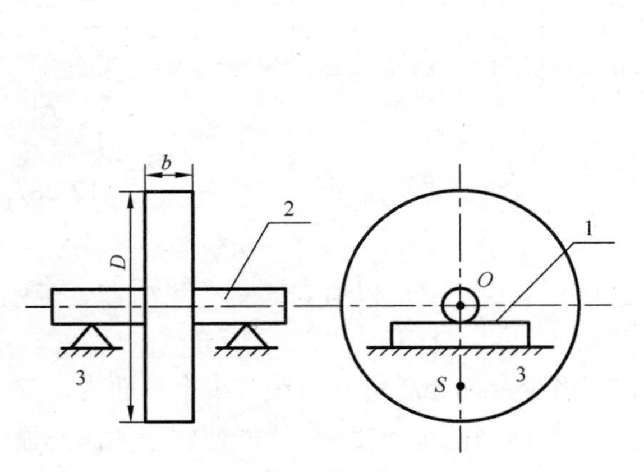

图 12-14 静平衡试验

1-导轨；2-转子；3-机架

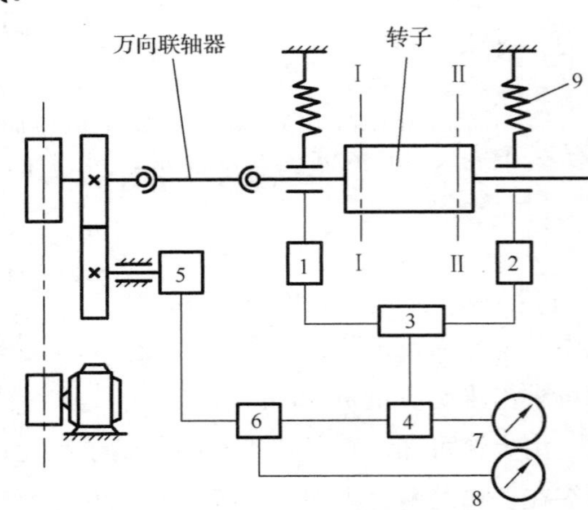

图 12-15 电测动平衡机的原理示意图

驱动系统采用变速电动机，经过一级带传动及万向联轴器来驱动试件，试件的支承系统是由支承座和弹簧 9 组成的一个弹性系统。由于驱动系统与试件间用万向联轴器连接，既保证转子与驱动系统同步旋转，又允许转子在弹性支承系统上振动。1、2 为拾振传感器，它们检测出两支承上的振幅和相位后送到解算装置 3 中，经解算后把平衡平面Ⅰ和Ⅱ上的不平衡质径积的大小、相位分开，再送到信号放大器 4 中。经放大后的质径积 $m_{\mathrm{I}}r_{\mathrm{I}}$、$m_{\mathrm{II}}r_{\mathrm{II}}$ 就可通过仪表 7 读出，而相位的信号则送到鉴相器 6。驱动器带动一基准信号发生器 5，5 发出的基准信号也送入鉴相器 6 中与两支承的相位信号比较，就可得到平衡平面Ⅰ、Ⅱ上的质径积的相位，并从仪表 8 中读出。这类动平衡机的灵敏度较高，能使转子达到相当高的平衡精度。

### 12.5.4 转子不平衡量的表示方法与许用不平衡量

**1. 转子不平衡量的表示方法**

转子的不平衡量一般用质径积(或重径积)或偏心距来表示。首先分析图 12-16 所示的盘形转子。设转子质量为 $m$(kg)，质心偏离几何回转轴线的距离——偏心距为 $e$(μm)。当转子以角速度$\omega$回转时，转子的离心惯性力 $F=me\omega^2$。若要使转子达到平衡，可在质心 $S$ 的对面，半径为 $r_{\mathrm{j}}$(mm)处加一平衡质量 $m_{\mathrm{j}}$(g)，使其产生的离心惯性力 $F_{\mathrm{j}}$ 的大小等于 $F$，$F_{\mathrm{j}}$ 的指向与 $F$ 相反，从而使转子达到离心惯性力的平衡，即 $F_{\mathrm{j}}=-F$，则有

$$m_{\mathrm{j}}r_{\mathrm{j}}=me \tag{12-29}$$

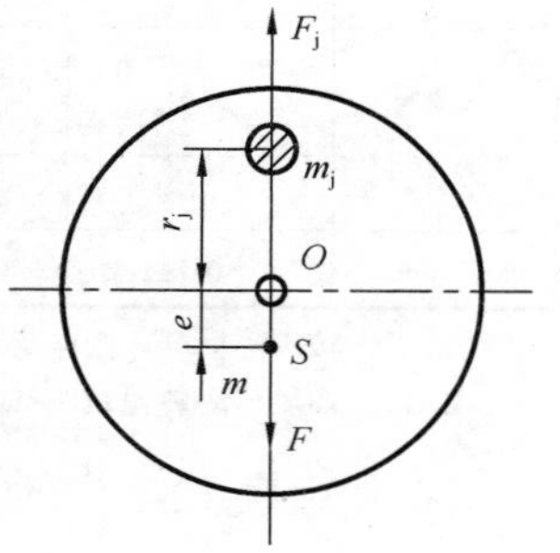

所以，质量为 $m$、偏心距为 $e$ 的转子，可用质径积 $m_{\mathrm{j}}r_{\mathrm{j}}$ 来平衡。由式(12-29)可知，平衡质量的位置离回转中心 $O$ 越远，则所加的平衡质量 $m_{\mathrm{j}}$ 越小。这种用 $m_{\mathrm{j}}r_{\mathrm{j}}$ 大小来表示不平衡程度的方法称为不平衡量的质径积表示法。但是要注意到：同样大小的质径积(惯性力)，对于质量大小不同的两个转子其影响应该是不同的。因此，将质径积与转子的质量联系起来一并考虑是必要的。这样，就提出了单位质量不平衡量的概念。由式(12-29)可得

$$e=\frac{m_{\mathrm{j}}r_{\mathrm{j}}}{m} \tag{12-30}$$

图 12-16 盘形转子的平衡

转子质心的偏心距 $e$，即表示转子单位质量的不平衡量。对于具体的平衡试验操作来说，一般采用质径积比较方便而直观，而对于衡量转子的平衡精度来说，则采用偏心距更便于直接比较。

**2. 转子的许用不平衡量与平衡精度**

绝对平衡的转子是做不到的，实际上也不需要把转子的平衡精度定得过高，而应以满足实际工作要求为度。因此，对不同工作要求的转子可允许有不同的许用不平衡质径积[$mr$]或许用偏心距[$e$]。

转子平衡状态的优良程度称为平衡精度。经验表明，偏心距和转子角速度的乘积 $e\omega$，反映着转子的运行优良程度。不同机器的转子，从工作要求和经济性等方面考虑，应该允许有不同的 $e\omega$ 值。因此，工程上常用 $e\omega$ 来表示转子的平衡精度。表 12-2 列出了转子类型和平衡品质等级之间的关系(摘自 GB/T 9239.1—2006)供参考使用。对于一个特定的刚性转子，根据

转子的类型，选择表 12-2 对应的平衡品质等级 G，查得平衡精度 $A$，再按工作转速$\omega$来确定转子的许用不平衡偏心距$[e]$，即有

$$[e]=\frac{1000A}{\omega}\quad ,\mu\text{m} \tag{12-31}$$

表 12-2 典型刚性转子的平衡品质等级

| 平衡品质等级 G | 量值 $A=\frac{[e]\omega}{1000}$ /(mm/s) | 机械类型：一般示例 |
|---|---|---|
| G4000 | 4000 | 刚性安装的具有奇数汽缸的低速①船用柴油机曲轴传动装置② |
| G1600 | 1600 | 刚性安装的大型两冲程发动机曲轴传动装置 |
| G630 | 630 | 刚性安装的大型四冲程发动机曲轴传动装置；弹性安装的船用柴油机曲轴传动装置 |
| G250 | 250 | 刚性安装的高速①四缸柴油机曲轴传动装置 |
| G100 | 100 | 六缸和六缸以上高速柴油机曲轴传动装置；汽车、机车用发动机整机 |
| G40 | 40 | 汽车轮、轮缘、轮组、传动轴；弹性安装的六缸和六缸以上高速四冲程发动机曲轴传动装置；汽车、机车用发动机曲轴传动装置 |
| G16 | 16 | 特殊要求的传动轴(螺旋桨轴、万向联轴器轴)；破碎机械和农业机械的零件；汽车和机车发动机的部件；特殊要求的六缸和六缸以上的发动机曲轴传动装置 |
| G6.3 | 6.3 | 作业机械的回转零件；船用主汽轮机齿轮；航空燃气轮机转子；风扇；离心机鼓轮；泵转子；机床及一般机械的回转零部件；普通电机转子；特殊要求的发动机回转零部件 |
| G2.5 | 2.5 | 燃气轮机和汽轮机的转子部件；刚性汽轮发电机转子；透平压缩机转子；机床传动装置；特殊要求的大型和中型电机转子；小型电机转子；透平驱动泵 |
| G1.0 | 1.0 | 磁带记录仪及录音机的驱动装置；磨床传动装置；特殊要求的微型电机转子 |
| G0.4 | 0.4 | 精密磨床主轴、砂轮盘及电机转子；陀螺仪 |

注：① 按国际标准，低速柴油机的活塞速度小于 9m/s，高速柴油机的活塞速度大于 9m/s；
② 曲轴传动装置是包括曲轴、飞轮、离合器、带轮等的组合件。

在使用表 12-2 中的推荐数值时，应注意下列不同情况。

(1) 对于静不平衡的转子，按表 12-2 和式(12-31)即可计算出许用偏心距$[e]$。

(2) 对于动不平衡的转子，求出$[e]$值后，需按式(12-29)求出许用不平衡质径积$[m_jr_j]=m[e]$，然后应将它分配到两个选定的平衡平面 I 和 II 上面去。各平衡平面 I 和 II 上的许用质径积可按下列计算方法进行分析(图 12-17)：

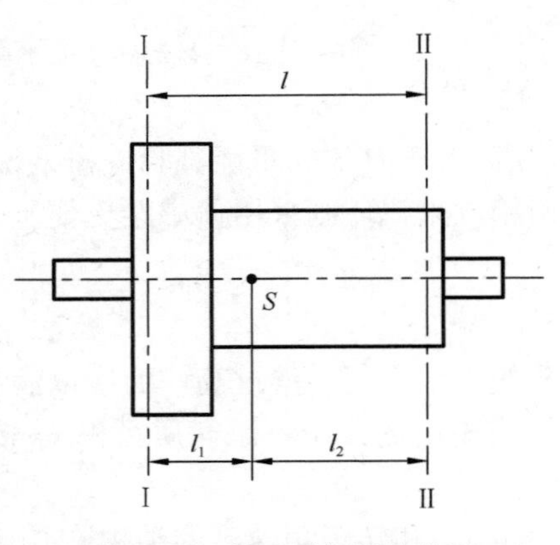

图 12-17 转子质径积的分配

$$\begin{cases}\left[m_jr_j\right]_{\text{I}}=\dfrac{l_2}{l}m[e]\\ \left[m_jr_j\right]_{\text{II}}=\dfrac{l_1}{l}m[e]\end{cases} \tag{12-32}$$

**例 12-5** 某离心泵叶轮，其最大工作转速为 3000r/min，质量为 40kg。需进行动平衡试验，若选定两平衡平面对称于叶轮的质心，试确定两平衡平面上许用质径积。

**解**　按表 12-2 离心泵叶轮的平衡精度可选 G6.3 级，$A=\dfrac{[e]\omega}{1000}=6.3\ \text{mm/s}$，则

$$[e]=\frac{6.3\times1000}{3000\times\dfrac{2\pi}{60}}\approx21\ (\mu\text{m})$$

由式(12-29)可求得许用不平衡质径积的上限为

$$\left[m_{\text{j}}r_{\text{j}}\right]=m[e]=40\times21=840\ (\text{g}\cdot\text{mm})$$

又根据式(12-32)求得 I 和 II 两平衡平面的质径积为

$$\left[m_{\text{j}}r_{\text{j}}\right]_{\text{I}}=\left[m_{\text{j}}r_{\text{j}}\right]_{\text{II}}=\frac{1}{2}\left[m_{\text{j}}r_{\text{j}}\right]=420\ \text{g}\cdot\text{mm}$$

# 思考题与习题

12-1 机械运动三个阶段的特征是什么？

12-2 为什么要建立机械系统的等效动力学模型？

12-3 计算等效力(或力矩)的条件是什么？计算等效转动惯量(或质量)的条件是什么？

12-4 机械产生速度波动的主要原因是什么？速度波动会引起什么后果？

12-5 周期性速度波动和非周期性速度波动的区别在哪里？一般采用什么方法进行调节？

12-6 为什么用飞轮可以调节周期性速度波动？加大飞轮的转动惯量能否使机械达到匀速运转的状态？

12-7 为什么要对回转构件进行平衡？

12-8 仅经过静平衡校正的转子是否能满足动平衡的要求？经过动平衡校正的转子是否能满足静平衡的要求？为什么？

12-9 在动平衡计算或实验时，为什么要选两个平衡面？一个或三个平衡面可否？为什么？

12-10 图 12-18 所示为搬运器机构，各构件尺寸为：$l_{AB}=l_{ED}=200\ \text{mm}$、$l_{BC}=l_{CD}=l_{EF}=400\ \text{mm}$，在图示位置时 $\varphi_1=\varphi_{23}=\varphi_3=90°$。设作用在滑块 5 上的阻力为 $F_5$=2000N，现以构件 1 为等效构件，求由 $F_5$ 所形成的等效力矩 $M_{\text{v}}$，并作出 $M_{\text{v}}$-$\varphi_1$ 曲线，$\varphi_1$ 是构件 1 的转角。

12-11 在图 12-19 中，行星轮系各轮齿数为 $z_1$、$z_2$、$z_3$，其质心与轮心重合，齿轮 1、2 对其质心 $O_1$、$O_2$ 的转动惯量为 $J_1$、$J_2$，系杆 $H$ 对 $O_1$ 的转动惯量为 $J_H$，齿轮 2 的质量为 $m_2$，现以齿轮 1 为等效构件，求该轮系的等效转动惯量 $J_{\text{v}}$。

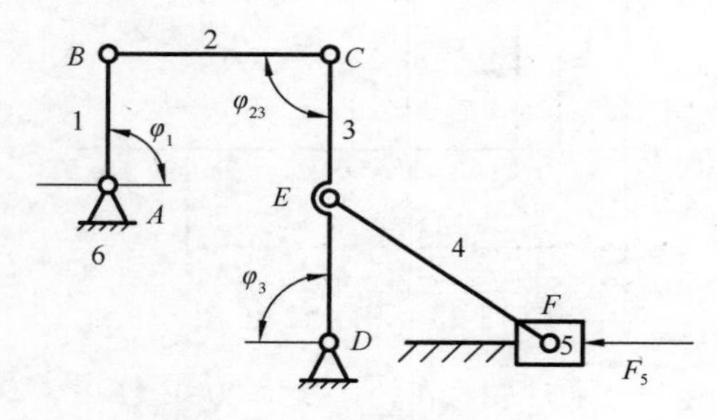

图 12-18　习题 12-10 图

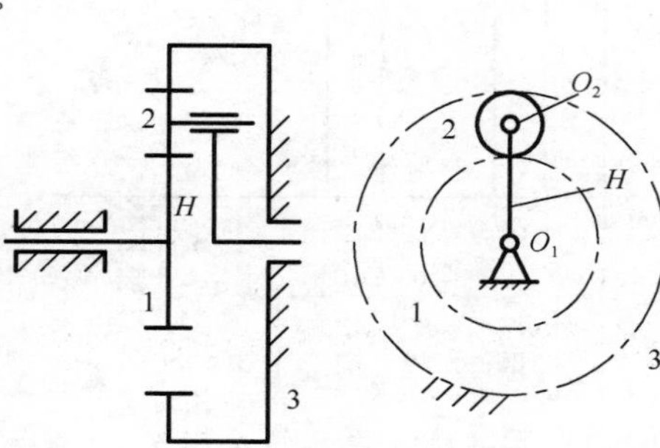

图 12-19　习题 12-11 图

12-12 机器主轴的角速度值从$\omega_1$(rad/s)降到$\omega_2$(rad/s)时，飞轮放出 $W$(N·m)的功，求飞轮的转动惯量。

12-13 在图 12-20 所示的对心曲柄滑块机构中，已知各构件尺寸：$l_1=120\,\text{mm}$、$l_2=300\,\text{mm}$、$l_{BS2}=150\,\text{mm}$，各构件质量：$m_2$=8kg、$m_3$=20kg，构件 1 对其转动中心 $A$ 的转动惯量 $J_{1A}=0.2\,\text{kg·m}^2$、构件 2 对质心 $S_2$ 的转动惯量 $J_{S2}=0.6\,\text{kg·m}^2$。设作用在构件 1 上的驱动力矩和阻力矩都是常数 $M_a=30\text{N·m}$、$M_c=10\text{N·m}$，又当 $\varphi_1=0$ 时构件 1 的角速度 $\omega_1$=10 1/s，求 $\varphi_1=90°$ 时构件 1 的角速度。

12-14 在图 12-21 中，定轴轮系的 $z_1=z_2'=20$、$z_2=z_3=40$，各轮对其轮心的转动惯量为：$J_{O1}=J_{O'2}=0.01\,\text{kg·m}^2$、$J_{O2}=J_{O3}=0.04\,\text{kg·m}^2$。设加于轮 1 和轮 3 上的力矩分别为 $M_1$=80N·m、$M_3$=100N·m，又知该轮系原为静止的，问在 $M_1$、$M_3$ 作用下到 1.5s 后轮 1 的角加速度$\varepsilon_1$和角速度$\omega_1$值有多大。

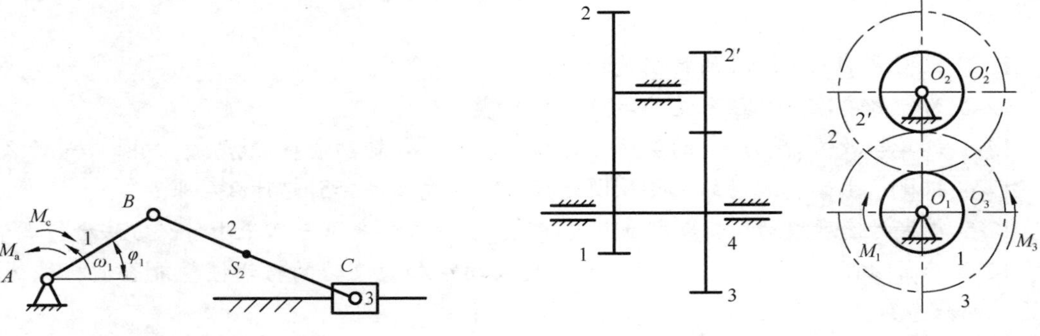


图 12-20 习题 12-13 图　　图 12-21 习题 12-14 图

12-15 机器的一个稳定运动循环与主轴两转相对应。以曲柄与连杆所组成的转动副 $A$ 的中心为等效力的作用点，等效阻力变化曲线 $F_{vc}$-$S_A$ 如图 12-22 所示。等效驱动力 $F_{va}$ 为常数，等效构件(曲柄)的平均角速度值$\omega_m$=25r/s，不均匀系数$\delta$=0.02，曲柄长$l_{OA}=0.5\,\text{m}$，求装在主轴(曲柄轴)上的飞轮的转动惯量。

12-16 如题 12-15 中仍以曲柄为等效构件。给定等效阻力矩 $M_{vc}$ 的变化曲线如图 12-23 所示，等效驱动力矩为常数，其余数据同上题，飞轮装在曲柄轴上，求飞轮的转动惯量。

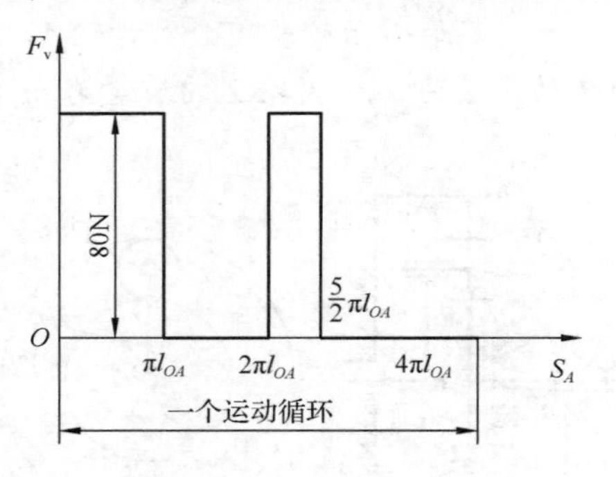


图 12-22 习题 12-15 图

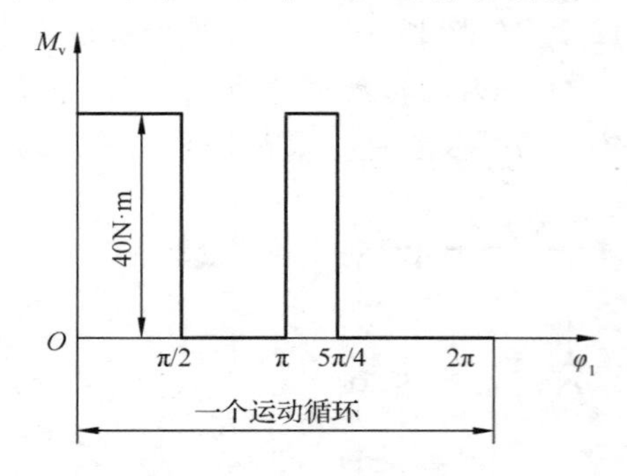


图 12-23 习题 12-16 图

12-17 图 12-24 中各轮齿数为 $z_1$、$z_2$，$z_3=3z_1$，轮 1 为主动轮，在轮 1 上加力矩 $M_1$=常数。作用在轮 2 上的阻力矩 $M_r$ 的变化为：当 $0\leqslant\varphi_2\leqslant\pi$ 时，$M_r=M_2$=常数；当 $\pi<\varphi_2<2\pi$ 时，

$M_r=0$，两轮对各自中心的转动惯量为 $J_1$、$J_2$。轮 1 的平均角速度值为 $\omega_m$。若不均匀系数为 $\delta$，则：①画出以轮 1 为等效构件的等效力矩 $M_v$-$\varphi$ 曲线；②求出最大盈亏功；③求飞轮的转动惯量 $J_F$。

12-18 图 12-25 所示的盘形构件有四个偏心质量位于同一转动平面内，它们的质量大小及其质心至转动轴线的距离分别为：$m_1=5\text{kg}$、$m_2=7\text{kg}$、$m_3=8\text{kg}$、$m_4=10\text{kg}$；$r_1=r_4=100\text{mm}$、$r_2=200\text{mm}$、$r_3=150\text{mm}$。设欲加平衡质量 $m$ 的质心至转动轴线的距离 $r=150\text{mm}$，试求平衡质量 $m$ 的大小和方位角。

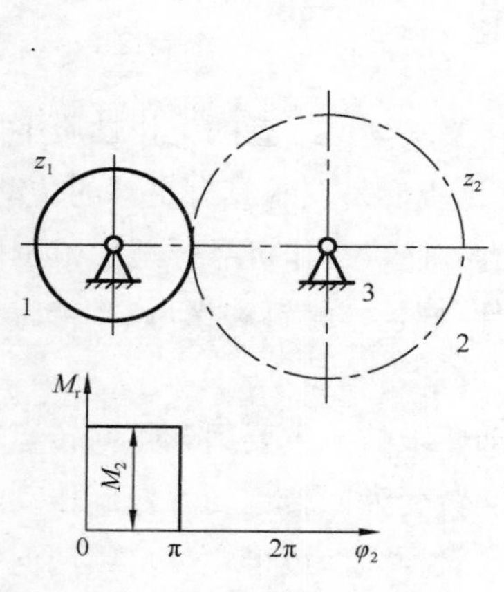


图 12-24 习题 12-17 图

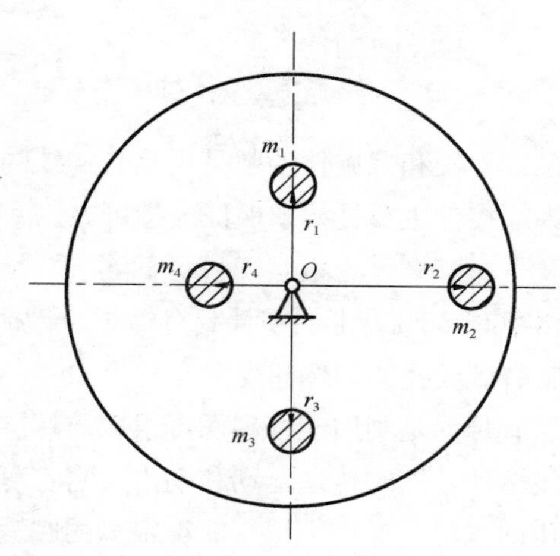


图 12-25 习题 12-18 图

12-19 图 12-26 所示回转构件的各偏心质量 $m_1=100\text{g}$、$m_2=150\text{g}$、$m_3=200\text{g}$、$m_4=100\text{g}$，它们的质心至转动轴线的距离分别为 $r_1=400\text{mm}$、$r_2=r_4=300\text{mm}$、$r_3=200\text{mm}$，各偏心质量所在平面间的距离为 $l_{12}=l_{23}=l_{34}=200\text{ mm}$，各偏心质量的方位角 $\alpha_{12}=120°$、$\alpha_{23}=60°$、$\alpha_{34}=90°$。若加在平衡面 $T'$ 和 $T''$ 中的平衡质量 $m'$ 及 $m''$ 的质心至转动轴线的距离分别为 $r'$ 和 $r''$，且 $r'=r''=500\text{mm}$，试求 $m'$ 和 $m''$ 的大小及方位。

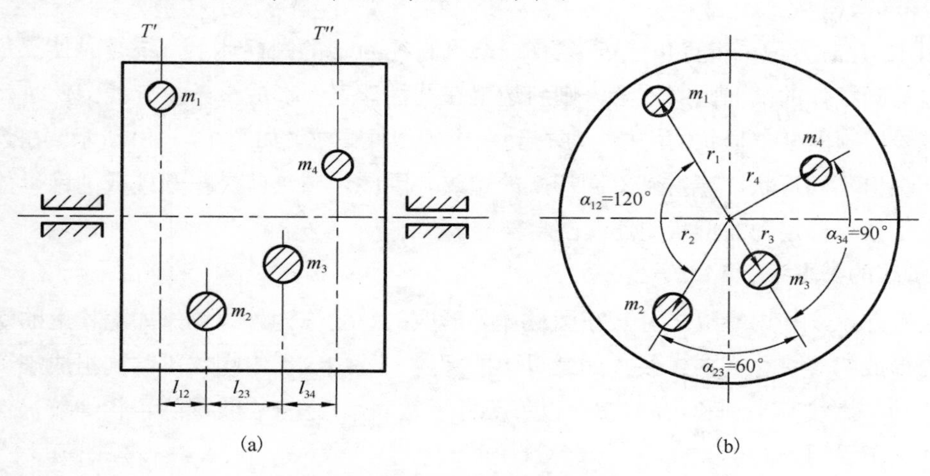


图 12-26 习题 12-19 图

# 第13章 螺纹连接与螺旋传动

## 13.1 概　　述

螺纹连接和螺旋传动都是用具有螺纹的零件实现工作要求，但二者的工作性质不同，前者作为连接件主要是要求保证连接可靠，后者作为传动件则主要是要求具有足够的传动精度、效率及寿命。螺纹连接是一种可拆连接，结构简单、装拆方便、工作可靠、适用范围广。现代机器中有 60%以上的零件制有螺纹，包括通用的紧固件(螺栓、螺钉和螺母)、带有螺纹的轴、带有螺纹孔的箱体和壳形零件等。

螺旋传动是利用螺杆和螺母组成的螺旋副来实现传动要求的，主要用于将回转运动转变为直线运动，同时传递运动和动力。它也可以将直线运动转变为回转运动。螺旋传动结构简单，传动平稳，噪声小，可获得很大的减速比，能产生较大推力，还可实现自锁，但传动效率低。

## 13.2 螺纹连接的基本知识

### 13.2.1 螺纹的形成、类型

**1. 螺纹的形成**

如图 13-1(a)所示，将直角三角形 $ABC$ 绕到直径为 $d$ 的圆柱体上，绕转时使三角形的一个直角边与圆柱体的端面圆周重合，则斜边就在圆柱体表面形成一条螺旋线。此时，若用车刀沿螺旋线切制出某一形状的沟槽，便得到相应的圆柱螺纹，如图 13-1(b)所示。在过轴线的平面中切制出不同形状，便得到不同形式的螺纹。因此，螺纹就是在圆柱或圆锥母体上制出的螺旋形、具有特定轴面形状的连续凸起部分。

**2. 螺纹的类型**

螺纹有外螺纹和内螺纹之分。在圆柱体外形成的螺纹称为外螺纹，如螺栓上的螺纹。在圆柱孔内形成的螺纹称为内螺纹，如螺母中的螺纹。外螺纹和内螺纹可共同组成螺旋副用于连接或传动。螺纹有米制和英制(螺距以每英寸牙数表示)之分。我国除了管螺纹仍保留有英制外，其余都采用米制螺纹。

常用螺纹的类型主要有普通螺纹、管螺纹、矩形螺纹、梯形螺纹和锯齿形螺纹。前两种主要用于连接(称为连接螺纹)，后三种用于传动(称为传动螺纹)。其中除矩形螺纹外，均已标准化。标准螺纹的基本尺寸可查阅有关标准。现将常用螺纹的类型、特点及应用介绍如下。

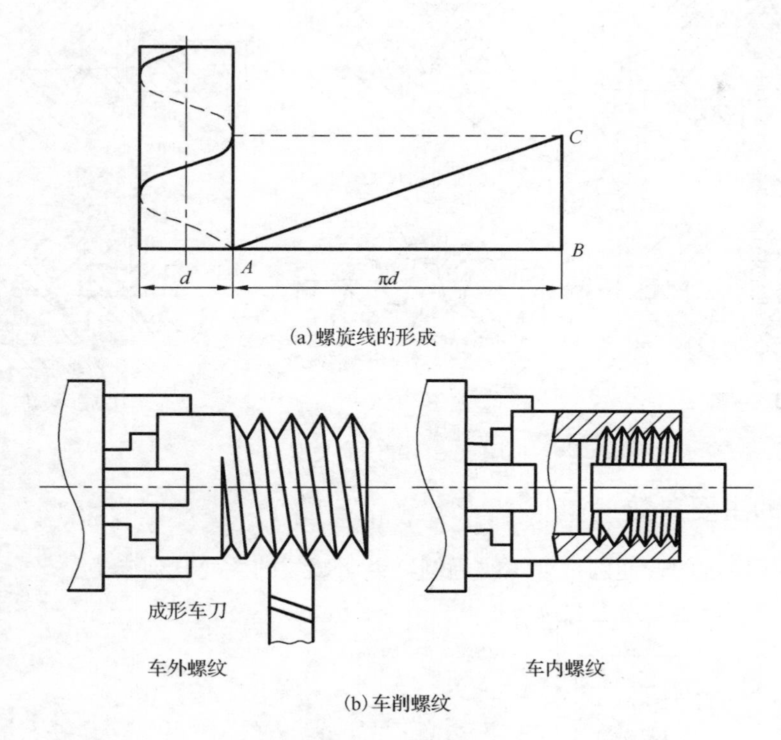


(a)螺旋线的形成

(b)车削螺纹

图 13-1　螺纹的形成

**1)普通螺纹**

图 13-2(a)所示为普通螺纹，其牙型角为 60°，当量摩擦角较大，自锁性好、强度高，广泛用于螺纹连接。对于公称直径相同的普通螺纹，按螺距大小的不同，有粗牙和细牙之分。细牙螺纹的螺距小、螺旋升角小、自锁性更好、强度更高，但不耐磨损，容易滑扣。一般的螺纹连接多采用粗牙普通螺纹。细牙普通螺纹多用于细小零件、薄壁管件等，也可用作微调机构的调节螺纹。

**2)管螺纹**

管螺纹的牙型角为 55°，内、外螺纹旋合后径向不留间隙，有利于保证连接的紧密性。管螺纹分为密封和非密封两种类型。非密封管螺纹为圆柱螺纹，通过在螺纹副中加入密封填料(如麻丝、生料带等)可实现密封(图 13-2(b))。密封管螺纹的外螺纹为圆锥螺纹，内螺纹为圆锥或圆柱螺纹(图 13-2(c))，无须填料而依靠旋合后螺纹本身的变形就可保证密封要求，且非常可靠。

**3)矩形螺纹、梯形螺纹和锯齿形螺纹**

这三种螺纹分别如图 13-2(d)、(e)、(f)所示，它们的传动效率较高，因而广泛应用于螺旋传动中。

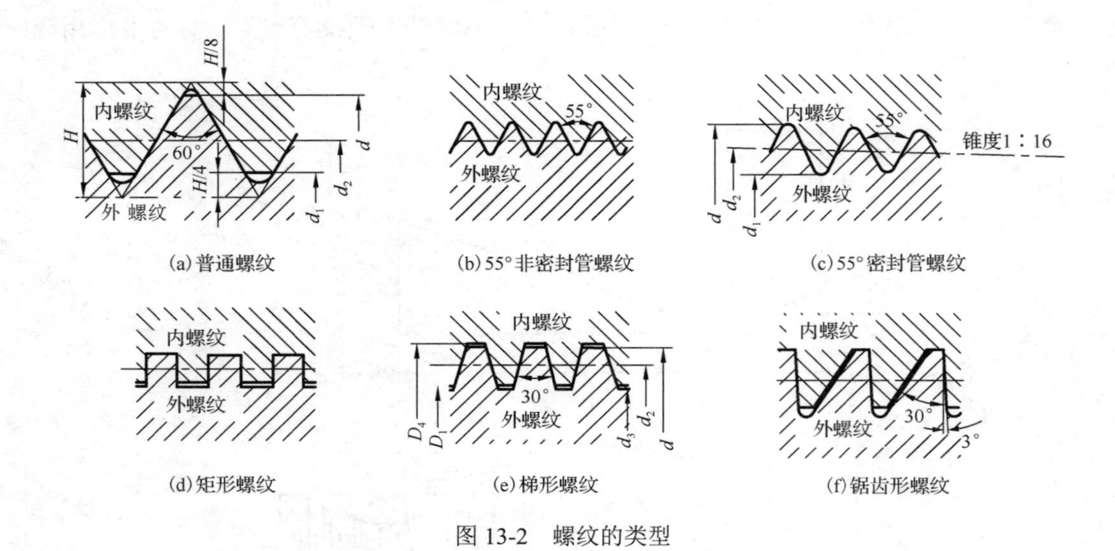


图 13-2 螺纹的类型

## 13.2.2 螺纹的主要参数

现以图 13-3 所示的普通圆柱外螺纹为例，说明螺纹的主要几何参数。

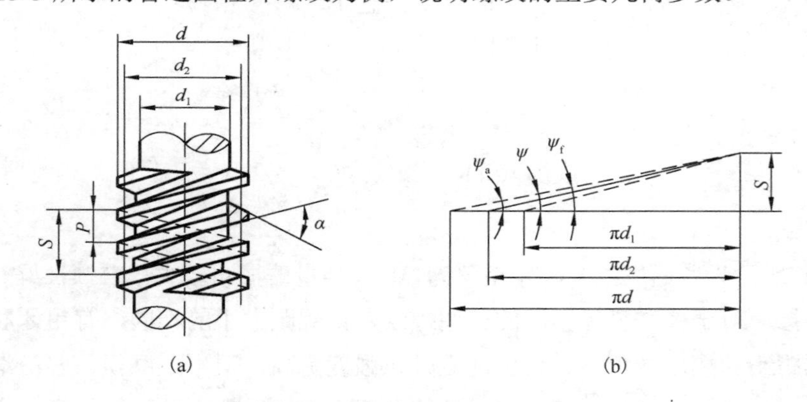


图 13-3 普通圆柱外螺纹

(1) 大径 $d$——螺纹的最大直径，即与外螺纹牙顶相切的假想圆柱面的直径。在标准中规定为公称直径。

(2) 小径 $d_1$——螺纹的最小直径，即与外螺纹牙底相切的假想圆柱面的直径。在强度计算时常作为螺杆危险截面的计算直径。

(3) 中径 $d_2$——通过螺纹轴向截面内牙型上的牙槽和牙厚相等处的假想圆柱面的直径。

(4) 螺距 $P$——螺纹两个相邻牙上对应点之间的轴向距离。普通螺纹大径相同时，按螺距的大小分为粗牙螺纹和细牙螺纹(图 13-4)。

(5) 线数 $n$——螺纹的螺旋线数目(图 13-5)，沿一根螺旋线制成的螺纹称为单线螺纹，沿两根以上的等距螺旋线制成的螺纹称为多线螺纹。连接螺纹要求自锁性好，故多用单线螺纹(螺纹升角小)；传动螺纹强调高效率，故多用双线以上螺纹。为便于制造，超过四线以上的螺纹很少采用。

(6) 导程 $S$——同一条螺旋线上的螺纹，其相邻两牙对应点的轴向距离。对单线螺纹，$S=P$；对多线螺纹，$S=nP$。

(7) 螺纹升角（导程角）$\psi$——在中径圆柱面上，螺旋线的切线与垂直于螺纹轴线的平面间的夹角。其计算式为

$$\tan\psi=\frac{S}{\pi d_2}=\frac{nP}{\pi d_2} \tag{13-1}$$

(8) 牙型角 $\alpha$——轴向截面内螺纹牙两侧边的夹角。它对螺纹强度、效率和自锁均有较大的影响。

(9) 旋向——螺纹有左旋与右旋之分，其旋向与螺旋线的旋向定义一致。从工程角度讲，连接时可顺时针旋入的称为右旋螺纹、可逆时针旋入的称为左旋螺纹（图 13-5）。为了加工和使用方便，一般都采用右旋螺纹。

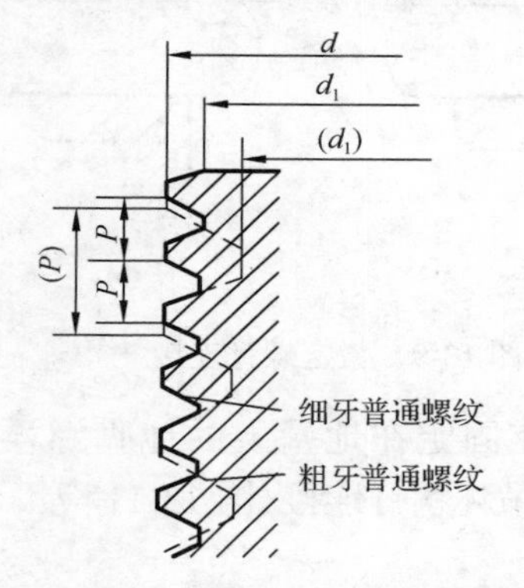


图 13-4　粗牙普通螺纹和细牙普通螺纹

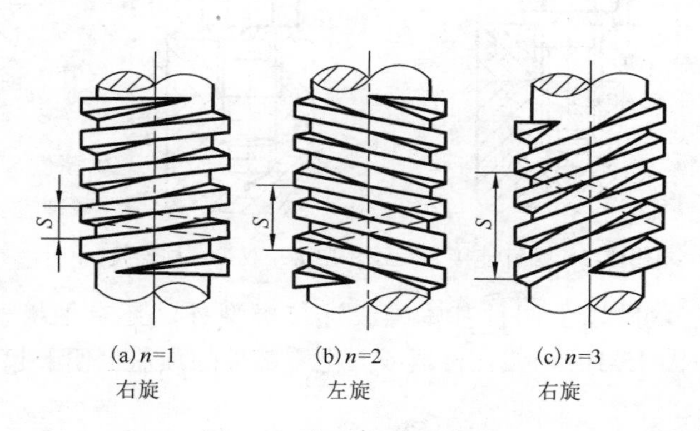


图 13-5　螺纹线数、旋向

### 13.2.3　螺纹连接的类型

螺纹连接主要包括螺栓连接、螺钉连接、双头螺柱连接和紧定螺钉连接等。

**1. 螺栓连接**

如图 13-6 所示，用螺栓贯穿两个（或多个）被连接件后拧上螺母的螺纹连接称为螺栓连接。螺栓连接通常用于被连接件不是很厚，并能从被连接件两边进行装配的场合。图 13-6(a) 所示为普通螺栓连接，被连接件的通孔和螺栓杆之间留有间隙，通孔加工精度要求较低。该连接结构简单，装拆方便，成本低，螺栓损坏后也容易更换，且不受被连接件材料限制，因而应用最广。图 13-6(b) 所示为铰制孔用螺栓连接，孔和螺栓杆之间多采用基孔制过渡配合，孔的加工精度要求较高，螺栓杆能够承受横向载荷并能精确定位被连接件的相对位置。

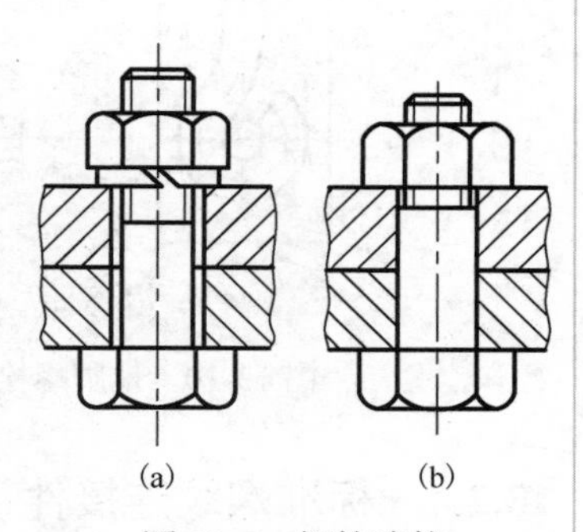


图 13-6　螺栓连接

**2. 螺钉连接**

如图 13-7 所示，利用螺钉直接拧入被连接件的螺纹孔内而实现的连接称为螺钉连接。它适用于被连接件之一很厚且受力不大、无须经常拆装的场合。

**3. 双头螺柱连接**

图 13-8 所示为双头螺柱连接，螺柱两端均有螺纹，一端旋入被连接件的螺纹孔内紧固，另一端穿过另一被连接件的通孔与螺母旋合。它用于被连接件之一较厚，或有气密要求不允许有通孔，且须经常拆装的场合。

**4. 紧定螺钉连接**

如图 13-9 所示，利用旋入零件螺纹孔中的紧定螺钉末端，顶住另一零件的表面或顶入其表面的凹坑中，以便固定两个零件的相对位置，并可传递不大的力和转矩。

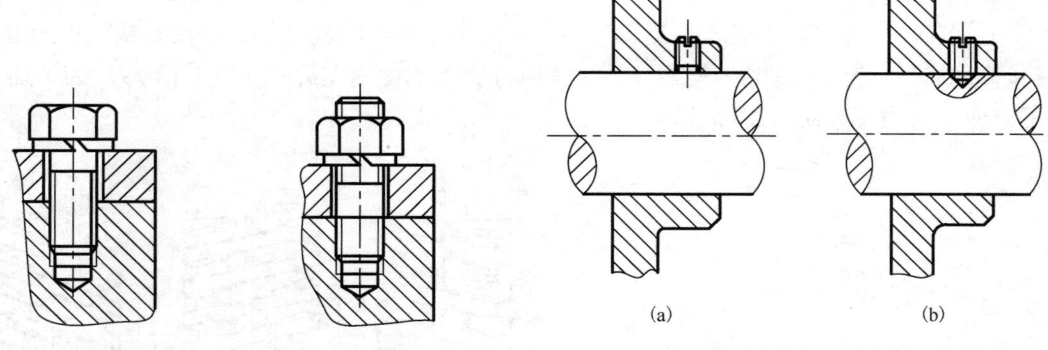


图 13-7 螺钉连接　　图 13-8 双头螺柱连接　　图 13-9 紧定螺钉连接

除以上四种基本螺纹连接类型外，还有把机器的机座固定在地基上的地脚螺栓连接(图 13-10)、装在机器或大型零部件的顶盖上便于起吊用的吊环螺钉连接(图 13-11)等。

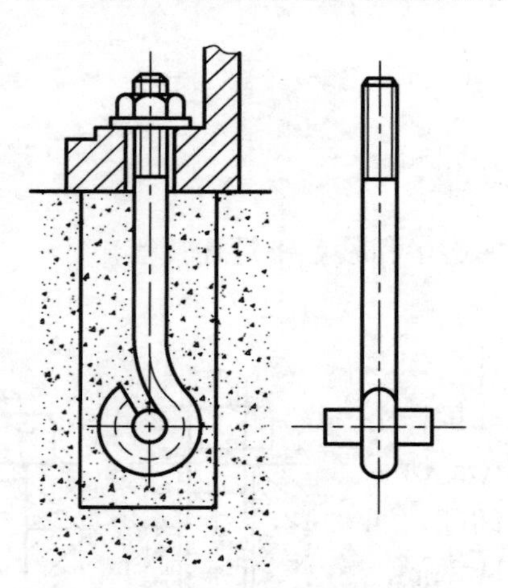

图 13-10 地脚螺栓连接

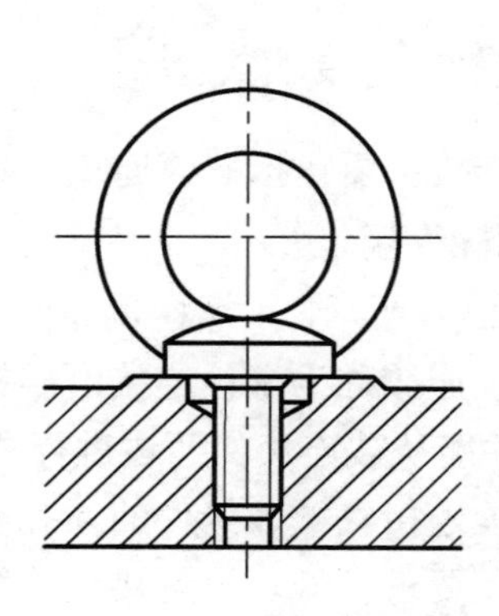

图 13-11 吊环螺钉连接

## 13.2.4 标准螺纹连接件

螺纹连接件的种类很多，在机械制造中常用的有螺栓、双头螺柱、螺钉、螺母、垫圈等。其结构形式和尺寸均已标准化，设计时应按标准选用。它们的结构特点和应用场合列于表 13-1 中。

表 13-1　常用标准螺纹连接件

| 类型 | 图例 | 结构特点和应用场合 |
| --- | --- | --- |
| 六角头螺栓 | 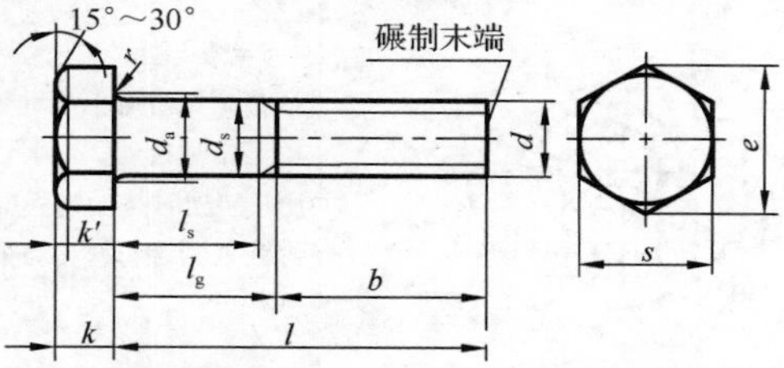 15°～30°<br>碾制末端<br>$r$ $d_a$ $d_s$ $d$ $e$ $k'$ $l_s$ $l_g$ $b$ $k$ $l$ $s$ | 种类多，应用广，螺栓杆可制出一段螺纹或全螺纹 |
| 双头螺柱 | 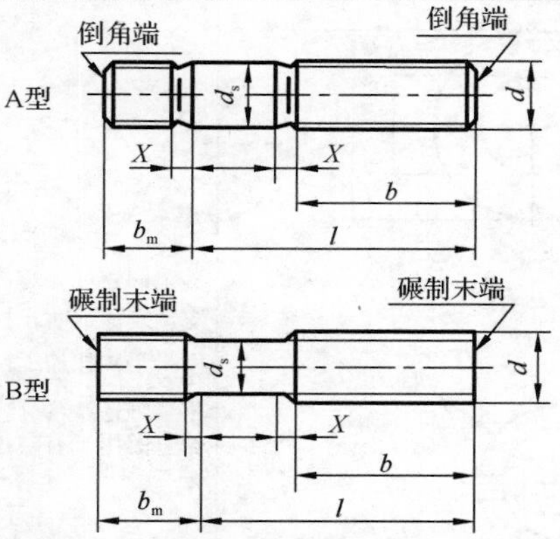 倒角端　倒角端<br>A型 $d_s$ $d$ $X$ $X$ $b$ $b_m$ $l$<br>碾制末端　碾制末端<br>B型 $d_s$ $d$ $X$ $X$ $b$ $b_m$ $l$ | 螺柱两端都制有螺纹，两端螺纹可以相同或不同。双头螺柱旋入被连接件的一端称为旋入端，与螺母旋合的另一端称为螺母端。旋入端的长度 $b_m$ 与被连接件的材料有关，$b_m=d$ 用于钢或青铜被连接件，$b_m=1.25d$ 和 $b_m=1.5d$ 用于铸铁，$b_m=2d$ 用于铝合金，旋入后一般不再拆卸 |
| 螺钉 | 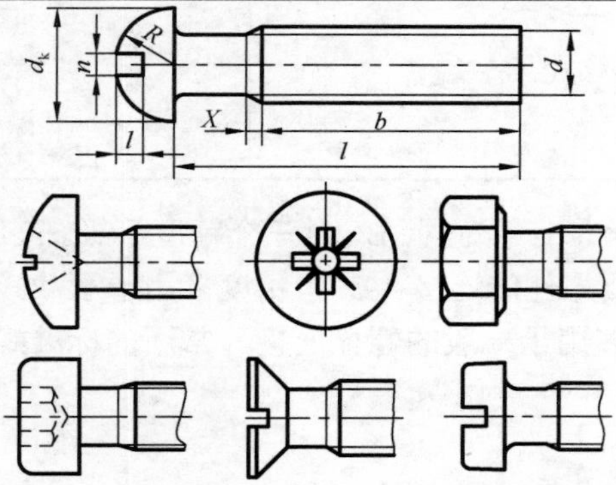 $d_k$ $n$ $R$ $d$ $X$ $b$ $l$ $t$ $l$ | 螺钉的头部有多种形式以适应不同的工作要求(左图)。十字槽螺钉的头部强度高，对中性好，便于自动装配。内六角孔螺钉能承受较大的拧紧力，可替代六角头螺栓，用于要求结构紧凑的场合 |
| 紧定螺钉 | 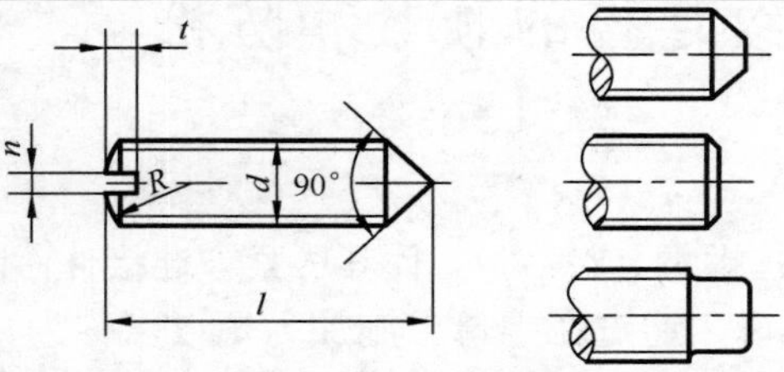 $t$ $n$ $R$ $d$ 90° $l$ | 紧定螺钉末端的形状，常用的有锥端、平端和圆柱端。锥端用于被顶零件表面硬度较低和不常调整的连接；平端用于顶紧硬度较高的表面或经常拆卸的场合；圆柱端顶入零件的凹坑内能传递较大的力和转矩 |
| 六角螺母 | 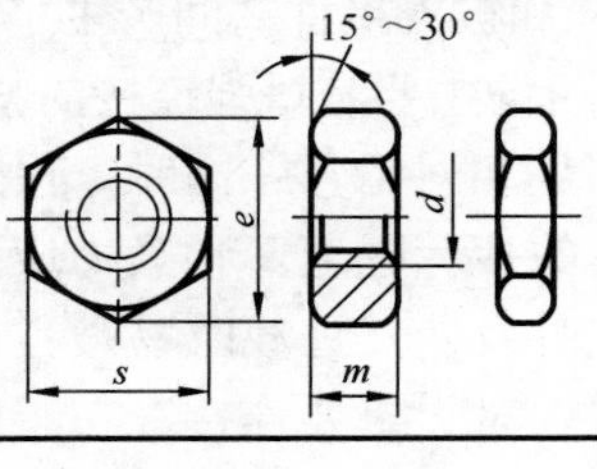 15°～30°<br>$e$ $d$ $s$ $m$ | 六角螺母应用最普遍。根据其厚度的不同，分为标准螺母和薄螺母两种。薄螺母常用于受剪力的螺栓或空间尺寸受限制的场合 |

续表

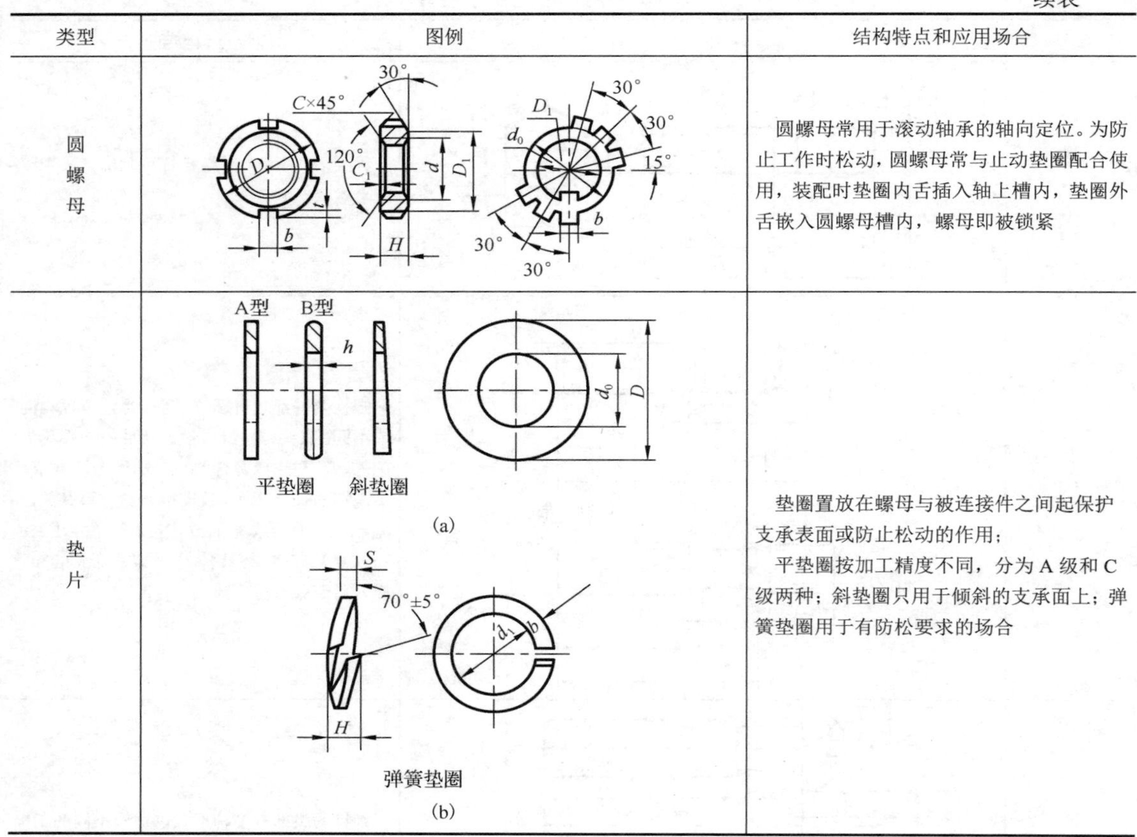

| 类型 | 图例 | 结构特点和应用场合 |
| --- | --- | --- |
| 圆螺母 | 30° C×45° 120° $C_1$ D d $D_1$ t b H 30° $D_1$ $d_0$ 30° 15° b 30° 30° | 圆螺母常用于滚动轴承的轴向定位。为防止工作时松动，圆螺母常与止动垫圈配合使用，装配时垫圈内舌插入轴上槽内，垫圈外舌嵌入圆螺母槽内，螺母即被锁紧 |
| 垫片 | A型 B型 h $d_0$ D 平垫圈 斜垫圈 (a) S 70°±5° $d_1$ b H 弹簧垫圈 (b) | 垫圈置放在螺母与被连接件之间起保护支承表面或防止松动的作用；<br>平垫圈按加工精度不同，分为A级和C级两种；斜垫圈只用于倾斜的支承面上；弹簧垫圈用于有防松要求的场合 |

国家标准规定，螺纹连接件按公差大小分为A、B、C三个精度等级。A级精度等级最高，用于要求配合精确、有冲击振动等重要零件的连接；B级精度多用于承载较大，经常拆装、调整或承受变载荷的连接；C级精度多用于一般的螺栓连接。常用的标准螺纹连接件一般选用C级精度。

## 13.3 螺纹连接的预紧和防松

### 13.3.1 螺纹连接的预紧

螺纹连接在装配时一般都必须旋拧螺母(或螺钉)，使其压紧被连接件，该过程称为预紧。多数情况下，装配时是用扳手拧紧螺母，通过在螺母上施加力矩 $T_\Sigma$(称为预紧力矩)实现预紧，如图13-12所示。预紧力矩的作用使螺栓和被连接件之间产生了相互作用的预紧力 $F'$，螺栓受拉而被连接件受压(图13-12)。预紧的目的主要是增强连接的紧密性，避免受载后被连接件间因接触压力过小而密封性能不足或产生相对滑移；同时，预紧还能增加连接的刚度和防松能力，并能提高螺栓在变载荷作用下的疲劳强度。预紧力应适当，过大的预紧力将导致连接的结构尺寸增大，或连接件在装配时及偶然过载时易被拉断。预紧力的大小应根据载荷性质、连接刚度等具体工作条件确定。对于重要连接，在装配时应控制预紧力，通常是通过控制预紧力矩的方法来控制预紧力，如采用测力矩扳手(图 13-13(a))或定力矩扳手(图 13-13(b))。

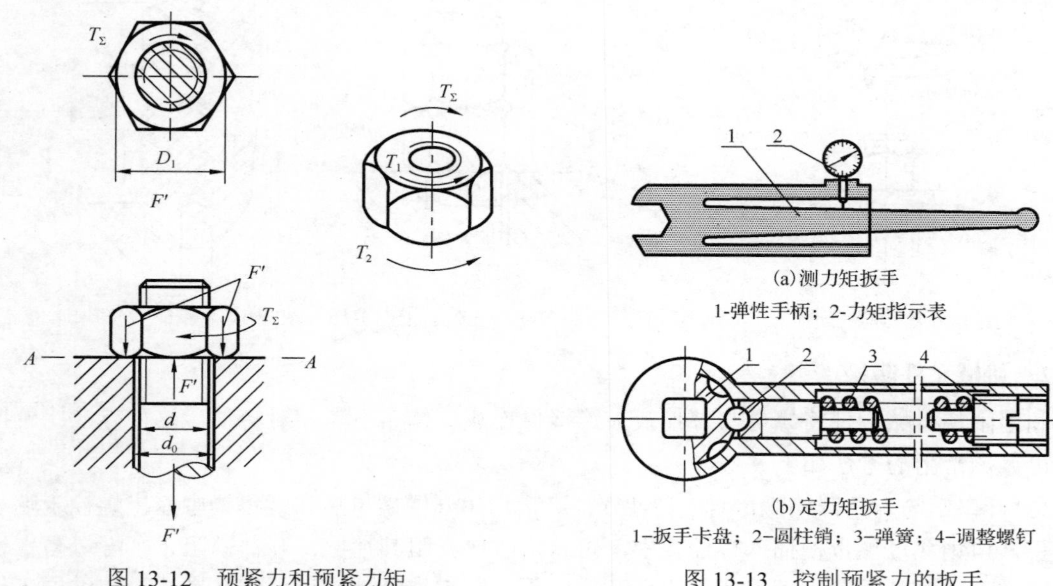


图 13-12　预紧力和预紧力矩　　图 13-13　控制预紧力的扳手

如图 13-12 所示，预紧力矩 $T_\Sigma$ 由两部分组成 $T_\Sigma=T_1+T_2$：螺旋副中的摩擦阻力矩 $T_1=(d_2/2)F'\tan(\psi+\rho_v)$ 和螺母支承面上的摩擦阻力矩 $T_2=F'f_c r_f$，其中，$d_2$ 为螺纹中径；$F'$为预紧力；$\psi$ 为螺纹升角；$\rho_v$ 为螺旋副的当量摩擦角；$f_c$ 为螺母支承面的摩擦因数；$r_f$ 为螺母支承面的摩擦半径，$r_f\approx(D_1+d_0)/4$，$D_1$ 和 $d_0$ 分别为螺母环形支承面的外径和内径。

### 13.3.2　螺纹连接的防松

连接所用普通螺纹的升角一般为 1.5°～3.5°，而螺旋副的当量摩擦角通常为 6°～11°，因此螺纹连接具有自锁性，在温度变化不大且为静载荷时不会自行松脱。但是在冲击、振动、变载荷和温度变化较大的情况下，内外螺纹间的接触压力可能会瞬间消失而无法维持足够的摩擦阻力矩，反复作用下可能导致连接松脱，因此螺纹连接需要有可靠的防松措施。

防松的根本问题是防止螺纹连接受载时内外螺纹相对转动。按工作原理，防松的方法可分为以下两大类。

**1. 摩擦防松**

摩擦防松是使螺旋副接触面的压力尽可能不随载荷和温度的变化而改变，因而受载时螺旋副中始终能产生足够的摩擦阻力防止其相对转动。它简单、方便，但可靠性较差。常用的摩擦防松措施有以下几种。

(1) 弹簧垫圈(图 13-14)。弹簧垫圈的材料为弹簧钢，旋紧螺母或螺钉后，垫圈因受压而产生弹性反力，使螺旋副的内外螺纹间始终被轴向压紧，由此产生的正压力就一直存在。它简单、方便，广泛应用于不甚重要的连接。

(2) 双螺母(图 13-15)。将两个螺母相互压紧后，使两螺母间始终存在附加的轴向压力而产生防松作用。其外廓尺寸较大，常用于低速重载场合。

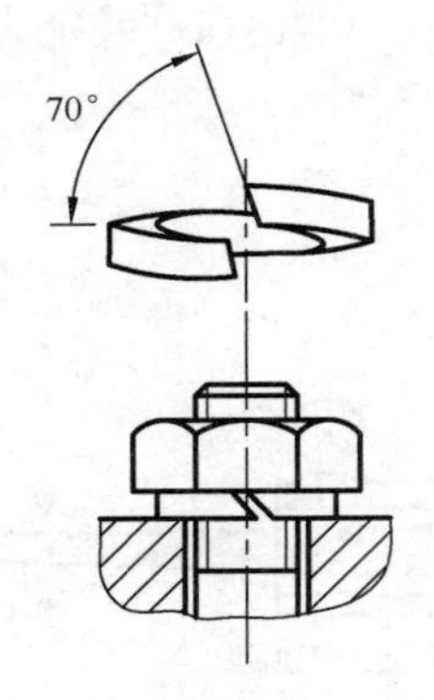

图 13-14　弹簧垫圈

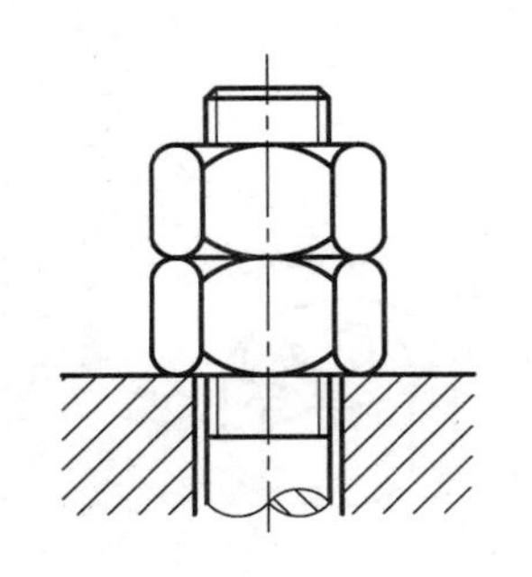
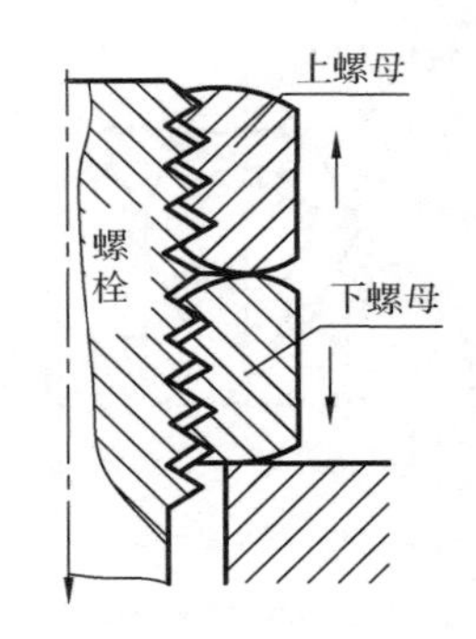

图 13-15　双螺母

**2. 机械元件防松**

利用附加机械元件将螺母与螺栓或被连接件连成一体而不能相对转动，这种方法比摩擦防松可靠。常用的方法如下。

(1) 开口销与六角开槽螺母(图 13-16)。旋紧六角开槽螺母后在螺母槽中露出螺栓末端小孔，将开口销穿过螺母槽插入螺栓孔中，再将末端掰开阻其掉出。开口销阻止了螺母与螺栓的相对转动。若使用普通螺母代替六角开槽螺母，则需拧紧螺母后再配钻销孔。该结构工作可靠，可用于承受振动、冲击或载荷变化较大的连接。

(2) 圆螺母止动垫圈(图 13-17)。该垫圈通常配合圆螺母使用。垫圈具有数个外舌和一个内舌。将内舌嵌入螺栓(或轴类零件)的轴向槽内，旋紧螺母，再将一个外舌弯进螺母的槽内，锁住螺母。该结构常见于滚动轴承的轴向固定。

(3) 外舌止动垫圈(图 13-18)。将止动垫圈的外舌嵌入被连接件表面槽中或贴紧其侧面再将垫片局部上弯贴在螺母侧面。

(4) 串联钢丝(图 13-19)。用低碳钢丝将一组螺钉头部串联起来，使其相互约束。其适用于螺钉组连接，防松可靠，但装拆不便。

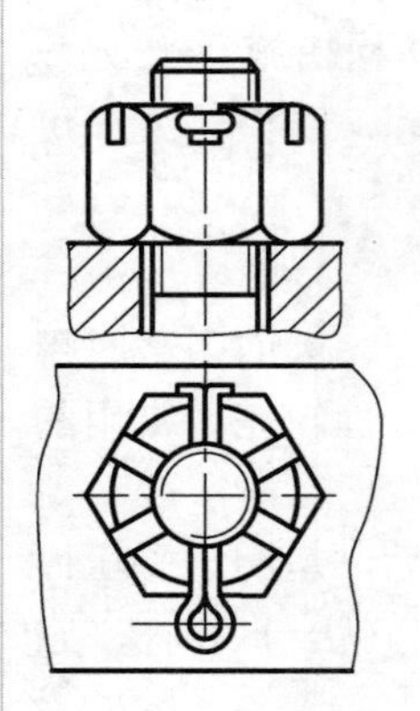
图 13-16　开口销

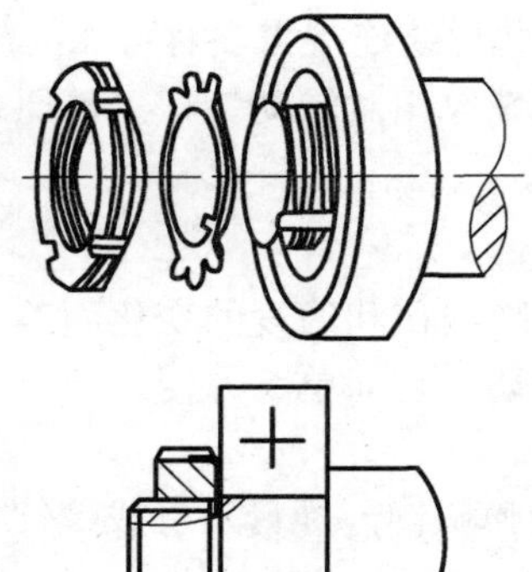
图 13-17　圆螺母止动垫圈

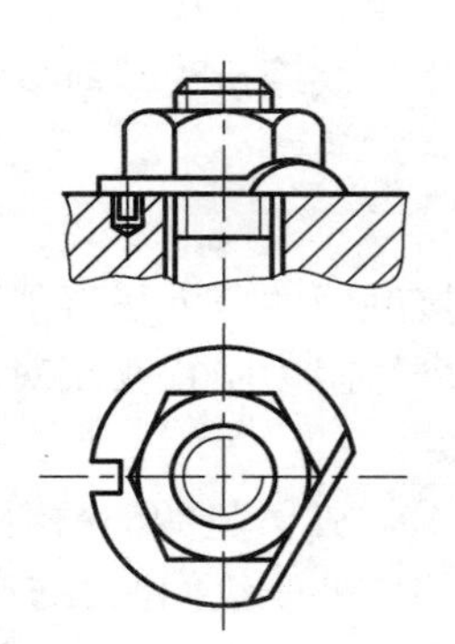
图 13-18　外舌止动垫圈

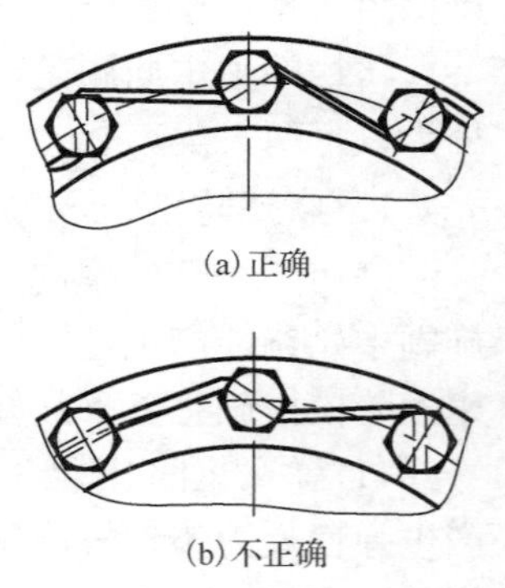
(a) 正确

(b) 不正确

图 13-19　串联钢丝

# 13.4 螺纹连接的强度计算

本节以螺栓连接为代表讨论螺纹连接的强度计算方法。该方法对双头螺柱连接和螺钉连接也同样适用。

## 13.4.1 螺栓的失效形式及计算准则

用螺栓连接其他零件时，通常要同时使用多个螺栓，故称螺栓组连接。每个螺栓组中的螺栓一般选用同样的形状和尺寸，但连接时的受力情况通常是不一样的。因此，在进行强度计算时，应先对螺栓组连接进行受力分析，找出受力最大的螺栓，计算其受力大小，再据此对螺栓进行强度计算，以便保证所有螺栓都具有足够的强度。

对于螺栓组连接，所受的载荷一般包括轴向载荷、横向载荷、弯矩和转矩等。但就其中每个具体的螺栓而言，所受载荷主要是轴向力或横向力。

在轴向静拉力(包括预紧力)作用下，螺栓杆和螺纹部分可能发生塑性变形或断裂，但实际发生概率很小，只有严重过载时才会发生。螺栓的主要失效形式是疲劳断裂，约占总失效量的 90%，而且疲劳断裂常常发生在连接螺栓应力集中严重的部位。疲劳断裂统计分布情况如图 13-20 所示。

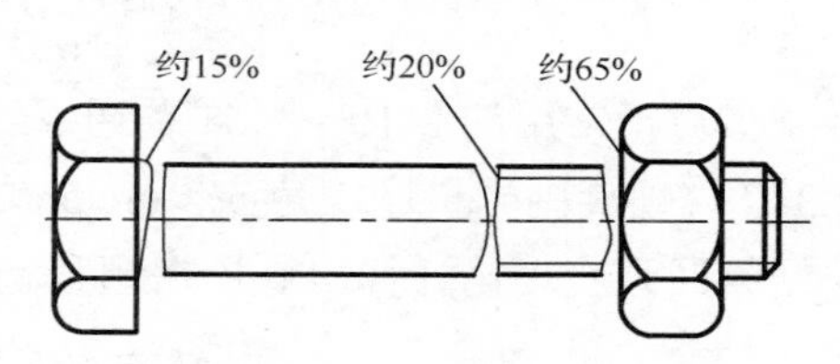

图 13-20 受拉螺栓疲劳破坏统计

对于承受横向力的螺栓，因存在挤压和剪切作用，可能导致螺栓杆和孔壁在配合连接面处发生压溃或螺栓杆被剪断。

由此，螺栓的设计准则对于受拉螺栓而言，要求保证螺栓有足够的抗拉强度；对于受剪螺栓，则是保证连接的挤压强度和螺栓杆的剪切强度，通常连接的挤压强度对连接的可靠性起决定性作用。

螺栓连接的强度计算主要是根据连接类型、装配工况(是否预紧等)、载荷状态等条件，确定螺栓的受力；然后按相应的强度条件计算螺栓危险截面的直径(通常为螺纹小径 $d_1$)并据此确定螺栓的公称直径 $d$。标准规定的螺栓其他部分(螺纹牙、螺栓头、光杆)尺寸及螺母、垫圈的结构尺寸则是考虑等强度条件和使用经验确定的，一般不需要进行强度计算，设计时可按螺栓的公称直径从标准中选用。

## 13.4.2 单个螺栓连接的强度计算

### 1. 松螺栓连接的强度计算

松螺栓连接装配时无须预紧，在承受工作载荷之前，螺栓不受力。这种连接在机械中应用较少，且只适用于承受静载荷。其典型例子是起重吊钩尾部的螺纹连接(图 13-21)。

如图 13-21 所示，当连接承受工作拉力 $F$ 时，螺栓危险截面(近似为螺纹根圆柱横截面)的强度条件为

$$\sigma = \frac{F}{\frac{\pi}{4}d_1^2} \leqslant [\sigma] \tag{13-2}$$

或
$$d_1 \geqslant \sqrt{\frac{4F}{\pi[\sigma]}} \tag{13-3}$$

式中　$\sigma$为螺栓横截面拉应力，MPa；$d_1$为螺栓危险截面直径即螺纹小径，mm；$[\sigma]$为螺栓材料的许用应力，MPa。

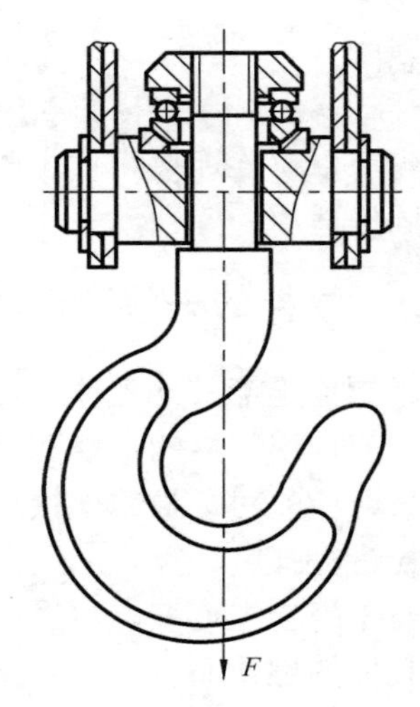

图 13-21　起重吊钩的螺纹连接

**2. 普通螺栓紧连接的强度计算**

普通螺栓紧连接在装配时需要预紧，以便产生足够的预紧力。此时螺栓受预紧力$F'$和螺旋副摩擦力矩$T_1$的共同作用，在螺栓的危险截面上产生拉应力$\sigma$和扭转切应力$\tau$，分别为

$$\sigma = \frac{F'}{\frac{\pi}{4}d_1^2} = \frac{4F'}{\pi d_1^2} \tag{13-4}$$

$$\tau = \frac{T_1}{\frac{\pi}{16}d_1^3} = \frac{F'\tan(\psi+\rho_v)\frac{d_2}{2}}{\frac{\pi}{16}d_1^3} \tag{13-5}$$

对于常用的 M10～M68 普通螺纹钢制螺栓，可取$d_2/d_1$=1.04～1.08，螺纹升角$\psi$=1°42′～3°2′，螺旋副当量摩擦角$\rho_v \approx \arctan 0.17$。由此可得$\tau \approx 0.5\sigma$。由于螺栓材料是塑性的，故可根据第四强度理论计算出螺栓在预紧状态下的相当应力为

$$\sigma_v = \sqrt{\sigma^2 + 3\tau^2} = \sqrt{\sigma^2 + 3(0.5\sigma)^2} \approx 1.3\sigma \tag{13-6}$$

由此可知，在强度计算时可以只采用式(13-4)进行计算，但须将预紧力$F'$增大 30%，等效于考虑了扭转切应力的影响。下面具体分析不同的受力状态下普通螺栓紧连接的强度计算方法。

**1) 只承受预紧力的紧螺栓连接**

图 13-22 所示为普通螺栓紧连接，当连接承受横向载荷时，依靠被连接件接合面间产生的摩擦力来传递横向载荷$F_R$，故螺栓仍只受预紧力的作用，且预紧力在连接承受横向载荷时保持不变。为保证连接结构在横向载荷作用下接合面不产生滑移，预紧力$F'$的大小需要满足的条件为

$$F' \geqslant \frac{K_f F_R}{mf} \tag{13-7}$$

式中，$m$为接合面数；$f$为接合面的摩擦因数；$K_f$为考虑摩擦传力的可靠性系数，一般取$K_f$= 1.1～1.5。

螺栓危险截面的强度条件为

$$\sigma = \frac{1.3F'}{\frac{\pi}{4}d_1^2} \leqslant [\sigma] \tag{13-8}$$

或
$$d_1 \geqslant \sqrt{\frac{4\times1.3F'}{\pi[\sigma]}} \tag{13-9}$$

式中，$F'$为预紧力，N；其余符号的含义同前。

由于该连接依靠摩擦力传递工作载荷，需要足够大的预紧力，因而增大了螺栓的尺寸。另外，该连接结构在冲击、振动或变载荷作用下，接合面的摩擦因数 $f$ 不够稳定，降低了连接的可靠性。为避免上述缺陷，可采用各种减载零件来传递横向载荷(图 13-23)，以便减小所需预紧力和连接的结构尺寸。

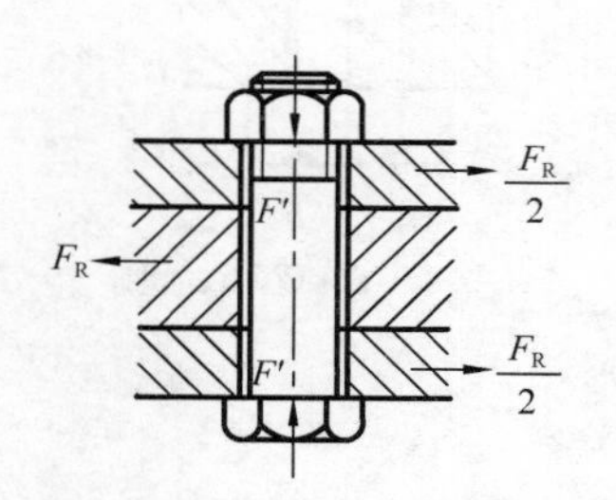


图 13-22　只承受预紧力的紧螺栓连接

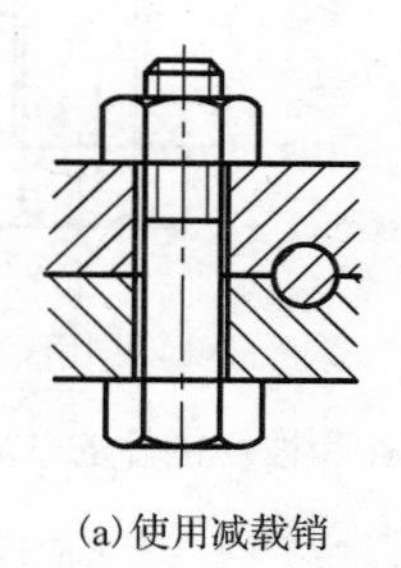

(a) 使用减载销

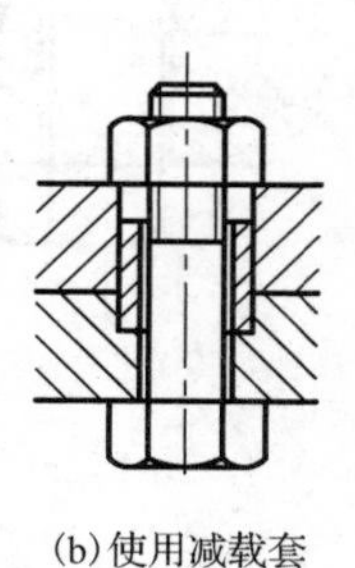

(b) 使用减载套

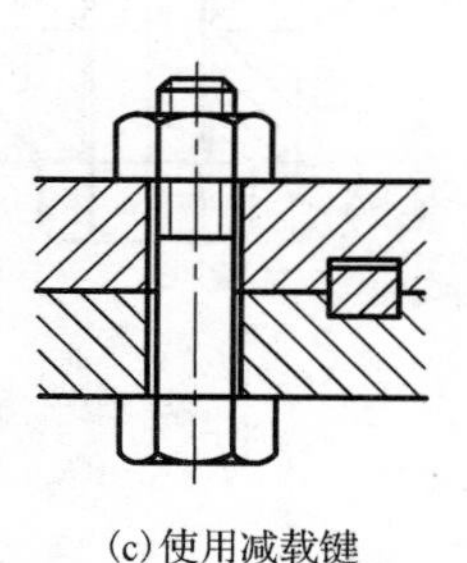

(c) 使用减载键

图 13-23　普通螺栓连接承受横向载荷时的减载装置

**2) 承受预紧力和轴向工作拉力的紧螺栓连接**

这种受力形式在普通螺栓紧连接中比较常见，因而也是最重要的一种普通螺栓连接。该连接在承受轴向工作载荷之后，不仅增加了螺栓受力，还改变了螺栓和被连接件之间通过预紧而产生的相互作用力的大小，因此，螺栓所受的总拉力 $F_0$ 并不等于预紧力 $F'$ 与工作拉力 $F$ 之和。总拉力的大小除了和预紧力 $F'$ 及工作拉力 $F$ 有关外，还与螺栓刚度 $C_1$、被连接件刚度 $C_2$ 有关，必须按力平衡和变形协调条件进行综合分析。

图 13-24 为一紧连接螺栓在承受轴向受拉载荷前后，螺栓连接的受力及变形状态。图 13-24(a) 表示螺母刚好拧到与被连接件接触，螺栓与被连接件均未受力。

图 13-24(b) 为螺母拧紧状态，在预紧力 $F'$ 的作用下，螺栓因变形而伸长了 $\delta_1$，被连接件则产生压缩变形，压缩量为 $\delta_2$。二者的受力与变形的关系可用图 13-25(a) 所示线图表示，纵坐标表示力，横坐标表示变形。

图 13-24(c) 为连接承受工作拉力时的工况，螺栓因所受拉力增大而进一步伸长，伸长量增加了 $\Delta\delta_1$，总伸长量为 $\delta_1+\Delta\delta_1$。预紧时压缩的被连接件因螺栓伸长而被放松，其压缩量也随之减小，减少量为 $\Delta\delta_2$，总压缩量变为 $\delta_2-\Delta\delta_2$。根据连接结构的变形协调条件，被连接件压缩变形的减少量应等于螺栓拉伸伸长的增加量，即 $\Delta\delta_2=\Delta\delta_1$。此时，螺栓承受的拉力由 $F'$ 增加到 $F_0$，拉力增量为 $F_0-F'$。被连接件承受的压力则由 $F'$ 减小到 $F''$，$F''$ 称为残余预紧力，压力减少量为 $F'-F''$。螺栓连接预紧并承受工作拉力 $F$ 时，力与变形的关系可用图 13-25(c) 所示线图表示。

上述分析表明，螺栓连接预紧后再承受工作拉力 $F$ 时，螺栓的拉力增量为 $F_0-F'$，相应的变形增量为 $\Delta\delta_1$。因此，$F_0-F'=C_1\Delta\delta_1$；被连接件的压力减小量为 $F'-F''$，相应的变形减小量为 $\Delta\delta_2$。因此，$F'-F''=C_2\Delta\delta_2$。

根据螺栓与被连接件间的变形协调条件：$\Delta\delta_2=\Delta\delta_1$，则

$$\Delta\delta_1=\frac{F_0-F'}{C_1}=\Delta\delta_2=\frac{F'-F''}{C_2} \tag{13-10}$$

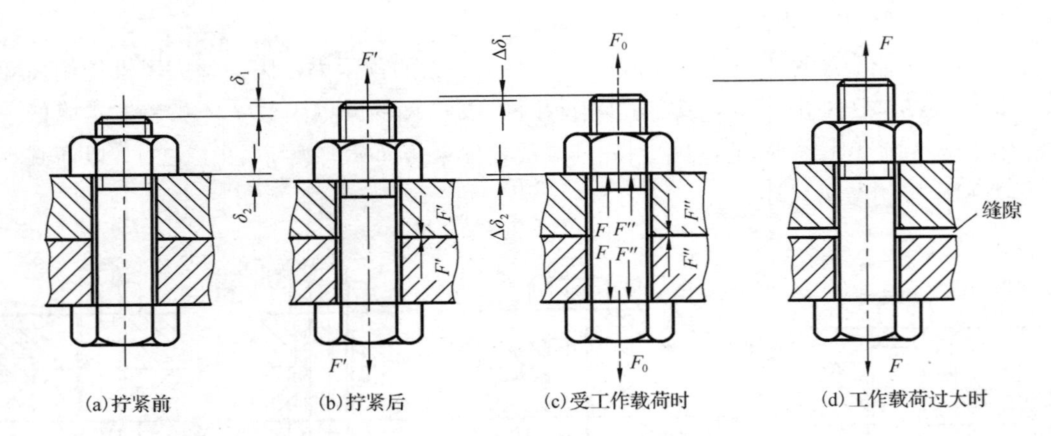


图 13-24　螺栓和被连接件的受力与变形

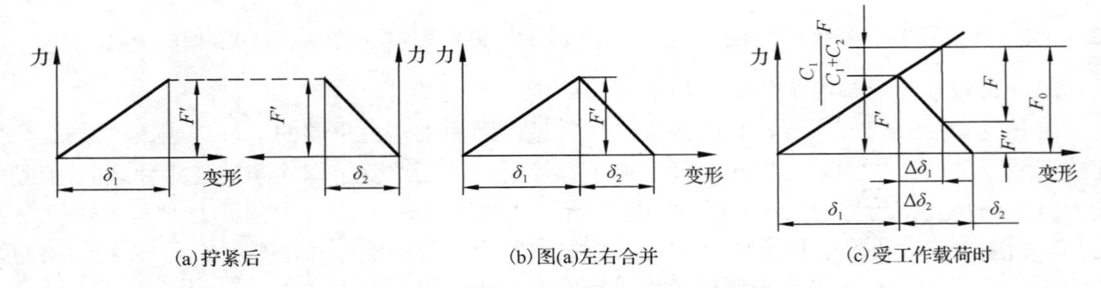


图 13-25　螺栓和被连接件的力与变形的关系

由图 13-24(c)所示受力分析，螺栓连接预紧后再承受工作拉力 $F$ 时，螺栓承受的总拉力 $F_0$ 应等于残余预紧力 $F''$ 与工作拉力 $F$ 之和，即

$$F_0 = F'' + F \tag{13-11}$$

由式(13-10)、式(13-11)可以求得

$$F'' = F' - \frac{C_2}{C_1 + C_2}F \tag{13-12}$$

$$F' = F'' + \frac{C_2}{C_1 + C_2}F \tag{13-13}$$

$$F_0 = F' + \frac{C_1}{C_1 + C_2}F \tag{13-14}$$

式(13-14)是螺栓总拉力 $F_0$ 的另一种表达式。$C_1/(C_1+C_2)$ 称为螺栓的相对刚度，其大小与螺栓和被连接件的材料、尺寸、结构形状以及垫片的材质等因素有关，可通过计算和试验得出。一般设计时可按表 13-2 选用。相对刚度反映了螺栓所受拉力增量在工作载荷中的占比，在变载荷工况下，它决定了螺栓危险截面工作应力变化幅度的大小，变应力幅值是螺栓疲劳强度的决定性影响因素之一。

表 13-2 螺栓的相对刚度($C_1/(C_1+C_2)$)

| 被连接件间所用垫片类别 | $C_1/(C_1+C_2)$ | 被连接件间所用垫片类别 | $C_1/(C_1+C_2)$ |
| --- | --- | --- | --- |
| 金属垫片(或无垫片) | 0.2～0.3 | 铜皮石棉垫片 | 0.8 |
| 皮革垫片 | 0.7 | 橡胶垫片 | 0.9 |

当连接承受工作拉力过大而预紧力不足时，被连接件出现缝隙(图 13-24(d))，这是不允许的。为保证连接的紧密性，$F''$必须大于零。推荐采用的$F''$为：对于有紧密性要求的连接(如汽缸、压力容器等)，$F''=(1.5\sim1.8)F$；对于一般连接，工作载荷不稳定时，$F''=(0.6\sim1.0)F$；工作载荷稳定时，$F''=(0.2\sim0.6)F$。

按式(13-14)求得总拉力$F_0$后，即可进行螺栓的强度计算。

(1)连接承受轴向静载荷。由于连接在工作时可能需要补充拧紧，此时螺栓受到总拉力和相应的螺旋副摩擦力矩的共同作用，考虑到扭转切应力的影响，将总拉力增加 30%，则强度条件为

$$\sigma=\frac{1.3F_0}{\frac{\pi}{4}d_1^2}\leqslant[\sigma] \tag{13-15}$$

或

$$d_1\geqslant\sqrt{\frac{4\times1.3F_0}{\pi[\sigma]}} \tag{13-16}$$

式中，各符号的含义同前。

(2)连接承受轴向变载荷。对于受轴向变载荷的重要连接，如内燃机汽缸盖的螺栓连接，除按式(13-15)或式(13-16)进行静强度校核外，还应对螺栓的疲劳强度进行校核。如图 13-26 所示，当工作载荷在 0～$F$ 变化时，螺栓所受的总拉力在 $F'$～$F_0$ 变化。螺栓所受拉力的变化必然引起截面应力发生变化。若计算变应力大小时不考虑摩擦力矩的扭转作用影响，则螺栓危险截面的最大拉应力为

$$\sigma_{\max}=\frac{F_0}{\frac{\pi}{4}d_1^2}$$

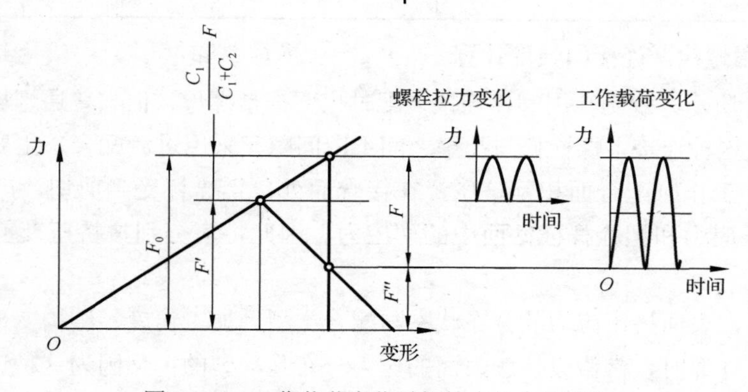


图 13-26 工作载荷变化时螺栓中拉力的变化

最小拉应力为 $$\sigma_{\min}=\frac{F'}{\frac{\pi}{4}d_1^2}$$

因此，应力幅为 $\sigma_a=\frac{\sigma_{\max}-\sigma_{\min}}{2}=\frac{1}{2}\frac{F_0-F'}{\frac{\pi}{4}d_1^2}=\frac{C_1}{C_1+C_2}\frac{2F}{\pi d_1^2}$。

零件在变载荷作用下的疲劳破坏主要取决于应力幅 $\sigma_a$ 的大小，故螺栓的疲劳强度校核公式为

$$\sigma_a=\frac{C_1}{C_1+C_2}\frac{2F}{\pi d_1^2}\leqslant[\sigma_a] \tag{13-17}$$

式中，$[\sigma_a]$为许用应力幅，MPa，由式(13-18)计算，即

$$[\sigma_a]=\frac{\varepsilon K_m K_u \sigma_{-1}}{[S]_a K_\sigma} \tag{13-18}$$

式中，$\varepsilon$ 为尺寸系数，可按表 13-3 取值；$K_\sigma$ 为螺纹应力集中系数，可按表 13-4 取值；$K_m$ 为螺纹制造工艺系数，车制时 $K_m$=1，辗制时 $K_m$=1.25；$K_u$ 为螺纹牙受力不均系数，螺母受压时 $K_u$=1，螺母部分或全部受拉时(图 13-41(a)、(c)) $K_u$=1.5～1.6；$[S]_a$ 为安全系数，控制预紧力时$[S]_a$=1.5～2.5，不控制预紧力时$[S]_a$ = 2.5～5；$\sigma_{-1}$ 为螺栓材料的对称循环疲劳极限，MPa，$\sigma_{-1}=0.32\sigma_b$，$\sigma_b$ 见表 13-5。

表 13-3　尺寸系数

| $d$ /mm | <12 | 16 | 20 | 24 | 30 | 36 | 42 | 48 | 56 | 64 |
|---|---|---|---|---|---|---|---|---|---|---|
| $\varepsilon$ | 1 | 0.87 | 0.80 | 0.74 | 0.69 | 0.64 | 0.60 | 0.57 | 0.54 | 0.53 |

表 13-4　螺纹应力集中系数

| 螺栓材料 $\sigma_b$ /MPa | 400 | 600 | 800 | 1000 |
|---|---|---|---|---|
| $K_\sigma$ | 3 | 3.9 | 4.8 | 5.2 |

**3. 铰制孔用螺栓紧连接的强度计算**

如图 13-27 所示，铰制孔用螺栓连接装配时也要拧紧螺母，但与普通螺栓紧连接相比预紧力则小很多。这种连接中螺栓杆与孔壁之间不留间隙，采用过渡配合，主要用于承受横向载荷的连接中。工作时配合面相互挤压，在接合面处，螺栓杆受到剪切，产生的应力主要是承压面的挤压应力和螺栓杆横截面中的切应力。因此，应分别按挤压及剪切强度条件进行计算。

连接受载时，表面挤压应力的分布状态与配合类型、加工精度、结构变形等因素有关，很难精确确定。计算时，常假设接触表面的压力分布是均匀的；又因为这种连接所受的预紧力很小，所以在计算时，可以不考虑预紧力和螺旋副摩擦力矩的影响。

螺栓杆与孔壁的挤压强度条件为

$$p=\frac{F_s}{d_0L_{\min}}\leqslant[p] \tag{13-19}$$

螺栓杆的剪切强度条件为

$$\tau=\frac{F_s}{\frac{\pi}{4}d_0^2}\leqslant[\tau] \tag{13-20}$$

式中，$F_s$ 为螺栓所受工作剪力，N；$d_0$ 为螺栓杆剪切面的直径，mm；$L_{\min}$ 为螺栓杆与孔壁承压面的最小高度，mm，设计时应保证 $L_{\min}\geqslant1.25d_0$；$[p]$为螺栓或孔壁材料的许用挤压应力，MPa；$[\tau]$为螺栓杆的许用切应力，MPa。

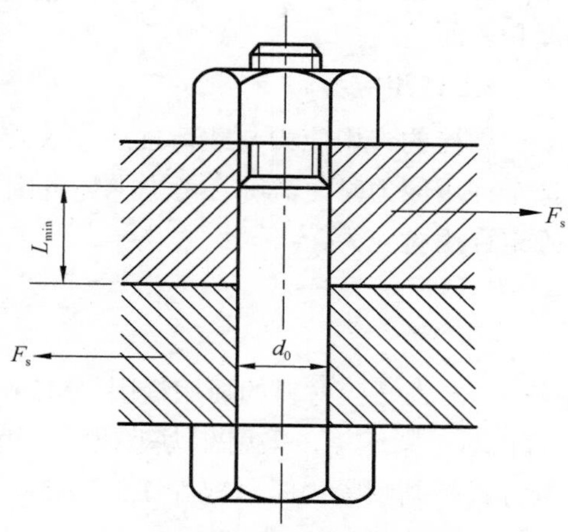


图 13-27　承受横向载荷的铰制孔用螺栓连接

## 13.4.3　螺纹连接件的材料和许用应力

### 1. 螺纹连接件的材料

适合制造螺纹连接件的材料很多，目前常用的有碳素钢 Q213、Q235、10、35、45 等。对于承受冲击、振动或变载荷的重要螺纹连接件，可选用高强度等级材料，如合金钢 13Cr、40Cr、30CrMnSi、13MnVB 等。

国家标准规定螺纹连接件的强度等级按材料的力学性能分级(表 13-5)。对于重要或有特殊要求的螺纹连接件，可选用高强度等级材料，并进行表面处理(如磷化、镀锌钝化等)。

表 13-5　螺栓、螺钉、螺柱和螺母的力学性能等级
(摘自 GB/T 3098.1—2010 和 GB/T 3098.2—2015)

| 性能等级 | | | 3.6 | 4.6 | 4.8 | 5.6 | 5.8 | 6.8 | 8.8<br>≤M16 | 8.8<br>>M16 | 9.8 | 10.9 | 12.9 |
|---|---|---|---|---|---|---|---|---|---|---|---|---|---|
| 螺栓、螺钉、螺柱 | 抗拉强度 $\sigma_b$/MPa | 公称值 | 300 | 400 | 400 | 500 | 500 | 600 | 800 | 800 | 900 | 1000 | 1200 |
| | | 最小值 | 330 | 400 | 420 | 500 | 520 | 600 | 800 | 830 | 900 | 1040 | 1220 |
| | 屈服极限 $\sigma_s$/MPa | 公称值 | 180 | 240 | 320 | 300 | 400 | 480 | 640 | 640 | 720 | 900 | 1080 |
| | | 最小值 | 190 | 240 | 340 | 300 | 420 | 480 | 640 | 660 | 720 | 940 | 1100 |
| | 硬度 HBS | 最小值 | 90 | 114 | 124 | 147 | 132 | 181 | 238 | 242 | 276 | 304 | 366 |
| | 推荐材料 | | 10<br>Q215 | 13<br>Q235 | 13<br>Q215 | 25<br>35 | 13<br>Q235 | 45 | 35 | 35 | 35<br>45 | 40Cr<br>15MnVB | 30CrMnSi<br>15MnVB |
| 相配螺母 | 性能级别 | | 4 或 5 | | | 5 | | 6 | 8 或 9 | | 9 | 10 | 12 |
| | 推荐材料 | | 10<br>Q215 | | | | | 10<br>Q215 | 35 | | | 40Cr<br>15MnVB | 30CrMnSi<br>15MnVB |

注：①性能等级标记代号含义：“.”前的数字为公称抗拉强度$\sigma_b$的 1/100，“.”后的数字为公称屈服强度$\sigma_s$与公称抗拉强度比值的 10 倍。

②9.8 级仅适于螺纹大径 $d\leqslant16$mm 的螺栓、螺钉和螺柱。

③8.8 级及其以上性能的连接件屈服强度为$\sigma_{0.2}$。

④计算时$\sigma_b$与$\sigma_s$取表中最小值。

普通垫圈材料推荐采用 Q235、15 钢、35 钢，弹簧垫圈采用 65Mn 钢制造，并进行热处理和表面处理。

**2. 许用应力**

螺栓的许用应力与载荷性质、装配方法、材料、结构尺寸和使用条件等因素有关。精确选定许用应力时，需综合考虑上述各因素。一般设计时承受轴向静载荷的螺栓可按式(13-21)确定许用拉应力：

$$[\sigma]=\frac{\sigma_s}{S} \tag{13-21}$$

式中，$\sigma_s$为螺栓材料的屈服极限，MPa，见表 13-5；$S$为安全系数，对于松连接，取$S$=1.2～1.7；对于紧连接，采用测力矩或定力矩扳手控制预紧力时，取$S$=1.6～2；采用测量螺栓伸长量方式控制预紧力时，取$S$=1.3～1.5；不控制预紧力时，$S$按表 13-6 选取。

表 13-6 紧连接螺栓的安全系数 $S$(不控制预紧力)

| 材料 | 静载荷 | | | 变载荷 | | |
|---|---|---|---|---|---|---|
| | M6～M16 | M16～M30 | M30～M60 | M6～M16 | M16～M30 | M30～M60 |
| 碳钢 | 4～3 | 3～2 | 2～1.3 | 10～6.5 | 6.5 | 6.5～10 |
| 合金钢 | 5～4 | 4～2.5 | 2.5 | 7.5～5 | 5 | 5～7.5 |

螺栓的许用切应力为$[\tau]$，$[\tau]=\sigma_s/S_\tau$，式中$S_\tau$为安全系数，对于钢，静载荷时取$S_\tau=2.5$，变载荷时取$S_\tau=3.5$～5。

铰制孔用螺栓连接的许用挤压应力为$[p]$，静载荷时，对于钢，$[p]=\sigma_s/S_p$，$S_p=1.25$；对于铸铁，$[p]=\sigma_b/S_p$，$S_p=2$～2.5；变载荷时，$[p]$的值在静载荷取值的基础上降低 20%～30%。

## 13.5 螺栓组连接的设计

一般机器上的螺纹连接件都是成组使用的，其中，螺栓组连接具有典型代表性，因此，本节以螺栓组连接为例，进行相关设计和计算问题的讨论，其结论对于双头螺柱组、螺钉组连接设计同样适用。设计螺栓组连接时，首先应考虑被连接件的结构和连接的载荷条件，确定连接接合面的形状及螺栓组的布置形式，力求各个螺栓受力比较均匀，连接结构便于制造和装配。然后通过螺栓组连接的受力分析，找出受力最大的螺栓进行强度校核。为了减少螺栓的规格，便于生产管理，并改善连接的结构工艺性，通常采用结构尺寸、材料、制造工艺均相同的一组螺栓实现螺栓组连接。

### 13.5.1 螺栓组连接的结构设计

前已述及，螺栓组连接结构设计的主要目的是设计出合理的接合面形状和螺栓组布置形式，使接合面及各个螺栓的受力比较均匀，并便于制造和装配。为此设计时需综合考虑以下几方面的问题。

(1) 连接接合面的形状应尽可能设计成轴对称的简单几何形状，如图 13-28 所示，各个螺栓在接合面上对称布置，螺栓组对称中心与接合面形心重合。若螺栓沿圆周均布，则分布在同一圆周上的螺栓数目通常取成偶数，以便于在圆周上钻孔时的分度。

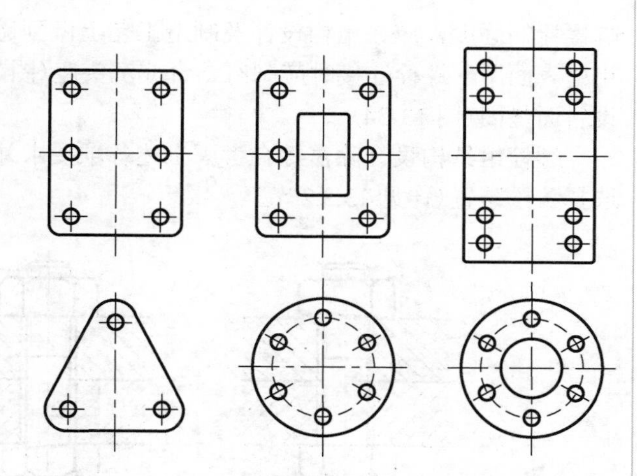

图 13-28 连接接合面的常用形状及螺栓分布

(2) 对于铰制孔用螺栓连接，在平行于外力的方向上，螺栓排列个数一般不超过 8 个，以免螺栓受力过度不均。在图 13-29 中，螺栓 1、8 要比螺栓 4、5 承受更大的横向力。

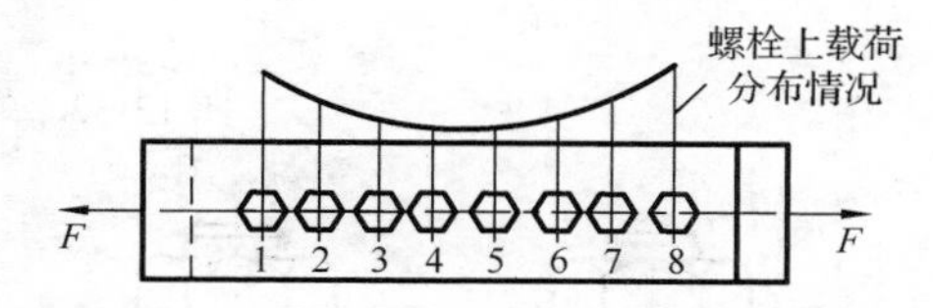


图 13-29 沿载荷方向螺栓的受力不均现象

(3) 当连接承受弯矩或转矩时，应使螺栓的位置适当靠近接合面的边缘，以减小螺栓的受力(图 13-30)。

(4) 排列螺栓时应有合理的钉距、边距。最小的钉距及边距应根据被连接件孔间结构强度要求及装配所需活动空间的大小来决定。例如，采用套筒扳手装配时，结构的装配间距较小(图 13-31(a)所示)。而采用开口扳手或梅花扳手装配时，所需装配空间较大(图 13-31(b))。相关要求可查阅有关标准。

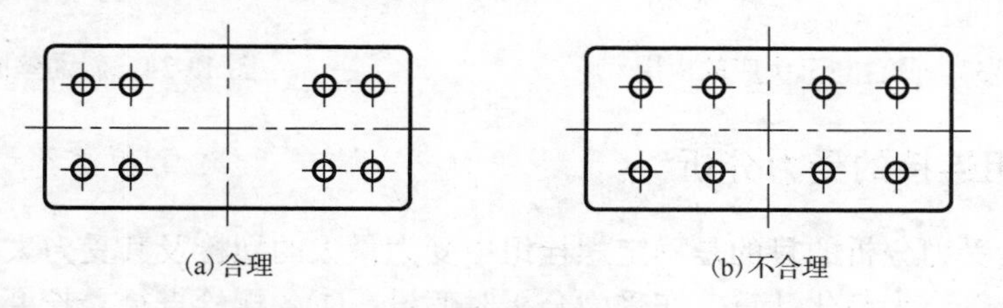

(a) 合理　　(b) 不合理

图 13-30 连接承受弯矩或转矩时螺栓的布置

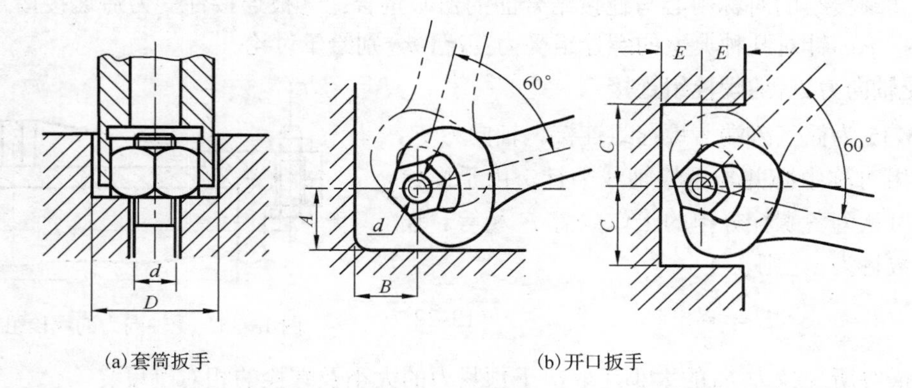


(a) 套筒扳手　　(b) 开口扳手

图 13-31 装配时扳手空间尺寸

(5) 避免螺栓承受偏心载荷。图 13-32 所示为螺栓承受附加弯曲载荷的工况，这将严重影响螺栓的强度，应在结构设计及制造工艺上做到避免偏心载荷的产生。例如，当铸、锻件的粗糙表面用于螺栓连接时应制有凸台或沉头座(图 13-33)；当倾斜表面用于螺栓连接时，应加设斜面垫圈(图 13-34)。

螺栓组结构设计除需综合考虑上述各项要求外，还要根据螺栓组连接的工作条件合理地选择防松装置(详见 13.3.2 节)。

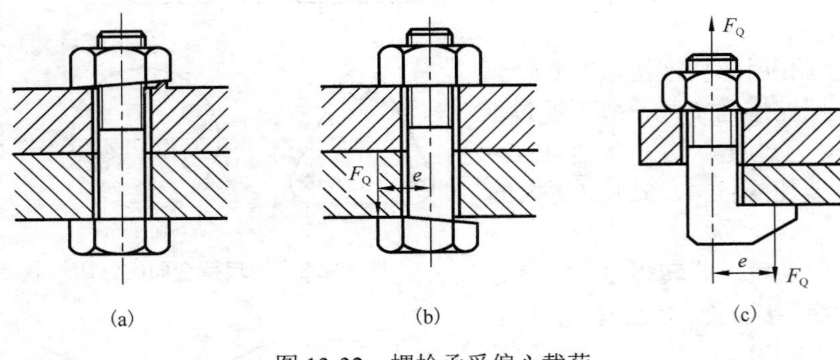


图 13-32　螺栓承受偏心载荷

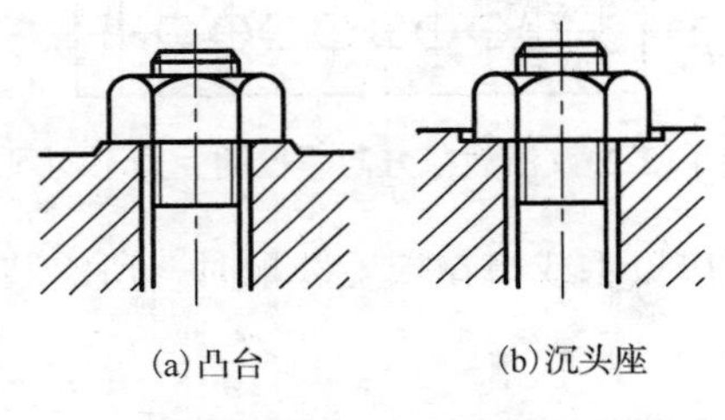


图 13-33　凸台与沉头座的应用

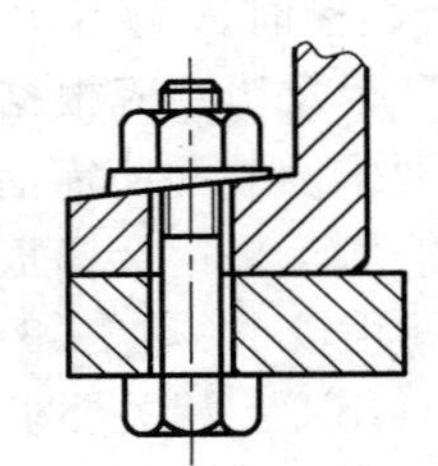

图 13-34　斜面垫圈的应用

## 13.5.2　螺栓组连接的受力分析

螺栓组连接受力分析的目的是确定螺栓组中受力最大的螺栓及其受力大小，以便进行螺栓连接的强度计算。为简化计算，在受力分析时假设：①各螺栓直径、长度、材料和预紧力均相同；②螺栓组的对称中心与连接结合面的形心重合；③被连接件受力后连接接合面仍保持为平面。下面针对几种典型的螺栓组受力工况，分别给予讨论。

**1. 受轴向力 $F_Q$ 的螺栓组连接**

图 13-35 为储气罐端盖螺栓组连接。轴向力 $F_Q$ 通过螺栓组对称中心并与螺栓轴线平行。由于螺栓均布，故可认为各螺栓分担的工作载荷 $F$ 相等。设螺栓的总数目为 $z$，则

$$F=\frac{F_Q}{z} \tag{13-22}$$

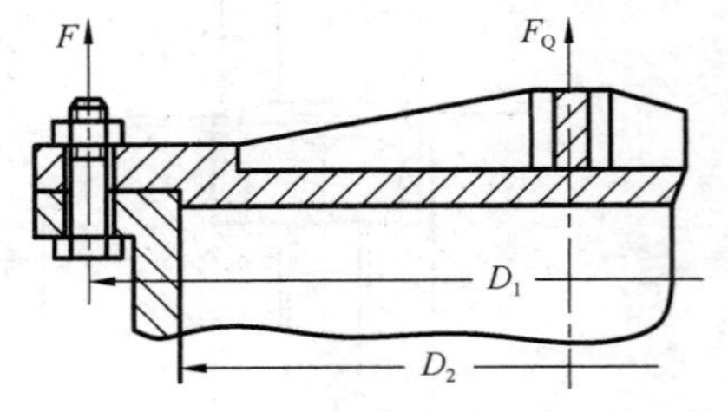


图 13-35　受轴向力的螺栓组连接

螺栓最终所受拉力 $F_0$ 的大小还取决于预紧力的大小及螺栓的相对刚度。

**2. 受横向力 $F_R$ 的螺栓组连接**

图 13-36 为板状结构件螺栓组连接，横向力 $F_R$ 沿螺栓组对称线作用。这种工况下的螺栓

组连接，既可以采用图 13-36(a)所示的普通螺栓连接，也可以采用图 13-36(b)所示的铰制孔用螺栓连接，二者以不同方式传递横向力。

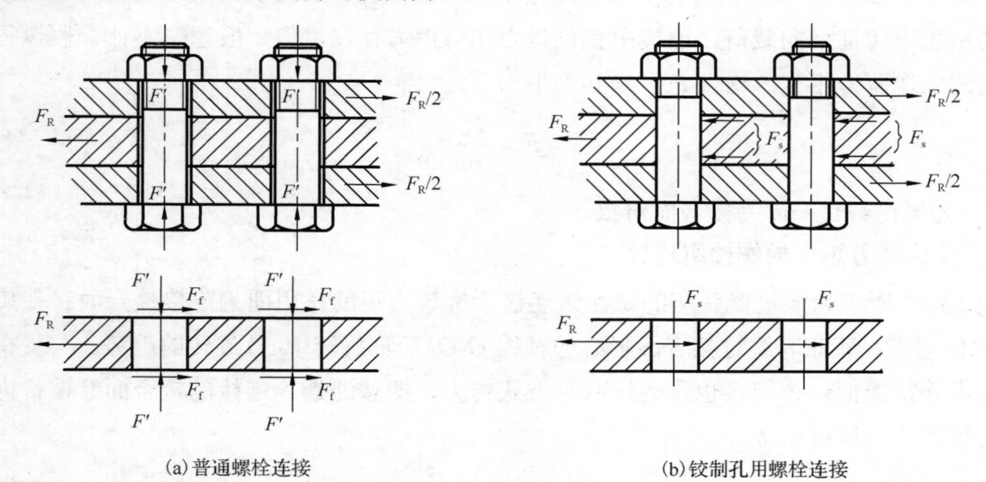


(a)普通螺栓连接　　(b)铰制孔用螺栓连接

图 13-36　受横向力的螺栓组连接

**1)普通螺栓连接**

在图 13-36(a)所示的普通螺栓连接中，依靠连接预紧后接合面间所能产生的摩擦力传递横向载荷，而螺栓只承受预紧力。通常，在这种连接中，预紧某个螺栓时接合面产生的压力主要分布在该螺栓周围，当横向载荷作用时，假定每个螺栓周围的接合面上都产生相同大小的摩擦力 $F_f$，并且作用线过该螺栓轴线，则这些摩擦力之和等于横向力 $F_R$，即

$$mzF_f = F_R$$

$$F_f = \frac{F_R}{mz} \tag{13-23}$$

式中，$m$ 为接合面对数；$z$ 为螺栓数目。

为保证连接可靠，工作时，接合面所能产生的最大摩擦力必须大于或至少等于横向力 $F_R$，即

$$fF'mz \geqslant K_f F_R$$

因此，螺栓所需预紧力为

$$F' \geqslant \frac{K_f F_R}{fmz} \tag{13-24}$$

式中，$f$ 为接合面的摩擦因数(表 13-7)；其余符号的含义同前。

表 13-7　连接接合面的摩擦因数 $f$

| 被连接件 | 接合面的表面状态 | 摩擦因数 $f$ |
|---|---|---|
| 钢或铸铁零件 | 干燥的加工表面 | 0.10～0.16 |
| | 有油的加工表面 | 0.06～0.10 |
| 钢结构件 | 轧制表面，钢丝刷清理浮锈 | 0.30～0.35 |
| | 涂富锌漆 | 0.35～0.40 |
| | 喷砂处理 | 0.45～0.55 |
| 铸铁对砖料、混凝土或木材 | 干燥表面 | 0.40～0.45 |

**2）铰制孔用螺栓连接**

在图 13-36(b)所示的铰制孔用螺栓连接中，依靠螺栓杆的抗剪切及螺栓杆与被连接件孔壁间的挤压来传递横向载荷。连接中有预紧力和摩擦力存在，但一般忽略不计。假设每个螺栓承受的工作剪力相等，均为 $F_s$，则其大小为

$$F_s = \frac{F_R}{zm} \tag{13-25}$$

式中，$z$ 为螺栓数目；$m$ 为接合面对数。

**3. 受旋转力矩 $T$ 的螺栓组连接**

图 13-37 所示为一机器底座的螺栓组连接，旋转力矩的作用面为连接接合面。在旋转力矩 $T$ 的作用下，底座有绕过接合面形心的轴线 $O$-$O$（简称旋转中心）旋转的趋势。与受横向力的螺栓组连接类似，该连接也是通过两种方式传力，即普通螺栓连接的接合面摩擦传力和铰制孔用螺栓的抗压抗剪传力。

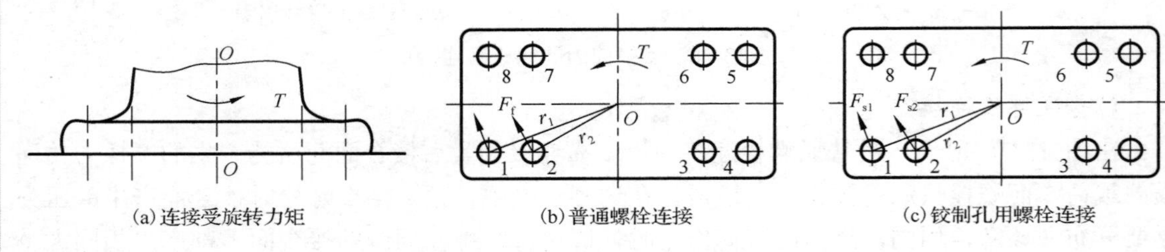


图 13-37 受旋转力矩的螺栓组连接

**1）普通螺栓连接**

在图 13-37(b)所示的普通螺栓连接中，预紧后的接合面能产生摩擦力来抵抗旋转力矩 $T$ 的作用。假定每个螺栓周围的接合面都产生相同大小的摩擦力 $F_f$，且其作用线过该螺栓轴线并垂直于该螺栓轴线到旋转中心 $O$ 的连线。这些摩擦力对旋转中心的力矩之和等于旋转力矩 $T$，即

$$\sum_{i=1}^{z} F_f r_i = T$$

$$F_f = \frac{T}{r_1 + r_2 + \cdots + r_z} \tag{13-26}$$

式中，$r_i$ 为第 $i$ 个螺栓到旋转中心的距离；$z$ 为螺栓数目。

为保证连接可靠，工作时，接合面所能产生的最大摩擦力对旋转中心的力矩之和必须大于或至少等于旋转力矩 $T$，即

$$fF'r_1 + fF'r_2 + \cdots + fF'r_z \geqslant K_f T$$

因此，螺栓所需预紧力为

$$F' \geqslant \frac{K_f T}{f(r_1 + r_2 + \cdots + r_z)} \tag{13-27}$$

**2）铰制孔用螺栓连接**

在图 13-37(c)所示的铰制孔用螺栓连接中，旋转力矩 $T$ 使各连接螺栓受到剪切和挤压作

用，各螺栓所受到的工作剪力 $F_s$ 与螺栓轴线到旋转中心的连线相垂直，忽略连接结合面上的摩擦力，则根据力矩平衡条件，各螺栓的工作剪力对旋转中心的力矩之和等于旋转力矩 $T$。因此有

$$\sum_{i=1}^{z} F_{si} r_i = T \tag{13-28}$$

式中，$F_{si}$ 为第 $i$ 个螺栓所受的工作剪力；$r_i$ 为第 $i$ 个螺栓轴线到旋转中心 $O$ 的距离。

为了求得此超静定结构中各螺栓工作剪力的大小，需要考虑变形协调条件。假设被连接件可视为刚体，且只考虑螺栓的剪切变形而其他变形可忽略不计，在旋转力矩的作用下，若机座转动微小角度 $\theta$，则各螺栓的剪切变形量分别为 $r_i\theta$，即与其到对称中心的距离成正比。由于各个螺栓的剪切刚度相同，因此，螺栓的剪切变形越大，所受工作剪力也就越大。由此得

$$\frac{F_{s1}}{r_1} = \frac{F_{s2}}{r_2} = \cdots = \frac{F_{sz}}{r_z} \tag{13-29}$$

联立以上两式即可求得任一螺栓所受工作剪力 $F_{si}$ 及最大承载螺栓所受工作剪力 $F_{s\max}$ 分别为

$$F_{si} = \frac{Tr_i}{r_1^2 + r_2^2 + \cdots + r_z^2} \tag{13-30}$$

$$F_{s\max} = \frac{Tr_{\max}}{r_1^2 + r_2^2 + \cdots + r_z^2} \tag{13-31}$$

承受旋转力矩的螺栓组连接应用较普遍，如凸缘联轴器便是一个典型实例(图 13-38)。

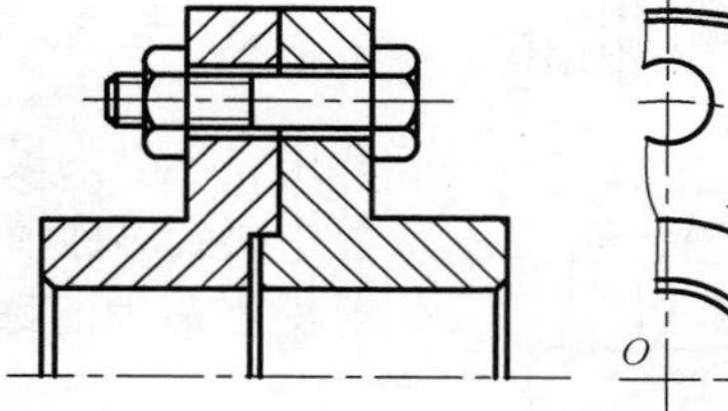
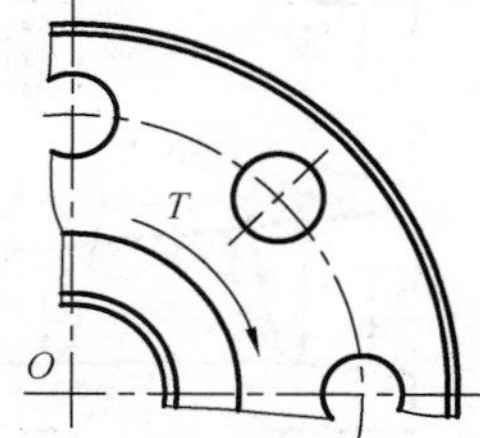

图 13-38　受旋转力矩的螺栓组连接

**4. 受翻转力矩 $M$ 的螺栓组连接**

图 13-39(a)为一机座与地基的螺栓组连接，采用普通螺栓紧连接。连接接合面具有两条对称轴 $x$-$x$ 和 $O$-$O$，翻转力矩 $M$ 作用在过 $x$-$x$ 轴并垂直于 $O$-$O$ 轴的平面内。预紧后螺栓均匀受拉而机座则均匀受压。受力状态如图 13-39(b)所示，所有螺栓的预紧力之和等于机座接合面所受预紧压力。当机座受到翻转力矩 $M$ 作用时，假设此连接接合面附近局部区域近似具有梁在弯矩作用下的变形特征及内力分布状态，接合面绕对称轴 $O$-$O$ 翻转一微小角度但仍保持为平面；并假定机座接合面的最终应力可近似由预紧力与翻转力矩分别作用的结果简单叠加(偏保守)求得，则翻转力矩 $M$ 在对称轴 $O$-$O$ 两侧的机座接合面分别产生拉、压应力，并呈线性变化、反对称分布。该应力与预紧产生的压应力相加后，结合面的压力分布如图 13-39(c)所示，左侧承受的压力减小，右侧承受的压力则进一步增大。

因此，翻转力矩 $M$ 使机座的左侧受拉而右侧受压，因而左侧螺栓承受工作拉力 $F$，$F$ 的大小与螺栓到对称轴 $O$-$O$ 的距离成正比，$F_1/L_1=F_2/L_2=F_3/L_3\cdots$；在对称轴 $O$-$O$ 的右侧，机座则承受工作压力，设其合力为 $F_p$，则 $F_p$ 对 $O$-$O$ 轴之矩加上工作拉力 $F$ 对 $O$-$O$ 轴之矩，等于翻转力矩 $M$。由于接合面工作压力相对于 $O$-$O$ 轴反对称，故 $F_p$ 对 $O$-$O$ 轴之矩等于 $F$ 对 $O$-$O$ 轴之矩。此时，右侧螺栓因机座进一步压缩变形而缩短，总拉伸变形量减小，所受总拉力减小，因此，最大受力螺栓必定出现在机座受拉一侧。

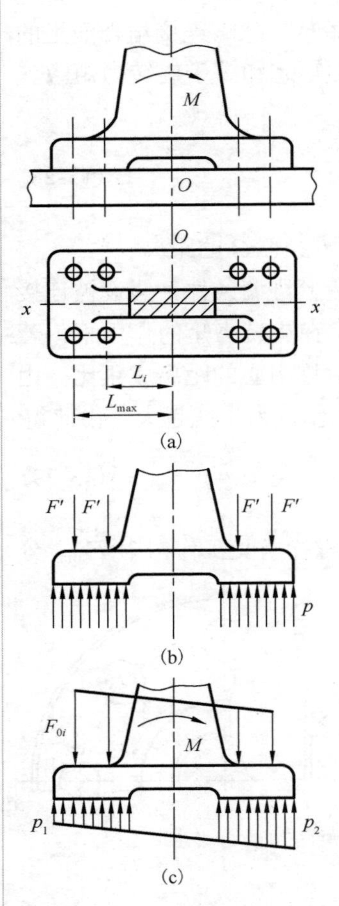

图 13-39 受翻转力矩的螺栓组连接

由以上分析可知，机座受拉一侧的螺栓所受到的工作拉力$F_i$满足以下分布和力平衡关系：

$$\frac{F_i}{L_i}=\frac{F_{max}}{L_{max}} \tag{13-32}$$

$$\frac{M}{2}=\sum_{i=1}^{z/2}F_iL_i \tag{13-33}$$

联立求解，得

$$F_i=\frac{\frac{M}{2}L_i}{\sum_{i=1}^{z/2}L_i^2} \tag{13-34}$$

$$F_{max}=\frac{\frac{M}{2}L_{max}}{\sum_{i=1}^{z/2}L_i^2} \tag{13-35}$$

式中，$F_{max}$为最大工作载荷；$z$ 为螺栓总数目；$L_i$为受拉一侧各螺栓中心到对称轴 $O$-$O$ 的距离；$L_{max}$为其中最大值，见图 13-39(a)。对受力最大的螺栓进行强度校核时，需确定其总拉力 $F_0$，即

$$F_0=F'+\frac{C_1}{C_1+C_2}F_{max}$$

然后按式(13-15)校核螺栓强度。

为防止接合面压力最大处被压溃、压力最小处出现缝隙，需检验连接接合面的牢固性，即接合面最大压应力值不超过允许值，最小压应力值大于零，即

$$p_{max}\approx\frac{zF'}{A}+\frac{M}{W}\leqslant[p] \tag{13-36}$$

$$p_{min}\approx\frac{zF'}{A}-\frac{M}{W}>0 \tag{13-37}$$

式中，$A$ 为接合面的面积，mm$^2$；$W$ 为接合面有效抗弯截面模量，mm$^3$；$[p]$为接合面的许用挤压应力，MPa，对于钢取 0.8$\sigma_s$；对于铸铁取(0.4～0.5) $\sigma_b$；对于混凝土取 2～3MPa；对于砖(水泥浆缝)取 1.5～2MPa；对于木材取 2～4MPa。

以上介绍了螺栓组连接的四种简单受力状态及其分析方法。在实际工况中，螺栓组的受力状态可能是以上所述几种受力状态的组合，因此需针对实际情况具体分析。但无论受力状态如何复杂，都可以根据静力分析的方法将其简化为上述四种简单受力状态的不同组合，计算出组合中各简单受力状态的结果后，再按力的叠加原理求出最大受载螺栓所受总拉力和被连接件所受最大压力，最后进行螺栓及被连接件所需的强度计算。

例如，当普通螺栓组连接承受横向偏心载荷时，可将其简化为分别受横向力 $F_R$ 和受旋转力矩 $T$ 作用的两种简单受力状态的组合，分别根据式(13-23)和式(13-26)求得相应的摩擦力

$F_f$，并求其矢量和，再按合力的最大值确定螺栓所需预紧力 $F'$的大小；当铰制孔用螺栓组连接承受横向偏心载荷时，可按式(13-25)和式(13-30)分别求出各螺栓所受的工作剪力，求其相应的合力即可得到各螺栓所受的总剪力；当普通螺栓组连接承受轴向偏心载荷时，可按式(13-22)和式(13-34)分别求出各螺栓所受的工作拉力 $F$，将二者相加得到各螺栓所受到的总的工作拉力，再结合预紧力大小计算出螺栓所受总拉力 $F_0$。

螺栓组的受力分析是根据简化后的力学模型进行的，但实际的螺栓组连接结构及其受力状态复杂多变，与简化模型差异较大，造成计算结果可能存在较大误差。有限元分析的广泛应用，为螺栓组连接的强度计算提供了更有效的计算方法。

### 13.5.3　提高螺栓连接强度的措施

螺栓连接的强度与螺栓自身强度密切相关，因此研究影响螺栓强度的主要因素，在结构设计、制造工艺、装配质量等方面采取有效措施，对于改善螺栓连接质量、提高连接的可靠性具有重要的意义。

影响螺栓强度的主要因素有螺纹牙间的载荷分配、应力变化幅度、应力集中的程度、附加弯曲应力大小、制造工艺和材料的力学性能等。不同影响因素下提高螺栓连接强度的主要措施简述如下。

**1. 改善螺纹牙间载荷分配**

在普通螺栓紧连接中，无论被连接件所承受的工作载荷如何变化，其连接功能都要依靠螺栓承受拉力来实现，螺栓与被连接件间的相互作用力，都要靠内、外螺牙接触面传递。通常，螺栓杆受拉而螺母受压，受拉伸长而受压则变短，结果造成螺栓的螺距增大而螺母的螺距减小，原本相等的内、外螺纹螺距变成不相等，最终，轴向变形的累积结果导致在轴向不同位置相接触的内、外螺牙根部之间产生了不同大小的轴向相对位移，相对位移在旋合的第一圈(螺母支承面算起)处最大，以后各圈递减。此时，内、外螺牙还能继续保持接触主要是通过各圈螺牙的变形协调来实现的，螺牙变形状态示意如图 13-40(a)所示，因此，变形最大的第一圈螺牙受力也最大。旋合螺纹段的载荷分布如图 13-40(b)所示。旋合圈数越多，受力

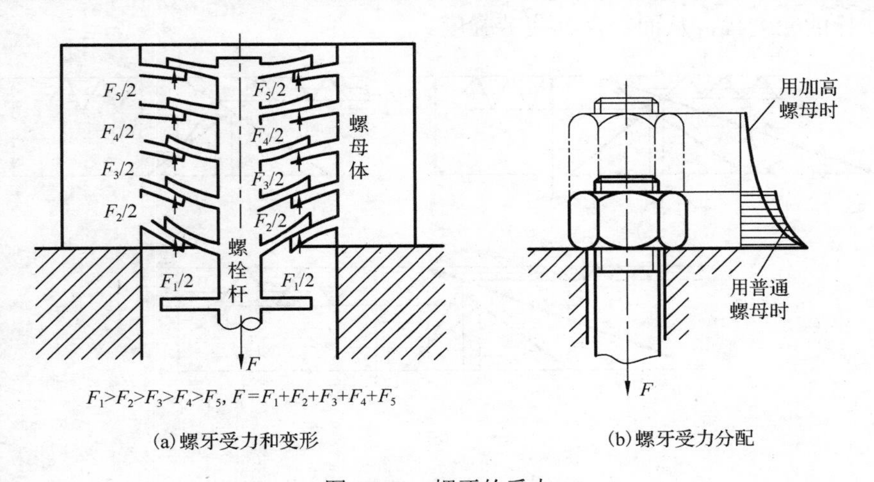


(a)螺牙受力和变形　(b)螺牙受力分配

图 13-40　螺牙的受力

不均匀程度越显著。实验证明，约有 1/3 的载荷集中在第一圈上，第八圈以后的螺牙几乎不承受载荷。因此，采用圈数过多的加厚螺母并不能提高连接强度。

为改善螺牙间载荷分配，可采用下述方法(图 13-41)。

(1) 悬置螺母。它能让螺母的旋合部分受拉，使其变形性质与螺栓一致，减小二者螺距变化差异，使各圈螺纹所承受的载荷趋于均匀。

(2) 内斜螺母。在螺母受力较大的下端按图示斜角将顶圆柱加工成锥形，越靠近下端的外螺纹牙受力位置越靠外，这样，螺栓的螺牙在受力时越容易变形，或者说，产生同样的变形所需要的力越小，从而把力分流到原受力小的螺牙上，使载荷分布趋于均匀。

(3) 环槽螺母。这种结构使螺母下部受拉，作用与悬置螺母类似，但效果不如悬置螺母。

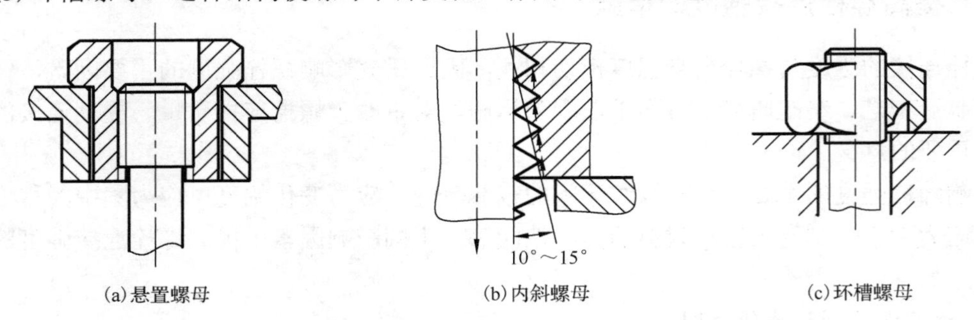


(a) 悬置螺母　　(b) 内斜螺母　　(c) 环槽螺母

图 13-41　螺牙受力分配较均匀的螺母常用结构

由于这些特殊结构螺母的制造工艺复杂，一般只在重要的连接场合使用。

**2. 减小螺栓的应力幅**

受轴向变载荷的紧螺栓连接，在螺栓杆横截面的最大应力一定的条件下，其应力幅越小，螺栓疲劳强度则越高。当螺栓承受的工作拉力在 0～$F$ 之间变化时，螺栓的总拉力则在 $F'$～$\left(F'+\dfrac{C_1}{C_1+C_2}F\right)$ 之间变化。减小螺栓刚度 $C_1$(图 13-42(a))或增大被连接件刚度 $C_2$(图 13-42(b))，同时适当增大预紧力 $F'$以便保证残余预紧力 $F''$不变；或同时采取以上两种措施(图 13-42(c))，都可减小螺栓的应力幅，从而提高其疲劳强度。

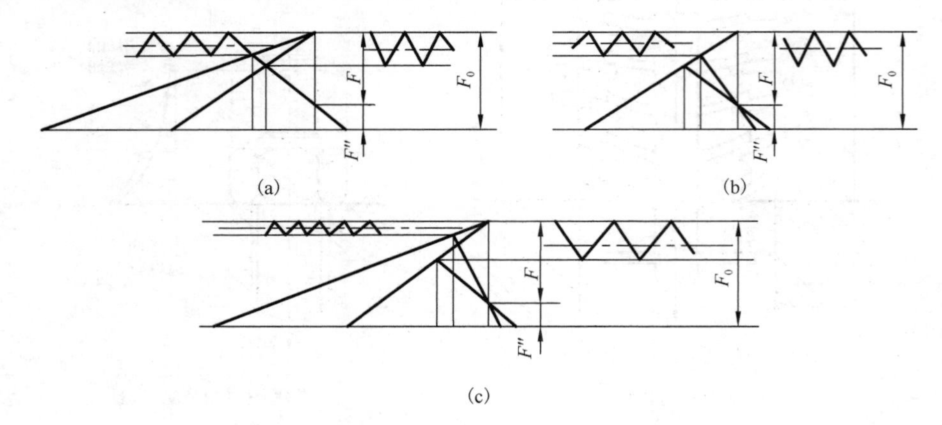


图 13-42　螺栓和被连接件的刚度对应力幅的影响

要减小螺栓的刚度，可以通过适当增加螺栓的长度、采用细杆螺栓或空心杆螺栓(图 13-43)，或在螺母下面装设弹性元件(图 13-44)等。增大被连接件刚度的方法有：采用刚度较大的垫片或不设垫片。对于要求保持紧密性的螺栓连接，采用软垫片密封(图 13-45(a))并不合适，这会降低被连接件的总体刚度，应采用密封环或刚度较大的金属垫片(图 13-45(b))。

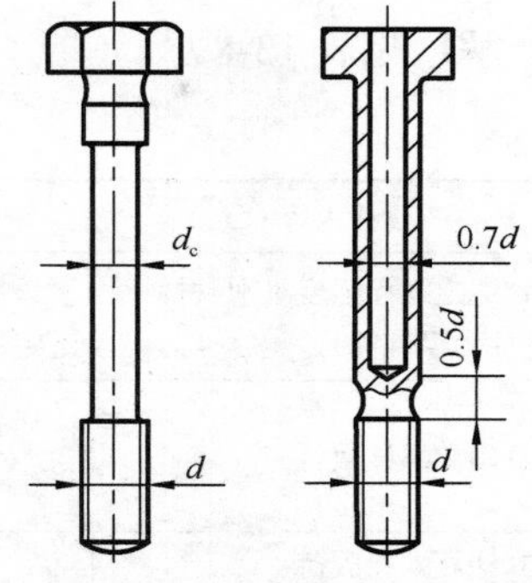

图 13-43　细杆螺栓与空心杆螺栓

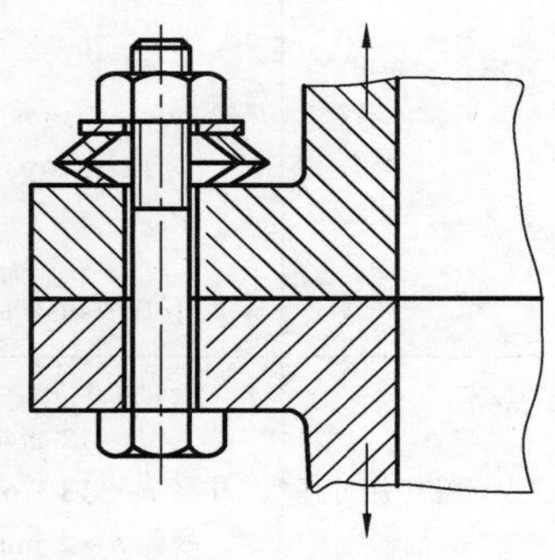
图 13-44　弹性元件

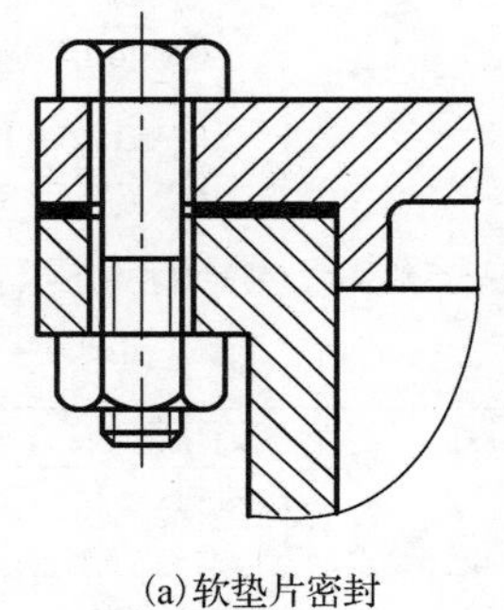
(a)软垫片密封

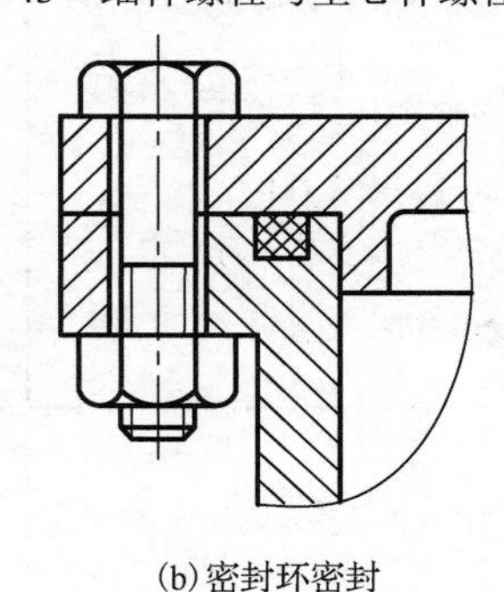
(b)密封环密封

图 13-45　汽缸密封元件

**3. 减小应力集中**

螺纹的根部和收尾、螺栓头部与螺栓杆交接处及其他截面尺寸突变处，都有应力集中，这加重了疲劳断裂的危险。为减小应力集中，可适当加大过渡圆角半径，或将螺纹收尾改为退刀槽结构等。例如，航空、航天器螺栓采用新发展的 MJ 螺纹，其结构特点就是增大了牙根圆角半径。

**4. 避免附加弯曲应力**

在螺纹根部，螺栓杆的弯曲变形会造成严重的应力集中，加剧螺栓的疲劳断裂。因此，应完善结构设计和工艺措施，避免附加弯曲应力的产生。几种产生附加弯曲应力的原因见图 13-32。改进措施见图 13-33、图 13-34。

**5. 采用更合理的制造工艺**

制造工艺对螺栓疲劳强度有重要影响。采用冷镦头部和滚压螺纹工艺制造的螺栓，其疲劳强度较车制螺栓高出 30%～40%。这是由于滚压螺纹时的冷作硬化作用，使表层留有残余压应力，且金属组织紧密、金属流线合理。采用碳氮共渗、氮化、喷丸处理等工艺，也都能提高螺栓的疲劳强度。

**例 13-1**　图 13-46 所示为压力容器凸缘螺栓连接，已知：容器中的压力 $p$ 在 0～1.5MPa 变化，容器内径 $D$=280mm，螺栓分布圆直径 $D_0$=380mm。为保证气密性要求，螺栓间距 $t$ 不得大于 120mm，试设计此螺栓组连接。

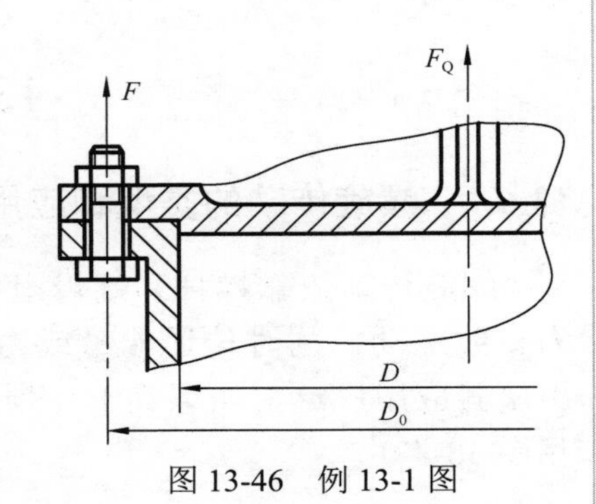

图 13-46　例 13-1 图

**解** 见表 13-8。

表 13-8 例 13-1 解表

| 设计内容 | 计算公式或说明 | 结果 |
|---|---|---|
| (1)选定螺栓强度级别、材料及其主要力学性能 | 该螺栓连接须满足气密性要求，并具有足够的疲劳强度。按表 13-5 选定螺栓强度级别、材料及其主要力学性能 | 6.8 级；45 钢<br>$\sigma_b = 600\text{MPa}$<br>$\sigma_s = 480\text{MPa}$ |
| (2)确定螺栓数目 $z$ | 设定螺栓间距 $t = 100\text{mm}$，则<br>$z = \dfrac{\pi D_0}{t} = \dfrac{\pi \times 380}{100} = 11.93$ | $z = 12$ |
| (3)计算螺栓载荷<br>①最大工作载荷 $F_Q$<br>②螺栓工作拉力 $F$<br>③残余预紧力 $F''$<br>④螺栓最大拉力 $F_0$<br>⑤许用拉应力$[\sigma]$ | $F_Q = \dfrac{\pi D^2}{4} p = \dfrac{\pi \times 280^2 \times 1.5}{4}$<br>$F = F_Q/12 = 92316/12$<br>$F'' = 1.8F = 1.8 \times 7693$<br>$F_0 = F''+F = 13847+7693$<br>取安全系数 $S = 2$(装配时控制预紧力)<br>$[\sigma] = \dfrac{\sigma_s}{S} = \dfrac{480}{2}$ | $F_Q = 92316\text{N}$<br>$F = 7693\text{N}$<br>$F'' = 13847\text{N}$<br>$F_0 = 21540\text{N}$<br>$[\sigma] = 240\text{MPa}$ |
| (4)计算并确定螺栓尺寸 | $d_1 \geqslant \sqrt{\dfrac{4 \times 1.3F_0}{\pi[\sigma]}} = \sqrt{\dfrac{4 \times 1.3 \times 21540}{\pi \times 240}} = 12.19(\text{mm})$<br>按设计要求，查标准确定螺栓尺寸。考虑到变应力对螺栓疲劳强度的影响，适当选取较大螺栓 | M20×70<br>内径 $d_1 = 17.294\text{mm}$<br>中径 $d_2 = 18.376\text{mm}$<br>螺距 $p = 2.5\text{mm}$ |
| (5)螺栓的疲劳强度校核<br>①相对刚度 $\dfrac{C_1}{C_1 + C_2}$<br>②预紧力 $F'$<br>③螺栓拉力变化幅<br>④螺栓危险截面积 $A$<br>⑤螺栓应力幅 $\sigma_a$<br>⑥螺栓材料疲劳极限 $\sigma_{-1}$<br>⑦许用应力幅$[\sigma_a]$<br>⑧疲劳强度校核 | 选铜皮石棉垫片，$\dfrac{C_1}{C_1 + C_2} = 0.8$（表 13-2)<br>$F' = F_0 - \dfrac{C_1 F}{C_1 + C_2} = 21540 - 0.8 \times 7693$ $\dfrac{F_0 - F'}{2} = \dfrac{21540 - 15386}{2}$<br>$A = \dfrac{\pi d_1^2}{4} = \dfrac{\pi \times 17.294^2}{4}$<br>$\sigma_a = \dfrac{F_0 - F'}{2A} = 3077 / 234.8$<br>$\sigma_{-1} = 0.32\sigma_b = 0.32 \times 600$<br>$[\sigma_a] = \dfrac{\varepsilon K_m K_u \sigma_{-1}}{[S]_a K_\sigma} = \dfrac{0.8 \times 1.25 \times 1 \times 192}{3 \times 3.9}$<br>($\varepsilon = 0.8$，$K_m = 1.25$，$K_u = 1$，$K_\sigma = 3.9$，$[S]_a = 3$)<br>$\sigma_a < [\sigma_a] = 16.41\text{MPa}$ | $\dfrac{C_1}{C_1 + C_2} = 0.8$<br>$F' = 15386\text{ N}$<br>$\dfrac{F_0 - F'}{2} = 3077\text{N}$<br>$A = 234.8\text{mm}^2$<br>$\sigma_a = 13.1\text{MPa}$<br>$\sigma_{-1} = 192\text{MPa}$<br>$[\sigma_a] = 16.41\text{MPa}$<br>安全 |

# 13.6 螺旋传动

## 13.6.1 螺旋传动的类型和应用

螺旋传动依靠螺杆和螺母组成的螺旋副实现传动要求。它主要用于将回转运动转变为直线运动，同时传递能量或力，也可用于调整零件间的相互位置，有时兼有几种作用。其应用广泛，如螺旋千斤顶、丝杠、螺旋压力机及工业机器人中的滚珠丝杠等(参见图 13-47)。

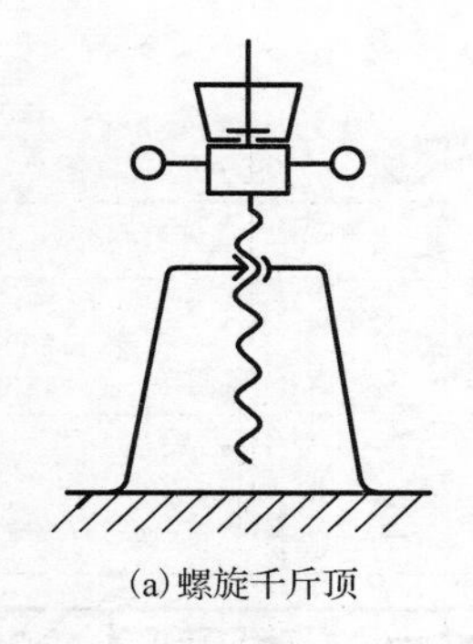

(a)螺旋千斤顶

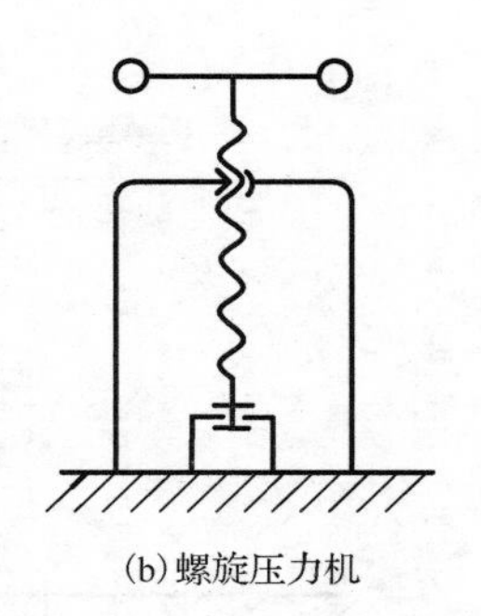

(b)螺旋压力机

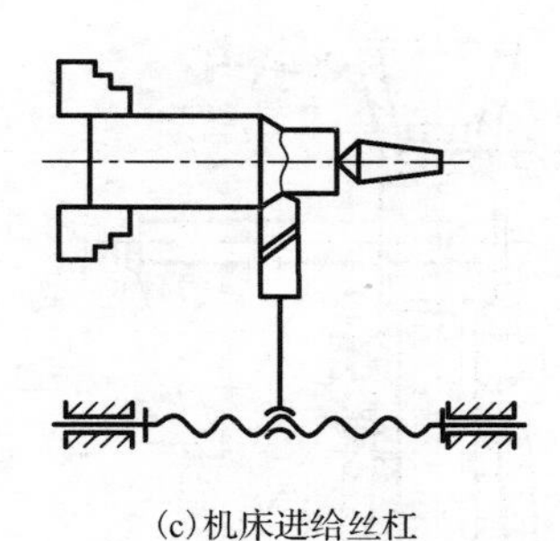

(c)机床进给丝杠

图 13-47　螺旋的传动类型

按螺旋副工作过程中摩擦性质的不同，螺旋传动可分为滑动螺旋、滚动螺旋和静压螺旋。静压螺旋是采用静压流体润滑的滑动螺旋。滑动螺旋结构简单、加工方便、易于自锁，但摩擦阻力大、传动效率低(一般为 30%～40%)，磨损快且传动精度低。滚动螺旋和静压螺旋的传动摩擦阻力小、传动效率高(一般在 90%以上)，但结构复杂，加工难度大。静压螺旋还需要压力稳定的供油系统，因此主要用于要求高精度、高效率的重要传动中。

根据用途的不同，螺旋传动可分为以下三种类型。

**1)传力螺旋**

传力螺旋以传递动力为主，通常要求以较小的转矩产生较大的轴向推力，用于克服轴向工作载荷而移动，主要应用在各种起重和加压装置中。这种螺旋传动工作时承受很大的轴向力，但多为间歇性工作，每次工作时间较短，工作速度也不高，通常有自锁性能要求。

**2)传导螺旋**

传导螺旋以传递运动为主，有时也要承受较大的轴向载荷，如金属切削机床中的进给螺旋传动。传导螺旋一般连续工作时间较长且工作速度较高，因此，对传动精度有较高要求。

**3)调整螺旋**

调整螺旋用以调整和固定零件的相对位置，如仪器、测试装置中的微调螺旋、带传动中的张紧螺旋等。调整螺旋不经常转动，一般在空载下调整，要有可靠的自锁性能。

本节主要讨论滑动螺旋传动的设计和计算，并简单介绍滚动螺旋传动。

### 13.6.2　滑动螺旋传动的设计和计算

螺旋传动主要由螺杆、螺母及其固定和支承结构组成。当螺杆短而粗且垂直布置时，可利用螺母本身作为支承结构，如图 13-48 所示的起重装置中。当螺杆细而长时，应在螺杆两端或中间附加支承结构，以提高螺杆的工作刚度。螺杆的支承结构和轴的支承结构基本相同。对于轴向尺寸较大的螺杆，应采用对接的组合结构螺杆代替整体结构螺杆，以便于制造。螺母的结构有整体螺母、组合螺母和剖分螺母等形式。整体螺母结构简单，但磨损后产生的间隙无法补偿，影响传动精度，只适用于精度要求较低的螺旋传动。对于经常双向传动的传导螺杆，为了消除轴向间隙和补偿螺旋副的磨损，避免反向传动时的空行程，常采用组合螺母或剖分螺母。图 13-49 是利用调整楔块定期调整螺旋副轴向间隙的一种组合螺母结构形式。

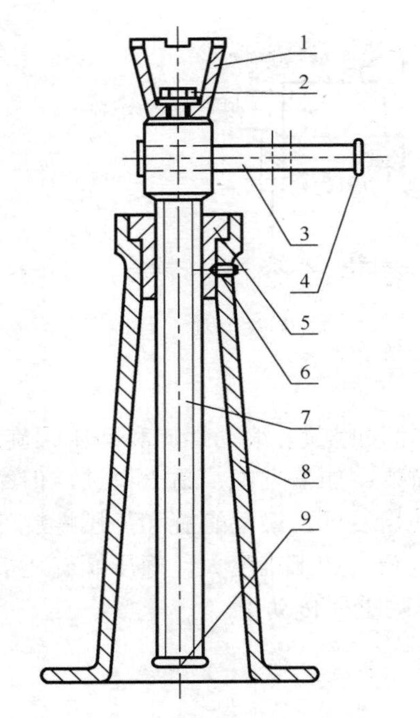


图 13-48 螺旋起重器

1-托杯；2-螺钉；3-手柄；4-挡环；5-螺母；6-紧定螺钉；7-螺杆；8-底座；9-挡环

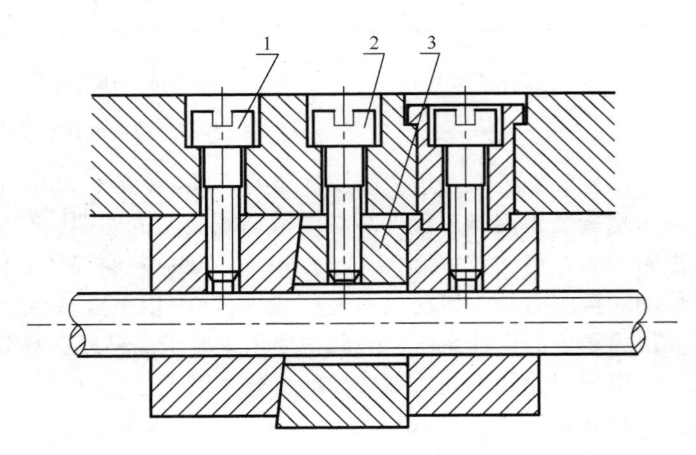


图 13-49 组合螺母

1-紧定螺钉；2-调整螺钉；3-调整楔块

螺杆材料要有足够的强度和耐磨性以及良好的加工性。不经热处理的螺杆一般可用Q255、Y40Mn、45、50 钢制造；重要的需热处理的螺杆可用 65Mn、40Cr 或 20CrMnTi 钢制造；精密传动螺杆可用 9MnV、38CrMoAl 钢等制造。

螺母材料除了要有足够的强度外，还要求在与螺杆材料配对时有良好的减摩性和耐磨性。常用的材料有铸锡青铜 ZCuSn10Pl、ZCuSn5Pb5Zn5；重载低速时用高强度铸造铝青铜 ZCuAl10Fe3 或铸造黄铜 ZCuZn25Al6Fe3Mn3；低速轻载时也可用耐磨铸铁。尺寸大的螺母可用钢或铸铁作外套，内部浇注青铜，高速螺母可浇注锡锑或铅锑轴承合金。

滑动螺旋传动采用的螺纹类型有梯形、矩形或锯齿形。其中，以梯形螺纹和锯齿形螺纹应用最广。螺杆常采用右旋螺纹。传力螺旋和调整螺旋有自锁要求时，应采用单线螺纹。而对于传导螺旋，为了提高其传动效率及直线运动速度，可采用多线螺纹(线数 $n=2$、4、6)。

滑动螺旋工作时，主要承受转矩和轴向力，同时在螺杆和螺母的旋合螺纹间有较大的相对滑动。其失效形式主要为螺纹磨损，因而螺杆的直径和螺母的高度通常是由耐磨性要求决定的。受力较大时，还应校核螺纹杆部或其他危险部位以及螺母或螺杆螺纹牙的强度，以防止发生塑性变形或断裂。对于有自锁性要求的螺旋传动，应校核螺旋副的自锁性。 对于运动精度要求较高的传导螺旋，应校核螺杆的刚度，其直径常由刚度要求决定。对于长径比很大的受压螺杆，应校核其稳定性，其直径也常由稳定性要求决定。对于高转速的长螺杆，还应校核其临界转速，以防止产生过度的横向振动。

在设计螺旋传动时，可根据螺旋传动的类型、工作条件及可能的失效形式等，进行必要的计算。考虑到螺杆受力情况复杂并有刚度和稳定性要求，计算其螺纹部分的强度和刚度时，可按螺纹小径尺寸进行计算。

下面主要介绍耐磨性计算和其他几项常用的校核计算方法。

**1) 耐磨性计算**

滑动螺旋的磨损与螺纹工作面上的压力、滑动速度、螺纹表面粗糙度以及润滑状态等因素有关。其中最主要的是螺纹工作面上的压力，压力越大越容易产生螺纹工作面的过度磨损。因此，滑动螺旋的耐磨性计算主要是限制螺纹工作面上的压力 $p$，使其小于许用压力［$p$］。

假设作用于螺杆的轴向力为 $F$，螺纹工作面均匀承压，则工作面的耐磨条件为

$$p=\frac{F}{A}=\frac{F}{\pi d_2 hZ}=\frac{FP}{\pi d_2 hH}\leqslant[p] \tag{13-38}$$

式中，$A$ 为螺纹的承压面积；$d_2$ 为螺纹中径；$P$ 为螺距；$h$ 为螺纹工作高度；$Z$ 为旋合圈数，$Z=H/P$；$H$ 为螺母高度；［$p$］为许用压力，见表 13-9。

**表 13-9　滑动螺旋传动的许用压力［$p$］**

| 螺旋副材料 | 滑动速度/(m/min) | 许用压力/MPa | 螺旋副材料 | 滑动速度/(m/min) | 许用压力/MPa |
|---|---|---|---|---|---|
| 铜对青铜 | 低速 | 18～25 | 钢对灰铸铁 | <2.4 | 13～18 |
| | <3.0 | 11～18 | | 6～12 | 4～7 |
| | 6～12 | 7～10 | | | |
| | >15 | 1～2 | 钢对钢 | 低速 | 7.5～13 |
| 钢对耐磨铸铁 | 6～12 | 6～8 | 淬火钢对青钢 | 6～12 | 10～13 |

式(13-38)用于校核计算，为了导出设计计算式，令 $\phi=H/d_2$，代入式(13-38)整理后可得

$$d_2=\sqrt{\frac{FP}{\pi h\phi[p]}} \tag{13-39}$$

对于矩形螺纹和梯形螺纹，取 $h=0.5P$；对于锯齿形螺纹，取 $h=0.75P$。

螺母高度为

$$H=\phi d_2 \tag{13-40}$$

式中，$\phi$ 的取值一般为 1.2～3.5。对于整体螺母，由于磨损后不能调整间隙，为使受力分布比较均匀，螺纹工作圈数不宜过多，故取 $\phi=1.2$～2.5；对于剖分螺母和兼作支承的螺母，可取 $\phi=2.5$～3.5。对于传动精度较高、载荷较大、寿命要求较长的传动，允许取 $\phi=4$。

根据式(13-39)算得螺纹中径后，应按国家标准选取相应的公称直径 $d$ 及螺距 $P$。螺纹旋合圈数 $Z$ 不宜大于 10。

**2) 螺杆强度计算**

受力较大的螺杆需进行强度计算。螺杆工作过程中同时承受轴向力 $F$ 和扭矩 $T$ 的作用，其横截面上既有正应力，又有切应力。因此，应根据第四强度理论计算其强度条件：

$$\sigma_{ca}=\sqrt{\sigma^2+3\tau^2}=\sqrt{\left(\frac{F}{A}\right)^2+\left(\frac{T}{W_T}\right)^2}\leqslant[\sigma] \tag{13-41}$$

式中，$F$ 为螺杆所受轴向力；$A$ 为螺杆螺纹段的危险截面面积；$T$ 为螺杆所受扭矩；$W_T$ 为螺杆危险截面的抗扭截面模量；［$\sigma$］为螺杆材料的许用应力，见表 13-10。

表 13-10 滑动螺旋副材料的许用应力

| 螺旋副材料 | | 许用应力/MPa | | |
|---|---|---|---|---|
| | | $[\sigma]$ | $\sigma_b$ | $[\tau]$ |
| 螺杆 | 钢 | $\sigma_s/(3\sim5)$ | | |
| 螺母 | 青铜 | | 40～60 | 30～40 |
| | 铸铁 | | 45～55 | 40 |
| | 钢 | | $(1.0\sim1.2)[\sigma]$ | $0.6[\sigma]$ |

**3) 螺纹牙强度计算**

螺纹牙易发生剪切破坏和弯曲破坏，一般螺母材料的强度低于螺杆，故只须校核螺母螺纹牙的强度。如图 13-50 所示，如果将周向分布的一圈螺纹沿螺母的螺纹大径 $D$ 处展直，则可看作宽度为 $\pi D$ 的悬臂梁。每圈螺纹所承受的轴向力平均为 $F/Z$，作用于螺纹的中径处，则螺纹牙危险截面的剪切和弯曲强度条件分别为

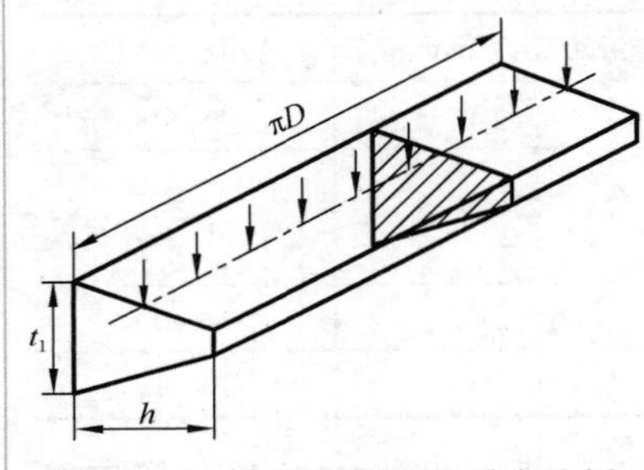

图 13-50 展直的螺纹牙受力分析

$$\tau=\frac{F}{\pi Dt_1Z}\leqslant[\tau] \tag{13-42}$$

$$\sigma_b=\frac{3Fh}{\pi Dt_1^2Z}\leqslant[\sigma_b] \tag{13-43}$$

式中，$D$ 为螺母的螺纹大径；$t_1$ 为螺纹牙根部宽度，对于梯形螺纹 $t_1=0.634P$，对于矩形螺纹 $t_1=0.5P$，$P$ 为螺纹的螺距；$[\tau]$ 和 $[\sigma_b]$ 分别为螺纹材料的许用切应力和许用弯曲应力，见表 13-10。

**4) 螺旋副的自锁条件**

对于有自锁性要求的螺旋传动，应校核螺旋副是否满足自锁条件，即

$$\psi\leqslant\rho_v=\arctan f_v \tag{13-44}$$

式中，$\psi$ 为螺纹升角；$\rho_v$ 为螺旋副的当量摩擦角；$f_v$ 为螺旋副的当量摩擦因数。

**5) 螺杆稳定性计算**

对于长径比较大的受压螺杆，其承受的轴向力必须小于临界载荷。其稳定性条件为

$$S_{sc}=\frac{F_{cr}}{F}\geqslant S_s \tag{13-45}$$

式中，$S_{sc}$ 为螺杆稳定性计算安全系数；$S_s$ 为螺杆稳定性安全系数，对于传力螺旋，$S_s=3.5\sim5.0$，对于传导螺旋，$S_s=2.5\sim4.0$，对于精密螺杆或水平螺杆，$S_s>4$；$F_{cr}$ 为螺杆临界载荷，其计算式为

$$F_{cr}=\frac{\pi^2EI}{(\beta l)^2} \tag{13-46}$$

式中，$E$ 为螺杆材料的弹性模量；$I$ 为螺杆危险截面的轴惯性矩，$I=\pi d_1^4/64$；$\beta$ 为长度系数，与两端支座形式有关，两端铰支或一端固定、一端可移动时取 1，一端固定、一端无支撑，或一端铰支、一端可移动时取 2，两端固定时取 1/2；$l$ 为螺杆工作长度。

### 13.6.3　滚动螺旋传动简介

滚动螺旋可分为滚珠螺旋和滚子螺旋两大类，如图 13-51 和图 13-52 所示。

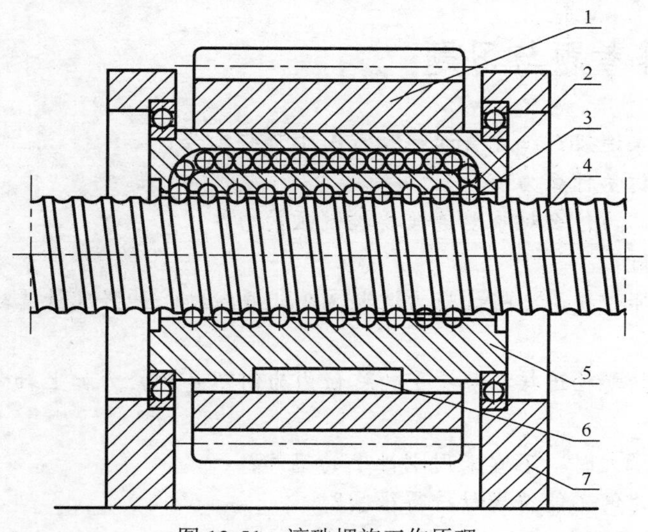


图 13-51　滚珠螺旋工作原理

1-齿轮；2-返回滚道；3-滚珠；4-螺杆；5-螺母；6-键；7-机架

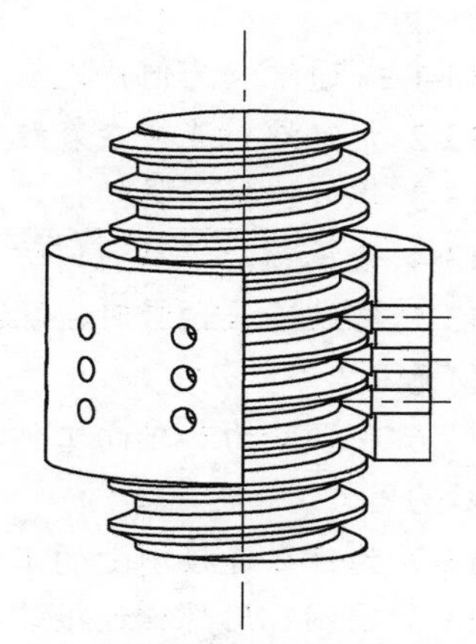

图 13-52　圆锥滚子螺旋示意图

滚珠螺旋按钢球循环位置的不同分为外循环式(图 13-53)和内循环式(图 13-54)。外循环式又有螺旋槽式和插管式的不同。螺旋槽式是在螺母外圆柱表面加工有螺旋形回球槽，槽的两端有通孔与螺母的螺纹滚道相切，形成钢球循环通道；插管式的工作原理和螺旋槽式的工作原理相同，只是采用外接套管作为钢球的循环通道。外循环式结构简单，但螺母的结构尺寸较大。内循环式则在螺母上开有侧孔，孔内镶有反向器，将相邻两螺纹滚道连接起来，钢球从螺纹滚道进入反向器，越过螺杆牙顶进入相邻螺纹滚道，形成循环回路。内循环式的螺母径向尺寸较小，与滑动螺旋副大致相同，有利于减少钢球数量、减小摩擦损失和提高传动效率，但返向器回行槽的加工要求高。

滚子螺旋可分为自转滚子式和行星滚子式，自转滚子式按滚子形状又可分为圆柱滚子(对应矩形螺纹的螺杆)和圆锥滚子(对应梯形螺纹的螺杆)。自转圆锥滚子式滚子螺旋的示意图如图 13-52 所示。

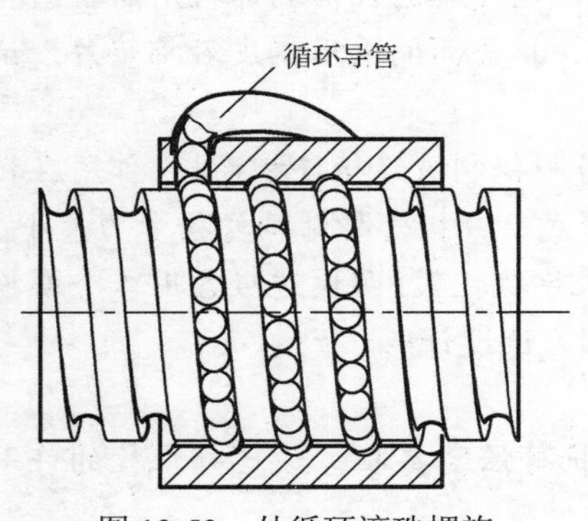


图 13-53　外循环滚珠螺旋

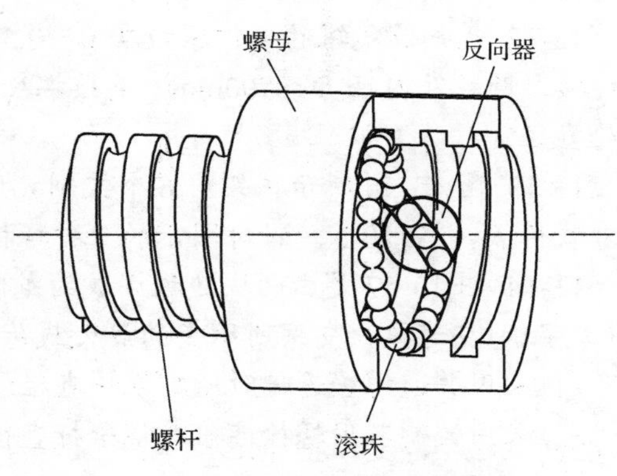


图 13-54　内循环滚珠螺旋

滚动螺旋传动具有传动效率高、起动力矩小、传动灵敏平稳、工作寿命长等优点，因此，目前在机床、汽车、拖拉机、航空、航天及武器等制造业中广泛应用，但存在加工制造工艺比较复杂的缺点。

## 思考题与习题

13-1 普通螺纹为何广泛应用于螺纹连接？细牙普通螺纹常用于哪些场合？

13-2 紧定螺钉连接在装配时，螺钉受什么力？

13-3 螺纹连接预紧的作用是什么？为什么对重要连接要控制预紧力？

13-4 金属锁紧螺母为何防松效果好？

13-5 螺纹连接预紧时，螺栓承受哪些载荷？将预紧力增大30%，并按纯拉伸强度计算螺栓有何意义？

13-6 受预紧力和轴向工作拉力的紧螺栓连接，螺栓受的总拉力为何不是预紧力加上轴向工作拉力？

13-7 为什么连接承受的工作拉力很大时，不宜采用刚性小的垫片？

13-8 铰制孔用螺栓连接装配时，为何不能将螺母拧得很紧？

13-9 螺栓产品分为A、B、C三种产品等级。它们各有何特征？分别应用于什么场合？

13-10 螺栓组连接结构设计要求螺栓的布置对称于连接接合面形心。理由是什么？

13-11 钢板 *A* 用两个铰制孔用螺栓固定在机架 *B* 上(图 13-55)。试分析哪种方案较为合理？

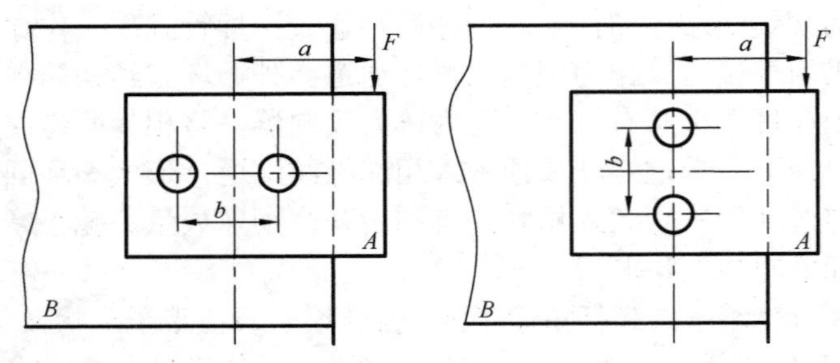


图 13-55 习题 13-11 图

13-12 已知储气罐的工作压力在 0～0.5MPa 变化，储气罐圆柱形端部采用法兰结构与顶盖连接，圆柱孔内径 $D = 500$mm，连接螺栓数目为 16，接合面间采用铜皮石棉垫片。试计算螺栓直径。

13-13 图 13-56 所示托架用 6 个铰制孔用螺栓与另一钢制被连接件相连接，作用在托架上的外载荷 $F_Q = 5\times10^4$N。针对图示的三种螺栓组布置形式，分析哪种结构螺栓受力最小。

13-14 图 13-57 是由两块边板焊成的龙门式起重机导轨托架。两块边板各用 4 个螺栓与立柱(工字钢)相连接，支架所承受的最大载荷为 20000N，试设计：

(1) 采用普通螺栓连接时所需螺栓直径；

(2) 采用铰制孔用螺栓连接时螺栓杆直径(只考虑抗剪强度要求)，设已知螺栓的许用切应力 $[\tau]$ 为 28MPa。

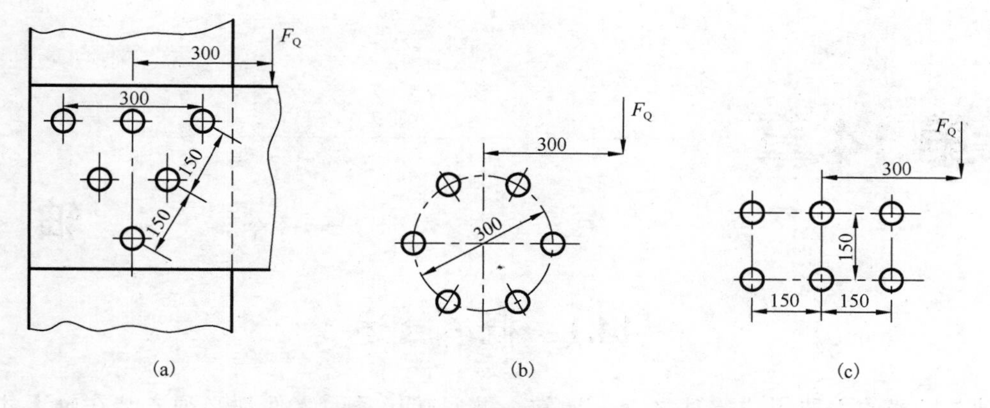


图 13-56　习题 13-13 图(螺栓组三种不同布置方案)

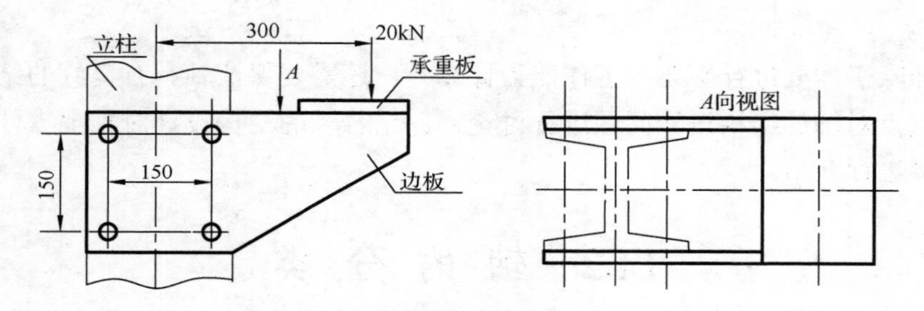


图 13-57　习题 13-14 图

13-15 已知一普通螺栓紧连接所承受横向载荷为 $F_R$=1000N；接合面对数 $m=1$；螺栓数目 $z=2$，沿受力方向排列；摩擦因数 $f=0.15$；可靠性系数 $k_f$=1.2；螺栓材料的许用拉应力 $[\sigma]$=75MPa。求接合面不滑移条件下所需的螺栓直径。

13-16 试设计简单千斤顶(参见图 13-48)中螺杆和螺母的主要尺寸，材料自选。设起重量为 40kN、起重高度为 200mm。

# 第14章 轴

## 14.1 概　　述

轴是机器的主要组成零件之一。通常，做回转运动的零件都必须安装在轴上才能实现运动和动力的传递，因此轴的主要功用是支撑回转零件(如齿轮、带轮等)并传递运动和转矩。

轴的设计除了需要进行必要的工作能力计算外，还需要保证轴具有良好的结构工艺性。因此，本章重点对轴的结构设计问题进行讨论，并结合轴的结构设计对轴上零件的定位方法特别是键连接进行介绍。

## 14.2 轴的分类

根据承载情况的不同，轴可分为心轴、传动轴和转轴。

(1)心轴：只承受弯矩而不传递转矩的轴，如支承滑轮的轴(图 14-1(a)、(b))。按转动与否，心轴又分为转动心轴(图 14-1(a))和固定心轴(图 14-1(b))。

(2)传动轴：只传递转矩的轴，如汽车传动系中变速器至后桥的轴(图 14-1(c))。

(3)转轴：既承受弯矩又传递转矩的轴，如齿轮减速器中的轴(图 14-1(d))。转轴在机器中最为常见。

按轴线形状的不同，轴又可分为直轴(图 14-2)、曲轴(图 14-3)和挠性轴(图 14-4)。

(1)直轴。直轴按其外形不同又分为光轴(图 14-2(a))和阶梯轴(图 14-2(b))。光轴形状简单、加工容易、应力集中源少，但轴上零件的装拆和固定不便；阶梯轴则正好与光轴相反。光轴常见于心轴和传动轴，在农业机械、纺织机械中较为常用。转轴通常都是阶梯轴，在机械产品中应用最广。

直轴一般是实心的，但在结构或功能设计需要时，如需要在轴腔中装设其他零件、安放待加工棒料(如车床主轴)、输送润滑油、冷却液、压缩空气等，或者减轻轴的重量有重要意义时(如航空发动机轴、大型水轮机轴)，则可将其加工成空心轴(图 14-2(c))。与相同强度和刚度的实心轴相比，空心轴重量轻，外径大，制造复杂。

(2)曲轴。曲轴是往复式机械中用于往复运动和旋转运动相互转换的专用零件，如内燃机、曲柄压力机中的曲轴，它兼有转轴和曲柄的双重功能。

(3)挠性轴。挠性轴具有良好的挠性，抗弯刚度小而抗扭刚度很大，能在轴线随意弯曲状态下有效传递旋转运动和转矩，有时也用于连续振动的场合，以缓和冲击。

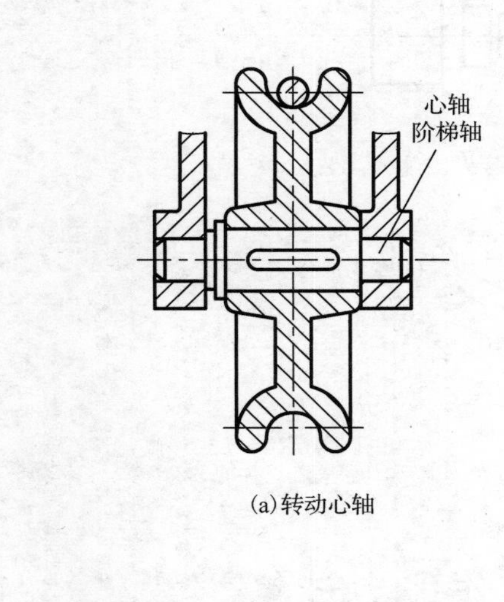


(a)转动心轴

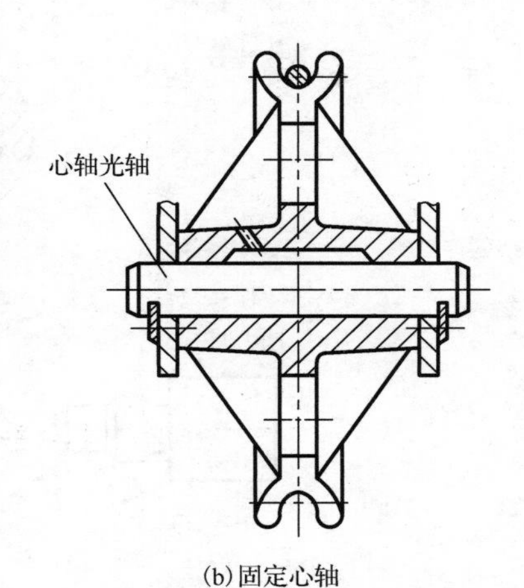


(b)固定心轴

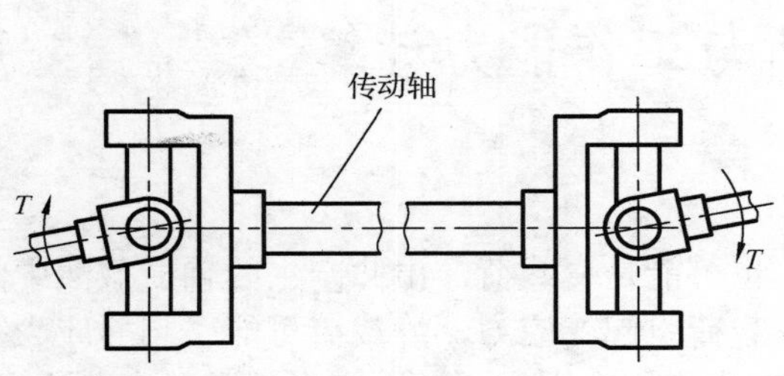


(c)传动轴

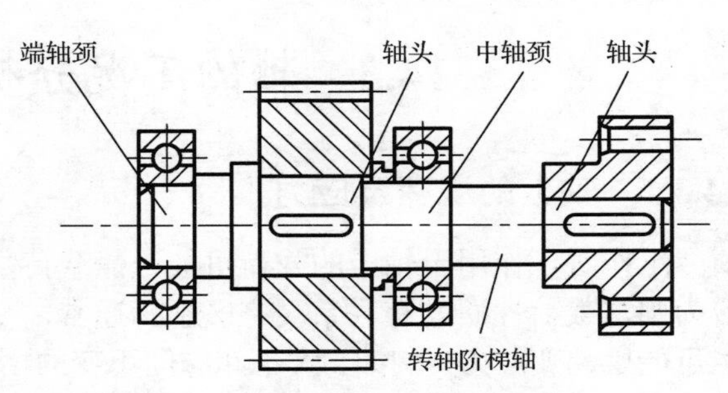


(d)转轴

图 14-1　轴的类型

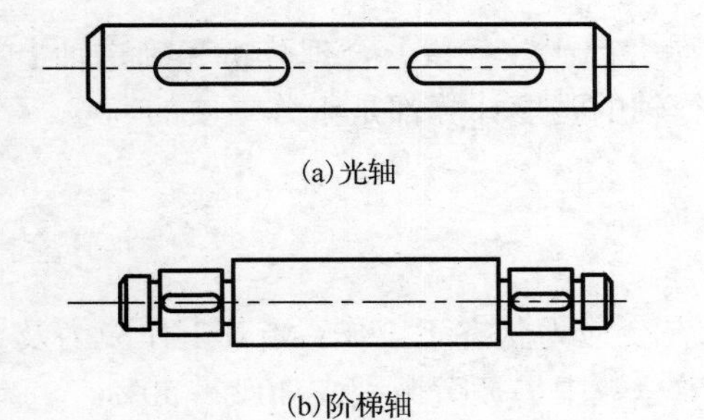

(a)光轴

(b)阶梯轴

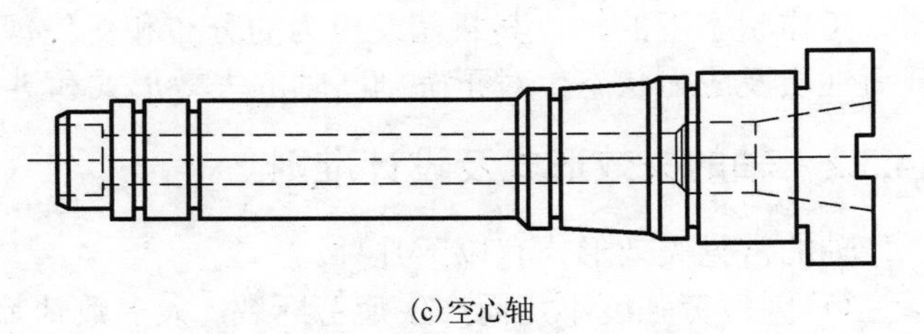

(c)空心轴

图 14-2　直轴

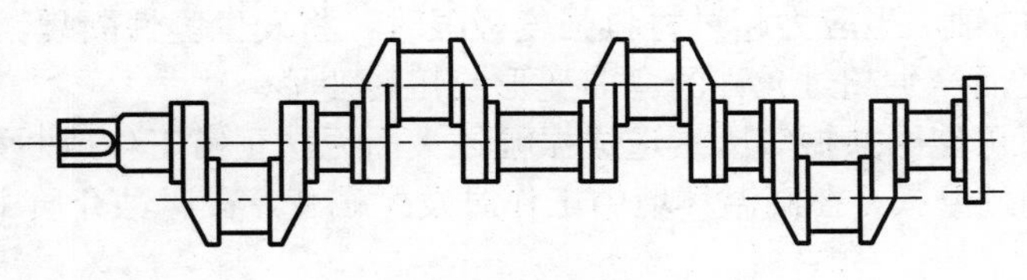

图 14-3　曲轴

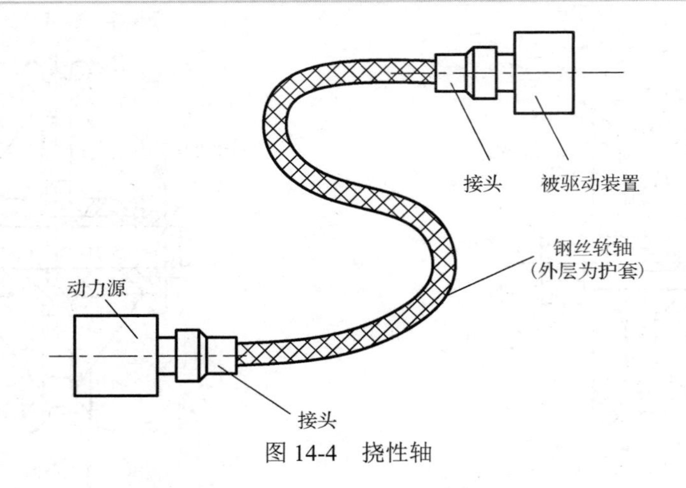


图 14-4　挠性轴

# 14.3　轴的工况分析与工作能力计算

## 14.3.1　轴上的载荷及应力

工作时，作用于轴上的载荷可能是静载荷，也可能是变载荷，由此产生的轴横截面中的应力则与载荷性质既有联系又有区别。通常，变载荷引起变应力，静载荷可能引起静应力，也可能引起变应力。例如，大小和方向不变的横向力作用在固定心轴上产生的是静弯曲应力，但在转动心轴上产生的则是对称循环弯曲应力。大小恒定的转矩在单向回转的传动轴或转轴中引起的扭转切应力名义上为静应力，但由于机器总有起动和停机、运转也很难绝对平稳，振动或工作阻力矩的随机变化难以避免，因此，应力实际上也是变化的，一般将这种单向转矩在轴上产生的扭转切应力近似看作对脉动循环变应力。由此可见，轴在弯矩或转矩作用下产生的应力多为变应力。

工作状态下的轴，其载荷及应力的分布和变化规律大都比较复杂。合理分析和确定轴上载荷性质及应力状态，对正确判断轴的失效形式和进行轴的强度计算都是十分重要的。

## 14.3.2　轴的失效形式及设计准则

轴的常见失效形式有以下几种。

(1) 因疲劳强度不足而产生疲劳断裂。大多数轴都在变应力状态下工作，当其工作应力及循环次数超过允许值时，将发生疲劳断裂。在轴的失效总数中，疲劳断裂占 40%～50%。

(2) 因静强度不足而产生塑性变形或脆性断裂。轴在工作时常会因振动、冲击等原因而瞬时过载。对于塑性材料制造的轴，当最大工作应力超过材料的屈服极限时，将产生塑性变形；对于脆性材料制造的轴，当应力超过材料强度极限时，将发生脆性断裂。

(3) 因刚度不足而产生超过允许的弯曲变形或扭转变形。

(4) 在高转速下可能因共振等因素造成振幅过大而无法正常工作或断裂。

(5) 其他，如轴颈磨损，在高温环境中工作时发生蠕变，在腐蚀介质中工作时被腐蚀并加速疲劳失效等。

针对轴在具体工作条件下可能发生的失效形式进行计算，使所设计的轴具有不发生该种失效的工作能力，并具有合理的结构和良好的工艺性，这就是轴的设计准则。

### 14.3.3　轴的强度计算

强度计算是设计轴时的重要内容之一，其目的是根据轴的承载情况来确定轴的直径，或对由经验方法或结构设计所确定的轴径进行校核，确保其满足强度要求。

轴的强度计算通常有三种方法：按扭转强度条件计算、按弯扭组合强度条件计算和安全系数校核计算。

**1. 按扭转强度条件计算**

这种方法是只考虑轴所受的扭矩进行计算。若轴上还作用有不大的弯矩，则用降低许用扭转切应力的方法加以考虑。在进行轴的结构设计时，也常用这种方法初步估算轴径。对于不太重要的轴，也可作为最后计算结果。对实心轴，其扭转强度条件为

$$\tau = \frac{T}{W_T} \approx \frac{9550\times 10^3 \dfrac{P}{n}}{0.2d^3} \leqslant [\tau] \quad ，\text{MPa} \tag{14-1}$$

则

$$d \geqslant \sqrt[3]{\frac{9550\times 10^3}{0.2\times[\tau]}} \times \sqrt[3]{\frac{P}{n}} = A\times\sqrt[3]{\frac{P}{n}} \quad ，\text{mm} \tag{14-2}$$

式中，$T$ 为轴传递的转矩，N·mm；$W_T$ 为轴的抗扭截面系数，$mm^3$，见表 14-1；$P$ 为轴传递的功率，kW；$[\tau]$为许用扭转切应力，MPa，见表 14-2；$A$ 为$[\tau]$的计算系数，见表 14-2。

表 14-1　抗弯、抗扭截面系数计算公式

| 截面形状 | $W$ | $W_T$ | 截面形状 | $W$ | $W_T$ |
|---|---|---|---|---|---|
|  | $\frac{\pi d^3}{32} \approx 0.1d^3$ | $\frac{\pi}{16}d^3 \approx 0.2d^3$ |  | $\frac{\pi d^3}{32} - \frac{bt(d-t)^2}{d}$ | $\frac{\pi d^3}{16} - \frac{bt(d-t)^2}{d}$ |
|  | $\frac{\pi}{32}d^3(1-\beta^4)$<br>$\approx 0.1d^3(1-\beta^4)$<br>$\beta = \frac{d_1}{d}$ | $\frac{\pi}{16}d^3(1-\beta^4)$<br>$\approx 0.2d^3(1-\beta^4)$<br>$\beta = \frac{d_1}{d}$ |  | $\frac{\pi d^3}{32}\left(1-1.54\frac{d_1}{d}\right)$ | $\frac{\pi d^3}{16}\left(1-\frac{d_1}{d}\right)$ |
|  | $\frac{\pi d^3}{32} - \frac{bt(d-t)^2}{2d}$ | $\frac{\pi d^3}{16} - \frac{bt(d-t)^2}{2d}$ |  | $[\pi d^4 + (D-d)$<br>$(D+d)^2 zb]/(32D)$<br>$Z$ 为花键齿数 | $[\pi d^4 + (D-d)$<br>$(D+d)^2 zb]/(16D)$<br>$Z$ 为花键齿数 |

注：近似计算时，单、双键槽一般可以忽略，花键轴截面可视为直径等于平均直径的圆截面。

对于空心轴，则有

$$d \geqslant A\times\sqrt[3]{\frac{P}{n(1-\beta^4)}} \quad ，\text{mm} \tag{14-3}$$

式中，$\beta = d_1/d$，为空心轴的内径 $d_1$ 与外径 $d$ 之比，通常取 $\beta = 0.5～0.6$。

应当指出，当轴上加工有键槽时会削弱轴的强度，应予以考虑。同一截面上有一个键槽时，轴径应增大3%～5%；当有两个键槽时，轴径增大7%～10%。

表 14-2 几种常用材料的[$\tau$]及 $A$ 值

| 轴的材料 | Q235、20 | Q255、35 | 45 | 40Gr、20GrMnTi、35SiMn |
|---|---|---|---|---|
| 许用切应力[$\tau$]/MPa | 12～20 | 20～30 | 30～40 | 40～52 |
| 计算系数 $A$ | 160～135 | 135～118 | 118～107 | 107～98 |

注：①表中 $A$ 值已将弯矩的影响考虑在内，当轴上弯矩较小时取较小 $A$ 值，反之取较大值；
②当轴径较大或用 Q235、35 SiMn 时，取较大的 $A$ 值。

**2. 按弯扭组合进行强度计算**

当轴的主要结构尺寸、外载荷及支反力作用位置基本确定、轴上的载荷(弯矩和扭矩)可以求得时，可按弯扭组合强度条件对轴进行强度计算。具体步骤如下。

(1)作轴的计算简图(力学模型)。

轴截面内力的大小，可按简化为铰链支承的双支点梁进行计算。支点位置可根据轴承类型及其组合的不同，按图 14-5 确定。轴所受的载荷是从轴上零件传来的。计算时，可将分布载荷简化为作用于分布面(或线)中点的集中载荷并等效到轴线上；作用于轴上的转矩，一般是从零件作用宽度的中点算起。在此基础上作出轴的受力分析计算简图。若各载荷构成空间力系，则通常将其分解到两个互相垂直的平面内，并分别在两个平面中求出对应的支反力，如图 14-6(b)或(c)、(d)所示。

(2)作弯矩图。

计算轴所受的水平面弯矩 $M_x$、垂直面弯矩 $M_y$，再按矢量法求得合成弯矩 $M$，$M=\sqrt{M_x^2+M_y^2}$，并作相应的弯矩图(图 14-6(c)、(d)、(e))。

(3)作转矩图(图 14-6(f))。

(4)计算当量弯矩 $M_v$。

由已求得的合成弯矩和转矩，根据第三强度理论计算当量弯矩 $M_v$，其计算式为

$$M_v=\sqrt{M^2+(\alpha T)^2} \tag{14-4}$$

式中，$\alpha$ 是将转矩 $T$ 折合成当量弯矩的校正系数。引入该系数是因为由弯矩引起的弯曲正应力通常是对称循环变化的，而转矩引起的扭转切应力则常常是非对称循环变化的。考虑到弯矩和转矩所产生的应力特性不同，对轴的疲劳强度所产生的影响也不同，因此，在合成时应做相应的修正。$\alpha$ 的取值由扭转切应力的循环特性决定：

扭转切应力按对称循环变化时，$\alpha=1$；

扭转切应力按脉动循环变化时，$\alpha=[\sigma_{-1}]/[\sigma_0]\approx 0.6$；

扭转切应力为静应力时，$\alpha=[\sigma_{-1}]/[\sigma_{+1}]\approx 0.3$。

$[\sigma_{-1}]$、$[\sigma_0]$和$[\sigma_{+1}]$分别为材料在对称循环、脉动循环及静应力状态下的许用弯曲正应力(MPa)，见表 14-3。

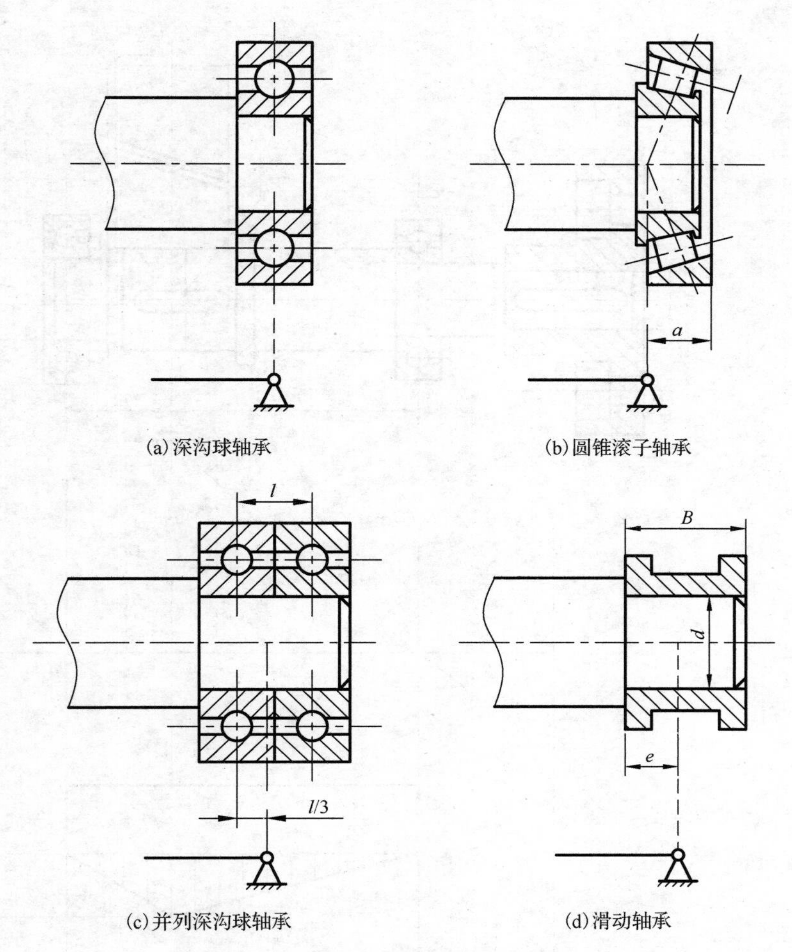

(a) 深沟球轴承　(b) 圆锥滚子轴承

(c) 并列深沟球轴承　(d) 滑动轴承

图 14-5　轴的支反力作用点

注：$a$ 值可由滚动轴承样本或从《机械设计手册》中查得，$e$ 值为 $0.5B$ ($B/d\leqslant1$) 或 0.5d ($B/d>1$)

(5) 计算轴径。

轴截面的强度条件为

$$\sigma_v=\frac{M_v}{W}=\frac{\sqrt{M^2+(\alpha T)^2}}{W}\leqslant[\sigma]\quad,\ \text{MPa}\tag{14-5}$$

式中，$\sigma_v$ 为轴计算截面最大相当弯曲应力，MPa；$W$ 为轴计算截面的抗弯截面系数，$mm^3$，见表 14-1，对实心轴，$W=\frac{\pi}{32}d^3$，对空心轴，$W=\frac{\pi}{32}d^3(1-\beta^4)$，$d$ 为轴计算截面的直径，mm；$[\sigma]$为轴的许用弯曲应力，MPa，对转轴和转动心轴，取$[\sigma]=[\sigma_{-1}]$，对固定心轴，考虑起动、停机等影响，取$[\sigma]=[\sigma_0]$。

对实心轴，轴计算截面的直径为

$$d\geqslant\sqrt[3]{\frac{10\sqrt{M^2+(\alpha T)^2}}{[\sigma]}}\quad,\ \text{mm}\tag{14-6}$$

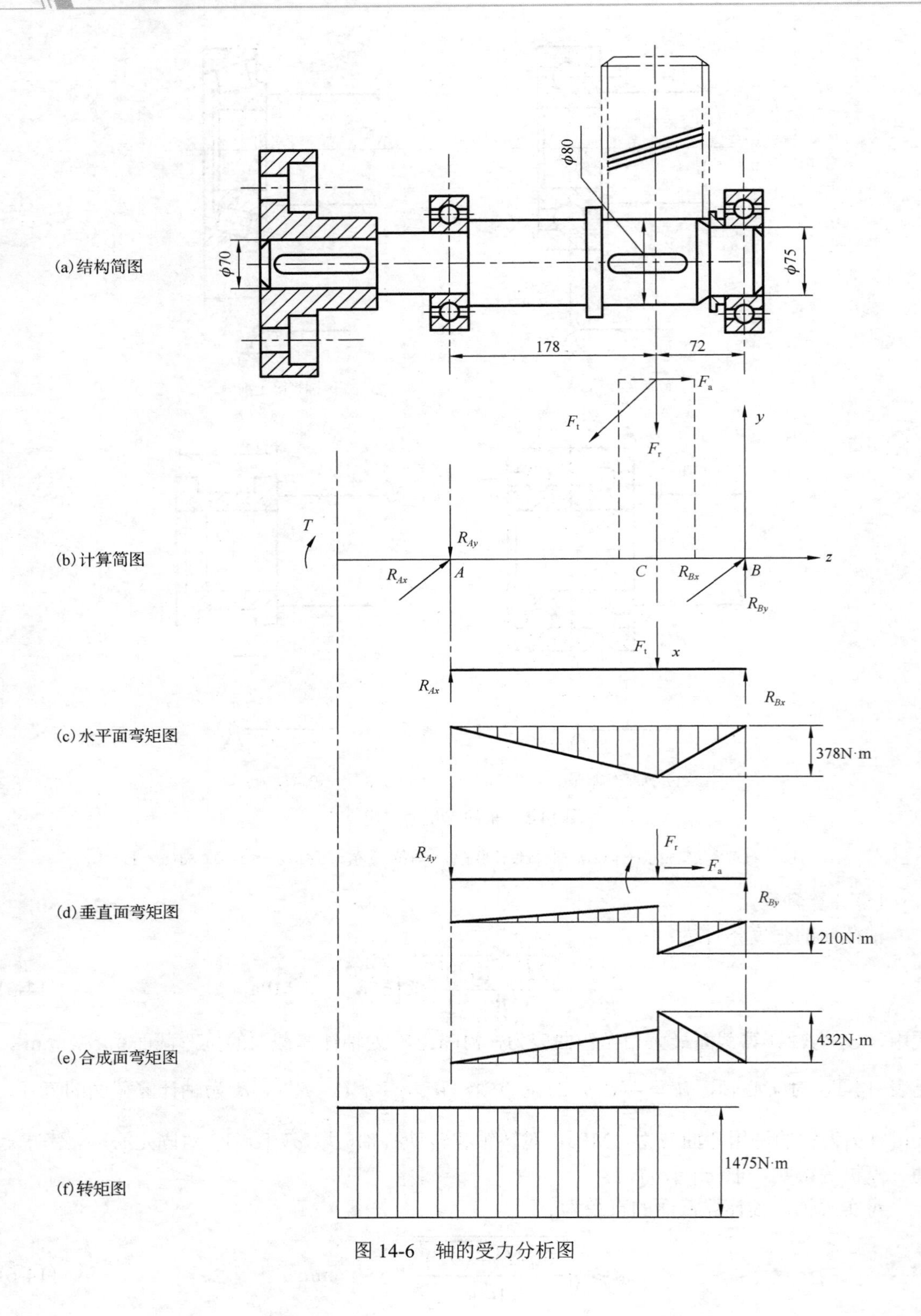


图 14-6 轴的受力分析图

表 14-3 轴的许用弯曲正应力[$\sigma$] (单位：MPa)

| 材料 | $\sigma_b$ | [$\sigma_{+1}$] | [$\sigma_0$] | [$\sigma_{-1}$] |
|---|---|---|---|---|
| 碳钢 | 400 | 130 | 70 | 40 |
| | 500 | 170 | 75 | 45 |
| | 600 | 200 | 95 | 55 |
| | 700 | 230 | 110 | 65 |
| 合金钢 | 800 | 270 | 130 | 75 |
| | 900 | 300 | 140 | 80 |
| | 1000 | 330 | 150 | 90 |
| | 1200 | 400 | 180 | 110 |

同样，若轴计算截面有键槽，则需将计算出的直径放大。按弯扭组合强度计算所得的直径如果大于结构设计时确定的直径，说明轴的强度不够，应修改结构设计尺寸；反之，说明强度是足够的。有时，轴的强度富裕较多，轴的直径似乎可以缩小，但考虑到轴的结构尺寸还受到轴上某些零件的制约、工艺条件的限制等，除非富裕太多，一般就以结构设计的轴径为准。

按弯扭组合强度条件进行的计算，适用于承受较大弯矩的轴。由于考虑到了支承的特点、轴的跨距、轴上载荷分布及应力性质等因素，与轴的实际情况较为接近，故用于一般用途轴的设计计算或强度校核，已足够精确可靠。但未考虑具体结构等因素对轴强度的影响，仍属初步计算的范畴。对重要的轴和重载轴，还需进行强度的精确计算(参见 14. 4. 5 节)。

**例 14-1** 图 14-6(a)所示为展开式齿轮双级减速器输出轴的结构简图。已知斜齿轮所受圆周力 $F_t=7375$N、径向力 $F_r=2720$N、轴向力 $F_a=1217$N，齿轮节圆直径 $d'=400$mm，轴的材料为 45 钢，调质处理，硬度为 207～241HBW。试确定轴的危险截面直径(危险截面通常指当量弯矩较大、抗弯截面系数较小、应力集中较严重的截面，即实际应力较大的截面)。

**解** 见表 14-4。

表 14-4 例 14-1 解表

| 设计内容 | 计算公式或说明 | 结果 |
|---|---|---|
| 1) 作计算简图并求支反力<br>(1) 水平面支反力 | 由平衡条件$\sum M_B=0$，有 $R_{Ax}\times 250-F_t\times 72=0$<br>解得 $R_{Ax}=\dfrac{7375\times 72}{250}=2124\text{N}$<br>由平衡条件$\sum M_A=0$，有 $R_{Bx}\times 250-F_t\times 178=0$<br>解得 $R_{Bx}=5\,251\text{N}$ | $R_{Ax}=2124$N<br>$R_{Bx}=5251$N<br>$R_{Ay}=190$N<br>$R_{By}=2910$N |
| (2) 垂直面支反力 | 由平衡条件，$\sum M_B=0$，有 $R_{Ay}\times 250-F_a\dfrac{d'}{2}+F_r\times 72=0$<br>解得 $R_{Ay}=190\text{N}$<br>由平衡条件，$\sum M_A=0$，有 $R_{By}\times 250-F_r\times 178-F_a\dfrac{d'}{2}=0$<br>解得 $R_{By}=2910\text{N}$ | |

续表

| 设计内容 | 计算公式或说明 | 结果 |
|---|---|---|
| 2) 计算弯矩并作弯矩图<br>(1) 水平面弯矩图<br><br><br>(2) 垂直面弯矩图<br>(3) 合成弯矩图 | 见图 14-6(c)<br>在 $C$ 处：$M_{Cx}=R_{Ax}\times 178=2124\times 178=378$ (N·m)<br>见图 14-6(d)<br>$C$ 处左侧：$M'_{Cy}=R_{Ay}\times 178=-190\times 178=-33.8$ (N·m)<br>$C$ 处右侧：$M''_{Cy}=R_{By}\times 72=2910\times 72=210$ (N·m)<br>见图 14-6(e)<br>$C$ 处左侧：$M'_C=\sqrt{M_{Cx}^2+M'^2_{Cy}}=\sqrt{378^2+33.8^2}=380$ (N·m)<br>$C$ 处右侧：$M''_C=\sqrt{M_{Cx}^2+M''^2_{Cy}}=432$ (N·m) | $M_{Cx}=378$ N·m<br>$M'_{Cy}=-33.8$ N·m<br>$M''_{Cy}=210$ N·m<br>$M'_C=380$ N·m<br>$M''_C=432$ N·m |
| 3) 计算转矩并作转矩图 | 见图 14-6(f) $T=F_t\dfrac{d'}{2}=7375\times\dfrac{0.4}{2}=1475$ (N·m) | $T=1475$ N·m |
| 4) 计算轴截面的当量弯矩 | 由合成弯矩图和转矩图可知，$C$ 处当量弯矩最大，并且具有较大的应力集中；安装联轴器处直径最小，转矩又较大且有应力集中，故可判断此两处为危险截面，对此两面进行截面强度校核。截面 $C$ 的当量弯矩(联轴器处略)为<br>$M_v=\sqrt{M^2+(\alpha T)^2}=\sqrt{432^2+(0.6\times 1475)^2}=985$ (N·m)<br>其中，$\alpha=\dfrac{[\sigma_{-1}]}{[\sigma_0]}\approx 0.6$ 。 | $M_v=985$ N·m |
| 5) 计算 $C$ 处轴径 $d_C$ | 因为是转轴，所以轴的许用弯曲应力取 $[\sigma]=[\sigma_{-1}]$，查表 14-3 有 $[\sigma_{-1}]=65$ MPa，截面 $C$ 处的直径为<br>$d\geqslant\sqrt[3]{\dfrac{10\sqrt{M^2+(\alpha T)^2}}{[\sigma_{-1}]}}=\sqrt[3]{\dfrac{10\times 985\times 10^3}{65}}\approx 54$ (mm)<br>因为 $C$ 处有一个键槽，故直径应加大 5%，即<br>$d_C=54\times 5\%+54\approx 57$ (mm) | $d_C=57$ mm |

## 14.3.4 轴的刚度计算

轴在工作载荷作用下会产生弯曲或扭转变形。若变形量过大，就会影响轴上零部件的正常工作，甚至可能导致机器丧失应有的工作性能。例如，对于图 14-6(a)所示的轴系，若弯曲或扭转变形过大，会导致齿轮轮齿接触不良，影响齿轮正常啮合。此外，刚度不适当又往往是轴发生振动的重要原因。因此，在设计有刚度要求的轴时，必须进行轴的刚度校核。

轴的弯曲刚度用挠度 $y$ 或偏转角 $\theta$ 来度量，扭转刚度用扭转角 $\varphi$ 来度量(图 14-7)。

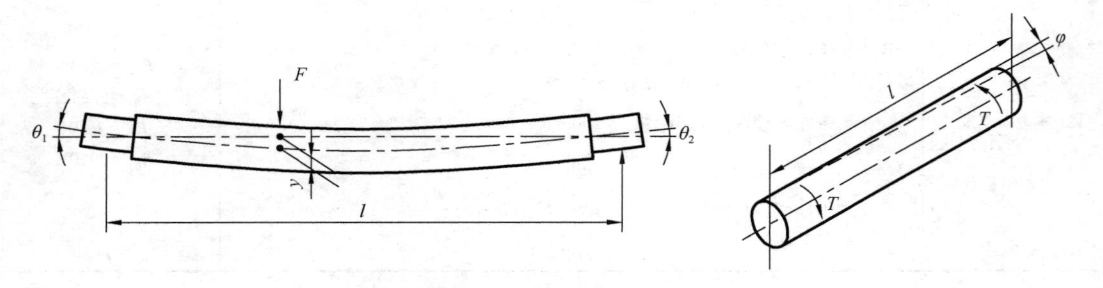


图 14-7 轴的挠度 $y$、偏转角 $\theta$ 和扭转角 $\varphi$

轴的刚度计算包括抗弯刚度及抗扭刚度校核，就是计算轴在承载时因弯曲和扭转变形而产生的相应位移，并检验其是否满足相应的刚度条件，即

抗弯刚度条件：

$$y \leqslant [y] \quad ,\ \mathrm{mm} \tag{14-7}$$

$$\theta \leqslant [\theta] \quad ,\ \mathrm{rad} \tag{14-8}$$

抗扭刚度条件：

$$\varphi \leqslant [\varphi] \quad ,\ ^\circ/\mathrm{m} \tag{14-9}$$

式中，$[y]$、$[\theta]$、$[\varphi]$分别为轴的允许挠度、允许偏转角和允许扭转角，其值通常是根据各类机器使用的实践结果来确定的。一般机械制造业中，轴的变形允许值见表 14-5。

**表 14-5　轴的变形允许值**

| 变形种类 | 度量参数 | 名称 | 变形允许值 | 说明 |
|---|---|---|---|---|
| 弯曲变形 | 挠度 $y$ /mm | 一般用途的轴 | $[y]=(0.0003\sim0.0005)L$ | $L$ ——支承间跨度<br>$\delta$ ——电动机定子与转子间的气隙<br>$m_n$ ——齿轮法面模数<br>$m_t$ ——蜗轮端面模数 |
| | | 刚度要求高的轴（如机床的轴） | $[y]=0.0002\,L$ | |
| | | 安装齿轮的轴 | $[y]=(0.01\sim0.03)\,m_n$ | |
| | | 安装蜗轮的轴 | $[y]=(0.02\sim0.05)\,m_t$ | |
| | | 电动机轴 | $[y]\leqslant0.1\delta$ | |
| | 偏转角 $\theta$ /rad | 装齿轮处 | $[\theta]=0.001\sim0.002$ | |
| | | 滑动轴承 | $[\theta]=0.001$ | |
| | | 深沟球轴承 | $[\theta]=0.005$ | |
| | | 调心轴承 | $[\theta]=0.05$ | |
| | | 圆柱滚子轴承 | $[\theta]=0.002\,5$ | |
| | | 圆锥滚子轴承 | $[\theta]=0.001\,6$ | |
| 扭转变形 | 扭转角 $\varphi$ /(°/ m) | 一般轴 | $[\varphi]=0.5\sim1$ | |
| | | 精密传动轴 | $[\varphi]=0.25\sim0.5$ | |

**1. 轴的弯曲变形计算**

轴的弯曲变形可采用材料力学中求梁弯曲变形后挠度大小的方法及相应公式来计算。与强度计算一样，计算弯曲变形时也需对实际的支承及受载情况进行简化(见 14.2.3 节)。此外，对于过盈配合的轴段，应考虑零件轮毂对轴刚度的增大效应，可取零件轮毂外径作为该处轴的计算直径；对于过盈量较小的过度配合或间隙配合，如与滚动轴承内圈配合处，仍以原轴径为计算直径。对于有多处载荷作用的轴，可采用叠加法求轴变形后的总挠度；对于存在非平面载荷的工况，可将各载荷分解到两个相互垂直的平面内，按上述方法先在这两个平面内分别求解，然后将结果矢量合成，得到轴变形后的总挠度。

**2. 轴的扭转变形计算**

轴的扭转变形大小通常用每米轴长的扭转角 $\varphi$ 度量。

对于圆截面实心阶梯轴，其扭转角 $\varphi$ 的计算公式为

$$\varphi=\frac{584}{G}\sum_{i=1}^{n}\frac{T_i l_i}{d_i^4} \tag{14-10}$$

式中，$T_i$为第 $i$ 轴段所受的转矩，N·mm；$l_i$为第 $i$ 轴段的长度，mm；$d_i$为第 $i$ 轴段的直径，mm；$G$ 为材料的剪切模量，对于钢，$G = 8.1\times10^4$ N/mm。

对于被键槽削弱了的轴段，式(14-10)中相应的表达式应乘以刚度降低系数 $k$

$$k = \frac{1}{1-\dfrac{4fh}{d}} \tag{14-11}$$

式中，$h$ 为键槽深度；$f$ 为键槽影响系数，一个键槽时，$f = 0.5$；两个键槽相隔 90°时，$f = 1.2$；两个切向键相隔 120°时，$f = 0.4$。

顺便指出，大多数的轴在结构设计时都不同程度地放大了尺寸，经验表明，刚度一般是足够的，因此，通常不需要进行刚度计算。但对一些受力大而又细长的轴或对刚度要求较高的轴或涉及轴的振动稳定性问题时，就必须进行轴的刚度计算。

轴的受力变形也可以采用有限元方法进行计算，不仅计算简单，计算结果也相对更精确。

**例 14-2** 图 14-8 所示为双级标准直齿圆柱齿轮减速器中间轴的结构图，轴的材料为 45 钢。轴上安装的大齿轮分度圆直径为 128mm，其轮毂外径为 56mm，两侧采用套筒进行轴向相对定位。大齿轮所受圆周力为 2719N、径向力为 989N；小齿轮所受圆周力为 8700N、径向力为 3167N。轴系采用深沟球轴承支承、两端单向固定，轴承宽度为 20mm。试采用有限元方法计算轴的挠度。

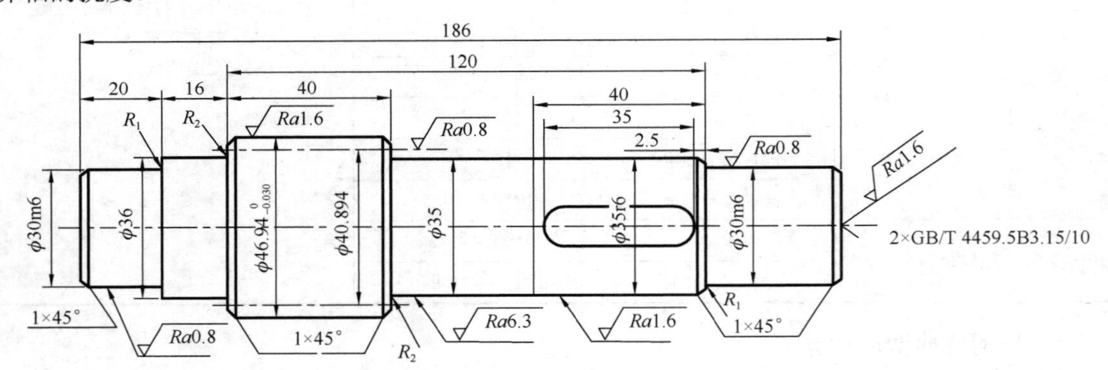


图 14-8 双级减速器中间轴的结构尺寸

力学分析模型都是对真实状态的近似表达。有限元计算也是一样，因此，模型表达越符合实际状态，计算结果就越接近真实。在机械设计的有限元分析中，这主要体现在几何形状的近似程度、单元类型(主要与单元形状、尺寸、单元节点数有关)和边界条件的准确描述。通常，采用结构简化越少的几何模型，单元尺寸越小，边界条件越符合实际状态，计算结果就越精确。但是，单元尺寸越小、边界条件越复杂，计算所需时间就越长、成本就越高。另外，就应力计算而言，根据圣维南原理，对于产品中所关注位置的稍远地方，适当的近似简化并不影响计算结果的精确性。

**解** 在进行轴的刚度计算时，对轴的结构尺寸进行了近似处理。小齿轮为连轴齿轮，对轴刚度有较大影响，因此，以分度圆直径近似作为对应轴段直径，大齿轮则以其轮毂尺寸近似取代对应轴段直径以便考虑过盈配合连接的大齿轮对轴刚度的贡献。忽略轴上套筒对刚度的影响。

在应用有限元方法进行轴的计算时，可以采用梁单元（梁单元节点位移中包含有角位移），这样的计算结果便于与传统计算中的刚度条件（$\theta \leqslant [\theta]$、$\varphi \leqslant [\varphi]$）相对应；也可以采用三维实体单元，这便于与三维结构设计相衔接（三维结构 CAD 设计及其修改结果可直接导入有限元中），也有利于进一步增加轴系部件中连接零部件的数量和调整连接约束关系（如本例中可进一步加入大齿轮、轴承、套筒等），对结构的实际变形状态做更精准的模拟。本算例采用三维实体单元进行仿真计算。

施加约束如下：此轴系结构的轴承支承为两端单向固定，左端轴承的内侧面通过与轴肩的接触限制轴系向左移动但不能限制轴系右移；限制轴系向右移动的约束是由右侧的轴承通过限制在大齿轮与轴承间起相对定位作用的套筒右移来实现的。因此，设定边界约束条件时，左端轴肩端面处为单向承压约束；在右侧，因刚度计算时忽略套筒，故承压约束施加于大齿轮轮毂端面。一般应用中的滚动球轴承在径向载荷作用下，其滚动体与滚道之间的接触状态，根据弹性力学接触分析的计算结果，实际接触区域的轴向尺寸通常在数毫米量级，故本算例采用轴向尺寸为 2mm 的圆环面径向承压约束作为轴承支承的约束条件；为避免轴的刚体位移（保证计算对象为静定或超静定结构不能欠约束），在左侧轴承承压约束环面外侧的同轴段圆柱面施加了周向约束（尽量减小该约束对计算结果的影响）。

施加载荷如下：根据两级齿轮减速器水平安装时的实际工况，小齿轮所受工作载荷分别以圆周力和径向力加在节点位置处的圆柱面母线上以便模拟齿轮工作时的载荷状态；大齿轮所受工作载荷同样应作用在齿轮啮合的节点位置，由于其轮辐、轮缘在计算时已经忽略，为模拟其载荷作用效果，在齿轮啮合的节点处，采用远端载荷的加载方式施加集中力，并与齿轮轮毂轴段圆柱面相关联。

有限元计算几何模型及边界条件如图 14-9(a)所示，计算结果如图 14-9(b)所示（比例放大效果），最大挠度约 0.043mm。轴的偏转角和扭转角可以通过圆柱面母线上两点变形后的相对位移求出。

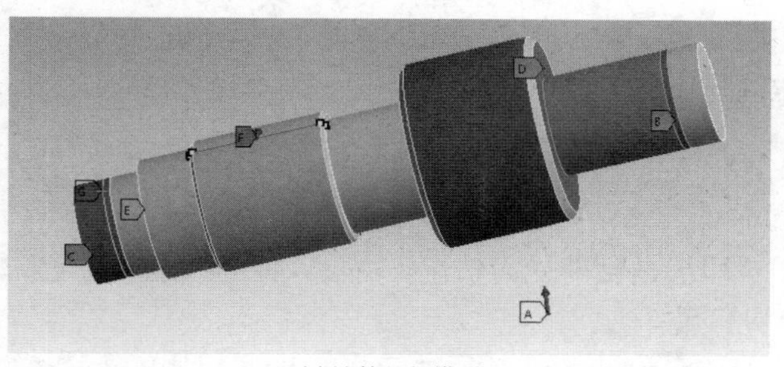


(a) 计算几何模型

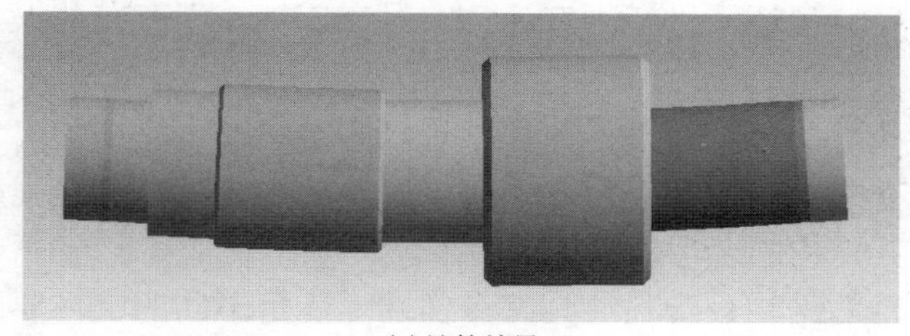

(b) 计算结果

图 14-9　轴的受力变形计算

### 14.3.5 轴的振动计算

轴是弹性体。轴的振动是指轴连同轴上零件(称为轴系)在平衡位置附近的周期性往复运动。其形式有弯曲振动(横向振动)、扭转振动(角振动)和纵向振动三种。涉及振动问题的轴中，弯曲振动现象最为常见。

轴系回转时，其偏心质量(由材质不均匀、结构不对称、加工及安装误差等原因所致)会产生以离心惯性力为表征的周期性干扰力，从而引起轴的弯曲强迫振动。当此强迫振动的频率与轴系的自振频率接近或相同时，就会出现弯曲共振现象，轴的振幅迅速增大，严重时会造成轴系甚至整台机器损坏，因而必须避免。

引发轴共振时的转速称为临界转速。轴系作为连续弹性体，理论上有无穷多阶从低到高的固有频率。因此，轴的临界转速也有许多个，最低的一个称为一阶临界转速，其余为二阶、三阶……工程上具有实际意义的是前几阶临界转速，主要是一阶和二阶。事实上，一般机器中的轴，其工作转速达到二阶临界转速的极为少见。

轴的振动计算，就是计算轴的临界转速，目的是使轴的工作转速避开其临界转速。在一阶临界转速下，轴的弯曲形式最简单，振动激烈，最为危险，所以通常主要计算一阶临界转速。此外，轴的临界转速与轴的刚度、轴和轴上零件的质量及分布情况、轴的支承形式及性质等因素有关，其计算比较复杂，计算的方法也很多。相对简单的方法就是有限元计算。

为了防止共振的产生，设计轴时，应使轴的工作转速避开临界转速。对工作转速低于一阶临界转速的轴，应使其工作转速 $n < 0.76n_{c1}$，工程上称这种轴为刚性轴；对工作转速高于一阶临界转速的轴，工作转速应满足 $1.4n_{ck} < n < 0.7n_{ck+1}$($n_{ck}$ 为 $k$ 阶临界转速，$k$ =1,2,…)，这种轴称为挠性轴，如汽轮机的轴。满足上述条件的轴即具有了抗弯曲振动的稳定性。

## 14.4 轴 的 设 计

### 14.4.1 轴的主要设计内容

轴的设计包括确定出轴的合理外形和全部结构尺寸，主要有以下方面。

(1) 根据轴的工作条件和经济性原则，选取适合的材料、毛坯及热处理方法。

(2) 轴的结构设计，即根据轴的受力情况、轴上零件的装配及位置、轴的加工等具体要求，确定轴的合理结构形状和尺寸。

(3) 轴的工作能力计算。设计轴时必须进行强度计算；刚度要求高的轴(如车床主轴)和受力大的细长轴(如蜗杆轴)，还需进行刚度计算；对高速轴，则存在共振危险，应进行振动稳定性计算。

根据强度、刚度条件的计算结果，往往不足以确定轴的具体结构尺寸，还必须要考虑其他方面的结构要求，并据此确定相关尺寸。所以，轴的设计是在满足强度、刚度、振动稳定性等条件下，着重于其结构的合理性设计。

需要指出的是：轴的结构设计往往具有多样性。满足不同的工作要求、不同的轴上零件装配方案及轴加工的不同工艺要求等，会得出不同的结构形式。因此，设计轴时，必须对多种结构设计结果进行综合评价对比，选择较优方案。

## 14.4.2　轴的常用材料及热处理

轴的材料首先应有足够的强度，对应力集中敏感性低，能满足刚度、耐磨性、耐腐蚀性要求，并具有良好的加工性能，且价格低廉、易于获得。

轴的常用材料主要是碳钢与合金钢，其次是球墨铸铁和高强度铸铁。

碳钢具有足够的强度，对应力集中的敏感性较低，便于进行各种热处理及机械加工，价格低廉，应用广泛。一般机器中的轴，多用优质碳素结构钢中的 30～50 钢制造，尤以 45 钢最常用。受载较小或不重要的轴，可用 Q235、Q255、Q275 等普通碳素结构钢制造。

合金钢比碳钢具有更优越的力学性能和热处理性能，但价格较贵，常用于制造强度、耐磨性要求高或有其他特殊要求的轴，如高速、重载的轴，或受力大而又要求尺寸小、重量轻的轴，以及在高、低温场合或腐蚀介质中工作的轴。应当注意的是，合金钢对应力集中较敏感，设计轴时更要尽量减小应力集中，并提高表面精度要求。此外，为了提高轴的刚度而用合金钢代替碳钢是不可行的，这是因为在常温下，两者的弹性模量几乎相同。

用优质碳钢或合金钢制造的轴，一般应进行热处理及必要的化学处理和表面强化处理，以进一步提高其强度、耐磨性和耐蚀性。特别是合金钢，只有经过热处理才能充分发挥其优越的力学性能。

球墨铸铁和高强度铸铁具有较高的强度，应力集中敏感性低；价格低廉；铸造性能好，容易得到复杂的形状；具有良好的吸振性和耐磨性，适于制造外形复杂的轴，如曲轴、凸轮轴等。

轴的常用材料及其主要力学性能见表 14-6。设计时，主要根据轴的工作条件、使用要求，并考虑制造工艺和经济性等因素，合理选用材料。

表 14-6　轴的常用材料及其主要力学性能

| 钢号 | 热处理 | 毛坯直径/mm | 力学性能/MPa | | | | 硬度/HB | 等效系数 | | 备注 |
|---|---|---|---|---|---|---|---|---|---|---|
| | | | $\sigma_b$ | $\sigma_s$ | $\sigma_{-1}$ | $\tau_{-1}$ | | $\psi_\sigma$ | $\psi_\tau$ | |
| Q235-A | | ≤40 | 432 | 235 | 180 | 104 | | 0.15 | 0.05 | 用于不重要的或载荷不大的轴 |
| Q255-A | | | 569 | 275 | 228 | 132 | | 0.20 | 0.10 | |
| 20 | 正火 | 25 | 412 | 245 | 177 | 102 | ≤156 | 0.15 | 0.05 | 用于载荷不大、要求韧性较高的轴 |
| | 正火回火 | ≤100 | 392 | 216 | 165 | 95 | 103～156 | | | |
| | | >100～300 | 373 | 196 | 154 | 89 | | | | |
| | | >300～500 | 363 | 186 | 148 | 86 | | | | |
| | | >500～700 | 353 | 177 | 143 | 83 | | | | |
| 35 | 正火 | 25 | 530 | 314 | 228 | 132 | ≤187 | 0.20 | 0.10 | 有好的塑性和适当的强度，用于有一定强度和对加工塑性有一定要求的轴，如曲轴 |
| | 正火 | ≤100 | 510 | 265 | 210 | 121 | 143～187 | | | |
| | 正火或正火+回火 | >100～300 | 490 | 255 | 201 | 116 | 143～187 | | | |
| | 正火+回火 | >300～500 | 471 | 235 | 191 | 110 | 137～187 | | | |
| | | >500～700 | 451 | 226 | 183 | 106 | 131～187 | | | |
| | 调质 | ≤100 | 549 | 294 | 227 | 131 | 163～270 | | | |
| | | >100～300 | 530 | 275 | 217 | 126 | 149～207 | | | |

续表

| 钢号 | 热处理 | 毛坯直径/mm | 力学性能/MPa | | | | 硬度/HB | 等效系数 | | 备注 |
|---|---|---|---|---|---|---|---|---|---|---|
| | | | $\sigma_b$ | $\sigma_s$ | $\sigma_{-1}$ | $\tau_{-1}$ | | $\psi_\sigma$ | $\psi_\tau$ | |
| 45 | 正火 | 25 | 598 | 353 | 257 | 148 | ≤241 | 0.20 | 0.10 | 应用最为广泛 |
| | 正火回火 | ≤100 | 588 | 294 | 238 | 138 | 170～217 | | | |
| | | ＞100～300 | 569 | 284 | 230 | 133 | 162～217 | | | |
| | | ＞300～500 | 549 | 275 | 222 | 128 | 162～217 | | | |
| | | ＞500～700 | 530 | 265 | 215 | 124 | 156～217 | | | |
| | 调质 | ≤200 | 637 | 353 | 268 | 155 | 217～255 | | | |
| 40Cr | 调质 | 25 | 981 | 785 | 477 | 275 | | 0.25 | 0.15 | 用于载荷较大而无很大冲击的重要轴 |
| | | ≤100 | 736 | 539 | 344 | 199 | 241～286 | | | |
| | | ＞100～300 | 686 | 490 | 317 | 183 | 241～286 | | | |
| | | ＞300～500 | 637 | 441 | 291 | 168 | 229～269 | | | |
| | | ＞500～800 | 588 | 343 | 251 | 145 | 217～255 | | | |
| 35SiMn<br>42SiMn | 调质 | 25 | 883 | 736 | 437 | 253 | | 0.25 | 0.15 | 性能接近于 40Cr，用于中小型轴 |
| | | ≤100 | 785 | 510 | 350 | 202 | 229～286 | | | |
| | | ＞100～300 | 736 | 441 | 318 | 184 | 217～269 | | | |
| | | ＞300～400 | 686 | 392 | 291 | 168 | 217～255 | | | |
| | | ＞400～500 | 637 | 373 | 273 | 158 | 196～255 | | | |
| 40MnB | 调质 | 25 | 981 | 785 | 477 | 275 | | 0.25 | 0.15 | 性能接近于 40Cr，用于重要的轴 |
| | | ≤200 | 736 | 490 | 331 | 191 | 241～286 | | | |
| 40CrNi | 调质 | 25 | 981 | 785 | 477 | 275 | | | | 用于很重要的轴 |
| 38-SiMnMo | 调质 | ≤100 | 736 | 588 | 358 | 206 | 229～286 | 0.25 | 0.15 | 性能接近于40CrNi，用于重要的轴 |
| | | ＞100～300 | 686 | 539 | 331 | 191 | 217～269 | | | |
| | | ＞300～500 | 637 | 490 | 304 | 176 | 196～241 | | | |
| | | ＞500～800 | 588 | 392 | 265 | 153 | 187～241 | | | |
| 20Cr | 渗碳淬火回火 | 15 | 834 | 539 | 371 | 214 | 表面HRC 56～62 | 0.25 | 0.15 | 用于要求强度和韧性均较高的轴（如齿轮轴、蜗杆等） |
| | | 30 | 637 | 392 | 278 | 160 | | | | |
| | | ≤60 | 637 | 392 | 278 | 160 | | | | |
| 2Cr13 | 调质 | ≤100 | 647 | 441 | 294 | 170 | 197～248 | 0.25 | 0.15 | 用于腐蚀条件下工作的轴 |
| 1Cr18-Ni9Ti | 淬火 | ≤60 | 539 | 216 | 204 | 118 | ≤192 | 0.25 | 0.15 | 用于高低温及腐蚀条件下工作的轴 |
| | | ＞60～100 | 530 | 196 | 196 | 113 | | | | |
| | | ＞100～200 | 490 | 196 | 185 | 107 | | | | |
| QT400-15 | | | 392 | 294 | 142 | 123 | 156～197 | | | 用于制造外形复杂的轴 |
| QT600-3 | | | 588 | 412 | 212 | 182 | 197～269 | | | |

注：表中 $\sigma_{-1}$、$\tau_{-1}$ 系按下列关系计算，并按四舍五入原则取整数。

钢：$\sigma_{-1} \approx 0.27(\sigma_b + \sigma_s)$，$\tau_{-1} \approx 0.156(\sigma_b + \sigma_s)$；球墨铸铁：$\sigma_{-1} \approx 0.36\sigma_b$，$\tau_{-1} \approx 0.3\sigma_b$。

### 14.4.3　轴的初步强度设计

轴的初步强度设计是指在进行轴的结构设计之前，先确定轴的最小直径。但是，在轴的结构设计完成之前，轴上受载零件的位置、轴承间的距离(跨距)等又均未知，因而无法确定轴截面的弯矩。对此，通常采取的方法是按扭转强度条件要求初步估算轴径，即由式(14-2)，初步确定出轴的直径大小。然后在此基础上进行轴的结构设计。

### 14.4.4　轴的结构设计

轴的结构主要取决于以下因素：轴上载荷的性质、大小、方向及分布情况；轴的安装位置与形式；轴上零件的类型、位置、数量、尺寸及连接结构；轴的加工和装配工艺等。由于影响因素较多、具体情况各异，因此，轴没有标准的结构形式。

所谓轴的结构设计就是在满足工作能力要求的前提下，针对不同情况，综合考虑上述各种因素，确定出轴的合理结构形状和全部尺寸。其遵循的一般原则如下。

(1)轴与机架之间、轴与轴上零件之间定位准确、可靠，确保轴上零件工作位置准确。

(2)便于加工制造，且轴上零件便于装拆和调整。

(3)受力合理，有利于提高轴的强度和刚度。

(4)尽量减小应力集中，并节省材料、减轻重量。

依照上述原则，在轴的结构设计中应考虑以下几方面问题。

**1. 轴上零件的位置及其装配方案**

根据工作要求，合理布置轴上零件(如齿轮、带轮等传动零件)，确定其正确位置及装配方案，这是轴的结构设计时首先要考虑的问题。

图 14-10 所示为单级圆柱齿轮减速器的输入轴。齿轮对称布置在两轴承之间，可使载荷沿齿宽分布均匀；两轴承应尽量靠近齿轮，以减小跨距和弯矩，提高轴的强度和刚度；在不影响轴承盖螺钉装卸条件下，带轮的位置应尽量靠近轴承盖以减小轴的悬臂长度；主要装配顺序为：齿轮、套筒、左端轴承、轴承盖、带轮、轴端压板依次从左向右安装，右端轴承及轴承盖则从右向左安装。

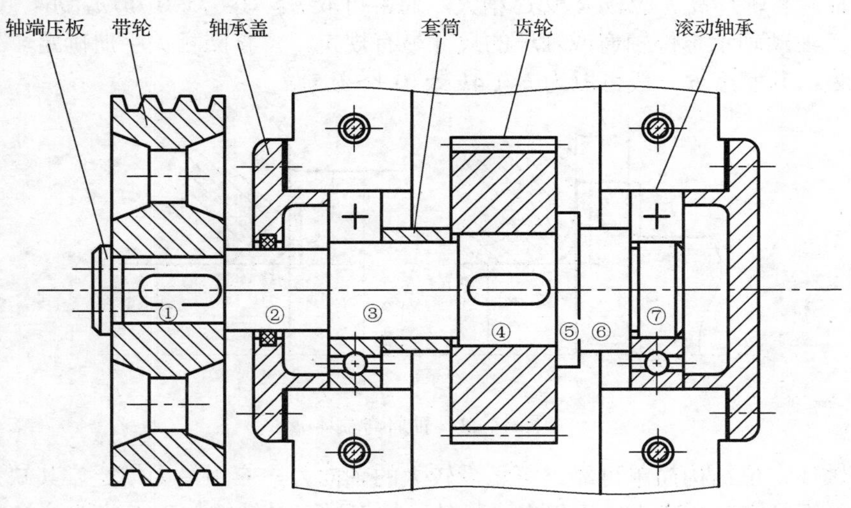


图 14-10　轴系结构

**2. 轴的各段直径和长度的确定**

轴上零件的位置、定位方式和装拆方案确定后，轴的大致形状便已基本确定。各轴段的直径和长度的具体尺寸，除应保证轴的强度和刚度外，还应满足以下要求。

(1) 轴的阶梯尺寸变化满足装配顺序及定位要求，如⑤处直径最大，①处直径最小。

(2) 与滚动轴承相配合的轴段部分称为轴颈(图 14-10 中③、⑦)，其直径必须符合滚动轴承的内径标准系列。

(3) 与一般零件(如齿轮、带轮、联轴器等)相配合的轴段称为轴头(图 14-10 中①、④)，其直径应与相配合的零件毂孔直径相同。

(4) 轴上螺纹、花键部分的直径必须符合相关标准。

(5) 轴的直径变化所形成的阶梯和环面称为轴肩(图 14-10 中①与②间、②与③间等)或轴环(图 14-10 中⑤)。其中有的起定位零件作用，如①与②、④与⑤、⑥与⑦处，其直径见“轴上零件的轴向定位”。而有的只是为了零件安装时顺利进入配合段，以防擦伤零件的配合表面，故③段比②段、④段比③段的公称直径应当稍大 1～3mm。但有其他要求或限制时也可取消轴肩而采用图 14-31(b)的形式。

(6) 为使轴上零件的轴向定位可靠，轴头长度应比零件轮毂长度小 1～2mm。另外，为确保轴头处配合连接的刚度及稳定可靠，通常轴头段长度 $B$ 应大于轴头直径 $d$，如轴上安装齿轮、带轮处，一般可取 $B=(1.5\sim2)d$。

(7) 轴颈长度一般等于轴承的宽度。

(8) 轴上转动零件必须有适当的运动空间，避免与其他零件相干涉。

**3. 轴上零件的轴向定位**

零件在轴上应具有确定的轴向工作位置。为防止其因受力或其他原因而发生轴向移动，必须进行轴向定位，常用方法有以下几种。

**1) 轴肩和轴环**

图 14-10 中的齿轮右侧采用轴环定位。带轮右侧、右轴承左侧都是采用轴肩定位。为确保零件紧靠轴肩或轴环的定位面(图 14-11)，轴肩和轴环的圆角半径 $r$ 应小于零件毂孔半径 $R$ 或倒角 $C$，轴肩和轴环高 $h$ 应较 $R$ 或 $C$ 稍大，通常可取 $r\approx(0.67\sim0.75)h$，$h\approx(0.07\sim0.1)d$ 或参阅手册。滚动轴承定位轴肩或轴环的尺寸另有规定，可查阅相关手册确定。采用轴环可减轻轴的重量。其宽度 $b$ 一般可取为 $b\approx1.4h$ 或 $(0.1\sim0.5)d$。

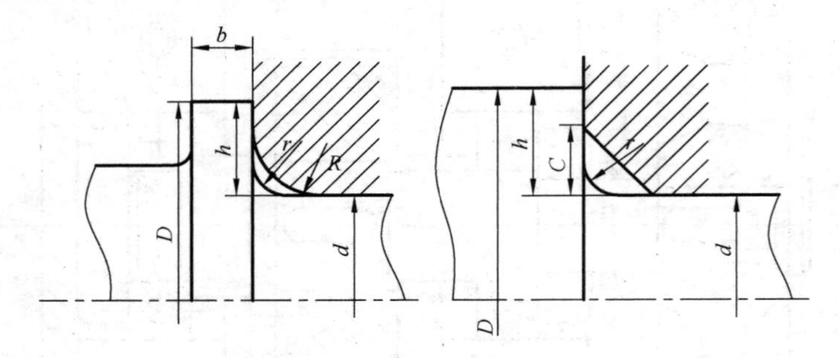


图 14-11 轴肩与轴环

轴肩和轴环定位结构简单可靠，可承受较大的轴向力，应用最为广泛。其缺点是加大了轴的直径，且直径突变会产生应力集中。另外，轴肩过多时轴的加工工艺性较差。

**2) 套筒**

套筒通常用于轴的中间轴段，在两个零件之间起相对定位作用。如图 14-10 中的套筒。它结构简单，装卸方便，定位可靠，对轴的强度没有削弱，只是重量有所增加，故套筒不宜过长。套筒通常与轴肩或轴环配合使用，使零件双向定位。

**3) 圆螺母**

圆螺母常用于零件位置距离轴承较远时的定位和轴端零件的定位(图 14-12)，可承受较大的轴向力，装拆方便。由于螺纹根部会产生应力集中，对轴的强度削弱较大，故多采用应力集中较小的细牙螺纹。使用时常用双螺母(图 14-12(a)或止动垫圈(图 14-12(b)，以防松脱。

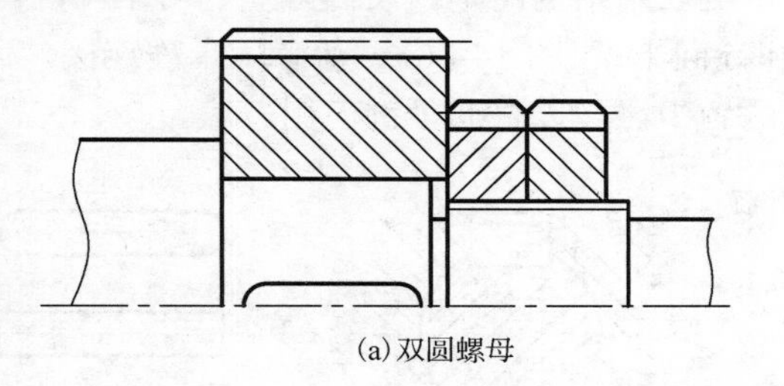

(a) 双圆螺母　　(b) 圆螺母与内外舌止动垫圈

图 14-12　圆螺母定位

**4) 弹性挡圈**

弹性挡圈大多与轴肩配合使用(图 14-13)，其结构简单紧凑，拆装方便，但只能承受较小的轴向力，且因需在轴上开环形槽而削弱了轴的强度。常用于滚动轴承的轴向定位，或轴向力不大时的轴上零件的轴向定位。

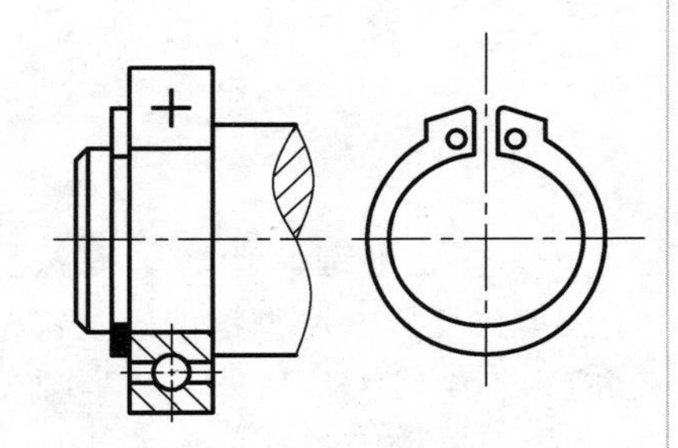

图 14-13　弹性挡圈定位

**5) 轴端压板**

在轴的端部，轴端压板可与轴肩(图 14-14(a))或圆锥面(图 14-14(b))定位相结合，使轴端零件得到双轴向定位。其结构简单，装拆方便，可以承受较大轴向力。为防止压板螺钉松动，应采用止动垫圈防松。

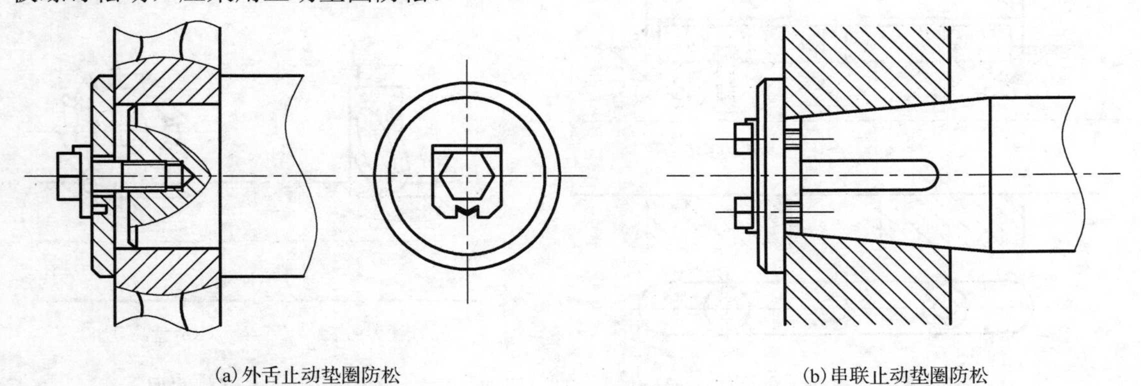

(a) 外舌止动垫圈防松　　(b) 串联止动垫圈防松

图 14-14　轴端压板定位

**4. 轴上零件的周向定位**

周向定位目的是要限制轴与轴上零件发生相对转动。对于需要传递轴上转矩的零件，定位结构要具有足够的承载能力。另外，定位结构对轮毂与轴的对中精度的影响要尽可能小，还应具有良好的加工和装配工艺。常用的周向定位方法有键连接、紧定螺钉、销钉、过盈配合等。分别介绍如下。

**1)键连接**

键是标准零件。根据键的形状不同，键连接通常分为平键连接、半圆键连接、楔键连接、切向键连接和花键连接等。

(1)平键连接。

如图 14-15(a)所示，平键的两侧面为工作面，工作时，依靠键与键槽两侧面挤压传递转矩。键的顶面与轮毂槽底则留有间隙。平键联结结构简单、装拆方便、对中性好。

常用的平键有普通平键(图 14-15)和导向平键(图 14-16)。前者用于静连接，后者用于动连接，即允许被连接零件沿轴向移动。两者中，又以普通平键应用较广。

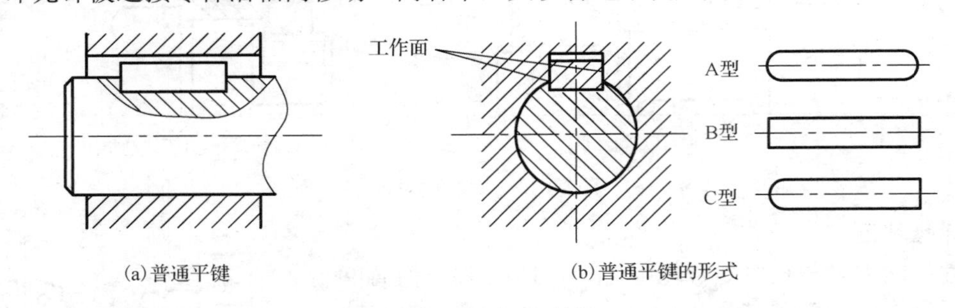


(a)普通平键　(b)普通平键的形式

图 14-15　普通平键

① **普通平键**。普通平键按构造分为 A 型(圆头)、B 型(方头)和 C 型(单圆头)三种(图 14-15(b))。A 型键的轴上键槽用端铣刀加工(图 14-17(a))，键在槽中固定良好，但槽端部应力集中较大，另外，两半圆头部分与零件轮毂键槽不接触，减小了有效利用长度；B 型键的轴上键槽用盘铣刀加工(图 14-17(b))，槽端部应力集中较小，但不利于键的固定，键长尺寸大时，需用紧定螺钉将其固定于轴键槽中；C 型键则常用于轴端零件连接。

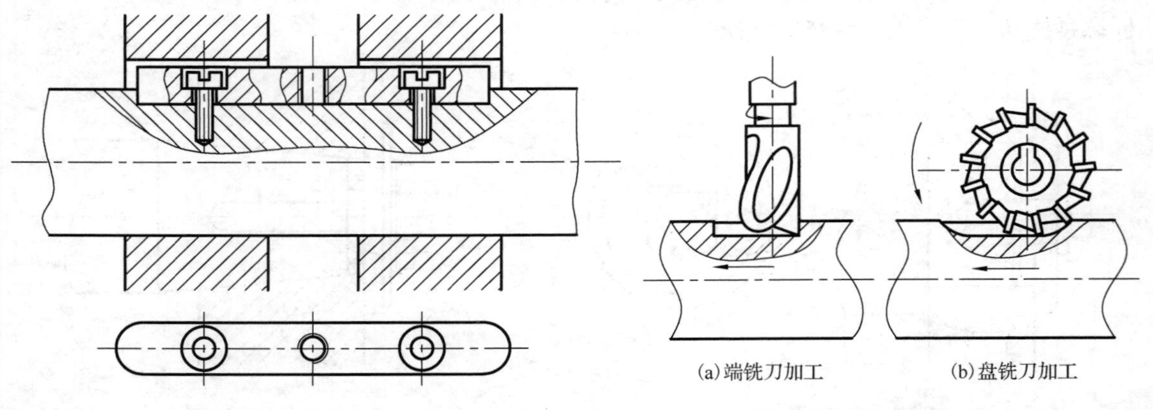

图 14-16　导向平键连接

(a)端铣刀加工　(b)盘铣刀加工

图 14-17　轴上键槽的加工

键的主要尺寸由截面尺寸(一般以键宽 $b\times$ 键高 $h$ 表示，图 14-18)与长度 $L$ 决定。由于平键是标准件，所以，使用时只需根据键槽所在轴段直径 $d$，按标准选取 $b$ 和 $h$ 即可，而其长度 $L$ 一般可按轮毂的长度而定，即键长等于或略短于轮毂的长度，但应满足强度条件要求。普通平键的主要尺寸见表 14-7。

平键工作时，通过键与键槽侧面的挤压来传递转矩，因而键受到挤压与剪切(图 14-18)。实践证明，平键连接的主要失效形式是承压工作面(键、轴上键槽和毂上键槽中较弱者)的压溃，除非有严重的过载，一般键不会被剪断。因此，通常只按承压工作面上的挤压应力进行强度校核。设作用力沿键的工作面均匀分布，则普通平键的挤压强度条件为

$$\sigma_p=\frac{F}{A}=\frac{4T}{dhl}\leqslant[\sigma_p]\quad, \text{MPa} \tag{14-12}$$

式中，$F$ 为作用力，N；$A$ 为承压面积，$mm^2$；$T$ 为传递的转矩，N·mm；$d$ 为轴的直径，mm；$h$ 为键高，mm；$b$ 为键宽，mm；$l$ 为键的工作长度，mm；$[\sigma_p]$为承压面较弱材料的许用挤压应力，MPa，见表 14-8。

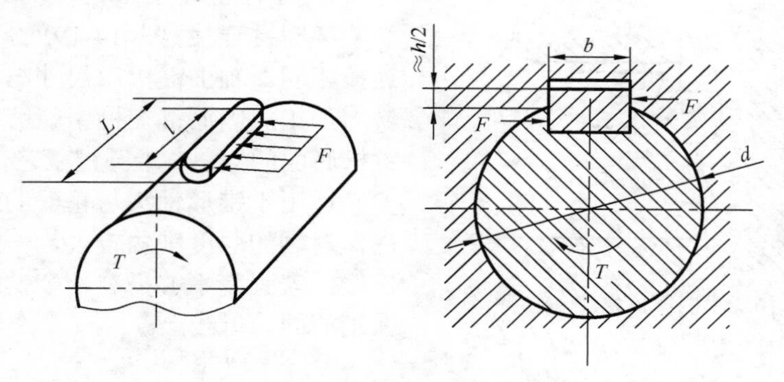


图 14-18　普通平键的受力分析

**表 14-7　普通平键的主要尺寸**（摘自 GB/T 1096—2003）　　　　（单位：mm）

| 轴的直径 $d$ | 6～8 | >8～10 | >10～12 | >12～17 | >17～22 | >22～30 | >30～38 | >38～44 |
|---|---|---|---|---|---|---|---|---|
| 键宽 $b$×键高 $h$ | 2×2 | 3×3 | 4×4 | 5×5 | 6×6 | 8×7 | 10×8 | 12×8 |
| 键公称长度 $L$ | 6～20 | 6～36 | 8～45 | 10～56 | 14～70 | 18～90 | 22～110 | 28～140 |
| 轴的直径 $d$ | >44～50 | >50～58 | >58～65 | >65～75 | >75～85 | >85～95 | >95～110 | >110～130 |
| 键宽 $b$×键高 $h$ | 14×9 | 16×10 | 18×11 | 20×12 | 22×14 | 25×14 | 28×16 | 32×18 |
| 键公称长度 $L$ | 36～160 | 45～180 | 50～200 | 56～220 | 63～250 | 70～280 | 80～320 | 90～360 |
| 键的长度系列 $L$ | 6，8，10，12，14，16，18，20，22，25，28，32，36，40，45，50，56，63，70，80，90，100，110，125，140，180，200，220，250，280，320，360，400，450，500 | | | | | | | |

**表 14-8　键连接的许用压应力** $[\sigma_p]$　　　　（单位：MPa）

| 连接工作方式 | 连接中的较弱材料 | 载荷性质 | | |
|---|---|---|---|---|
| | | 静载荷 | 轻微冲击 | 冲击 |
| 静连接 | 钢 | 120～150 | 100～120 | 60～90 |
| | 铸铁 | 70～80 | 50～60 | 30～45 |
| 动连接(导向键) | 钢 | 50 | 40 | 30 |

注：①表中值按连接中最弱的零件选取。
②动连接中的连接零件工作面经表面淬火，则 $[\sigma_p]$ 值可提高 2～3 倍。

若校核结果表明连接强度不足，可采取下列措施。

a．适当增加键和轮毂长度，但一般不超过 2.5$d$，以免挤压应力沿键长过度分布不均。

b．采用双键且按 180°对称布置。但考虑到制造误差会使载荷在两键之间分配不均，故校核时只按 1.5 倍键长计算。

c．轴的结构设计允许时，可加大轴径重新选择较大尺寸的键。

② **导向平键**。导向平键是一种加长的平键，用螺钉固定在轴的键槽中(图 14-16)。其滑动工作面为间隙配合，以便零件既能周向固定又能沿轴向滑动。为了键的拆卸方便，键的中部设有起键螺孔。导向平键的导向性能和配合精度均较差，故零件滑动的距离不能太大。导向平键的主要失效形式为工作表面磨损，但通常仍按限制工作面压应力进行条件性强度校核，用式(14-12)进行计算。

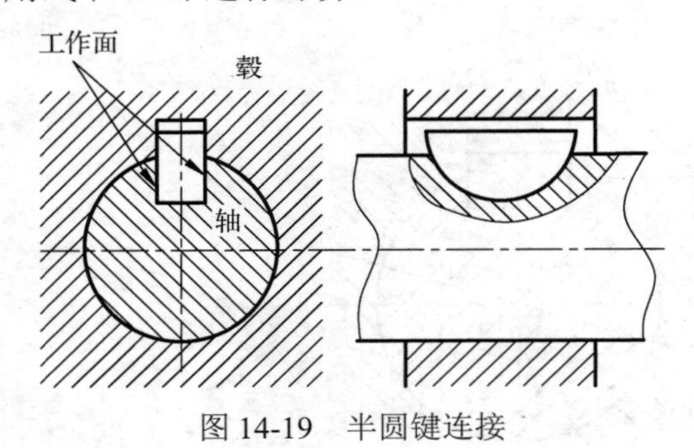


图 14-19　半圆键连接

(2) 半圆键连接。

半圆键连接(图 14-19)的工作原理与平键连接相同。轴上键槽用尺寸与半圆键相同的盘铣刀加工。因而键在槽中能够摆动以适应轮毂键槽底面的倾斜。半圆键工艺性好，安装方便，尤其适用于锥形轴头与轮毂的连接；但键槽较深，对轴的强度削弱较大，一般只用于轻载静连接。若强度不够需装两个键时，两键应布置在轴的同一母线上。

(3) 楔键连接。

楔键的上、下表面是工作面(图 14-20)。键的上表面和毂槽底面均有 1∶100 的斜度。装配后，键沿轴向楔紧在轴和轮毂的键槽里。工作时，依靠键的上下表面与轴、轮毂的槽底之间以及轴与轮毂孔之间的摩擦力传递转矩，并能承受单轴向载荷，对零件起到单轴向定位作用。楔键楔紧后，会使轴和轮毂孔的配合产生偏心和偏斜；且摩擦传力，可靠性不高，在冲击、振动或变载荷的作用下易松动，所以楔键连接仅用于对中精度要求不高、载荷平稳和低速的场合。

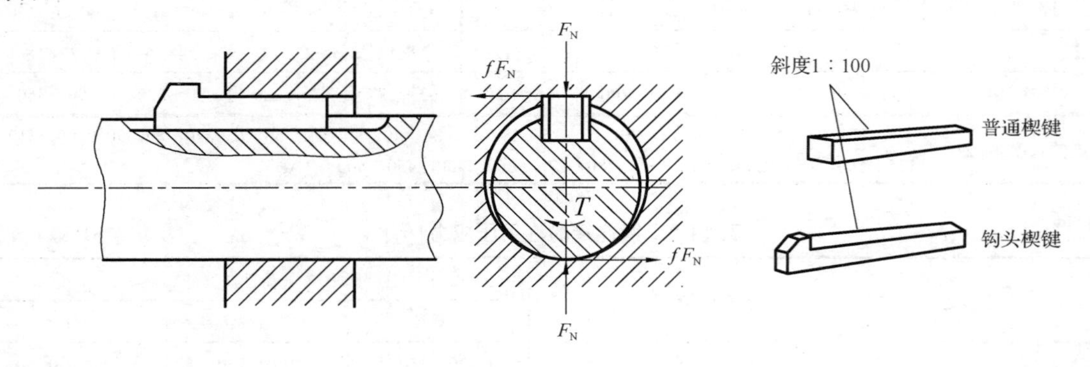


图 14-20　楔键连接

楔键多用于轴端的连接，以便装拆。当用于轴的中段时，轴上键槽长度应为键长的两倍以上。按端部形状分，楔键有普通楔键和钩头楔键两种，后者拆卸方便。

(4) 切向键连接。

切向键由一对斜度为 1∶100 的楔键组成(图 14-21)，该对键拼合而成后的上、下两个表面(窄面)为工作面，其中之一位于过轴线的平面内。装配时，两个楔键从轮毂两侧打入。工作时，靠工作面上的挤压力和轴与轮毂孔间的摩擦力传递转矩(主要是前者)。用一个切向键只能传递单向转矩。若要传递双向转矩，则须用两个切向键，并互成 120° 布置。与互成 180° 布置相比，对轴削弱小，而且能增大轴和轮毂之间的挤压接触面积。

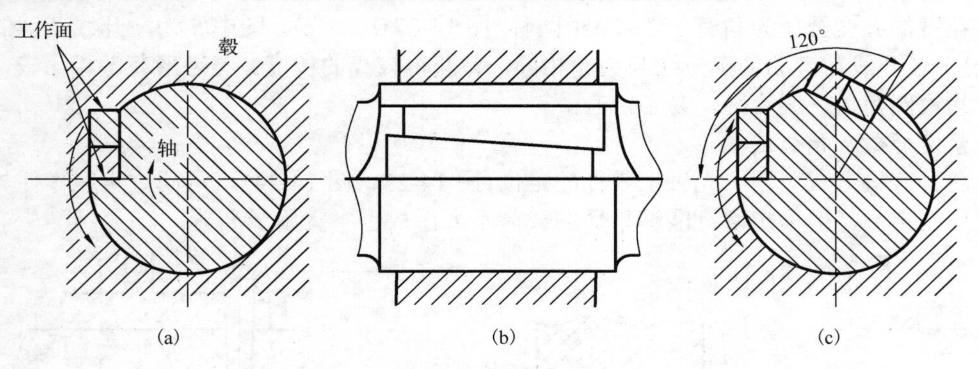


图 14-21 切向键连接

切向键连接能传递很大的转矩，但对轴的削弱较大，通常用于直径大于 100mm、对中性要求不高的重载工况下的连接，例如，矿井卷扬机主轴与卷筒的连接。

(5) 花键连接。

花键连接由花键轴(外花键)和花键孔(内花键)组成(图 14-22)。其特点是：①键齿多，分布均匀，承载能力强；②精度高且对中性好；③键、轴一体且键槽浅，应力集中小，对轴强度削弱小；④既可用于静连接，也可用于动连接；⑤作动连接时，导向性明显优于导向平键；⑥加工需专用设备，成本高。因此，花键连接适用于高速、重载、变载、精密、经常滑移的连接，在机床、汽车和拖拉机中被广泛采用。

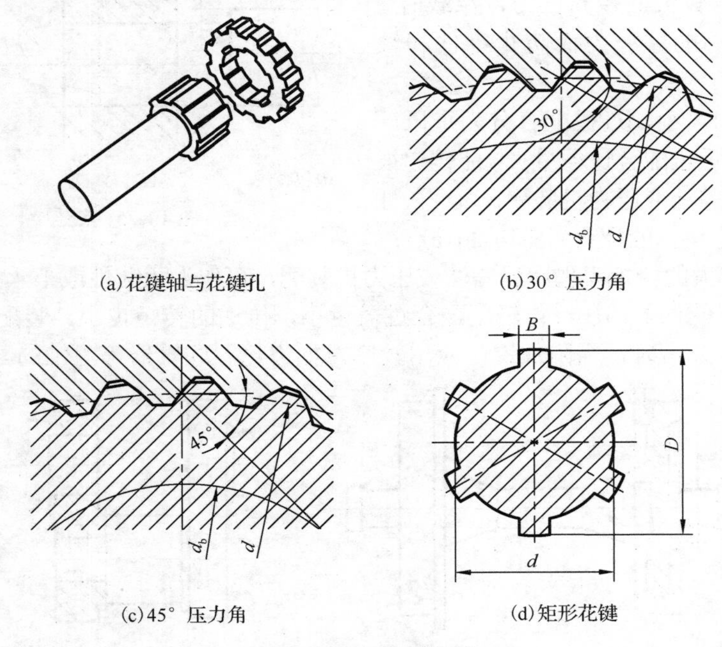


图 14-22 花键连接

花键已经标准化，按照齿廓形状不同，分为矩形花键(图 14-22(d))和渐开线花键(图 14-22(b)、(c))。矩形花键因加工方便而应用广泛，它分为轻、中两个系列，轻系列用于载荷较轻的静连接，中系列适用于中等载荷的静连接或连接零件仅在空载下移动的动连接。渐开线花键的分度圆压力角有 30° 和 45° 两种(图 14-22(b)、(c)，图中 $d$ 为渐开线花键的分度圆直径)，渐开线花键的加工方法与齿轮相同，易获得较高的精度。与矩形花键相比较，它齿根厚、齿根圆角大、强度高，易于定心。

**2) 紧定螺钉、销钉连接**

这两种连接方式多用于光轴上零件的定位(图 14-23、图 14-24)，可同时实现零件与轴的轴向及周向定位。但紧定螺钉能够承受的载荷不大，故也不宜用于高速。

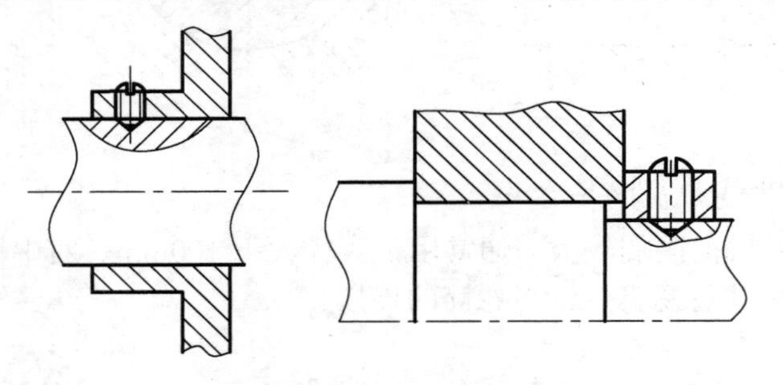

图 14-23 紧定螺钉连接

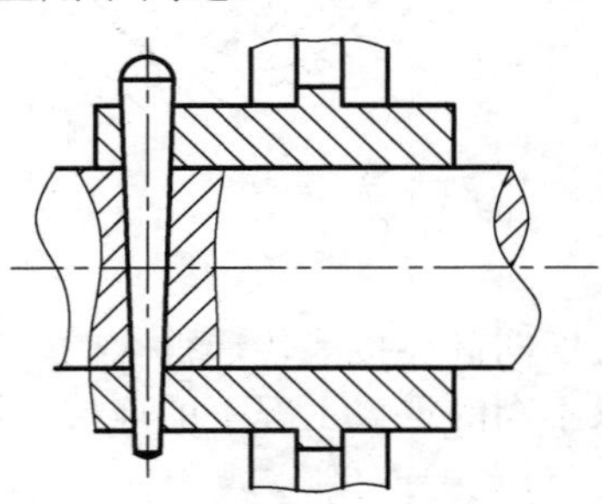

图 14-24 销钉连接

**3) 过盈配合连接**

过盈配合连接(图 14-25)是将尺寸稍大的轴强制装入尺寸稍小的孔中，使轴与轮毂孔之间相互挤压而产生较大的径向压力，承载时，挤压面能产生足够的摩擦力而防止零件和轴之间相对运动。

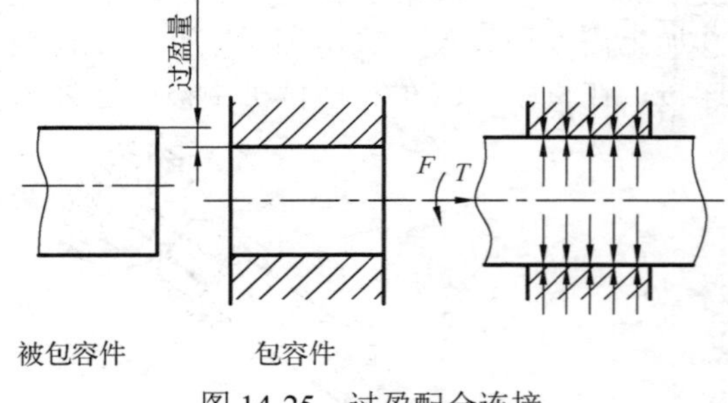


图 14-25 过盈配合连接

根据过盈量的大小，过盈配合分为重压、中压和轻压三种。重压配合过盈量大，能传递很大的转矩，常用温差法或压力机装配，为永久性结合，如火车车轮与轴的配合(图 14-26(a))；中压配合能传递较大的转矩，也用温差法或压力机装配，可作为永久性或半永久性结合，如曲柄销与曲柄的配合(图 14-26(b))；轻压配合过盈量小，传递的转矩也小，装配时用手锤打入，若传递转矩大或有冲击时，需附加键，应用较广，如齿轮、联轴器等与轴的配合连接。

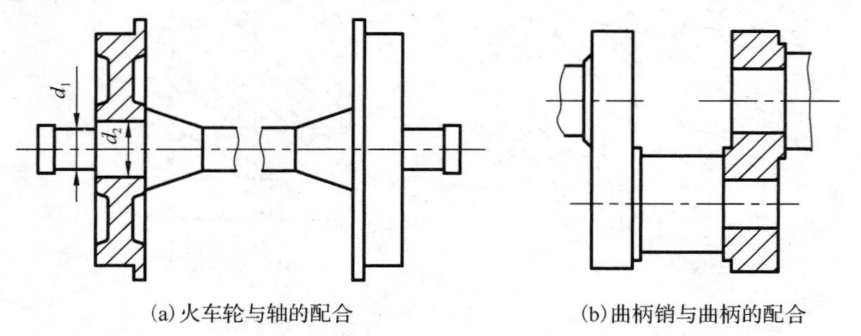


(a) 火车轮与轴的配合　(b) 曲柄销与曲柄的配合

图 14-26 过盈配合连接的应用

过盈配合连接结构简单、对中性好、能承受冲击载荷，但配合面加工精度要求高，装拆不便，且配合边缘有较大的应力集中。

**5. 轴的定位**

为保证轴上零件有准确的工作位置，除了要求零件相对于轴沿轴向可靠定位外，还要求轴也有准确可靠的定位。轴的定位是依靠其支承轴承实现的。

对于旋转的轴，其轴向定位的方法与其支承轴承的类型有关。若轴由滚动轴承支承，则由于轴与轴承内圈已构成静连接，因而轴的定位即为轴承相对于轴承座的定位，它是通过轴承组件的结构来实现的(参见第 15 章)；若轴由滑动轴承支承，轴的定位由固定于轴承座中的轴瓦来实现，定位的方法及相应的轴上结构取决于滑动轴承结构型式(参见第 15 章)。同样，轴的径向准确位置也是由轴承的径向位置精度所决定。

对于固定心轴，则应对其轴向和周向均加以定位，其定位方法与零件在轴上的定位相同。

**6. 轴的结构工艺性**

设计轴的结构还需考虑到加工、装配等工艺要求，即轴的结构形式应便于加工和方便轴上零件装配，有利于提高生产效率和降低成本。通常有以下方面需要考虑。

**1)加工工艺性**

(1)在保证使用要求的前提下，轴的阶梯应尽可能少，以减少加工工时和节约材料。

(2)对需要磨削加工或有螺纹的轴段，应留有砂轮越程槽(图 14-27(a))或螺纹退刀槽(图 14-27(b))。

(3)轴上不同轴段的键槽应布置在同一母线上(图 14-28)且宽度尽可能相同，以减少装夹和换刀时间。

(4)如果要求轴的各轴段具有较高的同轴度，或轴的长径比 $L/d$ 大于 4 时，轴的两端应加工定位中心孔(图 14-29)。

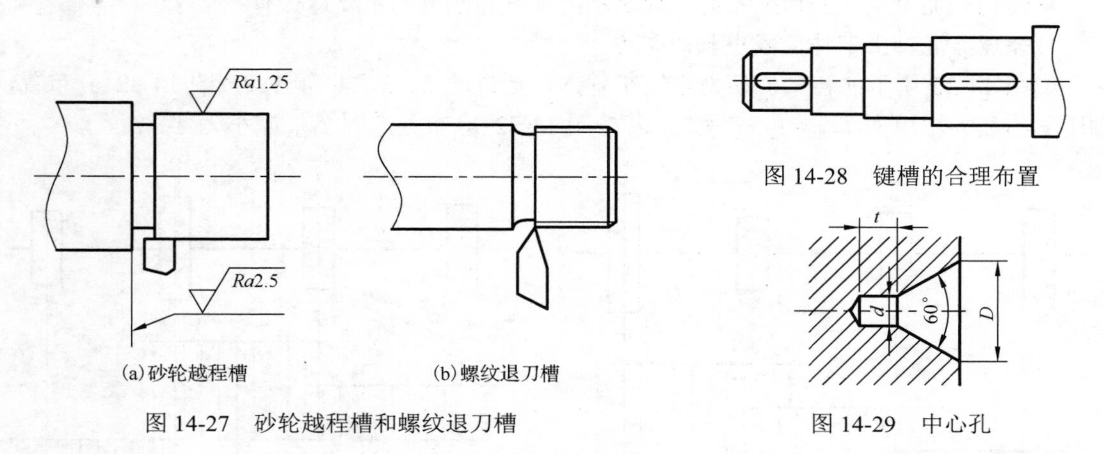


(a)砂轮越程槽　(b)螺纹退刀槽

图 14-27　砂轮越程槽和螺纹退刀槽

图 14-28　键槽的合理布置

图 14-29　中心孔

(5)为了减少刀具种类、节省换刀时间，轴上所有的圆角半径、倒角尺寸、环形槽宽度等应尽可能统一，以便于加工和检验。

(6)加工精度和表面粗糙度不必过度提高，以免增加加工难度、工时和成本。

**2)装配工艺性**

轴的结构应便于轴上零件的装配。零件装配时通常需要依次穿过一些轴段，为防止擦伤零件的配合表面，应做到尽量不接触或无过盈地通过。另外，还应在配合的装入端设30°(对于过渡配合)或10°～15°(对于过盈配合)的导向锥面(图14-30、图14-31(a))，必要时也可采用图14-31(b)的形式。若轴上有键，则键槽应延长到圆锥面处，以便装配轮毂时键槽对位，见图14-31(a)。

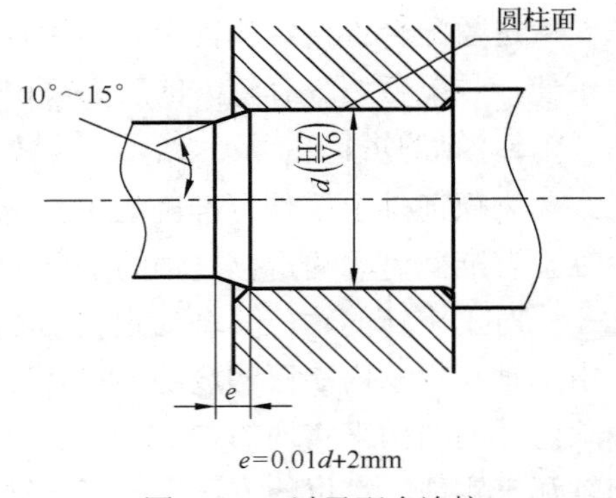

图14-30 过盈配合连接

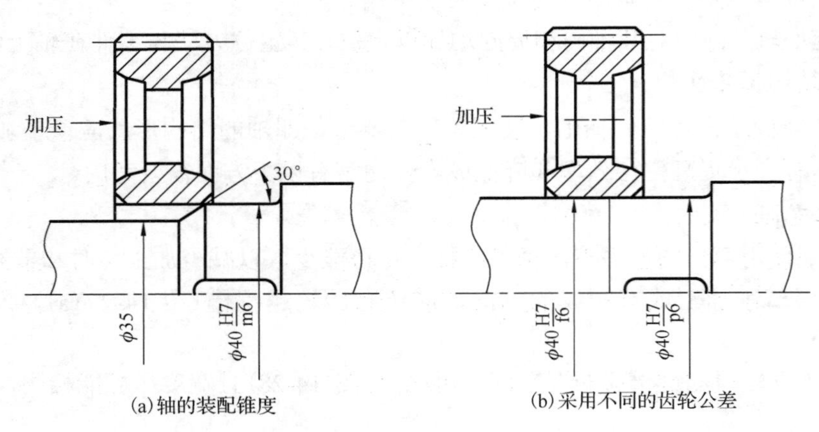

图14-31 过盈配合的轴段结构

## 7. 提高轴的强度和刚度

从结构和加工工艺的角度考虑，提高轴的强度和刚度的主要途径有：

**1)合理布置轴上零件，减小轴的受力**

如图14-32所示的转轴，动力由轮1输入，通过轮2、3、4输出。按图14-32(a)布置，轴所受的最大扭矩为$T_{max}=T_2+T_3+T_4$；若按图14-32(b)布置，则$T_{max}$减小为$T_3+T_4$。

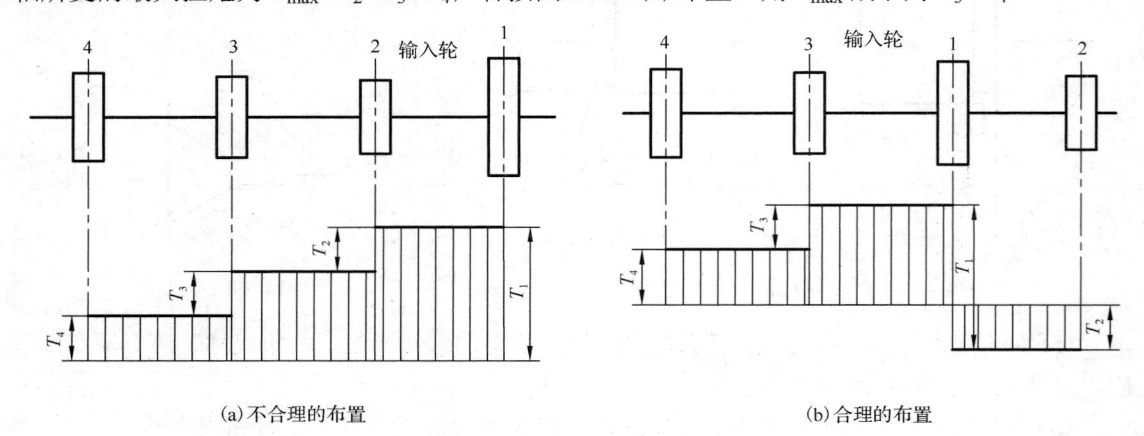

图14-32 轴上零件的合理布置

如图 14-33 所示的起重卷筒的两种结构方案中，图 14-33(b)的方案卷筒和大齿轮连接在一起，转矩经大齿轮直接传给卷筒，因而卷筒轴只受弯矩而不受扭矩，与图 14-33(a)的结构相比，在同样载荷作用下，轴的直径可以较小。

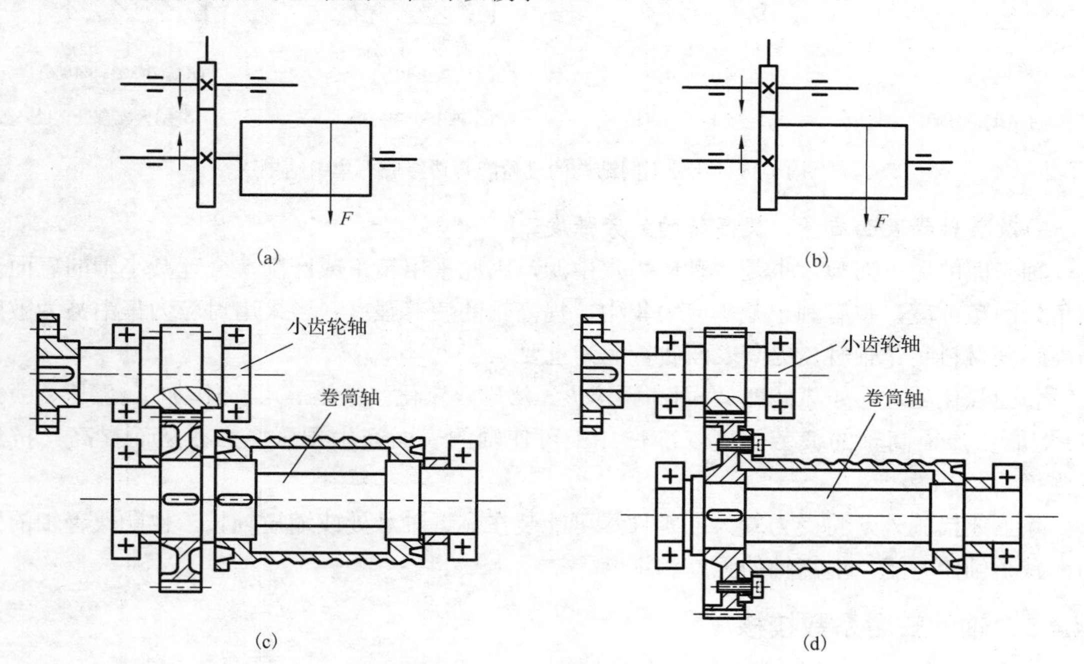


图 14-33　卷扬机的两种传力路径

又如图 14-1 中，若将图 14-1(a)的转动心轴改为图 14-1(b)的固定心轴，则可使轴不承受对称循环变化的弯曲应力，变为承受静的或大小稍微变化的弯曲应力。

**2) 改进轴的结构，减小应力集中**

大多数轴是在变应力状态下工作的，损坏多始发于应力集中部位。因此，设计轴的结构时要尽量减少应力集中源和应力集中的程度。主要措施有以下几种。

(1) 在轴肩处采用较大的过渡圆角半径来降低因应力集中而产生的峰值应力。当圆角半径增大受到限制时，可采用凹切圆角(图 14-34(a))或加装中间环等措施(图 14-34(b))。

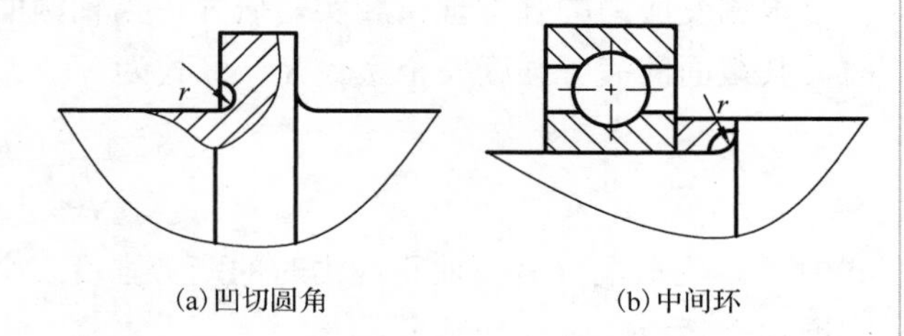


(a) 凹切圆角　(b) 中间环

图 14-34　减小圆角处应力集中的结构

(2) 尽量选用应力集中小的结构与定位方法。例如，采用套筒代替圆螺母和弹性挡圈，可避免在轴上切制螺纹和环形槽；条件允许时，用渐开线花键代替矩形花键等。

(3) 当轴与轴上零件为过盈配合时，配合边缘处会产生较大的应力集中(图 14-35(a))。为减小应力集中，可在轮毂或轴上加工卸荷槽(图 14-35(b)、(c))；或增大配合处直径(图 14-35(d))。若并用这些措施，则效果更佳。图中 $K_\sigma$ 含义见 14.4.5 节。

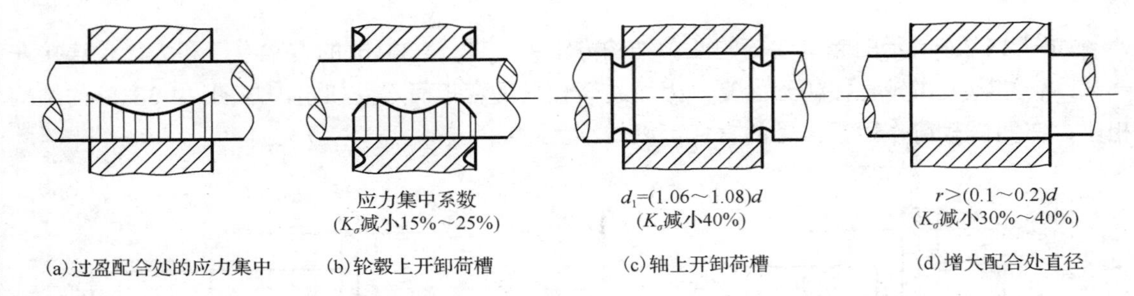


图 14-35　几种不同结构的过盈配合边缘应力集中结果

**3) 改善轴的表面质量，提高轴的疲劳强度**

轴表面的加工刀痕，也是一种应力集中源，因此采用精车或磨削，合理减小轴的表面及圆角处的粗糙度，将有利于减小应力集中，提高轴的疲劳强度。当采用对应力集中甚为敏感的高强度材料制作轴时，提高表面质量尤其重要。

表面强化处理，如热处理(表面高频淬火、渗碳、氰化、氮化等)、冷作加工(碾压、喷丸等)均能明显提高轴的疲劳强度。冷作加工可使轴的表面产生预压应力，从而提高其抗疲劳强度。

除上述措施外，将受力较大的零件尽可能装在靠近轴承处或缩短轴长，也能改善轴的受力，减小轴的弯矩，提高轴的强度和刚度。

### 14.4.5　轴的安全系数校核

在轴的结构设计完成之后，可对轴进行安全系数校核，也称为轴的精确强度计算。包括：疲劳强度安全系数校核和静强度安全系数校核，作为轴是否满足强度要求的判定依据。

**1. 疲劳强度安全系数校核**

轴的疲劳强度安全系数校核是指在初步计算和结构设计的基础上，根据轴的实际结构尺寸、承受的弯矩和转矩、轴上应力集中程度、轴的绝对尺寸大小、表面质量等因素对轴疲劳强度的影响，计算并判断轴的危险截面安全系数是否满足要求。

根据变应力的强度理论和实验研究，当轴截面同时存在变化的弯曲正应力和扭转切应力时，其截面的疲劳强度安全系数 $S$ 计算式为

$$S=\frac{S_\sigma S_\tau}{\sqrt{S_\sigma^2+S_\tau^2}} \tag{14-13}$$

式中，$S_\sigma$ 为截面只有弯曲正应力时的疲劳强度安全系数；$S_\tau$ 为截面只有扭转切应力时的疲劳强度安全系数，应分别满足

$$S_\sigma=\frac{\sigma_{-1}}{\dfrac{K_\sigma}{\beta\varepsilon_\sigma}\sigma_a+\psi_\sigma\sigma_m}\geqslant[S] \tag{14-14}$$

$$S_\tau=\frac{\tau_{-1}}{\dfrac{K_\tau}{\beta\varepsilon_\tau}\tau_a+\psi_\tau\tau_m}\geqslant[S] \tag{14-15}$$

式中，$\sigma_{-1}$、$\tau_{-1}$分别为对称循环下试件材料的弯曲、扭转疲劳极限，MPa，见表 14-6；$\sigma_a$、$\sigma_m$分别为弯曲应力的应力幅和平均应力；$\tau_a$、$\tau_m$分别为扭转切应力的应力幅和平均应力；$\psi_\sigma$、$\psi_\tau$分别为弯曲、扭转时将平均应力折算为应力幅的折算(等效)系数，见表 14-6；[S]为许用安全系数，见表 14-9。

$K_\sigma$、$K_\tau$分别为弯曲和扭转的有效应力集中系数，(当计算截面处有多个应力集中源时，取其中较大值)；$\varepsilon_\sigma$、$\varepsilon_\tau$分别为弯曲应力和扭转切应力的绝对尺寸影响系数；$\beta$为表面质量系数；以上 5 个系数可参阅《机械设计手册》。

进行疲劳强度安全系数校核时，需先根据轴的结构尺寸、弯矩和转矩分布以及应力集中大小，选定一个或几个危险截面。每一危险截面处，按式(14-13)计算出的安全系数 $S$ 均应满足 $S \geqslant [S]$。

表 14-9 疲劳强度许用安全系数[S]

| 条件 | [S] |
|---|---|
| 载荷可精确计算，材质均匀，材料性能精确可靠 | 1.3～1.5 |
| 计算不够精确，材质不够均匀 | 1.5～1.8 |
| 计算精度很低，材质均匀性很差，或尺寸很大的轴($d$>200mm) | 1.8～2.5 |

注：当轴的损坏要引起严重事故时，上述安全系数还应适当加大 30%～50%。

如果校核结果 $S < [S]$，则可通过增大轴的截面尺寸、改用强度更高的材料或改变结构和工艺等措施来提高轴的疲劳强度。

用上述公式计算时，对一般转轴，弯曲应力是对称循环变化的，故$\sigma_a = M/W$，$\sigma_m = 0$；对不转动的轴或载荷随轴一起转的轴，考虑到实际载荷的波动性，弯曲应力可看作脉动循环变化，即$\sigma_a = \sigma_m = M/(2W)$。对单向转动的轴，其扭转切应力一般可看作是脉动循环变化的，故 $\tau_a = \tau_m = T/(2W_T)$；而对频繁正、反转传递等值转矩的轴，则可看作对称循环变化的，即$\tau_a = T/W_T$，$\tau_m = 0$。

**2. 静强度安全系数校核**

轴的静强度安全系数校核是根据轴上的最大瞬时载荷(包括动载荷和冲击载荷)和轴材料的屈服极限，计算并判断轴的危险截面静强度安全系数是否满足要求。目的是检验轴对塑性变形的抵抗能力。计算式为

$$S_0 = \frac{S_{0\sigma} S_{0\tau}}{\sqrt{S_{0\sigma}^2 + S_{0\tau}^2}} \geqslant [S_0] \tag{14-16}$$

式中，$S_0$为轴计算截面的静强度安全系数；$[S_0]$为静强度许用安全系数，见表 14-10；$S_{0\sigma}$为只考虑弯矩时的静强度安全系数；$S_{0\tau}$为只考虑扭矩时的静强度安全系数，应分别满足

$$S_{0\sigma} = \frac{\sigma_s}{\sigma_{max}} = \frac{\sigma_s M_{max}}{W} \geqslant [S_0] \tag{14-17}$$

$$S_{0\tau} = \frac{\tau_s}{\tau_{max}} = \frac{\tau_s T_{max}}{W_T} \geqslant [S_0] \tag{14-18}$$

式中，$\sigma_s$、$\tau_s$分别为轴材料的抗弯和抗扭屈服极限，MPa，见表 14-6，其中，$\tau_s=(0.55\sim0.62)\sigma_s$；$M_{max}$、$T_{max}$分别为轴计算截面的最大弯矩和最大转矩，N·mm；$W$、$W_T$分别为轴计算截面的抗弯和抗扭截面系数，mm$^3$，见表 14-1。

表 14-10 静强度许用安全系数$[S_0]$

| 条件 | $[S_0]$ | 条件 | $[S_0]$ |
| --- | --- | --- | --- |
| 高塑性材料（$\sigma_s/\sigma_b\leqslant0.6$）的钢轴 | 1.2～1.4 | 铸造以及脆性材料的轴 | 2.0～3.0 |
| 中等塑性材料（$\sigma_s/\sigma_b\leqslant0.6\sim0.8$）的钢轴 | 1.4～1.8 | 最大载荷很难准确计算时 | 3～4 |
| 低塑性材料的钢轴 | 1.8～2.0 | | |

如果校核结果表明安全系数太低，可通过增大轴径及改用更好的材料等途径来提高轴的静强度安全系数。

## 思考题与习题

14-1 试分析图 14-36 所示起重机中Ⅰ～Ⅴ各轴分别属于心轴、传动轴还是转轴。

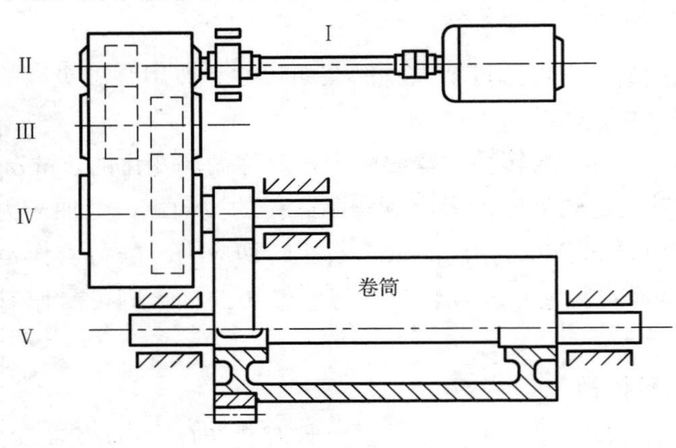


图 14-36 习题 14-1 图

14-2 齿轮减速器中的轴在工作时横截面产生何种应力？其性质如何？

14-3 设计轴时如何选择材料？

14-4 轴的结构设计应满足哪些要求？

14-5 试比较光轴和阶梯轴的优缺点。

14-6 轴上零件的轴向和周向定位各有哪些方法？各用于什么场合？

14-7 图 14-37 所示为双级齿轮减速器的中间轴。试指出图中不合理结构，并画改正图。

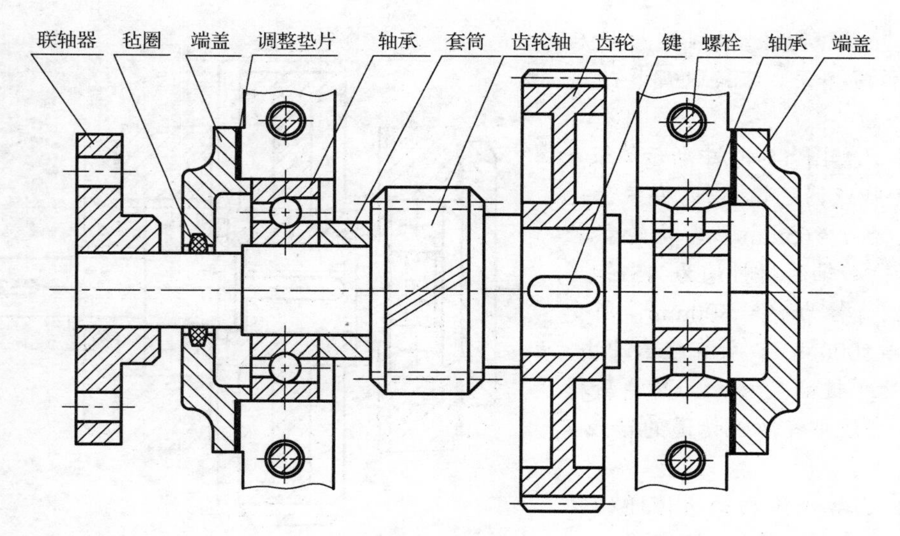


图 14-37　习题 14-7 图

14-8 为什么采用两个平键时，一般设在相隔180°位置上，而采用两个半圆键(图 14-38)则又常沿轮毂长度放在轴的同一母线上？

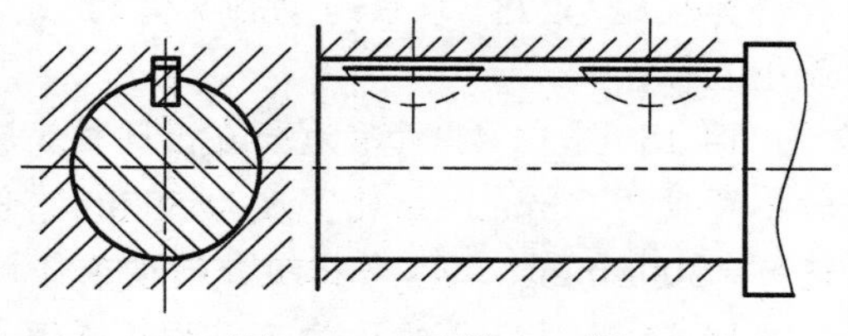

图 14-38　习题 14-8 图

14-9 设某轴系的部分结构如图 14-39 所示，在轴上 $A$ 段安装齿轮，采用(H7/s7)配合；在 $B$ 段安装一对圆螺母用以固定齿轮的轴向位置；在 $C$ 段安装深沟球轴承。试选定轴上 $l$、$d_1$、$r_1$ 的尺寸值和 $B$ 段螺纹的形式及其公称直径(外径)。

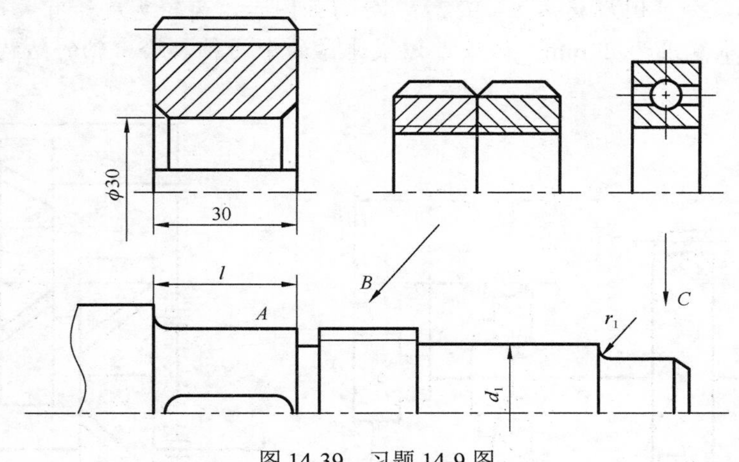


图 14-39　习题 14-9 图

14-10 弯扭组合强度计算轴径的公式 $d \geqslant \sqrt[3]{\dfrac{10\sqrt{M^2+(\alpha T)^2}}{[\sigma]}}$ 中，$\alpha$ 表示什么？为什么引入 $\alpha$？$\alpha$ 如何取值？$[\sigma]$值如何选取？

14-11 在进行轴的疲劳强度安全系数校核计算时，危险截面如何确定？在同一截面处有几种应力集中时，应如何处理？

14-12 如果所设计的轴经校核后发现疲劳强度不足，可采取哪些改进措施？

14-13 已知图 14-40 中所示单级直齿圆柱齿轮减速器的输出轴，安装齿轮的轴头直径 $d = 65$mm，齿轮轮毂长 85mm，齿轮和轴的材料均为 45 钢。齿轮分度圆直径为 $d_0 = 300$mm，所受圆周力 $F_t = 8000$N，载荷有轻微冲击。试选择该处平键的尺寸。如果轮毂材料为铸铁，则该平键所能传递的转矩 $T$ 有多大？

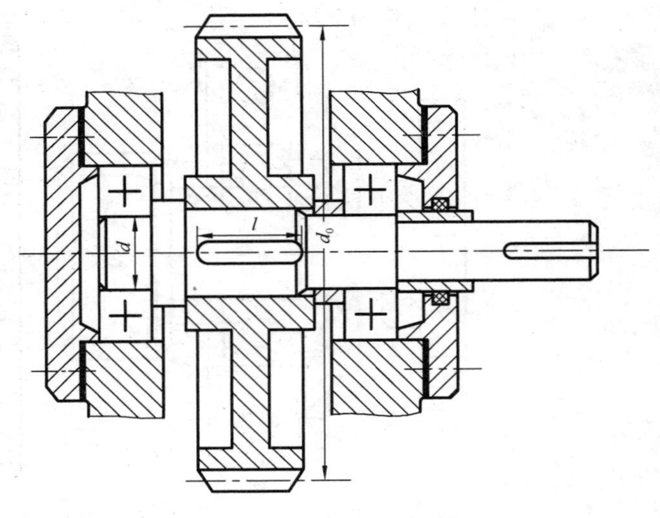

图 14-40　习题 14-13 图

14-14 已知一传动轴所传递的功率为 $P = 16$kW，转速 $n = 720$r/min，材料为碳钢 Q275。求该传动轴所需的最小直径。

14-15 图 14-41 所示为一直齿圆柱齿轮减速器输出轴的结构示意图。有关尺寸如图所示。轴承宽度为 20mm；齿轮宽度为 50mm，分度圆直径为 200mm，传递的功率为 $P = 5.5$kW，转速 $n = 300$r/min。试按弯扭组合强度条件计算轴的直径并绘出轴的结构图。

14-16 图 14-42 所示为二级齿轮减速器的结构简图。已知高速轴与电动机相连，输入功率为 $P = 5.5$kW，转速 $n_1 = 960$r/min，齿数 $z_1 = 25$、$z_2 = 90$、$z_3 = 24$、$z_4 = 96$，模数 $m_{n1} = m_{n2} = 2$mm、$m_{n3} = m_{n4} = 2.5$mm，分度圆螺旋角 $\beta = 9°22'$，旋向如图示，齿轮宽度等有关尺寸如图 14-40 所示。设滚动轴承宽度为 20mm。试设计该减速器的中间轴，绘出轴的结构图并校核轴的疲劳强度。

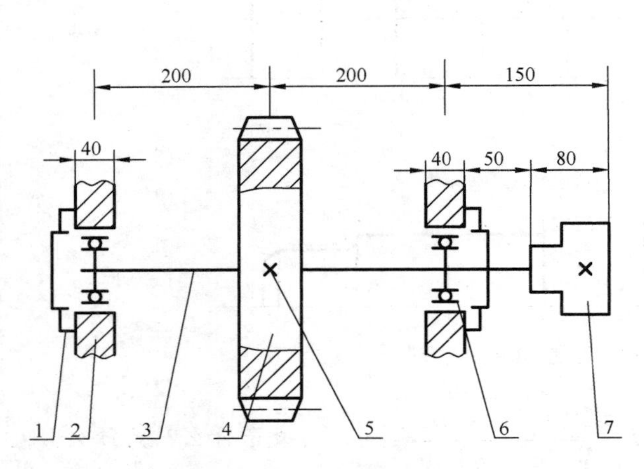

图 14-41　习题 14-15 图

1-轴承端盖；2-箱体；3-轴；4-齿轮；5-键连接；6-轴承；7-联轴器

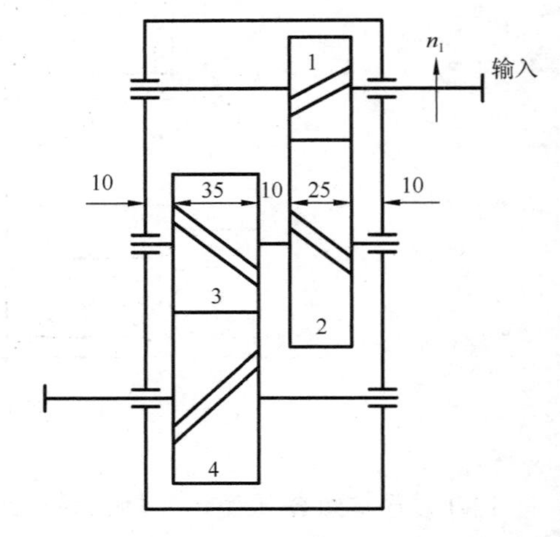

图 14-42　习题 14-16 图

14-17 图 14-43 所示轴上装有 V 带轮和标准直齿圆柱齿轮。转矩由带轮输入、经齿轮输出，其值为 $T = 5\times10^5$N·mm，带轮直径 $D = 200$mm，包角 $\alpha = 180°$；齿轮分度直径为 $d = 250$mm。

轴的有关尺寸如图 14-43 所示。轴的材料为 45 钢。求带轮中间平面位置 $A$ 处轴的挠度和偏转角。（注：V 带对轴作用力 $F$ 的方向如图所示；齿轮圆周力垂直于图面，方向朝里。）

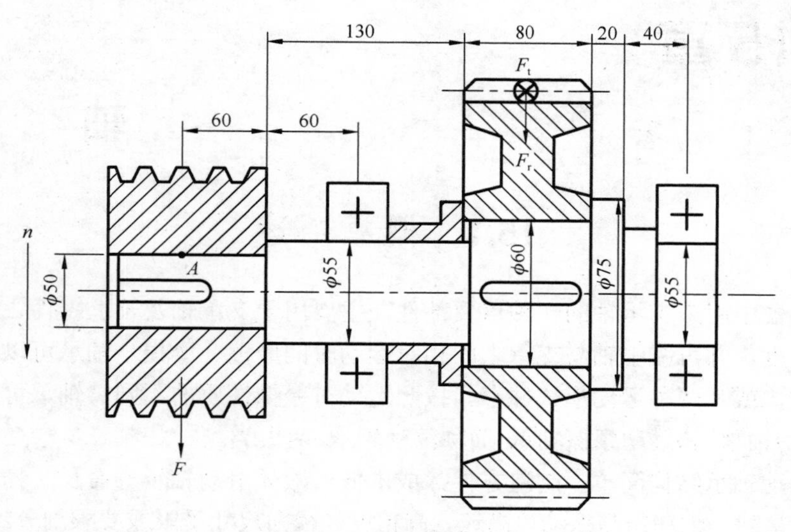


图 14-43　习题 14-17 图

14-18 有一磨床主轴，尺寸如图 14-44 所示，材料为 45 钢。作用在砂轮上的圆周力 $F_t = 600N$，径向力 $F_r = 400N$。求在 $F_t$ 和 $F_r$ 的作用下，砂轮中间平面位置 $C$ 处主轴的挠度和偏转角。

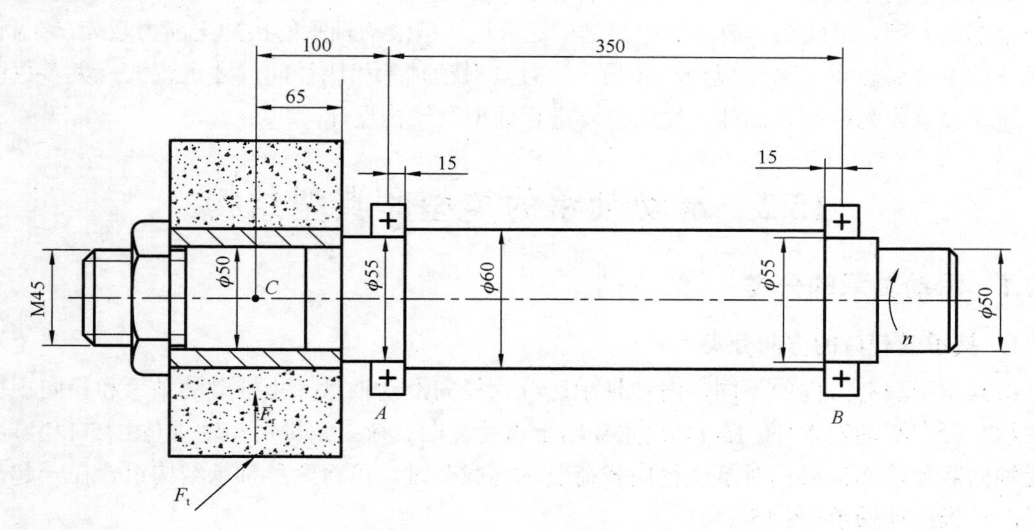


图 14-44　习题 14-18 图

# 第15章 轴　　承

实物图

## 15.1 概　　述

轴承是机器中用来支承轴的一种重要部件，主要用于支承轴及轴上零件、确保轴的空间位置和旋转精度，并可减小轴与支承之间相对运动时的摩擦、磨损。轴承可以是转动的，也可以是滑动的，或者两种运动形式并存。按照运动时摩擦性质的不同，轴承可分为滑动摩擦轴承(简称滑动轴承)和滚动摩擦轴承(简称滚动轴承)两大类。

普通的滑动轴承结构简单，制造方便，成本低；液体滑动轴承寿命长，精度高，在不重要场合、低速重载、大冲击与振动、高速、高精度、径向尺寸受限或要求剖分结构(如曲轴轴承)等工作条件下，更能显示出它的优越性。因此，滑动轴承在机床主轴、汽轮机、内燃机、简单机械的支承及仪器仪表等场合得到广泛应用。一般情况下，滑动轴承作为非标准件，根据需要进行设计。

滚动轴承的摩擦阻力小、启动快、效率高、旋转精度高，而且已标准化，其选用、润滑、维护等都很方便，因此在一般机器中得到广泛应用。但滚动轴承的抗冲击能力较差，在高速、重载条件下寿命较短，易出现振动和噪声，且与滑动轴承相比径向尺寸也较大。大多数情况下，滚动轴承作为标准零部件，往往需要进行选型及结构设计。

## 15.2 滑动轴承的类型和典型结构

### 15.2.1 滑动轴承的分类

**1. 按承受载荷的方向分类**

按其承受载荷方向的不同，滑动轴承可分为径向滑动轴承、止推滑动轴承和径向止推滑动轴承。径向滑动轴承(图 15-1(a))主要用于承受径向载荷；止推滑动轴承(图 15-1(b))用于承受轴向载荷。当需要同时承受径向载荷及轴向载荷时，可将两种轴承结构组合在一起，构成径向止推滑动轴承(图 15-1(c))。

**2. 按工作表面的润滑状态分类**

通常在轴承中会存在多种润滑状态，即全膜润滑、混合润滑和边界润滑，本书第 3 章已经介绍了流体动力润滑、流体静力润滑以及弹性流体动力润滑三种全膜润滑原理。按工作时的润滑状态，滑动轴承可分为液体润滑滑动轴承和非液体润滑滑动轴承。

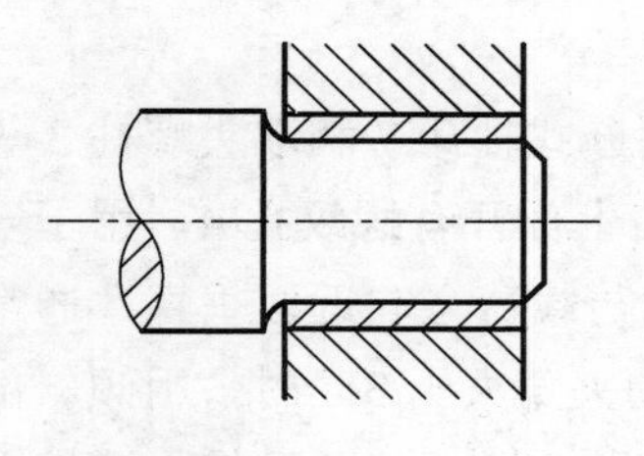

(a)径向滑动轴承

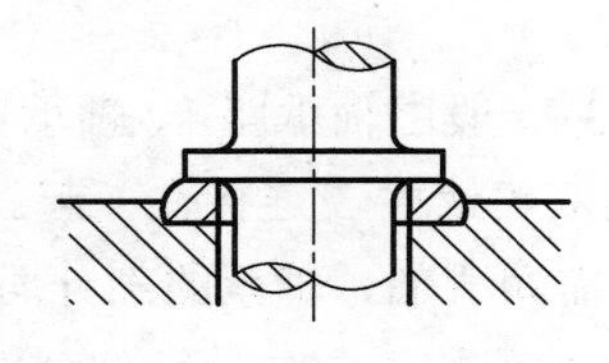

(b)止推滑动轴承

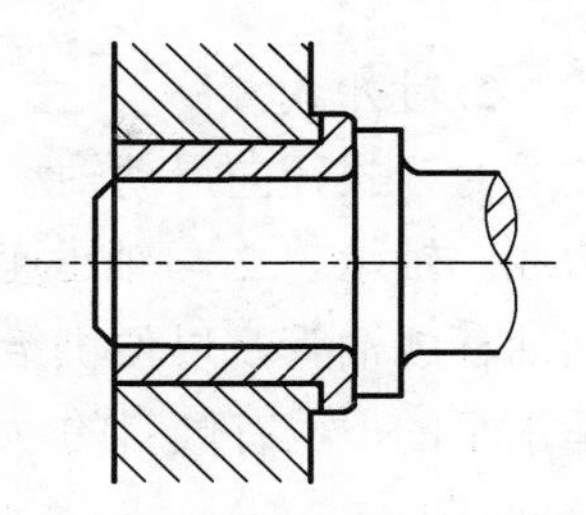

(c)径向止推滑动轴承

图 15-1　滑动轴承的类型

液体润滑滑动轴承是指轴承工作在全膜润滑状态下，即轴颈和轴瓦表面间存在一层足够厚的润滑膜，完全隔离两个表面的直接接触。根据工作时润滑膜形成原理的不同，液体润滑滑动轴承又可分为液体动压润滑滑动轴承和液体静压润滑滑动轴承。

非液体润滑滑动轴承是指轴承工作在部分润滑状态，即轴颈和轴瓦间的润滑膜不能完全阻隔两固体表面的局部粗糙峰接触，也被简称为非液体滑动轴承。

**3. 按所使用的润滑剂分类**

按所使用的润滑剂的种类，滑动轴承又可分为液体润滑轴承、气体润滑轴承、半固体润滑轴承、固体润滑轴承及自润滑轴承。

液体润滑轴承通常以润滑油、水、液态金属等液体作润滑剂；气体润滑轴承以空气、氢、氩、氦等气体作润滑剂；半固体润滑轴承主要以润滑脂等作润滑剂；固体润滑轴承通常以二硫化钼、石墨、聚四氟乙烯等作润滑剂；自润滑轴承通常采用固体润滑材料作为轴瓦材料，或者采用孔隙材料储存润滑液，受载挤压时释放润滑液进行润滑。

### 15.2.2　径向滑动轴承的主要结构形式

径向滑动轴承的结构形式主要有整体式和对开式两大类。

**1) 整体式**

图 15-2 所示为整体式径向滑动轴承的典型结构。它由轴承座 1、减摩材料制成的轴套 2、止动螺钉 3 等组成。轴套 2 压装在轴承座 1 中，必要时可进一步通过止动螺钉防止其可能产生相对轴承座的运动。轴承座用螺栓与机架相连接，其顶部设有安装润滑油杯的螺纹孔。轴套上开有油孔，且内表面开有油槽，以便于导入润滑油对轴承进行润滑。这种轴承结构简单、易于制造、成本低，但轴必须从轴承端部装入或拆下，装拆不便，而且当轴承磨损后，间隙无法调整。因此，它多用在低速、轻载或间歇性工作的机器中。

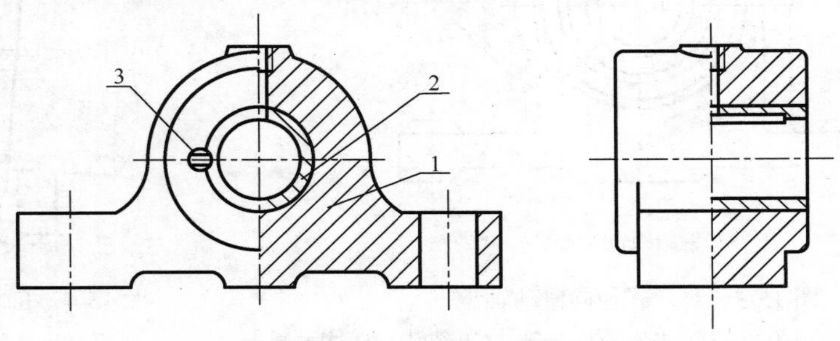


图 15-2　整体式径向滑动轴承

1-轴承座；2-轴套；3-止动螺钉

**2)对开式**

对开式径向滑动轴承(图 15-3)一般由轴承座 1、轴承盖 2、剖分式轴瓦 7 和双头螺柱 3 等组成。轴承盖 2 与轴承座 1 通过双头螺柱 3 连接在一起。轴承盖上部开有螺纹孔 4，用于安装油杯或油管，以便供给轴承所需润滑剂。轴承的剖分面尽可能与载荷方向近似垂直，通常是水平的，也有倾斜的(如当径向载荷的方向与轴承剖分面垂线的夹角大于 35°时，用倾斜剖分面(图 15-3(b))。轴承剖分面常做成阶梯形以便对中定位和防止横向错动，还可卸去连接螺栓上受到的横向力。在轴瓦内壁不承受载荷的表面上开设油槽，润滑油通过油孔和油槽流进轴承间隙。在轴承盖和轴承座剖分面之间有间隙调整垫片，当轴瓦工作面磨损后，通过适当地减少该垫圈并修刮轴瓦内孔来调整轴承间隙。对开式轴承装拆方便，装拆时轴沿轴向不需要做较大移动，故应用广泛。

另外，对于宽径比较大($B/d>1.5$)、支承跨度大、轴刚度小及多支点支承的轴承，为了防止因轴发生挠曲而造成轴承边缘的过度磨损，可采用自动调心式轴承结构(图 15-4)。这种轴承的轴瓦和轴承体的配合面为球面，其中心位于轴承轴线上。当轴颈发生倾斜时，轴瓦能沿任意方向转动以适应其倾斜，从而避免轴承端部的应力集中和边缘过度磨损。

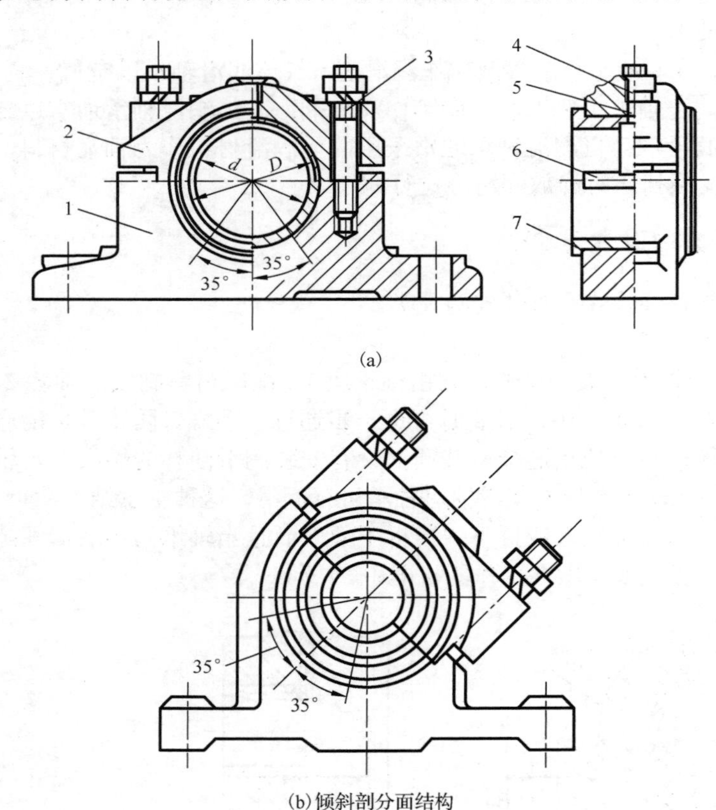


图 15-3 对开式径向滑动轴承

1-轴承座；2-轴承盖；3-双头螺柱；4-螺纹孔；5-油孔；6-油槽；7-剖分式轴瓦

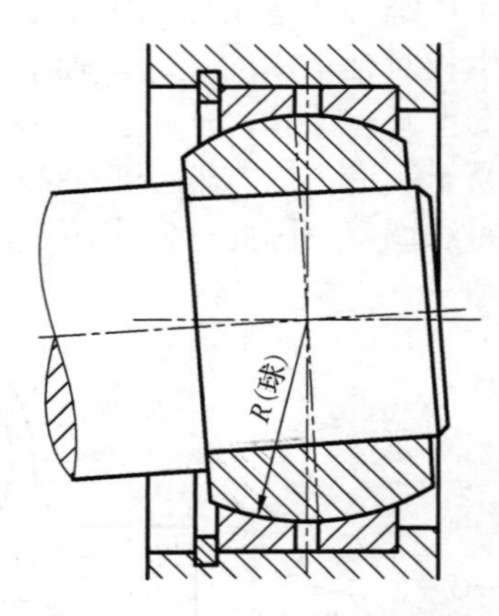


图 15-4 自动调心式轴承结构

# 15.3　滑动轴承轴瓦结构

轴瓦是滑动轴承中直接与轴颈接触的部分，是滑动轴承中的重要零件，其结构的合理性对轴承性能影响很大。为了改善轴承的摩擦性能、提高其承载能力，常在轴瓦内表面浇铸或轧制一层轴承合金，这层轴承合金称为轴承衬。轴承衬的厚度随轴承直径的增大而增厚，其范围通常为数十微米到几毫米。具有轴承衬的轴瓦在工作启停阶段时，轴承衬与轴颈直接摩擦接触，起到减摩和耐磨的作用，从而保护轴瓦。轴瓦作为承载部件，应具有一定的强度和刚度，能够在轴承中可靠定位，且其结构有利于输入润滑剂，容易散热，且装拆、调整方便。采用轴瓦的目的是节省贵重的轴承材料和维修方便。

## 15.3.1　轴瓦的形式和构造

与滑动轴承的结构类型相对应，常用轴瓦也分为整体式(图 15-5)和对开式(图 15-6)两种结构。整体式轴瓦又称轴套，按材料及制法不同可分为整体轴套(图 15-5(a))和单层、双层或多层材料的卷制轴套(图 15-5(b))；对开式轴瓦由上、下两半瓦组成，其剖分面上常开有轴向油槽或油室，轴瓦有厚壁和薄壁之分。厚壁轴瓦的壁厚与其外径之比一般大于 0.05，可用铸造方法制造，通常采用离心铸造法将轴承合金浇铸在铸铁、钢或青铜轴瓦的内表面上，而且为了使其与轴瓦牢固贴合，常在结合面上制出各种形状的沟槽或螺纹(图 15-6)；薄壁轴瓦(图 15-7)的壁厚与其外径之比一般小于 0.04，可采用双金属板通过轧制等工艺进行大量生产，故质量稳定，成本低廉。薄壁轴瓦在汽车发动机及柴油机等的滑动轴承中得到广泛应用。

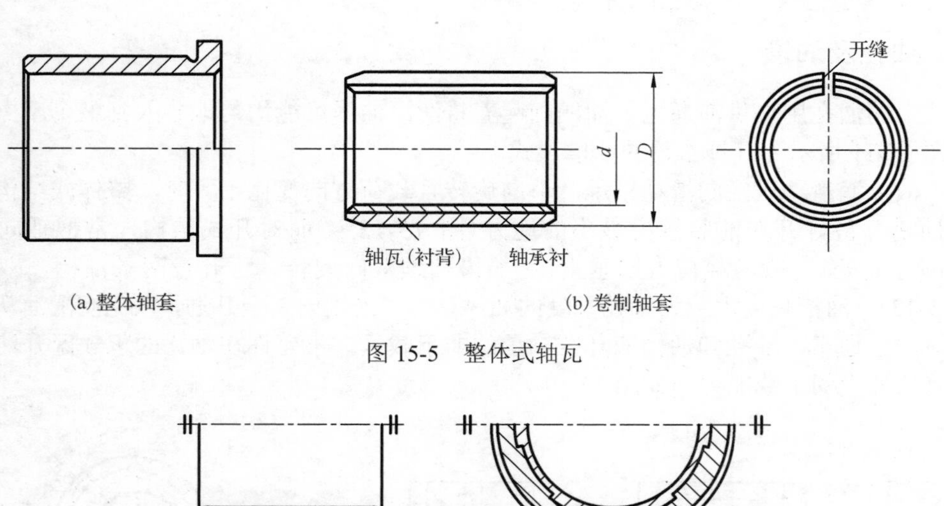


(a)整体轴套　(b)卷制轴套

图 15-5　整体式轴瓦

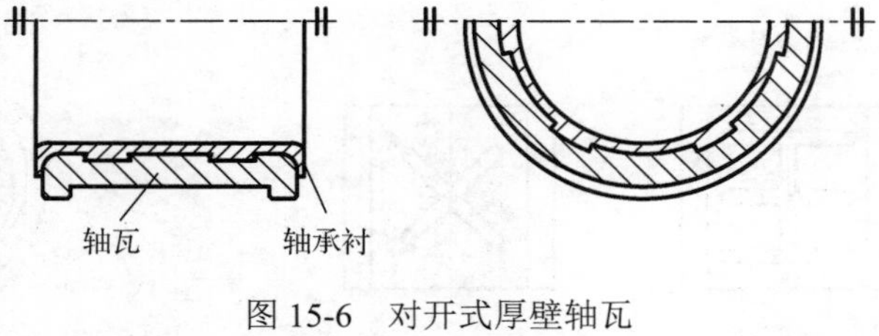

图 15-6　对开式厚壁轴瓦

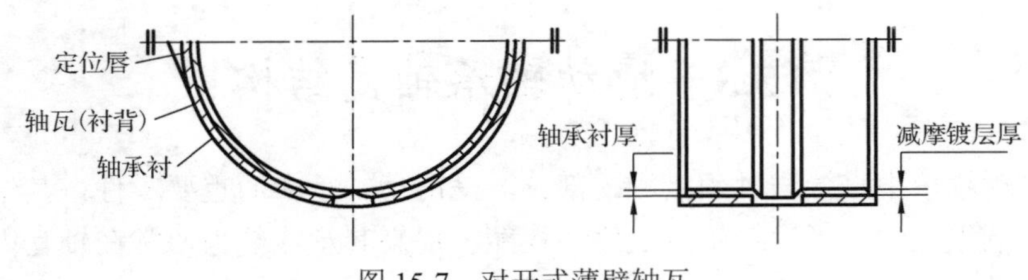


图 15-7　对开式薄壁轴瓦

## 15.3.2　轴瓦的定位

轴承工作时，不允许轴瓦在轴承座中发生轴向或周向移动，因此轴瓦必须有可靠的轴向定位和周向定位。常用的轴瓦定位方法有：销钉定位(图 15-8)、止动螺钉定位(图 15-9)、凸缘定位(图 15-6)以及凸耳定位(图 15-10)。

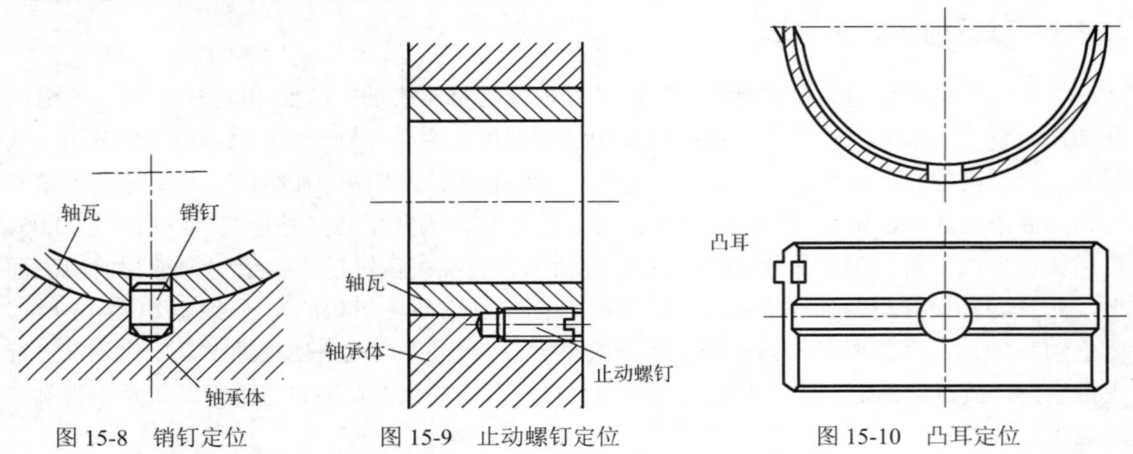


图 15-8　销钉定位　　图 15-9　止动螺钉定位　　图 15-10　凸耳定位

## 15.3.3　油孔及油槽

轴瓦上的油孔用作供油通道，油槽则起着将润滑油尽可能均匀地导入到整个摩擦表面的作用。图 15-11 所示为几种常见的油槽形式。

对于液体润滑动压径向滑动轴承，单向旋转且载荷方向变化不大时，整体式结构可采用单轴向油槽并最好开在油膜压力最小的地方(图 15-12)；而对开式结构，常把轴向油槽开在轴承剖分面处(一般与载荷方向垂直)，如果轴颈双向旋转，可开设两条油槽，双轴向供油(图 15-13)。油槽长度大致为轴瓦长度的 80%，不能沿轴向完全开通，以免润滑油从两个端部大量流失。通常，油孔和油槽应开在轴承的非承载区，不允许在轴瓦的承载区开油槽，从而避免降低油膜的承载能力，如图 15-14 所示。

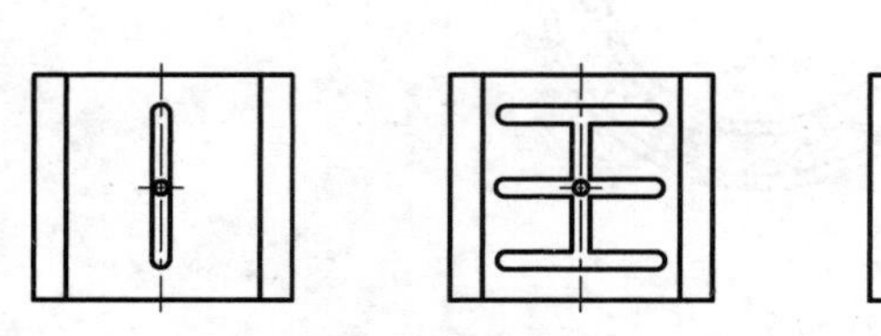

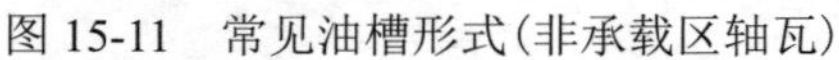

图 15-11　常见油槽形式(非承载区轴瓦)

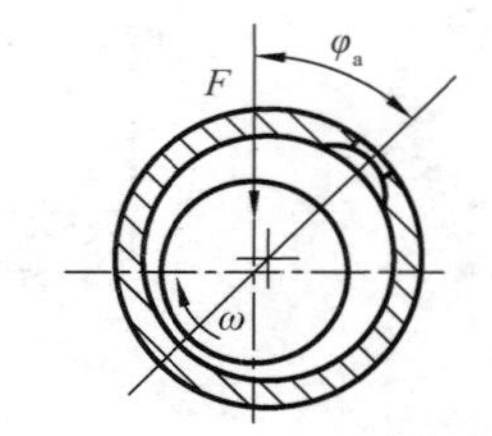


图 15-12　单轴向油槽结构、位置

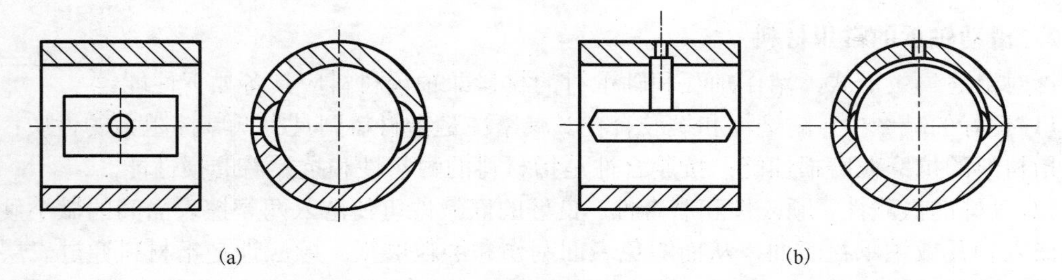


图 15-13　双轴向供油的油槽形式

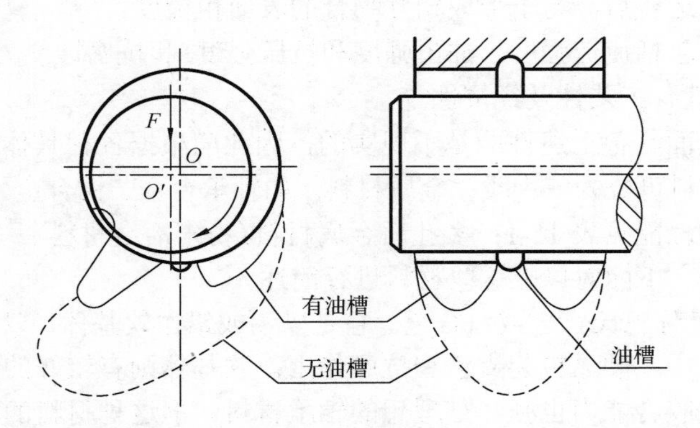


图 15-14　承载区开油槽对压力分布的影响

对非液体摩擦滑动轴承，考虑到承载区润滑不良，为了改善承载区的润滑供给，有时宁可牺牲一部分承载面积，将油槽延伸到或直接开在承载区内。

# 15.4　滑动轴承的设计

## 15.4.1　滑动轴承的失效形式及常用材料

**1. 滑动轴承的失效形式**

滑动轴承的失效形式主要有以下几种。

(1) 磨粒磨损。轴颈和轴瓦表面的轮廓峰、润滑介质中的硬颗粒，都会导致磨粒磨损，而磨损本身又进一步增加了润滑介质中硬颗粒的数量。

(2) 黏着磨损(胶合)。轴承在温升过高、载荷过大及供油不足等情况下，易造成油膜破裂，导致局部固体材料的直接接触，并在某些高温点发生轴颈及轴瓦表面材料的黏附和迁移。

(3) 疲劳磨损。轴承载荷若在承载区造成变应力，可能造成疲劳磨损，且多发生在动载轴承中。

(4) 腐蚀。在润滑剂中，由于氧化形成的酸性物质和某些添加剂是造成腐蚀的主要原因，腐蚀会使轴瓦表面形成点状脱落。轴瓦材料选择不当时会产生较严重的腐蚀。

**2. 滑动轴承的常用材料**

针对上述失效形式，用作轴瓦和轴承衬的材料即轴承材料应具备如下性能。

(1) 良好的减摩性、耐磨性和抗胶合性。减摩性是指材料副具有低摩擦阻力的性质；耐磨性是指材料的抗磨粒磨损性能；抗胶合性是指材料的耐热性和抗黏着磨损性能。

(2) 良好的嵌藏性、顺应性和磨合性。良好的嵌藏性可使落入两摩擦表面间的微小硬颗粒容易嵌入轴瓦或轴承衬表面，从而避免表面刮伤和磨粒磨损。顺应性是指材料通过表层弹性变形来补偿轴承初始配合不良及适应轴颈的少量偏斜和变形的能力。磨合性是指相互配合的摩擦表面经短期轻载运转后，易于形成相互吻合的表面粗糙度。

(3) 足够的强度(包括疲劳强度、冲击强度和抗压强度)和抗腐蚀能力。

(4) 良好的导热性、工艺性及经济性等。

希望一种材料全面具备上述性能是不现实的，因此应根据各种具体情况恰当地选择轴承材料。常用的轴承材料可分为三大类：金属材料，如轴承合金、铜合金、铝基合金和铸铁等，常用金属轴承材料的性能见表 15-1；多孔质金属材料(粉末冶金材料)；非金属材料，如工程塑料、橡胶、硬木等。下面对以上这些材料进行简述。

(1) 轴承合金，又称巴氏合金或白合金。它是以锡或铅作软基体，以锑锡和铜锡的硬晶粒作悬浮物的合金。其中，硬晶粒起支承和抗磨作用；软基体则有较好的顺应性、嵌藏性和磨合性，与轴颈配合抗胶合能力也强，是理想的轴承材料。但这种材料的机械强度很低，价格较贵，故只能作为轴承衬浇铸在青铜、钢或铸铁轴瓦的内表面上。轴承合金适用于重载、中速和高速场合。

(2) 铜合金。铜合金具有较高的强度、较好的减摩性和耐磨性。铜合金分为青铜和黄铜两大类。青铜的减摩性和耐磨性比黄铜好，故应用较多，它主要是铜和锡、铅、铝等的合金。其中锡青铜的减摩性和耐磨性最好，应用较广，但它比轴承合金硬，磨合性及嵌藏性较差，适用于重载及中速的场合；铅青铜的抗胶合能力强，适用于高速、重载轴承；铝青铜强度及硬度较高，抗胶合能力较差，适用于低速、重载轴承。黄铜则常被用于滑动速度不高的轴承中。

(3) 铸铁。普通灰铸铁或加有镍、钛等成分的耐磨灰铸铁以及球墨铸铁，都可用作轴承材料。由于铸铁中的片状或球状石墨可起润滑作用，故具有一定的减摩性和耐磨性。但铸铁性脆、磨合性差，故只适用于轻载、低速和不受冲击载荷的轴承中。

(4) 多孔质金属材料。它是用不同的金属粉末与石墨混合后，经压制、烧结而成的多孔结构材料，孔隙占总体积的 10%～35%。使用前，把轴瓦在热油中浸渍数小时，使孔隙中充满润滑油，因此这种材料制成的轴承又称含油轴承。工作时利用轴颈转动的抽吸作用及轴承发热时油的膨胀作用可使油进入摩擦表面起润滑作用。不工作时，因毛细管的作用，油又被吸回到轴瓦孔中储存起来。因此，这种轴承可以在不加油的情况下工作较长的时间，如果定期供油则使用效果更佳。但这种材料较脆，不宜承受冲击载荷，一般用于载荷平稳、速度不高、加油不便的场合。常用的材料包括多孔铁和多孔青铜两种。

(5) 非金属材料。以各种塑料应用最多，常用的有酚醛树脂、尼龙和聚四氟乙烯等。塑料具有一定的自润滑性，因而其摩擦因数小，抗腐蚀能力强，减摩性、嵌藏性及磨合性都比较好，但其导热性差，膨胀系数大，容易变形，一般用于温度不高、载荷不大的场合。硬木轴承用得较少，橡胶轴承主要用于以水作润滑剂的工作场合(如离心泵、水轮机等)。

**表 15-1 常用金属轴承材料的性能**

| 材料类别 | 牌号（名称） | 最大许用值① | | | 最高工作温度/℃ | 轴颈硬度/HBS | 性能比较② | | | | 备注 |
|---|---|---|---|---|---|---|---|---|---|---|---|
| | | [$p$]/MPa | [$v$]/(m·s) | [$pv$]/(MPa·($\text{ms}^{-1}$)) | | | 抗咬黏性 | 顺应性 嵌入性 | 耐蚀性 | 疲劳强度 | |
| 锡基轴承合金 | ZSnSb11Cu6<br>ZSnSb8Cu4 | 平稳载荷 | | | 150 | 150 | 1 | 1 | 1 | 5 | 用于高速、重载下工作的重要轴承，变载荷下易于疲劳，价格贵 |
| | | 25 | 80 | 20 | | | | | | | |
| | | 冲击载荷 | | | | | | | | | |
| | | 20 | 60 | 15 | | | | | | | |
| 铅基轴承合金 | ZPbSb16Sn16Cu2 | 15 | 12 | 10 | 150 | 150 | 1 | 1 | 3 | 5 | 用于中速、中等载荷的轴承，不宜受显著冲击，可作为锡锑轴承合金的代用品 |
| | ZPbSb15Sn5Cu3Cd2 | 5 | 8 | 5 | | | | | | | |
| 锡青铜 | ZCuSn10P1<br>(10-1 锡青铜) | 15 | 10 | 15 | 280 | 300～400 | 3 | 5 | 1 | 1 | 用于中速、重载及受变载荷的轴承 |
| | ZCuSn5Pb5Zn5<br>(5-5-5 锡青铜) | 8 | 3 | 15 | | | | | | | 用于中速、中载的轴承 |
| 铅青铜 | ZCuPb30<br>(30 铅青铜) | 25 | 12 | 30 | 280 | 300 | 3 | 4 | 4 | 2 | 用于高速、重载轴承，能承受变载和冲击 |
| 铝青铜 | ZCuAl10Fe3<br>(10-3 铝青铜) | 15 | 4 | 12 | 280 | 300 | 5 | 5 | 5 | 2 | 适用于润滑充分的低速重载轴承 |
| 黄铜 | ZCuZn16Si4<br>(16-4 硅黄铜) | 12 | 2 | 10 | 200 | 200 | 5 | 5 | 1 | 1 | 用于低速、中载轴承 |
| | ZCuZn40Mn2<br>(40-2 锰黄铜) | 10 | 1 | 10 | 200 | 200 | 5 | 5 | 1 | 1 | 用于高速、中载轴承，是较新的轴承材料，强度高、耐腐蚀、表面性能好，可用于增压强化柴油机轴承 |
| 铝基轴承合金 | 2%铝锡合金 | 28～35 | 14 | — | 140 | 300 | 4 | 3 | 1 | 2 | |
| 三元电镀合金 | 铝-硅-镉镀层 | 14～35 | — | — | 170 | 200～300 | 1 | 2 | 2 | 2 | 镀铅锡青铜作中间层，再镀 10～30μm 三元减摩层，疲劳强度高，嵌入性好 |
| 银 | 镀层 | 28～35 | — | — | 180 | 300～400 | 2 | 3 | 1 | 1 | 镀银，上附薄层铅，再镀铟，常用于飞机发动机、柴油机轴承 |
| 灰铸铁 | HT150～HT250 | 1～4 | 2～0.5 | — | — | — | 4 | 5 | 1 | 1 | 适用于低速、轻载的不重要轴承，价格低廉 |

注：①[$pv$]为不完全液体润滑下的许用值。

②性能比较：1～5 依次由佳到差。

### 15.4.2 滑动轴承的润滑剂及润滑设计

**1. 润滑剂**

轴承润滑的目的在于降低摩擦功耗，减少磨损，同时还起到冷却、吸振、防锈等作用。滑动轴承常用的润滑剂包括润滑油和润滑脂，在特殊场合也可采用固体或气体作润滑剂。

**1) 润滑油**

目前使用的润滑油大部分为矿物油。矿物油有较宽的黏度范围，可以加入各种添加剂以获得所需的性能，以适应不同的载荷和速度。润滑油的黏度并不是不变的，它随着温度的升高而降低，随着压力的升高而增大。因此选用润滑油时，要综合考虑速度、载荷和工作情况。轴承转速高、压力小、温度低时，油的黏度应低一些，反之，黏度应高一些。

**2) 润滑脂**

润滑脂是由润滑油和各种稠化剂混合稠化制成的膏状润滑剂。润滑脂对载荷和速度的变化有较大的适应范围，受温度的影响不大，但摩擦损耗较大，机械效率较低，故不宜用于高速场合，且润滑脂易变质，不如润滑油稳定。因此，润滑脂仅适用于运转速度 1～2m/s 以下的低速轴承及断续运转场合，以适应有污物和潮湿的环境。

**3) 其他润滑剂**

固体润滑剂有石墨、二硫化钼、聚四氟乙烯等。一般在超出润滑油适用范围之外才考虑使用，如高温介质中或低温重载条件下。使用方法一般有三种：涂敷、黏结或烧结在轴瓦表面，调配到润滑油和润滑脂中使用，渗入轴承材料中或成形后镶嵌在轴承中使用。

气体润滑剂主要是空气，只适用于轻载、高速轴承。液态金属润滑剂，如液态钠、钾、锂等，主要用于宇航器中的某些轴承。水主要用于橡胶轴承或塑料轴承。

**2. 润滑方法**

选定润滑剂之后，还需要采用适当的方法及装置将其注入润滑部位。常用的润滑方法见 4.7.3 节。滑动轴承的润滑方法可根据系数 $K$ 选定，见表 15-2。系数 $K$ 的计算式为

$$K=\sqrt{pv^3} \qquad p=F/(Bd) \tag{15-1}$$

式中，$p$ 为轴承压强，MPa；$F$ 为轴承所受的径向载荷，N；$B$ 为轴承的有效宽度，mm；$d$ 为轴颈直径，mm；$v$ 为轴颈的圆周速度，m/s。

表 15-2 滑动轴承润滑方法的选择

| K | ≤2 | > 2～16 | > 16～32 | > 32 |
|---|---|---|---|---|
| 润滑剂 | 润滑脂 | — | 润滑油 | — |
| 润滑方法 | 旋盖式注油杯润滑 | 滴油润滑 | 飞溅、油环或压力循环润滑 | 压力循环润滑 |

### 15.4.3 非液体润滑滑动轴承的参数设计

非液体润滑滑动轴承的工作表面，无论是处于混合润滑还是边界润滑状态，都不可避免地存在着局部微小表面的直接接触，因此必然要产生摩擦、磨损、表面温升，在压力较大点处可能出现黏着磨损。但是，与边界润滑相比，混合润滑状态下工作表面的摩擦、磨损程度

要轻，因为它的吸附油膜较厚、表面直接接触区域减少且直接接触点压力较小。因此，维持工作表面良好的润滑状态、防止边界油膜破裂是保证该类轴承正常工作的关键，也是决定其承载能力的设计依据。但诱发边界油膜破裂的因素十分复杂，不仅与油膜的强度及其破裂温度有关，而且与轴承材料、轴颈和轴承表面粗糙度、润滑油的供给量等因素有着密切的关系，目前还缺乏完整的系统理论和计算方法，所以现在仍采用简化的条件进行设计计算。

**1. 径向滑动轴承的参数设计**

一般在设计时，轴颈直径 $d$、转速 $n$ 和轴承所受径向载荷 $F_r$ 都是已知的，需要确定的是轴承的结构形式、轴瓦材料、轴承宽度和轴承与轴颈的配合间隙。因此，设计非液体摩擦滑动轴承时，首先应根据其工作条件和使用要求确定轴承的结构形式和轴承材料，然后按下述步骤进行验算。

(1) 验算轴承的平均压力 $p$。

$$p=\frac{F_r}{dB}\leqslant[p] \quad \text{，MPa} \tag{15-2}$$

式中，$F_r$ 为轴承所承受的径向载荷，N；$B$ 为轴承宽度，mm，轴承宽度 $B$ 由宽径比 $B/d$ 决定，通常取 $B/d$=0.5～1.5；$d$ 为轴颈直径，mm；$[p]$为许用压力，MPa，见表 15-1。

(2) 验算轴承的 $pv$ 值。

$$pv=\frac{F_r}{dB}\cdot\frac{\pi dn}{60\times1000}=\frac{F_r n}{19100B}\leqslant[pv] \quad \text{，MPa·(m/s)} \tag{15-3}$$

式中，$n$ 为轴颈转速，r/min；$v$ 为轴颈圆周速度，m/s；$[pv]$为 $pv$ 许用值，MPa·(m/s)，见表 15-1。

(3) 验算滑动速度 $v$。

即使 $p$ 和 $pv$ 值都在许用范围之内，轴承也可能因滑动速度过大而产生过度磨损。因为 $p$ 是平均值，由于加工误差、轴弯曲变形及冲击振动等因素的影响，实际中轴承边缘局部压力可能很大。为使局部的 $pv$ 值不超过许用值，还要对轻载、高速和弹性变形较大的轴承进行滑动速度的验算，即

$$v\leqslant[v] \quad \text{，m/s} \tag{15-4}$$

式中，$[v]$为许用滑动速度，m/s，见表 15-1。

轴承参数验算合格后，应选择恰当的配合间隙，一般可选 $\frac{\text{H9}}{\text{d9}}$ 或 $\frac{\text{H8}}{\text{f7}}$、$\frac{\text{H7}}{\text{f6}}$ 等。

**2. 止推滑动轴承的参数设计**

止推滑动轴承的常用结构形式如图 15-15 所示，有实心式、空心式、单环式和多环式。其中实心式轴颈因端面压力分布不均、难以润滑而很少采用。多环式止推轴承不仅能承受较大的轴向载荷，有时还可承受双向轴向载荷。但由于各环间的压力分布不均，设计计算时，许用压力$[p]$及 $pv$ 许用值$[pv]$均应降低 50%。

止推轴承的设计与径向滑动轴承基本相同，轴颈直径 $d$ 由轴的结构设计给出。对于端面式轴颈，可取 $d_0=(0.4\sim0.6)d$。对于环式止推轴承，可取 $d_1=(1.2\sim1.6)d$；环宽取为$(0.12\sim0.15)d$；多环式环间距可取为环宽的 2～3 倍；轴承孔 $d_0$ 由径向间隙要求决定。对于径向止推轴承，$d_0=d$，径向间隙由配合间隙保证。对于单纯的止推轴承，通常可取 $d_0=(1.05\sim1.1)d$。给定轴承参数并选择轴承材料后，按下述步骤进行验算。

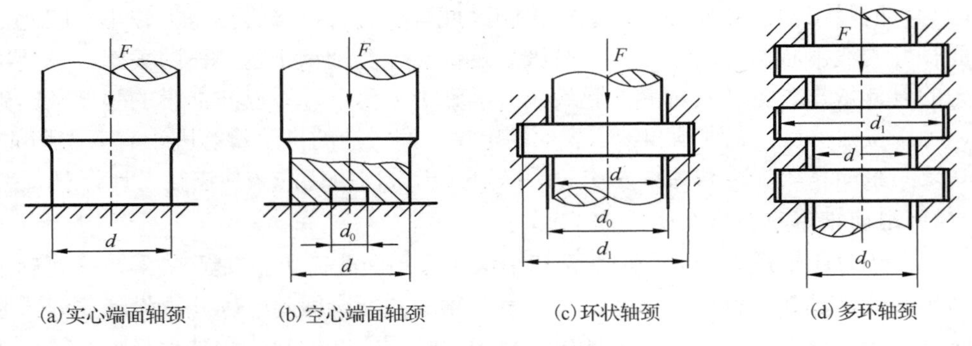


图 15-15 普通止推滑动轴承结构形式

(1)验算轴承的平均压力 $p$:

$$p=\frac{F_a}{A}=\frac{F_a}{k\cdot z\frac{\pi}{4}(d_1^2-d_0^2)}\leqslant[p]\qquad,\ \text{MPa}\tag{15-5}$$

式中，$F_a$为轴向载荷，N；$d_1$为轴环直径，mm；$d_0$为轴承孔直径，mm；$k$为考虑油槽使工作面减小的修正系数，通常取0.9～0.95；$z$为轴环的数目；$[p]$为许用压力，MPa，取值见表15-1，对于多环止推轴承，应降低50%。

(2)验算轴承的 $pv$ 值：

$$pv=\frac{F_a}{k\cdot z\frac{\pi}{4}(d_1^2-d_0^2)}\cdot\frac{\pi\cdot n\frac{d_0+d_1}{2}}{60\times1000}=\frac{nF_a}{30000kz(d_1-d_0)}\leqslant[pv]\qquad,\ \text{MPa}\cdot(\text{m/s})\tag{15-6}$$

式中，$n$为轴颈的转速，r/min；$[pv]$为 $pv$ 许用值，MPa·(m/s)，见表15-1，对于多环止推轴承，应降低50%；$v$为环形支承面平均直径处的圆周速度，m/s。

### 15.4.4 液体动压润滑径向滑动轴承的参数设计

#### 1. 径向滑动轴承液体动压润滑状态的形成

根据本书第3章介绍的流体动压润滑理论，满足一定条件的滑动轴承可以形成液体润滑状态。流体动压润滑状态在径向滑动轴承中的形成过程如图15-16所示。轴承未工作之前，轴颈静止，处在轴承孔的最下方位置(图15-16(a))，因轴颈与轴承孔之间存在配合间隙，两表面之间在中心连线两侧自然形成了沿周向分布的楔形空间。当轴颈开始顺时针转动时，由于转速较低，虽有收敛油楔存在，但所产生的流体动压力很小，不足以将轴颈抬起，故轴颈将继续与轴承表面保持接触，而轴颈在与轴瓦摩擦力的驱动下沿瓦壁轴瓦作用在轴颈上的摩擦力迫使轴颈沿孔壁向右爬升，直至轴颈载荷的切向分量与摩擦力相平衡(图15-16(b))。随着转速的提高，带进间隙的油量增多，接触摩擦力减小，轴颈又略向下移，同时收敛间隙中产生的流体动压力也逐渐增大。油膜压力增大故接触摩擦力减小，轴颈逐渐脱离与轴瓦的接触，当流体动压力足够大时，轴颈将被托起，并推向左边。最终，当轴颈达到稳定运转时，便处在某一偏心位置(图15-16(c))。此时，轴承工作在流体动压润滑状态，油膜产生的动压力与外载荷 $F$ 相平衡。实际工作中，由于油膜压力波动等因素，轴颈很难工作在固定的运行位置，而以某一轨迹进行“涡动”，其轴心线运动轨迹被称为轴心轨迹。

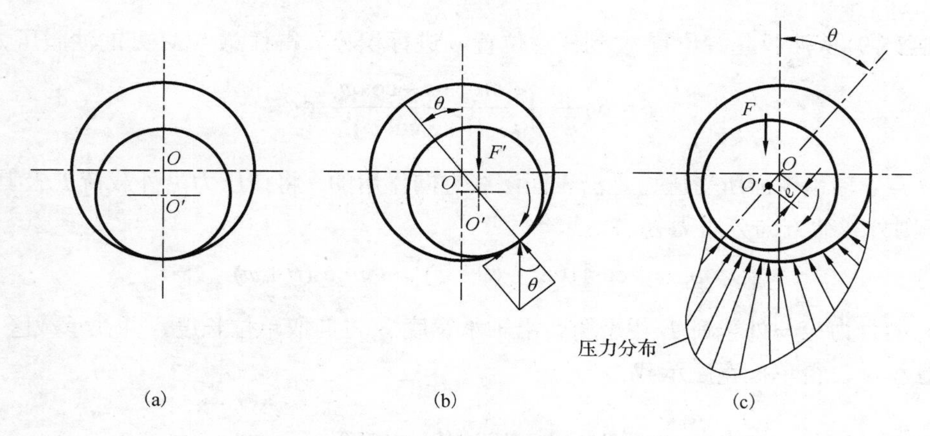


图 15-16　径向滑动轴承动压油膜的形成

**2. 径向滑动轴承的几何关系**

图 15-17 所示为液体动压径向滑动轴承工作时轴颈的位置，其中，$D$、$R$ 分别表示轴承孔的直径和半径；$d$、$r$ 分别表示轴颈的直径与半径；$B$ 为轴承宽度。常用轴承几何参数如下。

(1) 半径间隙：　$c = R - r$

(2) 相对间隙：　$\psi = \dfrac{c}{r} = \dfrac{R-r}{r}$

(3) 偏心距：　$e = \overline{OO'}$

(4) 偏心率：　$\varepsilon = \dfrac{e}{c} = \dfrac{e}{R-r} = \dfrac{e}{r\psi}$

(5) 最小油膜厚度：

$$h_{\min} = c - e = c(1-\varepsilon) = r\psi(1-\varepsilon) \quad (15\text{-}7)$$

(6) 任意一点 $M$ 处的油膜厚度 $h$。

$\triangle OO'M$ 中根据余弦定理得

$$R^2 = e^2 + (r+h)^2 - 2e(r+h)\cos\varphi$$

解得

$$r + h = e\cos\varphi \pm \sqrt{R^2 - e^2\sin^2\varphi}$$

略去二次微量 $e^2\sin^2\varphi$，并取根式正号得

$$h = R - r + e\cos\varphi = c(1+\varepsilon\cos\varphi) \quad (15\text{-}8)$$

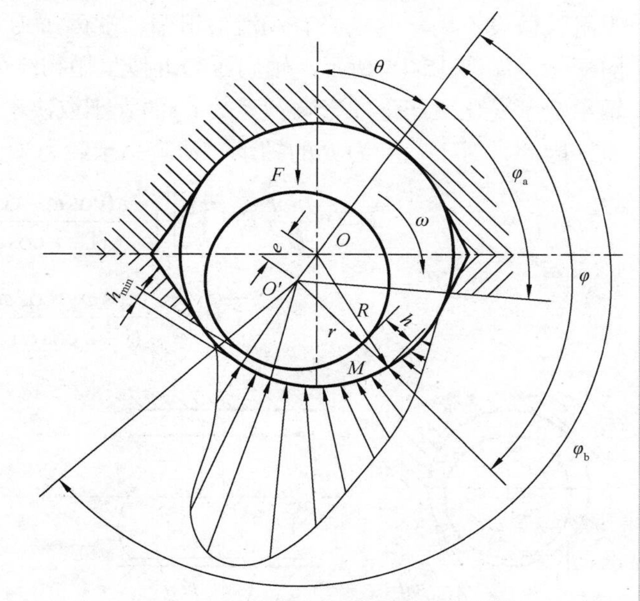


图 15-17　径向滑动轴承的几何关系

其中应力最大点(对应极位角 $\varphi_0$)的油膜厚度为

$$h_0 = c(1+\varepsilon\cos\varphi_0)$$

**3. 径向滑动轴承动压润滑的承载力**

将雷诺方程式(3-13)改写成极坐标表达式，即将 $dx=rd\varphi$、圆周速度 $U=r\omega$ 及 $h$ 和 $h_0$ 之值代入式(3-13)得任意极位角 $\varphi$ 处的油膜压力变化率：

$$\frac{dp}{d\varphi} = 6\eta\frac{\omega}{\psi^2}\frac{\varepsilon(\cos\varphi-\cos\varphi_0)}{(1+\varepsilon\cos\varphi)^3} \quad (15\text{-}9)$$

将式(15-9)从油膜起始位置 $\varphi_a$ 到任意位置 $\varphi$ 进行积分，得任意点 $M$ 处的油膜压力为

$$p = 6\eta \frac{\omega}{\psi^2} \int_{\varphi_a}^{\varphi} \frac{\varepsilon(\cos\varphi - \cos\varphi_0)}{(1+\varepsilon\cos\varphi)^3} \mathrm{d}\varphi \tag{15-10}$$

在 $M$ 点，轴颈表面所受压力是沿表面法线方向作用的，将该压力沿外载荷 $F$ 及其垂直方向分解，则外载荷方向分压力为

$$p_{\mathrm{F}} = p\cos[108° - (\theta+\varphi)] = -p\cos(\theta+\varphi) \tag{15-11}$$

式中，$p_{\mathrm{F}}$ 的合力应与外载荷 $F$ 相平衡。沿轴承宽度 $B$ 方向取单位长度，并在承载区 $\varphi_a$ 到 $\varphi_b$ 对 $p_{\mathrm{F}}$ 进行积分，得单位宽度承载力为

$$\begin{aligned} F_{\mathrm{p}} &= \int_{\varphi_a}^{\varphi_b} p_{\mathrm{F}} r \mathrm{d}\varphi = -\int_{\varphi_a}^{\varphi_b} p\cos(\theta+\varphi) r \mathrm{d}\varphi \\ &= 6\frac{\eta\omega r}{\psi^2} \int_{\varphi_a}^{\varphi_b} \left[ \int_{\varphi_a}^{\varphi} \frac{\varepsilon(\cos\varphi - \cos\varphi_0)}{(1+\varepsilon\cos\varphi)^3} \right] [-\cos(\theta+\varphi)] \mathrm{d}\varphi \end{aligned} \tag{15-12}$$

理论上，$F_{\mathrm{p}}$ 乘以轴承宽度 $B$ 即可得到轴承承载力($F=BF_{\mathrm{p}}$)。但实际轴承的宽度有限，与无限长假设不同，两端必有润滑油泄漏，端面压力为零，从而引起轴承轴向及周向压力分布的变化。如图 15-18 所示，轴向压力近似呈抛物线分布。为此，引入一修正系数 $C_z$，以考虑轴承宽度变化所产生的影响。系数 $C_z$ 的大小取决于偏心率 $\varepsilon$ 及宽径比 $B/d$。

因此，对于宽度为 $B$ 的轴承，油膜总承载力 $F$ 为

$$F = 6\frac{\eta\omega r}{\psi^2} B C_z \int_{\varphi_a}^{\varphi_b} \left[ \int_{\varphi_a}^{\varphi} \frac{\varepsilon(\cos\varphi - \cos\varphi_0)}{(1+\varepsilon\cos\varphi)^3} \right] [-\cos(\theta+\varphi)] \mathrm{d}\varphi \tag{15-13}$$

令

$$C_{\mathrm{p}} = 6C_z \int_{\varphi_a}^{\varphi_b} \left[ \int_{\varphi_a}^{\varphi} \frac{\varepsilon(\cos\varphi - \cos\varphi_0)}{(1+\varepsilon\cos\varphi)^3} \right] [-\cos(\theta+\varphi)] \mathrm{d}\varphi \tag{15-14}$$

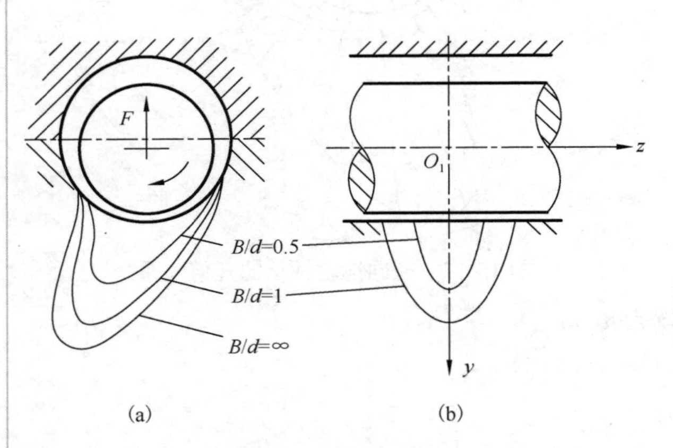

图 15-18 宽径比对油膜压力分布的影响

则

$$F = \frac{\eta\omega r}{\psi^2} B C_{\mathrm{p}}$$

或

$$C_{\mathrm{p}} = \frac{F\psi^2}{\eta\omega r B} \tag{15-15}$$

式中，$C_{\mathrm{p}}$ 称为承载量系数，无量纲，是 $\varepsilon$ 与 $B/d$ 的函数。但实际积分非常困难，因而采用数值积分的方法进行计算，再将其函数关系 $C_{\mathrm{p}}=f(\varepsilon, B/d)$ 以线图或表格形式绘出，以方便设计应用。表 15-3 给出 180° 圆柱轴承的承载量系数 $C_{\mathrm{p}}$。

通常设计轴承时，载荷 $F$、轴颈直径 $d$ 及其角速度 $\omega$ 为已知条件，润滑油黏度 $\eta$、相对间隙 $\psi$、宽径比 $B/d$ 的大小可根据经验选取，然后由式(15-14)求出 $C_{\mathrm{p}}$ 后，再查表 15-3 就可求出轴承稳定运转时的偏心率 $\varepsilon$。

表 15-3 有限宽径向轴承承载量系数 $C_p$

| $B/d$ \ ε | 0.3 | 0.4 | 0.5 | 0.6 | 0.65 | 0.7 | 0.75 | 0.8 | 0.85 | 0.9 |
|---|---|---|---|---|---|---|---|---|---|---|
| 0.3 | 0.1044 | 0.1652 | 0.256 | 0.406 | 0.518 | 0.694 | 0.950 | 1.398 | 2.244 | 4.148 |
| 0.4 | 0.1786 | 0.282 | 0.432 | 0.678 | 0.862 | 1.146 | 1.552 | 2.158 | 3.550 | 6.390 |
| 0.5 | 0.266 | 0.418 | 0.634 | 0.986 | 1.244 | 1.638 | 2.196 | 3.144 | 4.856 | 8.522 |
| 0.6 | 0.364 | 0.566 | 0.854 | 1.310 | 1.638 | 2.140 | 2.836 | 4.002 | 6.072 | 10.428 |
| 0.7 | 0.468 | 0.722 | 1.076 | 1.632 | 2.028 | 2.624 | 3.440 | 4.798 | 7.160 | 12.058 |
| 0.8 | 0.574 | 0.878 | 1.294 | 1.944 | 2.398 | 3.076 | 2.930 | 5.508 | 8.106 | 13.442 |
| 0.9 | 0.678 | 1.030 | 1.508 | 2.236 | 2.742 | 3.490 | 4.496 | 6.134 | 8.918 | 14.588 |
| 1.0 | 0.782 | 1.178 | 1.706 | 2.506 | 3.056 | 3.858 | 4.938 | 6.744 | 9.616 | 15.544 |
| 1.2 | 0.974 | 1.446 | 2.066 | 2.918 | 3.592 | 4.494 | 5.676 | 7.574 | 10.728 | 17.066 |
| 1.5 | 1.220 | 1.782 | 2.496 | 3.526 | 4.198 | 5.200 | 6.484 | 8.532 | 11.894 | 18.608 |

### 4. 最小油膜厚度 $h_{min}$

求出偏心率 $\varepsilon$ 后，代入式(15-7)就可算出最小油膜厚度 $h_{min}$。但此最小油膜厚度值是在理想光滑表面的条件下求得的，而实际的轴颈及轴承孔表面是粗糙的，同时考虑到轴颈、轴承孔几何形状误差及轴的挠曲变形等因素的影响，为确保轴承处于液体润滑状态，最小油膜厚度必须满足下列条件：

$$h_{min} \geqslant S\left(R_{z1} + R_{z2}\right) \tag{15-16}$$

式中，$R_{z1}$、$R_{z2}$ 分别为轴颈和轴瓦表面的平均粗糙度，对一般轴承，可分别取 $R_{z1}=3.2\mu m$、$R_{z2}=6.3\mu m$ 或 $R_{z1}=1.6\mu m$、$R_{z2}=3.2\mu m$；对重要轴承，可分别取 $R_{z1}=0.8\mu m$、$R_{z2}=1.6\mu m$ 或 $R_{z1}=0.2\mu m$、$R_{z2}=0.4\mu m$；$S$ 为安全系数，当轴刚度较大、制造和安装精度较高时取小值，反之取大值；通常取 $S\geqslant 2$。

### 5. 轴承的热平衡计算

在液体润滑状态下工作的轴承中，摩擦功耗仍然存在，它转变为热量，使润滑油温度升高。如果平均温度超过计算时的假定值，则润滑油的实际黏度低于设计值，导致轴承承载能力下降，因此需要进行润滑油温升计算，并将其限制在允许范围内。根据稳定状态热平衡条件，单位时间内轴承摩擦功耗所转化的热量，应等于单位时间内润滑油所带走的热量与通过轴承表面向外所散发的热量之和，即

$$fFv = c\rho q\Delta t + \alpha \pi dB\Delta t \tag{15-17}$$

式中，$f$ 为摩擦因数，可由式 $f=\dfrac{\pi}{\psi}\dfrac{\eta\omega Bd}{F}+\psi C_B$ 计算。其中，系数 $C_B$ 与轴承宽径比有关，当 $B/d<1$ 时，$C_B=(B/d)^{1.5}$，当 $B/d\geqslant 1$ 时，$C_B=1$；角速度 $\omega$ 的单位为 rad/s；轴承宽度 $B$ 及轴颈 $d$ 的单位为 m；黏度 $\eta$ 的单位为 Pa·s。$F$ 为轴承载荷，N；$v$ 为轴颈的圆周速度，m/s；$c$ 为润滑油的比热容，通常为 1675～2090J/(kg·℃)；$\rho$ 为润滑油的密度，通常为 850～900kg/m$^3$；$q$ 为

润滑油流量，$m^3/s$；可根据图 15-19 查得润滑油流量系数 $\dfrac{q}{\psi vBd}$ 进行计算。其中，$v$ 的单位为 m/s；$B$、$d$ 的单位为 m；$B$ 为轴承宽度，$d$ 为轴颈直径；$\Delta t$ 为润滑油的温升，℃，润滑油出口温度 $t_o$ 与进油温度 $t_i$ 之差 $\Delta t=t_o-t_i$；$\alpha$ 为轴承表面的传热系数，根据轴承结构和工作环境状况一般可在 50～140W/($m^2$·℃)范围内选取。

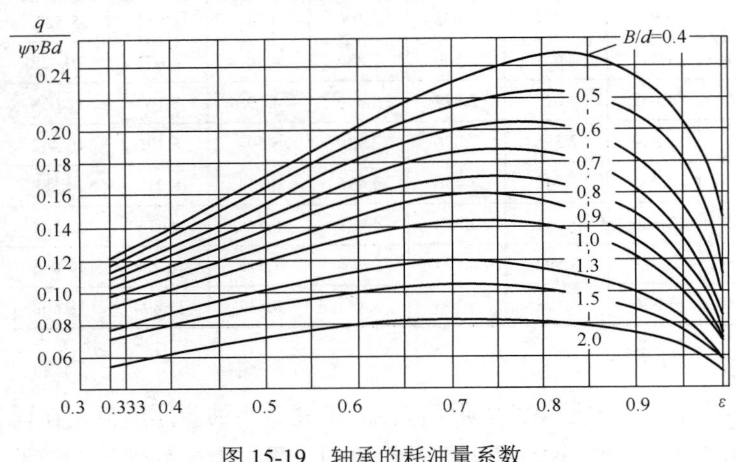


图 15-19 轴承的耗油量系数

可求得轴承润滑油的温升为

$$\Delta t=\frac{fFv}{c\rho q+\alpha\pi dB} \tag{15-18}$$

轴承工作时，油膜中各点的温度是不同的。而上式只是求出了油膜的平均温度差，通常认为可以按油膜的平均温度 $t_m$ 确定润滑油黏度并计算承载能力且平均温度由式(15-10)计算：

$$t_m=\frac{t_i+t_o}{2}=t_i+\frac{\Delta t}{2} \tag{15-19}$$

一般宜控制 $t_m \leqslant 75$℃，以保证轴承的承载能力。设计时，通常先给定平均温度，按式(15-18)求出温升 $\Delta t$，再由式(15-20)求轴承进油温度 $t_i$：

$$t_i=t_m-\frac{\Delta t}{2} \tag{15-20}$$

一般进油温度 $t_i$ 应控制在 35～45℃，温度过低，外部冷却困难，温度过高，轴承承载能力未能充分使用。

**6. 动压径向滑动轴承的参数设计**

在设计液体动压径向滑动轴承时，轴颈转速 $n$ 和轴承载荷 $F$ 是根据工作要求预先给定的，轴颈直径 $d$ 是由轴的强度、刚度和结构条件决定的，而黏度 $\eta$、轴承宽度 $B$ 和相对间隙 $\psi$ 要由设计者加以选择。

**1) 宽径比 $B/d$**

轴颈直径 $d$ 在设计轴时已初步确定，可以认为是已知的，故确定合理的 $B/d$，宽度 $B$ 就可以随之而定。根据轴承承载能力的计算可知，$B/d$ 越小，油膜压力越小；反之，$B/d$ 越大，则油膜压力越大、轴承的承载能力也越高。但如果 $B/d$ 过大，则由于轴承润滑油的端泄量小，所能带走的热量少，从而使轴承的温度升高，润滑油黏度降低，结果反而使轴承的承载能力降低。此外，当轴产生变形时，宽轴承容易发生边缘接触。通常，高速、重载轴承的 $B/d$ 宜取小值；低速重载轴承宜取大值；轻载轴承宜取较小值。

一般轴承的宽径比常取 $B/d$=0.3～1.5；常见机器的宽径比取值范围如下：透平发电机为 1.0～2.0；机床主轴轴承为 0.8～1.2；汽油发动机为 0.4～1.2；柴油发动机为 0.5～1.5；电动机为 1.0～2.0；铁路车辆为 1.5～2.0。

**2) 相对间隙 $\psi$**

轴承相对间隙 $\psi$ 对轴承的承载能力、温升和旋转精度等有重要的影响。一般来说，相对间隙较小时，油膜承载区会适当扩大，承载能力提高，轴承旋转精度也较高。但 $\psi$ 过小，会使润滑油流量变小，轴承温升变高，从而使润滑油黏度降低，承载能力下降。同时，当 $\psi$ 太小时，会使油膜厚度的绝对数值变得过小，甚至可能出现非液体摩擦的润滑状态。一般情况下可按如下原则来选择相对间隙 $\psi$：当载荷大、速度低时，$\psi$ 宜取小值；当载荷小、速度高时，$\psi$ 宜取大值；对旋转精度要求较高的轴承，$\psi$ 宜取较小值。设计时可用下列经验公式来估取，即

$$\psi \approx \frac{(n/60)^{4/9}}{10^{31/9}} \tag{15-21}$$

式中，$n$ 为轴颈转速，r/min。

常用机器的 $\psi$ 值参考数据如下：汽轮机、电动机为 0.001～0.002；轧钢机为 0.0002～0.0015；内燃机为 0.0005～0.001；风机、离心泵、齿轮传动为 0.001～0.002；机床主轴轴承为 0.0001～0.0005。

**3) 润滑油的黏度 $\eta$**

润滑油的黏度 $\eta$ 对轴承的承载能力、功率损失和温升等影响较大。通常黏度较大时，轴承的承载能力也较大。但同时也会使轴承的摩擦功耗和温升增大。由于黏度是温度的函数，温度的升高，又会使黏度减小，结果反而会使承载能力降低。因此，通过大幅度提高润滑油黏度来增加承载能力的实际效果较差。

开始设计时轴承温度是一个未知量，故先假定一个轴承温度，根据图 4-18 初选黏度 $\eta$，进行初步设计计算。然后通过热平衡计算来验算轴承温升。若计算的轴承温度与原来初步假定的值接近，则此温度和所选黏度 $\eta$ 可作为最终的设计结果。否则应按计算的轴承温度重新选择黏度进行设计计算。

## 15.5　其他滑动轴承简介

### 15.5.1　液体静压滑动轴承

液体静压滑动轴承是利用液压系统将具有一定压力的高压油经节流器节流后，导入轴承油腔形成静压承载油膜，将轴颈浮起。与液体动压轴承的区别在于，它不需要两表面构成油楔，油膜压力靠外部液压系统提供。因此，当两摩擦表面的相对速度为零时也能形成静压承载油膜。而液体动压轴承则是依靠轴颈的旋转将油带进楔形空间所产生的流体动压力来承受外载荷的，在低速、重载，或启动、停车过程中不能形成液体润滑状态。

图 15-20 所示为一常见的四油腔径向静压滑动轴承。先设想来自油泵的压力油（压力为 $p_s$）不经节流器而直接导入轴承的四个油腔内，由于各油腔对称分布，故未加载的轴颈将由油腔内油的静压力 $p_s$ 支浮在轴承中心位置上。压力油经轴颈和轴承之间的空隙，分别经径向封油面沿回油槽和轴向封油面流回油池。当轴颈受到一径向载荷 $F$ 的作用后，在供油压力 $p_s$ 不足的情况下，轴颈要逐渐下沉，直到与轴承表面接触。显然，这样的轴承是没有承载能力的，当然也不会形成完全液体润滑。如果供油压力能将受载的轴颈支浮到某一位置上而不与轴承接触，当载荷加大后，轴颈仍要逐渐下沉，直到与轴承完全接触，也将使轴承失去承载能力。因此，为了使轴承具有一定的承载能力和刚度，并能适应外载荷的变化，必须设法使轴承能随外载荷的变化而自动地改变油腔压力，这可通过节流器来实现。

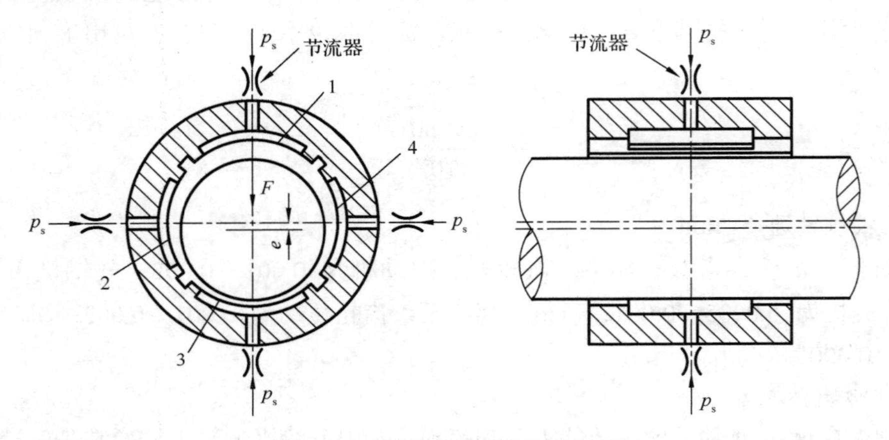


图 15-20 液体静压径向滑动轴承

节流器会使流经它的油产生一定的压力降，其大小随流量的增加大而增大，随流量的减小而减小。这样，当来自油泵的压力油 $p_s$ 经节流器节流后流入各油腔时，未加载的轴颈仍被支浮在轴承中心位置上，由于油腔对称，各节流器阻力相等，故各油腔压力相等，但低于 $p_s$。当轴颈受到外载荷 $F$ 作用后，将沿载荷方向向下移动距离 $e$，如图 15-20 所示，因此，在下部油腔中，轴颈与轴承之间的间隙将减小，而上部油腔 1 处的间隙则增大，间隙大，则间隙内的液流阻力小，故从油腔 1 流出的流量增多，而从油腔 3 流出的流量减少。由于各油腔采用相同的节流器，流量大则流经节流器时压力降 $\Delta p$ 大，流量小则流经节流器时压力降 $\Delta p$ 小，从而使油腔 1 的压力减小（$p_1=p_s-\Delta p_{s1}$）、油腔 3 的压力增大（$p_3=p_s-\Delta p_{s3}$）。这样，上、下油腔便形成一个压力差 $p_3-p_1$。当轴颈下移到某一位置时，压力差 $p_3-p_1$ 在油腔承载面积上的总和与外载荷 $F$ 相平衡，轴颈便不再继续下移，停留在某个稳定的位置上。当外载荷 $F$ 增大时，轴颈将继续下移，使压力差 $p_3-p_1$ 进一步增大，直到与外载荷建立起新的平衡关系。

液体静压轴承的主要优点是轴颈由外部提供的油压支承，不受转速影响，在任何转速下都具有较高的承载能力；对经常启动、停车的轴，能保证液体润滑状态，故轴承不会产生磨损，使用寿命长；轴承的抗振性能好，刚度大，运转精度高。它的缺点是需要一套比较复杂的供油系统和设备，成本高、体积大、维护管理也比较麻烦。因此，这类轴承一般适用于要求精密而稳定运转的精密机床、天文望远镜以及低速重载、启动较频繁的设备(如轧钢机、球磨机等)。

### 15.5.2　液体动静压轴承

液体静压轴承尽管在速度范围、油膜刚度、使用寿命及工艺性等方面比液体动压轴承好，但它的供油系统复杂、能量消耗大，抗振性不如动压轴承。此外，当节流形式和轴承间隙确定之后，液体静压轴承的承载能力主要取决于供油压力、轴承尺寸和油腔结构等。如果这些参数受到某些限制不能满足设计要求时，轴承性能就会显著变坏，尤其是在考虑油液可压缩的情况下，其承受变载荷的能力较差，常发生油膜振荡而严重影响支承精度。如果出现停电、供油系统故障或操作失误，静压轴承很容易发生磨损，甚至烧瓦现象。

液体动静压轴承，如图 15-21 所示，同时兼有动压轴承和静压轴承的优点。其楔形油腔保证了轴承在高速运转时以动压为主；在低速运转时，主要由外部液压系统提供的静压承载。这种轴承的承载特性既高于动压轴承，也高于液体静压轴承，而且有效地降低了供油系统的功耗。通过合理地选择有关设计参数，可使轴承在零到最大转速，以及在最小到最大偏心范围内都有较大的承载能力。这是纯动压及纯静压滑动轴承都不能比拟的。

### 15.5.3　气体润滑滑动轴承

对于转速极高($n > 100000$r/min)或者高温、低温以及一些特殊场合下(如不允许有油污存在)工作的轴承，液体润滑滑动轴承由于受功耗和温升的限制而无法使用。这时可采用气体润滑滑动轴承(简称气体轴承)。气体轴承也分为气体动压轴承和气体静压轴承。气体动压轴承靠轴颈和轴承的相对运动自行从轴承外面吸入空气建立承载气膜，其结构如图 15-22 所示；气体静压轴承的结构与液体静压轴承类似，但没有气腔，如图 15-23 所示。气体动压轴承的工作原理与液体动压润滑轴承的工作原理一样，主要依靠空气动压形成支承作用，参见图 15-24。

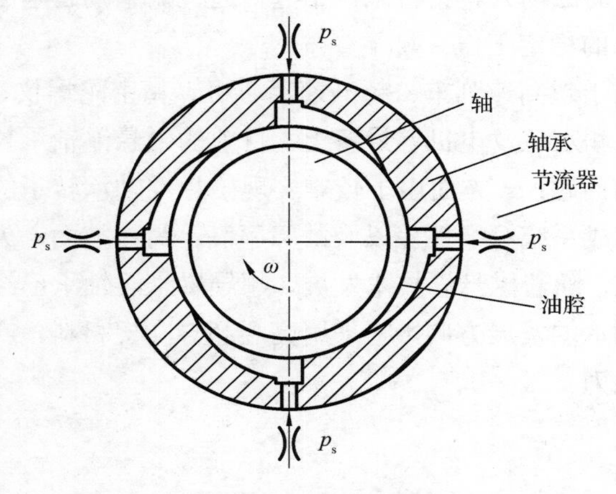


图 15-21　液体动静压径向滑动轴承

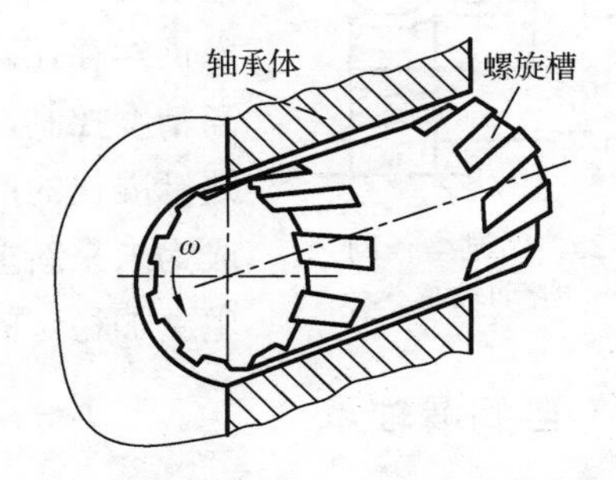


图 15-22　螺旋槽式气体动压径向滑动轴承

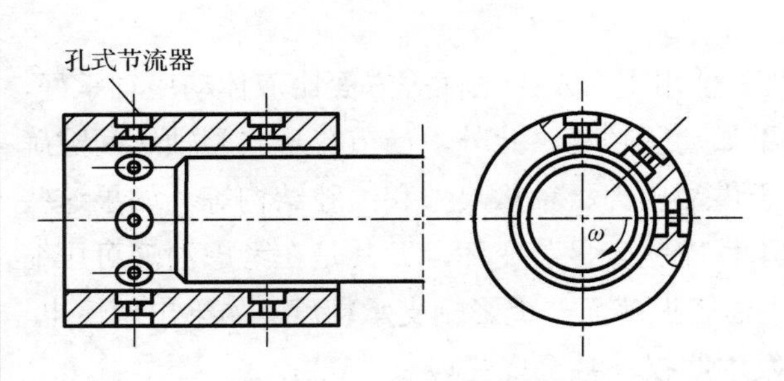


图 15-23 孔式节流型气体静压径向滑动轴承

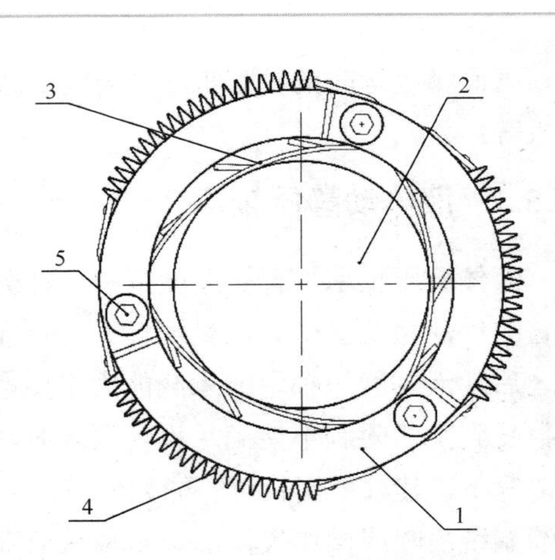


图 15-24 弹性箔片式气体动压径向滑动轴承

1-轴承体；2-轴；3-弹性箔片；4-弹簧；5-螺栓

气体润滑剂包括空气、氢气和氮气等介质。与液体相比，气体的黏度低，且随温度变化小，化学稳定性好。因此，气体润滑具有摩擦小、精度高、速度高、温升低、寿命长、耐高低温及原子辐射，对主机和环境无污染等优点。但这种支承的承载能力小、刚度低、稳定性差、对加工、安装和工作条件要求严格。气体静压润滑还要有稳定而清洁的气源，如采用一般材料易形成卡滞或锈蚀，采用特殊材料则价格昂贵，因而应用受限制。

气体润滑轴承在高速磨头、高速离心机、陀螺仪表、原子反应堆冷却用压缩机、电子计算机记忆装置等尖端技术上得到了广泛应用。

### 15.5.4 磁力轴承

磁力轴承又称磁悬浮轴承。它不需要任何润滑剂，利用磁场力使轴悬浮，从而起到支承作用。磁力轴承可达很高的转速，目前最高转速已达 $10^5$r/min，其圆周速度也已达到两倍声速。图 15-25 所示为一激励型径向磁力滑动轴承。当给电磁铁通电时，电磁场中所产生的磁场力就会将轴颈抬起。通过调整励磁电路的参数，可实现轴承的稳定工作。

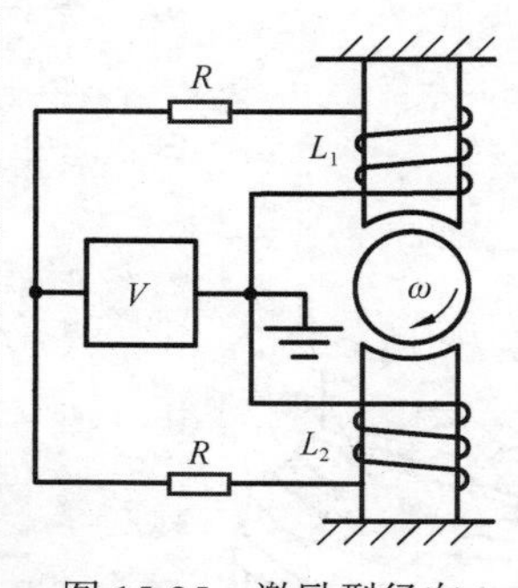


图 15-25 激励型径向磁力滑动轴承

15-25

磁力轴承主要用于超高速列车、超高速离心机、精密陀螺仪、空间飞行器、真空泵和水轮发电机等设备上。目前的磁悬浮轴承技术仍然存在两方面的问题：一方面由于较难实现磁悬浮轴承转子的高精度控制，因而造成系统可靠性差以及故障率高；另一方面，欠缺标准化的产品工艺。随着磁悬浮技术发展，超导磁悬浮轴承已经成为未来新型磁力轴承的发展方向，它采用高温超导陶瓷材料，产生更加稳定的承载能力。

### 15.5.5 自润滑轴承

自润滑轴承又称为无油轴承，是一种通过布孔开槽及固体润滑剂制成的滑动轴承产品。自润滑轴承分为复合材料自润滑轴承、固体镶嵌自润滑轴承、双金属材料自润滑轴承、特殊材料自润滑轴承等。其中一个大类固体镶嵌自润滑轴承(简称 JDB)是一种兼有金属轴承特点和无油润滑轴承特点的新颖润滑轴承，它由金属基体承受载荷，特殊配方的固体润滑材料起润滑作用。它具有承载能力高、耐冲击、耐高温、自润滑能力强等特点，特别适用于重载、低速、往复移动或摆动等难以润滑和形成油膜的场合，也不怕水冲和其他酸液的侵蚀和冲刷。

# 15.6　滚动轴承的结构、类型及其代号

## 15.6.1　滚动轴承的基本结构

滚动轴承的基本结构如图 15-26 所示，由外圈 1、内圈 2、滚动体 3 和保持架 4 等四部分组成。内圈通常装配在轴上，并与轴一起转动。外圈通常装在轴承座内起支承作用。但在某些应用场合，也可能外圈转动，内圈固定或内、外圈同时转动。

径向轴承中，内、外圈统称为套圈。在推力轴承中，与轴配合的套圈称为轴圈，与轴承座相配的套圈称为座圈，套圈上滚动体滚压的部分称为滚道。轴承工作时，滚动体在两套圈滚道中滚动并在其间传递载荷。滚动体有多种形状以满足不同性能要求。常用的滚动体如图 15-27 所示，有球、圆柱滚子、滚针、圆锥滚子、球面滚子等。滚动体的形状、大小和数量直接影响轴承的承载能力。保持架用于将一组滚动体等距离隔开，引导并保持滚动体在正确的轨道上运动，改善轴承内部载荷分布和润滑性能。与无保持架的轴承相比，带保持架的轴承摩擦阻力小，转动速度高。在某些情况下，轴承可以没有内圈、外圈或保持架，此时轴颈或轴承座就要起到内圈或外圈的作用。

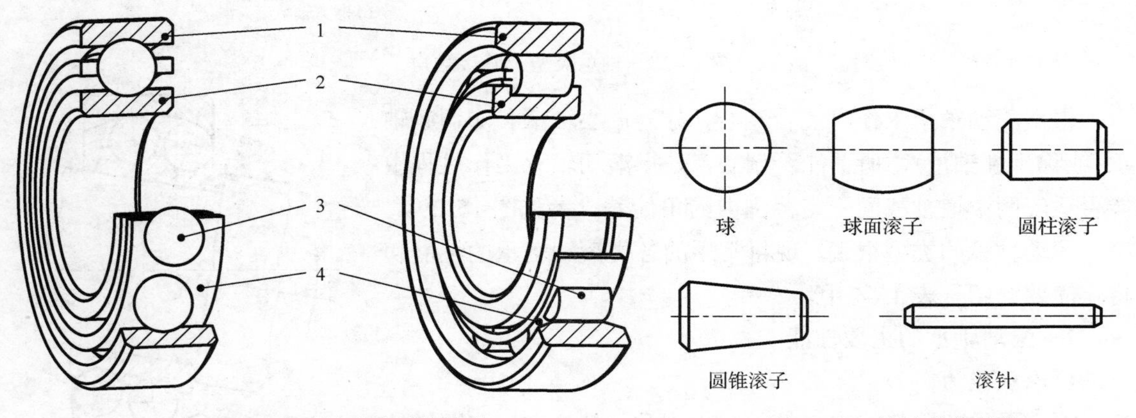


图 15-26　滚动轴承的基本结构

1-外圈；2-内圈；3-滚动体；4-保持架

图 15-27　滚动体的形状

在滚动轴承中，滚动体与套圈之间是点或者线接触，接触应力很大。因此，球轴承的滚动体及套圈一般均采用强度高、耐磨性好的含铬合金钢制造，热处理后可硬化到 61～65HRC；而滚子轴承通常由表面经过硬化后的合金钢制成。滚动轴承的套圈表面需经磨削和抛光。保持架一般由低碳钢板冲压而成，性能更好的保持架则多采用铜合金、铝合金或塑料经切削加工制成。

滚动轴承已被广泛应用于机器制造业的各个部门，并由专业工厂大量生产各种标准类型的滚动轴承供使用者选用。

### 15.6.2 滚动轴承的主要类型及性能特点

**1. 滚动轴承的类型**

根据滚动体的种类，滚动轴承分为球轴承与滚子轴承。滚子轴承按滚子种类又分为圆柱滚子轴承、滚针轴承、圆锥滚子轴承、调心滚子轴承。按滚动体的列数，又分为单列轴承、双列轴承和多列轴承。

根据滚动轴承所能承受的主要载荷的方向或公称接触角的不同，分为向心轴承和推力轴承，见图 15-28。公称接触角是指轴承径向平面与滚动体和滚道接触点公法线之间的夹角，常用 $\alpha$ 表示。$\alpha$ 越大，滚动轴承承受轴向载荷的能力也越大。向心轴承主要用于承受径向载荷，其公称接触角范围为 $0°\leqslant\alpha\leqslant45°$。其中，公称接触角为 0°时，又称为径向接触轴承；公称接触角为 $0°<\alpha\leqslant45°$ 时，则称为向心角接触轴承。推力轴承主要用于承受轴向载荷，接触角大小为 $45°<\alpha\leqslant90°$。

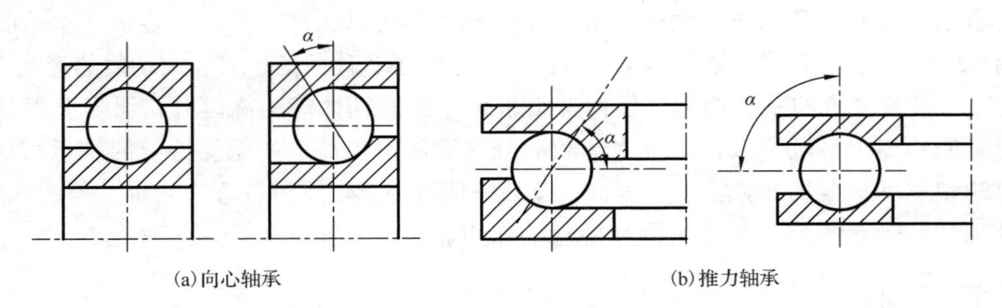


图 15-28　轴承类型及其接触角

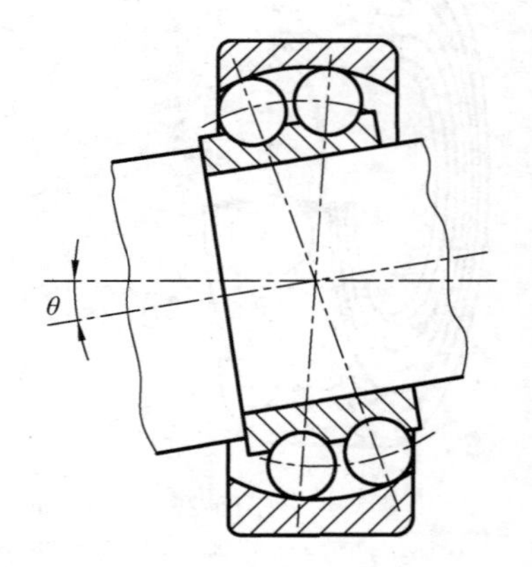


图 15-29　内、外圈滚道轴线间的角偏差

根据滚动轴承工作时能否调心，分为调心轴承和非调心轴承(或称刚性轴承)。所谓能否调心，是指滚动轴承工作过程中能否适应两滚道轴线间一定范围内的角偏差，参见图 15-29。

滚动轴承的类型很多，现将常用的各类滚动轴承的性能和特点简要介绍于表 15-4 中。

**2. 滚动轴承的主要性能**

**1)承载能力**

滚动轴承的承载能力包括承载大小和承载方向。在同样外形尺寸下，不同类型的轴承，其承载能力是不同的。通常，滚子轴承的承载能力为同尺寸球轴承的 1.5～3 倍。不过，当轴承尺寸较小时($d\leqslant20$mm)，二者的承载能力相差不大。轴承的承载方向与轴承的结构形式有关。向心轴承承受轴向载荷的能力，取决于公称接触角的大小。接触角大于零即可产生轴向约束，接触角越大，轴向承载能力就越强。深沟球轴承虽然公称接触角为零，但由于滚动体与滚道间存在微量间隙以及受载后将产生弹性变形，所以，当它承受轴向载荷时，轴承内、外圈之间将产生轴向相对位移，从而实际上形成一个不大的接触角(如图 15-30 所示，图中对间隙及变形量进行了夸大，以便清楚表达接触角)，因此也能承受一定的轴向载荷。同样，推力轴承能否承受径向载荷，也取决于其接触角的大小。

**表 15-4 常用滚动轴承的类型与性能特点**

| 类型代号 | 名称 | 轴承结构及承载方向 | 极限转速 | 允许角偏差 | 性能特点与应用场合 |
|---|---|---|---|---|---|
| 1 | 调心球轴承 | 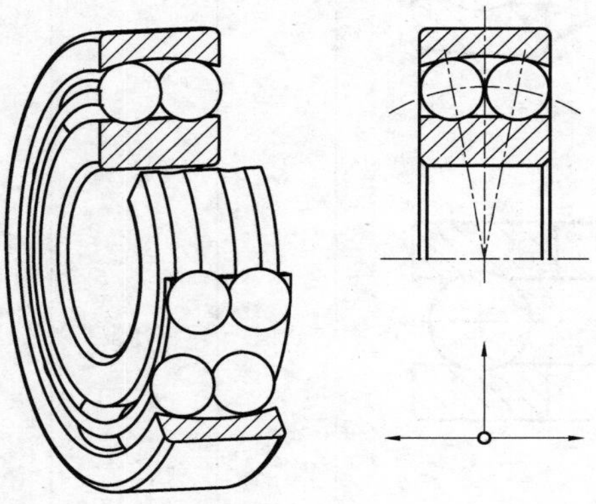 | 中 | 2°～3° | 主要承受径向载荷，也可承受少量的轴向载荷；因外圈滚道是以轴承中点为中心的球面，故能自动调心；适用于多支点和弯曲刚度不足的轴以及难以对中的轴 |
| 2 | 调心滚子轴承 | 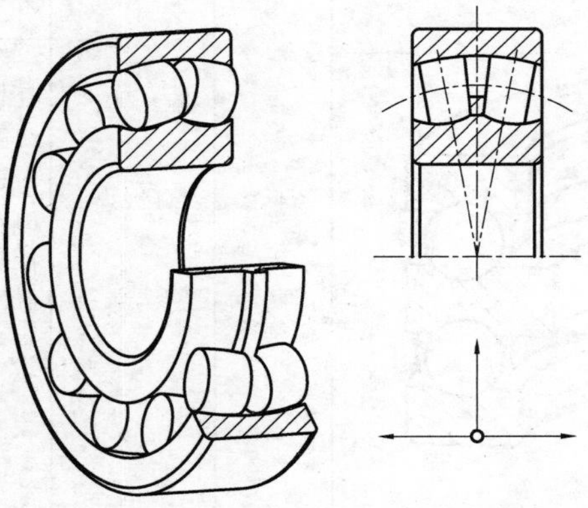 | 中 | 1.5°～2.5° | 性能特点与调心球轴承相同，能承受很大的径向载荷和少量的轴向载荷，耐振动及冲击，能自动调心，加工要求高，常用于其他轴承不能胜任的重载情况 |
| 3 | 圆锥滚子轴承 | 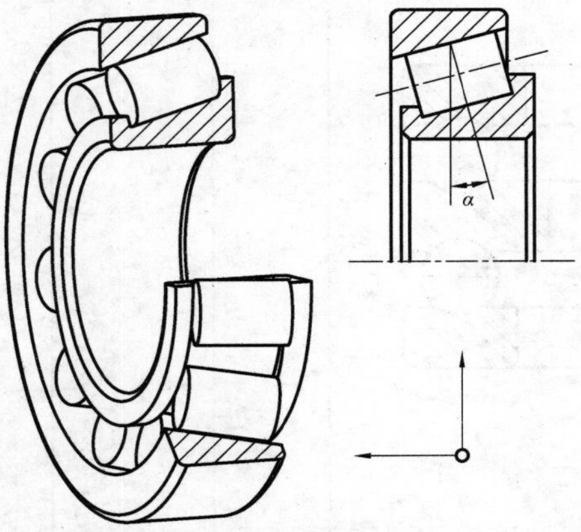 α | 中 | 2′ | 能同时承受较大的径向载荷和轴向载荷。公称接触角有 $\alpha$=10°～18°(30000 型，以径向载荷为主)和 $\alpha$=27°～30°(30000B 型，以轴向载荷为主)。外圈可分离，游隙可调，装拆方便，适用于刚性较大的轴，一般成对使用 |

续表

| 类型代号 | 名称 | 轴承结构及承载方向 | 极限转速 | 允许角偏差 | 性能特点与应用场合 |
| --- | --- | --- | --- | --- | --- |
| 5 | 推力球轴承 | 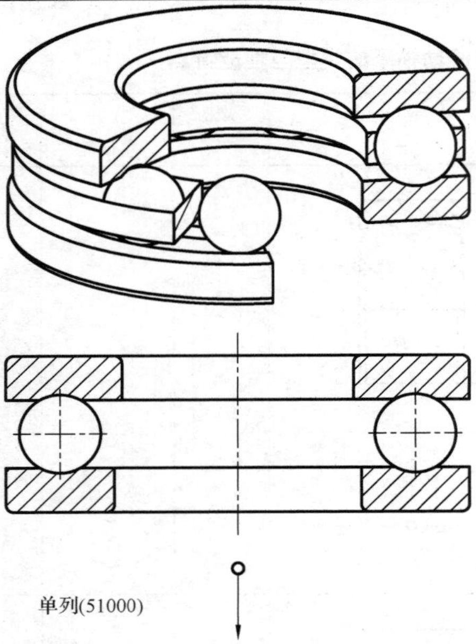 单列(51000) 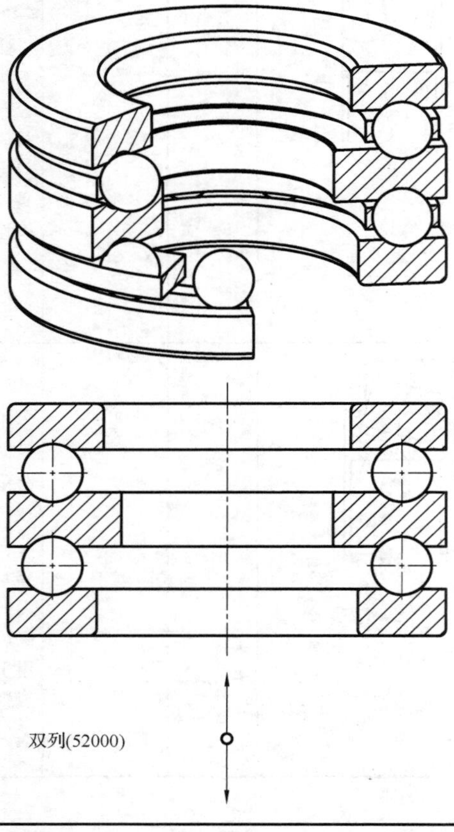<br>双列(52000) | 低 | 不允许 | 只能承受轴向载荷，且载荷作用线必须与轴线重合，并与轴承座底面垂直，高速时，因滚动体离心力大，球与保持架摩擦发热严重，寿命较短，可用于轴向载荷大、转速不高之处 |

续表

| 类型代号 | 名称 | 轴承结构及承载方向 | 极限转速 | 允许角偏差 | 性能特点与应用场合 |
|---|---|---|---|---|---|
| 6 | 深沟球轴承 | 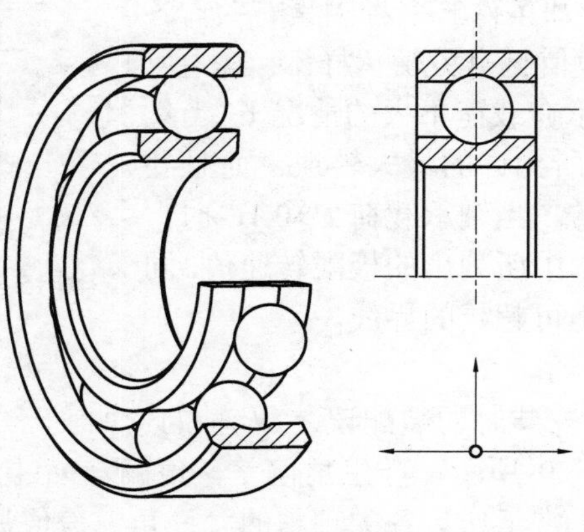 | 高 | 8′～16′ | 主要承受径向载荷，也可承受一定的双向轴向载荷；摩擦因数最小，适用于刚性较大和转速高的轴，当转速很高而轴向载荷不太大时可代替推力球轴承承受纯轴向载荷，大量生产，价格最低 |
| 7 | 角接触球轴承 | 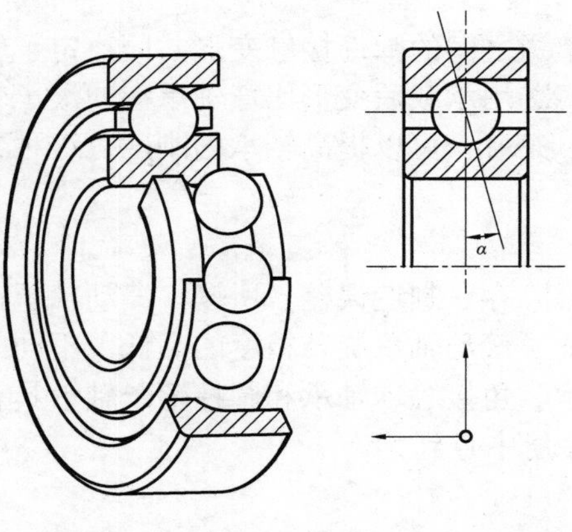 $\alpha$ | 高 | 2′～10′ | 能同时承受径向载荷和轴向载荷，也可以单独承受轴向载荷。公称接触角$\alpha$有15°(70000C型)、25°(70000AC型)和40°(70000B型)三种。接触角越大，轴向承载能力也越大。通常成对使用，可分别装在两个支点或同一支点上，适用于刚性较大而跨距不大的轴 |
| N | 圆柱滚子轴承 | 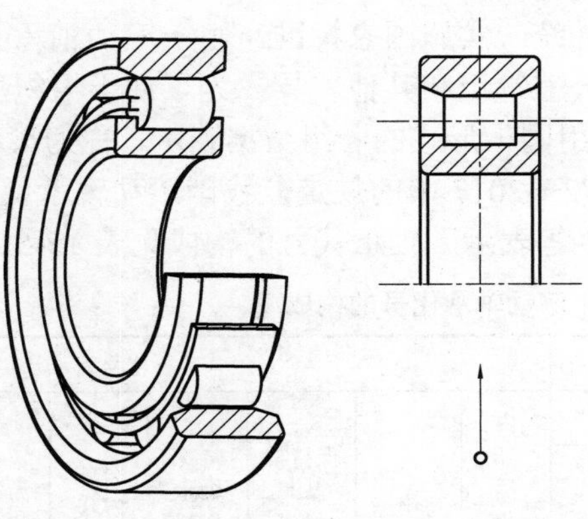 | 高 | 2′～4′ | 能承受较大的径向载荷，不能承受轴向载荷；因属线接触，承载能力大，耐冲击；对角位移敏感，适用于刚性很大、对中良好的轴；内、外圈可分离 |

注：①承载方向是指轴承工作过程中，作用在内圈(或轴圈)上的外载荷所允许的方向。

②极限转速的含义是指同一尺寸系列0级公差的各类轴承在脂润滑时，其极限转速与单列深沟球轴承脂润滑时极限转速之比的大小。其中，高表示≥90%而≤100%；中表示≥60%而< 90%；低表示< 60%。

**2）极限转速**

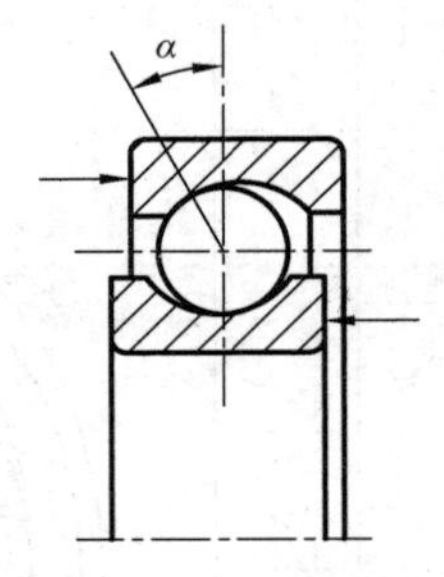


图 15-30 深沟球轴承中接触角的变化

极限转速是指滚动轴承在一定工作条件下所允许的最高工作转速。极限转速的高低，与轴承的类型、结构尺寸、承载大小、公差等级、游隙、保持架结构和材料、润滑及冷却条件等多种因素有关。各类轴承极限转速的比较见表 15-4，具体数值见有关轴承样本。其中所列极限转速值 $n_{\lim}$ 是 0 级公差的滚动轴承在载荷不大的情况下（当量动载荷 $P \leqslant 0.1C$，$C$ 为基本额定动载荷）所允许的最大转速，而且要求轴及轴承座刚性好、润滑冷却条件正常。当轴承载荷 $P>0.1C$ 时，其实际使用中的允许转速将低于轴承样本中所列出的极限转速值。同样，也不能认为该极限转速是一个绝对不可超越的界线。

**3）允许角偏差**

轴承座的加工误差（或两轴承座分别安装时的装配误差）及轴的弯曲变形等都会导致轴承内、外圈滚道轴线的相对倾斜，如图 15-29 所示，产生角偏差。角偏差 $\theta$ 过大，会使轴承工作条件恶化，导致轴承过早失效或无法正常工作。各类轴承的允许角偏差值见表 15-4。

**4）支承刚度**

滚动轴承受载后，滚动体与内外圈滚道之间的弹性接触变形共同决定了轴承的刚度。机床主轴等必须提高轴与轴承的刚度，故多选用承载后变形比球轴承小的滚子轴承。通过预紧使轴承处于负游隙状态（即产生接触弹性形变），可以提高轴承的刚度，这种方式适用于角接触轴承、圆锥滚子轴承等。

**5）旋转精度**

由于滚动轴承各元件（内外圈、滚动体）存在制造误差，所以，滚动轴承在转动时，内圈会有径向跳动。内圈径向跳动的大小表征了滚动轴承旋转精度的高低。不同的滚动轴承具有不同的旋转精度。一般而言，深沟球轴承、角接触球轴承和圆柱滚子轴承具有较高的旋转精度。各类轴承的旋转精度可在轴承产品手册中查到。

## 15.6.3 滚动轴承的代号

一般应用的滚动轴承均已标准化，并统一实施国家标准。由于滚动轴承类型很多，且各类轴承又有一系列不同的结构、尺寸、公差等级和其他差异，为了便于组织生产和选用，国家标准 GB/T 272—2017 规定，每个轴承用同一形式的一组数据表示，称为滚动轴承代号，并打印在轴承端面上。按国家标准 GB/T 272—2017 中的规定，我国滚动轴承代号由前置代号、基本代号和后置代号组成，用字母和数字等表示。轴承代号的构成见表 15-5。

**表 15-5 滚动轴承代号的构成**

<table>
<tr><th>前置代号</th><th colspan="5">基本代号</th><th colspan="8">后置代号</th></tr>
<tr><td rowspan="3">轴承分部件代号</td><td>五</td><td>四</td><td>三</td><td>二</td><td>一</td><td rowspan="3">内部结构代号</td><td rowspan="3">密封与防尘结构代号</td><td rowspan="3">保持架及其材料代号</td><td rowspan="3">特殊轴承材料代号</td><td rowspan="3">公差等级代号</td><td rowspan="3">游隙代号</td><td rowspan="3">多轴承配置代号</td><td rowspan="3">其他代号</td></tr>
<tr><td rowspan="2">类型代号</td><td colspan="2">尺寸系列代号</td><td colspan="2" rowspan="2">内径代号</td></tr>
<tr><td>宽度系列代号</td><td>直径系列代号</td></tr>
</table>

注：基本代号下面的一～五表示代号自右向左的位置序数。

## 1. 基本代号

基本代号用来表明轴承的内径、尺寸系列和类型，一般为 5 位数字，具体如下。

(1) 内径代号。轴承内径用基本代号的右起第一、二位数字表示，方法见表 15-6。

表 15-6 轴承内径代号

| 轴承内径/mm | 表示方法 | | | | | 举例 | |
|---|---|---|---|---|---|---|---|
| | | | | | | 轴承代号 | 说明 |
| 10～17 | 轴承内径/mm | 10 | 12 | 15 | 17 | 6302 | 内径为 15mm |
| | 内径代号 | 00 | 01 | 02 | 03 | | |
| 20～495 | 以内径尺寸被 5 除所得的商数表示 | | | | | 7210 | 内径为 50mm |
| 495 以上 | 用分数表示，分母相当于轴承代号的右起第一、二位，表示内径尺寸 | | | | | 203/750 | 内径为 750mm |

(2) 直径系列代号。轴承的直径系列用基本代号的右起第三位数字表示，代表相同内径的轴承所具有的不同外径和宽度。它是在同一内径尺寸的轴承中，使用不同大小的滚动体从而具有不同的承载能力所引起的外形尺寸变化。直径系列代号有 7、8、9、0、1、2、3、4 和 5，它们所对应的外径尺寸依次递增。部分直径系列之间的尺寸对比见表 15-7。

表 15-7 轴承直径系列的对比

| 代号 | 1 | 2 | 3 | 4 |
|---|---|---|---|---|
| 不同直径系列轴承外形尺寸的变化 | | | | |

(3) 宽度系列代号。轴承的宽度系列用基本代号的右起第四位数表示，代表具有相同内、外径尺寸的轴承其宽度的尺寸不同。正常宽度系列的轴承，此代号为“0”。对于多数轴承，当代号为“0”时，可省略不标。但对于调心滚子轴承和圆锥滚子轴承，宽度系列代号“0”应标出。

直径系列代号和宽度系列代号统称为尺寸系列代号。

(4) 类型代号。轴承类型用基本代号的右起第五位数字表示，代号含义见表 15-4。

## 2. 后置代号

轴承的后置代号是用字母和数字等表示轴承的结构、公差及材料等特殊要求。后置代号内容很多，下面仅介绍几个常用的代号。

(1) 内部结构代号。该代号紧跟在基本代号之后，用字母表示，代表着同一类型轴承的不同内部结构，如角接触球轴承公称接触角大小的不同(15°、25°、40°)分别用 A、AC 和 B 表示。

(2) 公差等级代号。在国家标准 GB/T 272—2017 中，轴承的公差等级分为 6 个级别，分别是 2、4、5、6、6x 和 0 级，级别依次由高到低，分别用/P2、/P4、/P5、/P6、/P6x 和/P0 表示，其中，0 级是普通级，在轴承代号中不标出。

(3)游隙代号。常用轴承的径向游隙系列分为 1、2、0、3、4、5 共 6 个组别，径向游隙依次由小到大。其中，0 组游隙是常用的游隙组别，在轴承代号中不标出，其余游隙组别在轴承代号中分别用/C1、/C2、/C3、/C4、/C5 表示。

**3. 前置代号**

轴承的前置代号用于表示轴承的分部件，用字母表示，如用 L 表示可分离轴承的可分离套圈等。

代号举例如下。

6210——表示内径为 50mm、2 系列、正常宽度的深沟球轴承，正常结构，0 级公差，0 组游隙。

30208/P6——表示内径为 40mm、2 系列、正常宽度的圆锥滚子轴承，正常结构，6 级公差，0 组游隙。

7210AC/P5——表示内径为 50mm、2 系列、正常宽度的角接触球轴承，接触角为 25°，5 级公差，0 组游隙。

# 15.7 滚动轴承的载荷分布及失效形式

## 15.7.1 滚动轴承受载分析

**1. 深沟球轴承中的载荷分布**

图 15-31 所示为深沟球轴承在径向外载荷 $F_R$ 作用下滚动体及滚道上各点压力的分布状态。作用在轴承内圈上的载荷经过滚动体传给外圈，再由外圈传到轴承座上。若载荷 $F_R$ 方向保持不变，则轴承中只有下半圈滚动体受载，此区域称为承载区。滚动体转入上半圈后就不再承受载荷。在承载区，各滚动体所受压力的大小是不同的，但具有对称性。若滚动体上受到的载荷分别用 $F_{ri}$($i$=0，1，2…，$n$)表示，则根据力平衡条件，轴承的径向载荷 $F_r$ 的大小为

15-31

$$F_r = F_{r0} + 2F_{r1}\cos\phi + 2F_{r2}\cos 2\phi + \cdots + 2F_{rn}\cos n\phi = F_R \tag{15-22}$$

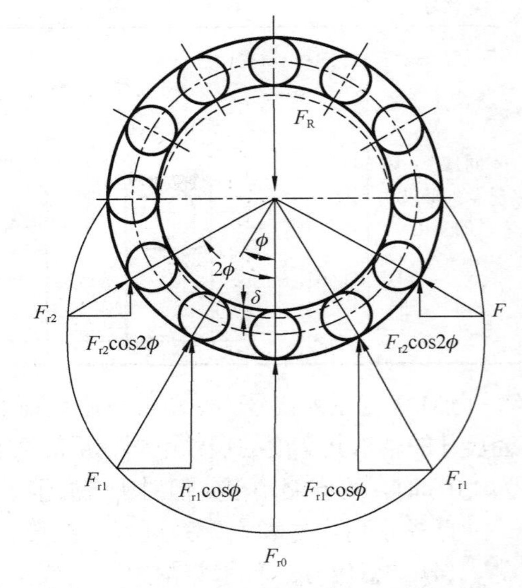


图 15-31 深沟球轴承中的径向载荷分布

应当指出，由于轴承中存在游隙，径向接触轴承在纯径向载荷 $F_R$ 作用下，实际承载区一般小于 180°。此时，滚动体受力增大，这对轴承寿命不利。对于深沟球轴承，如果同时作用有一定的轴向载荷，则可以使承载区扩大。理想状态是半圈滚动体同时承载，这也是计算轴承基本额定动载荷和当量动载荷的标准状态。

**2. 向心角接触轴承的载荷分布**

在向心角接触轴承(包括角接触球轴承及圆锥滚子轴承)中，当有纯径向载荷 $F_R$ 作用时，

每个滚动体与内、外圈之间的作用力 $F_i$ 都是沿其接触点的公法线方向而与径向平面构成夹角 $\alpha$（即接触角 $\alpha$，图 15-32），故它们各自的径向分力 $F_{ri}$ 和轴向分力 $S_i$ 之间的关系为 $S_i=F_{ri}\tan\alpha$。在径向方向，轴承承载区及其载荷分布与深沟球轴承类似，见图 15-33（a）；而由于各滚动体所受轴向分力与径向分力成正比，故轴向力的分布状态见图 15-33（b）。轴承滚动体所受的径向分力 $F_{ri}$ 的合力 $F_{\mathrm{r}}$、轴向分力 $S_i$ 的合力 $S$ 分别为

$$F_{\mathrm{r}}=F_{\mathrm{r0}}+2F_{\mathrm{r1}}\cos\phi+2F_{\mathrm{r2}}\cos2\phi+\cdots+2F_{\mathrm{r}n}\cos n\phi \tag{15-23}$$

$$\begin{aligned}S&=F_{\mathrm{r0}}\tan\alpha+2F_{\mathrm{r1}}\tan\alpha+2F_{\mathrm{r2}}\tan\alpha+\cdots+2F_{\mathrm{r}n}\tan\alpha\\&=(F_{\mathrm{r0}}+2F_{\mathrm{r1}}+2F_{\mathrm{r2}}+\cdots+2F_{\mathrm{r}n})\tan\alpha\end{aligned} \tag{15-24}$$

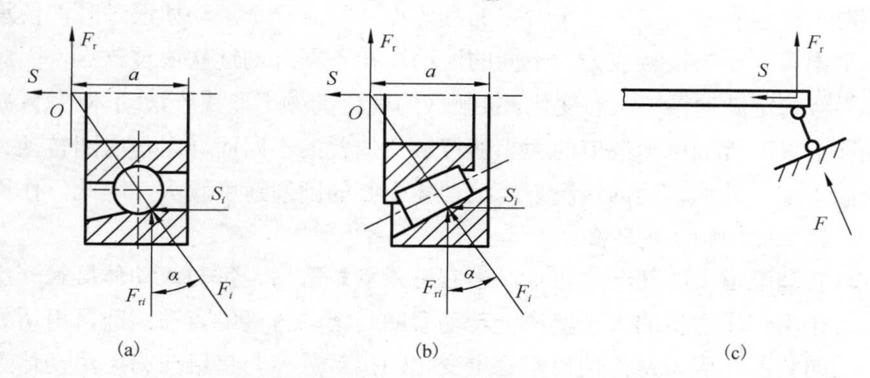


图 15-32　向心角接触轴承中载荷 $F_i$ 的径、轴向分力及其约束特征

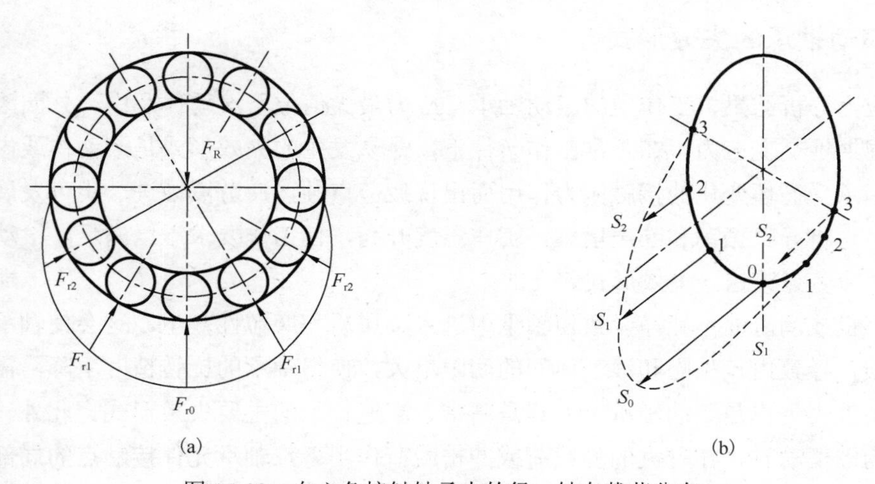


图 15-33　向心角接触轴承中的径、轴向载荷分布

由式(15-24)可以看出，合力 $S$、$F_{\mathrm{r}}$ 之间的关系取决于承载滚动体的数量 $n$。当 $n=1$，即只有一个滚动体承载时，$S=F_{\mathrm{r}}\tan\alpha$，当然，这种承载状态是不合理的。对于实际使用中的向心角接触轴承，为了保证它们能可靠工作，应使承载滚动体所占区域不少于半圈，此时合力 $S$、$F_r$ 之间的关系近似为 $S\approx1.25F_{\mathrm{r}}\tan\alpha$。具体计算关系式参见表 15-13。

在滚动轴承寿命计算时，通常将合力 $S$ 称为内部轴向力。根据合力 $S$、$F_{\mathrm{r}}$ 之间的关系，半圈承载的滚动轴承所产生的约束可以简化为图 15-32(c)所示的与径向力平面成一定夹角的

可动铰支座。另外，由于滚动体各点反作用力 $F_i$ 的合力 $F$ 不在径向力平面内，所以合力与轴线的交点(也就是铰支座的位置)也偏离径向力平面而处于 $O$ 点的位置。

由于存在内部轴向力 $S$，向心角接触轴承在使用中即使只承受纯径向载荷，也必须施加适当的轴向载荷或采用合理的轴向约束，否则，无法满足轴向合力为零的平衡条件。因此，向心角接触轴承通常都是成对使用，对称安装，以形成轴向相互约束。

**3. 轴承元件上的载荷与应力**

滚动轴承工作时，通常是外圈固定、内圈转动或内圈固定、外圈转动。对于固定套圈，处在承载区的各接触点，按其位置的不同，将受到大小不同的载荷。当外载荷的大小、方向均不变时，对于固定套圈滚道上一个给定的具体点，每当一个滚动体滚过时，便承受一次载荷作用并产生同样大小的接触应力。不同的滚动体在不同时刻逐次滚过该点，因此，该点的接触应力按类似稳定脉动循环状态变化。接触应力变化的频率取决于滚动体中心的圆周速度、滚动体直径和数量，接触应力幅值的大小随接触点位置的不同而异。与内圈转动、外圈固定相比，在内圈固定、外圈转动的情况下，滚动体中心的圆周速度较大，因此，作用在固定套圈上的载荷，其变化的频率也较高。

对于转动套圈滚道上的任一给定点，当它进入承载区后，每与滚动体接触一次，就受到某一压力载荷作用，压力值的大小取决于转动套圈与滚动体接触点在承载区内所处的位置。因此，其受到的载荷与应力是周期性不稳定变化的接触载荷与接触应力。滚动体上任意一点的受载及应力情况，与转动套圈的情况相似，只不过载荷大小与频率不同而已。

### 15.7.2 滚动轴承的失效形式

根据应力分析结果，工作中的滚动轴承，应力最大值位于滚动体及内、外圈滚道表面，而且都是周期性交变应力。在正常工作条件下，最易发生的失效形式是滚动体或内、外圈滚道上的点因承受循环变化的接触应力作用而出现疲劳点蚀，疲劳点蚀进一步可发展为表面的疲劳剥落。这将导致振动和噪声增大，工作温度升高，使工作要求难以满足。滚动轴承的寿命就是采用疲劳点蚀这一失效形式定义的。

密封不良或润滑油不纯净，致使轴承中进入金属屑和磨粒性灰尘，这会使轴承发生严重的磨粒磨损，导致内、外圈和滚动体间的间隙增大，使得轴承的旋转精度下降。需要指出的是，轴承精度丧失也是滚动轴承，尤其是精密、高速轴承的主要失效形式。此外，当轴承转速很低或间歇摆动时，在过大的静载荷或冲击载荷作用下，轴承元件接触点的局部应力可能超过材料的屈服极限而出现压痕，轴承也会因静强度不足而失效。

除上述失效形式外，还可能出现内、外圈破裂、滚动体破碎、保持架损坏等失效形式，这些往往是由于安装或使用不当所造成的，一般称为轴承故障。

在正常工作情况下，疲劳点蚀是滚动轴承的主要失效形式，因而需进行轴承的寿命计算。对于摆动或转速很低的轴承，需要进行静强度计算。高速转动的轴承则还要校核其转速是否超过极限转速，以防过度发热而引起黏着磨损，甚至使滚动体回火。

# 15.8　滚动轴承的寿命计算

## 15.8.1　滚动轴承的寿命与承载能力

滚动轴承的正常失效形式是内、外圈滚道或滚动体表面发生疲劳点蚀。因此，轴承的寿命一般是指其疲劳寿命。滚动轴承疲劳寿命的定义为：当轴承中任一元件的材料首次出现疲劳点蚀扩展之前，轴承的一个套圈相对于另一套圈的总转数(r)。

**1. 滚动轴承的可靠性与寿命**

由于轴承材料性能和热处理质量的不均匀及制造误差等原因，即使同一型号的一批轴承在相同条件下工作，其中各个轴承的寿命也不一样，最低寿命和最高寿命相差可达几十倍。因此，根据已有试验结果和理论分析，很难预测一个具体轴承的确切寿命。但是，研究结果表明，结构、尺寸、材料、热处理、加工方法相同的一批轴承，它们的疲劳寿命服从一定的概率分布规律，如图 15-34 所示。采用数理统计方法可以确定一定可靠度或失效概率下的轴承寿命。

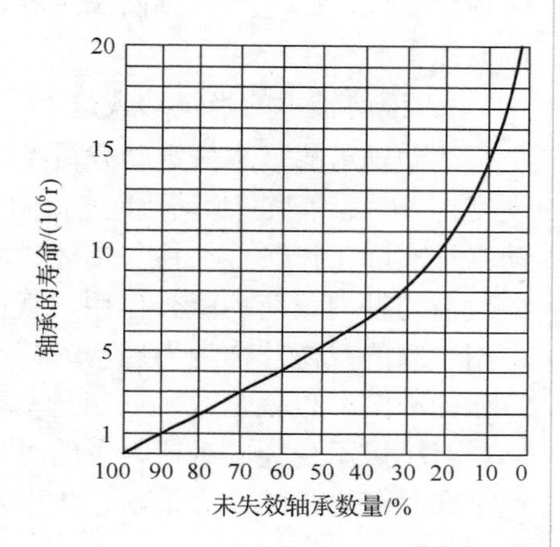


图 15-34　滚动轴承的寿命分布曲线

轴承标准规定以可靠度为 90%时的轴承寿命作为标准寿命，称为基本额定寿命，用 $L_{10}$ 表示，其定义为：一组近于相同的轴承在相同条件下运转，当其中 10%的轴承发生疲劳点蚀破坏，而 90%的轴承尚能正常工作时的总转数(以 $10^6$ 转为单位)或在规定转速下的工作小时数。基本额定寿命的可靠度反映了一组近于相同的轴承期望达到或超过规定寿命的百分率，也反映了单个轴承达到或超过规定寿命的概率。不同可靠性要求以及与特殊轴承性能、运转条件相关的轴承寿命，可通过对基本额定寿命进行修正而得到，称为修正额定寿命。

轴承的基本额定寿命 $L_{10}$ 与轴承所受的载荷大小有关。载荷越大，轴承中产生的接触应力也越大，因而发生疲劳点蚀破坏之前所能经受的应力变化次数就越少，即轴承的寿命越短。

**2. 滚动轴承的基本额定载荷**

基本额定载荷反映了轴承的承载能力，它包括基本额定动载荷和基本额定静载荷。所谓基本额定动载荷，是指基本额定寿命为一百万转($10^6$r)时，轴承所能承受的恒定载荷值，用字母 $C$ 表示(单位 N)。对于向心轴承，指的是恒定的径向载荷(其中对于单列向心角接触轴承，则是指引起轴承套圈相互间产生纯径向位移的载荷的径向分量)，称为径向基本额定动载荷，用 $C_r$ 表示(单位为 N)；对于推力轴承，指的是恒定的中心轴向载荷，称为轴向基本额定动载荷，用 $C_a$ 表示(单位为 N)；各种类型不同型号轴承的 $C_r$ 或 $C_a$ 值均列于轴承样本中，需要时可从中查取，也可在《机械设计手册》中查到。

轴承的基本额定动载荷值，是在大量试验研究的基础上，通过理论分析计算得出来的。它适用于优质淬硬钢、按良好的加工方法制造且滚动接触表面的形状基本上为常规设计的滚动轴承。超越上述范围，轴承的承载能力将会受到影响。在材质、工作温度和零件硬度有变化的情况下，滚动轴承的基本额定动载荷值要进行修正。例如，一般轴承所能承受的工作温度可达 120℃，若轴承经常在 120℃以上的温度中使用，会使轴承材料的组织发生变化，导致承载能力降低。此时，轴承的基本额定动载荷要进行相应的修正。

轴承的基本额定动载荷反映了轴承在转动工作状态下的承载能力，而轴承的基本额定静载荷，则用来表征轴承在静止或缓慢旋转时的承载能力，其定义为使轴承中受载最大的滚动体与滚道接触中心引起的接触应力达到一定量值的静载荷，用 $C_0$ 表示(单位为 N)。基本额定静载荷对调心球轴承是指接触应力达到 4600MPa；对其他球轴承是指接触应力达到 4200MPa；而对滚子轴承是指接触应力达到 4000MPa。对于向心轴承和推力轴承，$C_0$ 分别为：$C_{0r}$——径向额定静载荷；$C_{0a}$——轴向额定静载荷。各种型号滚动轴承的 $C_{0r}$ 或 $C_{0a}$ 可查轴承样本或《机械设计手册》。

**3. 滚动轴承的当量动载荷**

滚动轴承的基本额定动载荷是在下述条件下得到的：轴承基本额定寿命 $L_{10}$ 为 $1\times10^6$r；可靠度为 90%；向心轴承承受纯径向载荷，推力轴承承受纯轴向载荷，且载荷平稳。但是，滚动轴承实际工作条件往往与上述试验条件不尽相同。例如，大多数场合下，轴承同时承受径向载荷与轴向载荷的联合作用，载荷有冲击等。因此，必须将实际工作载荷换算为与试验条件相一致的载荷，称为当量动载荷，用字母 $P$ 表示，来计入不同的实际使用条件对滚动轴承寿命的影响。也就是说，在当量动载荷作用下，轴承的寿命与实际载荷作用下的轴承寿命相同。对于以承受径向载荷为主的向心轴承，$P$ 称为径向当量动载荷，常用 $P_r$ 表示；对于以承受轴向载荷为主的推力轴承，$P$ 称为轴向当量动载荷，常用 $P_a$ 表示。当量动载荷的一般计算公式为

$$P=(XF_r+YF_a)f_p \quad ,\ \mathrm{N} \tag{15-25}$$

式中，$X$ 为径向动载荷系数，见表 15-8；$Y$ 为轴向动载荷系数，见表 15-8；$f_p$ 为冲击载荷系数，见表 15-9；$F_r$ 为轴承所承受的径向载荷，N；$F_a$ 为轴承所承受的轴向载荷，N。

对于只能承受纯径向载荷 $F_r$ 的轴承，式(15-25)简化为

$$P_r=F_rf_p \quad ,\ \mathrm{N}$$

对于只能承受纯轴向载荷 $F_a$ 的轴承，式(15-25)简化为

$$P_a=F_af_p \quad ,\ \mathrm{N}$$

**表 15-8 径向、轴向动载荷系数 $X$ 和 $Y$**

| 轴承类型 | 相对轴向载荷 $F_a/C_{0r}$ | $e$ | $F_a/F_r\leqslant e$ | | $F_a/F_r>e$ | |
|---|---|---|---|---|---|---|
| | | | $X$ | $Y$ | $X$ | $Y$ |
| 深沟球轴承 | 0.014 | 0.19 | 1 | 0 | 0.56 | 2.30 |
| | 0.028 | 0.22 | | | | 1.99 |
| | 0.056 | 0.26 | | | | 1.71 |
| | 0.084 | 0.28 | | | | 1.55 |
| | 0.11 | 0.30 | | | | 1.45 |
| | 0.17 | 0.34 | | | | 1.31 |
| | 0.28 | 0.38 | | | | 1.15 |
| | 0.42 | 0.42 | | | | 1.04 |
| | 0.56 | 0.44 | | | | 1.00 |

续表

| 轴承类型 | | 相对轴向载荷 $F_a/C_{or}$ | $e$ | $F_a/F_r \leq e$ | | $F_a/F_r > e$ | |
|---|---|---|---|---|---|---|---|
| | | | | $X$ | $Y$ | $X$ | $Y$ |
| 角接触球轴承 | $\alpha$=15°（70000C） | 0.015<br>0.029<br>0.058<br>0.087<br>0.12<br>0.17<br>0.29<br>0.44<br>0.58 | 0.38<br>0.40<br>0.43<br>0.46<br>0.47<br>0.50<br>0.55<br>0.56<br>0.56 | 1 | 0 | 0.44 | 1.47<br>1.40<br>1.30<br>1.23<br>1.19<br>1.12<br>1.02<br>1.00<br>1.00 |
| | $\alpha$=25°（70000AC） | — | 0.68 | 1 | 0 | 0.41 | 0.87 |
| | $\alpha$=40°（70000B） | — | 1.14 | 1 | 0 | 0.35 | 0.57 |
| 调心球轴承 | | — | 1.5tan$\alpha$ | 1 | 0.42cot$\alpha$ | 0.65 | 0.65cot$\alpha$ |
| 圆锥滚子轴承 | | — | 1.5tan$\alpha$ | 1 | 0 | 0.40 | 0.4cot$\alpha$ |

注：1. $C_{or}$是轴承的径向基本额定静载荷。

2. $\alpha$ 是接触角，对于调心轴承：$\alpha = 8° \sim 13°$；对于圆锥滚子轴承：$\alpha = 11° \sim 16°$。具体数值可根据轴承型号从手册中查取。

3. 表中各项 $e$、$Y$ 值也可根据轴承型号在手册中直接查取。

**表 15-9 冲击载荷系数 $f_p$**

| 载荷性质 | $f_p$ | 举例 |
|---|---|---|
| 没有冲击或有轻微冲击 | 1.0～1.2 | 电动机、透平机、发电机、通风机、水泵 |
| 中等冲击或中等惯性力 | 1.2～1.8 | 车辆、动力机械、空气锤、造纸机、冶金设备、橡胶机械、水力机械、卷扬机、木材加工机械、传动装置、机床、印刷机、内燃机、往复运动机械、减速器、起重机 |
| 强大冲击力 | 1.8～3.0 | 破碎机、轧钢机、球磨机、振动筛、石油钻机、农业机械 |

## 15.8.2 滚动轴承的寿命计算

轴承的基本额定寿命 $L_{10}$ 与轴承所受的载荷大小有关，载荷越大，轴承的寿命越短。大量的试验研究结果表明，滚动轴承的基本额定寿命 $L_{10}$、基本额定动载荷 $C$ 及轴承所承受的当量动载荷 $P$ 之间满足如下关系：

$$L_{10} = \left(\frac{C}{P}\right)^{\varepsilon} \tag{15-26}$$

式中，$L_{10}$ 的单位为 $10^6$r；$\varepsilon$ 是寿命指数，对于球轴承，$\varepsilon$=3；对于滚子轴承，$\varepsilon$=10/3。

根据以上关系，若已知某轴承的基本额定动载荷 $C$（$C=C_r$ 或 $C=C_a$）及作用于轴承上的当量动载荷 $P$，便可由式(15-26)求得此轴承在该当量动载荷下工作时的预期额定寿命 $L_{10}$；设计时，如果给定了轴承的预期寿命 $L_{10}$($10^6$r)并已知轴承所承受的当量动载荷 $P$，则所需要的轴承应具有的基本额定动载荷 $C$ 同样可由式(15-26)算出，其式为

$$C = PL_{10}^{\frac{1}{\varepsilon}} \quad ,\text{N} \tag{15-27}$$

实际所选用的轴承的基本额定动载荷值($C_r$ 或 $C_a$)应不小于式(15-27)的计算结果，即 $C \leqslant C_r$ 或 $C \leqslant C_a$，以便保证所要求的承载能力。

在设计计算时，也常用小时数表示轴承寿命。若令 $L_h$ 表示以小时计的轴承基本额定寿命，$n$ 表示轴承的转速(r/min)，则用小时数表示的轴承寿命为

$$L_h = \frac{10^6}{60n}\left(\frac{C}{P}\right)^{\varepsilon} \quad , \text{h} \tag{15-28}$$

在设计机器时，通常是参照机器的大修期限来决定轴承的预期使用寿命的。各种机械通常所需的轴承使用寿命荐用值列于表 15-10 中，可供参考。

**表 15-10　滚动轴承预期使用寿命荐用值**

| 使用情况 | 机器种类 | 寿命 $L_h$/h |
|---|---|---|
| 不经常使用的仪器和设备 | 门窗启闭装置、汽车方向指示器等 | 300～3000 |
| 间断使用的机械，因轴承故障而中断使用时不致引起严重后果 | 一般手工操作机械、轻便手提式工具、悬臂吊车、农业机械、装配吊车、使用不频繁的机床、自动送料装置 | 3000～8000 |
| 间断使用的机械，因轴承故障而中断使用时能引起严重后果 | 发电站辅助机械、农业用电机、流水作业线自动传送装置、升降机、带式运输机、车间吊车等 | 8000～14000 |
| 每天工作 8h 的机械(利用率不高) | 一般齿轮传动装置、固定电机、压碎机、起重机、一般机械 | 10000～24000 |
| 每天工作 8h 的机械(利用率较高) | 机床、木材加工机械、连续使用的起重机、鼓风机、印刷机械、分离机、离心机 | 20000～30000 |
| 24h 连续运转的机械 | 空气压缩机、水泵、矿山卷扬机、轧机齿轮装置、纺织机械 | 40000～50000 |
| 24h 连续运转，因故障中断使用能引起严重后果 | 纤维造纸机械、电站主要设备、矿井水泵、给水排水装置、船舶螺旋桨轴、矿用通风机 | ≈100000 |

以上计算都是针对可靠度为 90%的基本额定寿命进行的。不同使用场合的轴承可能有不同的可靠性要求。若令 $L_n$ 表示在失效概率为 $n$%条件下的轴承寿命，此时轴承的可靠度为 $(100-n)$%。此外，随着轴承钢材料的改进、轴承加工水平及润滑技术的提高，轴承的疲劳寿命均会延长。为了将实际工况中上述因素反映到疲劳寿命的计算中，可使用修正系数对轴承的修正额定寿命进行修正计算：

$$L_{na} = a_1 a_2 a_3 L_{10} \tag{15-29}$$

式中，$L_{na}$ 为满足可靠性、材料和润滑改进的疲劳寿命；$a_1$ 为可靠性修正系数，不同可靠度的寿命修正系数列表 15-11；$a_2$ 为轴承特性修正系数，主要与轴承材料、工况有关；$a_3$ 为工况修正系数，是补偿轴承工况，特别是润滑条件对疲劳寿命影响程度。

**表 15-11　不同可靠度的寿命修正系数 $a_1$**

| 可靠度/% | 90 | 95 | 96 | 97 | 98 | 99 |
|---|---|---|---|---|---|---|
| $L_n$ | $L_{10}$ | $L_5$ | $L_4$ | $L_3$ | $L_2$ | $L_1$ |
| $a_1$ | 1 | 0.62 | 0.53 | 0.44 | 0.33 | 0.21 |

实际中，轴承的工况很难全面掌握，未知影响因素较多，所以也可以把轴承的特性修正系数 $a_2$ 和工况修正系数 $a_3$ 作为一个系数对待。这个系数，在常规润滑条件下通常取 1；当润滑油黏度过低时，可设定为 0.2。

**例 15-1** 一传动装置中高速轴的结构如图 15-35 所示，转速 $n$=1450r/min，工作中有轻度冲击，轴上所安装的斜齿轮受力为：圆周力 $F_T$ = 1500N，径向力 $F_R$ = 546N，轴向力 $F_A$ = 238N，齿轮节圆半径 $r$ = 60mm，轴上安装一对 6306 轴承。试计算轴承的预期使用寿命。

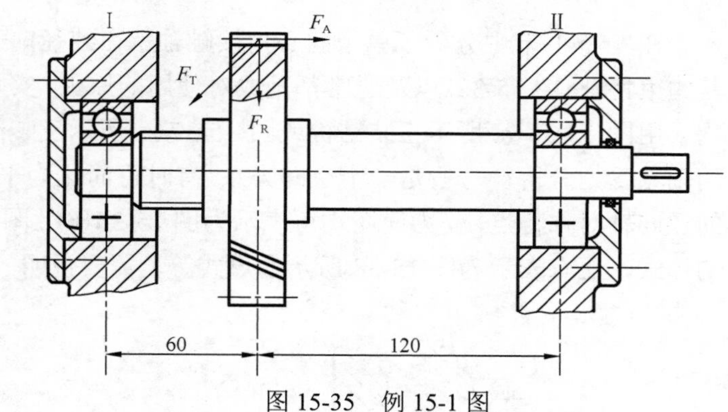


图 15-35 例 15-1 图

**解** 见表 15-12。

**表 15-12 例 15-1 解表**

| 步骤 | 计算公式和说明 | 结果 |
|---|---|---|
| (1) 计算径向载荷<br>①垂直支反力 $F'_{r1}$ | $F'_{r1}=\frac{F_R\times120-F_A\times60}{180}=\frac{546\times120-238\times60}{180}$ | $F'_{r1}$ = 285N |
| ②水平支反力 $F''_{r1}$ | $F''_{r1}=\frac{F_T\times120}{180}=\frac{1500\times120}{180}$ | $F''_{r1}$ = 1000N |
| ③径向载荷 $F_{r1}$ | $F_{r1}=\sqrt{F'^2_{r1}+F''^2_{r1}}=\sqrt{285^2+1000^2}$ | $F_{r1}$ = 1040N |
| ④垂直支反力 $F'_{r2}$ | $F'_{r2}=\frac{F_R\times60+F_A\times60}{180}=\frac{546\times60+238\times60}{180}$ | $F'_{r2}$ = 261N |
| ⑤水平支反力 $F''_{r2}$ | $F''_{r2}=\frac{F_T\times60}{180}=\frac{1500\times60}{180}$ | $F''_{r2}$ = 500N |
| ⑥径向载荷 $F_{r2}$ | $F_{r2}=\sqrt{F'^2_{r2}+F''^2_{r2}}=\sqrt{261^2+500^2}$ | $F_{r2}$ = 564N |
| (2) 计算轴向载荷<br>①轴向载荷 $F_{a1}$<br>②轴向载荷 $F_{a2}$ | 轴承 1 不受轴向载荷<br>$F_{a2}=F_A$ = 238N | $F_{a1}$ = 0<br>$F_{a2}$ = 238N |
| (3) 计算当量动载荷 $P_{r1}$<br>①冲击载荷系数 $f_p$<br>②轴承 1 径向动载荷系数 $X_1$、$Y_1$<br>③当量动载荷 $P_{r1}$<br>④6306 轴承的 $C_0$ 值<br>⑤轴承 2 径向动载荷系数 $X_2$、$Y_2$<br>⑥当量动载荷 $P_{r2}$ | 见表 15-9<br>见表 15-8 ($F_{a1}/F_{r1}< e$)<br>$P_{r1}=X_1 F_{r1} f_p$=1×1040×1.2<br>参看《机械设计手册》<br>$\frac{F_{a2}}{C_0}=\frac{238}{15200}=0.016$；见表 15-8<br>$\frac{F_{a2}}{F_{r2}}=\frac{238}{564}=0.422>e$；见表 15-8<br>$P_{r2}=(X_2F_{r2}+Y_2F_{a2})f_p$=(0.56×564+2.3×238)×1.2 | $f_p$ = 1.2<br>$X_1$ = 1<br>$Y_1$ = 0<br>$P_{r1}$ = 1248N<br>$C_0$ = 15200N<br>$e$ = 0.19<br>$X_2$ = 0.56<br>$Y_2$ = 2.3<br>$P_{r2}$ = 1036N |
| (4) 计算预期额定寿命 $L_h$<br>①轴承额定动载荷 $C_r$<br>②轴承 1 寿命 $L_{h1}$<br>③轴承 2 寿命 $L_{h2}$ | 参见《机械设计手册》<br>$L_{h1}=\frac{10^6}{60n}\left(\frac{C_{r1}}{P_{r1}}\right)^\varepsilon=\frac{10^6}{60\times1450}\left(\frac{27000}{1248}\right)^3$<br>$L_{h2}=\frac{10^6}{60n}\left(\frac{C_{r2}}{P_{r2}}\right)^\varepsilon=\frac{10^6}{60\times1450}\left(\frac{27000}{1036}\right)^3$ | $C_r$ = 27000N<br>$L_{h1}$ = 116393h<br>$L_{h2}$ = 203466h |

### 15.8.3 向心角接触轴承的轴向载荷计算

在 15.7.1 节中分析了单个向心角接触轴承在纯径向载荷作用下工作时的内部载荷分布及其约束特征(图 15-32)以及通常都是成对使用的原因。实际中成对使用的向心角接触轴承一般均采用图 15-36(a)所示正装结构或图 15-37(a)所示反装结构形式。这种滚动轴承支承状态下的轴系受力分析，一般是一个空间力系(有时可简化为平面力系)的平衡问题。根据轴承约束的径向轴对称特点，受力简图均可表示为图 15-36(b)、图 15-37(b)或图 15-36(c)、图 15-37(c)的形式，还有表示为图 15-38 所示的形式等。需要说明的是，$F_{r1}$、$F_{r2}$ 通常不在同一平面。

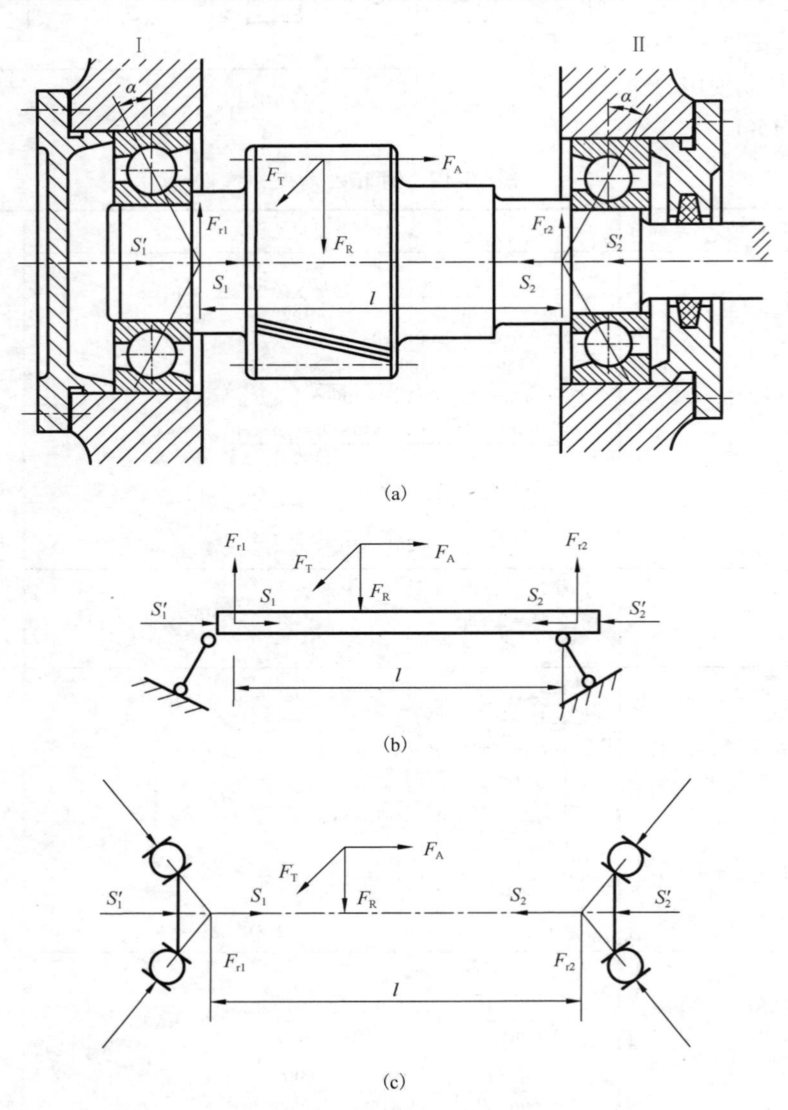


图 15-36 正装角接触轴承支承结构及其受力简图

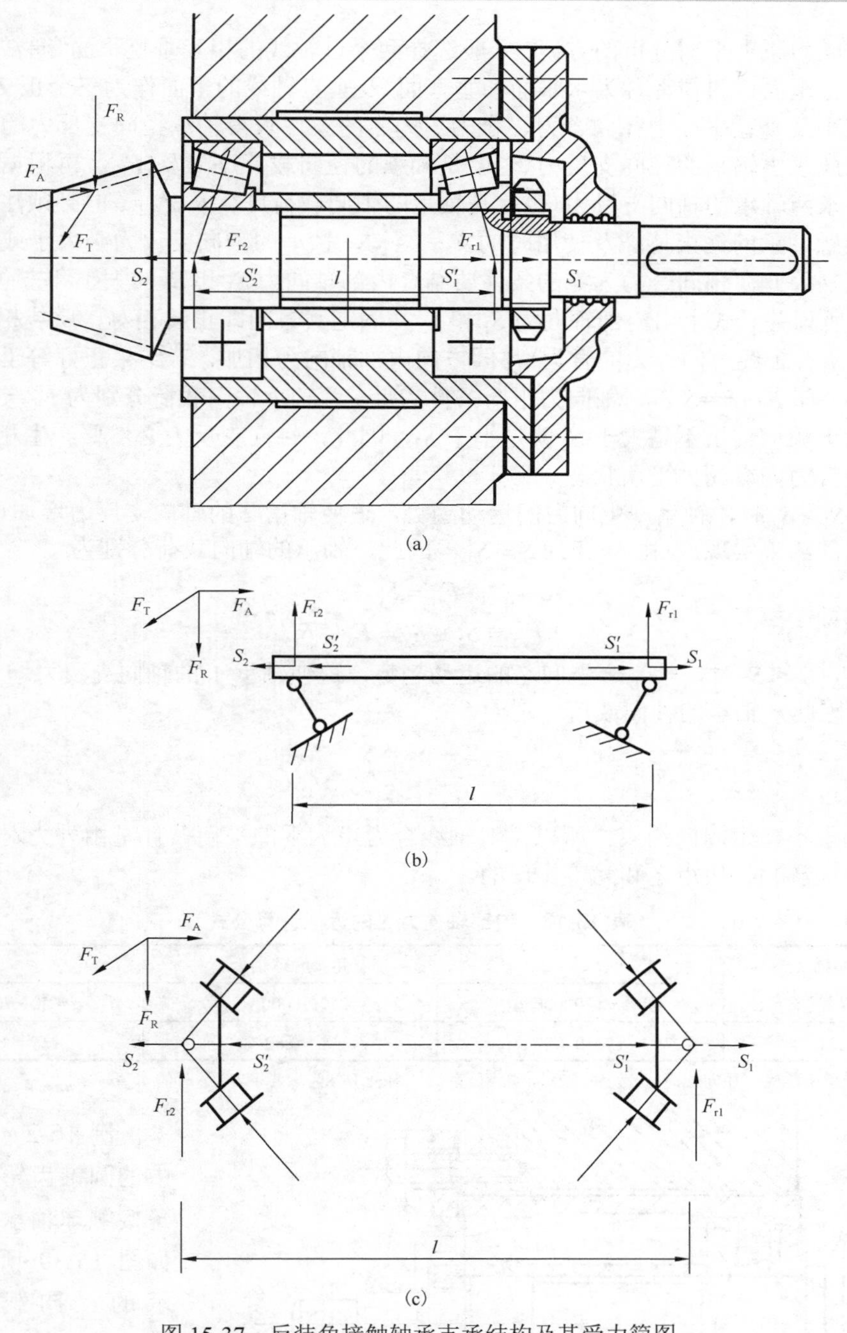


图 15-37 反装角接触轴承支承结构及其受力简图

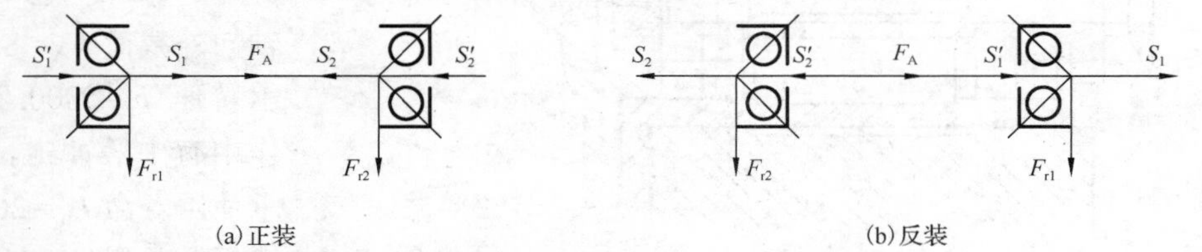


图 15-38 角接触轴承轴向负荷分析简图

为了空间力系力平衡分析的方便，一般选择两个过轴线的相互垂直平面(通常是外载荷所在平面或平行平面，习惯上称为水平面和垂直面)及垂直轴线的平面作为三个正交坐标平面，分别根据水平及垂直平面中径向合力、合力矩为零的条件求得轴承径向支反力的水平、垂直分量，并据此求出轴承的径向支反力(也就是轴承的径向载荷)$F_{r1}$ 及 $F_{r2}$。再根据轴向合力为零的条件，求两轴承的轴向支反力(也就是轴承的轴向载荷)$F_{a1}$ 及 $F_{a2}$。但必须注意的是，由于向心角接触轴承的约束特征及使用时的支承结构，轴承的轴向支反力必大于或至少等于其内部轴向力。因此，轴向合力为零的条件要结合内部轴向力 $S_1$ 和 $S_2$ 的大小和方向一并考虑。由表 15-13 所列关系式求出内部轴向力 $S_1$ 和 $S_2$ 并确定其方向即正装相对、反装相背。将轴向外载荷 $F_A$(所有轴线方向外力的合力)与同方向内部轴向力相加，若结果正好等于反向内部轴向力的大小，即 $F_A+S_1=S_2$，则轴向力平衡条件满足。两轴承轴向载荷分别为 $F_{a1}=S_1$ 及 $F_{a2}=S_2$。但通常情况下相加结果不是大于 $S_2$ 就是小于 $S_2$，因此，轴向支反力必然要产生相应的变化，以维持轴向合力为零的力平衡状态。

当 $F_A+S_1>S_2$ 时，轴系产生向右的运动趋势，迫使轴承 2 的轴向支反力增加(通过轴承座对轴承外圈的约束实现)，由 $S_2$ 变为 $S_2+S_2'$，因此，轴承的轴向载荷分别为

$$F_{a1}=S_1 \tag{15-30}$$

$$F_{a2}=S_2+S_2'=F_A+S_1 \tag{15-31}$$

或者，当 $F_A+S_1<S_2$ 时，轴系产生向左的运动趋势，迫使轴承 1 的轴向支反力增加，由 $S_1$ 变为 $S_1+S_2'$，因此，轴承的轴向载荷分别为

$$F_{a1}=S_1+S_2'=S_2-F_A \tag{15-32}$$

$$F_{a2}=S_2 \tag{15-33}$$

滚动轴承不产生周向约束，所以，对轴线合力矩为零的平衡条件是由外力对轴线的矩与轴系的输出(或输入)扭矩之和为零实现的。

**表 15-13 内部轴向力 $S$ 的近似计算公式**

| 圆锥滚子轴承(30000 型) | 角接触球轴承 | | |
|---|---|---|---|
| | $\alpha=15°$(70000C 型) | $\alpha=25°$(70000AC 型) | $\alpha=40°$(70000B 型) |
| $S=F_r/(2Y)$ | $S=0.4F_r$ | $S=0.68F_r$ | $S=1.14F_r$ |

注：$F_r$ 为轴承所承受的径向载荷；$Y$ 为轴承轴向动载荷系数，由表 15-8，取当 $F_a/F_r>e$ 时的 $Y$ 值。

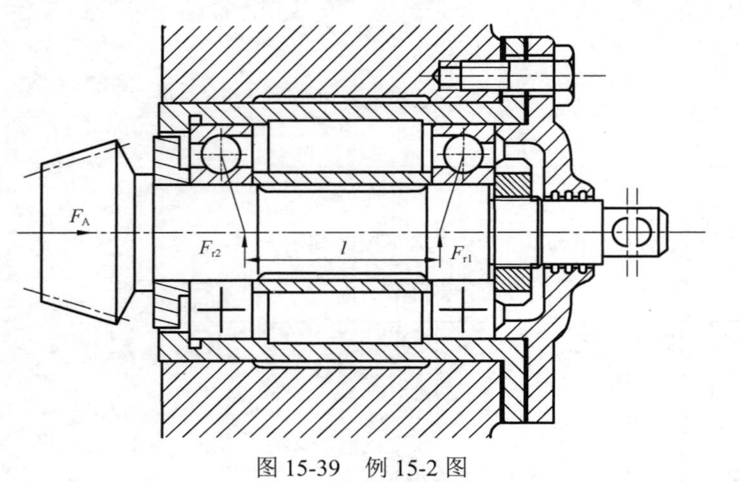

图 15-39 例 15-2 图

**例 15-2** 一传动装置中的圆锥齿轮欲采用一对角接触球轴承支承，结构如图 15-39 所示，设两轴承的径向载荷分别为 $F_{r1}=1000$N，$F_{r2}=2100$N，轴向外载荷 $F_A=850$N，轴承转速 $n=5000$r/min，工作中有中等冲击，预期轴承使用寿命 $L_h=2000$h。试选择轴承型号。

**解**　见表 15-14。

表 15-14　例 15-2 解表

| 步骤 | 计算公式和说明 | 结果 |
|---|---|---|
| (1) 画受力图<br>选轴承类型 | 轴向力与径向力之比相对较大 | 图 15-40<br>选 70000AC 型 |
| (2) 计算轴向载荷<br>①内部轴向力 $S_1$、$S_2$<br>②轴向力平衡判断<br>③轴向载荷 $F_{a1}$<br>④轴向载荷 $F_{a2}$ | $S_1=0.68F_{r1}=0.68\times1000$，$S_2=0.68F_{r2}=0.68\times2100$<br>$F_A+S_2=850+1428>S_1=680$<br>$F_{a1}=F_A+S_2=850+1428$<br>$F_{a2}=S_2=1428$ | $S_1=680\text{N}$，$S_2=1428\text{N}$<br><br>$F_{a1}=2278\text{N}$<br>$F_{a2}=1428\text{N}$ |
| (3) 计算当量动载荷 $P_{r1}$<br>①冲击载荷系数 $f_p$<br>②轴承 1 径向动载荷系数 $X_1$、$Y_1$<br>③轴承 2 径向动载荷系数 $X_2$、$Y_2$<br>④当量动载荷 $P_{r1}$<br>⑤当量动载荷 $P_{r2}$ | 见表 15-8<br>$\frac{F_{a1}}{F_{r1}}=\frac{2278}{1000}=2.28>e=0.68$，见表 15-8<br>$\frac{F_{a2}}{F_{r2}}=\frac{1428}{2100}=0.68=e$，见表 15-8<br>$P_{r1}=(X_1F_{r1}+Y_1F_{a1})f_p=(0.41\times1000+0.87\times2278)\times1.5$<br>$P_{r2}=X_2F_{r2}f_p=1\times2100\times1.5$ | $f_p=1.5$<br>$X_1=0.41$<br>$Y_1=0.87$<br>$X_2=1$<br>$Y_2=0$<br>$P_{r1}=3588\text{N}$<br>$P_{r2}=3150\text{N}$ |
| (4) 选择轴承<br>①预期寿命 $L_{10}$<br>②所需 $C_r$ 值<br>③选轴承 | $L_{10}=\frac{60n}{10^6}L_h=\frac{60\times5000}{10^6}\times2000$<br>$C_r=PL^{\frac{1}{\varepsilon}}=P_{r1}L^{\frac{1}{3}}=3588\times600^{\frac{1}{3}}$<br>参见《机械设计手册》 | $L_{10}=600$<br>$C_r=30263\text{N}$<br>7307AC<br>$C_r=32800\text{N}$ |

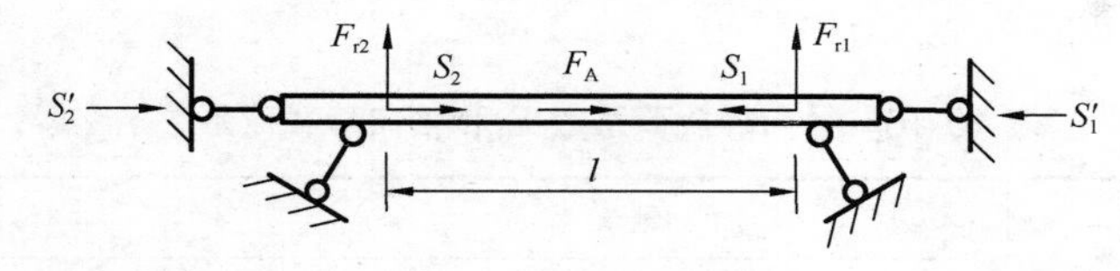


图 15-40　受力简图

# 15.9　滚动轴承的静载荷计算

对于工作在基本静止、缓慢摆动或转速极低状态下的滚动轴承，必须考虑它们是否具有足够的静承载能力，即应按基本额定静载荷来选择轴承尺寸，计算公式为

$$C_0 \geqslant S_0P_0 \tag{15-34}$$

式中，$C_0$ 为基本额定静载荷，N；$S_0$ 为安全系数，见表 15-15；$P_0$ 为当量静载荷，N；当量静载荷是指在最大受载滚动体与滚道接触中心处，引起与实际载荷状态具有相当接触应力的径向静载荷。当量静载荷用 $P_0$ 表示，计算公式如下。

表 15-15 安全系数 $S_0$

| 轴承类型 | 使用要求或负荷性质 | $S_0$ |
|---|---|---|
| 旋转轴承 | 对旋转精度和平稳运转的要求较高，或承受强大冲击载荷 | 1.2～2.5 |
| | 正常使用 | 0.8～1.2 |
| | 对旋转精度和平稳运转的要求低，或是基本消除了冲击和振动 | 0.5～0.8 |
| 静止轴承以及缓慢摆动或转速极低的轴承 | 飞机变距螺旋桨叶片 | ≥0.5 |
| | 水坝闸门装置 | ≥1 |
| | 吊桥 | ≥1.5 |
| | 附加动载荷较小的大型起重机吊钩 | ≥1 |
| | 附加动载荷很大的小型装卸起重机吊钩 | ≥1.6 |
| 推力轴承(无论旋转与否) | | ≥2 |

对向心轴承，取下列两式计算结果中的较大值：

$$P_0 = X_0F_r + Y_0F_a \tag{15-35}$$

$$P_0 = F_r \tag{15-36}$$

对 $\alpha = 90^\circ$ 的推力轴承，有

$$P_0 = F_a \tag{15-37}$$

对 $\alpha \neq 90^\circ$ 的推力轴承，有

$$P_0 = 2.3F_r\tan\alpha + F_a \tag{15-38}$$

式中，$F_r$ 和 $F_a$ 分别代表作用于轴承上的径向载荷与轴向载荷，N；$X_0$ 和 $Y_0$ 分别为径向静载荷系数和轴向静载荷系数，见表 15-16。

表 15-16 径向静载荷系数 $X_0$ 和轴向静载荷系数 $Y_0$

| 轴承类型 | | 单列轴承 | | 双列轴承 | |
|---|---|---|---|---|---|
| | | $X_0$ | $Y_0$ | $X_0$ | $Y_0$ |
| 深沟球轴承 | | 0.6 | 0.5 | 0.6 | 0.5 |
| 角接角球轴承 | 15° | 0.5 | 0.46 | 1 | 0.92 |
| | 20° | | 0.42 | | 0.84 |
| | 25° | | 0.38 | | 0.76 |
| | 30° | | 0.33 | | 0.66 |
| | 35° | | 0.29 | | 0.58 |
| | 40° | | 0.26 | | 0.52 |
| | 45° | | 0.22 | | 0.44 |
| 调心球轴承 $\alpha \neq 0^\circ$ | | 0.5 | $0.22\cot\alpha$ | 1 | $0.44\cot\alpha$ |
| 调心滚子轴承 | | 0.5 | $0.22\cot\alpha$ | 1 | $0.44\cot\alpha$ |
| 圆锥滚子轴承 | | 0.5 | $0.22\cot\alpha$ | 1 | $0.44\cot\alpha$ |

注：①对于中间接触角的 $Y_0$ 值，用线性插值法求取；

②表中各项 $Y_0$ 值也可根据轴承型号在手册中直接查取。

## 15.10　滚动轴承的选型设计

在机械设计中选用轴承，应先根据轴承所承受载荷的大小、方向和性质，轴承转速的高低，轴承装置的结构，装配条件和经济性等因素，选择轴承类型，然后确定它的尺寸。轴承类型选择需要考虑主要因素如下。

**1. 轴承所承受载荷的大小、方向和性质**

(1) 在同样外廓尺寸条件下，线接触的滚子轴承一般比点接触的球轴承承载能力高、抗冲击能力强。因此，载荷轻而平稳时，宜用球轴承；载荷大、有冲击时则宜选用滚子轴承。

(2) 轴承承受纯径向载荷时，一般选用向心轴承；轴承承受纯轴向载荷时，一般选用推力轴承。

(3) 轴承同时承受径向载荷与轴向载荷时，一般应考虑两者相对比值的大小。若轴向载荷相对较小，可用深沟球轴承或小接触角的角接触球轴承；当轴向载荷相对较大时，可选用大接触角的角接触球轴承或圆锥滚子轴承；或者用向心轴承与推力轴承的组合结构来分别承受径向载荷与轴向载荷，如图 15-44(c) 所示。

**2. 轴承的工作转速**

各类轴承都有其适用的转速范围。每一轴承的极限转速值均列于轴承手册之中，一般应使所选用轴承的工作转速不超过该轴承的极限转速。

(1) 在尺寸、公差等级相同时，通常球轴承比滚子轴承有较高的极限转速，高速时应优先选用球轴承。

(2) 在轴承内径相同情况下，较小外径尺寸的轴承比较大外径尺寸的轴承更适合于在高转速下工作。较大外径尺寸的轴承宜用于低速、重载的场合。

(3) 推力轴承的极限转速较低，不能在高速下工作。若纯轴向载荷不大而转速较高时，可考虑选用深沟球轴承或角接触球轴承来承受纯轴向载荷。

(4) 当工作转速超过了轴承规定的极限转速时，可以选用公差等级较高的轴承，或者采用适当地加大轴承径向游隙、选用油雾润滑、加强对润滑油的冷却等措施以改善轴承的高速性能。

**3. 轴承的调心性能要求**

由于加工、装配误差和受力变形等，工作中的轴不可避免地要产生偏斜或弯曲变形，造成轴承内、外圈轴线相对倾斜，使轴承转动条件恶化。对此，圆柱滚子轴承最敏感，而调心轴承则有较强的适应性，如图 15-29 所示。因此，在支承跨距大、轴刚性差、多支点、轴承座分别独立安装等场合，应尽量选用调心轴承。

**4. 经济性**

与滚子轴承相比，球轴承因容易制造而价格较低，所以，只要能满足基本工作要求，应优先选用球轴承。另外，同型号不同公差等级的轴承，价格差别很大。若以/P0 级轴承价格为 1 来计，则/P6、/P5、/P4、/P2 级轴承的价格分别为 1.8、2.3、7、10。因此，选用轴承时，应避免盲目地追求高等级。

**5. 轴承的装拆**

便于装拆也是选择轴承类型时应考虑的一个因素。例如，整体轴承座孔中的轴承，必须沿轴向装拆，应优先选用内、外圈可分离的轴承。

此外，轴承类型的选择还应考虑轴承装置的整体设计要求。具体内容可参阅 15.11 节。总体上，轴承的选型是一个系统性工作，不仅仅局限于轴承本身。在已知使用工况及要求的前提下，轴承选型设计的一般性步骤可参见图 15-41。

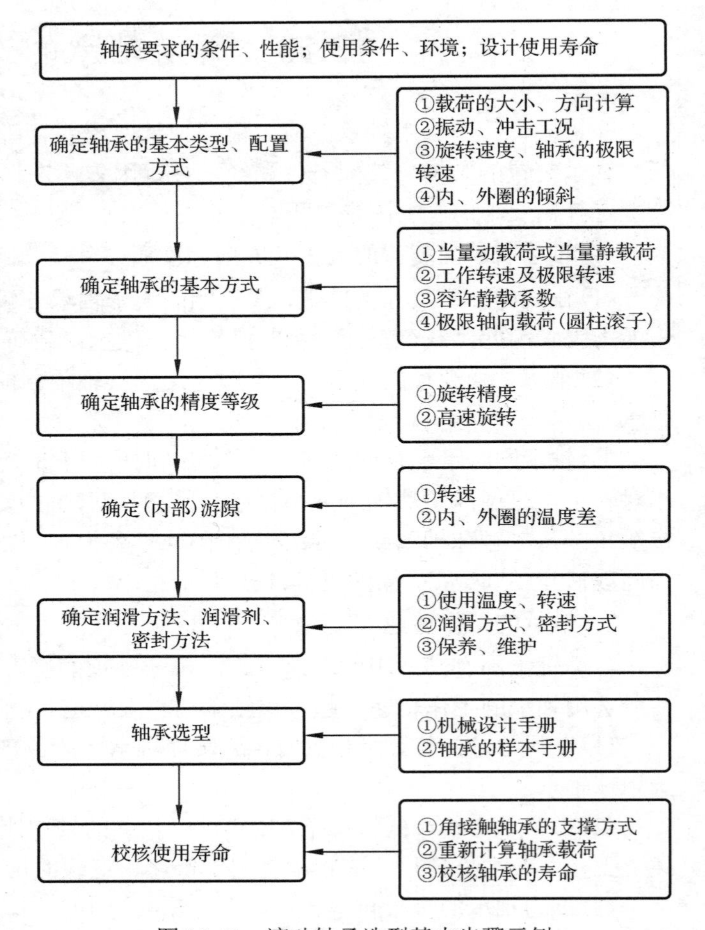


图 15-41　滚动轴承选型基本步骤示例

首先，明确轴承的使用条件、寿命、性能要求，然后进入选型设计流程，简述如下。

第一步确定轴承的基本类型及配置条件。主要是初步计算轴承的载荷和转速，振动、冲击工况系数，以及轴承是否存在内外圈的偏斜等。例如，在承受很大轴向载荷的情况下，需要选择角接触或圆锥滚子类轴承。

第二步确定轴承的基本尺寸。根据轴承当量动载荷或静载荷、转速等条件，并结合已确定的轴承基本类型及配置条件，查轴承产品手册获得轴承的内外直径、宽度等基本尺寸。

第三步确定轴承的精度等级。依据已确定的轴承转速及回转支承的精度要求，确定轴承的精度等级。

第四步确定轴承的游隙。主要考虑高速轴承长期运转引起的发热效应，需要计算内外圈的温差，进而获得高温下游隙的变化量。

第五步确定润滑方法、润滑剂、密封方法。主要考虑轴承正常工作环境温度、转速，一般高速情况下宜采用油润滑，高温工况下甚至需要考虑特殊耐高温的润滑油；润滑方法的选择除了考虑工况要求，还需要考虑使用及维护需求，如高温高速宜采用强制润滑加回油冷却，而在一些精确润滑要求下，宜采用更为先进的油气润滑。

第六步轴承选型。根据上述确定的轴承基本参数，选择同时满足上述条件的轴承型号，同时要求选择具有一定冗余度。

第七步轴承寿命校核。根据选定型号的轴承尺寸及配置方式，重新计算轴承的载荷，校核轴承的使用寿命。这里主要涉及双列、角接触类轴承的情况。

# 15.11　轴承装置的结构设计

与机器中的所有其他零件一样，工作中的轴承并不是孤立的。因此，为了保证滚动轴承正常工作，除了正确选择轴承类型和尺寸外，还必须合理地设计相关结构即轴承装置。轴承装置设计中考虑的主要问题包括：正确选择轴承组合支承结构；轴承的安装、固定、调整和拆卸；选择轴承的配合；确保轴承的良好润滑和密封等。上述问题中，任何一方面考虑不周或处理不当，都会给轴承运转造成不利影响。

## 15.11.1　滚动轴承组合支承结构

一般情况下，一根轴需要两个支点，每个支点使用一个或一个以上的轴承来支承。滚动轴承的组合支承结构必须满足轴系的轴向准确、可靠定位，并要考虑轴在工作中有热伸长时不会在轴承上额外增加过大的轴向载荷。典型的结构形式有三种。

**1. 两端单向固定**

如图 15-42 所示，轴系两端的深沟球轴承依靠轴肩和轴承端盖各自限制轴的一个方向的轴向移动来保证轴系的双向定位，这种支承结构称为两端单向固定。为了防止轴承因轴的受热伸长而被卡死，轴承外圈和端盖之间需预留 0.2～0.3mm 的轴向间隙(间隙很小，图中不必画出；间隙过大，会使轴产生较大的轴向窜动，还会使角接触轴承的工作条件大为恶化)。当轴向力较大时，两端的轴承可选用成对使用的角接触球轴承或圆锥滚子轴承，如图 15-36、图 15-43 所示。

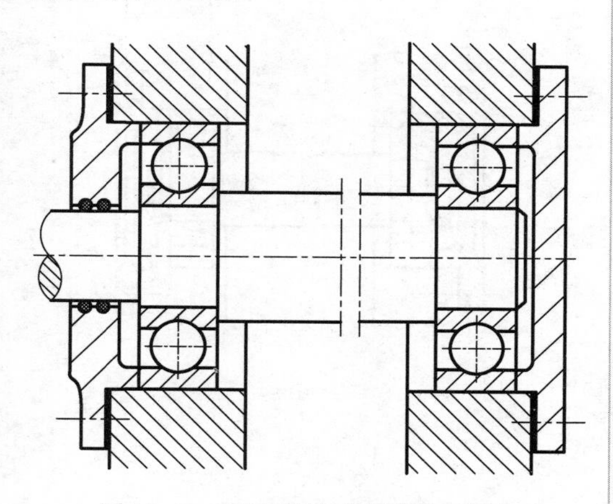

图 15-42　深沟球轴承两端单向固定

这种组合支承结构简单，轴向固定可靠。但由于轴承中预留间隙很小，只适用于轴承支点跨距较小、工作温度变化不大的场合。

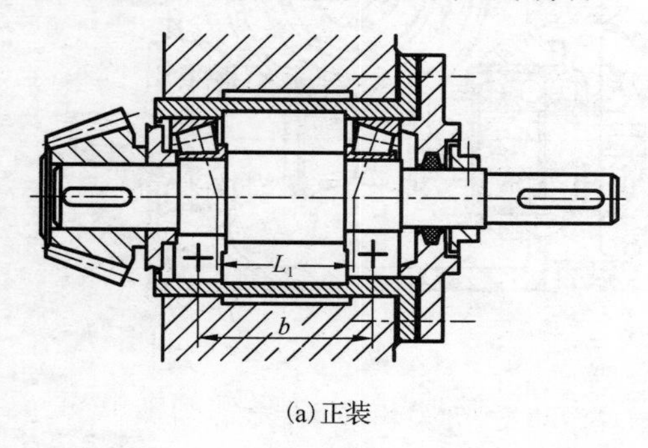


(a) 正装

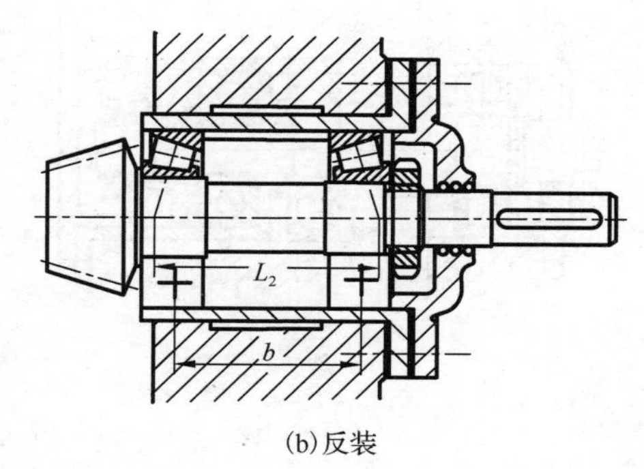


(b) 反装

图 15-43　圆锥滚子轴承两端单向固定

**2. 一端双向固定、另一端游动**

对于支承跨距大、工作温度高的轴，由于轴受热伸长量较大，宜采用一端双向固定，另一端游动的支承结构，以便给轴留出轴向自由伸缩的余地，防止轴承被卡住。在这种支承结构中，作为固定支承的一端，应能承受双向轴向载荷，因此，轴承的内、外圈都要轴向固定。而在游动端，通过使不可分离轴承的外圈相对座孔移动或使可分离轴承的内、外圈之间相对移动实现轴的自由伸缩。不可分离轴承的内圈要进行双向轴向定位以免松脱，而外圈则要留出游动空间。对于可分离轴承，内外圈都要固定，参见图 15-44。

图 15-44(a)中的游动端，轴承内圈用轴肩和弹性挡圈双向轴向固定，外圈两端都不固定，且外圈与座孔配合较松；图 15-44(b)利用圆柱滚子轴承内、外圈间的轴向可分离实现游动，故内、外圈均需要双向固定；图 15-44(c)中的固定端，采用双向推力球轴承与深沟球轴承相组合，可承受较大的轴向载荷；图 15-44(d)中的固定端，采用成对安装相同型号角接触球轴承的结构，可通过预紧来加强支承刚度，并可承受较大的轴向载荷。

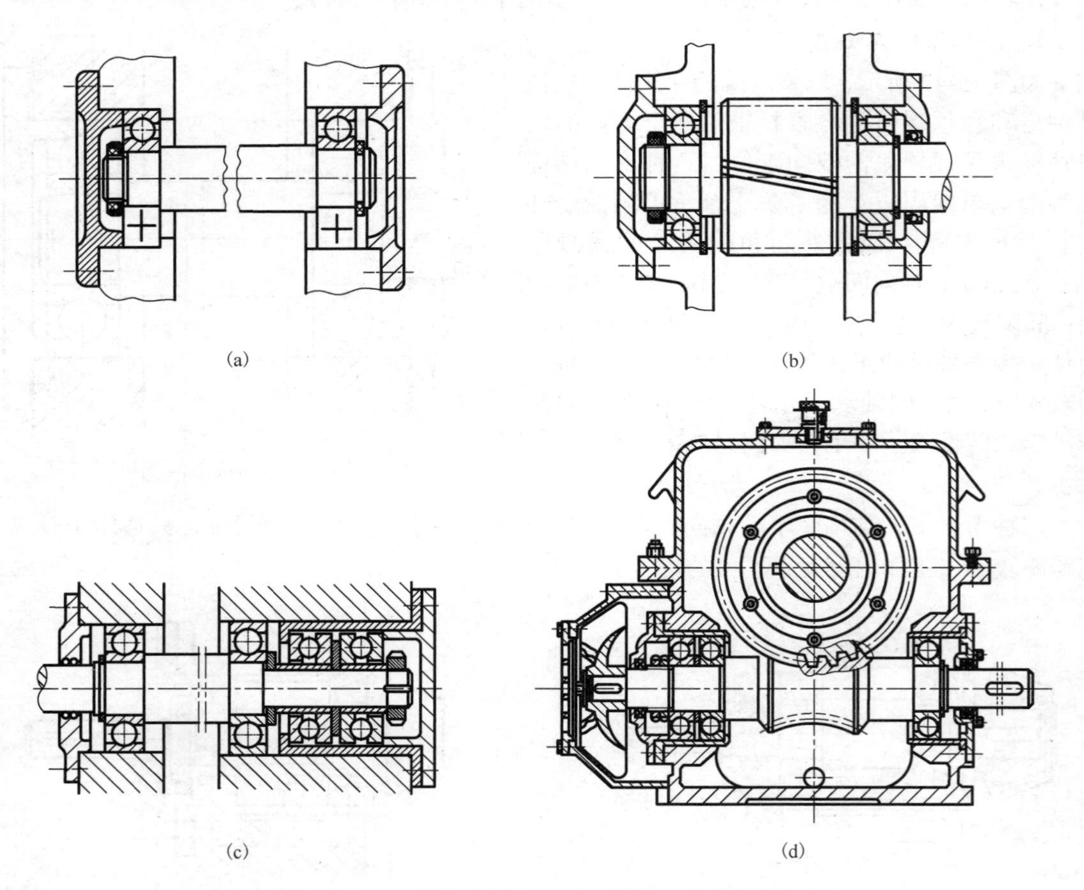

15-44(a)

图 15-44 一端双向固定、另一端游动式支承结构

### 3. 两端游动

两端游动是为了某种特殊需要而采用的支承结构。例如，图 15-45 中用于“人”字齿轮传动中小齿轮轴的支承形式。大齿轮轴采用两端单向固定式并通过啮合本身的相互限位作用保证了小齿轮的轴向位置，同时可防止因加工误差而导致啮合传动时齿轮卡死。为此，使较轻的小齿轮轴的支承沿轴向完全游动，则可以自动调节其啮合位置，并可使“人”字齿轮左、右两侧受力均匀。

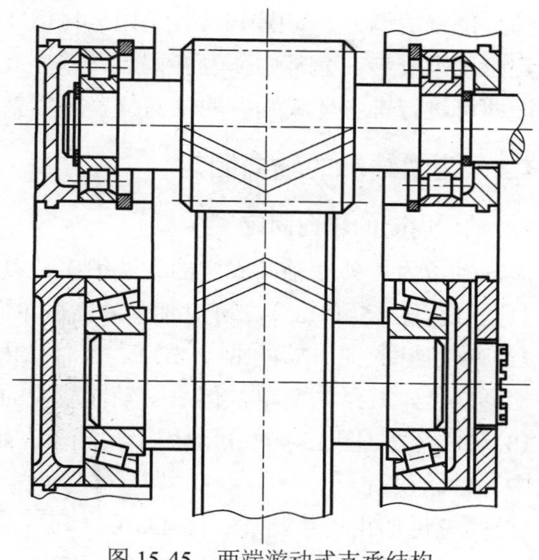

图 15-45　两端游动式支承结构

## 15.11.2　轴承游隙及轴上零件位置的调整

轴承装入座孔后，需进行内、外圈轴向相对位置的调整，以便保证轴承的正常游隙；另外有些零件的轴向位置需要仔细调整才能满足对位要求。例如，图 15-46 中的锥齿轮、图 15-44(d)中的蜗杆等均有正确的啮合位置要求。

图 15-43(a)、图 15-44(c)、(d)利用端盖下的调整垫片调节轴承游隙，操作方便。垫片由软钢或铜皮制成，有不同厚度，根据测量结果，将不同厚度的垫片叠至需要厚度，装入端盖与箱体之间，获得预期的轴向位置。图 15-43(b)利用圆螺母调节轴承游隙，操作上不甚方便，且对轴的强度有削弱。但与图 15-43(a)相比，在支承跨距 $b$ 相同的条件下，轴承合力中心间的距离 $l_2$ 比 $l_1$ 大，因而缩短了锥齿轮的悬臂长度，支承刚度增大，有利于齿轮啮合。

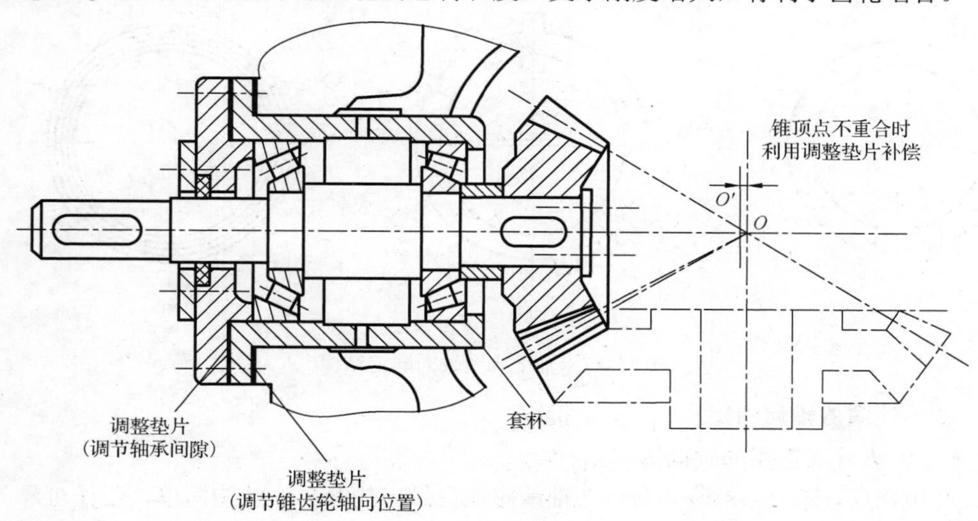


图 15-46　锥齿轮啮合位置的调整

啮合位置的调整，如图 15-46、图 15-44(d)所示，为了调整锥齿轮、蜗杆的啮合位置，将轴向定位轴承安装在套杯中，套杯则装在箱座孔中。利用增减套杯与箱体间的一组调整垫片的厚度即可进行锥齿轮或蜗杆的轴向位置的调整。

### 15.11.3 滚动轴承的轴向固定

**1. 轴承内圈的轴向固定**

滚动轴承内、外圈轴向固定的方法很多，以下是轴承内圈常用的轴向固定结构。

(1) 轴肩(图 15-47(a))。可对轴承内圈做单向轴向固定。

(2) 弹性挡圈(图 15-47(b)、(f))。在轴承内圈一侧用轴肩进行轴向定位后，另一侧可用弹性挡圈定位。其结构简单，但承受轴向载荷的能力较小，且轴的转速不宜过高。

(3) 轴端压板(图 15-47(c))。用于轴端车制螺纹有困难、轴颈直径较大的轴端固定，它能承受中等轴向载荷。

(4) 圆螺母加止动垫圈(图 15-47(d)、(g))。轴承内圈的一侧用轴肩定位，另一侧用圆螺母锁紧。这种装置结构简单、装拆方便，但轴上要加工螺纹，会引起应力集中。

(5) 轴向开缝的锥形套筒(图 15-47(e)、(h))。可将轴承内圈用圆螺母紧固到光轴上的任意位置。此法需用具有锥形孔的特殊结构的轴承，主要用于转速不高、轴向载荷不大的调心轴承的双向固定。

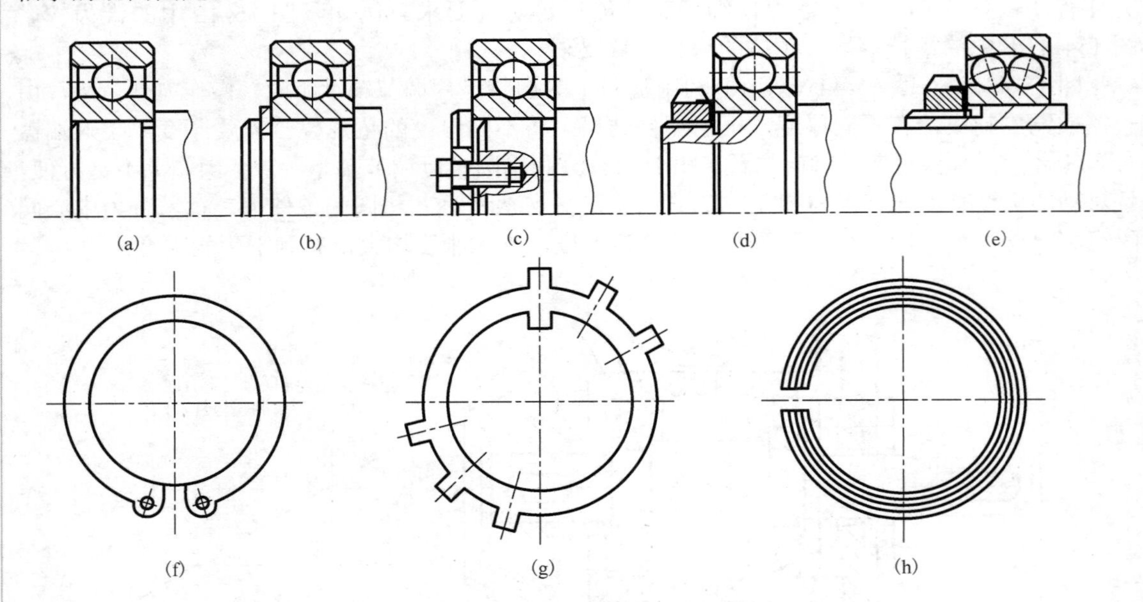


图 15-47 轴承内圈轴向固定结构

**2. 轴承外圈的轴向固定**

以下是轴承外圈常用的轴向固定结构。

(1) 孔用挡肩(图 15-48(a)、(c))。轴承座孔内做出的凸台，结构简单，工作可靠，用于不宜使用端盖的场合；径向尺寸小，能承受较大轴向载荷，但轴承座孔不能开通，镗孔不方便。

(2) 轴承端盖(图 15-48(b)、(e))。各种轴承都可使用，端盖可做成多种形状，用于防止轴承单向移动，轴承座孔加工方便，结构简单，调节方便。

(3) 弹性挡圈(图 15-48(g))。结构简单，装拆方便，占用空间小，多用于向心轴承。

(4) 外圈带止动槽和止动环(图 15-48(f))。结构简单，轴向尺寸小，座孔不需要加工出凸台。

(5) 套杯挡肩(图 15-48(d))。座孔可开成通孔，轴上零件可在箱座外装好，然后一起装入座孔中，利用垫片还可调节轴系的轴向位置，因而装配工艺性好。

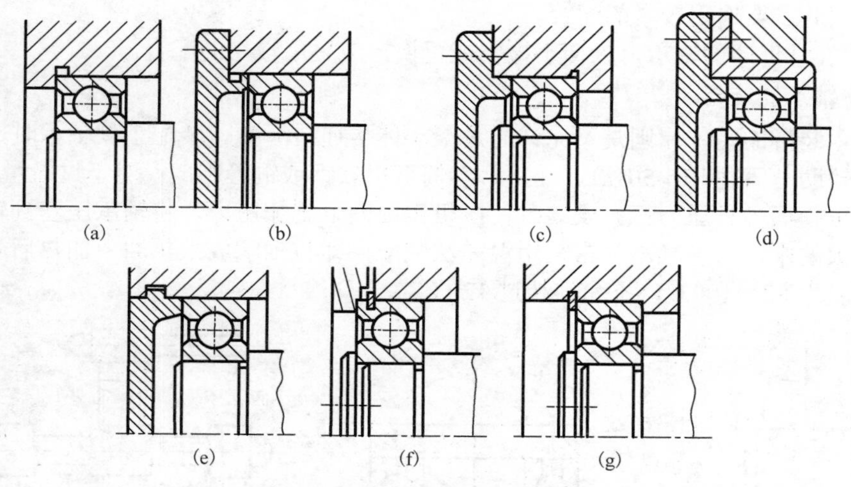


图 15-48 轴承外圈轴向固定结构

## 15.11.4 滚动轴承的配合与装拆

### 1. 滚动轴承的配合

滚动轴承装于机器中，要靠内圈与轴及外圈与座孔的配合来保证其周向固定；同时，径向游隙的大小也可通过配合的松紧来调整。所以对轴承的内、外圈都要规定适当的配合。

滚动轴承是由专门工厂生产的标准件，不允许进行任何加工，与相关零件配合时，内孔是基准孔、外圆柱是基准轴。所以轴承与轴的配合采用基孔制、与座孔的配合采用基轴制。但滚动轴承公差带与一般圆柱面配合基准不同，轴承内孔和外圆的上偏差为 0，下偏差为负值(图 15-49)，所以内圈与轴配合较紧，而外圈与座孔的配合较松。

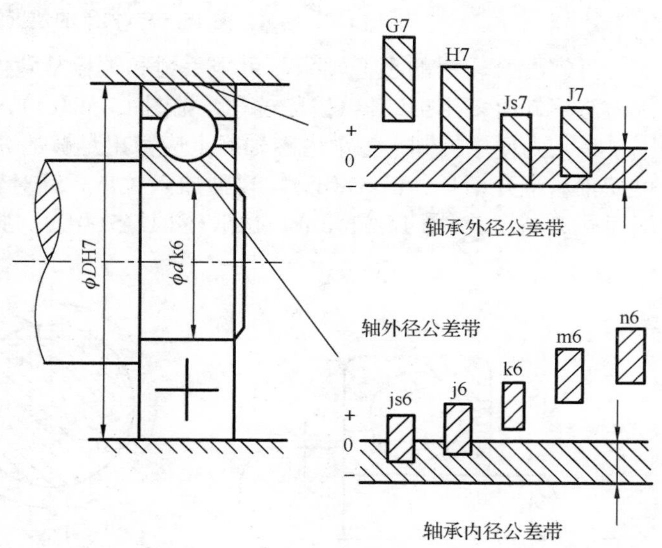


图 15-49 滚动轴承的配合

轴承配合的选择应根据轴承的类型和尺寸、载荷的大小、方向和性质、转速高低、工作温度以及内、外圈中哪一个套圈转动等因素来决定。在一般情况下，下列原则可供选择配合时参考。

(1) 当内圈转动，外圈固定时，内圈与轴颈之间应选具有一定过盈的配合，如 n6、m6、k6、j6；外圈与座孔之间选较松的配合，如 G7、H7、J7、K7、M7 等。

(2) 转速越高，载荷越大，冲击振动严重时，转动套圈采用的配合应紧些；反之，可选较松的配合。

(3) 轴承装在空心轴上时，由于空心轴比实心轴的收缩变形量大，配合表面间的连接强度相对下降，因此，要选用较紧的配合。

(4) 需要经常拆卸的轴承，为便于检修或更换，应采用较松的配合。

**2. 滚动轴承的装拆**

滚动轴承装拆的基本原则是不允许通过滚动体传递装拆力。装配小型轴承时，可使用手锤与简单的辅助套筒(图 15-50(a)、(b))，套筒可用软钢或铜管制成；对于过盈量较大的中、小型轴承，可使用各种压力机。安装时，压机在内圈上施加压力，将轴承压套到轴颈上；对于过盈量较大的中、大型轴承，常采用温差法装配，即将轴承放入热油中加热后套入轴颈。加热温度一般为 80～100℃，不允许超过 120℃。

(b)
(c)
15-50

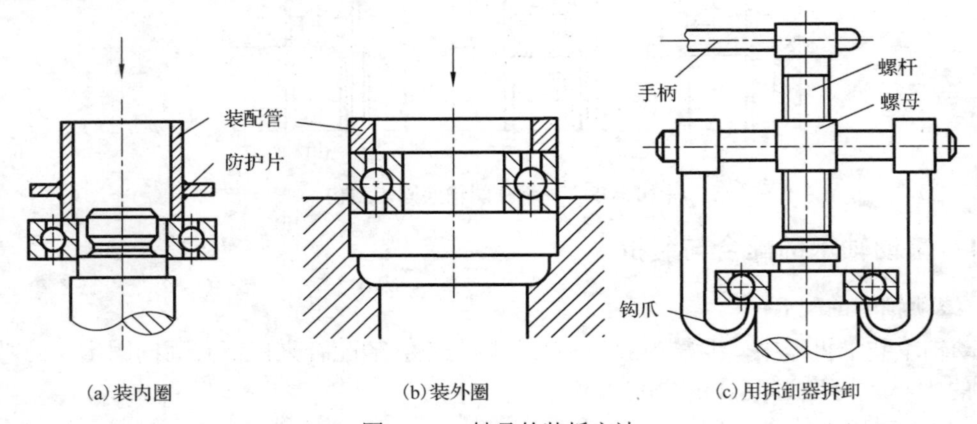

(a) 装内圈　(b) 装外圈　(c) 用拆卸器拆卸

图 15-50　轴承的装拆方法

拆卸配合较松的小型轴承，可用手锤和铜棒从背面沿轴承内圈四周将轴承轻轻敲出。用压力法拆卸时多用拆卸器(俗称拉马，见图 15-50(c))，它是用 2～3 个拉爪，钩住轴承内圈拆下轴承。为便于拆卸，轴承内圈轴肩上应留出足够的高度，如图 15-51(a)所示。若高度不够，可在轴肩上开槽(图 15-51(b))，以便放入拉爪。针对轴承外圈的拆卸也可以利用轴承外圈与端盖孔的高度差(图 15-51(c))、拉爪(图 15-51(d))、拆卸螺钉(图 15-51(e))等方式进行。

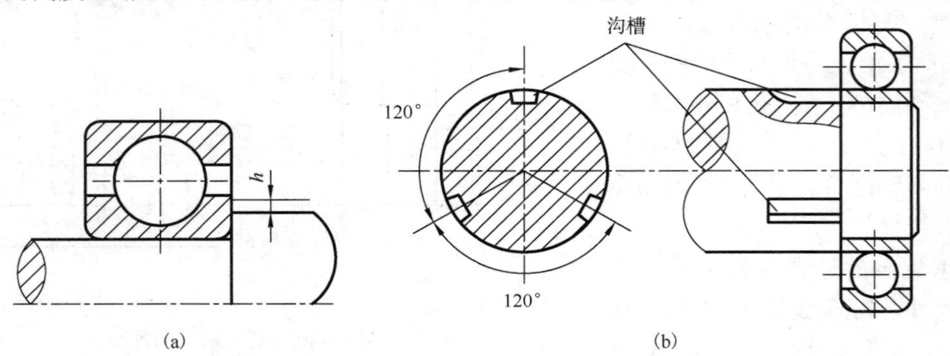

(a)　(b)

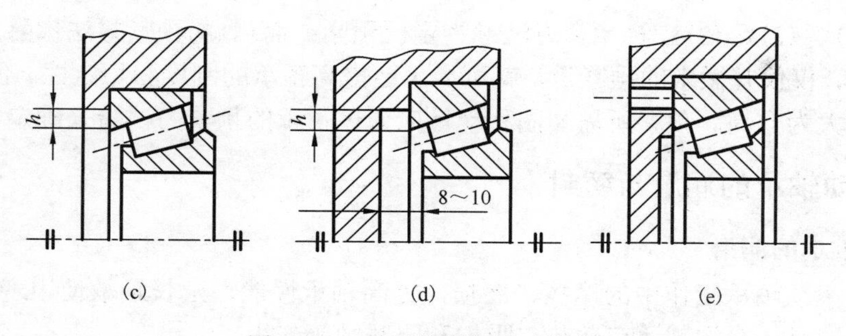

(c) (d) (e)

图 15-51 轴承的拆卸尺寸要求

### 15.11.5 滚动轴承的预紧

滚动轴承内部的滚动体与滚道之间留有间隙，称为游隙。预紧就是在轴承安装时，用各种方法预先使滚动体与内、外圈滚道间相互压紧，让轴承在负游隙下工作。预紧能增加轴承刚度、减少支承变形；提高轴承旋转精度、减小振动；延长轴承寿命。尤其是在一个支点成对使用深沟球轴承或向心角接触轴承时，预紧后能较大地提高支承刚度。常用的预紧方法如下。

(1) 螺纹端盖推压轴承外圈(图 15-52(a))进行预紧。这种方法主要用于圆锥滚子轴承。螺纹端盖安装后，需要有防松措施。

(2) 在一对轴承的内、外圈中间，装入长度不等的套筒来预紧(图 15-52(b))。预紧力的大小可通过两套筒的长度差来控制，轴承预紧后刚度较大。

(3) 将一对轴承的外圈一侧端面磨去一些，或在内圈端面间加装金属垫片来实现预紧(图 15-52(c))。

(4) 用弹簧推压轴承外圈(图 15-52(d))进行预紧。这种方法可获得较稳定的预紧力。

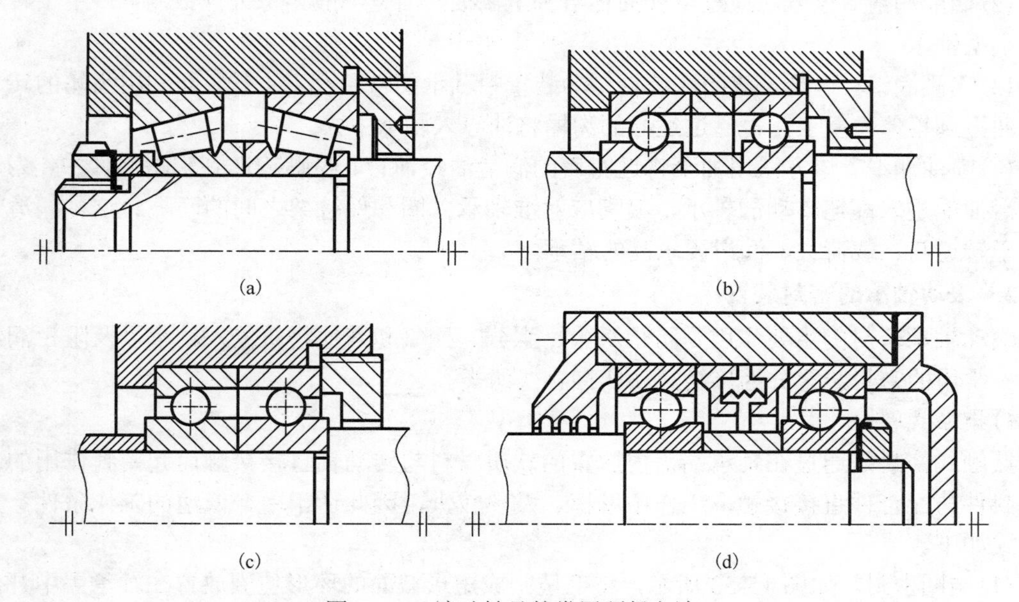
(a) (b) (c) (d)

图 15-52 滚动轴承的常用预紧方法

通常将(1)、(2)、(3)三种预紧方法称为定位预紧；而(4)的预紧方法称为定压预紧。

实践表明，仅仅几微米的预紧量，就可显著地提高轴承的刚度和稳定性。但若预紧过度，则工作温度会大为升高。预紧所需套圈移动量应通过轴承的预紧力试验来确定。

### 15.11.6 滚动轴承的润滑与密封

**1. 滚动轴承的润滑**

为了减少滚动轴承工作中的摩擦、磨损，提高轴承性能，延长轴承使用寿命，必须对轴承进行润滑。同时，润滑剂还有散热、吸振和防锈蚀等作用。

滚动轴承常用的润滑方式有油润滑和脂润滑两种。在某些特殊环境(如高温、真空)条件下，也可采用固体润滑剂润滑。润滑方式的选用与轴承的速度有关，一般用速度因素 $dn$ 值($d$ 为滚动轴承内径，mm；$n$ 为轴承转速，r/min)表示轴承速度大小。通常，当 $dn<(2\sim3)\times10^5\text{mm}\cdot\text{r/min}$ 时，可采用脂润滑或黏度较高的油润滑。

脂润滑结构简单，便于密封，油膜强度高，不易流失，有一定的防止水、气、灰尘及其他有害杂质侵入轴承的能力，因此在一般情况下得到广泛应用。但润滑脂黏度大，高速时发热严重，故适于在速度低时采用。轴承载荷大、$dn$ 值小时，可选针入度小的润滑脂，反之，应选针入度较大的润滑脂。

油润滑的优点是可用于重载、高速、高温场合。润滑油的主要性能指标是黏度。轴承所受载荷越大，工作温度越高，应选用黏度越高的润滑油。而轴承的转速越高，$dn$ 值越大，则应选用黏度越低的润滑油。油润滑的常用方法如下。

(1)油浴润滑。轴承的一部分浸在润滑油中，旋转的轴承零件将润滑油带起后再流回油池中。当轴承静止时，油面应保持在最低滚动体的中心处。由于搅动油液会造成摩擦、发热，故该方法只适于低、中速轴承的润滑。

(2)滴油润滑。该方法通过可视油杯给轴承滴油，油量一般为每分钟数滴，多用于转速较高的小型轴承。

(3)飞溅润滑。这是一般闭式齿轮传动装置中轴承的常用润滑方法，即利用齿轮的转动将润滑油甩到箱体内壁上，再通过适当的沟槽将油导入轴承中去。

(4)喷油润滑。该方法用油泵将过滤后的润滑油经油管、喷嘴输送到轴承部件中，为了保证润滑油能进入高速转动的轴承，喷嘴应对准轴承内圈和保持架之间的间隙。这种润滑方法适用于转速高、载荷大、润滑要求高的轴承。

**2. 滚动轴承的密封装置**

滚动轴承密封的主要作用是防止灰尘、水分、酸气和其他物质侵入轴承以及阻止润滑剂漏失。常用的密封装置分为接触式和非接触式两类。

**1)接触式密封**

接触式密封是通过在轴承端盖内放置的软质材料与转动轴直接接触而起密封作用的。由于密封件与配合件直接接触，工作中摩擦、发热较大，因此适于中、低速的工作条件。其常用形式如下。

(1)毡圈密封。如图 15-53 所示，将毛毡制成矩形截面的环形毡圈放置在轴承盖中开出的梯形槽内(图 15-53(a))或者在轴承盖端面加工出梯形缺口放入毡圈后用压盖压住以便调整毡圈与轴的密合程度(图 15-53(b))。这样，通过毡圈与轴颈密切接触就可实现密封。这种密封主要用于脂润滑的场合，它结构简单，加工安装方便，但摩擦力较大，一般只适用于轴颈圆周速度不超过 4～5m/s 的地方。若采用细质毛毡配以抛光轴颈，圆周速度可提高到 7～8m/s。

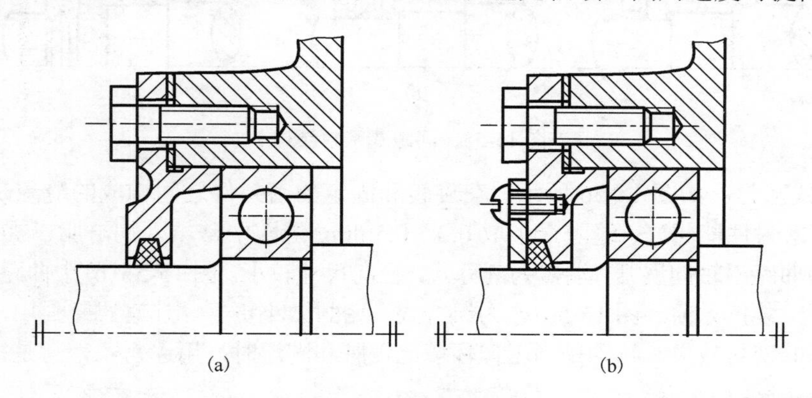


图 15-53 毡圈密封结构

(2)唇形密封圈密封。如图 15-54 所示，将耐油橡胶制成的唇形密封圈放入轴承端盖中，用环形螺旋弹簧压紧唇部，使之与轴颈密切接触。橡胶密封圈是标准件，分为无金属骨架(图 15-54(a)、(b))和有金属骨架(图 15-54(c))两种，安装方便，易于更换，密封效果比毡圈好。这种密封既可用于脂润滑也可用于油润滑，所允许的圆周速度与密封圈材料性能有关，一般适用于轴颈圆周速度≤8～10m/s。轴颈精加工后，所允许的圆周速度可达 15m/s。唇形密封圈的密封唇应朝向主要密封对象。图 15-54(a)中唇朝外，主要是防灰尘；图 15-54(c)中唇向内，主要是防漏油；图 15-54(b)中背靠背安装两个密封圈，可达到双重目的。

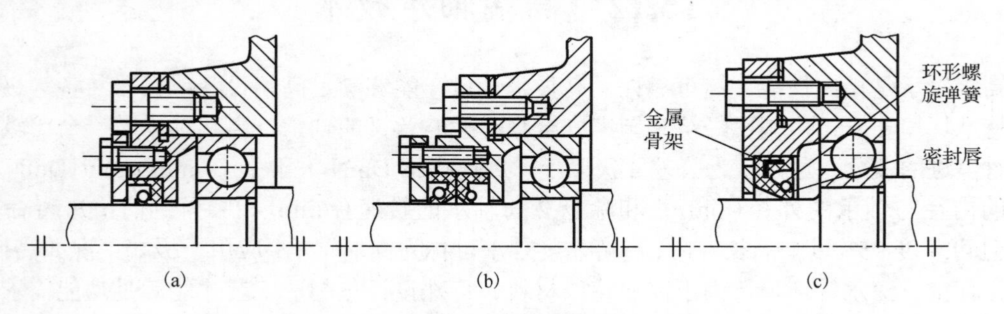


图 15-54 唇形密封圈密封结构

**2)非接触式密封**

密封装置中的相对运动件不接触，避免了接触式密封的摩擦、发热和磨损，适用于高速、高温场合。常用的非接触式密封有以下几种。

(1)间隙式密封。如图 15-55 所示，图 15-55(a)在轴颈与端盖孔之间仅留出极窄的缝隙，半径间隙通常为 0.1～0.3mm。它只适用于脂润滑，密封效果较差；图 15-55(b)则进一步在端盖孔中加工出环形沟槽，在沟槽内填充润滑脂，可提高密封效果；图 15-55(c)在轴上车出尖状槽环，用于油润滑时，可以将欲向外流的润滑油沿径向甩出，飞入端盖中的集油腔内再经过油孔流回轴承腔，密封效果较好。

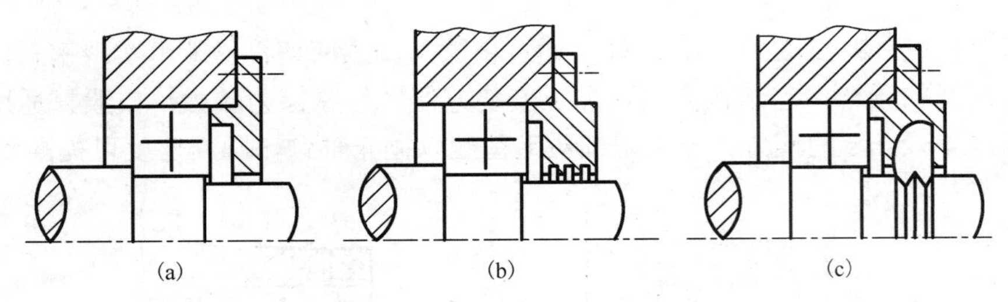


图 15-55 间隙式密封结构

(2)迷宫式密封。如图 15-56 所示，在旋转和固定的密封件之间构成的缝隙是曲折的，曲折次数越多，密封性能越好。缝隙最小取 0.2～0.5mm。缝隙中常填入润滑脂以提高密封效果。图 15-56(a)中曲路沿轴向展开，端盖为剖分式，径向尺寸较小。图 15-56(b)中曲路沿径向展开，端盖不需剖分，装拆方便。图 15-56(c)为组合式，密封效果更好。迷宫式密封用于脂润滑和油润滑都有较好的密封效果，特别是当工作环境比较脏和潮湿时，用迷宫式密封是很可靠的。

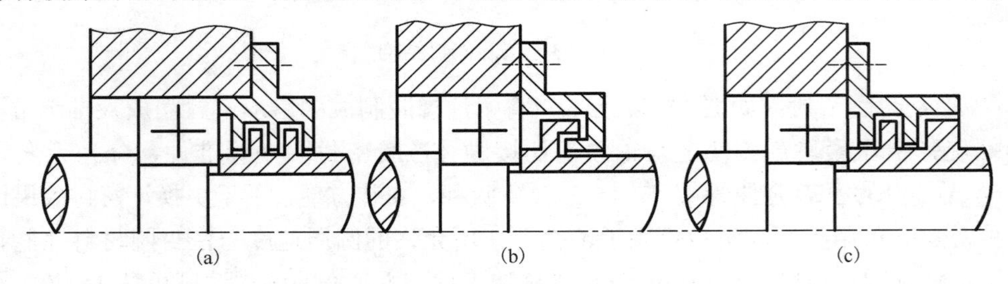


图 15-56 迷宫式密封结构

# 15.12 高端轴承技术

高端轴承是指高性能、高可靠性、高技术含量，能够满足高端设备或武器装备等极端工况与特殊环境要求，对国民经济和国家安全具有战略意义的轴承。高端轴承是一个比较模糊且与时俱进的概念。通常认为公差 4 级以上，高速指标 DmN 大于 $1\times10^6$mm·r/min(DmN 是指轴承的内径与轴承的外径(mm)之和除以 2 与轴承的转速(r/min)相乘得到的值)，寿命指数 $k\geqslant8$ 且可靠度 95%以上的长寿命、高可靠度轴承可称为高端轴承；应用于极端工况如高低温、腐蚀、真空、深水等环境，由于需要特殊材料、特殊设计与制造工艺才能满足功能需求及安全服役，因此也被列入高端轴承。高端轴承随技术发展水平提升而变化。高端轴承覆盖滚动轴承、滑动轴承、悬浮类(特殊介质)轴承和滚动功能部件四大类型。高端轴承典型代表包括航空发动机主轴轴承、高精度机床主轴与机器人轴承、先进轨道交通轴承、风力发动机组轴承、盾构机主盘轴承、高性能医疗器械轴承、汽车高端轴承、海洋工程轴承、悬浮类轴承、智能轴承等。

高端轴承技术满足了轴承应用领域的拓展、主机性能与功能的提升、经济发展对两型社会(资源节约型和环境友好型)的要求。其发展所面临的重大任务与挑战主要有这几个方面：①适应先进制造的大数据环境构建技术；②高端轴承材料技术；③轴承精细制造技术；④轴承润滑与密封技术；⑤轴承性能试验技术；⑥轴承寿命评估技术。

## 思考题与习题

15-1 在滑动轴承上为什么要开油孔和油槽？油孔和油槽开设的合理位置在哪里？油槽常见的结构形式有哪些？设计时应注意什么？

15-2 用作轴瓦和轴承衬的材料应满足哪些要求？常用的轴瓦和轴承衬材料有哪些？

15-3 对于深沟球轴承、调心球轴承、角接触球轴承、推力球轴承，虽滚动体都是球，但套圈滚道形状不同，它们的滚道各有何特点？对轴承性能有何影响？

15-4 深沟球轴承、向心角接触轴承在工作时受到较小的轴向外载荷作用后，反而对轴承寿命有利，为什么？

15-5 滚动轴承的寿命与齿轮的寿命相比较，有何相同与不同之处？

15-6 滚动轴承使用寿命与额定寿命是否相同？为什么计算轴承寿命时，必须与可靠性联系起来？

15-7 何谓基本额定动载荷？何谓当量动载荷？它们有何区别？它们在轴承寿命计算中又有何关系？

15-8 基本额定动载荷与基本额定静载荷本质上有什么差别？

15-9 在向心角接触轴承中，内部轴向力 $S$ 的产生与接触角 $\alpha$ 有关，而深沟球轴承受到轴向外载荷作用时也会形成一定的接触角 $\alpha$，为什么计算时不考虑内部轴向力呢？

15-10 为什么两端单向固定适用于工作温度不高的短轴，而一端双向固定、一端游动式适用于工作温度高的长轴？

15-11 为什么说对轴承进行预紧，能增大支承的刚度和旋转精度？

15-12 已知某矿山机械减速器的中间轴非液体摩擦径向滑动轴承的载荷 $F$=86000N，转速 $n$=192r/min，轴颈直径 $d$=160mm，轴承宽度 $B$=190mm，轴材料为碳钢，轴承材料为铅基轴承合金 $ZPbSb_{16}Sn_{16}Cu_2$。试验算该轴承是否合用。

15-13 已知一起重机卷筒的滑动轴承所承受的径向载荷 $F_r$=100000N，轴颈直径 $d$=120mm，转速 $n$=12r/min。试按非液体润滑状态来设计此轴承。

15-14 试设计计算一多环式推力非液体摩擦滑动轴承。已知轴向载荷 $F_a$=120000N，轴承转速 $n$=120r/min，轴材料为碳钢，不淬火，轴颈直径 $d$=250mm，轴承材料为青铜。

15-15 某一 180°液体动压径向滑动轴承的轴颈直径 $d$=100mm，轴承宽度 $B$=100mm，半径间隙 $c$=0.075mm。轴颈与轴瓦表面粗糙度分别为 $R_{z1}$=1.6μm、$R_{z2}$=6.3μm。轴的转速 $n$=750r/min。所用润滑油为 L-AN32 全损耗系统用油，油的平均温度 $t_m$=50℃。试求该滑动轴承所能承受的最大径向载荷。

15-16 一径向液体动压滑动轴承，轴颈直径 $d$=100mm，宽径比 $B/d$=1.0，半径间隙 $c$=0.05mm，径向载荷 $F_r$=18000N，轴颈转速 $n$=1200r/min，润滑油为 L-AN32 全损耗系统用油，假定平均温度 $t_m$=60℃。试求轴承的最小油膜厚度 $h_{min}$ 和温升 $\Delta t$。

15-17 已知某液体动压径向滑动轴承所受的载荷 $F_r$=32500N，轴颈转速 $n$=3600r/min，轴颈直径 $d$=152mm，期望轴承运转时偏心率 $\varepsilon$=0.5～0.6。试求轴承的宽度 $B$、相对间隙 $\psi$，并验算轴承的最小油膜厚度 $h_{min}$ 和温升 $\Delta t$。

15-18 说明下列滚动轴承代号的意义：1308；N312；6307/P2；30316；7216AC/P4。

15-19 一齿轮传动装置，选用 6212 轴承做支承，已知轴承受到的径向载荷 $F_r=4000$N，轴的转速 $n=420$r/min，载荷平稳，试计算该轴承的额定寿命(h)。

15-20 某机械设备中一根轴支承在一对深沟球轴承上，使用寿命为 12000h，两端单向固定支承(参见图 15-42)，已知轴承所受径向载荷为 $F_{r1}=6000$N；$F_{r2}=4500$N；轴上的轴向中心外载荷 $F_A$=1250N、指向轴承 2，轴的转速为 $n=970$r/min，工作中有中度冲击，要求轴颈直径 $d\leqslant 70$mm，试选取轴承型号。

15-21 一蜗轮轴对称支承在一对圆锥滚子轴承上，采用两端单向固定、正装结构。已知蜗轮啮合作用力 $F_{t2}=7950$N；$F_{a2}=1220$N；$F_{r2}=2900$N。蜗轮分度圆直径 $d_2=360$mm，两支点距离 $L=320$mm。蜗轮轴转速 $n_2=54$r/min。传动中有轻微冲击。根据轴的结构尺寸，初选两只 30207 轴承($\alpha=14°$)，试计算所选轴承使用寿命(h)。

15-22 一斜齿圆柱齿轮减速器高速轴，采用一对角接触球轴承正装两端单向固定的支承结构，轴转速 $n=1460$r/min，两轴承的径向载荷分别为 $F_{r1}=810$N，$F_{r2}=2100$N，轴上的轴向中心外载荷 $F_A=230$N 指向轴承 1。要求轴颈直径 $d\geqslant 40$mm，试选取轴承型号。

15-23 某机床的竖直主轴上装有分度圆直径 $d=600$mm 的斜齿圆柱齿轮(图 15-57)。已知：圆周力 $F_t=10000$N；径向力 $F_r=3680$N；轴向力 $F_a=1430$N；齿轮重量 $F_w=1600$N，转速 $n=250$r/min。试确定向心轴承 E、F 和推力轴承 G 的型号；要求轴承配合处的轴颈尺寸在 40～70mm 范围内，轴承的预期寿命为 15000h。

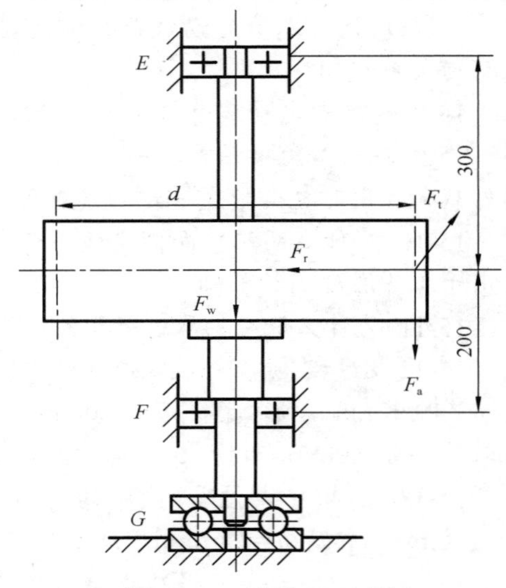

图 15-57 习题 15-23 图

15-24 验算某一设备上 6406 型轴承的承载能力。已知：轴承受中等冲击径向载荷 $F_r=16000$N，转速 $n=20$r/min，最低寿命 $L_h=1000$h。

15-25 某机床上原采用可靠度为 90%的 6308 轴承，现需将该轴承换成可靠度为 98%的轴承，试求可用来替换的轴承型号。要求轴的直径保持不变。

# 第 16 章 联轴器与离合器

实物图

## 16.1 概　　述

联轴器和离合器是机械传动装置中常用的部件。它们通常用来连接两轴(离合器也可连接轴与轴上的回转零件，如齿轮、带轮等)，并在其间传递运动和转矩；有时也可作为一种安全装置用以防止被连接机件承受过大的载荷，起到过载保护作用。联轴器和离合器的主要区别是：联轴器只在机器停车时才能拆开，使两轴分离；离合器则可在机器工作过程中随时接合或分离两轴。联轴器和离合器有时可作为安全装置、启动装置之用。

联轴器和离合器的种类很多，本章仅介绍有代表性的几种类型。其他常用的类型可参阅有关手册。

## 16.2 联　轴　器

联轴器主要用于连接两轴以传递运动和转矩。对它的要求，除应可靠地传递运动和转矩之外，还应具有以下两个功能。

(1) 对轴的偏移进行补偿。制造和安装的误差、零件受载后的弹性变形、转动零件的不平衡、基础下沉、工作温度的变化以及轴承的磨损等，都会使两轴轴线不重合而发生偏移(图 16-1)，使工作情况恶化。这时，就要求联轴器具有补偿两轴偏移的能力(即在发生偏移的情况下保持连接的功能)。

(2) 吸振缓冲。当轴的转速较高或工作载荷不平稳时，容易使轴发生振动冲击。这就要求联轴器还应具有吸收振动及缓和冲击的能力。

联轴器的类型很多，根据联轴器是否具有补偿偏移能力，联轴器主要可分为刚性联轴器(无补偿能力)和挠性联轴器(有补偿能力)两大类。

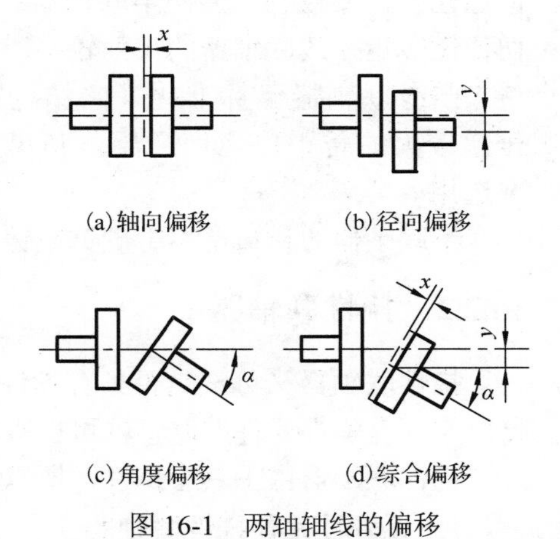

图 16-1　两轴轴线的偏移

### 16.2.1　刚性联轴器

刚性联轴器不能补偿两轴间的相对偏移，多用在两轴能严格对中并在工作中不发生相对偏移的场合。常见的刚性联轴器有套筒联轴器、凸缘联轴器等。

**1. 套筒联轴器**

套筒联轴器(图 16-2)由连接两轴端的套筒和连接零件销钉(图 16-2(a))、键、紧定螺钉(图 16-2(b))组成。它结构简单，径向尺寸小，但装拆时轴需做较大的轴向移动，适用于传递转矩较小、便于轴向装拆的场合。被连接的轴径一般不大于 60～70mm，在机床、仪器中应用较广。套筒联轴器已系列化，使用时可参阅《机械设计手册》。

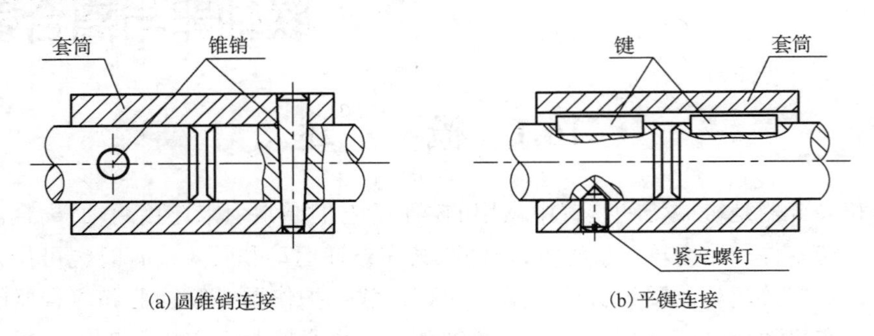


(a)圆锥销连接　(b)平键连接

图 16-2　套筒联轴器

套筒的材料常用 45 钢，轴径较大时可用灰铸铁。

**2. 凸缘联轴器**

凸缘联轴器(图 16-3)由两个带凸缘的半联轴器组成。两个半联轴器分别用键与两轴连接，并用螺栓将两个半联轴器连为一体。两轴的对中方法有两种。图 16-3(a)是利用凸肩和凹槽相配合而对中，装拆时需移动轴，不宜经常拆卸。由于两半联轴器是用普通螺栓连接，靠其接合面间的摩擦力传递转矩，故联轴器的尺寸较大。图 16-3(b)是利用紧配螺栓对中，装拆方便，但螺栓孔需要铰制。因两半联轴器靠螺栓的剪切传递转矩，故联轴器的尺寸较小。

凸缘联轴器已标准化，它结构简单，可传递较大的转矩，应用广泛，其尺寸可按标准选用。

半联轴器的材料常用中碳钢或铸钢。

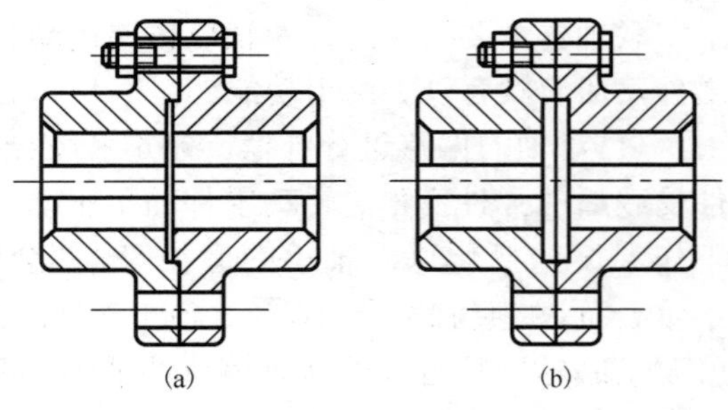

(a)　(b)

图 16-3　凸缘联轴器

### 16.2.2　挠性联轴器

挠性联轴器又可按是否具有弹性元件分为无弹性元件挠性联轴器和有弹性元件挠性联轴器两类。有弹性元件的联轴器可以吸收振动，缓和冲击。

挠性联轴器由于具有挠性，所以可在一定程度上补偿两轴间的偏移。

**1. 无弹性元件挠性联轴器**

**1)十字滑块联轴器**

十字滑块联轴器(图 16-4)由半联轴器 1、3 及中间盘 2 组成。中间盘的两端面有相互垂直的径向凸肩，它们分别嵌入半联轴器 1 和 3 的径向凹槽中。凸肩可在凹槽内滑动，以补偿两轴的径向偏移和角度偏移。两半联轴器则用键分别与两轴连接。

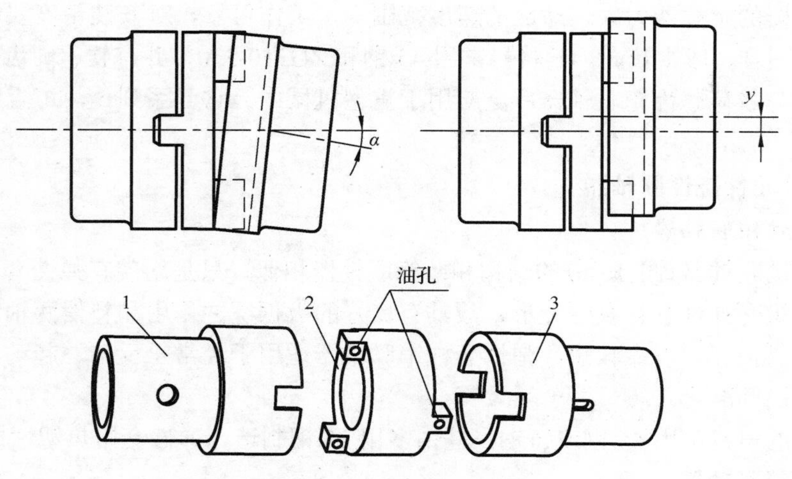


图 16-4　十字滑块联轴器

1、3-半联轴器；2-中间盘

十字滑块联轴器结构简单，径向尺寸小，传递转矩较大，对安装精度要求不高。速度较高时，中间盘的偏心将产生较大的离心力而加剧磨损。为此，中间盘可制成空心的，相对滑动表面进行表面淬火和润滑，转速常限制在 300r/min 内。十字滑块联轴器已系列化，可查阅《机械设计手册》。

常用材料为 45 钢和 ZG310-570。选用时可查阅有关手册。

**2）齿轮联轴器**

齿轮联轴器由两个具有外齿的半联轴器 1 和两个具有内齿的外壳 2 构成，如图 16-5 所示。两外壳用螺栓连为一体。两半联轴器分别用键与两轴连接，靠内、外齿相啮合来传递转矩。内、外齿的齿廓为渐开线，啮合角一般为 20°，齿数通常为 30～80。两半联轴器间具有较大的轴向间隙，内、外齿啮合时具有较大的顶隙和侧隙，外齿为鼓形，其齿顶为球面，球面中心在轴线上，故齿轮联轴器具有较强的补偿综合偏移的能力。

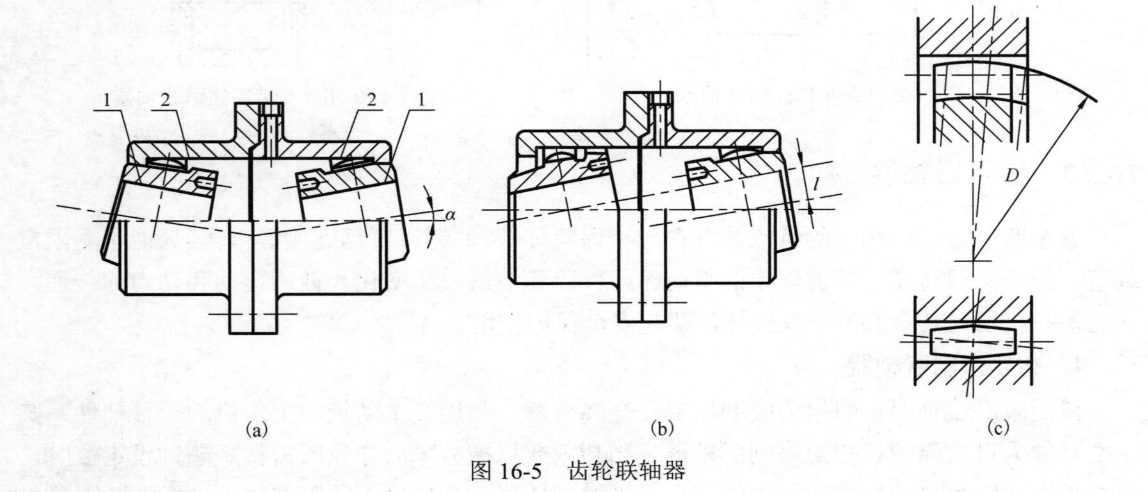


图 16-5　齿轮联轴器

齿轮联轴器的承载能力大，适应的速度范围广，工作可靠，对安装精度要求不高，但结构复杂、制造困难、成本较高。其材料常用45钢和ZG310-570，并有软、硬齿面之分，以适应不同的速度与载荷。齿轮联轴器广泛应用于重型机械中，它已系列化，可查阅《机械设计手册》。

**2. 有弹性元件挠性联轴器**

**1)弹性套柱销联轴器**

弹性套柱销联轴器(图16-6)的结构和凸缘联轴器相似，只是用装有弹性套的柱销代替了螺栓。传递转矩时弹性套将发生变形，故具有良好的吸振缓冲作用和补偿两轴综合偏移的能力，但弹性套易损坏，寿命较短。弹性套柱销联轴器适用于经常正反转、起动频繁、高速轻载的场合，它已标准化。

半联轴器的材料常用45钢或铸钢。柱销多用35钢制造。弹性套用热塑性橡胶制造。

**2)弹性柱销联轴器**

弹性柱销联轴器(图16-7)的结构、性能及应用和弹性套柱销联轴器相似，只是靠尼龙柱销传递转矩。与弹性套柱销联轴器相比，它结构简单，加工维修方便，传递转矩大，寿命长，补偿轴向偏移的能力较大，补偿径向和角度偏移的能力小，吸振缓冲能力差。由于尼龙对温度较敏感，故其工作温度不宜大于70℃。这种联轴器已标准化。

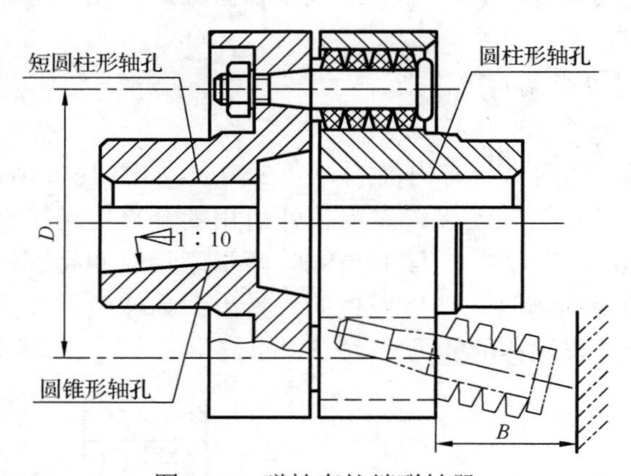


图16-6 弹性套柱销联轴器

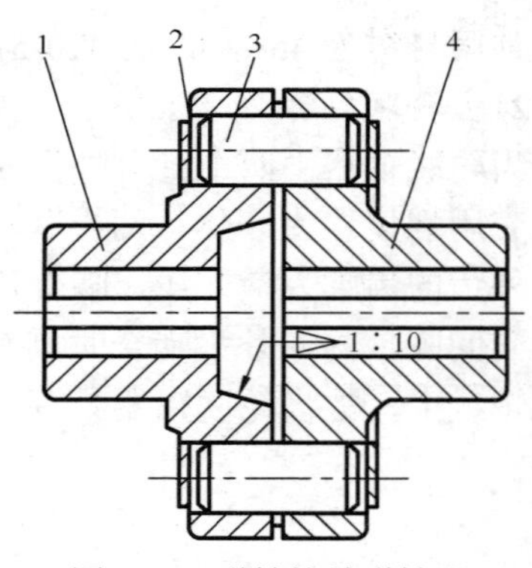


图16-7 弹性柱销联轴器

1、4-半联轴器；2-挡板；3-阻尼柱销

## 16.2.3 安全联轴器

安全联轴器在结构上的特点是存在一个保险环节(如销钉可动连接等)，其只能承受限定载荷。当实际载荷超过事前限定的载荷时，保险环节就发生变化，截断运动和动力的传递，从而保护机器的其余部分不致损坏，即起安全保护作用。

**1. 扭矩限制联轴器**

扭矩限制联轴器也叫扭力限制器或安全离合器，是连接主动机与工作机的一种部件，其主要功能为过载保护。扭矩限制联轴器是当超载或机械故障而导致所需扭矩超过设定值时，以打滑形式限制传动系统所传动的扭力，当过载情形消失后自行恢复连接。这样就防止了机械损坏，避免了昂贵的停机损失。

扭矩限制联轴器最适于保证高速、高精度的驱动装置免遭过载破坏。这种联轴器不是普通扭矩限制器的精制，而是为了满足某些具体要求，与机器设备制造商合作特意设计的产品，有钢球式、钢砂式、液压式、摩擦式和磁粉式等形式。

**2. 安全剪断销联轴器**

安全剪断销联轴器是在普通联轴器的基础上增加了轴承、心轴、安全销等零件，可以实现超过设计扭矩时，安全销被剪断，主动端的动力无法传递给从动端，从而保护被连接设备的安全。

安全剪断销联轴器的优点是扭矩大、寿命长、安装方便、结构紧凑，可以补偿两轴之间径向、角向、轴向的偏差。安全销更换方便、简单、快捷。适用于对扭矩要求较高或者有扭矩保护要求的设备。

### 16.2.4　联轴器的选择

大多数联轴器已标准化或系列化，设计时主要是从手册中选用。联轴器的选择包括类型和尺寸两个方面。

(1) 按工作条件选择合适的类型。主要考虑的工作条件有：两轴的对中性；载荷性质(平稳、变动、冲击)；轴的工作转速；安装、维修、工作温度、外形尺寸及使用寿命等。

(2) 根据所传递的转矩、轴径和转速选择联轴器的尺寸。设计时，从手册中选出所需要的型号，并应满足：计算转矩 $T_c \leqslant [T]$；工作转速 $n \leqslant [n]$；轴径在所选型号的孔径范围内。

对于非标准联轴器，可用类比法初步确定结构尺寸，然后进行必要的校核性计算。计算转矩 $T_c$ 是将联轴器所传递的转矩 $T$ 适当增大，以考虑工作过程中的过载、起动和制动等的惯性力矩等因素。

$$T_c = KT \tag{16-1}$$

式中，$K$ 为工作情况系数，如表 16-1 所示。

表 16-1　工作情况系数 $K$

| 工作机名称 | 原动机为发电机时 | 原动机为活塞式内燃机时 |
| --- | --- | --- |
| 发电机 | 1～2 | 1.5～2.5 |
| 鼓风机、离心泵 | 1.25～1.5 | 2～3 |
| 带式或链式运输机 | 1.5～2 | — |
| 活塞式泵、压气机、球磨机 | 2～3 | 4 |
| 吊车、升降机 | 3～4 | — |

注：对于刚性联轴器取表中的较大值，对于弹性联轴器取表中的较小值。

## 16.3　离　合　器

按照工作原理，离合器分为两类：嵌合式离合器和摩擦式离合器。前者结构简单，能实现主、从动轴的同步回转，但嵌合时有刚性冲击，适用于停机或低速时的接合。后者依靠摩擦力工作，主、从动轴不能完全同步回转，但工作平稳。

离合器的接合与分离一般有两种方式：一种是用操纵方式，即借助机械、液(气)压、电磁等方法来操纵，分别称为机械离合器、液(气)压离合器、电磁离合器；另一种是自动离合方式，称为自动离合器。无论哪种离合器，其基本要求都是：接合迅速，分离彻底，动作平稳、可靠，操作灵活，结构简单，制造、维修方便。

常用的离合器有牙嵌式离合器、齿轮离合器、摩擦离合器和超越离合器等。

## 16.3.1 嵌合式离合器

### 1. 牙嵌式离合器

图 16-8 所示为牙嵌式离合器，它由端面带牙的两个半离合器 1 和 2 组成。半离合器 1 用键与主动轴连接，半离合器 2 用导向平键 3(或花键)与从动轴连接，并由操纵机构带动滑环 5 使半离合器 2 做轴向移动，以实现两半离合器的离合。

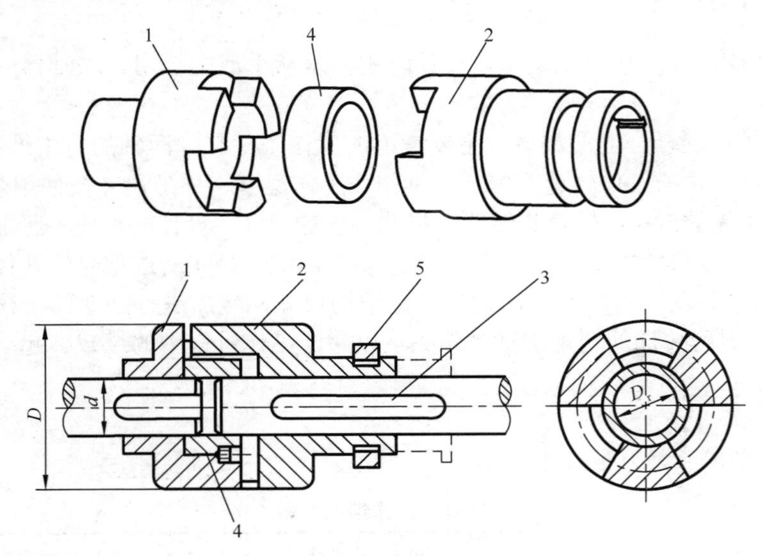


图 16-8 牙嵌式离合器

1、2-半离合器；3-导向平键；4-对中环；5-滑环

在半离合器 1 上固定一个对中环 4，它与从动轴为间隙配合，以使两轴对中且保证从动轴自由转动和移动。

这种离合器是靠牙齿的相互嵌合来传递转矩的。沿周向展开的牙型有矩形、梯形和锯齿形。其中梯形牙的强度较高，传递转矩较大，离合较容易，并能自动补偿牙齿因磨损后产生的间隙而减少冲击，应用最广。

牙嵌式离合器结构简单，尺寸较小，工作时牙齿间无相对滑动，故两轴转速同步，但在主动轴转动时接合会产生冲击，因此只能在停车或低速时接合。

为了承受冲击和减少磨损，牙齿要采用表面硬、芯部韧的材料，故半离合器的材料常用低碳钢表面渗碳淬火到 60HRC 左右，或用中碳钢表面淬火到 50HRC 左右。

牙嵌式离合器尚未标准化，但其主要尺寸可从手册中查取，必要时再校核牙齿的强度和耐磨性。

**2. 齿轮离合器**

齿轮离合器(图 16-9)是利用内外直齿轮作为两个半离合器。其性能、应用与牙嵌离合器相似，而传递的转矩更大，工作时无轴向力，便于批量生产。

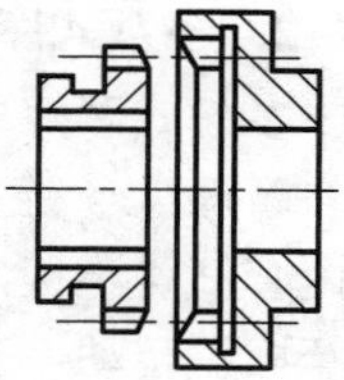

图 16-9　齿轮离合器

## 16.3.2　摩擦式离合器

摩擦式离合器中常用的是圆盘摩擦离合器。它工作时通过主、从动盘的接触面间产生的摩擦力矩来传递转矩，有单盘式和多盘式两种。

**1. 单盘式摩擦离合器**

单盘式摩擦离合器的结构如图 16-10 所示。摩擦盘 1 用键与主动轴 4 连接，摩擦盘 2 与从动轴 5 连接并可沿导向键在从动轴上移动。操纵滑环 3 可使两盘离合。接合时，压力 $F_Q$ 使两盘压紧，产生摩擦力来传递转矩。设两盘摩擦面的摩擦系数为 $f$，盘的摩擦半径为 $R$，则离合器传递的最大转矩为 $T_{max}=F_Q fR$ 。

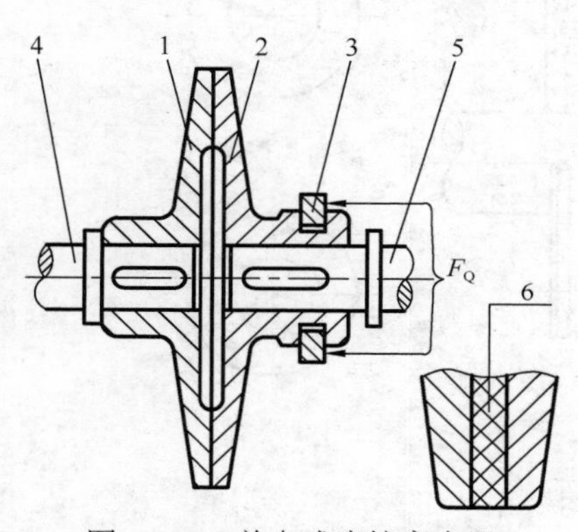


图 16-10　单盘式摩擦离合器

1、2-摩擦盘；3-滑环；4-主动轴；5-从动轴；6-摩擦片

由于增大 $F_Q$、$f$ 和 $R$ 均受到限制，故单盘式摩擦离合器传递的转矩小，仅适用于轻型机械，如包装机械、纺织机械等。

摩擦面的材料除应具有大而稳定的摩擦系数，还要耐压、耐磨、耐油及耐高温等。为了增大摩擦系数，可在一个盘的表面加装摩擦片 6。常用摩擦片的材料及其性能见表 16-2。

摩擦离合器与牙嵌式离合器、齿轮离合器相比，具有以下特点。

(1) 两轴可在任何转速下离合。

(2) 分离、接合平稳，振动冲击小。

(3) 具有过载保护作用。过载时两摩擦盘发生相对滑动，避免了其他重要零件受到损坏。

(4) 改变摩擦面间的压力，可以调节所传递的转矩。

(5) 在分离和接合过程中，因从动轴转速小于主动轴转速，两盘摩擦面发生相对滑动，引起磨损和发热。

(6) 工作时两盘间可能发生相对滑动，故不能保证两轴的转速精确同步。

表 16-2　常用摩擦片材料的 $f$ 和 $[p]$

| 摩擦片材料 | $f$ | | 圆盘摩擦离合器 $[p]$ /MPa |
|---|---|---|---|
| | 有润滑剂 | 无润滑剂 | |
| 铸铁-铸铁或钢 | 0.05～0.06 | 0.15～0.20 | 0.25～0.30 |
| 淬火钢-淬火钢 | 0.05～0.06 | 0.18 | 0.60～0.80 |
| 青铜-钢或铸铁 | 0.08 | 0.17～0.18 | 0.40～0.50 |
| 压制石棉-铸铁或钢 | 0.12 | 0.3～0.5 | 0.20～0.30 |

### 2. 多盘式摩擦离合器

多盘式摩擦离合器的组成如图16-11所示。主动轴1用键与外套筒2连接，2用花键与一组外摩擦盘5连接，5的内圆不与任何零件接触，故外摩擦盘随主动轴转动；从动轴3用键与内套筒4连接，4用花键与一组内摩擦盘6连接，6的外圆不与任何零件接触，故从动轴随内摩擦盘转动。若滑环7向左移动，杠杆8便通过压板9将内外摩擦盘压紧，离合器处于接合状态。反之，离合器分离。离合器所传递的最大转矩可通过螺母10来调节。

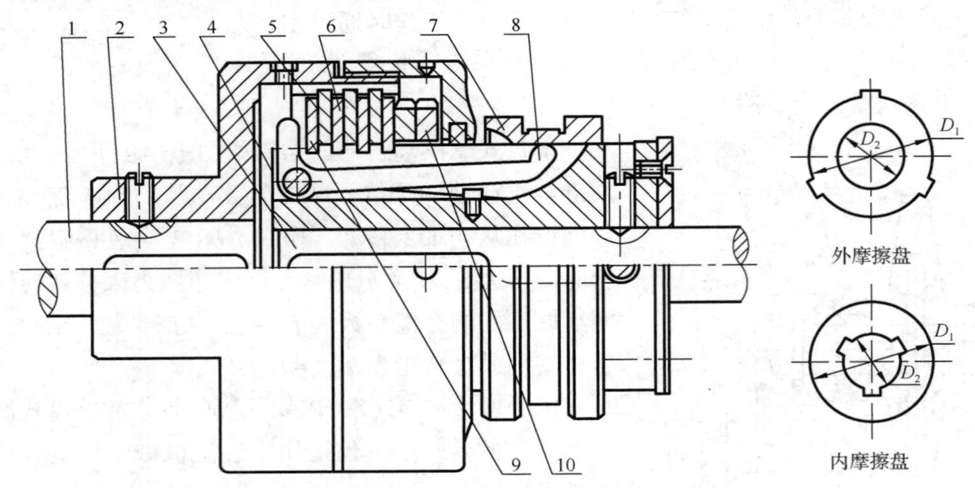


图16-11 多盘式摩擦离合器及其摩擦盘

1-主动轴；2-外套筒；3-从动轴；4-内套筒；5-外摩擦盘；6-内摩擦盘；7-滑环；8-杠杆；9-压板；10-螺母

多盘式摩擦离合器的摩擦盘数目多，可传递较大的转矩而不会使其径向尺寸过大，在机床、汽车及摩托车等机械中应用广泛。但摩擦盘数目不能太多，通常限制在10～15对以下，以保证离合器的散热性、离合的灵活性及盘间压力分布的均匀性等。

盘式摩擦离合器尚未标准化。设计时，先选定摩擦片的材料，再根据结构要求，确定摩擦盘的外径 $D_1$、内径 $D_2$，用类比法确定接合面数 $Z$(或用式(16-2)求出)，最后校核所传递的最大转矩 $T_{\max}$ 和摩擦面上的比压 $p$。

$$T_{\max} = F_Q f \frac{D_1 + D_2}{4} Z \geqslant KT \tag{16-2}$$

$$p = \frac{F_Q}{\dfrac{\pi(D_1^2 - D_2^2)}{4}} \leqslant [p] \tag{16-3}$$

式中，$F_Q$ 为轴向压紧力；$f$ 为摩擦系数，见表16-2；$K$ 为工作情况系数，见表16-1；$T$ 为所传递的转矩；$[p]$ 为许用比压，MPa，见表16-2。

## 16.3.3 自动离合器

### 1. 超越离合器

超越离合器(图16-12)的特点是能根据两轴角速度的相对关系自动结合和分离。当主动轴的转速大于从动轴的转速时，离合器将使两轴接合起来，把动力从主动轴传给从动轴；而当主动轴的转速小于从动轴的转速时，它又使两轴脱离。因此，这种离合器只能在一定的转向上传递转矩。

图 16-12 所示为应用最为广泛的滚柱式超越离合器。它由星轮 1、外壳 2、滚柱 3 和弹簧 4 组成。滚柱被弹簧压向楔形槽的狭窄部分，与外壳和星轮接触。当星轮 1 主动并沿顺时针方向转动时，滚柱 3 在摩擦力的作用下被楔紧在槽内，星轮 1 借助摩擦力带动外壳 2 同步转动，离合器处于接合状态。当星轮 1 逆时针转动时，滚柱则被带到楔形槽较宽部分，星轮无法带动外壳一起同时转动，离合器处于分离状态。当外壳 2 主动并沿逆时针方向转动时，滚柱被楔紧，外壳 2 将带动星轮 1 同步转动，离合器接合；当外壳 2 顺时针转动时，离合器又处于分离状态。

图 16-13 所示为棘轮式超越离合器。若外环主动并按顺时针方向转动，则装于外环上的棘爪不能推动棘轮一起转动；若外环主动并按逆时针方向转动，则棘爪将推动棘轮一起转动。

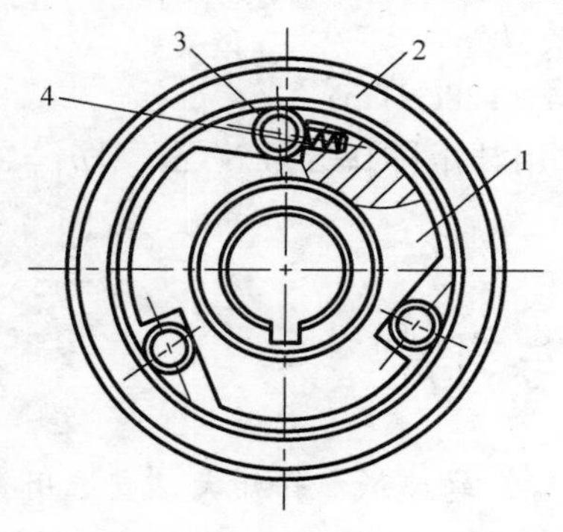


图 16-12　滚柱式超越离合器

1-星轮；2-外壳；3-滚柱；4-弹簧

图 16-13　棘轮式超越离合器

滚柱式超越离合器尺寸小、接合和分离平稳、无噪声，可以在高速运转中接合，故它广泛应用于金属切削机床、汽车、摩托车和各种起重设备的传动装置中。

**2. 安全离合器**

安全离合器的作用是：当工作转矩超过机器允许的极限值时，即能自动分离或打滑，从而使离合器自动停止转动，以保护机器不致损坏。常见的有嵌合式和摩擦式两种。安全离合器应当反应灵敏，动作准确、可靠。

图 16-14(a)、(b)分别为牙嵌安全离合器和滚珠安全离合器，工作时它们都靠调节弹簧的弹力来限定所传递的最大载荷，过载时牙面或滚珠接触处产生的轴向分力大于弹簧的弹力，迫使两半离合器分离，中断传动。其优点是结构简单，可以调节，有自动恢复工作的能力。牙嵌安全离合器过载时牙面会因打滑而产生冲击，故多用于低速、轻载的装置中。滚珠安全离合器为滚动接触，动作灵敏度高，但接触面积小，易磨损，一般用于传递较小转矩的场合。

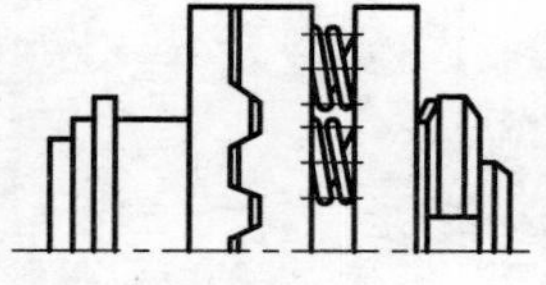

(a)弹簧牙嵌

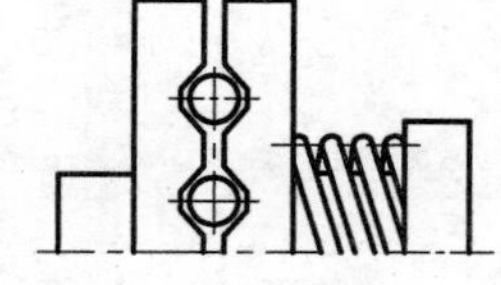

(b)弹簧滚珠

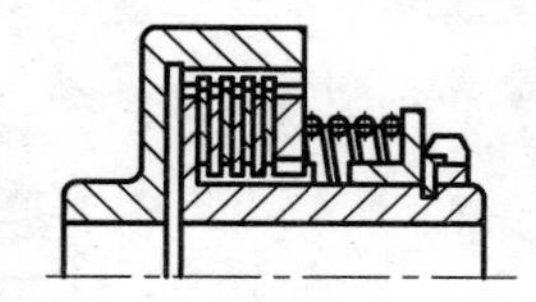

(c)摩擦盘式

图 16-14　安全离合器

图 16-14(c)所示为摩擦盘安全离合器，它也是通过调节弹簧的弹力来限定所传递的转矩的，过载时摩擦盘将打滑，离合器空转而使传动中断。其优点是工作平稳，能自动恢复工作。摩擦盘安全离合器适用于有冲击载荷的传动系统。

**例 16-1** 一直流发电机的转速为 3000r/min，最大功率为 20kW，外伸轴的轴径为 45mm，试选择联轴器的型号。

**解** (1)类型选择。

考虑到发电机需要运转平稳，联轴器应有吸振缓冲作用，且轴的转速较高，故选用弹性套柱销联轴器，半联轴器的材料为锻钢 35。

(2)尺寸选择。

所传递的转矩：

$$T = 9550\frac{p}{n} = 9550 \times \frac{20}{3000} \approx 64(\mathrm{N \cdot m})$$

由表 16-1，查得工作情况系数 $K$=2，则计算转矩：

$$T_\mathrm{c} = KT = 2 \times 64 = 128(\mathrm{N \cdot m})$$

由手册查得 TL7 型弹性套柱销联轴器的许用转矩 $[T] = 500\ \mathrm{N \cdot m}$，$[n] = 3600\mathrm{r/min}$，直径范围 $d$=40～45mm，故所选联轴器适用。

# 思考题与习题

16-1 若两轴的刚度大且对中性好、工作平稳、转速低、转矩大，宜选用哪种联轴器？

16-2 试分析在重型机械中多用哪种联轴器？

16-3 试分析弹性套柱销联轴器能否用于低速？为什么？

16-4 一活塞式水泵由 Y160L-8 型电动机驱动，试选择它们之间的联轴器。

16-5 一汽轮机需要与一发电机相连，已知功率 $P = 300\,\mathrm{kW}$，转速 $n = 3000\mathrm{r/min}$，发电机轴径为 85mm，汽轮机轴径为 70mm，试选择联轴器(写出联轴器的标记)。

# 第 17 章 机械系统方案设计概论

## 17.1 概　　述

机械本质上就是一种能实现特定功能的系统，为了强调其具有的系统特性，我们也称之为机械系统。机械系统又可以分为若干子系统，每个子系统具有各自不同的功能，各子系统之间相互协调共同完成系统的总功能。

机械系统方案设计是根据设计任务，对机械系统的功能及总体原理方案进行分析、构思、规划和决策的过程。机械系统方案设计是机械系统设计中的一项关键内容，在整个设计过程中具有举足轻重的作用，方案设计的优劣将直接影响机械系统的性能及技术经济指标。

本章主要介绍功能原理设计、机械系统总体方案设计、执行系统方案设计、传动系统方案设计等内容。

## 17.2 机械系统的功能分析及功能原理设计

### 17.2.1 机械系统的功能分析

机械系统是实现某种“功能”的装置，而功能是机械系统的核心和本质，是机械系统为满足用户需求所必须具有的“行为”或必须完成的任务。机械系统所能完成的功能，称为机械系统的总功能。例如，挖掘机的总功能是“取运物料”，减速器的总功能是“传递扭矩和变换速度”，轴承的总功能为“在相对回转运动表面间传递力”。

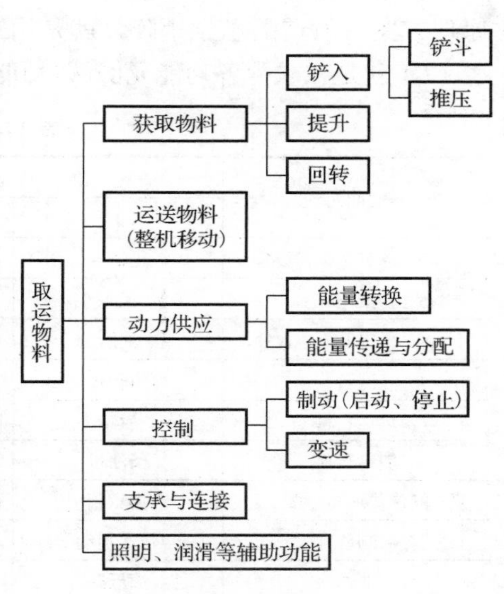


图 17-1　挖掘机的功能分解

总功能可以分解成若干个分功能。例如，挖掘机的总功能可分解为获取物料、运送物料等分功能，如图 17-1 所示。因此，从功能的观点来看，机械系统是由多个分功能构成的系统，它们的协调工作实现了机器的总功能。

分功能还可以继续分解，直至分解到能找到原理解法的分功能。能找到原理解法的分功能称为功能元。功能元与一定的功能载体相对应，功能载体是实现对应功能的技术实体。例如，“铲斗”“推压”“回转”等分功能就是挖掘机的功能元，“铲斗”的功能载体可以是“正铲斗”“反铲斗”“抓斗”等。

设计机械系统时，很难根据总功能立即设计出对应的功能载体。所以功能分解的主要目的是将总功能分解为较简单的分功能或功能元，以便找出相应的功能载体。

在分析和确定机械系统的总功能和分功能时，要应用抽象化的方法。通过抽象，一方面可以更深刻、更准确、更全面地反映所设计机器的功能；另一方面也有利于抓住设计问题的本质，摆脱传统的设计思路和框架，开阔思路，获得更为满意的设计方案。例如，把轴承的功能抽象为“在相对回转运动表面间传递力”，就可以得到机械的、流体的、电磁的等不同工作原理和不同结构形式的轴承。

### 17.2.2 机械系统的功能原理设计

在完成机械系统的功能分析后，下一步要针对机械系统的功能构思其工作原理。这种主要针对功能的原理性设计，称为功能原理设计。

功能原理设计应首先对各个功能元求解，然后将各个功能元的解综合，形成能实现机械系统总功能的原理方案。

功能元求解就是要寻找能实现功能元的原理方案或结构方案。功能元求解首先应根据一定的科学原理(如力学、电学、热力学等)确定能实现功能元的技术原理，然后按照技术原理来选择或构思功能载体。可只用简图或示意图来表示所构思的功能载体，不必考虑其具体结构、材料和制造工艺等细节问题。功能载体以它所具有的某种特性(运动特性、几何特性、物理化学特性等)来实现某一特定的功能。

功能元求解时，要始终明确功能是本质，采用什么样的原理、何种功能载体只是形式。只要本质不变，形式可以各种各样。既然人们购买的是产品所具有的功能，那么在保证实现功能的前提下，可以采用不同的原理、不同的功能载体来实现所要求的功能。因此求解功能元时要应用“发散”思维，进行创新构思，力求提出较多的解法供比较选优。

利用形态学矩阵将各个功能元的解进行综合就可以得到能实现机械系统总功能的多个原理方案。所谓形态学矩阵，就是用矩阵的形式列出各功能元及各功能元的解(功能载体)。表 17-1 就是在求得各功能元的解(功能载体)后，得到的挖掘机形态学矩阵。

表 17-1 挖掘机的形态学矩阵

| 功能元 | 功能元的解(功能载体) | | | |
|---|---|---|---|---|
| | 1 | 2 | 3 | 4 |
| 铲斗 | 正铲斗 | 反铲斗 | 抓斗 | |
| 推压 | 齿条 | 钢丝绳 | 油缸 | |
| 提升 | 油缸 | 绳索 | | |
| 回转 | 内齿轮传动 | 外齿轮传动 | 液轮 | |
| 运送物料 | 履带 | 轮胎 | 迈步式 | 轨道-车轮 |
| 能量转换 | 柴油机 | 汽油机 | 电动机 | 液压马达 |
| 能量传递与分配 | 齿轮箱 | 油泵 | 链传动 | 带传动 |
| 制动 | 带式制动 | 闸瓦制动 | 片式制动 | 圆锥形制动 |
| 变速 | 液压式 | 齿轮式 | 液压-齿轮式 | |

用形态学矩阵进行方案综合，就可以得到多种原理方案。例如，由表 17-1 所示的挖掘机形态学矩阵，可得 3×3×2×3×4×4×4×4×3= 41472 个原理方案。

在众多的原理方案中，应去除那些技术上明显不适用或不可行的方案，保留可行的方案。在可行的方案中，再进行评价与决策，最终定出较为理想的方案。

## 17.3　机械系统总体方案设计

机械系统总体方案设计一般是从系统的功能要求出发，确定实现功能的技术原理，找出能实现预期设计目标的最佳原理方案。机械系统总体方案设计不但要满足系统本身的功能要求，还要考虑与其他系统之间的关系，如人与机器的关系、机器与环境的关系等，因此机械系统总体方案的设计过程是一个复杂的迭代优化过程。

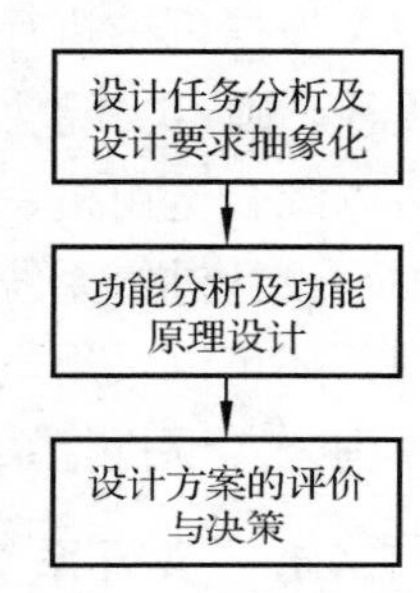

图 17-2　机械系统总体方案设计的主要内容及工作流程

在进行总体方案设计时，首先分析设计任务书中的各种设计要求，并将之抽象为一般性的描述，从而获得所要设计的机械系统的主要功能，然后利用功能原理设计方法成构思出能实现系统总功能的原理方案，最后对各种原理方案进行科学的评价与决策，获得满意的设计方案。总体方案设计的主要内容及工作流程如图 17-2 所示，其中各阶段并非简单地按顺序进行，往往在各阶段之间会出现反复，直至得到满意的结果。

**1. 设计要求的抽象化**

抽象化就是通过对设计任务的深入分析，找出设计任务的核心与本质，将设计要求表达成更高层次的一般性的描述，从而获得机械系统的总体功能。通过抽象可以突破传统的惯性思维，拓宽设计者的思路，以获取尽可能多的设计方案。例如，要设计一个夹紧装置，将其设计要求抽象化为“对物体施加压力”(此即为夹紧装置的总功能)，则可以增大设计空间，不仅会构思出利用螺旋传动的夹紧方案，还会考虑到楔块夹紧、偏心盘夹紧、弹簧夹紧等方案，进一步还可能联想到液压、气动、电磁等更多的夹紧方法与技术。

**2. 功能原理设计**

通过对设计要求的抽象而得到机械系统的总功能，为了便于分析与设计，需要将较复杂的机械系统总功能分解为复杂程度较低的分功能，直至分解到功能元。结合第 1 章所述的机械系统组成情况，动力系统、传动系统、执行系统和控制系统都可以作为机械系统的分功能系统，因此机械系统总体方案设计可以分为：①动力系统方案设计；②传动系统方案设计；③执行系统方案设计；④控制系统方案设计。本章主要介绍机械执行系统的方案设计和传动系统的方案设计。

在功能分解的基础上，构思出能实现分功能的技术原理和功能载体，将其合理组合就可得到机械总体系统方案设计的原理解。

**3. 方案的评价与决策**

机械系统方案设计是一个复杂且具有多解性的问题。方案设计阶段往往会得到众多的候选方案，设计人员必须系统地分析比较各个方案，对各个方案进行科学的评价，并依据评价结果进行决策，确定出满意的设计方案。

评价目标是评价的依据，评价目标包括技术性评价目标(技术上的可行性与先进性)、经济性评价目标(经济效益)和社会性评价目标(社会效益与影响)。评价可采用的方法有经验评价法、数学分析评价法和试验比较评价法等。

## 17.4 执行系统方案设计

根据机械执行系统的功能要求，经过功能分析可以得到各项分功能，然后进行功能原理设计，确定实现功能元的技术原理。应该注意的是，功能原理设计时不应局限于纯机械方式，可以综合运用机、电、光、磁、热、流体、化学等“广义物理效应”实现各种功能目标。例如，设计进给系统，可以采用丝杠螺母式的机械运动原理，也可以采用液压、气动的工作原理，还可以采用电磁原理(直线电机)。本节主要从机械设计的角度介绍如何利用机械(机构)原理来实现执行系统的功能。

### 17.4.1 执行系统运动规律设计

技术原理确定以后，需要基于该技术原理进一步设计相应的运动规律(工艺动作)。运动规律决定了设计机械系统的性能、效率等一系列技术经济指标，设计运动规律时应注意以下几个问题。

**1) 采用尽可能简单的运动规律**

根据功能要求及技术原理设计执行系统的动作时，应巧妙构思，采用尽可能简单易行的运动规律，避免采用教条或生硬的仿生动作。如，分选不同直径的钢球时，应避免采取常规的卡尺测量钢球直径的仿生分选动作。若采用使钢球沿着倾斜放置而不平行的两圆棒滚动的方式，则钢球将由小而大自动下落进行直径的分选，基于这种动作设计的分选机构就非常简单。

**2) 复杂运动规律的合理分解**

若实现功能所需的动作或运动比较复杂，可以将其分解为移动、转动等容易实现的基本运动。例如，计算机绘图仪就是把画笔的运动分解为 $x$、$y$ 两个方向的移动，但大型绘图仪，则分解为沿 $x$ 轴的移动和绕轴线 $x$ 的转动，这样可以减小大型绘图仪所占的空间。

**3) 工作对象的合理利用**

在设计执行系统的工艺动作时，有时可以利用工作对象的运动简化执行系统的运动。例如，在圆柱面上加工螺纹，若工件不动，则刀具的运动是绕工件轴线转动和沿工件轴线移动的复合运动，实现这种复合运动的机构非常复杂。若让工件做旋转运动，则刀具只需做简单的直线移动，按这种运动方式进行机构设计就要简单得多。

### 17.4.2 执行系统的方案设计方法

与执行系统的功能分解相对应，执行系统也可以认为是由许多子系统组成的，而各个子系统是由完成对应分功能的机构来实现的，因此从机构的角度来看，执行系统是由各种机构组成的，包括基本机构、基本机构的变异机构、组合机构等。对于一些比较复杂的运动规律，还需要去探索新的机构来实现。

从前面的学习可以知道利用机构可以实现多种形式的运动变换。就大多数机械系统而言，其原动机多为旋转运动，因此将转动转换为其他形式的运动是执行系统方案设计的主要工作之一，表 17-2 列出了常见的运动变换功能及对应的实现机构。此外，利用机构还可以实现运动的放大与缩小(对应驱动力的缩小与放大)、运动轴线方位的变换等功能。在执行系统的方案设计中，可以根据所要求的各种变换功能，利用各种机构手册去选择相应的机构(机构选型)。

**表 17-2　运动变换功能及其实现机构**

| 序号 | 运动变换功能(运动变换形式) | 实现机构 |
|---|---|---|
| 1 | 连续转动变为单向直线移动 | 齿轮齿条机构、蜗杆齿条机构、螺旋机构、带传动机构、链传动机构 |
| 2 | 连续转动变为往复直线移动 | 曲柄滑块机构、移动从动件凸轮机构、正弦机构、正切机构、不完全齿轮齿条机构、凸轮连杆组合机构 |
| 3 | 连续转动变为有停歇的单向直线移动 | 不完全齿轮齿条机构、曲柄连杆机构+棘轮机构、槽轮机构+齿轮齿条机构 |
| 4 | 连续转动变为有停歇的往复直线移动 | 移动从动件凸轮机构、利用连杆轨迹实现带停歇运动机构、组合机构等 |
| 5 | 连续转动变为有停歇的单向转动 | 槽轮机构、不完全齿轮机构、圆柱凸轮式间歇机构、蜗杆凸轮间歇机构 |
| 6 | 连续转动变为双向摆动 | 曲柄摇杆机构、摆动导杆机构、曲柄摇块机构、摆动从动件凸轮机构、组合机构等 |
| 7 | 连续转动变为带停歇的双向摆动 | 摆动从动件凸轮机构、利用连杆曲线实现带停歇运动机构、曲线导槽的导杆机构、组合机构等 |
| 8 | 往复摆动变为有停歇的单向转动 | 棘轮机构 |
| 9 | 连续转动变为实现预定轨迹的运动 | 平面连杆机构、连杆-凸轮组合机构、直线机构、椭圆仪机构等 |

当执行系统的运动规律(动作或运动)比较简单时，可直接利用机构的运动特性进行选型。当执行系统的功能比较复杂时，可利用功能原理设计思想，根据功能分析得到的各个分功能，确定能实现对应功能的机构(功能载体)，形成形态学矩阵。利用形态学矩阵进行方案综合，就可以得到执行系统的多种原理方案。进一步对各种方案进行分析、比较和综合评价，从中确定出最佳的设计方案。

现以拉延压力机的拉延机构为例，说明执行系统的方案设计过程。根据使用要求，该拉延机的总功能为将板材拉延成杯形零件，要求拉延机构采用机械传动方式，并建议动力源采用电动机。依据总功能，要求执行系统具有将旋转运动转换成滑块的上下移动功能(拉延)，且滑块在拉延工作段具有等速运动和回程段具有急回的特性；为了产生较大的拉延力，要求具有将驱动力放大的功能；为适应电动机的水平布置及拉延滑块做垂直方向的往复移动，还要求具有运动轴线方位变换的功能。

根据上述各项功能要求，利用功能原理设计思想可得到拉延机构的形态学矩阵，如表 17-3 所示。只要在形态学矩阵所示的三个分功能中任选一个，就可组成一个能实现总功能的执行系统运动方案，总计可得 6×6×6=216 个方案。当然其中有些方案是不合适的或重复的，可以按照结构的简繁、效率的高低等指标进行评价并选择合适的方案。

表 17-3 拉延机构的形态学矩阵

| 功能 | 功能载体 | | | | | |
|---|---|---|---|---|---|---|
| | 凸轮机构 | 螺旋机构/斜面机构 | 连杆机构 | 齿轮机构 | 挠性体机构 | 摩擦轮机构 |
| 转动变为直线移动 | 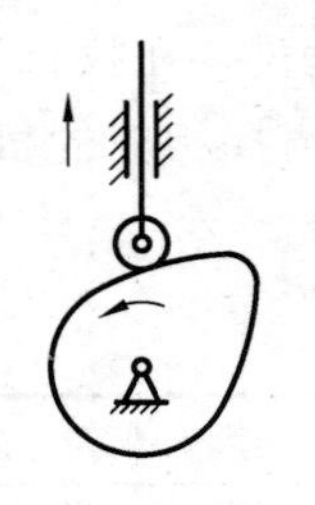 | 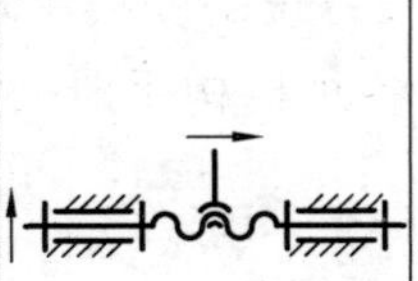 | 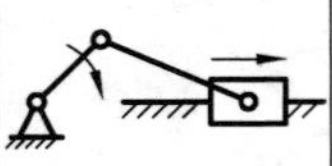 | 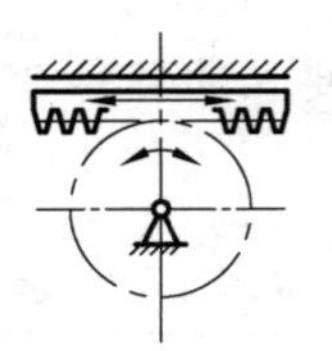 | 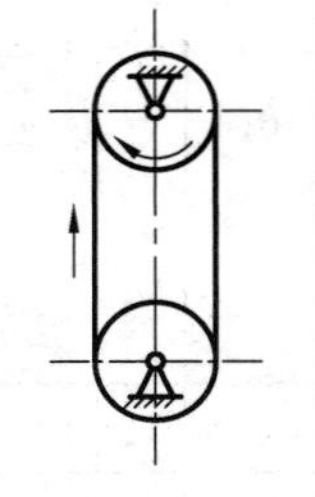 | 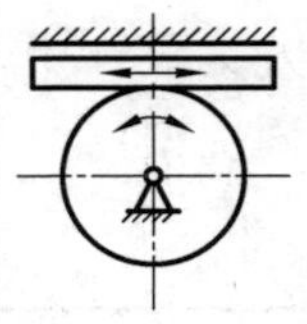 |
| 增力（放大驱动力） | 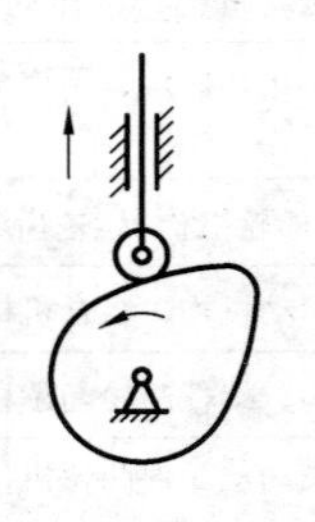 | 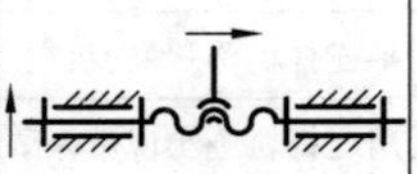 | 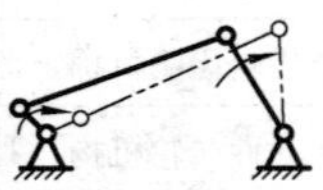 | 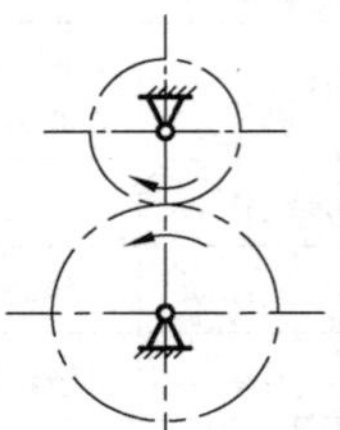 | 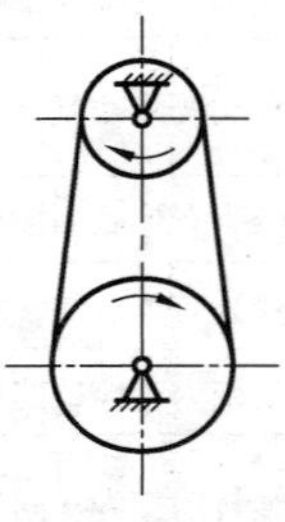 | 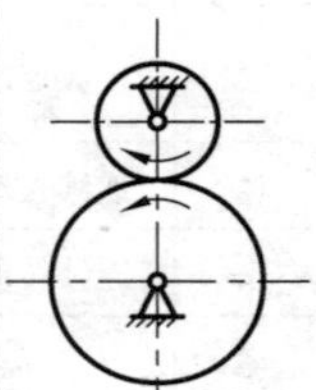 |
| 运动轴线变向 | 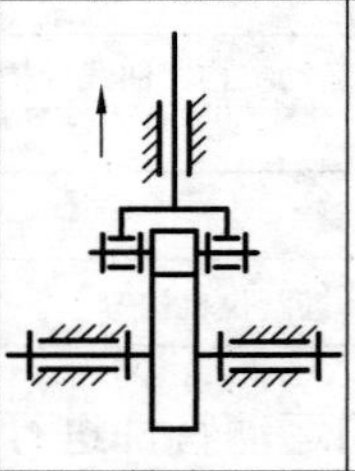 | 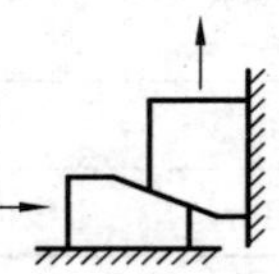 |  | 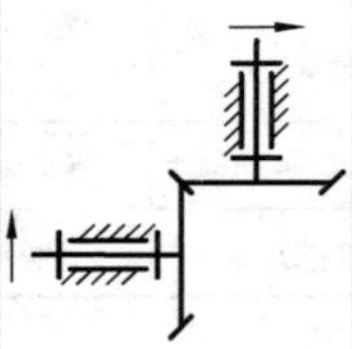 |  | 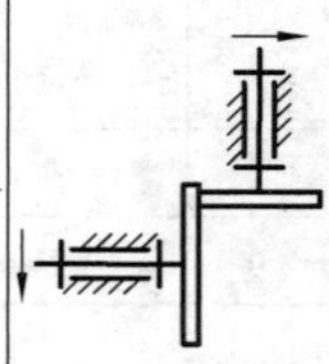 |

若要求机构的结构尽量简单，则可从形态学矩阵中选择凸轮机构和连杆机构。这两种机构同时具备要求的三种功能，是两种最简单的运动方案。但在拉延过程中凸轮机构高副处接触应力过大，不宜采用。连杆机构中的曲柄滑块机构具有压力大、效率高的优点，但在拉延阶段不具备等速运动的特性。因此以上两种方案尽管结构简单，但都不是合适的方案。

图 17-3 列出了五种拉延机构的方案。方案 a 采用曲柄滑块和斜面机构的串联组合，实现了运动形式变换、增力和运动轴线变向的功能。方案 b 采用双曲柄机构做运动大小变换（增力），把匀速运动变换为非匀速运动，而曲柄滑块机构可进行运动形式变换和运动轴线方位的变换。方案 c 采用摩擦轮机构实现运动轴线方位的变换，用螺旋机构进行运动形式的变换和增力。方案 d 为曲柄摇杆机构和曲柄滑块机构的组合，是一种六杆增力机构，可产生较大的压力。方案 e 是由齿轮机构与五连杆机构并联后再与连杆滑块两杆组进行轨迹点串联组合而成的。

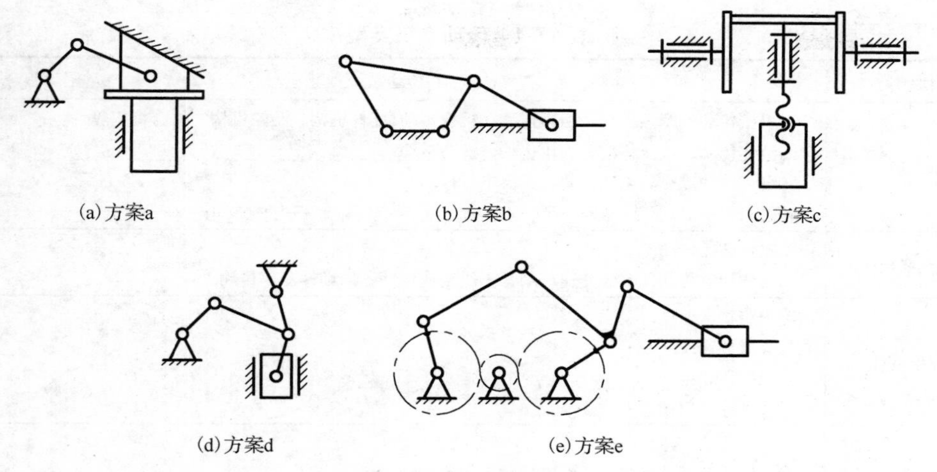


图 17-3　拉延机构方案

上述方案中，方案 b 中的滑块具有急回特性，并可在拉延工作段按匀速运动规律运动。方案 e 中滑块的运动受到连杆上点轨迹形状的控制，也能满足急回特性及匀速运动规律的要求。在实际使用的拉延机中，这两种方案均有应用。

## 17.5　传动系统方案设计

传动系统将原动机的运动和动力传递给执行系统。当完成执行系统的方案设计和原动机的选型后，可根据原动机的类型和性能以及执行系统的运动和动力要求进行传动系统的方案设计。

### 17.5.1　传动系统方案设计的主要内容及工作流程

传动系统方案设计的主要内容及工作流程如下。

(1)确定总传动比。根据原动机的性能参数和执行系统的运动要求，确定传动系统总传动比。

(2)选择传动类型。根据原动机特性和执行系统的工况及运行环境等条件，合理确定传动类型。

(3)拟定布置方案。根据原动机与执行系统的工作特性合理确定传动系统的传动路线及传动机构之间的先后顺序，拟定传动系统的总体布置方案。

(4)分配总传动。将总传动比分配到各级传动上，分配传动比的基本原则是使各级传动结构紧凑、工作可靠、成本低、承载能力和效率高。

(5)计算性能参数。传动系统的性能参数包括各级传动的转速、转矩、功率和效率等，是各级传动机构强度设计和结构设计的依据，也是评价传动系统方案的依据和指标。

### 17.5.2　传动系统的类型及其选择

传动系统可按工作原理、传动比变化、输出速度变化及能量流动路线等进行分类，如表 17-4 所示。

表 17-4 传动系统类型

| 分类原则 | 传动系统类型 |
|---|---|
| 工作原理 | ①机械传动：摩擦传动、啮合传动、机构传动(连杆机构、凸轮机构、组合机构等)；<br>②流体传动：液压传动、气压传动、液力传动；<br>③电气传动：交流电气传动、直流电气传动；<br>④磁力传动 |
| 传动比变化 | ①定传动比传动；<br>②变传动比传动：有级变速传动、无级变速传动、周期性变速传动 |
| 输出速度变化 | ①恒定输出速度；<br>②有级调速；<br>③无级调速；<br>④按某种规律调速 |
| 能量流动路线 | ①单流传动；<br>②多流传动：分流传动、汇流传动、混流传动 |

选择传动系统时需要综合考虑以下因素。

(1)执行系统的工况，包括工作机的负载特性、运行状态等。

(2)动力系统(原动机)的机械特性与调速性能。

(3)对传动系统的要求，包括性能、尺寸、重量、结构布局等要求。

(4)工作环境和经济性要求，如高温、低温、潮湿、易燃、易爆等工作环境；经济性包括传动效率、使用寿命、制造费用和维修费用等。

选择传动系统的基本原则如下。

(1)**尽可能采用结构简单的传动装置**。在满足性能要求的前提下，优先考虑结构简单的传动装置，如优先考虑采用单级传动装置，在单级不能满足要求的前提下可考虑多级传动装置。

(2)**原动机机械特性与执行系统工况相匹配**。当要求执行系统与原动机同步或有严格的传动比要求时，应采用无滑动的传动装置；当要求执行系统变速时，若能与原动机调速比相适应，可将原动机与执行系统直接连接或采用固定传动比装置；当要求执行系统变速范围大，只用原动机调速不能满足机械特性和经济性要求时，应采用变传动比传动；若原动机启动转矩小于系统负载转矩，应在原动机与传动系统之间加装离合器或液力耦合器等。

(3)**高效节能**。对于大功率传动，应优先考虑传动系统的效率，以节约能源、降低运行费用。

(4)**环境适应与安全保护**。如在温度较高、潮湿、多粉尘、易燃易爆的场合，宜采用齿轮传动、蜗杆传动、链传动，不能采用摩擦传动；当载荷变化频繁且可能出现过载时，应选用具有过载保护功能的传动类型或增加必要的过载保护装置。

(5)**经济性与标准化**。优先考虑工作寿命长、标准化、系列化的传动类型，其次考虑制造、安装、运行和维护等费用。

在具体选择传动类型时，由于考虑的因素不同或对上述选择原则的侧重不同，会得到不同的传动系统设计方案，为此还需要对各传动系统设计方案的技术指标和经济指标进行综合分析与评价，以获得理想的传动系统设计方案。

### 17.5.3　传动路线的合理布置

由于执行系统工作要求的多样性，传动系统中会有各种不同的传动路线。传动路线中有多个传动机构时，对各传动机构也可做不同顺序的布置。因此在进行传动系统方案设计时应根据原动机与执行系统的工作特性，合理布置传动路线并对各传动机构进行合理排序，以获得满意的传动系统系能。

按照能量流的传递路径，传动系统中的传动路线可分为以下四类。

(1) 单流传动。传动路线如图 17-4 所示，传递的能量流经每一传动机构(传动单元)，是一种串联式单路线传动。

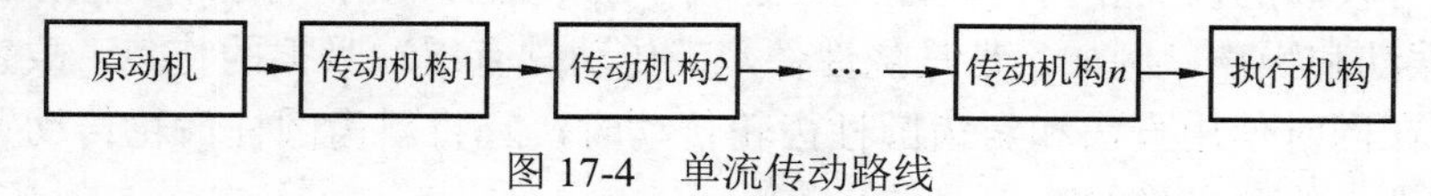


图 17-4　单流传动路线

(2) 分流传动。传动路线如图 17-5 所示。这种传动路线用于系统中含有多个执行机构，且各个执行机构的所需功率并不是很大的情况。这种传动方式可以减少原动机数量、简化传动系统。牛头刨床就采用了这种形式的传动方路线，它有电动机同时驱动刨刀架的往复运动和工作台的横向进给运动。

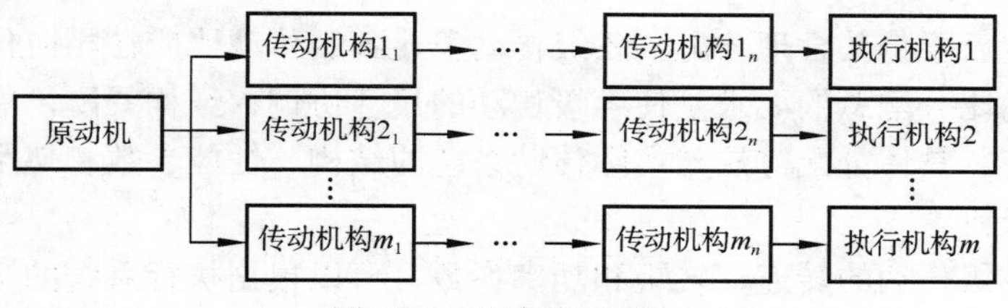


图 17-5　分流传动路线

(3) 汇流传动。传动路线如图 17-6 所示。对低速、重载、大功率的机械系统，采用多个原动机经各自的传动链共同驱动一个执行机构，这样可以减小每台原动机的负荷，有利于减小整个传动系统的体积和重量。轧钢机的传动系统就采用了这种传动路线。

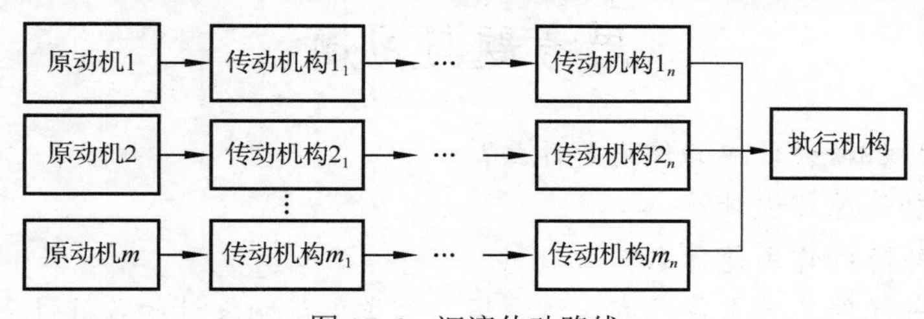


图 17-6　汇流传动路线

(4) 混流传动。传动路线如图 17-7 所示，实际上是分流传动与汇流传动的混合。齿轮加工机床中的刀具和工件的传动系统，就采用了这种混流传动。

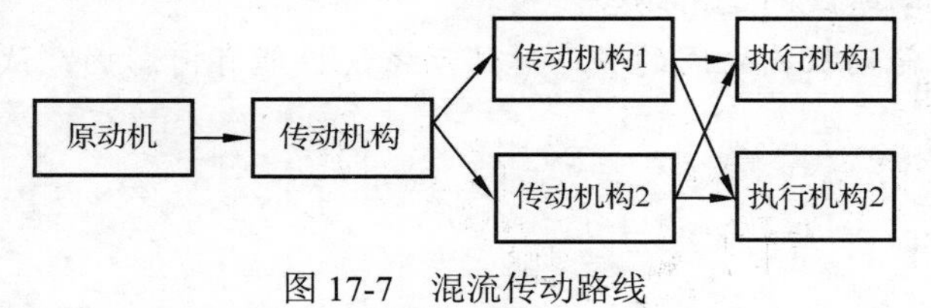


图 17-7　混流传动路线

传动系统中各传动机构之间的先后顺序对传动系统性能有很大影响。安排传动机构顺序的一般原则如下。

(1)传动系统尽可能简单紧凑。宜将变换转速的传动机构布置在高速级，将变换运动形式的传动机构(如凸轮机构、连杆机构等)布置在末端，以简化传动路线。因高速级转速高、传递的转矩小，相应传动机构的尺寸也小，所以宜将承载能力较低的传动机构(如带传动)布置在高速级。

(2)有利于提高传动效率。传动路线应尽可能短以提高传动效率，如在满足传动比、功率等要求的条件下尽量采用单级传动。在同时使用齿轮传动和蜗杆传动时，宜将蜗杆传动置于高速级，使之有较高的齿面相对滑动速度，以利于形成液体润滑，提高传动效率。

(3)减小振动和噪声。例如，带是挠性件，带传动具有缓冲吸振的特点，故宜将带传动布置在高速级。在同时使用直齿和斜齿圆柱齿轮传动时，宜将斜齿圆柱齿轮传动置于高速级，以发挥其动载小、传动平稳的特点。

(4)有利于加工制造与安装维护。对因为尺寸增加而导致加工困难的传动零件，如圆锥齿轮传动，宜布置在高速级。有些传动机构在布置时还要考虑安装拆卸及日后的维护等问题。

### 17.5.4 传动比分配及性能参数计算

总传动比确定后要将其合理分配到各级传动上，各级传动比应在相应传动机构传动比的合理范围内。传动比分配总的要求是使各级传动的尺寸协调、结构紧凑，能高效可靠地实现运动和动力的传递。具体分配方法与实际传动系统的结构、性能参数和使用条件密切相关，可参考相关文献资料。

传动系统中各级传动的转速、转矩和功率参数，可以根据执行系统的运动和动力参数逐级计算，最后确定原动机的功率和转速。在执行系统的性能参数不能完全确定的情况下，可以根据所选原动机的功率和转速逐级进行计算。传动系统中各级传动的效率与传动机构的结构形式、润滑方式和使用条件等有关，可参阅有关文献资料进行计算或选取。

## 思考题与习题

17-1 功能分析机械设计中的作用是什么？

17-2 什么是功能原理设计？

17-3 形态学矩阵的作用是什么？

17-4 实现同一功能为什么往往有多种方案？试举例说明设计的多解性。

17-5 方案设计时为什么要对设计要求进行抽象化？

17-6 设计执行系统的运动规律时应注意什么问题？

17-7 简述四种传动路线的适用场合。

17-8 传动系统中传动机构之间的顺序对传动系统性能有何影响？试举例说明。

# 参 考 文 献

卜炎, 1999. 机械传动装置设计手册. 北京: 机械工业出版社.
曹龙华, 1986. 机械原理. 北京: 高等教育出版社.
曹惟庆, 徐曾荫, 2000. 机构设计. 2 版. 北京: 机械工业出版社.
陈根, 2021. 工业设计. 北京: 电子工业出版社.
成大先, 2016. 机械设计手册. 6 版. 北京: 化学工业出版社.
大卫 G. 乌尔曼, 2015. 机械设计过程. 刘莹, 郝智秀, 林松译(译自原书第“四版”). 北京: 机械工业出版社.
丁惠麟, 金荣芳, 2013. 机械零件缺陷、失效分析与实例. 北京: 化学工业出版社.
黄纯颖, 1989. 工程设计方法. 北京: 中国科学技术出版社.
黄纯颖, 1992. 设计方法学. 北京: 机械工业出版社.
黄雨华, 董遇泰, 2001. 现代机械设计理论和方法. 沈阳: 东北大学出版社.
黄志坚, 2015. 润滑技术与应用. 北京: 化学工业出版社.
李晓滨, 2004. 螺纹及其联结. 北京: 中国计划出版社.
李柱国, 2003. 机械设计与理论. 北京: 科学出版社.
罗伯特・诺顿, 2016. 机械设计. 黄平, 李静蓉, 翟敬梅, 等译. 北京: 机械工业出版社.
罗继伟, 罗天宇, 2009. 滚动轴承分析计算与应用. 北京: 机械工业出版社.
洛阳轴承研究所, 2000. 滚动轴承产品样本. 北京: 中国石化出版社.
皮特 M. 卢赫特, 2017. 滚动轴承的润滑脂润滑. 《滚动轴承的润滑脂润滑》翻译组译. 北京: 中国石化出版社.
濮良贵, 陈国定, 吴立言, 2019. 机械设计. 10 版. 北京: 高等教育出版社.
濮良贵, 纪名刚, 2001. 机械设计学习指南. 4 版. 北京: 高等教育出版社.
邱宣怀, 1997. 机械设计. 4 版. 北京: 高等教育出版社.
孙桓, 1998. 机械原理教学指南. 北京: 高等教育出版社.
孙桓, 陈作模, 葛文杰, 2013. 机械原理. 8 版. 北京: 高等教育出版社.
王晶, 2002. 机械原理习题精解. 西安: 西安交通大学出版社.
闻邦椿, 2018. 机械设计手册. 6 版. 北京: 机械工业出版社.
吴昌林, 张卫国, 姜柳林, 2011. 机械设计. 3 版. 武汉: 华中科技大学出版社.
吴宗泽, 2006. 机械结构设计准则与实例. 北京: 机械工业出版社.
吴宗泽, 2011. 机械设计禁忌 1000 例. 3 版. 北京: 机械工业出版社.
吴宗泽, 高志, 2009. 机械设计. 2 版. 北京: 高等教育出版社.
吴宗泽, 冼建生, 2013. 机械零件设计手册. 2 版. 北京: 机械工业出版社.
夏新涛, 叶亮, 2019. 滚动轴承性能不确定性与可靠性实验评估. 北京: 科学出版社.
颜云辉, 2021. 机械系统设计方法及应用. 北京: 科学出版社.
杨曙东, 何存兴, 2008. 液压传动与气压传动. 3 版. 武汉: 华中科技大学出版社.
于惠力, 冯新敏, 李伟, 2011. 机械零部件设计入门与提高. 北京: 机械工业出版社.
张策, 2018. 机械原理与机械设计. 3 版. 北京: 机械工业出版社.
张春林, 赵自强, 李志香, 2021. 机械创新设计. 4 版. 北京: 机械工业出版社.
赵卫军, 2003. 机械原理. 西安: 西安交通大学出版社.
诸文俊, 1998. 机械设计基础. 西安: 西安交通大学出版社.
JANE Q, CHUNG YIP-WAH, 2013. 摩擦学百科全书. 柏林: 斯普林格出版社.